产业密集型河网城镇水环境治理技术与应用

贾海峰　徐国忠　李广贺
丁永伟　邹伟国　席劲瑛　等著
陆文静　黄　晨　孙朝霞

中国环境出版集团·北京

图书在版编目（CIP）数据

产业密集型河网城镇水环境治理技术与应用 / 贾海峰等著. -- 北京 : 中国环境出版集团, 2025. 7.
ISBN 978-7-5111-6012-6
Ⅰ. X321.2
中国国家版本馆 CIP 数据核字第 20240A33T6 号

策划编辑 葛 莉
责任编辑 王 洋
封面设计 彭 杉

出版发行 中国环境出版集团
（100062 北京市东城区广渠门内大街 16 号）
网 址：http：//www.cesp.com.cn
电子邮箱：bjgl@cesp.com.cn
联系电话：010-67112765（编辑管理部）
发行热线：010-67125803，010-67113405（传真）
印 刷 北京鑫益晖印刷有限公司
经 销 各地新华书店
版 次 2025 年 7 月第 1 版
印 次 2025 年 7 月第 1 次印刷
开 本 787×1092 1/16
印 张 29.75
字 数 645 千字
定 价 148.00 元

编撰人员

（按姓氏笔画排序）

丁　一	丁永伟	马　奕	马洪涛	王洪涛	方　文
田荣东	刘永军	刘建国	刘战广	孙朝霞	李广贺
杨云安	杨　宁	吴　玮	邹伟国	沈昌明	张　旭
张晶宇	陆文静	陈和谦	明中远	罗　群	段振菡
饶　杰	洪庆洋	贾海峰	徐国忠	高郑娟	郭含文
席劲瑛	黄　晨	黄天寅	盛铭军	偰建强	章婷婷
程志强	適超普	雷　磊	薛勇刚		

前 言

城镇化是我国社会经济发展的重要标志。2005 年我国城镇化率为 43.0%，到 2020 年，城镇化率达到 63.89%，城市数量达 687 个，镇数量达 21 157 个，城区人口数量达 44 253.7 万人，城镇人口数达到 90 220 万人，城市建成区面积达 6.1 万 km^2。我国城镇化率得到快速增长。

然而，由于城市人口的高度集中和产业布局的高度密集，城市生活和产业排放的污（废）水已经严重影响城镇水环境质量。据统计，2020 年全国废水排放总量为 571.36 亿 t，废水中化学需氧量（COD）排放量 2 564.8 万 t，氨氮（NH_3-N）排放量 98.4 万 t，总氮排放量 322.3 万 t，总磷排放量 33.7 万 t。其中，城镇生活污水中 COD 和 NH_3-N 的排放量占了非常大一部分。以北京市为例，工业废水 COD 排放量 1 413.3 t、NH_3-N 排放量 34.2 t，生活污水 COD 排放量为 40 464.2 t、NH_3-N 排放量为 2 606.3 t。城镇生活污水与工业废水污染负荷的有效削减和控制已成为我国水污染治理的长期重点任务。

另外，污水处理属于能耗密集型产业。据统计，我国城市污水处理厂平均电耗为 0.29 $kW·h/m^3$，与发达国家相比仍存在一定的差距。污水处理厂的优化运行和节能降耗，是城镇污水处理提质增效的关键，也是碳达峰碳中和理念的体现。随着污水排放量和污水处理率的逐渐增加，污泥产量也逐年提升，因此污泥的处理处置和污水处理厂本身运行带来的恶臭污染问题也越来越受到人们的关注。

长三角、珠三角、京津冀地区是我国人口、产业、城镇、财富最密集的三大地区。尤其是长三角地区，不仅经济发达，河网水系也发达。2020 年，长三角地区用仅占全国 3.73%的土地面积贡献了全国 24.1%的 GDP，长三角 4 省（市）城镇化率平均为 73.31%，高于全国 63.89%的平均水平。平均每万平方千米分布约 67.15 个城镇的城镇密度也高于全国平均水平。经济快速发展带来的水环境问题依然严峻，水环境质量直接关系到城市的经济发展和长远未来。

太湖流域是长三角地区的核心区域，产业密集、湖泊密布、河网发达、水量充沛。自古以来，水乡城镇居民的生产生活就与水紧密联系在一起。由于地势较低，河道坡降不明显，河网曲折交错，且下游易受潮汐影响，水乡城镇河流水流平缓且流态复杂、水动力学条件差、水体自净能力不足。而且，随着经济社会的发展，人口迅速膨胀、城镇规模快速扩大，污染负荷大量增加，致使水环境质量日益恶化。近年来，平原河网地区城镇水环境问题日益显现，水体污染严重，个别河水会发黑发臭，严重影响人们的生活质量。为解决这些问题，行业主管部门需要对城镇水环境进行综合整治，科学控制各种污染源，改善河网水动力学条件和水质状况，逐步重建恢复水生态系统。

围绕环太湖地区城镇水环境综合整治，针对产业密集型城镇水环境存在的水体污染负荷高、污染物来源和构成复杂、水系缓流和滞流明显、污水处理厂稳定达标困难和能耗偏高、污水处理厂污泥资源化程度低、环境敏感区域污水处理厂臭味污染突出的问题，在国家水体污染控制与治理科技重大专项的支持下，以苏州市为平原河网典型城市，结合苏州市河道综合整治、生态修复、污水处理厂污泥的无害化处置和资源化利用、污水处理厂提标改造与稳定运行等重大工程布局，开展重污染河道水质调控与生态联合修复、污水处理厂污泥协同资源化、污（废）水处理全流程控制和优化运行、污水处理厂恶臭控制等关键技术研究和工程示范。

本书是国家水体污染控制与治理科技重大专项“产业密集型城镇水环境综合整治技术研究与示范”（2011ZX07301-003）成果的提炼，通过不同类型污染控制技术与工程之间的差异性与关联性分析，形成以城镇水环境质量改善为目标的“负荷削减-资源利用-水系调控-生态修复”技术、管理与工程体系，为产业密集型河网城镇水环境质量改善及功能提升提供技术支撑。其中，第 1 章，对产业密集型河网城镇水环境特征进行分析，以识别水环境问题，并提出水环境综合整治解决方案；第 2 章，结合产业密集型河网城镇污（废）水处理厂提质增效的需求，论述污（废）水处理纳管监控、节能降耗和优化运行等关键技术和环节；第 3 章，针对典型环境敏感区域污水处理厂臭味问题，开展了恶臭气体的收集与处理研究；第 4 章，针对产业密集型河网城镇污水处理厂污泥资源化问题，研究污泥与绿化废物好氧共堆肥技术；第 5～7 章，针对河网城镇中典型断头浜、古典封闭园林水体、水乡古镇河流水环境问题，因地制宜地开展综合整治，形成河网城镇水污染控制水质修复技术体系。

本书的架构由贾海峰设计，孙朝霞完成初稿的撰写，贾海峰最终修改完成定稿。主要分工如下：第1章由贾海峰、李广贺、张旭、孙朝霞、杨宁、雷磊、杨云安撰写；第2章由邹伟国、丁永伟、贾海峰、沈昌明、刘战广、马奕、盛铭军、孙朝霞撰写；第3章由席劲瑛、程志强、邹伟国、黄晨、薛勇刚、张晶宇、陈和谦、章婷婷撰写；第4章由陆文静、丁永伟、王洪涛、刘建国、段振菡、明中远、洪庆洋、郭含文、方文撰写；第5章由贾海峰、徐国忠、李广贺、丁永伟、偰建强、刘永军、田荣东、黄天寅、吴玮、孙朝霞、高郑娟、罗群撰写；第6章由贾海峰、徐国忠、丁永伟、李广贺、偰建强、田荣东、黄天寅、吴玮、孙朝霞、马洪涛、逄超普撰写；第7章由贾海峰、徐国忠、丁永伟、李广贺、黄天寅、吴玮、孙朝霞、丁一、饶杰、杨云安撰写。

在写作过程中，为本书提供素材的人员还有（按姓氏笔画排序）：王雅钰、王智超、叶益、田晨、冯宇、孙磊、李素芳、吴小敏、何圣兵、宋晓恒、张大春、张文波、张艳、张喻、陈美杉、陈雪初、欧阳云、周娜芬、周雯雯、胡细全、徐健、梅金华、偰小华。

在此，对所有参加编写的人员表示感谢。同时，衷心感谢国家水体污染控制与治理科技重大专项、苏州市政府的支持，以及课题实施过程中众多评估专家提出的宝贵建议。感谢苏州市水务局、同里镇人民政府、苏州市河道管理处、苏州桃花坞发展建设有限公司、苏州市吴江区水利局同里水利管理服务站以及课题组全体研究人员的贡献。本书内容体现了课题组全体研究人员的集体研究成果。本书还引用了不少专家学者的研究成果，在此一并表示衷心感谢！

目 录

第 1 章

产业密集型河网城镇水环境特征分析

产业密集型城镇，一般具有较大的人口规模和密集的产业布局，产业通常以工业生产为主，类型多，分布密度大。城镇化和产业化的快速发展不可避免地引起城镇土地利用结构变化，急速扩张的城镇用地又强烈地影响了区域水环境。尤其产业密集型河网城镇，随着工业化和城镇化进程的推进，一方面入河污染负荷快速增长，造成了一系列的水环境污染问题；另一方面为了控制污染源，建立了众多城市和工业污水处理设施，而这些处理设施的运行又带来了一系列次生资源问题和环境问题，如能源消耗、污泥及恶臭气体的产生等，这些都给人们的生活环境和身体健康造成了不良影响。因此，在有针对性地解析产业密集型河网城镇水环境特征的基础上，很有必要探究城镇污（废）水处理厂节能降耗、恶臭污染控制、污泥资源化利用、河网城镇典型污染水体治理与修复的原因和关键环节，提出相应解决方案，形成产业密集型河网城镇“负荷削减-资源利用-水系调控-生态修复”的水环境质量改善技术工程体系。

1.1 产业密集型河网城镇基本特征分析

产业密集型河网城镇，是河流水系交汇处和人口高度密集区。对其社会经济、产业结构、污染源和水环境情况的分析发现，这类城镇的经济发展速度和城镇化率均高于全国平均水平，生活、工业污染源等集中。同时，由于受到河道曲折交错、坡降缓以及下游水位顶托等影响，这些城镇河网水动力条件不佳、流速慢，不利于污染物的迁移扩散与降解，城镇水环境问题严峻。

1.1.1 我国产业密集型城镇社会经济特征

长三角、珠三角、京津冀地区是我国人口、产业、城镇、财富最密集的三大地区，历史文化底蕴深厚，社会经济繁荣，城镇化水平较高。长三角、珠三角（以广东省为代表）、京津冀地区 2020 年年底乡镇级区划统计如表 1.1 所示。经计算，截至 2020 年年底，长三角、珠三角、京津冀地区，乡镇级区划中镇的数量占比最多，均超过 50%，乡级和街道占比较少。长三角地区乡镇级区划中镇占比为 55.4%，珠三角地区乡镇级区划中镇占比为 69.3%，京津冀地区乡镇级区划中镇占比为 52.6%，是我国代表性的城镇密集区。

表 1.1　长三角、珠三角和京津冀地区乡镇级区划统计（2020 年）

区划名称		镇/个	乡级/个	街道/个	乡镇级区划总数/个
长三角	上海市	106	2	107	215
	江苏省	712	31	515	1 258
	浙江省	618	259	488	1 365
	安徽省	968	271	262	1 501
	总计	2 404	563	1 372	4 339
珠三角	广东省	1 116	11	484	1 611
京津冀	北京市	143	35	165	343
	天津市	125	3	122	250
	河北省	1 230	713	310	2 253
	总计	1 498	751	597	2 846
全国总计		21 157	8 809	8 773	38 741

长三角地区地跨江浙皖沪三省一市，涉及国土面积 35.8 万 km^2，截至 2020 年年底，长三角地区共有 40 个地级市，其中江苏省 13 个、浙江省 11 个、安徽省 16 个；共有 50 个县级市，其中江苏省 21 个、浙江省 20 个、安徽省 9 个；共有 2 404 个建制镇，其中上海市 106 个、江苏省 712 个、浙江省 618 个、安徽省 968 个，平均每万平方千米分布约 67.15 个城镇，城镇密度为全国平均水平（22.04 个/10^4 km^2）的 3.05 倍左右。

从长三角、珠三角和京津冀地区 2020 年企业数量统计可以看出，长三角、珠三角、京津冀地区企业数量均远超全国平均水平，尤其长三角地区企业总数在全国占比达到 22.15%，是典型的产业密集型区域（表 1.2）。

表 1.2　长三角、珠三角和京津冀地区企业数量统计（2020 年）

区划名称		第一产业/个	第二产业/个	第三产业/个	企业总数/个	全国占比/%
长三角	上海市	5 200	76 033	451 529	532 762	1.81
	江苏省	41 935	743 879	1 754 201	2 540 015	8.64
	浙江省	48 515	593 845	1 634 880	2 277 240	7.75
	安徽省	96 705	254 409	809 714	1 160 828	3.95
	总计	192 355	1 668 166	4 650 324	6 510 845	22.15
珠三角	广东省	40 563	795 214	2 690 429	3 526 206	12.00
京津冀	北京市	6 858	67 254	1 100 792	1 174 904	4.00
	天津市	10 684	69 170	291 270	371 124	1.26
	河北省	106 861	379 421	970 662	1 456 944	4.96
	总计	124 403	515 845	2 362 724	3 002 972	10.22
全国总数		1 827 421	5 904 042	21 657 792	29 389 255	—
全国平均		58 949.07	190 452.97	698 638.45	948 040.48	—

长三角地区不仅地理环境优越，也是我国城镇密度最高、综合实力最强的地区之一。长三角地区无论是人口密度、城镇化率，还是区域生产总值，在全国都处于领先地位。如表 1.3 所示，2020 年长三角地区城镇化率为 73.31%，超过全国平均水平。人口密度平均为 1 441 人/km^2，远超全国平均水平。

表 1.3　长三角地区城镇化率及人口密度（2020 年）

指标	长三角地区				长三角	全国
	上海市	江苏省	浙江省	安徽省		
城镇化率/%	89.3	73.44	72.17	58.33	73.31	63.89
人口密度/（人/km^2）	3 925	790.8	612.5	435.6	1 441	147

从单位国土面积和单位人口产生的国内生产总值（GDP）来看，长三角地区面积仅占全国总面积 3.73%，2020 年常住人口总数 2.35 亿，贡献了全国 24.1%的 GDP，人均生产总值是全国人均国内生产总值的 5.73 倍，如表 1.4 所示。

表 1.4　长三角地区生产总值及人均生产总值（2020 年）

指标	长三角地区				全国	长三角地区全国占比/%
	上海市	江苏省	浙江省	安徽省		
生产总值/亿元	38 700.58	102 718.98	64 613.34	38 680.63	1 015 986.2	24.1
第一产业/亿元	103.57	4 536.72	2 169.23	3 184.68	77 754.1	12.9
第二产业/亿元	10 289.47	44 226.43	26 412.95	15 671.69	384 255.3	25.1
第三产业/亿元	28 307.54	53 955.83	36 031.16	19 824.26	553 976.8	24.9
人均生产总值/（万元/人）	15.58	12.13	10.50	2.81	7.15	573.7

随着长三角地区经济的快速发展，人口快速膨胀，城镇人口迅速聚集，城镇规模不断增大，工业企业数量持续增加。长三角地区势必面临着巨大的水环境保护压力和重大的污染防治需求。

1.1.2　典型产业密集型河网城镇（苏州市）社会经济特征

苏州市作为长三角城市群的中心城市，是我国工业化和城镇化进程较快的城市，产业密集、城镇密集、人口密集，在较长一段时期内经济社会快速发展与生态环境承载力之间存在不容忽视的矛盾。用占江苏省 7.92%的面积，承担了全省近 20.34%的经济总量。城镇化率高，产业密度大。

苏州市下辖姑苏区、吴中区、相城区、虎丘区（高新区）、吴江区 5 个区和工业园区以及常熟、张家港、昆山、太仓 4 个县级市，截至 2020 年年底，全市共有 42 个街道，52 个镇，1 015 个村，下设 1 170 个居委会。

作为我国国民经济发展与工业化程度较高的城镇，2020 年，苏州市实现地区生产总值 20 180.45 亿元，占江苏省地区生产总值的 19.65%，位居全省第一，占国内生产总值的 1.99%，全国排名第六；人均生产总值（按常住人口计算）15.85 万元，是江苏省人均生产总值（12.13 万元）的 1.3 倍，是全国平均（7.15 万元）的 2.2 倍。

从表 1.5 可以看出，2005—2020 年，苏州市三次产业结构变化明显，经济结构持续优化。第一产业和第二产业占比逐年降低，服务经济发展提速。2016 年，苏州市第一产业占比 1.44%，第二产业占比 48.14%，第三产业占比首次超过 50%，达到 50.43%，到 2020 年，第三产业占比达到 52.52%。

表 1.5 2005—2020 年苏州市三次产业生产总值情况　　单位：亿元

年份	总计	第一产业	第二产业	第三产业
2005	4 173.48	82.08	2 712.03	1 379.37
2006	4 948.07	94.80	3 193.04	1 660.23
2007	5 914.31	105.26	3 687.52	2 121.53
2008	7 163.40	121.17	4 331.65	2 710.58
2009	7 851.01	129.01	4 642.92	3 079.08
2010	9 180.76	140.80	5 359.64	3 680.32
2011	10 670.08	161.02	6 090.85	4 418.21
2012	11 965.76	176.53	6 682.07	5 107.16
2013	12 929.78	193.29	6 953.07	5 783.42
2014	13 716.95	203.98	7 082.49	6 430.48
2015	14 468.68	215.71	7 250.53	7 002.44
2016	15 445.26	221.81	7 434.61	7 788.84
2017	16 997.47	221.98	8 217.83	8 557.66
2018	18 263.48	214.25	8 918.33	9 130.90
2019	19 264.80	196.70	9 130.18	9 937.92
2020	20 180.45	196.40	9 385.58	10 598.47

截至 2020 年年底，苏州市企业总数达到 76.93 万个，相当于每平方千米中约有 142.76 个企业。苏州市其中规模以上工业企业 11 898 个，相当于每平方千米中约有 2.21 个规模以上工业企业，工业总产值达到 35 342.55 亿元。按轻、重工业分，轻工业 4 503 个，重工业 7 395 个；按企业规模分，大型企业 340 个，中型企业 1 379 个，小型企业 9 523 个，微型企业 656 个。六大行业为电子信息业、装备制造业、冶金业、纺织业、轻工业、化工及石油业，其中纺织业企业数量为 1 325 个，通用设备制造业 1 282 个，计算机、通信和其他电子设备制造业 1 268 个，专用设备制造业 1 029 个。

从图 1.1、图 1.2 中可以看出，截至 2020 年年底，苏州市常住人口逐年增加，城镇化率也逐年增加。据《江苏省第七次全国人口普查公报》，截至 2020 年年底，苏州市常住人口占全省人口的比重约为 15.04%。城镇化率由 2005 年的 64.7%增加至 2020 年的 81.7%。人口密度达到 860 人/km^2，是全国平均人口密度（147 人/km^2）的 5.85 倍，为江苏省人口密度（790.8 人/km^2）的 1.09 倍。

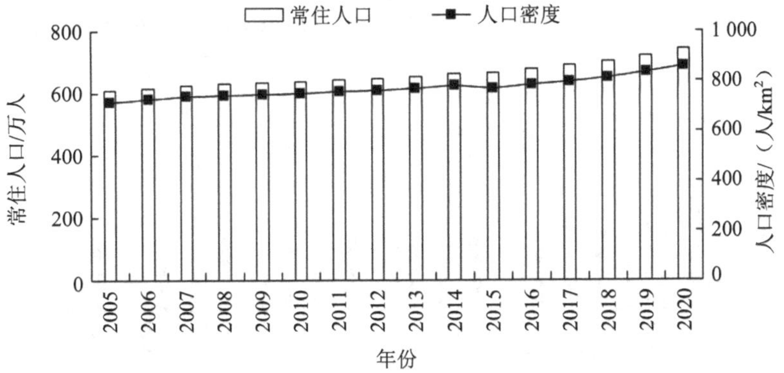

图 1.1　2005—2020 年苏州市常住人口及人口密度变化

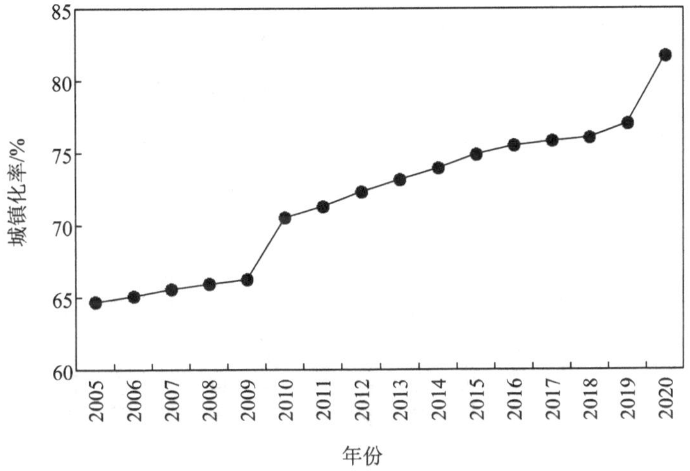

图 1.2　2005—2020 年苏州市城镇化率变化

1.2　产业密集型河网城镇污染排放与水环境特征

1.2.1　产业密集型河网城镇污染排放与治理

随着产业的快速发展，为了控制污染问题，产业密集型河网城镇建立了大量的污水处理设施，其污水处理产业一直走在全国前列。这里以长三角地区为例进行说明。

（1）废水排放与治理情况

从图 1.3 可以看出，近 10 年来，长三角地区 4 省（市）的废水排放总量几乎占了全国废水排放总量的 1/5，其中江苏省废水排放量相对较多。

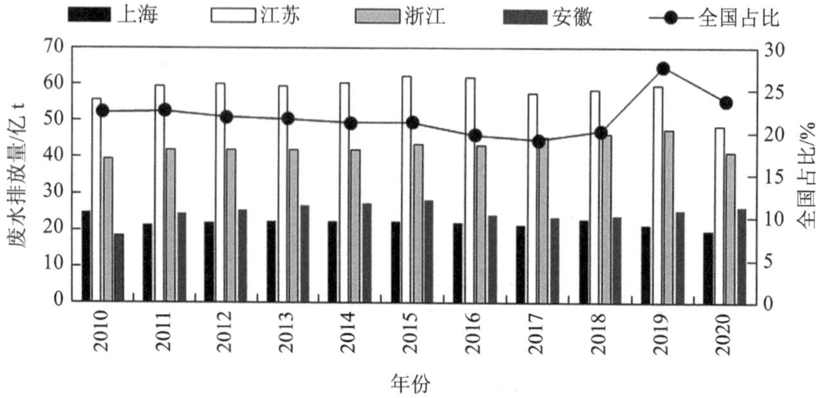

图 1.3 长三角地区近 10 年废水排放量及全国占比变化

如图 1.4 所示，江苏省废水排放量从 2010 年的 55.55 亿 t，增加到 2016 年的 61.62 亿 t，随后开始减少，到 2020 年减少至 48.35 亿 t。究其原因主要为工业废水排放量逐年降低。而城镇生活污水排放量在 2020 年前逐年增加，2020 年有所降低。

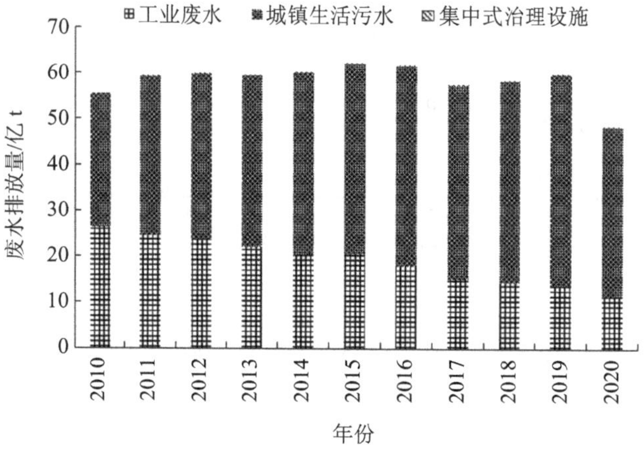

图 1.4 2010—2020 年江苏省废水排放量变化

图 1.5 为江苏省近 10 年废水化学需氧量（COD）和氨氮（NH_3-N）排放量中不同污染源情况，从图中可以看出，江苏省排放的 COD 和 NH_3-N 来源主要为工业源、城镇生活源、农业源，集中式治理设施排放量基本在 0.01 亿～0.05 亿 t，占比很小，逐年变化较小。各个污水来源中，城镇生活污水占了相当大一部分。

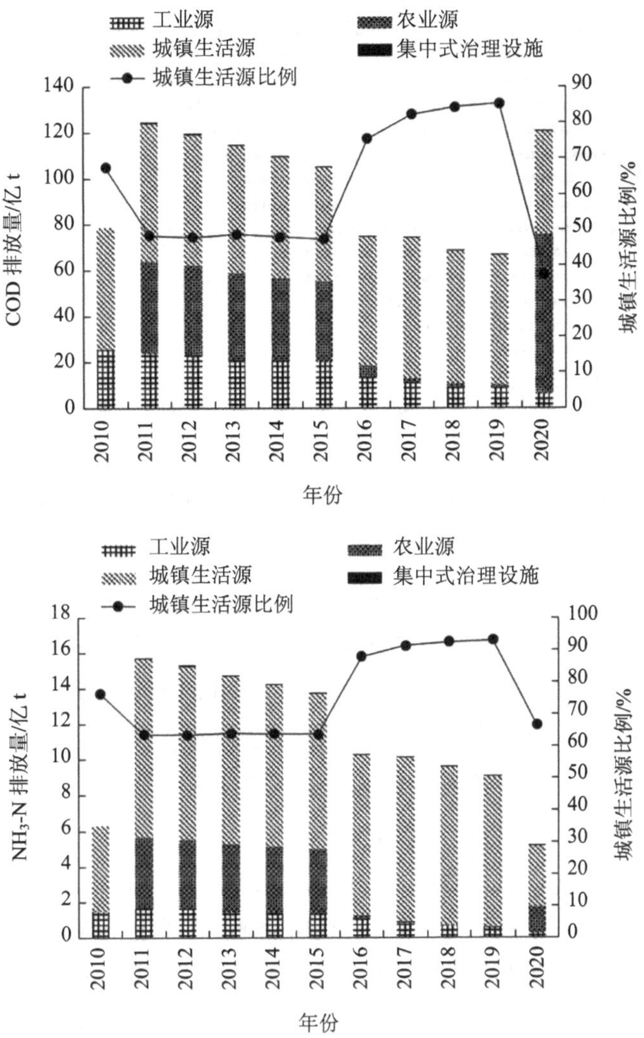

图 1.5　江苏省近 10 年废水 COD 和 NH_3-N 排放量中不同污染源情况

（2）污水处理厂建设及运行情况

城镇污水处理厂作为污染物集中治理单位，在国家污染物减排战略中占有非常重要的地位。随着城镇污水产生量的逐渐增加，污水处理量也在不断增加，污水处理能耗引起了人们的广泛关注。

随着城市建设进程的加快，我国城市污水处理厂的数量在逐年增加（图 1.6）。据统计，到 2020 年，我国污水排放量为 5 713 633 万 m^3，污水处理厂达到 2 618 座，处理能力达到 19 267 万 m^3/d，污水年处理量达到 5 572 782 万 m^3，污水处理率为 97.53%。2020 年，长三角地区城市污水处理厂共计 450 座，占全国污水处理厂总数的 17.2%，污水处理量 4 218.6 万 m^3/d，占全国污水处理量的 21.9%。

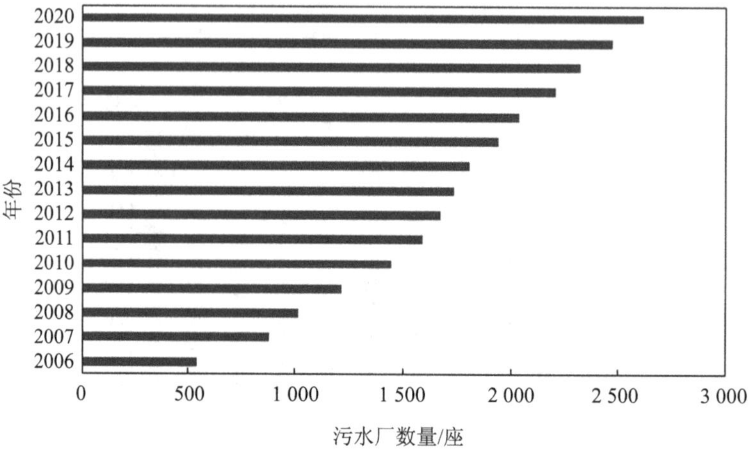

图 1.6 2006—2020 年全国城市污水处理厂数量变化情况

城市污水处理属能耗密集型产业。我国城市污水产生量巨大，污水处理量也在不断增加，污水处理的能耗不容忽视。城镇污水处理厂运行过程中，能耗主要为电能消耗（电耗）、水资源能耗和药剂消耗等。据研究资料介绍，2006 年我国 559 座城市污水处理厂电耗主要分布在 0.1～0.4 kW·h/m^3，平均为 0.29 kW·h/m^3，与 1999 年美国的平均电耗 0.2 kW·h/m^3、日本的 0.26 kW·h/m^3 相比，仍存在一定的差距。2011 年，苏州市某污水处理厂电耗波动为 0.32～0.46 kW·h/m^3，平均电耗为 0.40 kW·h/m^3，其中夏季平均电耗为 0.36 kW·h/m^3，冬季平均为 0.42 kW·h/m^3，可以看出，我国污水处理厂仍具有较大的节能潜力。

影响污水处理厂能耗的因素：污水处理厂所处地区的自然环境和社会环境特征、污水处理厂所采用的工艺、处理量、污染物去除量、所接纳的工业废水比例，以及出水水质排放级别等。对于相同工艺和规模的污水处理厂，因出水水质排放级别不同，单位水量电耗和单位耗氧污染物削减电耗都随排放级别提高而增加。

良好管理和运行污水处理厂，是确保污水处理达标，减少污染排放的关键。因此，需要加强污水处理厂管理，以降低能源消耗，提升污水处理的效率。因此，需要合理分析污水处理厂资源消耗，以便采用有效的节能降耗措施，在确保出水稳定达到排放标准的同时减少污水处理厂的能源消耗，节省生产成本，减少碳排放，实现清洁生产目标。

（3）污泥处理情况

污泥是指城市污水处理厂在污水处理过程中产生的沉积物，以及污水表面浮沫形成的残渣。据统计，2014—2020 年，我国脱水污泥产生量保持在 7 200 万～7 500 万 t。截至 2020 年，全国干污泥产生量为 1 162.77 万 t，干污泥处置量为 1 116 万 t。由于城市污泥中含有大量的有机质和植物营养素，其资源化利用日益受到重视。但是由于污水来源及处理工艺不同，污泥中含有不同种类和含量的有机污染物、重金属和病原菌等有毒有害物质，限制了污泥资源化利用工作的开展。

常见的污泥处理处置方法主要包括填埋、堆肥等。污泥含水率过高，在运输和填埋过程中容易变质发臭，滋生病菌，加上含水率过高导致黏性大，无法与其他垃圾均匀混合，会阻碍填埋场垃圾的生物发酵、降解过程，其产生的渗滤液如收集不完善，也将污染土壤和地下水。因此，污泥填埋方式在国外已逐渐被禁用。比如德国、丹麦和法国等欧洲国家规定，只能将污泥焚烧灰渣作填埋处置，而不能直接将污泥填埋。另外，污泥堆肥后的产品是一种很好的土壤改良剂，其施用于农田后，可以增加土壤有机质，改善土壤结构，减少肥料的施用量，并且可以减轻土壤的潜在侵蚀。但污泥中可能含有重金属，因此对用于堆肥的污泥监管要求很高。

长三角地区作为我国经济发达和技术先进地区的代表，集聚了化工（印染、纺织、造纸、铸造、石化等）、医药、木材加工、电器生产等企业，污水排放种类多，污泥产量大、情况复杂。一般的污泥无害化处理方法（如干燥、堆肥法等）难以彻底地去除其中的有毒重金属和难降解的有毒有机污染物，这些难降解的有毒物质或者其降解产物在放置期间或施用到土地以后会扩散到周围环境，部分有毒物质还会随地表径流进入水域，对生态系统造成很大危害。

（4）污水处理厂恶臭控制情况

城市污水处理过程中的恶臭主要来自污水在长距离输送过程中或水处理过程中，在厌氧条件下厌氧微生物将污水中的有机物分解，产生的各种具有恶臭的无机和有机气体。污水处理厂中比较容易产生恶臭污染气体的是进水区，格栅、提升泵站、沉砂池等预处理工段，以及污泥浓缩池、储泥池、脱水区等污泥处理工段。一般污水生化处理单元的恶臭污染相对较小，并且长污泥龄污水处理单元的恶臭污染要小于短污泥龄污水处理单元。城市污水处理厂逸散出的恶臭气体主要包括含硫化合物、含氮化合物、烃类化合物以及含氧化合物四类，其中最主要的是硫化氢、氨气、硫醇类、胺类和有机酸类化合物等，当中的硫化氢广泛存在于恶臭污染严重的污水处理和污泥处理设施中，其恶臭污染问题最受关注。

随着社会的发展和人们环保意识的增强，城镇污水处理厂的臭气污染已受到社会大众特别是周边社区民众的广泛关注。面对日趋严格的除臭标准，臭气治理的重要性与迫切性也日益彰显。

截至 2020 年年底，长三角地区污水处理厂的发展历程反映了城镇化进程的典型特征。早期建设的污水处理厂多位于城郊。随着长三角地区城镇化进程的快速推进，已建或新建的城市污水处理厂周围往往都有人口密集的居民生活区或公共活动区。多数污水处理厂没有除臭措施或除臭设施不完善，导致污水处理厂恶臭污染引起的环境投诉事件时有发生。城市污水处理厂的恶臭污染问题已经越来越受到人们的关注，有关城市污水处理厂恶臭污染问题的控制法规和对策也正在日益完善。恶臭污染控制是制约长三角地区乃至全国污水处理设施绿色、高效和经济运行的关键环节。

1.2.2 产业密集型河网城镇水环境特征分析

河网地区是河流高度发育并受到城市化深刻影响的区域，地势平坦，河流纵横。长江三角洲地处长江中下游平原，是河流堆积地貌的河口三角洲，平均每平方千米河流总长度达 4.8～6.7 km。长江中下游平原共有湖泊 200 多个，河川纵横，湖荡星罗棋布，人口稠密，城市众多，是中国河网密度最大的地区之一，河网密度（用每平方千米面积内河流的总长度来表示）在 2.0 km/km^2 以上。

随着长三角地区城市化和工业化进程的加快，以城市化为代表的高强度、大范围、长历时的人类活动深刻改变着水系的水量和结构特征，河流的调蓄、纳污功能也随之发生改变，水环境问题日益突出，严峻的环境污染现状已成为制约经济社会可持续发展的重要障碍。

在三次产业结构中，2011 年，长三角地区第二产业所占比重最大，而后第三产业发展迅猛，所占比重逐年增加。但第二产业对环境的影响巨大，特别是大量工业废水的排放和源多面广的非点源污染，导致长三角地区河湖水系受到普遍污染，水环境不断恶化，水生态功能严重退化。

2020 年，长三角地区废水排放总量约为 135.8 亿 t，占全国的 23.8%。2011 年，长三角地区 87 个国控断面中，Ⅰ～Ⅲ类、Ⅳ～Ⅴ类和劣Ⅴ类水质断面比例分别为 35.6%、56.3%和 8.1%，主要污染物为 NH_3-N 和总磷（TP），主要入江支流水质总体处于轻度污染，且出入江支流中仍存在劣Ⅴ类水质断面。2020 年，长三角地区国、省控断面优Ⅲ断面达标率平均为 83.6%，其中江苏省优Ⅲ断面达标率为 89.5%，不存在劣Ⅴ类断面，但太湖湖体水质总体为Ⅳ类，湖体总体为轻度富营养状态，通过卫星遥感监测共计发现蓝藻水华聚集现象 129 次。太湖流域位于长江三角洲南缘，是我国经济最发达、投资增长最具活力的地区之一，但由于处于工业化和城市化高速发展时期，太湖流域水质逐年下降，已成为我国最为典型的水质型缺水地区之一。各级政府对太湖流域的水环境问题十分重视，采取了一系列保护治理措施，但太湖流域水环境恶化的总体趋势并没有得到有效控制，流域水污染形势依然严峻。

1.2.3 典型河网城镇（苏州市）水环境特征分析

苏州市位于长三角地区中部、江苏省东南部，东临上海，南接浙江，西傍无锡，北依长江。苏州全市总面积 8 657.32 km^2，河流、湖泊、滩涂面积占全市土地面积的 34.6%，市区建成区面积为 481.33 km^2。苏州市陆地西高东低，西部为起伏的丘陵，东部为开阔的湖积平原，水网密布，河流纵横，湖泊众多，河湖资源十分丰富，河河相通、河湖相通的特点构成了独特的平原水网。全市共有各级河道 21 879 条，总长度为 21 637.51 km，水域面积 958.117 km^2；大小湖泊 353 个。京杭大运河贯通南北，望虞河、娄江、太浦河等连接东西，太湖、阳澄湖、昆承湖、淀山湖镶嵌其间。

以下重点针对苏州市中心城区（区域面积 100.8 km^2）中的古城区（区域面积 14.2 km^2）进行水系、水动力、水质和重污染或敏感水体环境特征分析。

1.2.3.1　水系特征分析

根据区域内外水系连通关系和流动特征，可将苏州市中心城区河道大致分为上游来水区、古城区、下游汇水区（图 1.7）。其中，古城区现有河道长度 44.15 km，有大小河流 30 条，古城区河网北部与阳澄湖和望虞河相接，南部连接太湖水体。古城区内水系面积 0.495 km^2，古城区总面积为 14.2 km^2，水系面积占比为 3.49%，河网密度为 2.45 km/km^2，主干河道河宽 6～10 m，支流河宽 2～5 m。

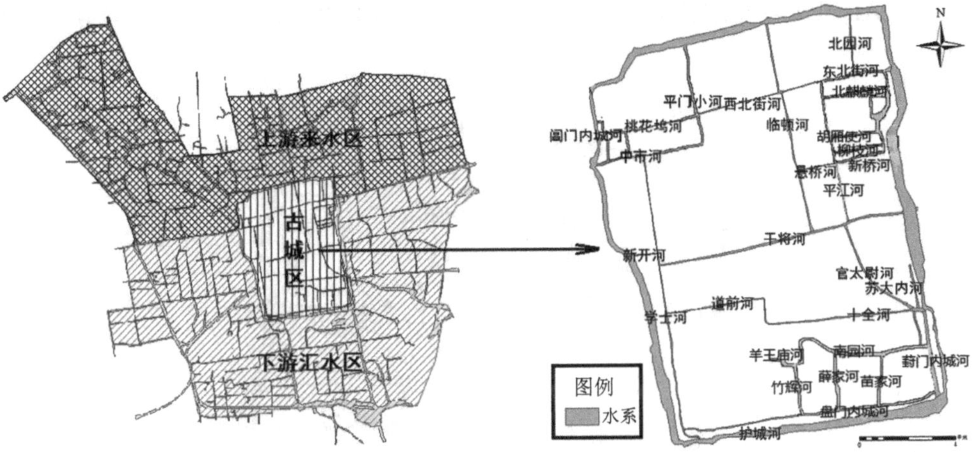

图 1.7　苏州市中心城区河道及其中古城区水系分布示意

苏州市古城区水系主要包括“三纵三横一环”骨干河道和阊门支流、平江水系、南园水系和其他内部河道等支河道。“三横”是古城区东西方向的骨干河道，自北向南依次为桃花坞河-西北街河、干将河、道前河-十全河，总长度 9.55 km；“三纵”是古城区南北方向的骨干河道，自西向东依此是学士河、临顿河、平江河，总长约 18.2 km；“一环”是古城外围护城河道，总长约 16.4 km。

在护城河的包围作用和城区配水方式的共同作用下，古城区内部水系体现出较强的封闭性和空间异质性，水质受域内污染源特别是人为污染源影响显著。整体流向为从北向南，骨干河道流速缓慢，支流河道问题较骨干河道更加严峻，部分支流河道有一定的流速，但流速不稳定，经常会出现滞流甚至逆流的情况，还有一部分河道长时间处于滞流状态。

1.2.3.2　水动力特征分析

长期以来，苏州市中心城区依靠太湖作为城区水体流动的动力源头，湖水由胥江直达城区，后经由太浦河汇入黄浦江。近年来，由于城市化过程中土地利用类型的大规模变动，城区周边水位变化，胥江已不能持续引入清洁的水体。为保持水体流动，维持河道水质，促进局部水体交换，城区一直依赖内部泵闸强制引排。然而，由于闸泵站采用的人工调水方式规模有限，且能耗较高，城区内水体流动情况并不理想。

2015 年 4 月 14—16 日，研究人员对古城区河道流速、流量等水文基础信息进行了现场监测。根据古城区河网河道特点与以往的调研结果，本次在古城区内共布置 32 个监测断面（图 1.8），以此获取河道水体流动性和水质状况数据。本次使用走航式声学多普勒海流剖面仪（ADCP）测量水体流速与流量，采用整个断面流速、流量的平均值作为该断面的代表值。

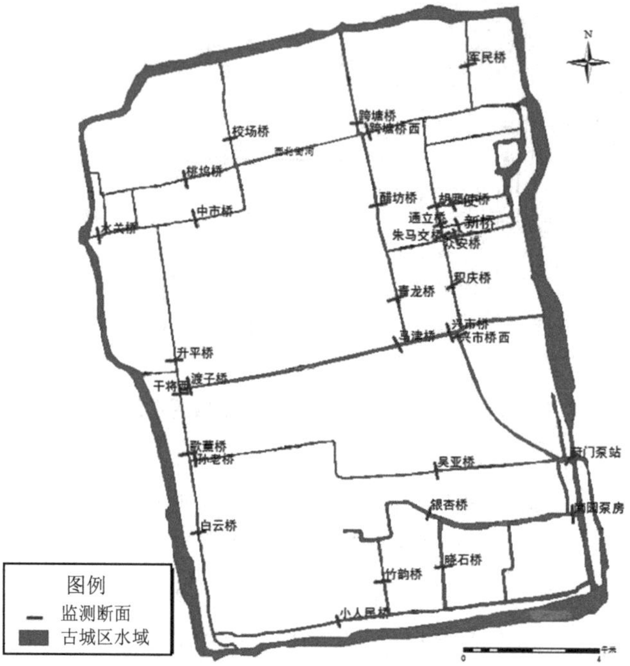

图 1.8　苏州古城区河道监测断面位置示意

本次根据古城区河网的上下游关系和实测数据，计算得到各河道流速、流量空间分布情况。整体而言，古城区内河网整体的流速情况较好，流速均值达到 0.152 m/s，总体方差为 0.096，流速波动性较小，但存在流动条件不佳的水体，主要为桃花坞河-西北街河、道前河-十全河、官太尉河和干将河东段水体。古城区内的 3 个主要水系中，阊门支流的流速较优，平均流速可达到 0.165 m/s；平门水系的水体流动条件不好，除胡厢使河流速达到 0.251 m/s 外，其余河道流速均处在 0.053～0.096 m/s；南园水系的河道流速情况出现了较为明显的分化情况，南园河、盘门内城河作为古城区的主要排水河道，水体流动情况较好，平均流速分别为 0.179 m/s 和 0.243 m/s，而区内 3 条由南向北的次级河道则表现出较低的流速水平，平均流速处在 0.050～0.105 m/s。

1.2.3.3 水质特征分析

为改善水环境，苏州市于 2012 年采取了“截污、清淤、活水、保洁”4 项措施。水质提升工程前后（2011 年和 2014 年）苏州市中心城区及古城区水质变化情况如表 1.6 所示。

表 1.6 水质提升工程前后苏州市中心城区及古城区水质变化情况

年份	参数	中心城区水质指标/（mg/L）				古城区水质指标/（mg/L）			
		DO	COD_{Mn}	NH_3-N	TP	DO	COD_{Mn}	NH_3-N	TP
2011	中位数	3.92	4.63	2.75	0.36	3.09	5.10	3.68	0.44
	标准差	3.21	3.06	3.00	0.39	3.49	4.58	3.92	0.51
	标准误差	0.17	0.18	0.16	0.21	0.28	0.44	0.31	0.04
	最小值	0.18	2.14	0.31	0.11	0.18	2.14	0.31	0.12
	最大值	12.74	27.80	21.40	2.62	12.74	27.80	21.40	2.62
2014	中位数	4.50	3.91	1.12	0.16	4.03	3.90	1.04	0.16
	标准差	2.31	0.77	0.70	0.09	2.22	0.85	0.75	0.10
	标准误差	0.11	0.04	0.03	0.00	0.16	0.06	0.05	0.01
	最小值	0.68	2.26	0.26	0.06	0.86	1.90	0.34	0.07
	最大值	11.03	6.48	6.07	0.58	9.36	6.48	5.25	0.58

由表 1.6 可知，2014 年中心城区水质出现明显好转，各项污染物平均浓度（用全年水质指标中位数来表征，以排除异常值对平均值的冲击）均出现一定程度的好转。其中，NH_3-N 和 TP 降幅分别超过了 59.3%和 55.6%，COD_{Mn} 下降了约 15.6%，DO 提高了 14.8%左右。除了整体水平的好转，各项指标在全年范围内波动程度也有不同程度的减小，水质变化更加稳定平缓，而且极端水质污染情况出现的频率降低。但是古城区水环境总体上水质状况仍然不理想，DO、NH_3-N、TP 平均水平都只能达到Ⅳ类地表水质标准。

1.2.3.4 重污染或敏感水体水环境特征分析

水系发达的环太湖地区，城市化进程迅猛。随着这些平原河网地区城镇的迅猛发展和土地利用类型的变化，很多原本水流畅通的城镇水体，由于水面被侵占、河道被截断，变成了很多断头浜、内湖等封闭、半封闭或缓流型的水体，水环境自净能力差、生态系统功能退化严重，同时这类城镇水体一般位于用地紧张、建筑物密集、居住人口密集、排水体系混杂的老城区，污染来源复杂且分散，难以收集和处理，造成城市断头浜和封闭或缓流型水体水环境不佳甚至污染严重。

（1）重污染断头浜河道

经初步统计，2012年苏州市古城区及周边水系重污染黑臭河道数量约有56条（表1.7）。在这些重污染黑臭河道中，有31条属于断头浜河道，其中16条感官常年黑臭，7条间隔性黑臭，8条暂无明显黑臭但指标严重超标，断头浜河道在苏州市重污染黑臭河道中占比达55.36%。这些污染的断头浜河道不但丧失了景观娱乐等使用功能，同时还因臭味污染等问题成为周边居民投诉的对象。

表1.7 重污染黑臭河道类型及断头浜黑臭河道占比

感官分类	全部河道数/条	断头浜河道数/条	断头浜河道比例/%
感官常年黑臭	20	16	80.00
间隔性黑臭	14	7	50.00
暂无明显黑臭但指标严重超标	22	8	36.36
合计	56	31	55.36

据调研，断头浜按形成原因可以分为以下两大类：

第一类：因施工被临时截断而形成的断头浜。这类水体周围水体水质、水动力条件较好，通常由于周边工程施工或片区房屋改造等被临时截断，截断时间较短，且临时断流没有对水体造成长期累积污染，这类水体一般感官暂无明显黑臭现象，或虽有但为间隔性黑臭，不会出现常年黑臭现象。经统计，此类断头浜有8条。

第二类：因不合理利用河道而形成的断头浜。这类断头浜形成已久，是由于各种原因侵占河道，原有河流被人为截断或填埋。经统计，此类断头浜有23条。

对于不同类型的断头浜，按可采用的恢复工程分类如下。

1）沟通水系，打通上下游河道关系（图1.9中A类工程措施）。这类断头浜周边具有合适的水系，实施水系连通工程能显著加快水体交换，增强水体自净能力，改善水体生态环境。因施工被临时截断形成的断头浜可全部采用此类措施解决，其他断头浜经调研考证，另有2条可通过沟通水系达到良好的水质恢复效果，即共有10条断头浜可采取此类措施恢复。

2）完善市政工程措施，建设污水、雨水排污管道，搬迁或整治沿河污染单位，消除外源污染，达到水质还清的目的（图1.9中B类工程措施）。这类工程措施主要针对外源污染严重的断头浜。原有断头浜水体周围污水、雨水等市政管道基础设施不完善，导致生活污染、面源污染等较严重而出现水体黑臭。另外，需结合并加强环保、水务、工商、城管联合执法等逐步消除外源污染，逐渐恢复其水环境。这类断头浜污染河道有5条。

3）需要伴随区域整体更新而系统解决。这类断头浜既不具备沟通条件，暂时也不能大规模完善周边市政管网。从地理位置上看，此类断头浜几乎全部位于城中村，违法建筑集中，人口密集，用地紧张，侵占河道现象严重，同时人口杂乱、基础设施不完善，河道承受外源污染负荷大且来源复杂。这类河段污染原因复杂，不具备沟通或换水条件，周边无富余用地实施人工湿地等分散型水处理方法，通常需要伴随城市区域更新才能系统解决。调研发现这类污染断头浜河道有 16 条。

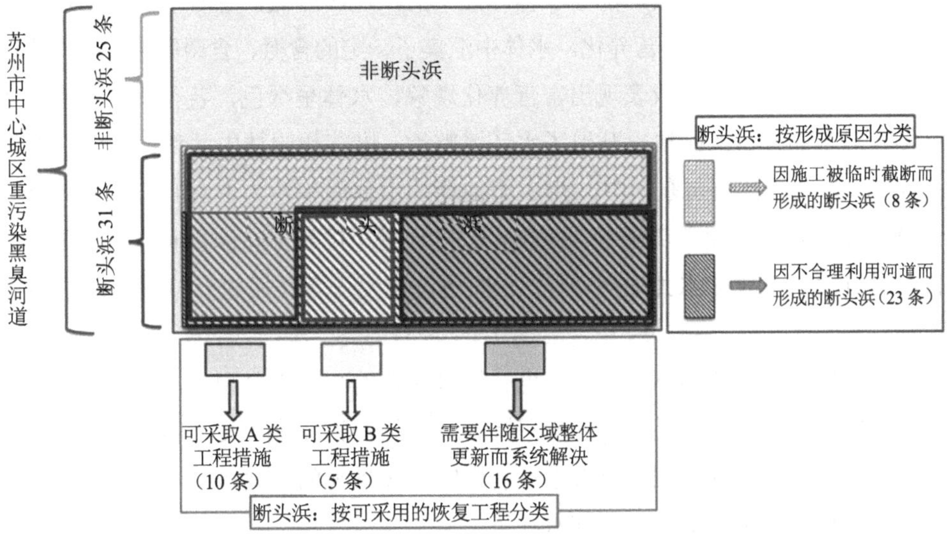

图 1.9　重污染黑臭河道分类关系

（2）古典园林封闭水系

“江南园林甲天下，苏州园林甲江南。”苏州古典园林，也称“苏州园林”，是世界文化瑰宝。苏州境内现存 50 多处园林。园林以水为中心（表 1.8），山水萦绕，厅榭精美，花木繁茂，具有浓郁的江南水乡特色。

表 1.8　苏州主要园林、水域面积统计

园林名称	园林面积/m^2	水体面积/m^2
拙政园	52 000	9 191
留园	23 300	中部水池约 1 300
网师园	5 333	447
环秀山庄	2 179	200
沧浪亭	10 800	4 866
狮子林	11 000	中部水池约 1 518
耦园	8 000	500
艺圃	3 300	660
怡园	6 300	590

注：表中数据来源于文献和园林管理部门提供的资料。

随着城市的发展，苏州古典园林的水体均受到了不同程度的污染，园林水脉割断、水生生态系统不完善，水体自净能力降低，水环境状况受到很大影响，大大地降低了园林的观赏性。主要体现在：①水体浑浊。苏州古典园林水体中污染物主要是降雨过程中由雨水冲刷带入的地表径流、植物落叶、水体动植物残体及部分人为丢弃垃圾污染等。这些都使园林水体受到不同程度的污染，部分水体浑浊不清，透明度低，感官质量差，特别是一些水体死角尤为明显。②水体富营养化。水体中汇集了一定的含氮、含磷等污染物，难以得到充分、及时降解，使水体间或表现出富营养化现象，水体呈绿色，甚至有藻类浮于水面。

近年来，有部分古典园林也开展了水环境整治。以苏州园林中面积最大的古典山水园林——拙政园为例，拙政园东、中、西 3 个池塘的水体面积约为 9 191 m^2，水体处于滞流状态。2004 年以后，苏州市实施了“拙政园园林水质净化和生态修复研究与示范”重大科技项目，通过“人工强化水力循环-异位处理-生态修复”等技术进行修复后，水体水环境得到改善。

除了历史悠久的古典园林，苏州市也有很多新建的江南古典园林，或具有独特艺术风格，或为历史文化遗址，如吴江区的静思园、姑苏区的桃花坞历史文化片区。

古典园林封闭水体的治理，要考虑不能影响园林景观的历史风貌，并在此基础上，充分利用多种工程与非工程措施改善其水环境。

（3）水乡古镇水系

著名的江南十大水乡古镇中，有 5 个古镇位于苏州，包括周庄古镇、同里古镇、甪直古镇、木渎古镇、光福古镇。经初步统计，苏州市内比较知名的水乡古镇约有 17 个。这些水乡古镇内部地势低洼，河道纵横交错，犹如密网。

近年来，多个古镇已经开展了水环境整治工作，以具有 2 500 年历史的甪直古镇为例，甪直古镇为南市河、东市河、西市河 3 条主河道的交汇处，另外多条支河错综复杂，如密网般纵横交错，造就了甪直的河、桥、水巷丰富的独特局面。然而随着甪直古镇工业经济的发展，人口的增加，面源污染不断加剧，加上河道长期淤积，河道受闸控等影响，河流流速低，甚至停滞，河道水环境不容乐观，水生态遭到了破坏。2007 年开始，甪直古镇逐步实施了“控源截污-负荷削减-质量改善”的水环境综合整治工程，水体流速提高近 1 倍，水体 COD、TN、TP 浓度降低 30%～50%，监测断面 95%的水质达到地面水环境质量标准Ⅴ类，镇区水动力学条件和水环境质量得到明显改善。

另外，还有不少水乡古镇水环境状况不佳，表现为水体流动性差、水体浑浊、透明度低等。例如，著名的千年古镇同里，“川”字形的 15 条小河把古镇区分割成 7 个片区，而 49 座古桥又将其连成一体，以“小桥、流水、人家”著称。2011 年的调查发现（图 1.10），镇内河网结构复杂，流动缓慢，水动力条件差，自净能力低。同时，镇内管网基础设施薄弱，导致入河污染负荷高，水环境状况不容乐观。

图 1.10　同里古镇现场

1.3　产业密集型河网城镇水环境问题识别及解决方案

1.3.1　问题识别

在经济发展和城市化进程中，高投入、高消耗、高污染行业仍在产业密集型河网城镇中占有一定的比重，结构性污染和排污总量的压力并不会因为产业结构的调整和升级而在短期内得到解决，土地、生态等资源环境瓶颈约束仍然突出。此外，工业化快速发展所带来的环境问题具有多样性和复杂性，很可能导致排污总量较大幅度的回升以及污染物种类的多样性变化，使环境治理的问题更加严峻，这不仅会增加减排工作的难度，也给加强环境监管、保障环境安全带来很大压力。

在“三河三湖”水环境综合治理的背景下，随着城市水污染控制与水环境改善工程的建设与运行，产业密集型河网城镇水环境质量初步得到改善。但仍然存在水环境改善的瓶颈问题，这些问题及原因如下：

（1）污染源控制现状与水环境水质目标存在差距

产业密集型河网城镇，尤其是长三角、珠三角等发达地区，在水环境污染控制方面已经开展了大量工作，但水环境污染状况尚未得到根本缓解。主要存在以下问题：①通过实施污水处理厂提标改造工程，已建和新建的污水处理厂出水已达到一级 A 排放标准，但尾水仍有较高污染负荷，难以达到污染物总量控制目标与水系水质目标。②部分城镇污水处理厂接纳了不同种类和数量的工业废水，水质水量波动大，组分复杂，系统运行稳定性差。由于不同工业废水处理工艺技术有其特殊性，运行管理也与生活污水处理厂有所区别，因此需要强化企业来水的监控和预处理，协调污（废）水收集与处理之间的矛盾，研究适合污水水质特征的污（废）水处理模式。③污（废）水处理运行的能耗普遍偏高，运行的稳定性和经济性需要加强。④监管手段缺失，能力建设不足，行业管理部门普遍缺乏监管手段，监管效果不能保证。

（2）污水处理厂臭气问题还没有得到解决

污水处理厂臭气普遍存在排放特征不清，臭气封闭、收集与处理效率低等问题。

1）不同处理单元的恶臭污染物组成和排放特征不完全清楚。在城市污水处理厂中，恶臭气体主要来源于污水好氧生物处理之前和污泥处理阶段的构筑物或设备，典型的恶臭物质包括硫化氢、氨气、甲硫醇、甲硫醚、三甲胺等。当前恶臭物质的研究大多针对硫化氢和氨气开展，并且仅局限于静态研究，缺乏关于不同单元恶臭物质组成差异、排放特征以及发生规律的系统研究。

2）臭气封闭和收集处理效率低，封闭材料和封闭技术良莠不齐、缺乏标准和规范。国内外常见的臭气源封闭材料包括玻璃卡普隆板（PC 阳光板）、玻璃钢板、聚氯乙烯（PVC）板、不锈钢、氟碳纤维膜等，其技术经济特征和局限性各有不同。

3）对恶臭气体收集模式缺乏系统研究和评价，臭气量设计不合理、臭气输送的能耗高。对于单一臭气源，臭气收集模式分为主动收集和被动收集两种，在城市污水处理厂中大多采用主动收集的模式；对于多个臭气源，有集中收集处理和就地分散收集处理两种臭气收集模式。对不同模式的特点和适用范围目前还缺乏系统研究。对于主动收集模式，臭气收集量的设计是决定臭气收集效果和除臭运行费用的关键参数。在实际除臭工程设计中，臭气收集量往往根据封闭空间的大小采用经验系数法确定。目前，对于不同臭气源缺乏统一的经验参数，因此臭气收集量无法准确反映不同臭气源源强的影响。由于臭气收集量设计不合理，往往造成臭气输送处理能耗过高或收集处理效果差。

4）恶臭处理工艺对低浓度、生物降解性差的组分去除率低。目前，城市污水处理厂的除臭技术主要有生物除臭法、化学吸收法、紫外光（催化）氧化法、等离子体法、吸附法和植物液喷淋法等。其中，生物除臭法的应用最为广泛。然而，目前常规生物除臭法还存在的问题包括：第一，常规生物除臭法对硫化氢和氨气有较高的去除能力，但对甲硫醇、甲硫醚等的去除率相对较低；第二，常规生物除臭法难以对不同性质组分（如硫化氢和氨气）同时高效去除，造成其总体运行效率低；第三，常规生物除臭法无法实现在线监测，运行方式单一，难以根据臭气负荷的变化进行调整，从而造成装置对冲击负荷的耐受能力差或者运行不经济。

（3）以污水处理厂污泥为主的城镇固体废物无害化、资源化处置水平低

随着污水处理能力的不断提高，污泥产生量也随之增长，但是污泥处置设施建设严重滞后于污水处理设施建设，污泥处理缺乏科技支撑，无害化处理与资源化利用能力不足，污泥造成的二次污染问题日益突出，成为城市水污染控制和水环境治理的薄弱环节。

以苏州市为例，在城区 28 座污水处理厂中，污水处理规模差异较大，从 2 500 t/d 到 200 000 t/d 不等，中心城区污水处理厂进水完全为生活污水，工业园区污水处理厂及规模较小的城镇污水处理厂进水中工业废水比例普遍较高，造成污泥性质差异较大，具有显著的“异质性”，需要开发有针对性的处理技术。处理生活污水的中心城区污水处理厂污泥有机质含量高达 60%以上，富含氮、磷等植物生长所需的营养元素，重金属含量较低，满足《城镇污水处理厂污泥处置 园林绿化用泥质》（GB/T 23486—2009）中的要求。产业密集型城镇污水处理厂绝大多数采用生活污水和工业废水共同处理模式，较多的污水处理厂甚至以处理工业废水为主，污泥有机质含量大多在 50%以下，污泥中镍（Ni）、镉（Cd）等重金属超标。

中心城区污泥主要采用堆肥处理方式，园区污泥采用热电厂混烧、现状堆肥等处理方式，高新区全部污泥和吴中区大部分污泥采用卫生填埋处置方式。热电厂混烧对有机物含量较低、重金属含量较高的污泥难以适用。新建专用污泥焚烧设施则存在一次性投资大、脱水干化能耗高的问题，有机物含量较低、重金属含量较高的污泥同样难以适用。现状堆肥处理设施因恶臭污染严重、产品销路差，难以维持运行。卫生填埋占用大量土地，且对污泥含水率也有较高要求，只能作为应急处理方式使用。

（4）河流污染来源复杂、污染负荷高、生态系统退化严重

河网城镇河网特征明显，水动力条件差，水体各种外源污染负荷仍然较高，水质污染严重，劣Ⅴ类重污染河流在内城河网中仍然占据较高比例，臭味污染突出，河流景观受到破坏，水生态退化严重。形成这种状况的主要原因包括：①位于建筑密集、流动人口多、基础设施不完善、排水系统混杂的老城区内的封闭或缓流型城市水体，入河污染源来源多、位置分散、生活和复杂来源的工业污水混杂、成分复杂、单个排放口排放量少、排放时间规律性不强，难以彻底有效截除和处理，这些污染源总体污染负荷较大，对封闭或缓流型水体水环境冲击大。②城市封闭或半封闭的断头浜，水体自净能力几乎丧失殆尽，再加上累积在底泥中的内部污染源释放，以及外部入河污染源难以完全去除，水体黑臭现象严重。③对于断头浜、内湖等封闭或缓流型城市水体，由于缺乏清洁的补充水源，水体交换缓慢，环境容量低。而入河的水主要是污水和降雨期污染负荷很高的地面径流。如果彻底截断入河污水，水体的来源将被截断，使水体流态进一步恶化。④城市内城河流河网结构复杂，流动缓慢，水动力条件差，自净能力基本丧失。为实现水质改善和维持，有必要通过外源和内源污染负荷削减控制、区域水系生态调度、河道污染物快速分离、重污染河道景观功能的快速高效修复和持久维持等多级复合修复措施复活重污染城市河道，构建经济高效的

城镇河道水环境长效保持体系。

1.3.2 综合解决方案

基于产业密集型城镇水环境问题识别和技术难点分析，针对水体污染负荷高、水系缓流和滞流明显、污水处理厂污泥资源化程度低、污（废）水排放达标困难、环境敏感区域污水臭味污染等突出问题，分别提出解决方案。

（1）城镇污（废）水处理厂优化运行和节能降耗

针对产业密集型城镇中小规模污（废）水处理厂数量多、稳定达标困难，以及能耗偏高的特点，应该对典型的污水处理厂进水水质水量、工艺流程、运行能耗和出水水质进行调研；对各种监测设备、数据传输方式、中央控制与管理设备进行系统分析，提出合适的监测模式及纳管控制方法；分析不同来水构成、不同工艺流程环节对城镇污水处理厂稳定达标和吨水能耗的影响，建立不同类型污水处理厂能耗分布图和数据库；通过现场调研、试验研究和理论分析，分析典型污水处理厂运行模式和曝气供氧方式对污水处理厂稳定运行、供氧效率和能耗的影响比重，识别各单元关键控制因子，提出典型污（废）水处理厂稳定达标和节能降耗技术方案，实现污（废）水处理节能降耗，并进行工程示范。结合政府行业管理对污水处理企业评价的需求，研究和提出污水处理厂监管控制、稳定运行及节能运行控制评价体系。

（2）环境敏感区污水处理厂臭味收集与处理

围绕“十二五”期间城市污水处理厂恶臭控制方面的需求和技术难点，基于典型城市污水处理厂不同处理单元的恶臭排放特征，针对大空间污水处理构筑物或设备封闭装置的臭气外逸问题，以保证集气罩内部的气流紊动均匀性为目标，采用流场模拟与优化技术分析大空间封闭装置内部的流场分布规律，研究适用于不同形状和类型构筑物封闭设备的封闭技术；基于不同臭气源的排放特征，研究提出不同收集模式的优、缺点和适用条件与范围，确定最佳臭气收集模式，研究在不同臭气收集量下恶臭污染物的浓度与负荷变化规律，确定臭气收集量计算的关键参数；针对单一生物除臭技术存在的对低浓度、难生物降解污染物去除效果差、装置占地面积大以及冬季运行效果差等问题，研究紫外光氧化和生物过滤联合除臭技术，提出“紫外-生物”联合工艺的最佳运行参数和设备设计制造方案。最后在污水处理厂臭气封闭、收集与处理技术研究的基础上，将相关技术设备化、成套化和系统化，并进行除臭技术系统示范，修改完善污水处理厂除臭系统的设计与建设规范。

（3）污泥-绿化废物共堆肥与污泥腐质化

产业密集型城镇中以生活污水为主的城区污水处理厂，污泥处置途径以填埋、堆肥与和煤混烧为主，面临无害化处置标准低、规范化程度不足、资源化利用尚未系统开展等问题。其污泥泥质特性符合现行园林绿化和农用泥质标准，但存在污泥含水率高、黏性大、通气性差、碳氮比低等问题，通过研究各种常见堆肥辅料（包括园林绿化废物）对污泥预调质、发酵过程和堆肥品质的影响，以及通过优化通风与过程控制提高稳定化速率与堆肥效率。开发强化腐殖化技术，提高污泥有机质资源化率，研究开发内容涉及腐殖化催化剂优选、堆肥腐殖化强化工艺、腐殖化产物与重金属的相互作用、腐殖化产物与持久性有机污染物（POPs）的相互作用，深入分析腐殖化产物解毒能力，提出原生污泥有害物质控制指标与限值。通过中间试验与工程示范研究，建立工艺系统控制方法，形成污泥与园林绿化废物共堆肥成套技术体系。

研究污泥堆肥产品用于园林绿化的技术稳定性和环境安全性，结合资源化产品的市场分析，提出相应的管理制度、市场机制和保障措施。从污泥的产生、处理和后续园林绿化利用等环节出发，研究污泥园林绿化处置途径的全过程控制技术和管理体系。

（4）典型水体污染控制与水质修复

通过系统、深入的水环境监测，识别产业密集型河网城镇水环境的基本特征与影响水环境的主要因子，基于问题识别和系统分析，建立研究“水动力-水质”耦合模型，识别断头浜重污染河道、古典园林封闭水系以及水乡古镇水系等典型难点水体类型，对应开展三类水体的水环境修复关键技术研发和示范工程。

1）断头浜重污染河道污染控制与水质维持。针对水系水流滞缓、人工干预强、产业人口密集、污染负荷大且复杂、水生态退化严重的断头浜重污染河道，重点研究重污染河道的污染特征与评价、城市重污染河道流态调控-增氧与景观功能高效修复技术、城市河道典型污染物快速分离技术、城市河道生态景观功能的快速高效修复技术等。在不同技术的适用性筛选和优化耦合的基础上，形成产业密集型河网城镇重污染河道污染控制与水质维系技术体系，提出典型重污染城市河道的污染源削减和自净能力提升的综合方案，改善示范河道的水环境和生态状况。

2）古典园林封闭水体营造与水质维持。针对地势低洼、基础设施薄弱、内涝严重的古典园林封闭水体，借鉴美国城市降雨径流最佳管理措施（BMPs）体系建设的经验和教训，研究源头控制和污染负荷预防、运移过程滞蓄和削减以及入河口生态控制为一体的城市降雨径流调蓄利用与污染控制技术，通过物理截留、生物滤床、植物净化等单元的相嵌与协同，利用组合式、模块化设计，结合过滤系统结构优化、多级处理单元的组合运行模式的构建，削减入河污染负荷，形成与岸带环境相融合的入河分散污水物理-生物过滤一体化复合净化系统，通过工程示范，实现入河污水的有效净化与清水入河。

3）水乡古镇河道水质修复与调控。针对水流滞缓、自净能力差、水体生态功能退化、水环境质量恶化的水乡古镇水体，重点研究古镇重污染河道污染源构成和特征污染物识别、古镇水系的生态调度和调控、分散入河污染源的高效生态控制、河道典型污染物快速去除技术以及污染河道景观功能的快速高效修复和持久维持技术等，形成水乡古镇河道水质修复与调控技术体系，提出水乡古镇水质修复与调控技术方案并进行工程示范，改善水乡古镇水系水环境和生态状况。

参考文献

[1] 陈彦光. 地理数学方法：基础和应用[M]. 北京：科学出版社，2001.

[2] 冯春，杨光，杜俊，等. 污水污泥堆肥重金属总量及形态变化[J]. 环境科学研究，2008，21（1）：97-102.

[3] 顾晓丹. 以优化运行调控为目标的城市污水处理厂模型构建与耦合研究[D]. 重庆：重庆大学，2018.

[4] 郭静，梁娟，匡颖，等. 污水处理厂恶臭污染状况分析与评价[J]．中国给水排水，2002，18（2）：41-42.

[5] 蒋同斌，李继玲. 基于多元统计分析的水环境质量评价及趋势分析[J]. 南京师范大学学报：工程技术，2010，10（4）：52-56.

[6] 蒋勇，阜葳，毛联华，等. 城市污水处理厂运行能耗影响因素分析[J]. 北京交通大学学报，2014，38（1）：33-37.

[7] 雷磊. 苏州城区水环境特征识别与影响要素分析[D]. 北京：清华大学，2015.

[8] 李晓东. 城市污水处理厂数据挖掘及相关技术研究[D]. 长沙：湖南大学，2007.

[9] 李志辉. 河南省典型污水处理厂能耗分析及节能途径研究[D]. 郑州：郑州大学，2011.

[10] 刘伟. 长江三角洲可持续发展评价[D]. 上海：华东师范大学，2007.

[11] 李艳霞，陈同斌，罗维，等. 中国城市污泥有机质及养分含量与土地利用[J]. 生态学报，2003，23（11）：2464-2474.

[12] 李义禄，张玉虎，贾海峰，等. 苏州古城区水体污染时空分异特征及污染源解析[J]. 环境科学学报，2014，34（4）：1032-1044.

[13] 李广贺，贾海峰，张旭，等. 河网地区城镇水环境综合整治技术与工程应用[M]. 北京：中国建筑工业出版社，2020.

[14] 贾海峰. 城市河流环境修复技术原理及实践[M]. 北京：化学工业出版社，2016.

[15] 莫测辉，蔡全英，王伯光，等. 我国城市污泥中醚类和卤代烃类有机污染物的初步研究[J]. 环境科学学报，2002，22（5）：671-677.

[16] 申荣艳，骆永明. 长江三角洲地区城市污泥的综合生物毒性研究[J]. 生态与农村环境学报，2006，22（2）：54-58，70.

[17] 申荣艳，骆永明，章钢娅，等. 长江三角洲地区城市污泥中多氯联苯和有机氯农药含量与组分研究[J]. 土壤，2006，38（5）：539-546.

[18] 孙玉焕，骆永明，吴先华，等. 长江三角洲污泥及健康安全风险研究：类大肠杆菌及其风险[J]. 土壤学报，2005，42（3）：397-403.

[19] 王红莉，王岩芳. 城市污水处理厂恶臭控制技术评述[C]//中国土木工程学会水工业分会排水委员会. 全国排水委员会 2012 年年会论文集，2012：4.

[20] 伍燕南，王跃，陈德超. 苏州园林水体生态化治理之路探讨[J]. 环境与可持续发展，2012，5（20）：87-91.

[21] 席劲瑛，胡洪营，罗彬，等. 城市污水处理厂主要恶臭源的排放规律研究[J]. 中国给水排水，2006，22（21）：99-103.

[22] 杨宁. 河网地区城市河道水环境时空变化与模拟研究[D]. 北京：清华大学，2015.

[23] 袁志发，周静芋. 多元统计分析[M]. 北京：科学出版社，2004.

[24] 袁文麒，张维佳，黄勇，等. 人工水力循环改善园林不规则池塘水质的研究[J]. 中国给水排水，2008，24（3）：17-20.

[25] 杨凌波，曾思育，鞠宇平，等. 我国城市污水处理厂能耗规律的统计分析预定量识别[J] .给水排水，2008，34（10）：42-45.

[26] 赵倩. 外商直接投资对长江三角洲地区环境污染的影响效应分析[D]. 厦门：厦门大学，2009.

[27] 周鑫，郭雪松，刘俊新，等. 氧化沟工艺城市污水处理厂的能耗特征研究[J] .给水排水，2011，37（8）：31-37.

[28] 祝妍华. 我国城市污水处理事业的现状及发展趋势[J]. 江苏环境科技，2008，21（增 1）：117-121.

[29] Cooper C D，Godlewski V J，Hanson R，et al. Odor investigation and control at a WWTP in Orange County，Florida[J]. Environmental Progress，2001，20（3）：133-143.

[30] Shek W M，Murphy M B，James C W，et al. Synthetic polycyclic musks in Hong Kong sewage sludge[J]. Chemosphere，2008，71（7）：1241-1250.

[31] Terrado M，Barceló D，Tauler R，et al. Surface-water-quality indices for the analysis of data generated by automated sampling networks [J]. Trends in Analytical Chemistry，2010，29（1）：40-52.

[32] Wolfgang H，Léopold S. Applied Multivariate Statistical Analysis [M]. 2nd ed. Berlin：Springer，2007.

[33] Wang C，Hu X，Chen M L，et al. Total concentrations and fractions of Cd，Cr，Pb，Cu，Ni and Zn in sewage sludge from municipal and industrial wastewater treatment plants [J]. Journal of Hazardous Materials，2004，11（23）：245-259.

第2章

城镇污（废）水处理厂优化运行与节能降耗

随着我国环境污染问题日益严重和水资源短缺问题日益明显，城镇污（废）水处理厂的建设和发展也十分迅速。城市污（废）水处理作为一个高能耗行业，近年来引起了人们的广泛关注，围绕节能、降耗、减污、增效等目标对污（废）水处理厂工艺系统、运行方式等的研究也备受重视。城镇污（废）水处理厂的良好运行和管理，是确保污水处理达标，减少污染排放的关键。作为能耗密集型产业，城镇污（废）水处理厂的优化运行、节能降耗等技术的研究，可以提高污（废）水处理厂的运行管理水平，使污水处理技术由高能耗逐渐向低能耗、高效率的方向发展。

2.1 污（废）水处理厂优化运行与节能降耗技术路线

污水处理属于能耗密集型产业。近十几年来，我国污水处理行业快速发展，目前日处理能力已经达到 2.2 亿 t，年实际处理量超过 700 亿 t，是名副其实的污水处理大国。2017 年住房和城乡建设部建设统计年鉴数据显示，截至 2017 年年底，全国建制镇污水处理厂共计 4 810 座，日处理能力 1 714.15 万 t；乡级污水处理厂 874 座，日处理能力 49.47 万 t。全国有 47.06%的建制镇、25.13%的乡村对生活污水进行处理；城市污水处理厂有 2 209 座，日处理能力 15 743 万 t。随着生态文明建设的推进，城镇污水处理厂的数量和污水处理量还会有很大的提升，进一步加剧我国的能源消耗。污水处理厂的整个能源消耗构成中，70%～80%都来源于电能的消耗，小部分来源于添加药剂和自来水的消耗。2018 年，全社会总电耗中的 0.28%消耗在全国城镇污水处理厂上，消耗电能共计 192 亿 kW·h，并且仍在逐年上升。

环太湖流域等典型产业密集型河网城镇污水处理的调研结果表明，普遍存在中小规模污水处理厂较多、工业废水比例高等问题，由于监管手段缺失、能力不足，污水处理厂进水条件波动较大，处理效果不稳定。同时，部分污水处理厂的实际负荷率较低，大多数污水处理厂的控制水平和设备运行效率低，导致污水处理厂能耗普遍较高。因此，需要强化对企业来水的监控和预处理，促使纳管企业不断提高运行管理水平，提升污水处理厂运行管理水平。

产业密集型河网城镇污（废）水处理通过源头监控技术，强化排污许可制度，实现远程在线取样监控，稳定和改善污水处理厂的进水水质。产业密集型河网城镇污（废）水处理厂通过节能降耗与优化运行技术，实现污水处理厂预处理、生化处理和深度处理等环节的整体优化，提升系统的污水处理效能和出水水质，并通过溶解氧优化控制和工艺运行策略优化，降低污水处理厂的运行能耗，最终建立污水处理全流程优化运行技术体系，并进行工程示范，为产业密集型河网城镇水环境质量改善及功能提升提供支撑。污水处理厂优化运行与节能降耗技术路线如图 2.1 所示。

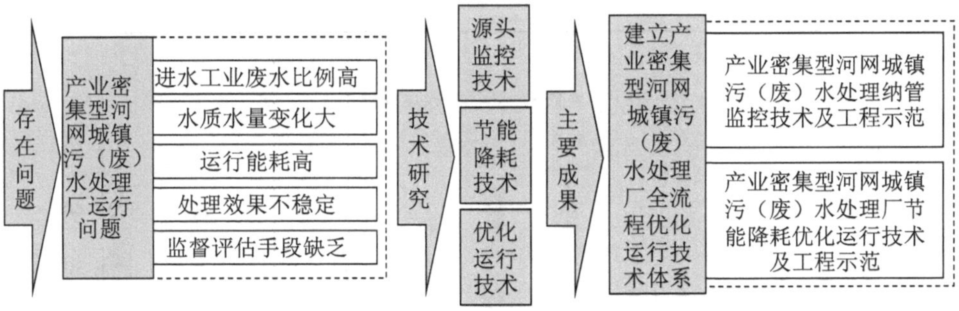

图 2.1　污水处理厂优化运行与节能降耗技术路线

2.2　典型产业密集型河网城镇污（废）水处理厂状况

以典型产业密集型城市——苏州市为例，对其区域内污水处理厂进水水量水质、运行效能和能耗水平等 3 个方面进行调研分析，统计已建污水处理厂的设计水量，分析全市和各区县的污水处理能力，结合区域面积、经济、人口等数据，确定苏州市各区县提高污水处理能力的重点和方向。

2.2.1　污（废）水处理厂概况

截至 2012 年年底，苏州市共建成投运（含规划调整）的城镇污水处理厂有 99 座，处理能力（投运规模）达 323.34 万 m^3/d，配套收集管道达 9 893 km，总资产达 164.7 亿元。其中，县级以上污水处理厂 44 座，总处理能力 243.1 万 m^3/d；镇级污水处理厂 55 座，总处理能力 80.24 万 m^3/d。苏州市城镇污水处理厂数量和处理能力均占江苏省的 1/3，污水处理厂数量众多，但单个厂的处理能力普遍偏小，4 万 m^3/d 以下的约占 71%，10 万 m^3/d 及以上的仅占 5%，如表 2.1 和图 2.2 所示。2012 年，全市城镇污水处理厂共处理污水 7.75 亿 m^3，其中生活污水 5.79 亿 m^3。城镇生活污水处理率稳步提高，城镇平均为 95%，苏州市和各市（县）、区建成区生活污水平均处理率为 97%，镇（街道）为 88%。2012 年各市（县）、区城镇污水处理量及平均负荷率如图 2.3 所示。

表 2.1　截至 2012 年年底苏州市城镇污水处理厂规模及数量

规模	数量/座
Q<1 万 m^3/d	18
1 万 m^3/d≤Q<2 万 m^3/d	24
2 万 m^3/d≤Q<4 万 m^3/d	28
4 万 m^3/d≤Q<10 万 m^3/d	24
Q≥10 万 m^3/d	5
总计	99

注：Q 为污水处理厂规模。

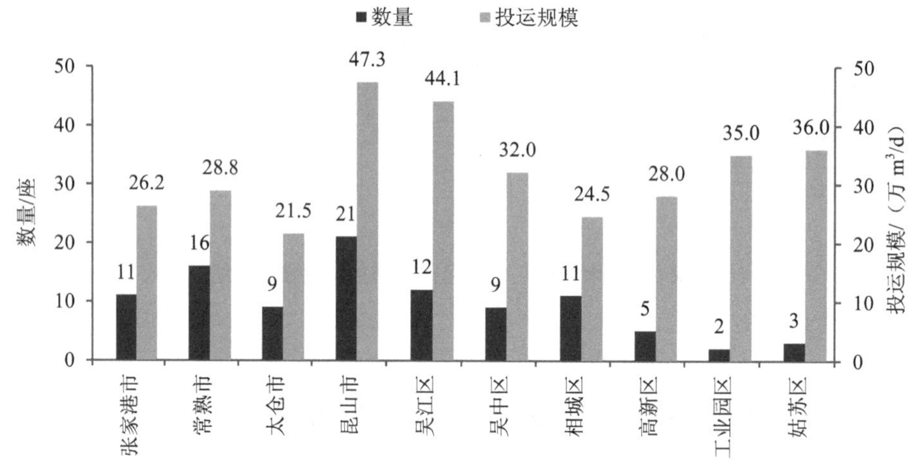

图 2.2　各市（县）、区城镇污水处理厂数量及投运规模分布

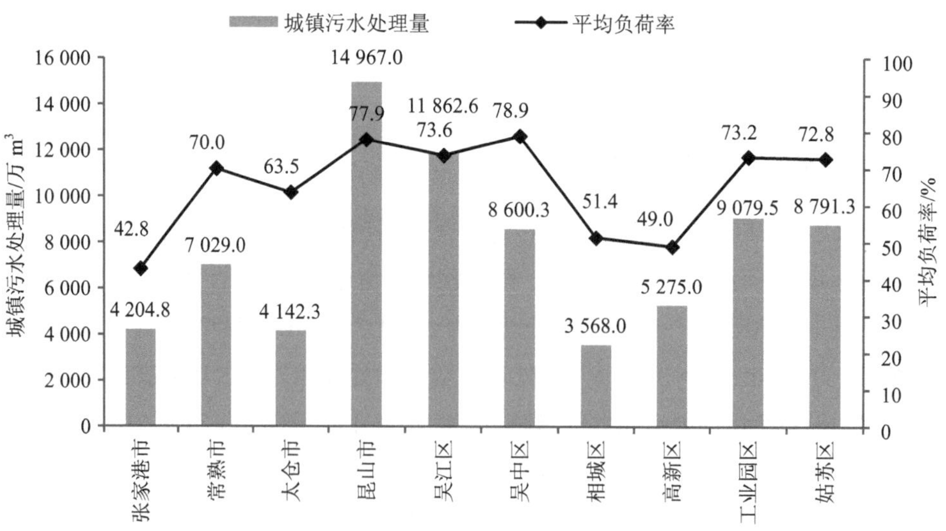

图 2.3　2012 年各市（县）、区城镇污水处理量及平均负荷率

苏州市污水处理厂生化处理工艺主要包括厌氧-缺氧-好氧活性污泥法（A/A/O）、序批式间歇反应器（SBR）和氧化沟三大工艺系列，2012 年调研的各工艺类型数量及规模如表 2.2 所示。A/A/O 工艺是苏州市的主流工艺，数量占 59.0%，处理能力占 57.0%；SBR 工艺次之，数量占 21.0%，处理能力占 24.4%；氧化沟工艺数量占 17.0%，处理能力占 17.4%；此外，苏州市还建有 3 座以生物膜法处理工艺为生化处理单元的污水处理厂，占总处理能力的 1.14%。

表 2.2　各工艺类型数量及规模（2012 年）

工艺类型	规模/（万 m^3/d）	数量占比/%
A/A/O	184.24	59
SBR	79.05	21
氧化沟	56.35	17
其他	3.7	3

2.2.2　污（废）水处理厂水量与水质情况

2.2.2.1　水量

污水水量是污水处理厂重要的设计和运行参数，当水量接近设计值时，运行效果和效益可达到较高水平，进水量过低或过高均不利于污水处理厂运行。本书对苏州市 99 家城镇污水处理厂 2012 年全年的水量变化进行了统计分析。

（1）污水处理厂进水量总体情况

2012 年苏州全市污水处理厂月处理水量变化如图 2.4 所示，整体而言，污水处理厂的进水量仍低于设计水量，负荷率最高达到 79.4%，出现在 9 月，最低负荷率为 56.7%，出现在 1 月，最高负荷率为最低负荷率的 1.40 倍，苏州全市污水量的季节性变化明显，虽未出现超负荷现象，但水量的变化仍会对污水处理厂的出水水质和运行能耗产生影响。

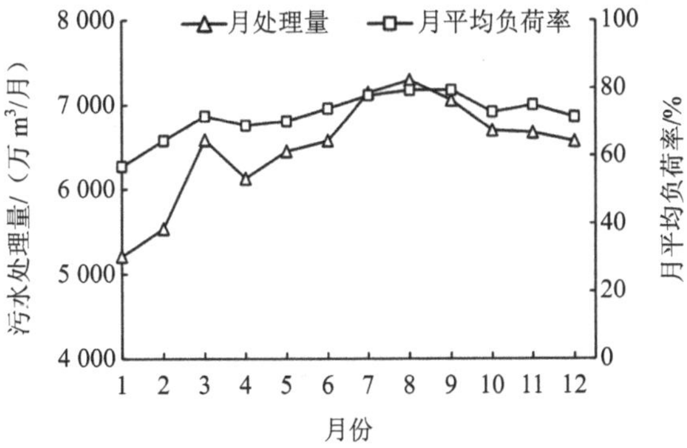

图 2.4　2012 年苏州全市污水处理厂月处理水量变化

（2）不同规模污水处理厂进水量变化情况

如图 2.5 所示，99 座污水处理厂中，设计规模 10 万 m^3/d 及以上的大型污水处理厂的月平均负荷率为 74.5%，负荷率最高为 86.9%，出现在当年的 8 月；负荷率最低为 59.1%，出现在当年的 1 月，最高负荷率为最低负荷率的 1.47 倍。总体而言，苏州市大型污水处理厂的负荷率更高，进水量的季节性变化更为明显。

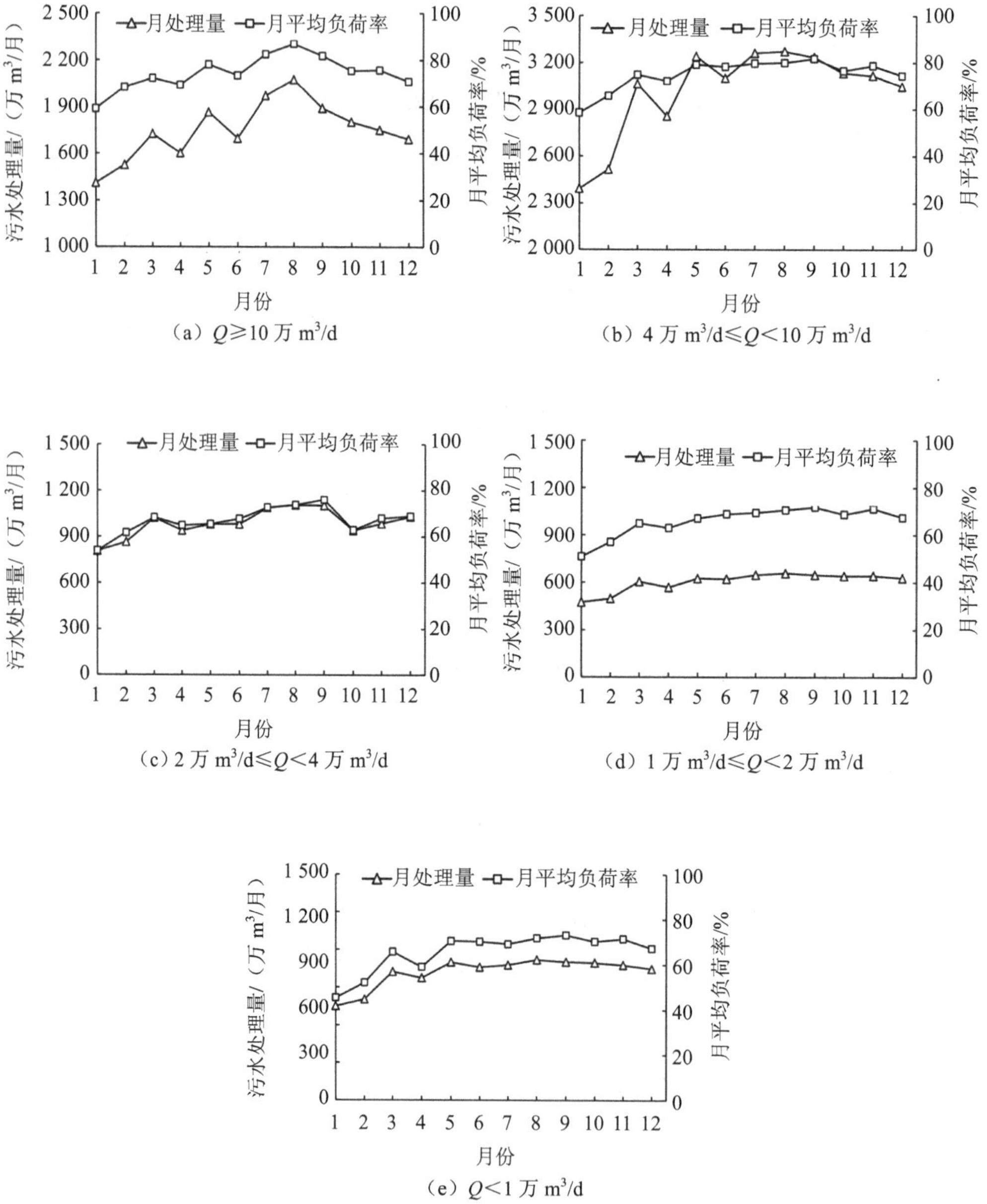

图 2.5　2012 年苏州市污水处理厂污水月处理量和月平均负荷率变化

设计规模 4 万～10 万 m^3/d 的中型污水处理厂的月平均负荷率为 75.0%，最高负荷率为 81.7%，最低负荷率为 58.5%，分别出现于 9 月和 1 月，最高负荷率为最低负荷率的 1.40 倍，这与苏州市污水处理厂月平均负荷率变化基本一致。

设计规模 2 万～4 万 m^3/d 的小型污水处理厂的月平均负荷率为 67.0%，最高负荷率为 76.0%，最低负荷率为 53.9%，分别出现于 9 月和 1 月，最高负荷率为最低负荷率的 1.41 倍，该类型污水处理厂负荷率相对于大中型污水处理厂更低。

设计规模 1 万～2 万 m^3/d 的小型污水处理厂的月平均负荷率为 65.8%，最高负荷率为 71.7%，最低负荷率为 50.8%，分别出现于 9 月和 1 月，最高负荷率为最低负荷率的 1.41 倍，该类型污水处理厂负荷率较低，但是负荷变化基本同全市的变化率相近。

设计规模小于 1 万 m^3/d 的小型污水处理厂的月平均负荷率为 65.4%，最高负荷率为 73.0%，最低负荷率为 45.4%，分别出现于 9 月和 1 月，最高负荷率为最低负荷率的 1.61 倍，该类型污水处理厂负荷率较低，负荷变化也较大。

2.2.2.2　水质

苏州市污水处理厂按水质可分为几大类型：①中心城区，基本上以生活污水为主；②相城区、吴中区的镇级污水处理厂和开发区的污水处理厂，进水中工业废水比例普遍较高，最高可达到 70%以上，主要是印染、制药、化工和电子等行业的废水；③苏州高新区和苏州工业园区污水处理厂，进水中工业废水比例普遍较高，大多在 40%以上，最高可达到 70%以上，主要是电子、机械和化工等行业的废水。

本书对苏州市 99 家污水处理厂进水中的 COD、BOD_5、SS、NH_3-N、TN、TP 等 6 类水质指标进行分析。

（1）进水 COD 浓度变化

如图 2.6 所示，苏州市污水处理厂进水 COD 浓度平均值为 326.6 mg/L，最高值达到 1 156 mg/L，而最低值仅为 86.5 mg/L。进水 COD 浓度较高的主要原因是该地区工业比较发达，污水处理厂的进水中混入了不同比例的工业废水。进水 COD 浓度超过 600 mg/L 的污水处理厂，需重点关注 COD 的去除，同时增加出水溶解性 COD 浓度的测定频次。随着进水 COD 浓度增加，污水处理厂比例先迅速增加而后增加趋缓，超过 80%的污水处理厂进水 COD 浓度在 600 mg/L 以下。

（2）进水 BOD_5 浓度变化

如图 2.7 所示，苏州市污水处理厂进水 BOD_5 浓度平均值为 129.4 mg/L，最高值达到 310 mg/L，而最低值仅为 27.2 mg/L。虽然污水处理厂进水 COD 浓度较高，但是 BOD_5 浓度较低，进水有机物中的难生物降解成分较高。37.2%的污水处理厂进水 BOD_5 浓度小于 100 mg/L，87.2%的污水处理厂进水 BOD_5 浓度小于 200 mg/L。

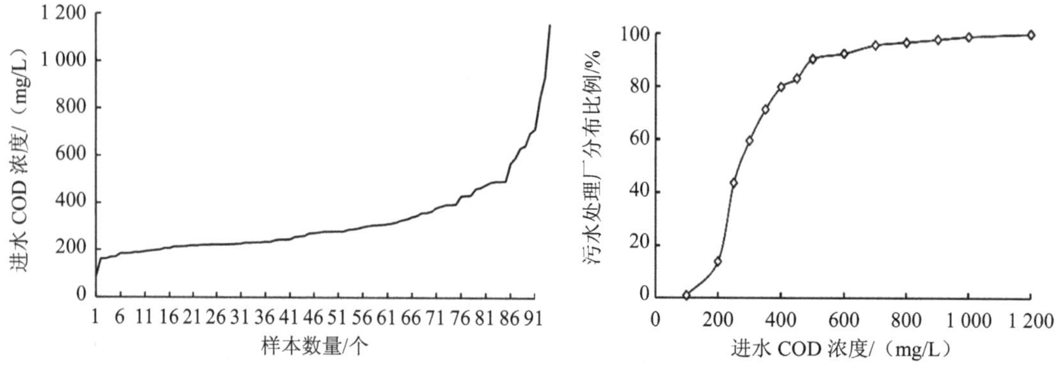

图 2.6 进水 COD 浓度变化（左）与不同进水 COD 浓度污水处理厂分布比例（右）

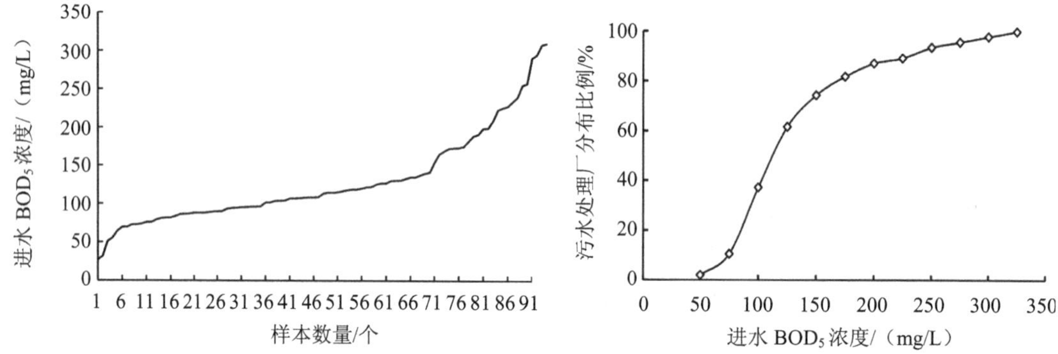

图 2.7 进水 BOD_5 浓度变化（左）与不同进水 BOD_5 浓度污水处理厂分布比例（右）

（3）进水 SS 浓度变化

如图 2.8 所示，苏州地区污水处理厂进水 SS 浓度平均值为 132.4 mg/L，最高值达到 311.7 mg/L，而最低值仅为 36.6 mg/L，污水处理厂的进水 SS 浓度总体偏低，大部分污水处理厂无需设置初次沉淀池即可进行生化处理，这是苏州市污水水质的一大重要特点。34.0%的污水处理厂进水 SS 浓度小于 100 mg/L，87.2%的污水处理厂进水 SS 浓度小于 200 mg/L。

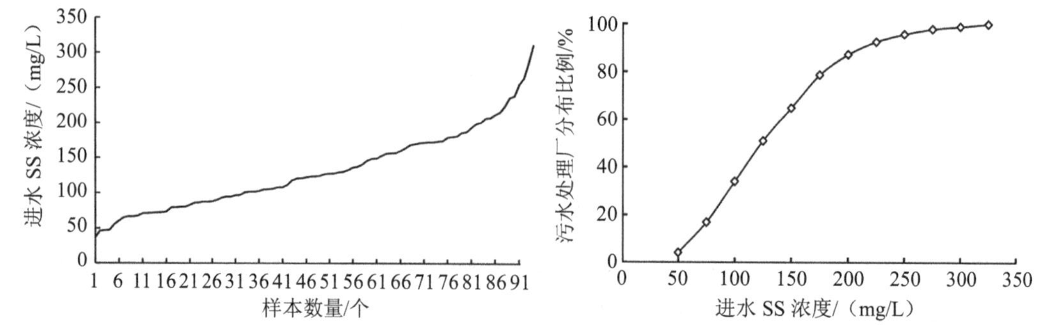

图 2.8 进水 SS 浓度变化（左）与不同进水 SS 浓度污水处理厂分布比例（右）

（4）进水 NH_3-N 和 TN 浓度变化

如图 2.9 所示，各污水处理厂 NH_3-N 和 TN 浓度平均值分别为 21.8 mg/L 和 29.6 mg/L。NH_3-N 浓度最高值为 44.1 mg/L，最低值仅为 4.06 mg/L；TN 浓度最高值为 83.3 mg/L，最低值为 7.91 mg/L。总体而言，苏州市进水 NH_3-N 和 TN 浓度相对较低，仅个别污水处理厂由于工业废水排入而浓度较高。88.3%的污水处理厂进水 NH_3-N 浓度小于 30 mg/L，91.5%的污水处理厂进水 TN 浓度小于 40 mg/L。

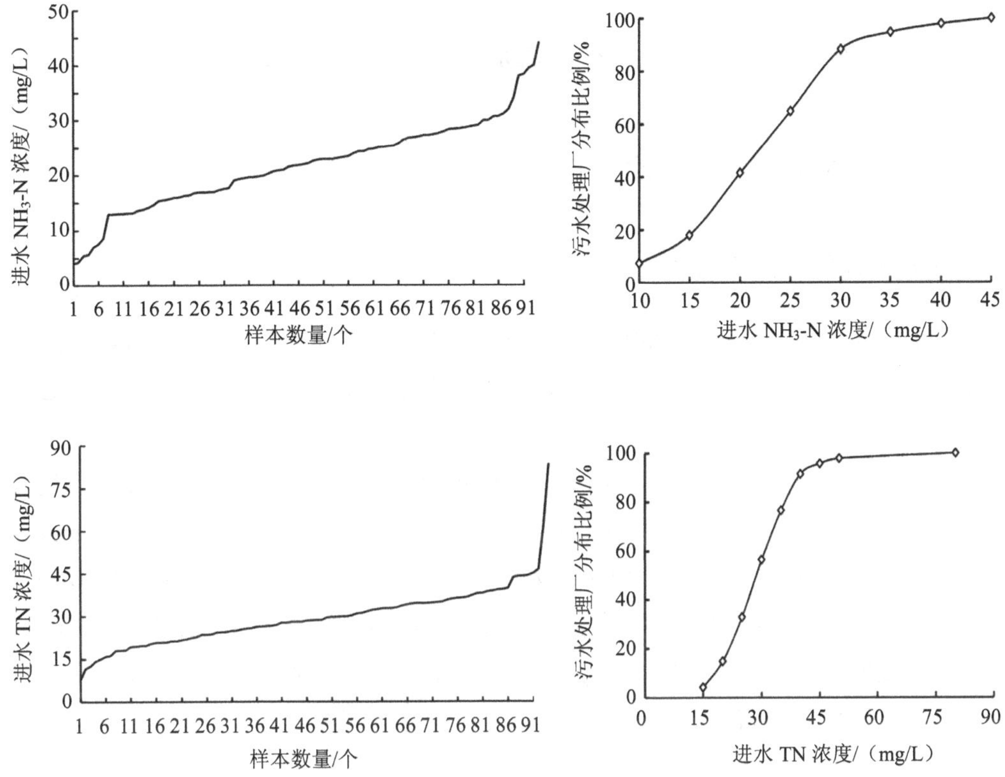

图 2.9　进水 NH_3-N 和 TN 浓度变化（左）和污水处理厂分布比例（右）

（5）进水 TP 浓度变化

如图 2.10 所示，苏州市污水处理厂进水 TP 浓度平均值为 3.36 mg/L，TP 浓度最高值为 26.5 mg/L，最低值仅为 0.85 mg/L，苏州市进水 TP 浓度正常，除个别污水处理厂需对排污源头进行监控以降低污水处理厂进水的 TP 浓度外，其余可通过生化除磷实现达标处理。

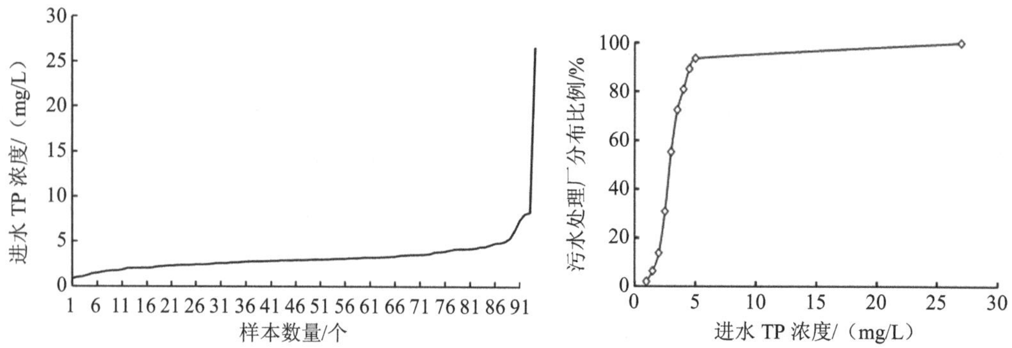

图 2.10 进水 TP 浓度变化（左）和不同进水 TP 浓度污水处理厂分布比例（右）

2.2.3 污（废）水处理厂运行效能情况

2.2.3.1 污水处理厂运行效能调查

为充分了解苏州市污水处理厂运行现状，评估苏州全市污水处理厂运行质量，研究团队于 2012 年在苏州市各市（县）、区，共选取 40 家典型污水处理厂，对其运行效能进行调研分析。

40 家污水处理厂进水 COD 浓度为 85～1 310 mg/L，出水浓度为 13～48 mg/L；进水 BOD_5 浓度为 27～438 mg/L，出水浓度为 1.34～9.34 mg/L；进水 TN 浓度为 6.13～90.5 mg/L，出水浓度为 2.37～57.6 mg/L；进水 NH_3-N 浓度为 4.02～42.6 mg/L，出水浓度为 0.12～16.9 mg/L；进水 TP 浓度为 0.273～26.9 mg/L，出水浓度为 0.04～1.96 mg/L；进水 SS 浓度为 33～1 040 mg/L，出水浓度为 4～62 mg/L。部分污水处理厂个别监测时段，出水指标出现超标甚至严重超标（超过污水处理厂一级 A 排放标准）的情况。苏州市城镇污水处理厂存在的主要问题包括以下几个方面：

1）以生活污水为主的污水处理厂，进水水质指标偏低，尤其是镇级污水处理厂和部分新建的县级或片区以上污水处理厂，说明这些区域控源截污的工作滞后，需要引起注意。

2）其他乡镇污水处理厂的进水水质适中，但部分污水处理厂进水水质偏高，主要是因为接纳了较多的工业废水。这种情况一方面掩盖了生活污水的真实接纳率，另一方面造成污水处理厂出水超标，该问题是今后管理的重点之一。

3）抽测发现出水水质超标的污水处理厂 16 座，占抽测总数的 40%，超标因子主要是氮和磷，超标的污水处理厂主要有两类：一是接纳工业废水较多的镇级污水处理厂，二是新建投产不久的污水处理厂。这说明苏州市污水处理厂源头控制管理、厂内应急控制措施及管理调控仍不到位，需要从污水处理厂工艺改造、技术手段和管理手段等多方面入手加以整改完善。

2.2.3.2　污水处理厂能耗水平分析

能耗水平是衡量污水处理厂运行质量和水平的重要方面，污水处理厂的运行能耗同该厂的规模、进水水质和关键设备关系密切，同时污水处理厂运行能耗受负荷率的影响也比较明显。

表 2.3 为苏州市污水处理厂能耗汇总，苏州市污水处理厂规模主要在 10 万 m^3/d 以下，规模偏小导致污水处理能耗偏高。同等规模的污水处理厂能耗差异也较大，为排除水质对能耗的影响，本书对污水处理厂的单位有机物处理能耗进行统计，结果表明污水处理厂规模越大，单位有机物处理能耗越低。规模小于 1 万 m^3/d 的污水处理厂能耗是 10 万 m^3/d 及以上规模污水处理厂能耗的 1.74 倍，单位有机物处理能耗则相差 1 倍以上，同规模的污水处理厂能耗也存在较大差异，表明污水处理厂的运行管理仍需进一步加强。

表 2.3　苏州市污水处理厂能耗汇总

规模/（万 m^3/d）	平均单位能耗/（$kW\cdot h/m^3$）	单位有机物处理能耗/（$kW\cdot h/kg$）
$Q<1$	0.562	2.45
$1\leqslant Q<2$	0.501	1.81
$2\leqslant Q<4$	0.440	1.65
$4\leqslant Q<10$	0.374	1.33
$Q\geqslant 10$	0.323	1.19

2.2.3.3　污水处理厂节能减排建议

污水处理厂能耗影响因素较多，除了前面分析的规模和水质因素，污水处理厂设计、关键设备和运行管理水平也是决定污水处理厂实际能耗的重要因素，由于缺乏详细的相关资料，未能分析污水处理厂设计和运行对能耗的影响。能耗统计分析的结果表明，苏州市中、小型污水处理厂的能耗偏高，具有较大的节能空间，开展污水处理厂节能工作非常必要。

对苏州市而言，应根据统计结果确定不同规模污水处理厂的指导能耗，同时对高能耗和低能耗的污水处理厂进行更为全面的分析，以总结苏州市污水处理厂在节能方面的措施和经验，为整体降低苏州市污水处理厂能耗水平提供指导。

污水处理厂的能耗主要由厂内的机械设备产生，包括提升泵、回流泵、鼓风机/表曝机、搅拌器、污泥脱水机等，节能工作首先是收集污水处理厂各关键设备的能耗，弄清污水处理厂的能耗组成。其次在此基础上制定节能目标，根据节能目标制定污水处理厂各环节的节能分目标，提出实现各环节节能目标的运行优化方案和设备控制方法，最后明确方案执行者的权责和考核方法。

污水处理厂节能不仅是技术问题，还涉及污水处理厂的管理，因此该工作是一项长期工作，节能目标也应该分阶段实施，同时应该加强内部员工的教育和培训，只有污水处理厂的员工操作水平和设备运行状况均得到提升，污水处理厂的节能工作才能顺利开展。

2.3 产业密集型河网城镇污（废）水处理纳管监控技术

环太湖地区集中了众多工业重镇，企业数量多，经济总量大。然而，该地区产业布局高度密集，已成为城镇水环境污染负荷的主要来源。苏州市城镇污水处理的调研表明，除中心城区基本上以生活污水为主外，以工业生产为主的区域，特别是高新区和工业园区的污水处理厂，进水中工业废水比例普遍较高，很多在40%以上，最高可超过70%。总体上，该类城镇污水处理厂普遍存在规模较小、工业废水比例大、水质水量波动大、处理效果不稳定等问题，成为一类具有代表性的污水处理厂。与此同时，污水处理厂监管手段缺失，监管能力不足，纳管企业（排水户）废水不定期超标排放以及有毒有害组分超标对污水处理厂的稳定运行和达标排放造成了很大的影响，因此需要强化企业来水监控和预处理，从污水处理厂工艺改造、技术手段和管理手段等多方面入手加以整改完善，促进纳管企业不断提高运行管理水平。

2.3.1 纳管监控技术体系构建

通过应用远程在线取样监控系统，建立纳管排污企业源头监控综合技术体系。对进入城镇污水处理厂的污（废）水，在纳管排污企业总排放口、提升泵站和污水处理厂预处理工艺段实行三级源头监控策略。同时通过签订纳管协议等管理手段强化排污企业废水预处理效能和排污许可制度的执行效果，从而稳定和改善污水处理厂的进水水质，增强生化处理稳定性，提升系统的污水处理效能和出水水质。

纳管源头监控体系的构成如图 2.11 所示，对纳管企业排污口、中途提升泵站和污水处理厂预处理工艺段等 3 个影响水质水量稳定性的关键环节进行一体化监控，通过通用分组无线业务（GPRS）无线通信技术与设在污水处理厂的控制平台连接，实现对生化处理进水源头的远程监控取样、水质水量监控、排污口阀门控制、异常情况报警等功能。同时，通过签订纳管协议和安装纳管监控系统，推动上游企业进一步改善工业废水预处理设施的运行管理水平，为污水处理厂进水水质的稳定提供保障。

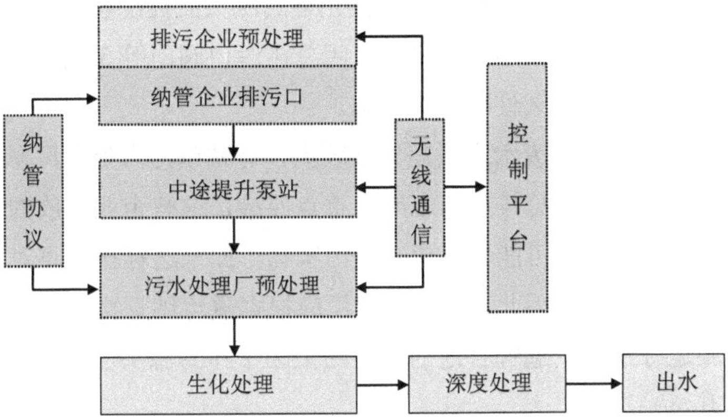

图 2.11　纳管源头监控体系的构成

产业密集型河网城镇污水处理厂首先应建立源头排放企业数据库，掌握排放企业与废水排放相关的生产信息，全面分析企业排水的水量水质特征及企业预处理设施的运行状况，筛选具有代表性的排放点及较不利点作为重点纳管监控点，条件允许时可将所有接管的排污企业纳入源头监控体系。对于纳入源头监控体系的纳管企业排污口，其排放控制要求与监控体系由城镇污水处理厂与企业根据其污水处理能力商定或执行相关标准，签订管理协议后，报当地生态环境主管部门备案。

2.3.2　污（废）水处理系统的工艺流程及监控要点

（1）排污企业预处理

纳管排污企业须建设工业废水处理站，对厂区排放的各类工业废水进行预处理，确保从企业总排放口排入城镇下水道的污（废）水满足国家相关标准的规定。企业生产环节产生的污（废）水须在企业内部的污水处理站净化处理后才能排入城市下水道，而企业内部产生的生活污水则要根据企业生产工艺及废水排放情况决定是否实行合并处理或分开处理。如合并处理可提高污水处理效果或减轻企业污水处理站工作负荷，可合并处理。经简单处理可实现循环利用的生产废水，可分开处理。由于不同行业企业排放的工业废水水质差异性较大，企业污水处理站的处理工艺应根据企业的生产工艺或废水的实际水质进行具体分析和合理选择，为实现纳管源头排污口的达标排放创造有利条件。

（2）纳管企业排污口

纳管企业排污口是进入城镇污水处理厂的企业排污口。城镇污水处理厂需要对服务范围内的源头企业排水的水量水质特征及企业预处理设施的运行状况全面分析后，设置纳管企业排污口，并与排污企业签订纳管排污协议，执行排污许可制度。

纳管企业排污口的监控是源头监控体系的核心组成部分，可实现从源头上阻断超标工业废水进入污水处理厂，从而提高产业密集型河网城镇污水处理厂运行的稳定性。

城镇污水处理厂须在纳管企业排污口设置完善的源头监控配套设施，至少应具有自动采样、自动检测流量及特征污染因子、自动启闭总排污口阀门等 3 项主要监控功能。纳管企业排污口监控位置应设置永久性排污口标志。

不同行业企业排放的工业废水水质差异性较大，对城镇污水处理厂影响大的印染、纺织、制药和化工等行业的企业总排放口应纳入重点监控，这些企业排放的工业废水中不仅有机物含量高，成分复杂，还可能含有毒有害污染物，如未达标排放将对城镇污水处理厂运行的稳定性造成较大影响。因此，污水处理厂应根据重点纳管排污企业的工业废水水质和企业预处理设施运行水平，选择合适的特征污染因子作为源头监控指标。

（3）中途提升泵站

城镇污水处理厂外的中途提升泵站，宜设液位计、液位差计、液位开关和流量计等计量和控制设备及相关配套设施，并通过无线传输与污水处理厂内的控制平台对接。控制平台通过编译程序自动采集、记录和分析在线检测数据，智能调控中途提升泵站输送流量，避免中途提升泵站集水井水位过高时，上游污水输送管道出现壅水，保障污水处理厂外污水管线运行的安全性和稳定性。

产业密集型河网城镇污水处理厂在条件允许时，宜在中途提升泵站集水井设置 pH 自动检测设备和加药装置，控制平台通过无线传输自动采集、记录和分析在线检测的 pH，进水 pH 过高或过低时，加药装置自动启动。

pH 自动检测设备和加药装置应根据污水处理厂废水输送系统和进水水质的特征进行充分论证，确定合理的设置点和工作模式。如在污水处理厂内调节池设置酸碱中和加药装置，中途提升泵站的 pH 自动检测设备可对加药装置的启闭起到提前预警的作用，但不同中途提升泵站输送的废水在污水处理厂进水泵房集水井汇合后也可能对进水 pH 起到一定的调节作用，因此在论证自动加药装置的工作模式时，应对所有中途提升泵站输送的废水水量、水质综合考虑，合理设置自动监控设备，避免重复建设，简化工作程序。

（4）污水处理厂预处理

源头监控体系在污水处理厂内部的监测、控制系统包括预处理工艺段的自动采样、指标监测、自动控制及源头监控体系的控制平台。源头监控体系在建立前，应由污水处理厂运营企业组织技术人员或委托具有相关资质的企业，根据污水处理厂服务面积内废水来源的特征和当地总体规划、排水专项规划的要求进行充分论证，并由污水处理厂运营企业负责协调工作。受委托企业应根据污水处理厂生化处理工艺的特点，结合进水中工业废水的关键污染物因子，确定生化处理工艺进水的水量水质参数，为纳管企业排污口、中途提升泵站和污水处理厂预处理工艺段的控制目标提供技术依据。

产业密集型河网城镇污水处理厂的一般工艺流程如图 2.12 所示。排污企业预处理后的废水由企业总排放口经污水处理厂外收集管网自流进入污水处理厂，为保证自流水力条件，厂外管网一般设有中途提升泵站。进入污水处理厂的各类废水经过粗格栅去除废水中较大的颗粒物，再经细格栅后进入沉砂池以去除废水中的无机砂粒，而后进入调节池。调节池内污（废）水通常需经提升泵站后进入混凝沉淀池，在混凝沉淀池中加药去除部分悬浮固体、色度及部分有机物（加药与否及加药量视进水水质而定），混凝沉淀池出水进入水解酸化池。由于产业密集型河网城镇污水处理厂进水工业废水比例较大，可生化性较差，有机组分复杂，一般应设水解酸化池，将废水中的大分子难降解有机物水解为小分子可降解有机物，从而提高废水的可生化性，而大型污水处理厂中生活废水比例较高，水质水量稳定，水解酸化池采用较少。水解酸化池出水自流进入生化处理单元，在生化处理单元中去除大部分的有机物，出水有再生水利用需求或受纳水体要求的通常还应设置深度处理单元。

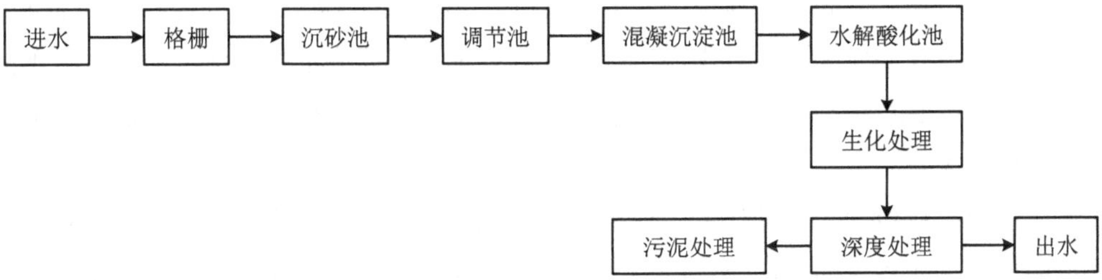

图 2.12　产业密集型河网城镇污水处理厂的一般工艺流程

苏州市污水处理厂所采用的生化处理工艺类型比较丰富，但主要为 A/A/O、SBR 和氧化沟三大工艺类型。尽管城镇污水处理厂采用的主体生化处理工艺不尽相同，但对出水指标的要求相同，进水水质的特点相似，普遍设有水解酸化池，因此产业密集型河网城镇污水处理厂源头监控体系应对水解酸化池进行重点考虑。此外，进水泵站、调节池和混凝沉淀池等处理单元或环节也要在建立源头监控体系时统一考虑。

1）进水泵站。进水提升泵站集水井应设置液位计、液位开关及流量计等装置，记录污水处理厂进水总流量，调节污水处理厂后续处理工艺的处理负荷。污水处理厂进水泵站的调节宜与中途提升泵站的调节统一考虑。

2）调节池。由于产业密集型河网城镇污水处理厂进水工业废水比例较大，且工业废水排放水质水量变化大，波动比较剧烈，后续的水解酸化池对水质水量较大的冲击负荷比较敏感，因此一般须设置调节池对进水的水质水量进行调节，以保障后续混凝沉淀池加药系统的精确运行和水解酸化池的效果。

调节容量应根据废水流量变化曲线确定；没有流量变化曲线时，调节池的容量应满足生产排水周期中水质水量均化的要求，停留时间宜为 6～12 h；如为间歇运行，调节池容量宜按一至两个周期设置。为了避免调节池中可能发生的沉淀现象，更好地混合水质，要求调节池设置搅拌设施。

根据源头监控体系的要求，调节池需设置液位计、液位差计、液位开关及流量计等计量和控制设备，对水位和水量进行精确控制。水质指标的监测则应根据进水水质和后续工艺的要求进行筛选和确定。

当水解酸化池的进水 pH 不能满足水解酸化的要求时，应在调节池设置 pH 调节装置，提前对水解酸化池进水 pH 进行调节。调节池的 pH 监控和加药调节系统可与污水处理厂外中途提升泵站的 pH 监测系统相配合，当中途提升泵站检测到 pH 波动时，可对调节池的加药系统起到提前预警的作用，使污水 pH 调节更为稳定和精确。当废水碱度和营养盐（N、P）等需要补充时，可采用计量泵自动投加酸、碱和营养盐药剂，通过调节池进行机械搅拌中和。

3）混凝沉淀池。产业密集型河网城镇污水处理厂进水中含有大量工业企业排放的废水，废水中有机物浓度高，水质成分复杂、变化大，为保证后续生物处理构筑物的正常、稳定运行，需设置混凝沉淀池对废水进行物化预处理。根据废水的具体水质，如废水的悬浮固体浓度、色度和有机物浓度等，考虑是否需要设置混凝加药系统，强化混凝沉淀池的物化预处理效果。

混凝加药系统包含 3 个等级的工作模式：①初级工作模式，为混凝剂定量投加，此时仅需自动控制加药系统的阀门启闭；②中级工作模式，可根据进水流量的变化系数按比例投加混凝剂，结合调节池出水流量的监测数据实时调节混凝剂投加量；③高级工作模式，根据进水流量和监测水质指标的变化系数按比例投加混凝剂，此时需确定并在线监测影响混凝剂投加量的关键水质指标，同时结合进水流量的监测数据实时调节混凝剂投加量。

4）水解酸化池。水解酸化池的作用是通过水解酸化作用改善废水的可生化性，降低废水的微生物毒性，以利于后续的生物处理。产业密集型河网城镇污水处理厂进水含有较高比例的工业废水，其中经常含有难生物降解的大分子物质或有毒有害有机污染物，水解酸化反应将厌氧生物反应控制在水解和酸化两个阶段，利用厌氧或兼性菌在水解和酸化阶段的作用，将废水中悬浮性固体和难生物降解的大分子物质（包括碳水化合物、脂肪和脂类等）水解成溶解性有机物和易生物降解的小分子物质，再在酸化菌作用下转化成挥发性脂肪酸（VFAs），从而提高污水的可生化性能，降低后续生物处理的负荷。部分有毒有害有机污染物经过水解酸化阶段，由于大分子结构受到破坏，降低了污水的微生物毒性，也有利于后续好氧生物处理工艺高效、稳定运行。另外，水解酸化池的设置更有利于 pH 的调节。

水解酸化池的类型主要包括升流式水解酸化池、复合式水解酸化池、完全混合式水解酸化池等，可根据废水水质、水量等情况选用适宜的水解酸化池类型，若反应器中污泥增长缓慢宜采用复合式水解酸化池。

根据水解、酸化微生物菌群的生理活动特征，水解酸化池的 pH 宜为 4.0～9.0，COD∶N∶P 宜为（100～500）∶5∶1。

进水 pH 过高或过低时，应设置 pH 调节装置，水解酸化池的 pH 调节应与调节池的 pH 调节装置统一考虑。在实际运行中，主要是通过向进水中加入碱性或酸性物质调节 pH。经常投加的碱性物质主要有 NaOH、$NaHCO_3$、Na_2CO_3 等，酸性物质主要有 HCl 等。中和药剂要储存有一定量，并配备相应的储存设备，在投加现场要设置药剂溶解、调配及在线投加设备。溶药宜采用专用的溶药罐和搅拌设备，药剂应根据检测设定值采用加药装置自动投加。

现有的水解酸化反应器污染物去除率如表 2.4 所示。

表 2.4　水解酸化反应器污染物去除率

污水类型	进水水质	污染物去除率/%		
		SS	COD_{Cr}	BOD_5
城市污水	可生化性较好或一般（如污水 BOD_5/COD≥0.1）	60～80	30～50	20～40
啤酒废水、屠宰废水、食品废水、制糖废水、医疗废水等	非溶解性 COD 比例＞60%，可生化性较好（如废水 BOD_5/COD＞0.3）	60～80	30～50	20～40
造纸废水、焦化废水、化工废水、制革废水、含油废水等，以及工业园区废水	非溶解性 COD 为 30%～60%，可生化性一般（如废水 BOD_5/COD 为 0.1～0.3）	30～60	10～30	10～20
纺织染整废水、垃圾渗滤液及其他难降解高浓度有机废水	非溶解性 COD 比例＜30%，可生化性较差（如废水 BOD_5/COD＜0.1）	30～60	10 以下	10 以下

水解酸化反应对水量水质的较大波动具有一定的敏感性，因此，为提高水解酸化池运行的可靠性和可控性，水解酸化池应建立完善的检测控制系统，对水解酸化池实行监控，以便及时掌握工艺出水水质。当工艺运行不正常时，及时调整运行条件，控制工艺运行。一般检测系统主要包含在线监测、现场监测和实验室检测等。检测项目根据水解、酸化微生物菌群的生理活动特征进行确定，合理分配在线监测、现场监测和实验室检测项目。影响水解酸化池运行的常见指标包括温度、pH、氧化还原电位（ORP）、DO、SS、COD、溶解性 COD、VFAs、污泥浓度（MLSS）等。

由于 pH 对水解、酸化微生物菌群的正常生理活动影响较大且可控，因此宜在水解反应器前后端均设置pH 自动检测装置，pH 自动监测装置应与调节池自动监控装置统一考虑，避免重复设置。ORP 和 DO 对维持水解酸化池的厌氧环境具有重要意义，但不如 pH 可控性强，因此可设置 ORP 仪或 DO 仪进行在线监测，以便及时发现运行中出现的问题并采取对应措施。COD、溶解性 COD、VFAs 等指标对判断水解酸化池的运行效果具有重要意义，城镇污水处理厂条件允许时，可在水解酸化池出口处增设 COD 检测装置。此外，污泥界面对判断污泥性能具有一定意义，水解酸化池宜设置污泥界面仪和剩余污泥排放流量计。

（5）运行与维护

城镇污水处理厂应根据纳管协议制定源头监控体系运行与维护工作规程，保证自动采样、监测和控制系统定期检修，确保监测数据和自动监控的可靠性。

根据企业水污染物排放情况设定监测的频次、采样时间等，污水处理厂应按国家有关污染源监测技术规范和源头监控纳管协议的规定执行。

新建企业应按照污染源自动监控管理办法的规定，安装污染物排放自动监控设备，并与生态环境主管部门的监控设备联网，保证设备正常运行。

现有企业污染物排放自动监控设备须根据省级生态环境主管部门和源头监控纳管协议的规定进行设置。

2.3.3 纳管企业远程监控系统运行及效果

纳管企业远程监控系统如图 2.13 所示，包括感知层、网络层和应用层。感知层包括自动取样设备、监测仪表和自控装置等，对排污口、中途提升泵站和污水处理厂预处理工艺段自动完成参数分析、数据采集和通信传输，并可识别监测中心的命令，实现排污阀门的自动启闭。网络层完成监测点和监测中心之间信号的控制和监测数据的传输。应用层完成远程数据接收、存储、处理和显示，并对各个监测点进行控制指挥。

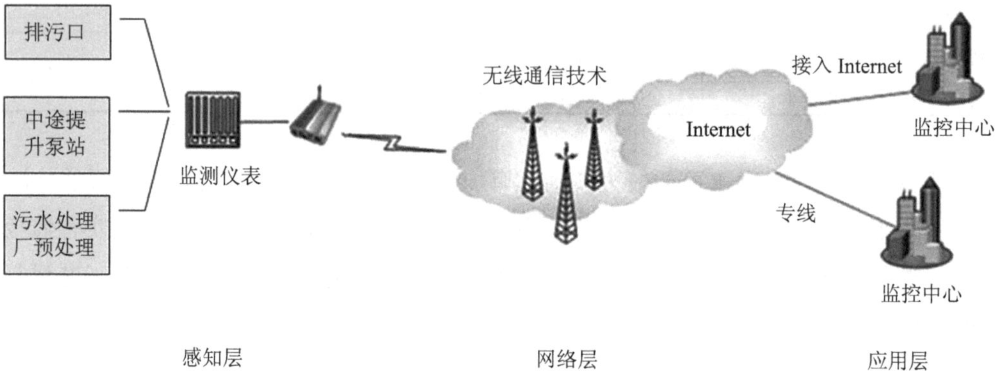

图 2.13 纳管企业远程监控系统

应用层是控制系统核心，直接决定控制质量与效果，包括：①在线控制系统，收集在线数据，发送控制指令，对监测点进行现场监控；②数据管理系统，实现数据的实时显示和统计分析功能；③运行管理系统，帮助污水处理厂提高运行管理水平；④辅助支持系统，帮助纳管企业提高污水管理能力。

该系统在苏州市某污水处理厂进行了应用，在 100 多家纳管企业中选择 34 家进行了监控装置的示范，实现了远程监控取样、现场监控、水质水量监测、排污口阀门控制、异常情况报警等功能，增加了对纳管企业的监管能力，提升了纳管企业预处理水平。污水处理厂进水平均 COD 浓度由 2011 年的（447±66）mg/L 降至 2014 年的（284±90）mg/L，进水水质和稳定性得到明显改善。由于进水水质的改善和优化运行措施的实施，出水平均 COD 浓度由 2011 年的（60±10）mg/L 降至 2014 年的（37±3）mg/L，可稳定达到一级 A 标准，处理效果得到明显提升。

2.4　产业密集型河网城镇污（废）水处理厂节能降耗优化运行技术

根据对苏州市城镇污水处理厂的调研发现，部分污水处理厂的实际负荷率比较低，而药耗、电耗相对较高，因此处理成本高。大多数污水处理厂对日常运行过程中的关键过程信息掌握不全，控制水平低，尤其是规模小的城镇污水处理厂，单元实现自动控制的比例更低。污水处理厂设备运行效率低，既不利于污水稳定达标排放，也不利于运行过程中的节能降耗。调查结果表明，以工业污水为主要处理对象的污水处理厂，90%左右的生产电耗为 0.8～1.2 kW·h/t 污水，其中曝气占总电耗的 70%以上，规模较小的污水处理厂运行成本较高，吨水成本最高达到 3.5 元。部分污水处理厂由于控制水平不高，曝气池 DO 浓度处于高位，因此曝气过度、设备运行效率低，具有较大的节能空间。

2.4.1　节能降耗优化运行技术体系构建

针对中小规模污水处理厂能耗高、运行成本较大、控制水平低的问题，本研究对污水处理厂节能降耗优化运行技术体系进行了研究（图 2.14）。通过污水处理厂能耗采集与评估管理系统研究能耗采集技术，进行能耗基准分析和能耗评估诊断。在此基础上进行节能降耗优化措施研究，重点研究供氧效能提升、设备节能技术、工艺优化运行等。最终形成污水处理厂综合管控平台，为加强产业密集型河网城镇污水处理厂的优化运行提供技术指导。

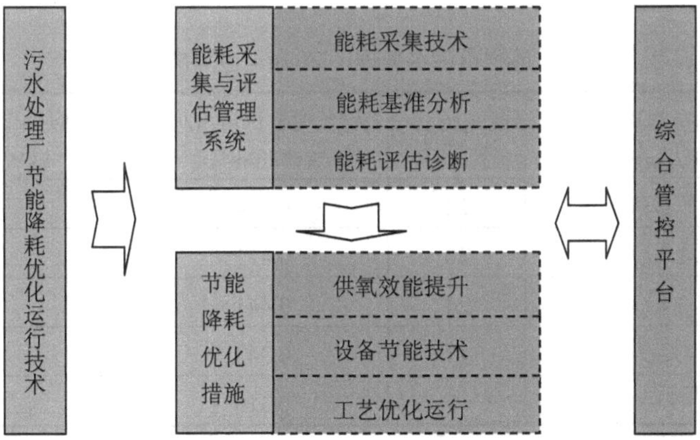

图 2.14　污水处理厂节能降耗优化运行技术体系

2.4.2　污水处理能耗基准确定

产业密集型河网城镇以工业生产为主，通常设有不同规模的高新区和工业园区，产生的污水水质水量波动较大，直接导致产业密集型河网城镇污水处理厂的运行能耗偏高，因此开展此类污水处理厂的节能工作非常重要。由于产业密集型河网城镇污水处理厂能耗的影响因素较多，缺乏能耗基准也将无法科学评估节能工作的成效。目前，产业密集型河网城镇城镇污水处理厂尚无系统的能耗基准确定方法，开展相关研究将为高效开展节能工作奠定基础。

2.4.2.1 污水处理厂能耗影响因素

本小节通过对苏州市 89 座城镇污水处理厂的历史数据进行统计分析，探讨污水处理厂能耗与规模、负荷率、进水水质、温度等影响因素之间的关系。

（1）规模

污水处理厂规模是影响单位能耗的重要因素。由于影响因素较多，不同污水处理厂之间的单位能耗很难直接比较。污水处理厂的总能耗包括电耗及药耗、设备损耗等因素的电耗当量，其中电耗一般占全厂能耗的 90%以上，因此以电耗作为污水处理厂能耗的表征是可行的。

产业密集型地区污水排放量变化较大，因此按实际处理水量规模划分污水处理厂更具实际意义，根据苏州市 89 座城镇污水处理厂的实际处理水量（Q），将该地区污水处理厂分为五类，如表 2.5 所示。按实际处理水量划分的各类污水处理厂数量逐月略有变化。总体而言，该地区污水处理厂数量众多，但单个厂的处理能力普遍偏小，规模在 4 万 m^3/d 以下的污水处理厂约占 76.4%，10 万 m^3/d 及以上的污水处理厂仅占 4.5%左右。该地区污水处理厂出水均执行一级 A 标准。

表 2.5 苏州市污水处理厂 2014 年平均能耗汇总

分类编号	规模/（万 m^3/d）	数量/座	平均单位能耗/（kW·h/m^3）	平均单位有机物处理能耗/（kW·h/kg COD）
Ⅰ	$Q<1$	24	0.474	2.30
Ⅱ	$1\leqslant Q<2$	20	0.471	1.92
Ⅲ	$2\leqslant Q<4$	24	0.441	1.49
Ⅳ	$4\leqslant Q<10$	17	0.343	1.21
Ⅴ	$Q\geqslant 10$	4	0.310	1.12

通过统计该地区不同实际规模污水处理厂 2014 年的月平均单位能耗（吨水耗电量），形成如图 2.15 所示的月平均单位能耗柱状分布。图 2.15 中的能耗数据均为实测平均值，包括污水处理及污泥浓缩脱水的电耗。可以看出，吨水耗电量具有随污水处理量增加而减小的趋势。五类污水处理厂中处理量 10 万 m^3/d 及以上的污水处理厂月平均单位能耗最低，仅为处理量小于 1 万 m^3/d 的污水处理厂的 65.4%。因此规划污水处理厂建设时应考虑单位

能耗的因素，集中建设几座规模较大的污水处理厂。此外，同规模的污水处理厂能耗也存在较大差异，表明部分污水处理厂的运行管理仍需进一步加强。

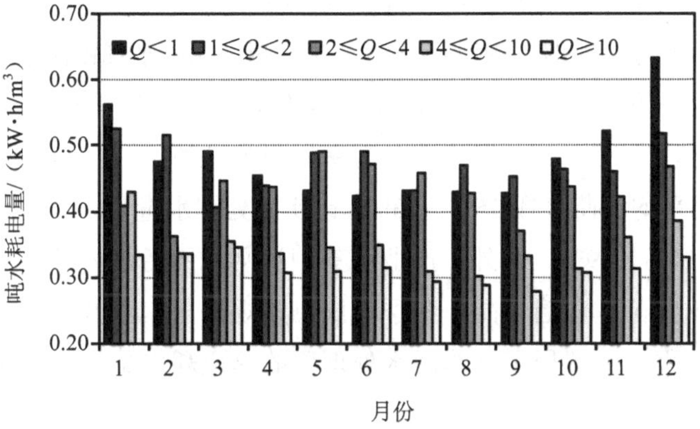

图 2.15　不同规模污水处理厂 2014 年的月平均单位能耗柱状分布

将五类污水处理厂年平均单位能耗（吨水耗电量）与实际年平均处理量的对应关系进行拟合，得到的曲线如图 2.16 所示。该地区污水处理厂的单位能耗与规模的关系基本符合公式 $y=0.47x^{-0.15}$（$R^2=0.90$），采用公式计算得到的年平均单位能耗分别为 0.55 kW·h/m³ 和 0.28 kW·h/m³。需要强调的是调查发现，不同规模污水处理厂之间的单位能耗变化明显，而且同一规模范围内的污水处理厂之间单位能耗变化也很大，说明单位能耗除受规模的影响之外，其他的影响因素也较多，因此上述公式仅可进行不同规模污水处理厂之间单位能耗的趋势判断，不能进行具体的单位能耗数值预测。

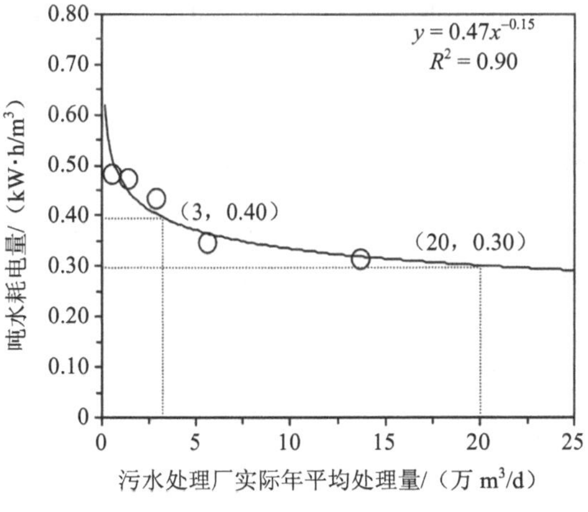

图 2.16　2014 年污水处理厂吨水耗电量与年平均处理量之间的关系

（2）负荷率

负荷率是指实际处理水量与设计规模之比，由于产业密集型河网城镇污水处理厂水量变化大，在进行此类污水处理厂能耗分析时，应根据具体负荷率下的实际处理规模进行归类分析，而非单纯考虑污水处理厂的设计规模。对苏州市 89 座城镇污水处理厂负荷率进行统计分析，规模较小的污水处理厂实际负荷率偏低，实际处理水量 $Q \leqslant 2$ 万 m^3/d 和 $Q >$ 2 万 m^3/d 的污水处理厂 2014 年的月平均负荷率如图 2.17 所示。实际处理水量 $Q \leqslant 2$ 万 m^3/d 的污水处理厂的月平均负荷率在 55%～73%，比实际处理水量 $Q > 2$ 万 m^3/d 的污水处理厂（69%～92%）低 14%～19%。此外，产业密集型河网城镇污水处理厂的实际负荷率随季节变化明显，夏季负荷率普遍较高，冬季较低，该规律与集水区域各工厂的生产特点密切相关，也在一定程度上解释了夏季污水处理厂的单位耗电量较小，冬季单位耗电量较大的原因。

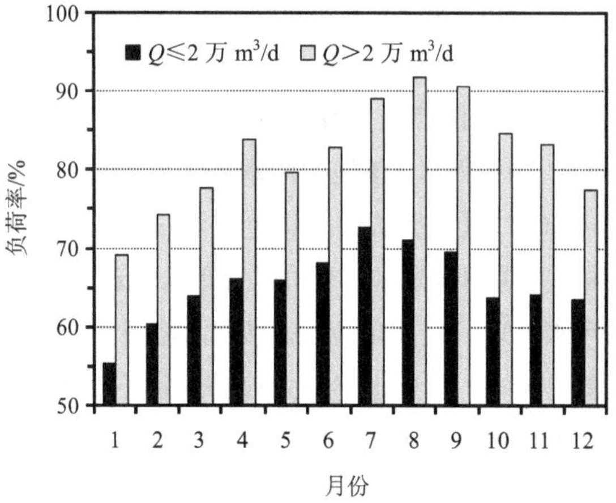

图 2.17 苏州市不同规模污水处理厂 2014 年的月平均负荷率

统计结果表明，处理水量 $Q \leqslant 2$ 万 m^3/d 的污水处理厂的月平均负荷率较低，这一方面使处理量较小的污水处理厂单位能耗相对较高，另一方面对这些污水处理厂的运行策略形成影响，使此规模范围的污水处理厂之间的单位能耗差异较大。图 2.18 为对污水处理厂月平均单位能耗（吨水耗电量）和月平均负荷率统计数据之间关系的拟合结果，两者之间具有较好的线性关系。

由图 2.18 可知，处理水量 $Q \leqslant 2$ 万 m^3/d 与 $Q > 2$ 万 m^3/d 两类污水处理厂的负荷率相差较大，重叠范围很小，因此可以不考虑处理规模的影响，对图 2.18 中的所有点进行线性拟合的结果表明，负荷率是污水处理厂单位能耗的重要影响因素。

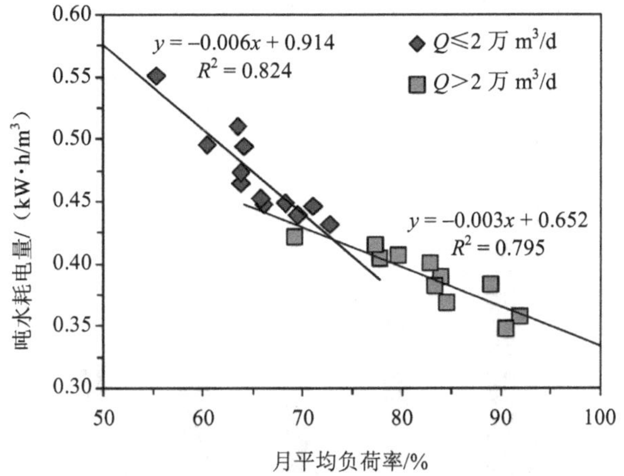

图 2.18　苏州市污水处理厂吨水耗电量与月平均负荷率之间的关系

（3）进水水质

在进水量一定的情况下，水质直接决定了污水处理厂的理论需氧量，对具体污水处理厂而言，COD、TN 等污染物浓度越高，污水处理能耗越高。进水水质对污水处理厂能耗的影响可以用单位 COD 去除量与吨水耗电量之间的关系表征，如图 2.19 所示，可以看出污水处理厂能耗并未与 COD 污染物去除量呈正相关。这也可以说明部分污水处理厂在有机污染物去除量基本相同的情况下，平均能耗变化差异很大，这一方面是由于水质水量的变化较大，另一方面也表明污水处理厂在运行管理方面的水平参差不齐，许多污水处理厂存在较大的节能空间。

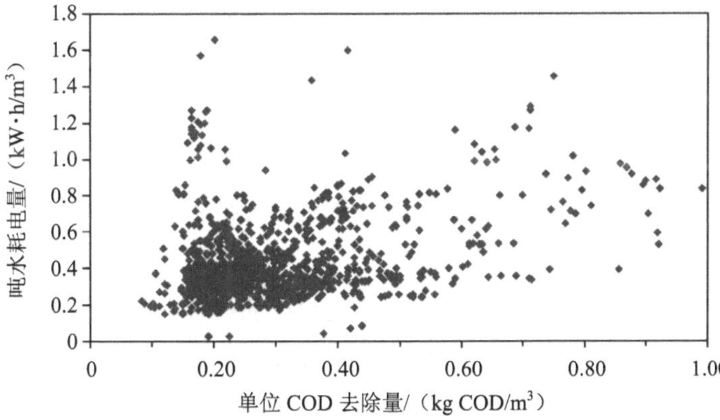

图 2.19　污水处理厂单位 COD 去除量与吨水耗电量之间的关系

鉴于污水处理厂规模对单位能耗的影响较大，本书统计分析了单位有机物处理能耗在不同规模污水处理厂的分布情况，这对研究污水处理厂节能的空间和目标具有更大意义。由图 2.20 可知，单位 COD 耗电量随着污水处理厂规模的增大而逐渐减小，处理量 Q<1 万 m^3/d

的污水处理厂单位 COD 耗电量约是处理量 $Q \geqslant 10$ 万 m^3/d 的污水处理厂的 2 倍。

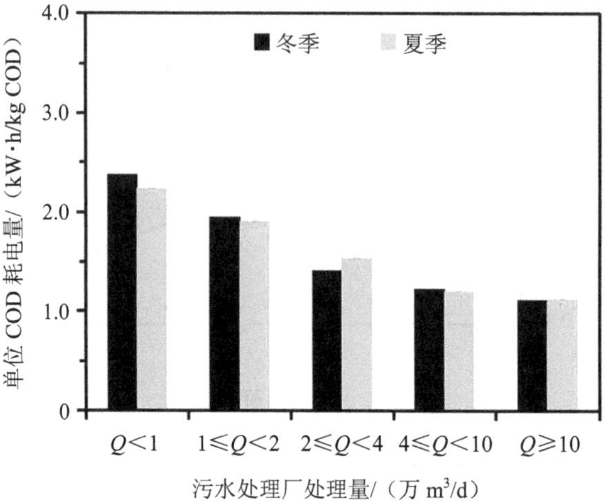

图 2.20　不同规模污水处理厂的单位 COD 耗电量与污水处理厂处理量的关系

（4）温度

由图 2.20 可知，规模较小的Ⅰ～Ⅱ类污水处理厂冬季的单位 COD 耗电量较夏季（4—10 月）高，且处理量越小，冬季与夏季的差异越大，这与冬季温度较低，可能需要更多的曝气以满足出水水质的要求有关。需要指出的是，夏季和冬季是以月平均气温大于等于或小于等于 15℃进行划分的。

（5）总体评价

产业密集型河网城镇污水处理厂能耗与规模、负荷率、进水水质和温度等因素密切相关，但这些因素对污水处理厂单位能耗的影响权重不尽相同，而且实际上污水处理厂的能耗水平还与污水处理工艺、关键设备质量和运行管理水平等因素直接相关，即使是同等规模的污水处理厂，其能耗水平也相差较大。因此，对于水质水量波动大、设备和运行水平各异的产业密集型河网城镇污水处理厂而言，要从历史经验数据的统计分析获得直观的能耗基准比较困难。

尽管如此，对苏州整个地区污水处理厂能耗数据的统计分析，仍然可以得到符合该地区的一些基本规律，有助于正确评估和确定污水处理厂的能耗基准。

第一，污水处理厂的单位能耗随着污水处理厂规模的增大而减小，以苏州市为例，该市污水处理厂规模偏小，因此该地区污水处理能耗偏高。

第二，该地区污水处理厂的单位能耗随着污水处理厂负荷率的增大而显著降低，且规模较小的污水处理厂负荷率普遍较低，在进行能耗基准分析时，应充分考虑负荷率的波动所引起的实际处理规模的变化，而不是单纯考虑污水处理厂的设计规模。

第三，污水处理厂的单位能耗与单位 COD 去除量之间没有显著相关性，但单位 COD 处理能耗随着污水处理厂规模的增大而减小，这也反映了污水处理厂规模对单位能耗影响的一个机制。

第四，温度在一定程度上影响污水处理厂的能耗水平，温度较高时，产业密集型地区污水排放量也较大，使得污水处理厂负荷率提高，单位能耗降低。

综上所述，除污水处理工艺、关键设备质量和运行管理水平等固定因素外，产业密集型河网城镇污水处理厂的能耗水平受规模、负荷率、进水水质和温度等因素的共同影响，而负荷率、进水水质和温度对污水处理厂能耗的影响又与污水处理厂规模这一因素密切相关，因此确定产业密集型河网城镇污水处理厂的能耗基准时，应该综合考虑各影响因素。

2.4.2.2　能耗基准确定方法

（1）基本步骤

污水处理厂开展节能工作首先必须确定一个合理的能耗基准。对于规模偏小的产业密集型河网城镇污水处理厂，由于水量水质波动大，实际能耗变化较大且缺乏规律，以历史同期数据或同类污水处理厂作为比较基准非常困难。对整个地区而言，应根据统计结果确定各规模污水处理厂的能耗基准，同时对高能耗和低能耗的污水处理厂进行更为全面的分析，并参考行业数据统计分析结果，进行综合考虑。产业密集型河网城镇污水处理厂节能工作可按以下步骤进行。

第一步是根据该地区行业数据进行统计分析，建立不同规模污水处理厂的能耗基准参考标准，然后通过分析该厂的进水条件，制定全厂的节能目标。

第二步是收集该地区污水处理厂主要工艺过程的运行模式及关键耗能设备的功率参数和能耗数据，分析污水处理厂的能耗组成，建立污水处理厂在不同进水条件下的运行工况-能耗基准矩阵，进而制定污水处理厂各环节的节能分目标。

第三步是通过总结该地区污水处理厂在节能方面的措施和经验，提出实现各环节节能目标的运行优化方案和设备控制方法，最后明确方案执行者的权责和考核方法。

（2）进水条件分析

进水水量水质的波动导致产业密集型河网城镇污水处理厂的能耗变化较大，确定单个污水处理厂短期的能耗基准比较困难，无法直接与历史同期数据或同类污水处理厂进行比较。尽管如此，对整个地区的污水处理厂能耗数据进行统计分析，仍然可以得到污水处理厂能耗水平与规模、负荷率、进水水质和温度之间的一些基本关系，这些关系是确定污水处理厂能耗基准的基础。

不同规模污水处理厂的能耗随负荷率、进水水质和温度的变化趋势不尽相同，而且负荷率、进水水质和温度之间也互相影响，如温度较高的夏季负荷率较高，但进水水质浓度可能较低，因此有必要根据影响因素的重要性进行排序或权重赋值，并列出不同进水条件范围内的基准参考值，得到一个地区污水处理厂不同实际处理规模条件下的能耗基准表，然后以污水处理厂的月平均数据为基础进行能耗评价，必要时根据次要因素的影响对能耗基准进行适当修正。能耗评价周期过短，可能无法真实反映不同因素对污水处理厂能耗的影响。

（3）工艺技术分析

通过对整个地区的污水处理厂能耗数据进行分析，可以得到能耗基准，有助于了解单个污水处理厂与该地区行业平均水平之间的差距，对确定节能目标具有直接的指导意义，但还不能反映污水处理厂各工艺环节的节能空间。对单个污水处理厂而言，进水条件的波动可能导致污水处理厂关键工艺过程运行工况的变化，进而影响整体能耗。因此，单个污水处理厂的能耗基准还需要考虑污水处理厂工艺技术现状，分析污水处理厂能耗组成，从工艺设计、设备性能和控制方式等 3 个方面，根据污水处理厂现有工艺技术的能耗水平，与行业内普遍采用的工艺技术的能耗水平进行比较，评估节能空间的大小和可能采用的高效节能措施。

污水处理厂的能耗主要由污水处理的机械设备产生。统计发现，曝气、提升、搅拌和污泥处理是采用活性污泥工艺的污水处理厂的主要耗能单元，机械设备包括提升泵、回流泵、鼓风机/表曝机、搅拌器、污泥脱水机等。不同进水条件下，产业密集型污水处理厂可能对应着不同的运行工况，如负荷率小于 40%时，鼓风机和污泥脱水机的使用功率可能减半。将不同进水条件下关键工艺过程的运行工况进行分类整理，并与该厂历史能耗数据进行耦合，得到不同进水条件下的运行工况-能耗基准矩阵，从而对污水处理厂的运行控制进行指导，也可为制定污水处理厂各环节的节能分目标提供参考。

2.4.2.3 典型污水处理厂能耗基准分析

污水处理厂 A 设计规模为 8 万 m^3/d，其一期、二期进水中工业废水的比例约为 70%，该厂 2014 年的月平均处理水量负荷率、单位能耗和单位 COD 能耗数据如表 2.6 所示。月平均处理水量负荷率最低值出现在 1 月，为 48.7%；其他月份的负荷率在 53.0%～81.9%。负荷率反映了污水处理厂的实际处理水量，因此通常在以水量为单位能耗计算基准时，不再单独考虑负荷率的影响，而应以污水处理厂实际处理规模来确定能耗基准，但负荷率可准确表现单位能耗变化的趋势，对判断异常能耗数据及其出现的原因具有指示意义。实际处理规模确定之后，参考表 2.5 给出的平均单位能耗作为基准进行比较，结果见表 2.6。从表 2.6 可以看出，该厂 1—7 月的单位能耗明显较该地区平均单位能耗高，但 8—12 月相差不大，全年平均节能空间为 8.42%。

表 2.6　2014 年污水处理厂 A 能耗数据分析

月份	月平均处理水量负荷率/%	单位能耗		单位 COD 能耗	
		平均值/（kW·h/m³）	节能空间/%	平均值/（kW·h/kg COD）	节能空间/%
1	48.7	0.442	0.23	1.73	13.94
2	53.0	0.516	33.53	2.74	55.89
3	64.5	0.329	−4.26	0.98	−23.72
4	64.5	0.395	13.16	1.25	3.51
5	64.0	0.424	19.10	1.39	12.79
6	56.7	0.480	28.54	1.76	31.43
7	64.3	0.412	16.75	2.30	47.31
8	77.4	0.329	−4.26	1.98	38.77
9	81.9	0.320	−7.19	1.77	31.56
10	77.1	0.334	−2.69	1.40	13.56
11	75.3	0.345	0.58	1.40	13.37
12	67.4	0.371	7.55	1.36	10.80
平均值	66.2	0.391	8.42	1.67	20.77

尽管以水量为基础计算的单位能耗通常作为能耗基准用于污水处理厂能效评估，但对水量水质变化大的产业密集型河网城镇污水处理厂，以进水中有机质的量为计算基础确定能耗基准可能更为准确。BOD 是一个反映可生化降解有机质的单位，但由于 COD 数据更易获取，也是城镇污水处理厂的主要控制指标，以单位 COD 能耗为基准是可行的。参考表 2.5 中给出的平均单位有机物处理能耗作为基准进行比较的结果列于表 2.6，以单位 COD 能耗为基准计算的节能空间与以单位能耗为基准计算的结果不尽相同，但两者的变化趋势大致相同，但前者明显较高，而且不同月份之间的差异相对较小。以平均单位 COD 能耗为基准计算的全年平均节能空间为 20.77%。根据以上分析可以看出，该厂具有明显的节能空间。

水温可能影响能耗评价的结果，污水处理厂 A 一期、二期和三期工程的全年水温分布情况如图 2.21 所示。污水处理厂 A 一期、二期工程采用 CASS 工艺，三期工程采用 A/A/O 工艺，由于一期、二期进水中含有约 70%的工业废水，三期工程进水主要为生活污水，因此一期、二期的水温较高，冬季水温基本可维持在 15℃以上，大部分时间在 18℃以上。三期工程的冬季水温略低于 15℃，基本维持在 13～15℃。污水处理厂 A 不同水温下处理水量与单位能耗的关系如图 2.22 所示，可以看出，该厂水量和单位能耗波动范围较大，水量为 1 万～7.5 万 m^3/d，单位能耗为 0.28～0.78 kW·h/m^3。根据该厂水温的变化情况，对水温大于等于 18℃和小于 18℃时处理水量与单位能耗的数据进行拟合，发现两种水温条件下的拟合曲线均符合 $y = -0.20\ln x+2.612$ 的描述，R^2 值分别为 0.831 和 0.829。由此可见，污水处理厂 A 水温较高，对能耗评价没有显著影响。

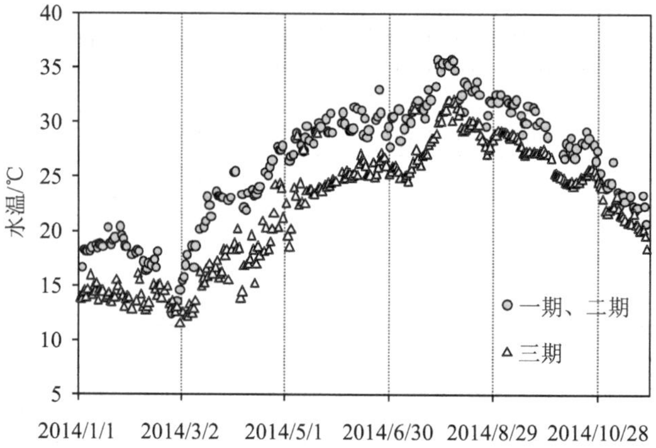

图 2.21 全年水温分布情况

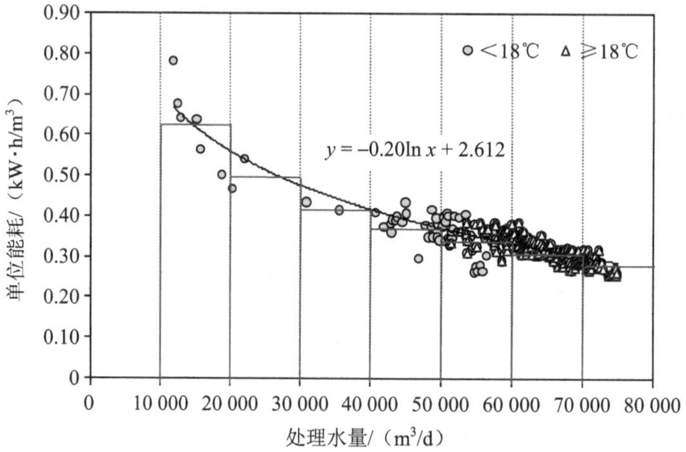

图 2.22 不同水温下处理水量与单位能耗的关系

污水处理厂 A 不同进水 COD 浓度下处理水量与单位能耗的关系如图 2.23 所示。由图 2.23 可知，在进水 COD 为 100～300 mg/L、300～500 mg/L、500～1 000 mg/L 等 3 种条件下处理水量与单位能耗的拟合公式分别为

$$100\sim300\ \text{mg/L},\ y=-0.18\ln x+2.369\ (R^2=0.850) \tag{2.1}$$

$$300\sim500\ \text{mg/L},\ y=-0.23\ln x+2.906\ (R^2=0.872) \tag{2.2}$$

$$500\sim1\,000\ \text{mg/L},\ y=-0.18\ln x+2.376\ (R^2=0.618) \tag{2.3}$$

污水处理厂 A 实施纳管企业远程监控以来，进水 COD 浓度超过 500 mg/L 的频率大大减少，因此数据拟合度较差。进水 COD 浓度在 500 mg/L 以下时，处理水量与单位能耗数据的拟合度均超过 0.850，且进水 COD 浓度较高（300～500 mg/L）时的单位能耗明显比进水 COD 浓度较低（100～300 mg/L）时高。

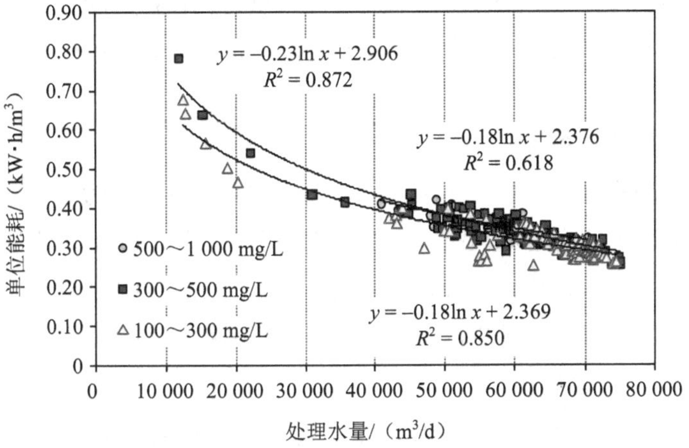

图 2.23　不同进水 COD 浓度下处理水量与单位能耗的关系

综合考虑实际处理规模、进水水质、温度等因素的影响，根据该厂的历史能耗变化情况，适当选取基准数据库，可得到该厂的一个能耗基准矩阵样表，如表 2.7 所示。表 2.7 中给出了该厂在 7 个处理水量梯度、2 个进水 COD 浓度梯度下的单位能耗基准值和参考范围。由于该厂水温较高，对能耗评价的影响较小，因此表 2.7 中未列入水温梯度。此外，该厂在相同处理规模下的单位能耗总体较苏州市行业平均值高，这一方面表明该厂具有较明显的节能空间，另一方面表明污水处理厂的能耗考核指标应根据该厂的实际情况制定。

表 2.7　污水处理厂 A 能耗基准矩阵（2014 年）

水量/（m³/d）	单位能耗基准值/（kW·h/m³）		单位能耗/（kW·h/m³）		
	COD（100～300 mg/L）	COD（300～1 000 mg/L）	平均值	最大值	最小值
10 000～20 000	1.305	0.928	1.033	—	—
20 000～30 000	—	0.626	0.626	0.700	0.550
30 000～40 000	—	0.498	0.500	0.550	0.460
40 000～50 000	0.455	0.447	0.448	0.480	0.410
50 000～60 000	0.393	0.391	0.391	0.420	0.360
60 000～70 000	0.318	0.328	0.326	0.360	0.300
70 000～80 000	0.300	—	0.300	0.320	0.280

2.4.3　污水处理厂能耗采集与评估管理系统

2.4.3.1　平台构建

能源管理平台为污水处理厂的生产提供综合数据信息，在此平台上不仅可以进行常规的能源实时调度和预测分析，还可以对生产全过程进行监控，实现同一平台上的多专业、多应用的无缝连接和数据共享。平台主要由水处理监控、配电网监控、用电设备监控3个监控管理系统构成。

（1）水处理监控管理系统

水处理监控管理系统具备以下主要功能：①对进水、排水及污水处理的指挥、协调、平衡，以及故障情况下的应急处理；②监控各水处理系统运行情况、流量、压力、质量等指标；③检测水泵、阀门状态，进行泵站自动及远程控制；④开展对水系统数据的记录、分析，生成报表；⑤根据具体的生产工艺流程，进行系统的监测与控制仿真。

（2）配电网监控管理系统

配电网监控管理系统具备以下主要功能：①监测点数据采集、存储、分析，以及故障情况下的应急处理；②监控运行情况，电压、电流、功率因数、电压闪变、三相不平衡度、谐波等指标；③监测用电线路的负荷情况，进行负荷切换及远程控制；④自动完成配电系统数据的记录、分析、报表生成，结合分时电价信息，进行账单记录及分析，优化调配生产。

（3）用电设备监控管理系统

用电设备监控管理系统具备以下主要功能：①对设备运行数据进行有效挖掘，通过反向建模技术获得设备的能耗特性模型，采用聚类、多元回归等数据挖掘算法获取设备的最佳运行参数，为设备运行优化以及节能诊断提供指导；②对设备进行集群控制，如空压站、泵站、风机站等，根据具体的生产状况和设备运行工况，优化设备运行模式和运行参数，达到节能目的。

2.4.3.2 平台架构

（1）能源管理平台的硬件架构

能源管理平台的硬件架构如图2.24所示，现场智能管理终端通过RS485智能仪器定时采集智能仪表的能量数据，然后主站采用多种通信方式定时将终端上存储的数据采集回来，经过相关协议处理和数据差错处理，最后存储到数据库中。针对配电系统、水处理系统、用电设备等，实现实时监控与报警功能。下设二级监控系统，如风机监控系统、水泵监控系统等。

在实现污水处理厂能源管理平台构建之后，可将能耗数据通过中心局域网接入Internet，或采用GPRS模式，再与上一级能源监管中心连接。最终可在顶层监管中心处建成下属所有单位的全局能耗数据监控、生产过程分析、能源信息一体化管理平台。

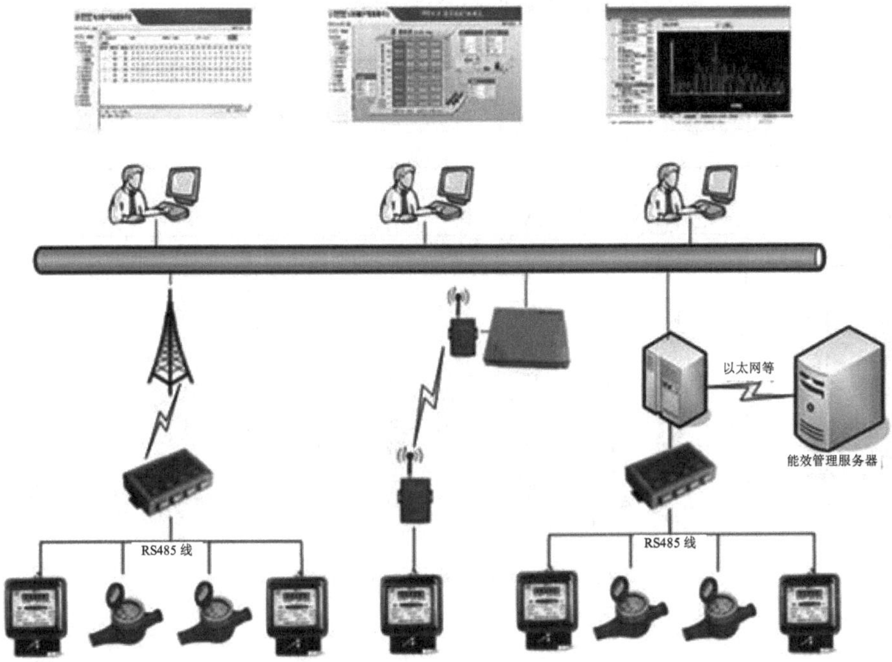

图 2.24　能源管理平台硬件架构

（2）平台的软件架构

平台在网络拓扑架构上，分为 3 层部署。

1）数据采集层：主要由现场计量装置以及计量装置层之间的连接设备（主要是 RS485 线，特殊情况下采用无线接发设备）组成。计量装置，即现场监测终端，部署在各个监测点，与本地的网络集中器相连，进行数据采集。

2）网络集中层：网络数据集中器为 ARM 架构嵌入式系统，负责连接监测终端的监测数据，采用 RS485 串口的形式与各个能效监测终端相连，通过以太网和能源监测主站系统连接。

3）数据应用层：能源监测主站系统部署在厂区能源监控中心，通过以太网与各个数据集中器相连。部署方式采用传统的应用服务器+数据库服务器+Web 服务器形式。平台利用数据库实现能耗数据的后台处理、统计分析，主要包括数据过滤、数据异常辨识、数据规整、数据修补、能量统计分析计算等。

（3）平台的可扩展性

平台可从污水处理厂级别的监控管理向更大平台扩展，即上一级能源监控管理中心处可监控管理下属所有单位的能源使用情况。通过设置三级能源监控管理网络，可实现全省污水处理系统集中实时监控管理、数据分析，如图 2.25 所示。

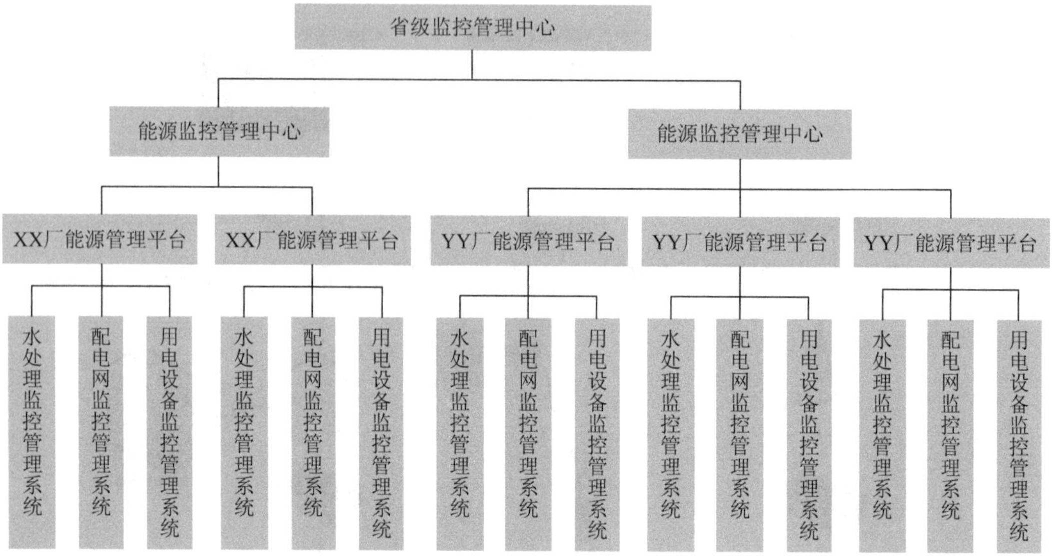

图 2.25 能源管理平台总体架构

2.4.3.3 能耗统计分析应用

能耗采集与评估管理系统可实现关键设备的实时监视管理及能耗数据的统计分析功能，是衡量污水处理设备状态及整体能耗水平的直接依据，通过能耗数据的统计分析，可确定污水处理厂的能耗组成、关键节能单元、节能空间，为节能降耗措施的决策提供支撑。图 2.26 是从苏州某污水处理厂能耗采集与评估管理系统中导出的一个月的日均用电量和单位能耗统计数据，该厂能耗采集与评估管理系统通过数据采集器从配电柜计量电表获取实时电能数据并保存到能耗数据库中。

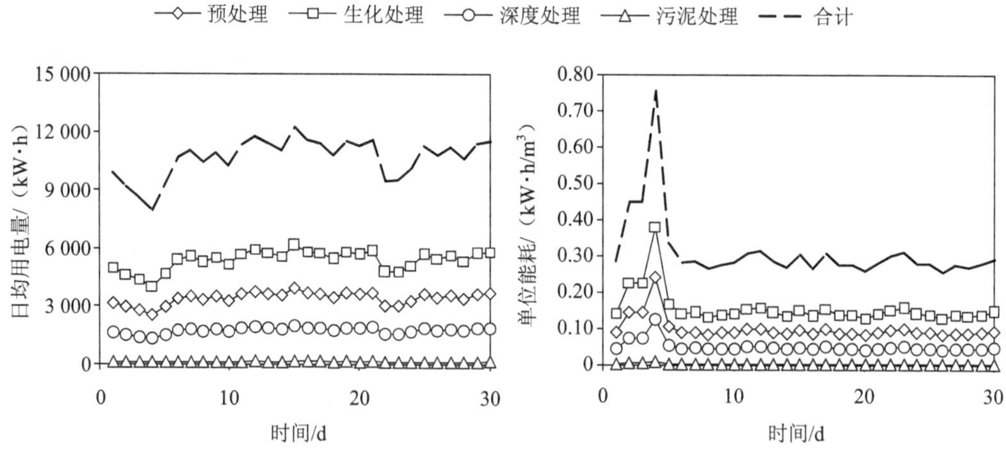

图 2.26 苏州某污水处理厂能耗统计数据

计量电表对应用电设备所在的工艺段主要为预处理、生化处理、深度处理和污泥处理等 4 个工艺段。从图 2.26 可以看出，尽管该厂日用电量有一定的波动性，但其单位能耗相对稳定，按单位能耗从大到小排列依次为生化处理＞预处理＞深度处理＞污泥处理。此外，单位能耗的计算受水量的影响较大，月初几天的日用电量相对较小，但由于处理水量明显减少，因此计算的单位能耗显著升高，扣除该月月初水量异常减少时的能耗数据，其他时间的单位能耗平均值为 0.29 kW·h/m^3，低于表 2.5 中苏州市单位能耗平均值，表明该厂在此时间段内的能效水平较高。

根据该厂配电柜计量电表对应的主要用电设备的能耗数据，可进一步分析该厂的能耗组成，以获取该厂的关键节能单元。图 2.27 为苏州某污水处理厂按工艺段（预处理、生化处理、深度处理和污泥处理）及主要用电设备（鼓风机房、调节池、格栅及进水泵房、中间水池、污泥脱水机房及其他）划分的能耗组成。根据工艺段划分，该厂生化处理段和预处理段的能耗分别占全厂能耗的 50.3%和 32.0%，是该厂主要耗能单元。其中，该厂鼓风机房和调节池的主要用电设备分别为鼓风机和搅拌设备，格栅及进水泵房、中间水池的主要用电设备为提升泵，从图 2.27 可以看出，该厂鼓风机、提升泵和搅拌设备的能耗分别占全厂能耗的 43.0%、27.5%和 19.8%，因此曝气系统是该厂最重要的节能单元，其次为提升设备和搅拌设备。

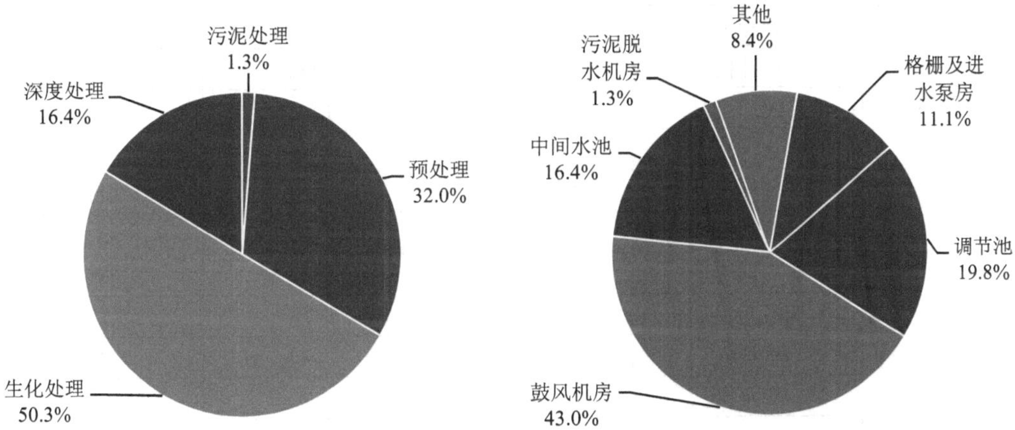

（a）按工艺段划分　　　　（b）按主要用电设备划分

图 2.27　苏州某污水处理厂能耗组成

通过从配电柜计量电表获取实时能耗数据可进行较为准确的能耗分析，但该厂建设时间较早，部分功率相对较小的用电设备存在合用计量电表的情况，可能导致能耗组成分析存在一定的偏差。根据该厂主要设备功率及运行时间，可对能耗分析的结果进行验证。苏州某污水处理厂提供的主要设备能耗见表 2.8。

表 2.8 苏州某污水处理厂主要设备能耗

设备位置	设备	功率/kW	数量/个	运行时间	日平均能耗/（kW·h）
进水泵房	粗格栅	1.1	2	5 min/1 h	4.4
	无轴压榨机	3	1	5 min/1 h	6
	一期提升泵	30	2	在线采集	851
	二期提升泵	37	3		
旋流沉砂池	旋流沉砂池	3	2	24 h	144
	细格栅	0.75	2	5 min/1 h	3
	无轴压榨机	2.2	1	5 min/1 h	4.4
调节池	冲压搅拌机	10	4	24 h	960
	一期提升泵	15	3	24 h×1 台	360
	二期提升泵	18.5	3	24 h×1.2 台	532.8
一期沉淀池（初次沉淀池）	框式搅拌机	0.37	1	24 h	8.88
	全桥式刮泥机	1.1	1	24 h	26.4
	排泥泵	7.5	2	5 min/4 h	7.5
二期沉淀池	框式搅拌机	0.37	1	24 h	8.88
	全桥式刮泥机	1.1	1	24 h	26.4
	排泥泵	7.5	2	5 min/2 h	15
一期水解酸化池	搅拌机	5.5	4	24 h	528
	搅拌机	5.5	2	24 h	264
二期水解酸化池	搅拌机	5.5	12	24 h	1 584
一期 CASS 池	污泥回流泵	3	4	1 h/4 h	72
	剩余污泥泵	2.2	4	1 h	8.8
	搅拌机	2.2	4	24 h	211.2
	滗水器	1.5	4	12 h	72
二期 CASS 池	污泥回流泵	4	4	1 h/4 h	96
	剩余污泥泵	2.2	4	1 h	8.8
	搅拌机	2.2	4	24 h	211.2
	滗水器	1.5	4	12 h	72
污泥处理车间	离心机	主 30 副 7.5	2	污水处理厂日产含水率 80%污泥 40 t，折合成含水率 97.5%的离心机进泥 320 t，离心机处理能力为 20 t/h，故每台离心机每日运行时间为 16 h	999.5
	污泥切割机	2.2	3		
	清水泵	4	1		
	PAM 螺旋泵	2.2	3		
	螺旋输送机（平）	2.2	1		
	干污泥泵	7.5	1		
	污泥螺杆泵	5.5	3		
	PAM 配药搅拌机	1	3		
	PAM 干粉输送机	0.37	1		

设备位置	设备	功率/kW	数量/个	运行时间	日平均能耗/（kW·h）
鼓风机房	一期鼓风机	90	3	在线采集	5 714
	二期鼓风机	90	5		
中间水池	提升泵	37	4	在线采集	1 033
合计					13 833.16

注：“5 min/1 h”表示全部设备每隔 1 h 开启 5 min；“24 h”表示全部设备全天不间断运行；“24 h×1.2 台”表示平均每天有 1.2 台设备运行 24 h；“在线采集”表示通过在线电流互感器采集的电量。

通过对表 2.8 中的数据进行统计和汇总得到图 2.28（a），图 2.28（a）中 CASS 池（包含鼓风机房能耗）对应能耗监测平台中统计的生化处理段，进水泵房、水解酸化池、调节池、旋流沉砂池、初次沉淀池等对应能耗监测平台的预处理段。由图 2.28（a）可见，生化处理段的能耗最高，预处理段次之。生化处理段和预处理段的能耗数据与能耗监测平台的数据差异较小。

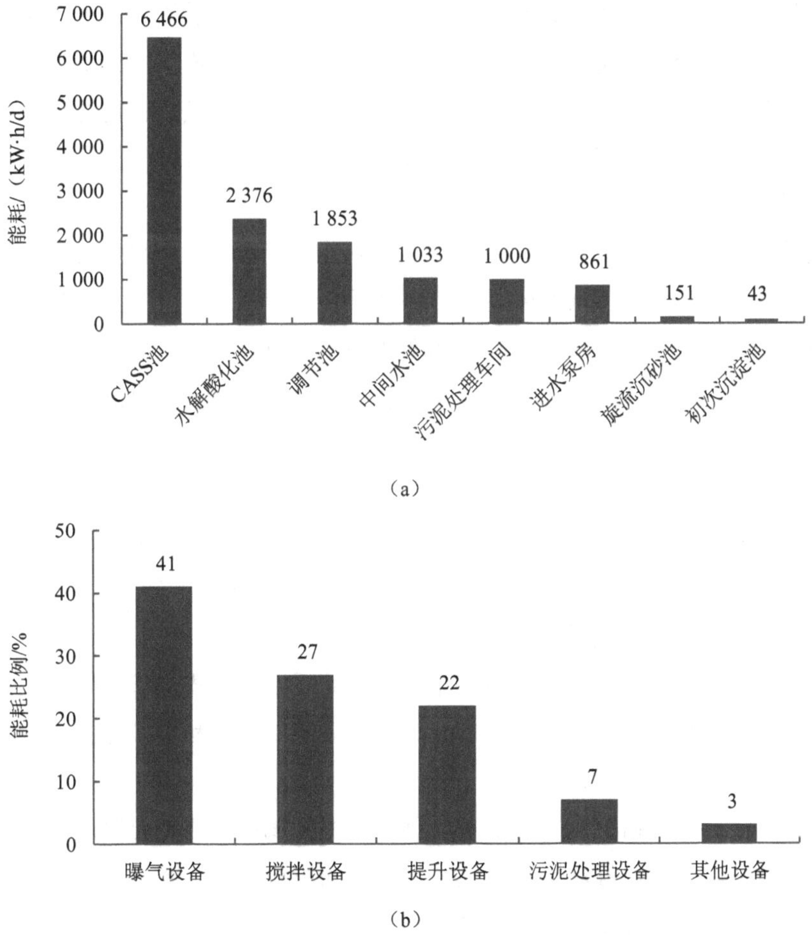

图 2.28　苏州某污水处理厂能耗组成分析

根据表 2.8 中的数据，将该厂的设备按曝气设备、搅拌设备、提升设备、污泥处理设备和其他设备等进行划分，各类设备能耗比例如图 2.28（b）所示，该厂耗能最大的设备类型为曝气设备，占全厂总能耗的 41%，其次为搅拌设备和提升设备，分别占全厂总能耗的 27%和 22%，与能耗采集与评估管理系统中的曝气系统能耗数据分析结果基本一致。因此，该厂节能应重点关注曝气系统。

2.4.4 曝气池供氧效率检测技术

曝气系统节能是一项综合性的系统工程，包括设备、曝气系统、工艺调控等诸多方面，其中供氧效率是一项关键的评价参数，但是污水处理厂运行人员一直缺乏全面分析污水处理厂供氧效率的有效工具，为此本书介绍一种曝气池供氧效率测定装置，以科学判定曝气系统的运行状况，为曝气系统的最佳优化运行提供控制策略和判断依据。

（1）曝气池供氧效率检测仪

污水处理系统的最终供气量与曝气器的氧利用效率息息相关，根据曝气池逸出气体中氧含量与氧利用效率之间的关系，研究人员开发了一种曝气池供氧效率测定装置，该装置由气体收集系统、氧分压测定仪和主控显示单元等组成。该装置将氧分压与溶解氧的监测形成回路，根据实时采集的监测仪表信号及相关工艺参数和校正参数进行程序运算，实时计算供氧效率和最佳溶解氧范围，为曝气系统的优化控制提供科学依据，最终达到稳定运行和节能降耗的目的。

该装置的主控显示单元采用西门子 S7-200 的 CPU、西门子 EM231 的 AI 模块、昆仑通态 7062KX 触控屏及西门子 CP243-1 以太网模块（选用）。检测仪的探头可以固定安装以反映安装区域局部的供氧效率情况，也可采用移动式供氧效率测定装置。

触控屏输入参数包括工艺参数、校正参数和输出参数。工艺参数根据工艺运行情况定期输入，包括：溶解氧（DO），mg/L；污泥浓度（MLSS），g/L；水力停留时间（HRT），h；污泥停留时间（SRT），d；温度（T），℃；风量（q），m^3/min；密度（ρ），kg/m^3。校正参数包括供氧效率（K_{O_2}）、θ、α、β、μ 等，根据实际测试确定或选取经验值，一般不需自行更改。输出参数包括实测氧分压（P_{O_2}）、K_{O_2}、氧化指数（I）等。

（2）移动式供氧效率测定装置

固定安装的探头只能反映局部区域的情况，因此采用移动式供氧效率测定装置，能够全方位评估污水处理厂曝气池的供氧效率，为曝气系统的维护和更换提供依据，为实现更节能的供氧控制提供数据支撑。

为了达到上述目的，研究人员发明了一种移动式供氧效率测定装置，其构成如图 2.29 所示，装置通过移动载体可移动到曝气池各个不同的监测点，溶解氧测定仪和氧分压测定仪设在移动载体内，用于测定反应池不同监测点的溶解氧浓度和液面出气的氧分压。移动载体还包含载体控制系统、载体驱动系统。载体控制系统用于设定移动式供氧效率测定装置在反应池中的行进路线、监测点、监测时间以及监测周期；载体驱动系统与载体控制系统连接，根据载体控制系统的设定，驱使移动载体在各个监测点之间运动。数据处理传输系统用来进行监测数据的处理分析，并将其传输到监控平台中。

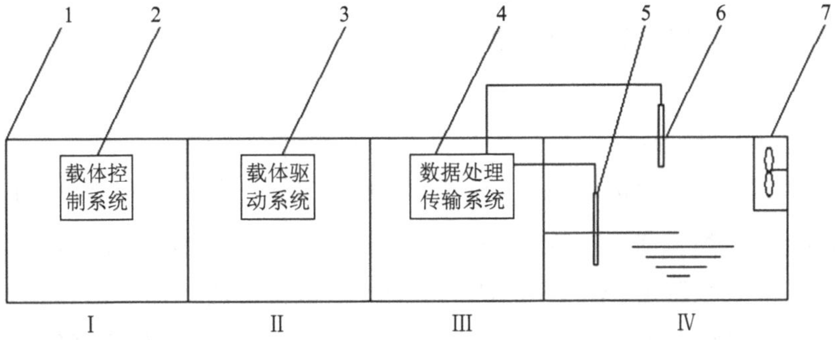

1-移动载体；2-载体控制系统；3-载体驱动系统；4-数据处理传输系统；5-溶解氧测定仪；6-氧分压测定仪；7-排风装置

图 2.29　一种移动式供氧效率测定装置

为了提高装置的操作弹性，移动载体设有手动控制系统，与载体驱动系统连接，通过手动操控移动载体的移动来监测反应池中异常位置的溶解氧浓度和液面出气的氧分压。

上述曝气池监测区域设有排风装置，每次测定前利用排风装置将上一个监测点积存的气体排出，确保监测数据的真实性。

1）测定方法。移动式供氧效率测定装置的供氧效率测定方法包括：①将反应池分成多个区域，每个区域的中心为一个监测点；②设定监测方案，使移动载体依照监测方案在反应池中进行巡回监测；③利用溶解氧测定仪以及氧分压测定仪测定反应池中不同监测点的溶解氧浓度和液面出气的氧分压。

2）监测方案。监测方案应包括：①设定移动式供氧效率测定装置在反应池中的行进路线；②设定移动式供氧效率测定装置在各个监测点之间的监测顺序；③设定移动式供氧效率测定装置分别在各个监测点停留的监测时间；④设定移动式供氧效率测定装置整体巡回监测的监测周期。

3）数据处理。监测的溶解氧浓度和液面出气的氧分压数据，通过数据处理传输系统，采用无线通信技术将数据传输至中央控制系统。数据处理传输系统对溶解氧测定仪、氧分压测定仪测得的数据进行处理，主要计算公式为

$$\varepsilon_i = \frac{P_0 - P_{i\,\mathrm{offgas}}}{P_0} \tag{2.4}$$

式中，$1 \leqslant i \leqslant n$，$n$ 为实际需要监测的监测点个数；P_0 为鼓风机出口氧分压；$P_{i\,\mathrm{offgas}}$ 为第 i 个监测点通过氧分压测定仪测定出的出气氧分压值；ε_i 为第 i 个监测点的供氧效率。

$$\varepsilon_{总}=\sum_{i=1}^{n}\frac{\varepsilon_1+\varepsilon_2+\cdots+\varepsilon_n}{n} \tag{2.5}$$

式中，$\varepsilon_{总}$ 为计算得到的整个曝气池平均供氧效率。

$$\mathrm{OUR}=Q\times\rho_{溶解氧}\times\varepsilon_{总} \tag{2.6}$$

式中，OUR 为曝气池耗氧量，kg/h；Q 为系统供风量，m^3/h；$\rho_{溶解氧}$ 为溶解氧测定仪测得的氧气密度，kg/m^3。

（3）供氧效率检测应用

曝气池供氧效率检测仪可以科学判定曝气系统的运行状况，为曝气系统的最佳优化运行提供控制策略和判断依据。本书采用曝气池供氧效率检测仪对苏州某污水处理厂 CASS 池的供氧效率进行连续测定。CASS 池是 SBR 的一种改良工艺，采用连续进水、间歇曝气的运行模式。该厂 CASS 池采用膜片盘式曝气器，图 2.30 展示了该厂 CASS 池膜片曝气盘使用约 3 年、3.5 年和 4.5 年后一个完整曝气周期内的氧利用效率、脱气氧含量和溶解氧含量的变化情况。在此需要说明的是，由于受到进水水质变化的影响，溶解氧含量波动比较大。

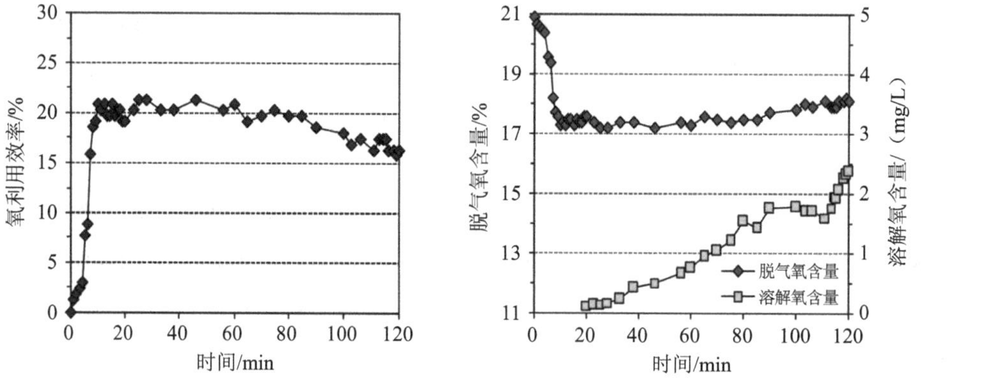

（a）膜片曝气盘使用约 3 年

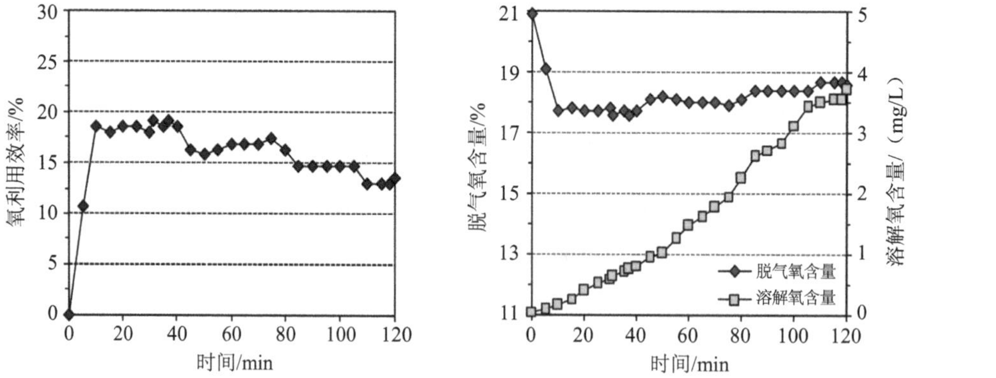

（b）膜片曝气盘使用约 3.5 年

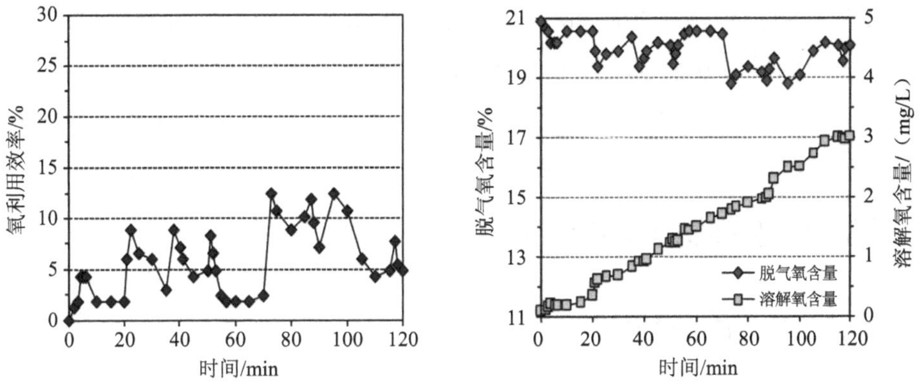

（c）膜片曝气盘使用约 4.5 年

图 2.30　苏州某污水处理厂 CASS 池氧利用效率、脱气氧含量与溶解氧含量的变化情况

由图 2.30 可知，该厂 CASS 池的氧利用效率随着时间的推移逐渐下降，使用 3～4 年后尚可在 CASS 池曝气周期的起始阶段维持在 20%左右。随着反应的进行，在曝气周期的中后期 DO 浓度逐渐升高，氧利用效率逐步下降至 15%左右。使用 4.5 年后，该厂 CASS 池的氧利用效率基本降至 10%以下，而目前新安装曝气盘的氧利用效率一般可达到 30%以上，可见随着曝气盘的老化和堵塞，曝气盘的氧利用效率大大下降，这将导致实际供风量提高，系统能耗增加。因此在曝气池运行过程中，根据曝气池供氧效率的变化情况，同时结合 DO 的控制情况，可及时掌握曝气系统的运行状况和调整曝气系统的最佳优化运行工况，决定曝气设备的更换时间。

如图 2.31 所示，苏州某污水处理厂曝气系统改造后的 CASS 池曝气周期中氧利用效率的变化情况，与改造前（图 2.30）相比，改造后 CASS 池的氧利用效率显著提升。在一个曝气周期的前 1 h 氧利用效率基本在 30%以上，但随着耗氧污染物的逐渐降解，在维持曝气量不变的前提下，DO 含量升至 4～5 mg/L，氧利用效率降至 20%～30%。

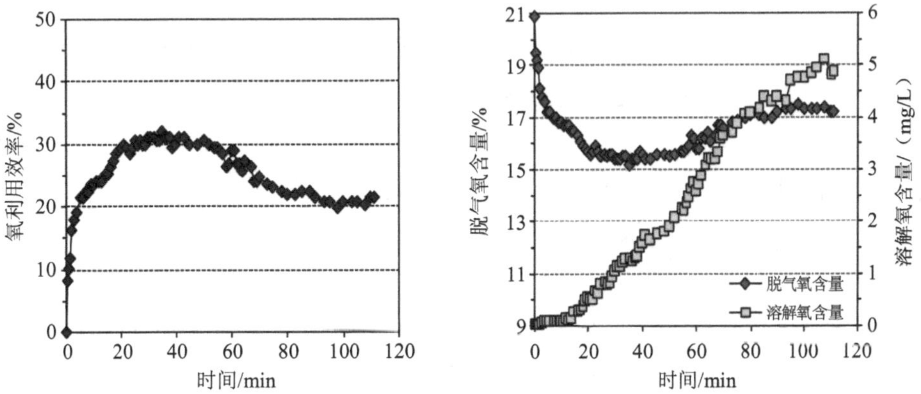

图 2.31　苏州某污水处理厂曝气系统改造后的 CASS 池曝气周期中氧利用效率、脱气氧含量和溶解氧含量

从图 2.31 中可以看出，如维持供风量不变，CASS 工艺曝气周期的后期 DO 浓度将显著升高，也将导致氧利用效率的下降，因此可结合氧利用效率和 DO 的变化，及时调整风机的运行工况，如通过缩短风机运行时间或降低风机的工作频率，可在保证污水处理效果的基础上实现节约能耗。

2.4.5 溶解氧优化控制技术及系统

2.4.5.1 溶解氧优化控制的必要性

（1）进水水量水质波动影响运行能效

苏州市中小规模污水处理厂较多，工业废水比例大，污水处理厂进水水量水质的波动较大，导致不同进水条件下的理论需氧量存在显著差异，若以固定模式运行，不仅能耗偏高，而且不能达到生化系统的最佳运行状态，因此有必要建立溶解氧优化控制系统，实现曝气系统的优化控制。

（2）环境因素变化影响运行能效

温度等环境因素的变化对氧利用效率和生化系统的运行均有显著影响，有必要建立溶解氧优化控制系统，将温度等环境因素作为溶解氧优化控制的重要依据，实现生物池的高效稳定运行。

（3）工艺运行需要曝气控制提供高能效

苏州市污水处理厂工艺主要为 A/A/O、SBR 和氧化沟三大工艺系列，污水处理厂 A/A/O 工艺生物池可设置多点进水，或设置好氧缺氧可调节区，实现灵活切换，SBR 工艺和氧化沟工艺也存在类似需求，因此有必要建立溶解氧优化控制系统，优化生物池曝气气量分配和鼓风机运行工况。

2.4.5.2 溶解氧优化控制系统构建思路

采用开发的曝气池供氧效率检测仪，结合溶解氧等参数，提出根据目标溶解氧计算目标供风量，进而实现鼓风机优化控制的溶解氧优化控制技术。

（1）目标溶解氧确定

根据生物池供氧效率、溶解氧、污泥浓度等在线监测数据和其他相关运行参数确定生物池的目标溶解氧，为目标供风量的计算提供基准。

（2）目标供风量计算

根据水量水质等参数计算生物池的理论需氧量，通过与目标溶解氧比较计算目标供风量，为鼓风机的智能调控提供指令。

（3）鼓风机优化控制

通过鼓风机、调节阀等设备的自动控制实现曝气系统的优化运行和生物池的按需供氧，实现工艺的高效稳定运行和节能降耗。

2.4.5.3　溶解氧优化控制系统

溶解氧优化控制系统的原理是根据实时采集的监测装置反馈信号和前置参数进行程序运算，实时判定生化反应系统的运行状况，及时调整曝气系统的运行策略，达到节能降耗、稳定运行的目的。

溶解氧优化控制系统主要由在线监测仪表，溶解氧、风量计算模块，以及风量分配控制模块等部分组成。根据污水处理工艺进行需求分析，在线监测仪表包括溶解氧仪、供氧效率测定仪、MLSS 分析仪、流量计，以及氨氮、硝态氮、COD 等水质指标在线分析仪（图 2.32）。

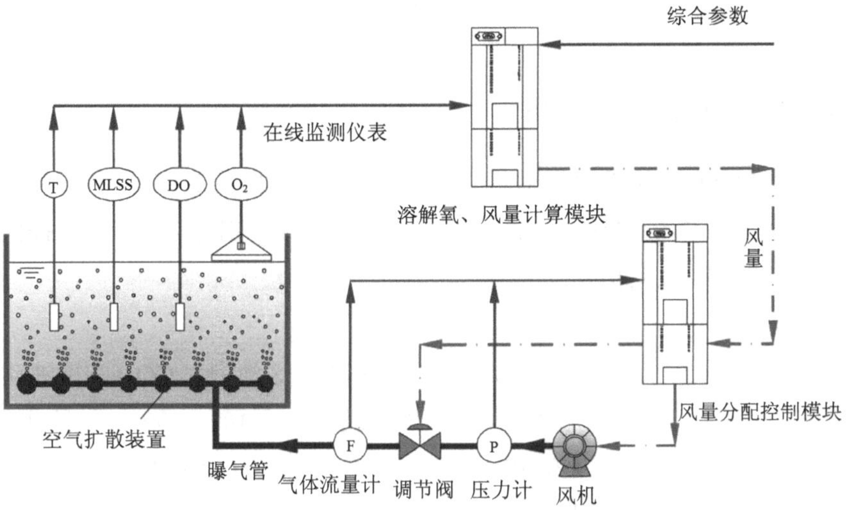

图 2.32　溶解氧优化控制系统总体构架

溶解氧、风量计算模块通过将氧分压与溶解氧的监测形成回路，同时结合水量、水质、污泥量、温度等工艺数据和相关校正参数，计算溶解氧最优值及目标风量值，为鼓风机和调节阀的联动调控提供指令。

风量分配控制模块根据生物池溶解氧控制需求合理优化鼓风机的运行，联动调节鼓风机总管压力和控制阀开度，对不同曝气控制区进行精确分配与控制，实现曝气系统的高效、安全运行。为防止因流量计等硬件故障而引发的误运行，该系统具备流量、压力等故障信息的自动识别和报警功能，并可自动开启后备逻辑，实现应急情况下的安全运行。

溶解氧优化控制系统在保证出水水质的前提下达到科学控制、节能降耗的目的，避免了仅根据 DO 的变化对曝气系统进行人为控制的不准确性和滞后性。

基于溶解氧优化控制系统的总体构架，构建生化工艺智能控制平台，实现数据采集、数据存储、智能控制、运行效能评估和在线支持等核心功能，其主要构架如图 2.33 所示。生化工艺智能控制平台可包含曝气系统智能控制、加药系统智能控制等模块。

生化工艺智能控制系统可统一规划，分步实施，各功能模块相对独立，可根据污水处理厂的需要，选择重点模块先行实施。

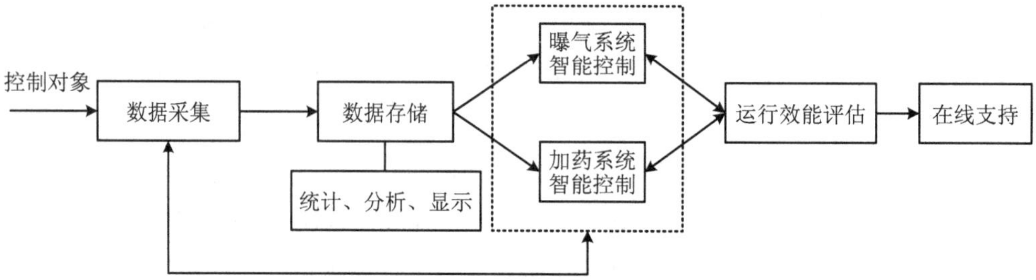

图 2.33 生化工艺智能控制平台主要架构

2.4.5.4 溶解氧优化控制技术应用

苏州某污水处理厂采用 CASS 工艺，基于该厂 2 个月的历史生产数据，分析其运行现状，探索 CASS 工艺关键参数的优化运行范围，为 CASS 工艺的进一步优化提供依据，为该厂的节能降耗工作提供支撑。

（1）现状运行效果

从图 2.34 可以看出，污水处理厂的进水水量和 CASS 池进水 COD 浓度波动都较大。大部分水量在 2.5 万～4.5 万 m^3 波动，进水 COD 浓度基本在 100～400 mg/L 波动。在现状运行模式下，出水的 NH_3-N、TN、TP、SS 等指标均可稳定达标，COD 除个别点位超过 50 mg/L 外也基本稳定，因此该厂在不同进水条件下均可稳定运行。

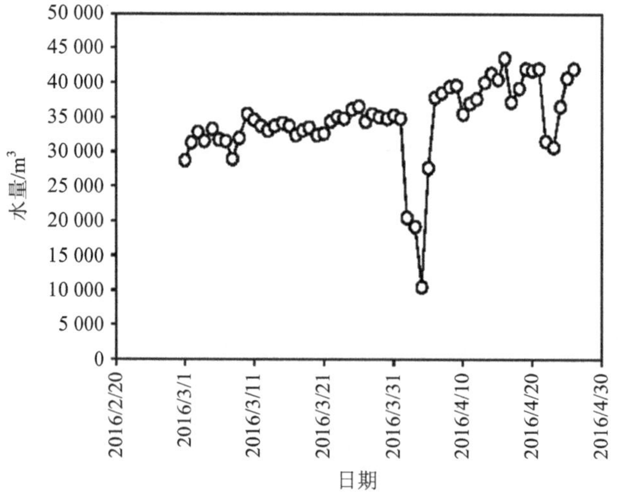

（a）污水处理厂水量的变化

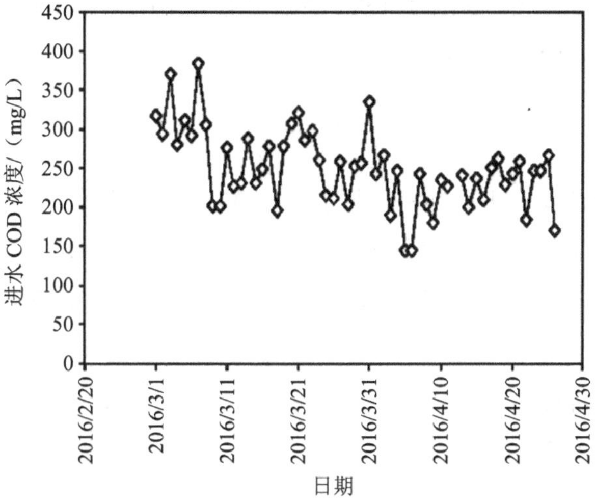

（b）CASS 池进水 COD 浓度的变化

图 2.34　苏州某污水处理厂水量、CASS 池进水 COD 浓度的变化

（2）运行参数分析

一期工程单格 CASS 池的污泥浓度变化为 0.93～3.55 g/L，二期工程单格 CASS 池的污泥浓度变化为 1.80～3.41 g/L，从图 2.35 可以看出，该厂 CASS 池的平均污泥浓度（MLSS）变化为 1.76～2.53 g/L。尽管污泥浓度的变化范围较大，但出水水质可稳定达标。此外，一期、二期工程的污泥浓度设计值为 4 g/L，实际运行发现污泥浓度不宜过高，应根据实际运行情况进行优化。

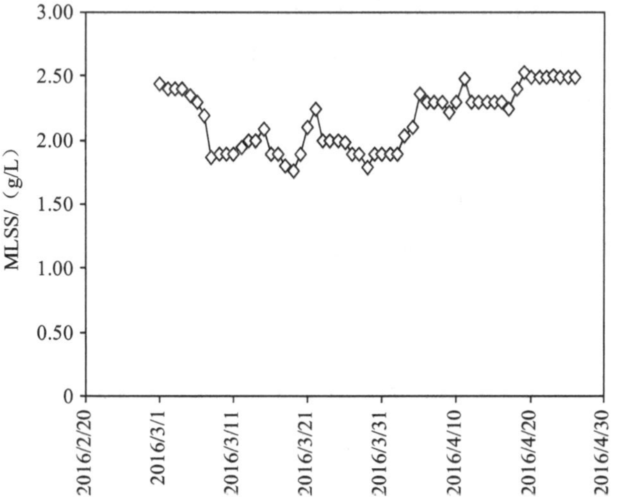

图 2.35　苏州某污水处理厂 CASS 池平均 MLSS 浓度的变化

根据水量（Q）、进水 COD 浓度（S）、污泥浓度（X）及生物池有效容积（V）可计算 COD 污泥负荷（N），计算公式为

$$N = \frac{QS}{XV} \tag{2.7}$$

从图 2.36 可以看出，该厂 CASS 池的平均 COD 污泥负荷变化为 0.07～0.34 kg COD/（kg MLSS·d）。选取运行参数较稳定的阶段进行分析发现，在平均 COD 污泥负荷为 0.24 kg COD/（kg MLSS·d）和 0.18 kg COD/（kg MLSS·d）的条件下，出水 COD 浓度分别为 38.4 mg/L 和 39.5 mg/L。可见虽然污泥负荷的变化范围较大，但出水水质可稳定达标。

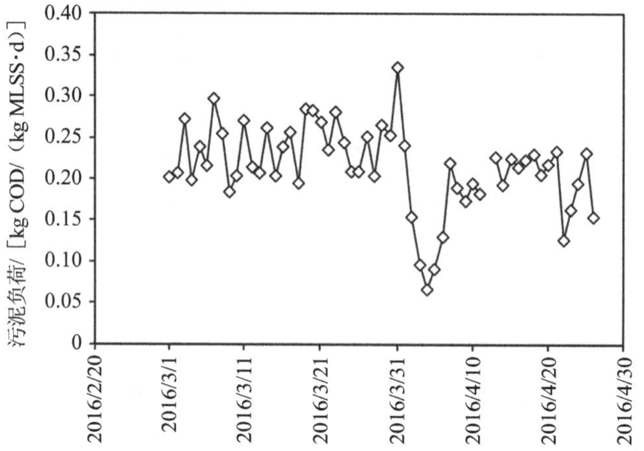

图 2.36　苏州某污水处理厂 CASS 池平均 COD 污泥负荷的变化

研究发现，该厂 CASS 池的平均污泥体积指数（SVI）变化为 80.6～185.4，在平均 COD 污泥负荷为 0.24 kg COD/（kg MLSS·d）和 0.18 kg COD/（kg MLSS·d）时，对应的 SVI 平均值分别为 153.9 和 113.0，可见在污泥浓度较高、COD 污泥负荷较低时，不仅出水水质可稳定达标，而且有利于提高系统的稳定性和缓冲能力。

监测发现，该厂 CASS 池的平均 DO 变化为 3.1～6.4 mg/L，在平均 COD 污泥负荷为 0.24 kg COD/（kg MLSS·d）和 0.18 kg COD/（kg MLSS·d）时，对应的 DO 平均值分别为 4.6 mg/L 和 4.7 mg/L。

综上表明，在较大的 COD 污泥负荷内［0.07～0.34 kg COD/（kg MLSS·d）］，该厂均可稳定运行，出水水质可安全达标，为溶解氧优化控制提供了较好的工艺运行基础。与此同时，该厂 CASS 池 DO 存在进一步优化的空间，可在此基础上对风机运行工况及 CASS 池 DO 的优化运行范围进行探索，以在稳定达标基础上实现节能降耗。

（3）优化运行分析

该厂的运行数据表明，COD 污泥负荷较低时，不仅出水水质可稳定达标，而且可起到一定的缓冲作用，有利于 CASS 池的稳定运行。根据进水条件，该厂 CASS 池污泥浓度

可适当提高至 3.0 g/L，当进水耗氧污染物总量降低时，应相应降低污泥浓度，使 COD 污泥负荷维持在 0.15 kg COD/（kg MLSS·d）左右。

从 COD 污泥负荷的计算公式可以发现，水量、进水 COD 浓度、污泥浓度及生物池有效容积均可影响该参数。由于水量、进水 COD 浓度的波动较大，因此 COD 污泥负荷会剧烈变化，而调节污泥浓度和生物池有效容积可起到一定的缓冲作用。该厂采用的 CASS 工艺属于 SBR 工艺，其工作模式为“曝气 2.0 h—沉淀 1.0 h—滗水 1.0 h”，计算 COD 污泥负荷时应根据实际曝气时间对生物池有效容积进行校正。因此在适当调节各 CASS 池处理水量及考虑 CASS 池进水 COD 浓度等水质变化情况的基础上，根据生物池的供氧效率及 DO 调节风机频率和运行时间，可间接通过改变曝气时间调整生物池的实际有效容积，以应对进水条件的波动，并在稳定运行的基础上实现节能降耗。

根据对该厂 CASS 池氧利用效率及溶解氧变化趋势的研究，该厂风机的工作频率为 35～50 Hz，曝气周期运行时间一般为 2 h。两次监测结果如图 2.37 所示，曝气周期开始后 1 h，曝气池氧利用效率基本在 30%左右，溶解氧则逐渐升至 2～3 mg/L。此后，随着 DO 的持续快速升高，曝气池氧利用效率逐渐下降，曝气周期末端 DO 升至 4～5 mg/L，氧利用效率降至 20%～25%。由此可见，在曝气设备正常的情况下，该厂 CASS 池曝气系统存在较大的供氧富余。因此，可根据进水水量和水质（主要是进水 COD 浓度）的变化，从调节风机频率和运行时间两个角度，逐步优化 CASS 池曝气系统的运行模式。

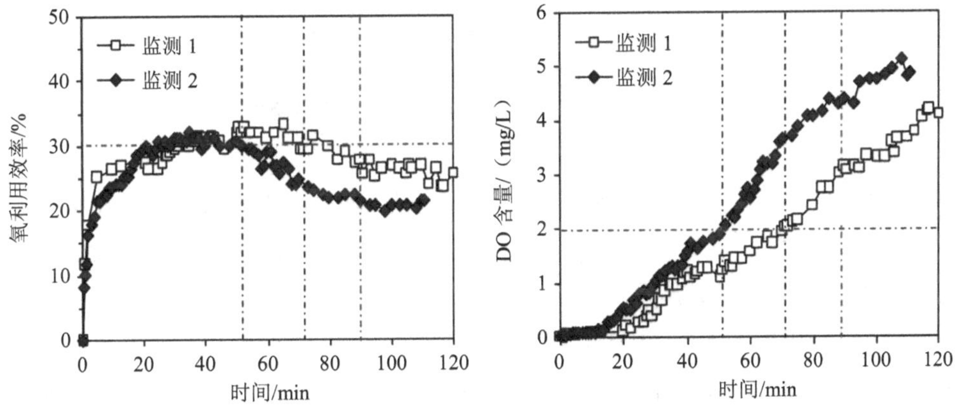

图 2.37　苏州某污水处理厂 CASS 池氧利用效率与 DO 的变化趋势

根据以上分析，结合该厂运行现状，可将风机运行时间缩短 15～30 min 或根据 CASS 池 DO 浓度适当调减风机运行频率，同时注意观察 CASS 池 DO 浓度，在 DO 小于 3 mg/L 时，曝气时间相应顺延以保证污水处理效果。按风机运行时间均缩短 15～30 min 计算，该厂 CASS 池曝气能耗可减少 12.5%～25%，该厂曝气能耗占全厂能耗的 40%左右，因此全厂能耗可减少 5%～10%。通过该厂实际优化运行过程及能耗监测，曝气系统的运行能耗可从 0.12 kW·h/m^3 降至 0.11 kW·h/m^3，全厂单位能耗减少约 3.6%。

2.5 工程案例分析

苏州市某污水处理厂 A，主要服务于苏州市某工业园，该厂一期建设规模 1.5 万 m^3/d。2006 年年底，该厂已满负荷运行，因此开始扩建，二期扩建规模 2.5 万 m^3/d。2009 年 5 月投入运行，污水处理厂总规模达到 4.0 万 m^3/d。

污水处理厂 A 一期工程污水处理工艺设计流程如图 2.38 所示，包括沉砂池、调节池、混凝沉淀池、水解酸化池、CASS 池和气浮池六个主要功能单元。

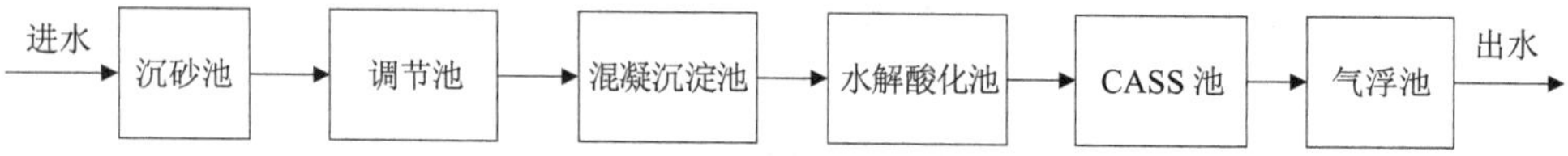

图 2.38 污水处理厂 A 一期工程污水处理工艺设计流程

随着国家对太湖流域水环境保护的日益重视，污水处理厂 A 出水要求达到一级 A 标准，原有的污水处理工艺流程不能满足达标处理的需要，因此对一期工程进行升级改造，增加砂滤池作为深度处理设施。原有的气浮工艺并未使用，污水处理厂 A 一期工程工艺实际流程如图 2.39 所示，二期工程的工艺流程与一期工程保持一致。

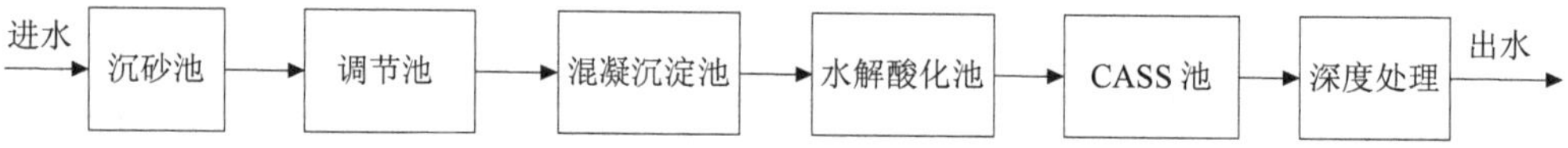

图 2.39 污水处理厂 A 一期工程工艺实际流程

2013 年污水处理厂 A 在一期工程和二期工程的基础上，建成投产规模为 4.0 万 m^3/d 的三期工程，采用“曝气沉砂+A/A/O+滤布滤池+紫外消毒”，显著提升了污水处理厂 A 的污水处理能力。三期工程实施后，该厂一期、二期进水主要来自印染纺织、电子电镀和厂区生活污水，其中印染纺织、电子电镀等工业废水的比重占 70%以上。由于长期以来对纳管企业缺乏有效的监管手段，因此该厂进水水质水量一度非常不稳定，对污水处理厂的稳定运行和达标排放造成了较大影响，且污水处理厂运行能耗也偏高。污水处理厂对日常运行过程中的关键过程信息掌握不全，控制水平低，污水处理厂设备效率运行低，既不利于污水稳定达标排放，也不利于运行过程中的节能降耗。污水处理厂由于控制水平不高，一期、二期工程 CASS 池 DO 浓度处于高位，曝气过度和设备效率运行低，具有较大的节能空间。

2.5.1 工程建设

针对污水处理厂 A 一期、二期工程进水中工业废水比例大、进水水质水量波动大、运行能耗高、控制水平低等问题，建设了污水处理厂纳管企业远程监控系统及污水处理厂节能降耗优化运行系统，对产业密集型河网城镇污（废）水处理纳管监控技术和产业密集型河网城镇污水处理厂节能降耗优化运行技术进行示范性应用，为稳定和改善污水处理厂的进水水质，增强生化处理稳定性，提升系统的污水处理效能和出水水质提供技术支撑。

2.5.1.1　污水处理厂纳管企业远程监控系统

（1）纳管监控系统

2011 年下半年，污水处理厂 A 对纳污范围内有生产废水排放的 34 家纳管企业统一安装 IC 卡在线监控系统，建立 1 个监控中心。34 家纳管企业类型主要为印染纺织、电子电镀、医药化工、造纸等，企业总排污量为 27 955 m^3/d。

污水处理厂与纳管企业分别签订污水委托处理服务协议，要求纳管企业提供《江苏省排放污染物许可证》等核定的排水总量，作为总量排放依据。纳管企业按照核定的排水种类、总量、时限、排放口位置和数量、排放污染物的种类和浓度等排放污水。为此，纳管企业应按规定进行预处理，达到国家和地方规定的水污染物排放标准方可被接纳。根据《污水排入城镇下水道水质标准》（CJ 343—2010）、《污水综合排放标准》（GB 8978—1996）、《太湖地区城镇污水处理厂及重点工业行业主要水污染物排放限值》（DB 32/1072—2018）等有关要求，污水处理厂纳管标准如表 2.9 所示。

表 2.9　污水处理厂纳管标准

监测指标	COD	TP	NH_3-N	TN	SS	pH
纳管标准	≤500	≤1	≤25	≤30	≤400	6≤pH≤9
警示范围	500＜ρ≤600 警示，600＜ρ≤700 加收超标费	1＜ρ≤2 警示，2＜ρ≤5 加收超标费	25＜ρ≤30 警示	—	—	5≤pH＜6 和 9＜pH≤11，加收超标费
拒绝接纳（关阀）	＞700	＞5	＞30	＞30	＞400	pH＜5 或 pH＞11

注：除 pH 为量纲一外，其余指标单位均为 mg/L。

污水处理厂纳管企业开发了远程监控系统总体架构，包括感知层、网络层和应用层，如图 2.40 所示。

感知层由传感器组成，主要功能是采集信息和控制设备。根据纳管企业排放废水的主要污染因子，在纳管企业排污口 50 m 范围内建设独立的仪表站房，并按要求安装相应的监测仪表及自动采样器，排污口管道上设置电动阀，安装流量、pH 等的在线监控设备与仪表。

网络层负责感知层和应用层之间通信，通信方式采用无线 GPRS 网络，如图 2.41 所示。

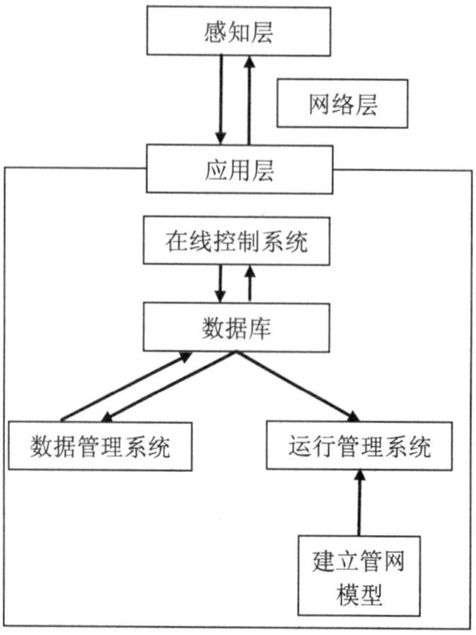

图 2.40 纳管企业远程监控系统总体架构

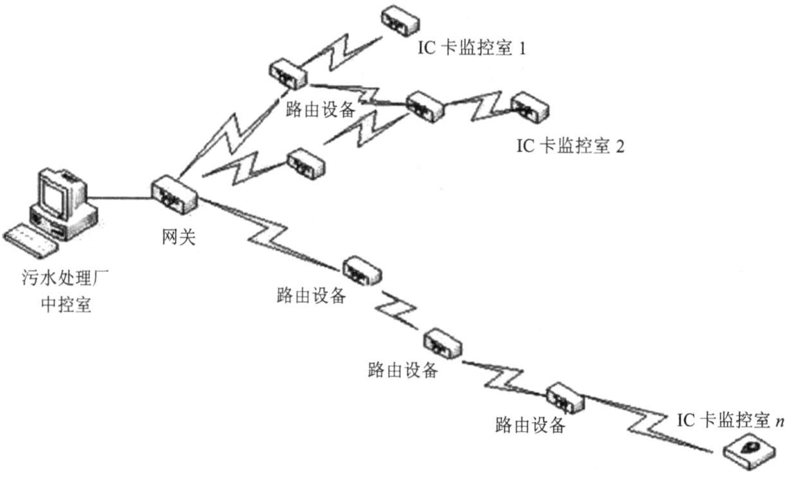

图 2.41 纳管企业远程监控系统通信方式

应用层是控制系统核心，包括在线控制系统、数据管理系统和运行管理系统。在线控制系统包括总控参数设置、用户权限设置、纳管企业基本信息、实时控制等；数据管理系统包括数据收集、数据备份、实时数据显示、数据统计分析等，并对企业名称、排放口编号、瞬时流量、瞬时 pH、瞬时 COD 浓度、pH 最大值、pH 最小值、进水 COD 浓度最大值、进水 COD 浓度最小值、当天总流量等信息实时显示，统计污水达标率、水质水量，进行企业（行业）对比分析；运行管理系统包括根据各个企业排污计划制订污水处理厂生产计划、事故应急措施等，根据远程监控系统在线数据，结合污水管网模型，预测污水处理厂进水水质水量。

纳管企业远程监控系统通过远程自动取样、水质水量监测、排污口阀门控制、异常情况报警等在线控制功能，增加了对纳管企业的监管能力，提升了纳管企业预处理水平，污水处理厂进水水质和运行稳定性均有了明显的提升。

（2）初次沉淀池智能加药系统

污水处理厂 A 的纳管企业中印染纺织和电子电镀企业较多，部分企业排放的工业废水中 TP 一度严重超标，对污水处理厂的稳定运行和达标排放造成较大影响。通过系统分析污水处理厂 A 各工艺段加药系统的药耗水平与运行现状，进行了初次沉淀池智能加药设备和控制平台系统的工程示范建设，对污水处理投药量进行智能精确控制的同时，实现对进水水质的全流程监控。初次沉淀池智能加药系统如图 2.42 所示。

图 2.42 初次沉淀池智能加药系统

初次沉淀池智能加药系统可根据实际运行情况分期实施 3 个等级的工作模式：①初级工作模式。药剂定量投加，仅需自动控制加药系统的阀门启闭。②中级工作模式。根据进水流量的变化系数按比例合理投加药剂。③高级工作模式。确定并在线监测影响药剂投加量的关键水质指标，根据进水流量和水质指标的变化系数，按比例合理投加药剂。

2.5.1.2 污水处理厂全过程运行优化运行系统

2.5.1.2.1 污水处理厂能耗采集与评估管理系统

针对产业密集型河网城镇污水处理厂运行能耗高、控制水平低的问题，依托苏州市污水处理厂 A，建立了污水处理厂能耗采集与评估管理系统。污水处理厂 A 一期、二期与三期工程的建设时间和主体工艺不同，也都缺乏能耗的准确计量及各用电设备详细监测计量，因此对污水处理厂各分项能耗及提升系统、曝气系统、搅拌系统等主要用能设备能效情况无法掌握。通过能耗采集与评估管理系统可及时掌握各系统能耗情况，实时查询各设备用能状态，及时发现安全隐患、观察实时运行数据、统计实时能耗，为节能改造工作提供精确、有力的支持。

（1）实施方案

污水处理厂 A 仅在三期工程配电房装有配电监测系统，但未能充分利用多功能智能电表的数据，需后期配置电量采集器、采集器电源及管线等。一期、二期工程配电房未安装配电监测系统，需安装智能电表及互感器，并配置电量采集器、采集器电源及管线等，中控室配置服务器、工作站、机柜及能效管理系统。

（2）平台功能

针对污水处理厂 A 的现状，基于能耗采集与评估管理系统设计思路，污水处理厂 A 能效管理平台主要实现以下功能。

1）自动采集功能。首先现场智能管理终端定时采集智能电表的能耗数据，然后主站采用光纤定时将现场管理终端上存储的能耗数据采集回来，经过相关协议处理和数据差错处理，最后存储到数据库中。

2）能耗数据处理功能。主要包括数据过滤、数据异常辨识、数据规整、数据修补、能量统计分析计算等功能，主要采用数据库存储过程来实现。

3）系统运行状态监测与报警功能。主要包括系统软件各模块运行状态监测、能量数据采集终端运行状态监测、智能仪表运行状态监测，对异常数据及异常设备运行状态给出报警，报警手段包括声音、图像、文字等。

4）能耗统计分析功能。根据用能网络情况定义对应能量用户分析对象，按对象进行能耗统计分析，计算全厂及各主要能源管理组能耗情况，为污水处理厂节能工作提供支撑。

5）数据管理与输出功能。根据用户需求查询各能源管理组的电量、单位能耗等数据，并可进行输出和打印，帮助用户进行能耗数据管理。

6）基于 Web 的应用功能。主要实现系统设备信息及状态查询，能量数据的检索与查询，用户信息与用能状态查询和能量分析等功能。

7）信息交互功能。主要实现与其他系统的数据接口访问功能，完成数据共享。

（3）数据展示

污水处理厂 A 能效管理平台数据展示包括图控系统、能耗分析、统计报表 3 级。

1）图控系统。基于污水处理厂 A 一期、二期和三期工程污水处理工艺流程，建立工艺流程、主要工艺段、关键能耗设备的三级图控系统，展示各主要工艺段和关键能耗设备的能耗数据，实时监视重点能耗设备的运行情况及电流、有功功率、无功功率等数据变化。

2）能耗分析。实现对污水处理厂内部重点能耗单元（包括提升、搅拌、曝气等）与处理水量水质等工艺运行参数的相关性分析，以及能耗组成分析等。

3）统计报表。根据实时采集的电能数据进行统计，输出统计报表。统计报表中包括污水处理厂一期、二期、三期不同区域的用电量、单位水量能耗，以及单位 COD 能耗数据。

2.5.1.2.2 污水处理厂 A 一期、二期风管改造工程

污水处理厂 A 的一期、二期工程随着运行时间的增加，设备老化导致效率降低，不仅影响了污水处理厂的运行能耗，也限制了污水处理厂实际处理能力，因此在科学评估的基础上开展节能改造刻不容缓。

（1）污水处理厂历史能耗分析、能耗设备统计及曝气系统分析

1）历史能耗分析。2011—2014 年污水处理厂 A 的月平均能耗如图 2.43 所示。该厂三期工程于 2013 年建成投产，三期工程投产之前，每月能耗为 21.7 万～46.3 万 kW·h，每月能耗的波动较明显，最高值为最低值的 2.1 倍，2012 年 4 月之后一期、二期工程月耗电量显著上升，并稳定在高位，2012 年 5 月—2013 年 4 月的平均能耗为 41.8 万 kW·h。

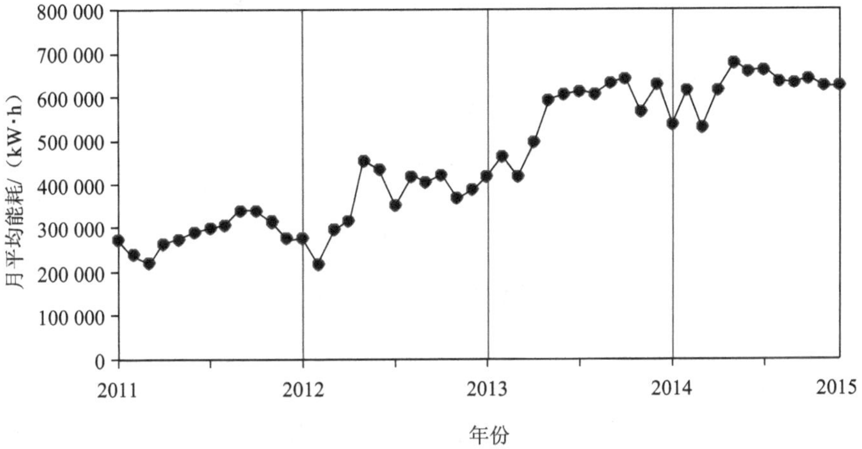

图 2.43 污水处理厂 A 月平均能耗

污水处理厂 A 的月平均处理水量和月平均单位能耗如图 2.44 和图 2.45 所示，由于污水处理厂的进水水量和水质的变化，使单位能耗呈现明显的波动，根据污水处理厂统计的运行数据，2011—2012 年一期、二期工程的单位能耗在 0.265～0.420 kW·h/m^3，平均单位能耗为 0.326 kW·h/m^3。由于三期工程建设投产等，2013 年上半年单位能耗较高。2013 年 7 月—2014 年 12 月污水处理厂 A 的单位能耗为 0.320～0.516 kW·h/m^3，平均单位能耗为 0.403 kW·h/m^3，较 2011—2012 年显著升高。

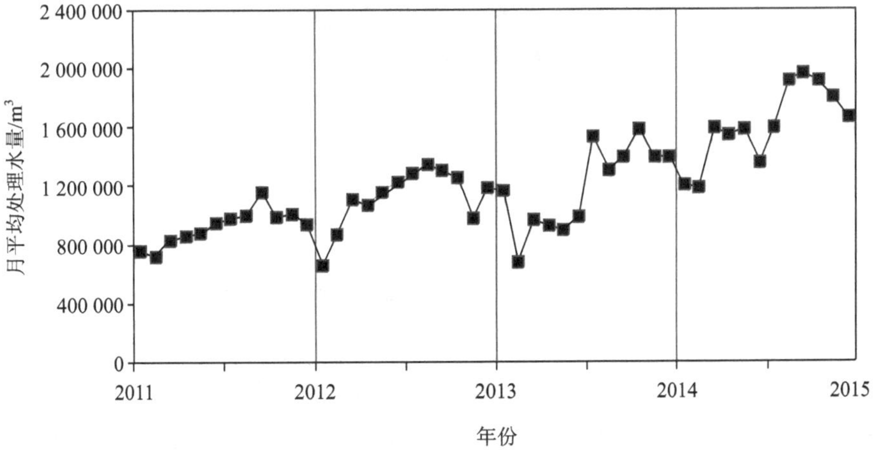

图 2.44 污水处理厂 A 月平均处理水量

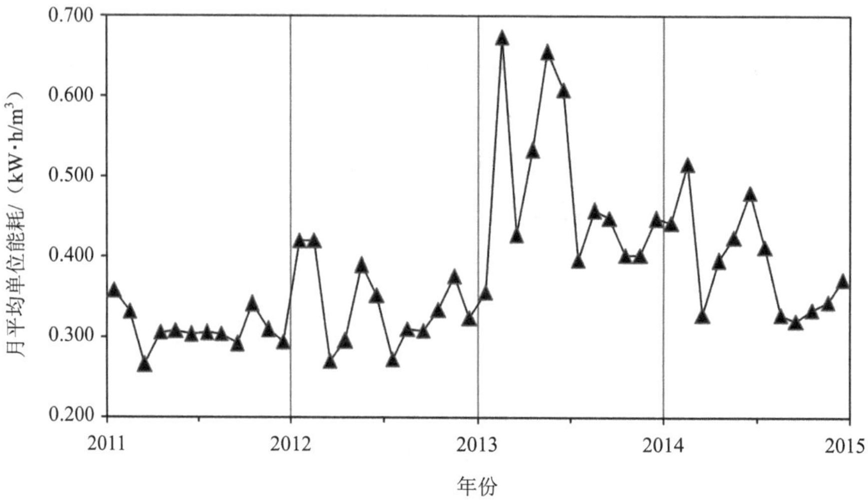

图 2.45　污水处理厂 A 月平均单位能耗

污水处理厂 A 一期、二期能耗占全厂能耗的比重在 60%以上，且三期工程由于建设时间较晚、设备性能较好，进水以生活污水为主、进水水量水质较稳定，因此能效相对较高。综合以上因素可见，污水处理厂 A 一期、二期工程能耗有显著上升趋势。

污水处理单位能耗受进水水量的影响较大，通常污水处理量大，单位处理能耗低，污水处理厂 A 月平均单位能耗与月平均处理水量之间的关系如图 2.46 所示，在相同处理规模上，单位能耗变化非常明显，主要是受进水耗氧污染物浓度的影响，同时也表明污水处理过程存在明显的节能空间。

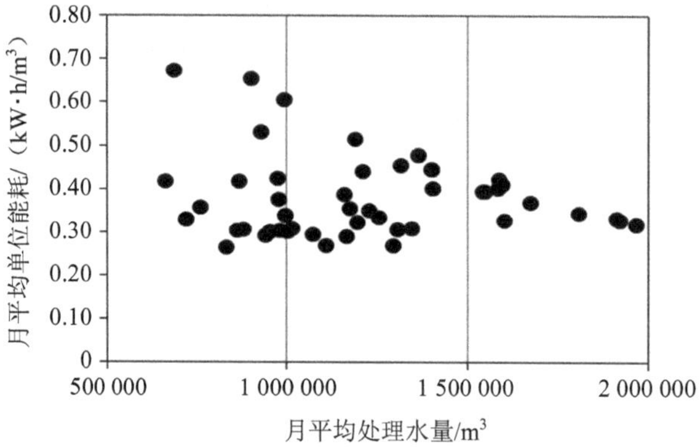

图 2.46　污水处理厂 A 月平均单位能耗与月平均处理水量关系

2）能耗设备统计。图 2.47 为污水处理厂 A 主要用电设备（包括曝气设备、提升设备、搅拌设备、污泥处理设备及其他设备）能耗组成分析。从图 2.47 可以看出，该厂曝气设备、提升设备和搅拌设备的能耗分别占全厂能耗的 43.0%、27.5%和 19.8%，因此曝气系统是该厂最重要的节能单元。

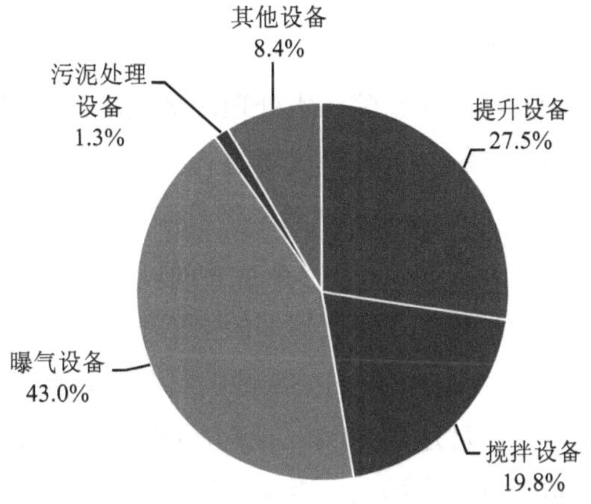

图 2.47　污水处理厂 A 主要用电设备能耗组成分析

该厂耗能最大的设备类型为曝气设备，占全厂总能耗的 41%，其次为提升设备和搅拌设备，分别占全厂总能耗的 27%和 22%，与能耗采集与评估管理系统中的能耗数据分析结果基本一致。因此，该厂节能应重点关注曝气系统。

3）曝气系统分析。曝气系统是污水处理厂运行节能降耗的重点，主要由鼓风机、供风干管、供风支管、曝气器及阀门等组成。曝气系统的能耗通常由进水水量水质和曝气系统效率两大因素决定。

进水水量水质：进水水量水质决定了污水处理过程的理论需氧量，如果进水水量小，耗氧污染物浓度低，则可通过控制减少供气量，从而降低曝气能耗。

曝气系统效率：曝气系统效率的主要影响因素有鼓风机效率、管道沿程阻力损失和曝气头的阻力损失。

因此，污水处理厂的节能一方面需要建立优化运行的策略和模式，另一方面需要评估曝气系统的硬件设施，并通过改造措施使其维持高效状态。

鼓风机：目前该厂一期工程配备 3 台鼓风机，2 用 1 备，风量为 60 m^3/min，每台风机为 2 座 CASS 池供氧；二期工程配备 5 台风机，4 用 1 备，每台风机为 1 座 CASS 池供氧。风机总体运行情况良好，暂不需要更换，但是风机出口需增设可传输电信号的气体流量计。

供风管道：供风管道指风机出口至曝气器的管道，该厂一期、二期工程建设时均采用铸铁风管。近期，污水处理厂出现曝气系统供氧效率下降的情况，污水处理厂运行管理人员经过仔细排查，发现供风管道存在不同程度的腐蚀。供风管道的锈蚀使内部表面粗糙度大大增加，降低了风机的输送效率，而表面点蚀穿孔的影响更大，不仅增加能耗，也会影响曝气池的安全、稳定供氧，因此需要对一期、二期工程的风管进行全面更换。一期、二期工程供风干管直径分别为 400 mm 和 300 mm，由鼓风机的供风量计算管道风速，分别为

8.0 m/s 和 14.3 m/s，根据《给水排水设计手册》第 5 册中的相关规定，供风干管和支管的风速应控制在 10～15 m/s，供风管径为 300 mm 时，即可满足需要，因此在本次风管改造工程中将风管管径统一调整为 300 mm。目前供风管道主要采用碳钢和不锈钢两种，碳钢的价格便宜，但是抗腐蚀性较差，因此新建污水处理厂多采用不锈钢材质的供风管道。

曝气器：污水处理系统的最终供气量与曝气器的氧利用效率息息相关。采用曝气池供氧效率检测仪对污水处理厂 A 的 CASS 池供氧效率进行测定，结果表明，该厂 CASS 池的氧利用效率随着时间的推移逐渐下降，使用 3～4 年后尚可在 CASS 池曝气周期的起始阶段维持在 20%左右，随着反应的进行，在曝气周期的中后期 DO 浓度逐渐升高，而氧利用效率逐步下降至 15%。使用 4.5 年后，该厂 CASS 池的氧利用效率进一步降至 10%，而目前新安装曝气盘的氧利用效率一般可达到 30%，可见随着曝气盘的老化和堵塞，曝气盘的氧利用效率大大下降，导致实际供气量提高，系统能耗增加。

综上所述，污水处理厂 A 的一期、二期工程 CASS 池曝气效率显著下降，埋地供风管道已出现严重腐蚀，铸铁管厚度明显减薄，且出现大量点蚀穿孔现象，必须进行改造。

（2）改造方案

污水处理厂 A 一期、二期曝气系统改造过程中应重点考虑管材、管路布置、曝气器的选择和施工等方面。

1）管材。供风管道主要采用碳钢和不锈钢两种。碳钢的价格便宜，但是抗腐蚀性较差，在污水处理厂曝气系统设计过程中，可采用经过防腐处理后的碳钢作为供风管道。

新建污水处理厂多采用不锈钢材质的供风管道。不锈钢具有在含酸、碱、盐的介质中耐腐蚀的能力，但其抗腐蚀能力的大小是随钢质本身化学组成、使用条件及环境介质类型而变化的。

2）管路布置。风管的阻力损失是影响曝气能耗的重要组成部分，包括沿程阻力损失 $h_{沿程}$和局部阻力损失 $h_{局部}$，计算公式为

$$h_{沿程}=i \times L \times \alpha_T \times \alpha_P \tag{2.8}$$

式中，i 为单位管长阻力，Pa/m；L 为风管长度，m；α_T 为温度 T ℃时的空气密度修正系数；α_P 为大气压力为 P 时的压力修正系数。

$$h_{局部}=10 \times \rho \times \varepsilon \times v^2/2\,\mathrm{g} \tag{2.9}$$

式中，ε 为局部阻力系数；v 为风管平均空气流速，m/s；ρ 为空气密度，kg/m^3。

根据沿程阻力损失和局部阻力损失计算公式可知，在确定供风管径和风速之后，管道的长度和弯头的个数对阻力损失的影响较大，通过管道布置优化减少风管和弯头，可同时降低污水处理厂的改造和运行成本。在后续的设计中可考虑结合现状对现有布管形式进行调整。此外，需在管路上设置一定量的伸缩节和固定支架，并在最低点处设置排水或排油口。

改造工程将在原有风管之上铺设新的供风管道，同时为了使供风干管布置更加简洁，避免施工过程对现有路面和地下管线的影响，二期工程管道架空超越在一期、二期工程反应池之间的道路。污水处理厂 A 一期、二期曝气系统改造工程共需 DN300 风管 800 m 左右，各类管配件 76 个，气体流量计 6 个。

3）曝气器选择。曝气器按气泡大小可分为微气泡、中气泡、大气泡及水力剪切、水力冲击等类型，按结构形式可分为管式、盘式、旋混式、射流曝气等类型。为了保证较高的氧利用效率，曝气器扩散的气泡直径应足够小。膜片盘式曝气器气泡直径小，气液界面积大，气泡扩散均匀，其止回功能可减缓孔眼堵塞，耐腐蚀性较强，布气均匀，氧利用效率高。该厂一期、二期 CASS 池采用 Φ300 mm 盘式曝气器，其中一期共 836 个，二期共 1 636 个，本次改造与一期、二期 CASS 池的曝气器形式保持一致，并采用分期、分批更换的方式施工。

4）施工。现有设施和管线的保护：由于是改造项目，现场施工过程中应考虑管道布置对现有设施和管线的影响，特别是对电缆和控制信号线的保护，因此需通过现场考察，确定施工注意事项，并在图纸中明确标注。

现有设施运行状态维护：风管铺设的同时，保持原有风管及其他设施正常使用，待风管铺设完毕再逐个完成新设管道的接管。曝气器采用分期、分批的方式逐步更换，更换时保持其他池内曝气器的正常运行，尽量减少改造过程对污水处理厂正常运行的影响。

污水处理厂 A 一期、二期工程曝气系统改造项目于 2016 年 7 月完成验收，现场情况如图 2.48 所示。

图 2.48　污水处理厂 A 一期、二期工程曝气系统改造现场

2.5.1.2.3　*污水处理厂优化运行实施方案*

针对污水处理厂 A 一期、二期工程的曝气系统、提升系统和搅拌系统等 3 个重点环节，通过现场调研、智能仿真、工艺研究等手段，制定符合该厂实际的优化运行实施方案。

以不影响出水水质稳定达标、不显著增加人工操作强度为原则，按照基于运行经验、优化控制、全厂综合节能的模式，实现节能降耗。同时，对基准模式（曝气时间为 120 min，风机频率为 50 Hz，调节池搅拌机全开，进水提升泵房和调节池采用现状低水位运行）和优化模式（主工况曝气时间为 105 min，调节池搅拌机运行时间减少 1/3，进水提升泵房和调节池采用高水位运行）两种模式开展运行研究。

（1）曝气系统优化措施

根据对污水处理厂 A 中 CASS 池供氧效率及溶解氧变化趋势的研究，该厂一期、二期风机的工作频率为 35～50 Hz，周期运行时间一般为 2 h，曝气末端最大溶解氧浓度大于 5 mg/L。在曝气设备正常的情况下，该厂 CASS 池曝气系统存在较大的供氧富余，因此可根据进水水量和水质（主要是进水 COD 浓度）的变化，从调节风机频率和运行时间两个角度，逐步优化 CASS 池曝气系统的运行模式。根据以上分析，结合污水处理厂 A 一期、二期工程运行现状，曝气系统的优化运行实施方案如下：

①曝气系统优化对象：一期和二期 CASS 池。

②曝气系统运行基准：曝气时间 120 min，风机频率 50 Hz。

③曝气系统优化措施：在现状运行模式下将主工况曝气时间从 120 min 调整为 105 min，但在曝气 105 min 后，且 DO 小于 3 mg/L 时，曝气时间顺延为 120 min。

（2）提升系统优化措施

污水处理厂 A 一期、二期进水泵房目前处于低水位运行状态，可根据进水水量的变化，调节进水泵房的运行水位。根据以上分析，结合污水处理厂 A 一期、二期工程运行现状，提升系统的优化运行实施方案如下：

①提升系统优化对象包括进水提升泵房和调节池提升泵。

②提升系统运行基准为现状低水位运行模式。

③提升系统优化措施为适当增加水位，采用高水位运行。

（3）搅拌系统优化措施

根据对污水处理厂 A 调节池运行效能的研究，该厂调节池的 4 台搅拌机处于全开状态，由于进水水量的波动较大，具有较大的节能空间，因此可根据进水条件的变化，从调节池搅拌机开启台数和运行时间两个角度优化调节池搅拌系统的运行模式，在曝气系统优化运行的基础上，进一步强化节能效果。根据以上分析，结合污水处理厂 A 一期、二期工程运行现状，搅拌系统的优化运行实施方案如下：

①搅拌系统优化对象包括调节池 4 台功率为 18 kW 的搅拌机。

②搅拌系统运行基准为调节池搅拌机全开。

③搅拌系统优化措施：调节池 4 台搅拌机运行时间减少 1/3，调节模式为开 2 小时与关 1 小时交替运行。

（4）其他优化措施

进水流量较小时，CASS 池曝气系统优化运行条件下仍可能存在 DO 浓度过高的情况，因此在低于设定进水条件下，可适当延长静置时间或暂时关闭其中一组 CASS 池，在达到高效运行的同时实现节能。

设定进水条件包括进水水量和水质（主要是进水 COD 浓度），设定值应根据生产运行适时调整，进水水量过小的时段（如夜间进水流量小于设计流量的一半），可采取该优化措施。

2.5.2 工程实施效果

为了验证污水处理厂 A 的运行节能效果，在 2015 年 7—12 月，对纳管企业排放水质、污水处理厂进出水水质、能效提升等 3 个方面进行了监测分析。

其中进出水水质指标监测范围，主要为污水处理厂 A 一期、二期工程进出水，厂内监测频率为 1 次/d；对污水处理厂 A 一期、二期变配电网、配电房电表和曝气池供氧效率在线检测仪等关键设备，进行每月 1 次的能耗指标监测。

2.5.2.1 纳管企业排放水质提升效果分析

纳管监控系统的安装成功，增加了污水处理厂 A 控制外围水质冲击的管理手段。自系统运行以来，污水处理厂已根据纳管协议对多家超标严重和涉嫌偷排的企业进行了关阀处理，从而增加了企业违规排放的顾虑和成本，促进一批企业新建和改造预处理设施，提升了纳管企业预处理水平，进而明显提升了污水处理厂的进水水质和运行稳定性。

污水处理厂 A 一期、二期进水中工业废水比重占 70%以上，纳管的 100 多家企业中主要为印染纺织、电子机械、医药化工等重污染企业。由于纳管企业的生产特征差异，不同企业的重点监控污染因子有所差异。图 2.49 为三家典型纳管企业重点污染物排放浓度随时间的变化情况，其中纺织企业排水量约为 1 400 m^3/d，主要排污因子为 TP；电镀企业排水量约为 1 600 m^3/d，主要排污因子为 TP；丝绸染整企业排水量约为 260 m^3/d，主要排污因子为 COD。

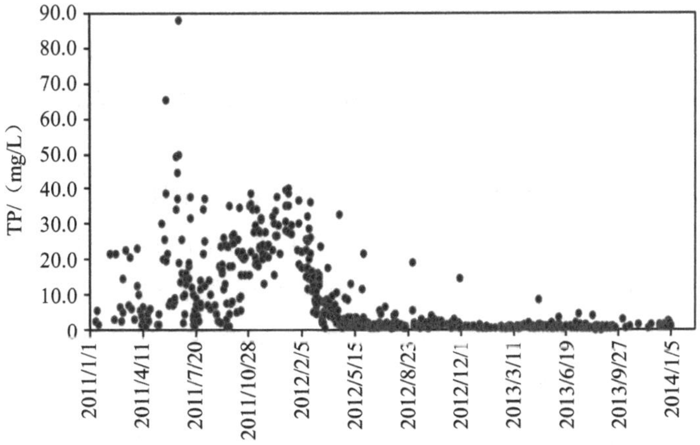

（a）纺织企业

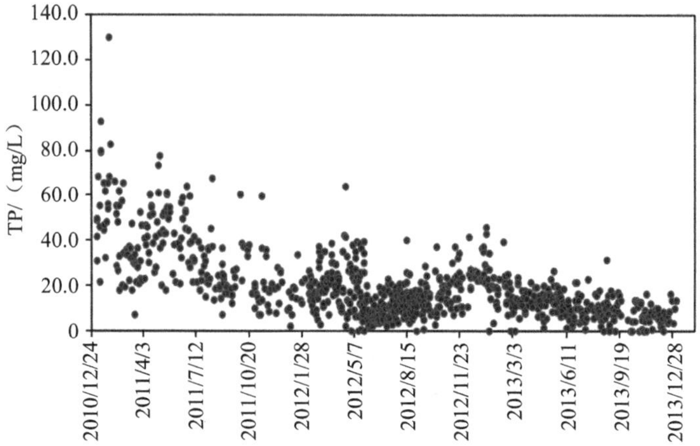

（b）电镀企业

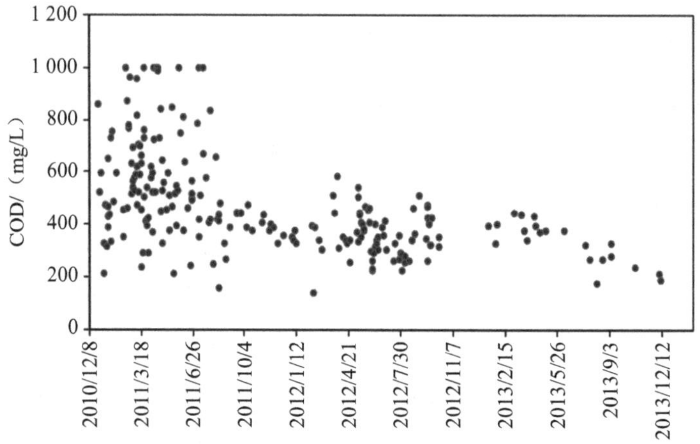

（c）丝绸染整企业

图 2.49 三家典型纳管企业重点污染物排放浓度随时间的变化情况

如图 2.49 所示，受企业生产变化和企业内部污水处理设施运行水平等因素的影响，部分企业排水水质的提升经历了较长时间，或存在一定的波折，但大部分企业的排水水质均得到一定改善。

目前，该污水处理厂的纳管标准为 COD≤500 mg/L、NH_3-N≤25 mg/L、TP≤1 mg/L。由表 2.10 可知，2011 年 A 企业、B 企业的 TP 和 C 企业的 COD 排放浓度均未达到纳管标准。但随着纳管监控体系的实施，三家企业的排放水质均逐步提升，不仅污染物浓度下降，水质波动性也大大减小。到 2013 年，A 企业的 TP 和 C 企业的 COD 排放浓度均可达到纳管标准；B 企业受行业生产影响，TP 排放浓度过高，但较 2011 年的 TP 排放浓度下降了 65.2%，水质提升效果明显。

表 2.10　三家纳管企业年平均排水水质

年份	A 企业 TP/（mg/L）	B 企业 TP/（mg/L）	C 企业 COD/（mg/L）
2011	17.1	36.2	557
2012	6.4	16.2	360
2013	0.89	12.6	332

2.5.2.2　污水处理厂进出水水质提升

2011—2014 年，污水处理厂 A 进出水 COD 和 TP 浓度随时间的变化情况如图 2.50 和图 2.51 所示。对图 2.50 和图 2.51 中的数据按年份取平均值，结果如表 2.11 所示。污水处理厂 A 实施纳管监控之前 2011 年的进水 COD 和 TP 浓度处于高位波动，经常出现超过设计进水水质的情况，直接导致污水处理厂运行稳定性下降，出水 COD 浓度仅能勉强达到一级 B 标准，超标风险较大，出水 TP 浓度更是仅达到二级标准。

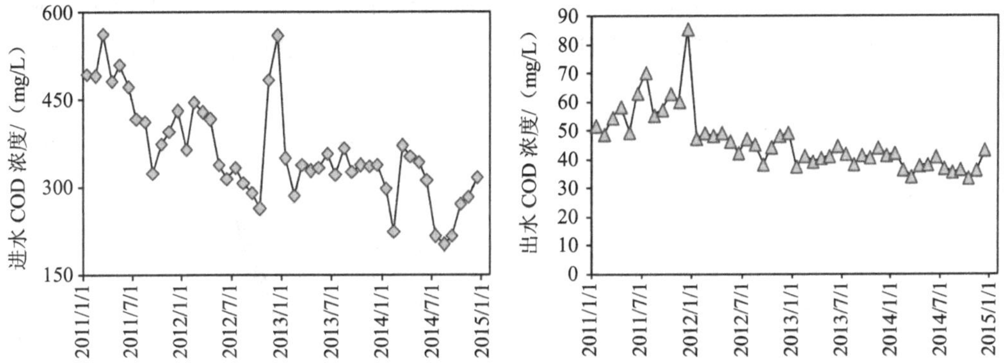

图 2.50　污水处理厂 A 进出水 COD 浓度随时间的变化情况

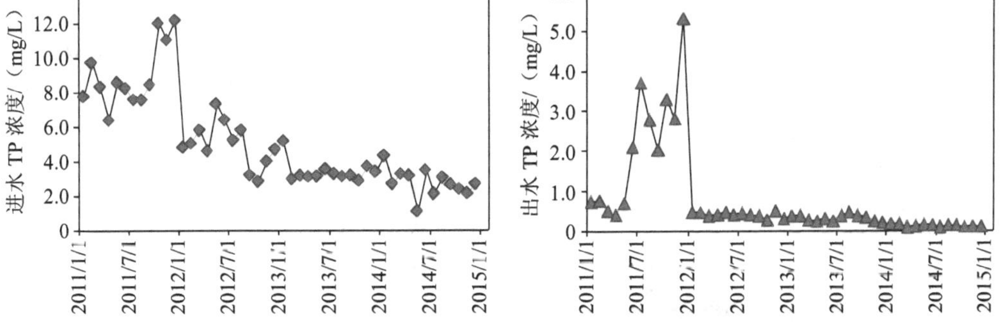

图 2.51　污水处理厂 A 进出水 TP 浓度随时间的变化情况

2011 年下半年实施纳管监控之后，由于重点纳管企业排水水质提升，污水处理厂 A 进水水质迅速改善。如表 2.11 所示，2012 年进水 COD 和 TP 浓度较 2011 年分别下降 15.2% 和 44.4%。由于进水水质的改善，该厂 2012 年出水 COD 和 TP 浓度已分别降至 46 mg/L 和 0.41 mg/L，可达到一级 A 标准，但距离标准限制较近。如表 2.11 所示，随着进水水质的进一步改善以及优化运行措施的实施，该厂 2013—2014 年出水 COD 和 TP 浓度进一步下降，超标风险大大减小，从而显著提升了污水处理厂的运行效益。

表 2.11　污水处理厂 A 年平均进出水水质

年份	COD 浓度/（mg/L）		TP 浓度/（mg/L）	
	进水	出水	进水	出水
2011	447	60	9.0	2.1
2012	379	46	5.0	0.41
2013	335	41	3.4	0.32
2014	284	37	2.8	0.14

根据江苏省重点监测企业自行监测信息发布平台中污水处理厂 A 出水的在线监测数据，对该厂 2016 年的出水 COD、NH_3-N 和 TP 等主要监控指标进行统计分析，结果如图 2.52 所示。

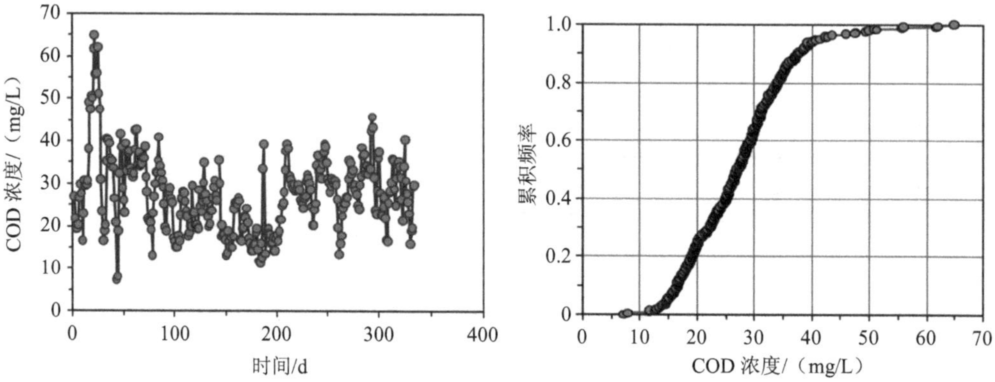

（a）COD

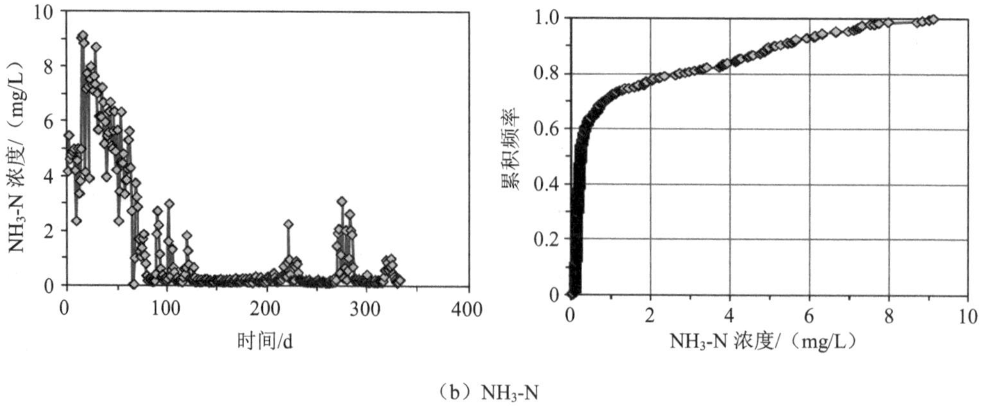

（b）NH_3-N

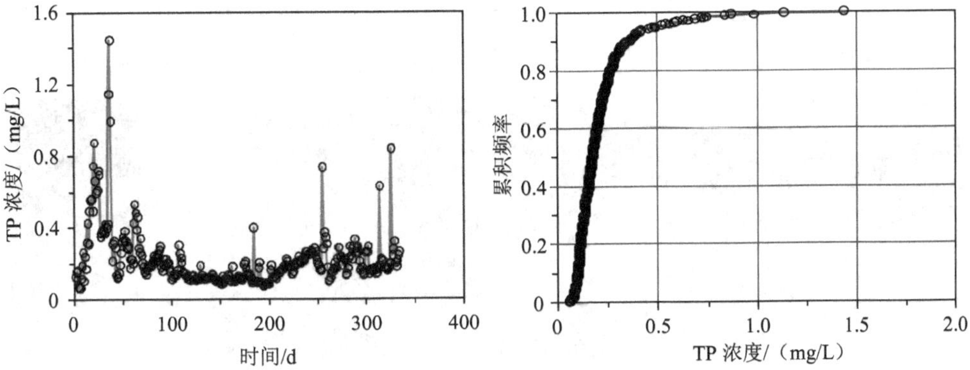

（c）TP

图 2.52 污水处理厂 A 出水 COD、NH_3-N 和 TP 统计分析情况

由图 2.52 可知，该厂 2016 年出水 COD、NH_3-N 和 TP 的平均值分别为（28.11±13.19）mg/L、（1.42±2.18）mg/L 和（0.22±0.16）mg/L，出水 COD、NH_3-N 和 TP 满足一级 A 标准的达标率分别为 97.6%、89.8%和 95.2%。2016 年 1—2 月的部分时段出水 NH_3-N 超过 5 mg/L，主要是三期 CASS 池水温较低，短期运行异常所导致，其他时段均可达标排放。从表 2.12 可以看出，2016 年 10 月—2017 年 4 月，污水处理厂 A 出水水质可稳定达到一级 A 排放标准。

表 2.12 2016 年 10 月—2017 年 4 月污水处理厂 A 出水水质 单位：mg/L

监测时间	COD	TN	TP	NH_3-N	SS
2016/10/31	31	5.42	0.19	<0.10	<5
2016/11/28	46	8.3	0.12	0.28	<5
2016/12/27	22	8.9	0.15	0.32	5
2017/1/17	28	9.1	0.14	0.29	6
2017/2/16	40	12.4	0.17	0.34	<5
2017/3/29	41	8.1	0.2	0.25	<5
2017/4/21	33	10.9	0.18	0.29	<5

2.5.2.3 污水处理厂能效提升

污水处理厂 A 通过一期、二期风管曝气改造工程等设备节能措施，更换了一期、二期供风管道，对氧利用效果较差的单元逐步更换了曝气器，同时，结合污水处理厂 A 曝气设备、提升设备和搅拌设备等关键耗能设备的评估改造过程，实施全过程优化运行管理。

图 2.53 为污水处理厂 A CASS 池曝气系统改造前后的曝气效果，改造前曝气池内气泡分布极不均匀，存在大量的气泡死区，不仅影响生化处理效果，而且影响风机和供风管道运行

的稳定性。曝气系统改造后曝气池内的气泡分布均匀，氧利用效率大幅提升，与改造前相比，改造后 CASS 池的氧利用效率可提升至 30%以上，为曝气系统的优化运行提供了有利条件。

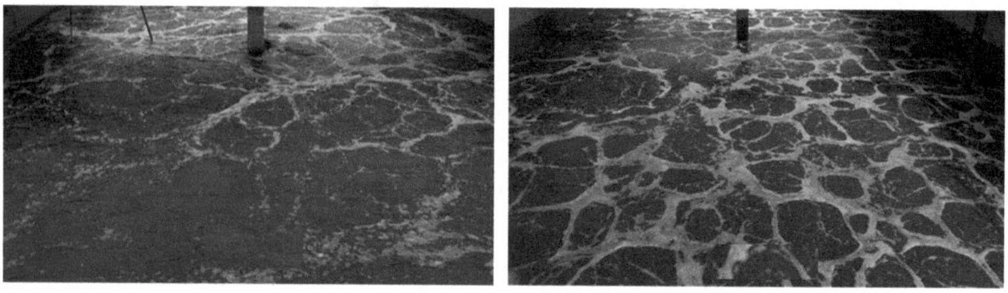

（a）改造前 （b）改造后

图 2.53 污水处理厂 A CASS 池曝气系统改造前后的曝气效果

根据曝气池供氧效率检测仪的测定结果，污水处理厂 CASS 池曝气周期的前 1 h 氧利用效率基本在 30%以上，但随着耗氧污染物的逐渐降解，在维持曝气量不变的前提下，氧利用效率降至 20%～30%，溶解氧浓度升至 4～5 mg/L，存在进一步优化的空间。本次实施节能降耗优化运行措施后，通过能耗采集和评估管理系统在线采集能耗数据，进而根据实施效果调整优化运行策略，实施滚动优化。

根据污水处理厂 A 生产报表中的高压侧电表数据，可得该厂 2013—2016 年的月平均能耗和年平均能耗，如图 2.54 所示。由图 2.54 可知，该厂的月平均能耗波动较大，但近 4 年的年平均能耗呈现逐年降低的趋势。2013 年上半年由于进行三期扩建工程建设，能耗异常偏高，因此以 2014 年的能耗数据为基准对该厂节能降耗效果进行分析。此外，该厂 2016 年 3 月完成一期、二期曝气系统改造，因此采用 2016 年 4—12 月与 2014 年的同期数据进行节能效果分析。统计分析表明，该厂运行能耗从 2014 年 4—12 月的 0.373 kW·h/m^3 降至 2016 年 4—12 月的 0.311 kW·h/m^3，按合计用电量和处理水量计算，该厂 2016 年单位能耗较 2014 年可降低 16.6%。

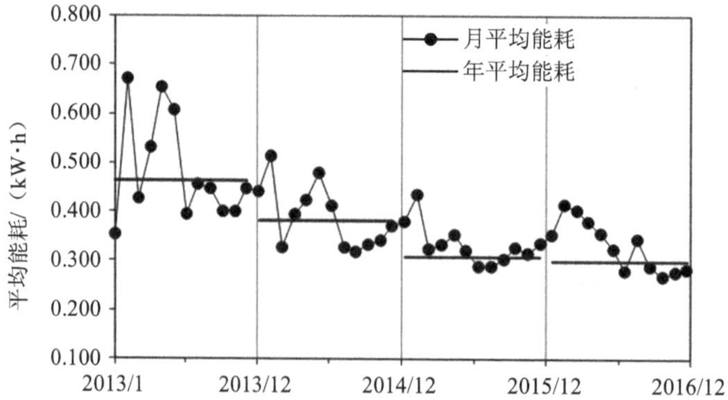

图 2.54 2013—2016 年污水处理厂 A 的能耗情况

根据 2016 年 4—12 月及 2014 年同期的用电量，结合污水处理厂 A 生产报表中的处理水量，可以得到 2014 年和 2016 年污水处理厂 A 能耗，如表 2.13 所示。

表 2.13　2014 年和 2016 年污水处理厂 A 能耗

日期	天数/d	电量/（kW·h）	水量/m^3	单位能耗/（kW·h/m^3）
2014/4/9	28	611 340	1 378 788	0.443
2014/5/14	35	673 590	1 854 639	0.363
2014/6/11	28	653 130	1 319 981	0.495
2014/7/8	27	656 940	1 283 002	0.512
2014/8/5	28	630 750	1 483 818	0.425
2014/9/12	38	629 010	2 390 722	0.263
2014/10/15	33	638 820	2 101 457	0.304
2014/11/13	29	622 710	1 794 832	0.347
2014/12/10	27	621 120	1 582 284	0.393
合计/平均	273	5 737 410	15 189 523	0.394
2016/4/6	27	526 230	1 342 712	0.392
2016/5/11	35	641 640	2 055 146	0.312
2016/6/15	35	633 150	2 181 298	0.290
2016/7/6	21	686 130	1 530 001	0.448
2016/8/10	35	707 820	2 353 808	0.301
2016/9/7	28	705 720	1 624 939	0.434
2016/10/12	35	686 820	2 421 924	0.284
2016/11/9	28	671 460	2 060 311	0.326
2016/12/7	28	826 170	2 029 662	0.407
合计/平均	272	6 085 140	17 599 801	0.355

根据表 2.13 得到 2014 年和 2016 年污水处理厂 A 的能耗对比，如图 2.55 所示。2016 年 4—12 月较 2014 年同期的处理水量上升 15.87%，但用电量仅增加 6.06%，2016 年大部分月份的平均单位能耗较 2014 年同期有所下降。该厂 2016 年 4—12 月和 2014 年同期的总平均单位能耗分别为 0.355 kW·h/m^3 和 0.394 kW·h/m^3，2016 年 4—12 月较 2014 年同期有所降低。

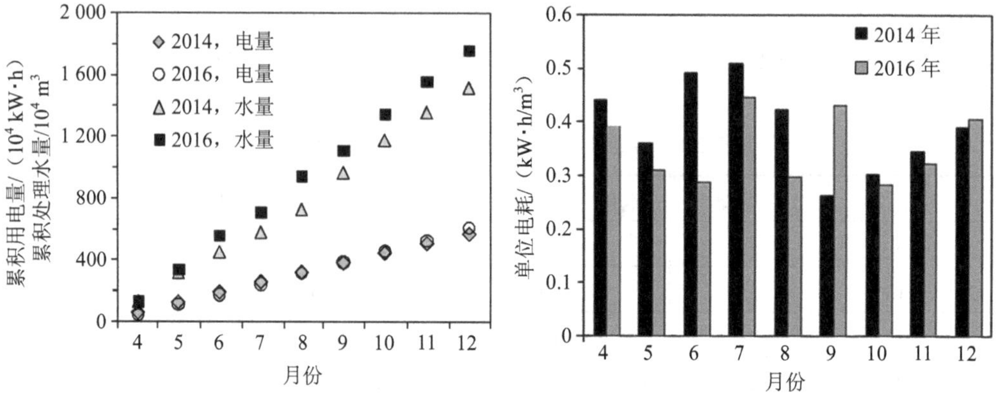

图 2.55 2014 年和 2016 年污水处理厂 A 的能耗对比

供电公司开具电费单据的日期与实际用电时段存在一定偏差，根据污水处理厂 A 生产报表中每天手抄的高压侧电表数据及前面的能耗基准确定方法，将污水处理厂 A 在 2014 年 4—12 月的日均能耗数据先按累积处理水量的大小分组，如表 2.14 所示。2014 年 4—12 月的 274 d 中有 266 d 的日均处理水量在 4 万～8 万 m^3/d，因此，表 2.14 中仅按 4 万～6 万 m^3/d 和 6 万～8 万 m^3/d 分为两组，每组再按进水 COD 浓度的大小分为 2 个小组，分别计算各组的平均能耗。此外，污水处理厂 A 水温较高，对能耗评价没有显著影响，因此表 2.14 中未考虑水温的影响。

表 2.14 污水处理厂 A 在 2014 年的能耗基准

水量分类/（m^3/d）	水质分类/（mg/L）	总用电量/（kW·h）	总处理水量/（m^3/d）	总单位能耗/（kW·h/m^3）
40 000～60 000	100～350	1 352 020	3 243 247	0.417
	＞350	2 113 578	5 264 440	0.401
	合计年均	3 465 598	8 507 687	0.409
60 000～80 000	100～350	782 976	2 446 853	0.320
	＞350	1 164 697	3 550 371	0.328
	合计年均	1 947 673	5 997 224	0.324

采用与前面相同的方法分析该厂 2016 年 4—12 月的能耗数据，并以污水处理厂 A 在 2014 年同期的能耗数据为基准，对该厂 2016 年 4—12 月的节能效果进行分析，结果列于表 2.15。根据对污水处理厂能耗影响因素的分析，实际污水处理量对污水处理厂单位能耗的影响权重最大，因此，根据表 2.15 中的数据，将污水处理厂 A 按 4 万～6 万 m^3/d 和 6 万～8 万 m^3/d 两个处理水量组别分别评估节能效果。如表 2.15 所示，通过全过程优化运行措施的实施，2016 年 4—12 月 4 万～6 万 m^3/d 和 6 万～8 万 m^3/d 两个处理水量组别的单位能耗相较 2014 年同期分别降低 8.1%和 8.6%。

表 2.15　污水处理厂 A 节能效果分析

分类		2014 年	2016 年	
水量/（m^3/d）	水质/（mg/L）	单位能耗/（kW·h/m^3）	单位能耗/（kW·h/m^3）	节能效果/%
40 000～60 000	100～350	0.417	0.373	8.1
	＞350	0.409	0.375	
	平均	0.413	0.374	
60 000～80 000	100～350	0.321	0.298	8.6
	＞350	0.328	0.296	
	平均	0.325	0.297	

参考文献

[1] 曹群科. 山西某煤化工园区污水处理厂工艺设计[J]. 城市道桥与防洪，2014，187（11）：115-118.

[2] 曹珊，曹秀芹. 城市污水处理厂能耗分析及节能降耗途径研究[J]. 给水排水，2012，38（S1）：90-92.

[3] 常江，杨岸明，甘一萍，等. 城市污水处理厂能耗分析及节能途径[J]. 中国给水排水，2011，27（4）：33-36.

[4] 焦煜涵. 城市污水处理厂能耗影响因素分析及节能环保措施研究[D]. 西安：西北大学，2020.

[5] 李广贺，贾海峰，张旭，等. 河网地区城镇水环境综合整治技术与工程应用[M]. 北京：中国建筑工业出版社，2020.

[6] 刘战广. 城镇污水处理厂供氧效率和运行能耗监测评估与优化[J]. 给水排水，2021，57（7）：32-37.

[7] 刘战广，谭学军，陈嫣. 基于水量平衡分析的城镇污水管网定性诊断研究[J].给水排水，2020，56（9）：113-118.

[8] 刘战广，谭学军，陈嫣. 基于水量分析和节点监测的城镇污水管网评估诊断[J].中国给水排水，2021，37（17）：32-37.

[9] 刘小梅，王婷，赵美玲，等. 基于在线监测的排水系统运行负荷分析与问题诊断[J]. 给水排水，2016，52（12）：126-130.

[10] 甘晓明，邢绍文，徐高田，等. 倒置 A^2/O 污水处理工艺的特点及应用实例[J]. 环境工程学报，2007（6）：69-71.

[11] 沈昌明，刘战广. 产业密集型城镇污水处理厂能耗基准确定方法研究[J]. 城市道桥与防洪，2015，11（11）：103-107.

[12] 沈昌明，王国华，杨殿海，等. 仿真模拟改良倒置 A^2/O 工艺的优化运行策略[J].中国给水排水，2009，25（9）：12-15.

[13] 徐祖信，王诗婧，尹海龙，等. 基于节点水质监测的污水管网破损位置判定方法[J]. 中国环境科学，2016，36（12）：3678-3685.

[14] 于庆江，高艾. 现行排污许可制度的分析及几点完善措施[J]. 环境科学与管理，2014，39（12）：29-33.

[15] 杨新宇，邱勇，施汉昌，等. 曝气过程控制系统在污水处理厂节能中的应用与评价[J]. 给水排水，2012，38（7）：130-134.

[16] 杨淦翔，万莉，王航，等. 污水处理厂能耗分析及节能降耗的措施与应用[J]. 资源节约与环保，2021，10：12-14.

[17] 邹伟国，陆嘉竑，张辰，等. 曝气生物滤池在脱氮除磷工艺中的应用[J]. 环境工程，2004（5）：27-29.

[18] 邹伟国，丁永伟，徐春，等. 产业密集型城镇污水处理厂纳管监控体系构建与应用[J]. 城市道桥与防洪，2015，7（7）：151-155.

[19] 张林生. 印染废水处理技术及典型工程[M]. 北京：化学工业出版社，2005.

[20] 张龙，涂勇，郭方峥，等. 化工产业为主的工业园区污水处理厂提标改造工程设计[J]. 中国给水排水，2014，30（18）：76-80.

[21] 赵冬泉，王浩正，陈吉宁，等. 监测技术在排水管网运行管理中的应用及分析[J].中国给水排水，2012，28（8）：11-14.

[22] 王白杨，罗亚情，欧阳二明，等. 医药化工工业园区污水处理厂设计[J]. 中国给水排水，2014，30（4）：38-40.

[23] Belloir C，Stanford C，Soares A. Energy benchmarking in wastewater treatment plants：the importance of site operation and layout [J]. Environmental Technology，2015，36（2）：260-269.

[24] Mizuta K，Shimada M. Benchmarking energy consumption municipal wastewater treatment plants in Japan [J]. Water Science and Technology，2010（62）：2256-2262.

[25] Torregrossa D，Hernández-Sancho F，Hansen J. Energy saving in wastewater treatment plants：A plant-generic cooperative decision support system[J]. Journal of Cleaner Production，2017，167：601-609.

[26] Yang L B，Zeng S Y，Chen J N，et al. Operational energy performance assessment system of municipal wastewater treatment plants [J]. Water Science and Technology，2010（6）：1361-1370.

第 3 章

环境敏感区域污水处理厂臭气收集与处理

近年来，随着城市空间布局的变化和人们环境意识的增强，城市环境敏感区域的恶臭污染越来越突出。在各种恶臭源中，以城市污水处理厂引起的恶臭污染问题尤为严重。由于城市用地的限制和城区的迅速扩张，早期许多建在城镇周边的污水处理厂日益被人口密集的居民生活区和公共活动场所包围。城市污水处理厂散发的臭气对周边人们的身体健康和生活环境造成了不容忽视的影响，成为环境领域重要的研究课题。

3.1 环境敏感区域臭气收集与处理技术路线

由于城市污水处理厂自身的特殊性，它在保护环境的同时成为新的污染源，对周边环境造成了不同程度的影响。其中，城市污水处理厂带来的恶臭问题尤为突出。据调查，恶臭污染问题已经成为城市居民对污水处理厂投诉的主要原因之一。

污水处理厂恶臭污染产生与收集处理过程如图 3.1 所示。如果任一环节出现问题就会导致除臭效率降低，恶臭气体排放至大气中飘至敏感点就可导致恶臭污染的产生。由此引发出关于恶臭污染研究的 3 个方向：恶臭污染排放、恶臭污染控制和恶臭污染评价。就恶臭污染研究问题而言，恶臭污染排放是研究的基础，恶臭污染控制是最终管理目的，恶臭污染评价是管理的手段和方法。研究城市污水处理厂恶臭污染的排放有助于我们更准确地对恶臭污染进行预测，更完善地对恶臭污染进行评价，更有效地对恶臭污染进行控制。

环境敏感区域污水处理厂臭气收集与处理技术路线如图 3.2 所示，在城市污水处理厂除臭污染调研与问题识别以及恶臭物质排放特征解析的基础上，构建恶臭污染物释放通量与排放浓度模型，并进行模拟与验证。在此基础上，针对不同性质的恶臭物质，进行臭气处理工艺开发与优化，对生物除臭设施参数进行优化，开展紫外光氧化除臭技术和污泥回流除臭技术的研究，最后选择苏州市污水处理厂 B 进行臭气封闭、收集与处理技术工程示范，为城市污水处理厂控制恶臭污染和改善空气质量提供技术支撑。

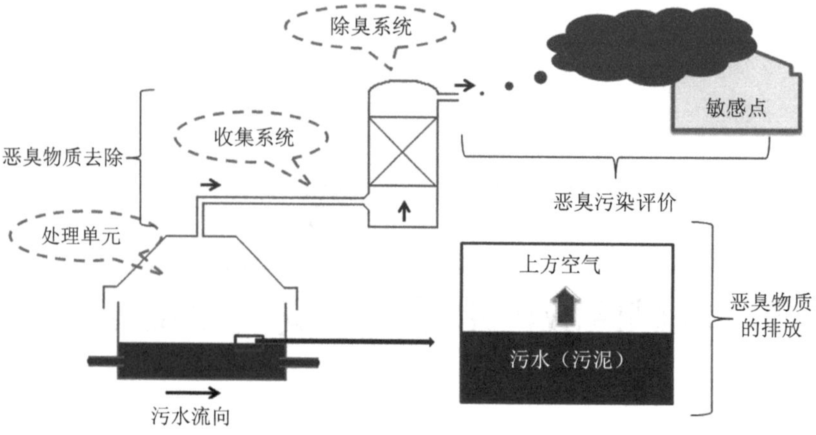

图 3.1　恶臭污染产生与收集处理过程

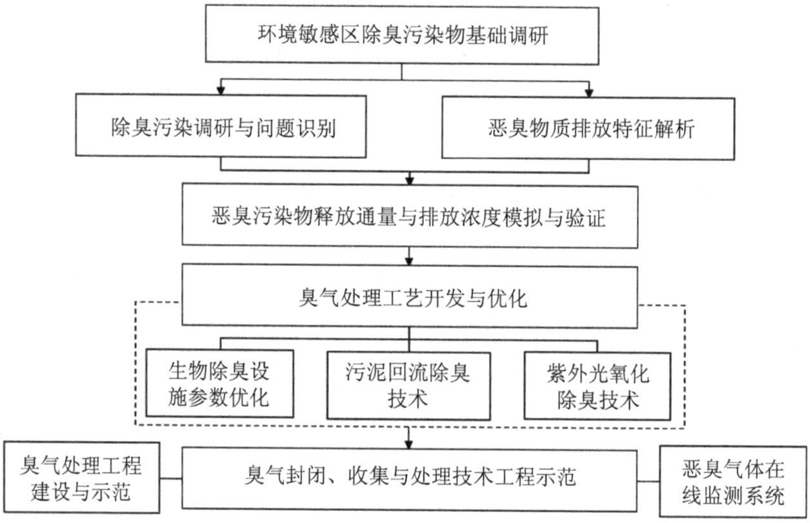

图 3.2　臭气收集与处理技术路线

3.2　环境敏感区域除臭污染调研与问题识别

为了选择合适的臭气收集与处理技术，需要对区域主要污水处理厂的除臭现状和除臭工艺等进行摸排和调研，以识别目前污水处理厂恶臭污染控制存在的问题和“瓶颈”。

3.2.1　除臭污染现状与除臭工艺情况

（1）除臭污染现状

针对污水处理厂存在的臭气排放问题，本书于 2013 年对苏州市 13 家污水处理厂恶臭污染与控制现状进行了调研和监测。调查发现，很多污水处理厂尚未安装除臭设施。而部分安装了除臭设施的污水处理厂，由于对城市污水处理厂臭气排放规律缺乏深刻认识，除臭工艺选择不当或工艺运行效率较低，除臭效果不理想。

为了研究城市污水处理厂臭气排放规律，我们对各污水处理厂的构筑物和厂界进行了主要臭气污染物浓度监测，结果如图 3.3 和图 3.4 所示，可以看出：

1）臭气污染主要集中在进水泵房、曝气沉砂池、综合反应池以及污泥处理区，恶臭污染严重，需要控制。该工段在进入检修时，应注意加强防护、提高安全保障。

2）污水处理厂臭气浓度分布中，硫化氢（H_2S）浓度较高，为主要污染物。

3）硫化氢在进水泵房和曝气沉砂池区域浓度较高，随着污水的深度处理，其浓度逐渐降低，到污泥处理区浓度稍有所回升，但不明显。氨气（NH_3）浓度也呈相同趋势，可见污水处理厂的恶臭污染控制应重点着眼于进水泵房和曝气沉砂池区域。

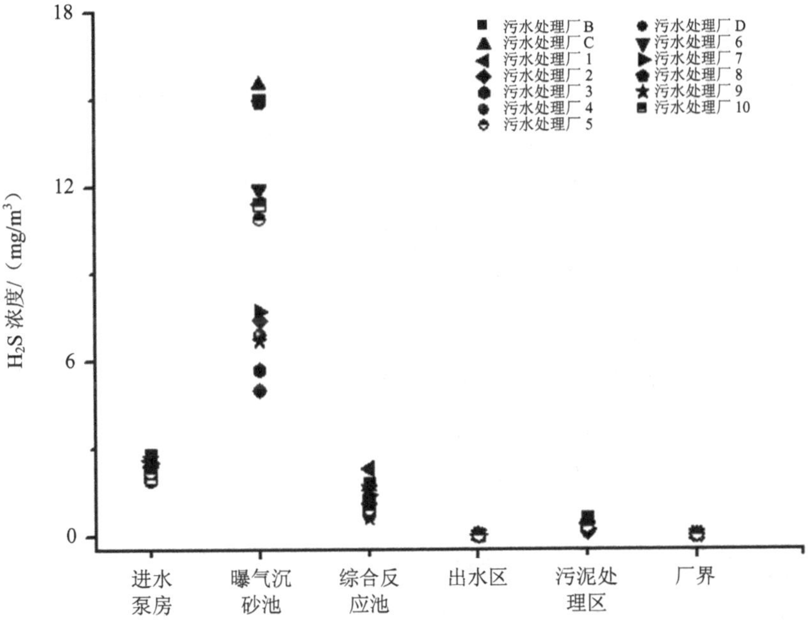

图 3.3　污水处理厂 H_2S 浓度分布

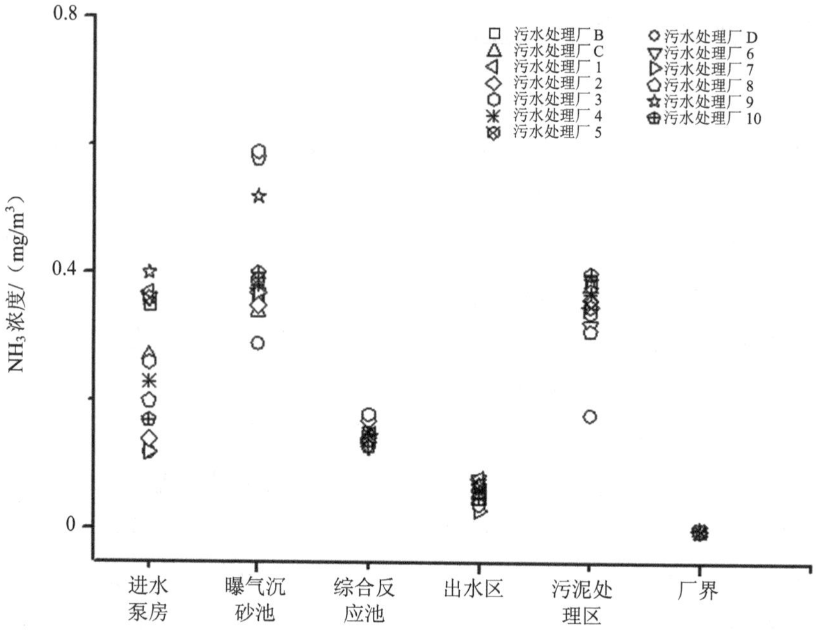

图 3.4　污水处理厂 NH_3 浓度分布

（2）除臭工艺情况

2011 年的调研发现，研究区域内有 3 个污水处理厂建有除臭设施，分别用污水处理厂 B、污水处理厂 C、污水处理厂 D 表示，本节对其除臭工艺情况进行分析。

1）污水处理厂 B。污水处理厂 B 开展了两期除臭工程，一期工程主要包括为各污染源段封闭加盖，将臭气收集后通过生物土壤除臭处理，综合反应池上方采用植物提取液喷淋。二期工程主要是对一期工程建设中存在的问题进行完善，如修缮设备、在改造后的一期综合反应池上方加造除臭生物滤池等。

其中，进水泵房、格栅、曝气沉砂池、厌氧池、缺氧池、污泥浓缩池、污泥脱水机房等使用加盖收集后进入生物土壤除臭工艺进行处理。该工艺中，恶臭气体通过收集后，统一输入，进入土壤滤池，通过微生物的降解作用去除恶臭气体。曝气沉砂池敞开区域则采用植物提取液喷淋的方法。

2）污水处理厂 C。污水处理厂 C 紧邻苏州古城区，周边有大片的居民住宅与学校等，其产生的臭气对周边居民的生产生活都造成了极大的影响，需要加强对臭气问题的处理。

该厂也开展了两期除臭工程，一期除臭工程主要是在格栅、曝气沉砂池、厌氧池、缺氧池、曝气池、储泥池、污泥脱水机房、污泥消化池、管道等各污染源段加盖。

二期工程主要是对一期除臭工程中损坏的设备进行修缮，以及在改造后的一期综合反应池上方增加除臭生物滤池。恶臭气体通过收集后，统一输入，进入土壤滤池，通过微生物的降解作用去除其中的恶臭气体。曝气沉砂池敞开区域则采用植物提取液喷淋的方法。

3）污水处理厂 D。该厂也安装了除臭设施。其中，进水泵房、格栅、曝气沉砂池、污泥浓缩池、污泥脱水机房等区域产生的臭气加盖收集后进入生物土壤除臭工艺进行处理。恶臭气体通过收集后，统一输入，进入土壤滤池，通过微生物的降解作用去除其中的恶臭气体。综合反应池则采用植物提取液喷淋的方法。

3.2.2　环境敏感区域恶臭污染控制问题识别

结合调研结果可以看出，目前我国环境敏感区域污水处理厂的恶臭污染控制仍存在很多问题，主要体现在：

（1）城市污水处理厂不同处理单元的恶臭污染物组成和排放特征不清楚

在城市污水处理厂中，恶臭气体主要来源于污水好氧生物处理之前的构筑物或设备（包括进水泵房、格栅、曝气沉砂池等）和污泥处理构筑物或设备（包括污泥浓缩池、污泥脱水设备等）。城市污水处理厂散发出臭气中的恶臭物质组分也非常复杂，包括含硫化合物（H_2S、硫醇、硫醚）、含氮化合物（NH_3、小分子有机胺）、烃类（烷烃、烯烃、芳香烃）、含氧有机物（醛、酮、有机酸类）和卤代烃等。虽然 H_2S 和 NH_3 被认为是城市污水处理厂中最为典型的恶臭物质，但也有研究表明甲硫醇、甲硫醚、三甲胺等低嗅阈值的物质对臭味产生的贡献不容忽视。

由于不同处理单元排放出的恶臭物质组成和浓度变化各不相同，需要针对不同情况选择最佳的收集和处理技术方案。但是，目前的研究大多针对 H_2S 和 NH_3 开展，且仅仅局限于静态研究，缺乏关于不同单元恶臭物质组成差异、排放特征以及发生规律的系统研究。由于臭气封闭、收集和处理的系统设计缺乏针对性，因此一些系统除臭的效率和效果不佳，运行成本过高。

（2）部分臭气封闭装置腐蚀严重、寿命短、臭气收集效率低，封闭材料和封闭技术良莠不齐、缺乏标准和规范

城市污水处理厂恶臭源的类型包括各种污水处理构筑物和设备等。理想的臭气封闭装置应满足以下要求：臭气收集效率高（密封性好、封闭后臭气空间小）、使用方便（不影响被封闭处理单元的检修操作）、使用寿命长（封闭装置耐腐蚀）、使用安全（结构稳定、重量轻）。封闭材料和支撑材料选择、封闭装置形状尺寸设计、吸气口和检修口设置等均会直接影响臭气封闭装置的使用性能。

目前，国内外常见的臭气源封闭材料包括玻璃卡普隆板（阳光板）、玻璃钢板、聚氯乙烯（PVC）板，不锈钢、氟碳纤维膜等，各种封闭材料和封闭技术良莠不齐，缺乏标准和规范，部分臭气封闭装置存在腐蚀严重、寿命短、臭气收集效率低等缺点。此外，对封闭材料和封闭技术的研究仅停留在少数工程经验的总结上，缺乏从理论层次的深入分析和系统研究。

（3）对恶臭气体收集模式缺乏系统研究和评价，臭气收集量设计不合理、臭气输送的能耗高

目前，关于除臭的研究大多关注臭气处理技术，而对臭气收集系统缺乏足够的重视。实际上，恶臭气体收集系统（风机、管材、管件）的投资往往占整个除臭系统投资的较大比例（大型污水处理厂能达到 50%）。此外，收集系统也决定了臭气处理的规模和运行费用。针对单一臭气源，臭气收集模式分为主动收集和被动收集两种，在城市污水处理厂中大多采用主动收集的方式。针对多个臭气源，有集中收集处理和就地分散收集处理两种臭气收集模式。不同模式的特点和适用范围目前还缺乏系统研究。

对于主动收集模式，臭气收集量的设计是决定臭气收集效果和除臭运行费用的关键参数。在实际除臭工程设计中，臭气收集量往往根据封闭空间的大小采用经验系数法确定。目前，对于不同臭气源缺乏统一的经验参数，臭气收集量无法准确反映不同臭气源源强的影响。由于臭气收集量设计不合理，臭气输送处理往往能耗过高或收集效果差。

（4）恶臭处理工艺对低浓度、生物降解性差的组分去除率低，部分装置结构设计不合理、运行管理水平低

目前，针对城市污水处理厂的除臭技术主要有生物除臭法、化学吸收法、紫外光（催化）氧化法、等离子体法、吸附法和植物液喷淋法等，其中生物除臭法的应用最为广泛。目前常规的生物除臭技术还存在以下问题：

1）生物除臭技术对 H_2S 和 NH_3 都有较高的去除能力，但对其他一些浓度低于 1 mg/m^3 或生物降解性差的恶臭物质，如甲硫醇、甲硫醚、二甲二硫等，去除率相对较低。由于这些恶臭物质的嗅阈值很低，对臭味产生也有很大贡献，因此需要进一步提高除臭工艺对这些恶臭组分的去除能力。

2）常规生物除臭技术难以对不同性质组分（H_2S 和 NH_3）同时高效去除，因此总体运行效率低。例如，随着 H_2S 被氧化为硫酸，生物过滤填料层 pH 会不断降低；利用 H_2S 的微生物可以耐受较低的 pH，而去除 NH_3 的微生物则在低 pH 下活性受到抑制，随着填料层 pH 不断降低，除臭装置对 NH_3 的去除率降低。

3）多数除臭技术无法实现在线监测，运行方式单一，难以根据臭气负荷的变化进行调整，从而造成装置对冲击负荷的耐受能力差或运行不经济。由于不同臭气源排放恶臭物质在不同季节或时段存在较大波动，如能根据不同排放源的排放浓度和强度确定臭气收集量并实现动态调整，将有可能显著降低系统总风量和运行能耗。这对整个收集系统的监控水平提出了更高要求。

结合调研结果可以看出，污水处理厂臭气处理工艺不同，臭气分布规律也不同，除臭工程设计中，应依据污水处理厂各工段产生的不同臭气量、臭气物质、处理工艺的特点，选择合适的处理工艺及手段，才能达到最经济有效的处理效果。

目前，国内外污水处理厂臭气处理仍然以生物处理为主，但是生物处理的限制在于处

理负荷有限，同时受温度、pH、湿度等条件的影响。在实际运行中，由于负荷随季节变化较大，因此设计负荷较难把握：若设计负荷高，则投资建设费用过高，长期使用不经济；若设计负荷低，则在部分季节时段出现处理效果不好的问题。因此，建议将传统生物处理法和高级氧化法相结合。

除臭设施的设计，应根据污水、污泥处理流程，结合臭气浓度、臭气物质种类、风量等参数区别考虑，具体建议见表 3.1。

表 3.1　除臭设施设计具体建议

处理工段	臭气分布规律	选择工艺	运行方式	优势
进水泵房、格栅、曝气沉砂池等污水预处理阶段	浓度较高，主要以含硫物质为主，构筑物相对集中，便于收集集中处理	高级氧化预处理，生物过滤或土壤过滤等后续处理	夏秋季负荷高时开启高级氧化预处理，其余时间可直接通过生物处理	负荷高时，可降低后续生物处理负荷，保证生物处理效果。同时降低 H_2S 对填料的影响，延长填料使用寿命
		高级氧化预处理，曝气池活性污泥法后续处理	夏秋季负荷高时开启高级氧化预处理，其余时间可直接通入曝气池处理	曝气池活性污泥法建设投资成本低，适用于改造工程或面积有限的项目
曝气池	浓度低，但范围广，面积大，收集集中处理成本高	活性污泥法	—	方法简便，工程建设投资相对较少，从提高系统整体运行角度，降低臭气浓度
污泥浓缩池、污泥脱水机房	浓度高，醛类物质为主，构筑物相对集中，便于收集集中处理	高级氧化预处理，生物过滤或土壤过滤等后续处理	夏秋季负荷高时开启高级氧化预处理，其余时间可直接通过生物处理	负荷高时，可降低后续生物处理负荷，保证生物处理效果
		高级氧化预处理，曝气池活性污泥法后续处理	夏秋季负荷高时开启高级氧化预处理，其余时间可直接通入生物处理	曝气池活性污泥法建设投资成本低，适用于改造工程或面积有限的项目

3.3　典型污水处理厂恶臭物质排放特征解析

污水处理厂 B 占地面积约 10 万 m^2，东边 200 m 处为居民小区，是典型的环境敏感区域污水处理厂。该厂服务城区西片和南片面积约 46 km^2，服务人口约 25 万。

污水处理厂 B 一期设计处理能力为 8 万 m^3/d，二期设计处理能力为 10 万 m^3/d，工艺流程如图 3.5 所示。

该污水处理厂的平面图和各处理单元及敏感点的位置如图 3.6 所示。编号 1～7 分别表示污水处理厂的进水泵房、格栅、曝气沉砂池、二期综合反应池、污泥浓缩池、储泥池和污泥脱水机房。

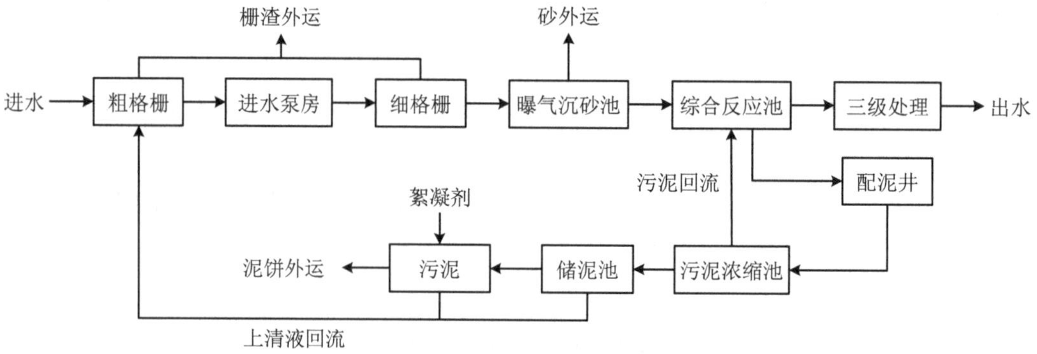

图 3.5　污水处理厂 B 工艺流程

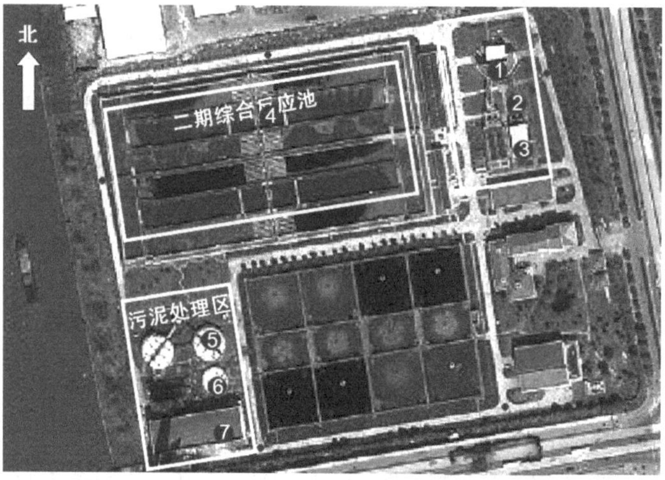

图 3.6　污水处理厂 B 平面图和各处理单元及敏感点的位置

以污水处理厂 B 的进水泵房、格栅、曝气沉砂池、综合反应池、污泥浓缩池、储泥池和污泥脱水机房 7 个处理单元为对象，分别测定 H_2S、NH_3、甲硫醇、甲硫醚、乙硫醚、二甲二硫醚等恶臭污染物的浓度，并研究其排放特征。监测时间尽量选取在晴朗无风的下午。进水泵房、曝气沉砂池、储泥池、污泥脱水机房采样点设在其内部；格栅、综合反应池、污泥浓缩池采样点设在水面上方。

3.3.1　污水处理厂不同时间尺度下恶臭物质排放特征

（1）各处理单元恶臭物质排放浓度的比较

图 3.7 是对污水处理厂各处理单元典型恶臭气体的排放浓度监测结果取平均值后作比较的情况。图中结果表明，该污水处理厂各处理单元 H_2S 的排放浓度存在很大差异，其中污泥浓缩池 H_2S 排放浓度最低，平均浓度为 0.034 7 mg/m^3，而格栅和曝气沉砂池处理单元 H_2S 排放浓度高，平均浓度分别为 33.0 mg/m^3 和 41.6 mg/m^3，即一般污水处理厂进水区和

污泥区的恶臭气体排放浓度较高，且进水区中恶臭气体以含硫化合物为主。由监测结果可知，格栅和曝气沉砂池 H_2S 的平均排放浓度远高于进水泵房（1.8 mg/m^3），这可能是污水在格栅和曝气沉砂池中受到了强烈的扰动，加速了 H_2S 从污水中挥发，最终导致了 H_2S 排放浓度的陡增。而该污水处理厂各污水处理单元 NH_3 排放浓度没有明显变化规律。挥发性硫化物（VSCs）的排放浓度高的处理单元为格栅和储泥池。图中的误差线都很大，这是由于各处理单元恶臭气体的排放浓度随季节等因素变化非常大，所以测定结果的波动性很大。

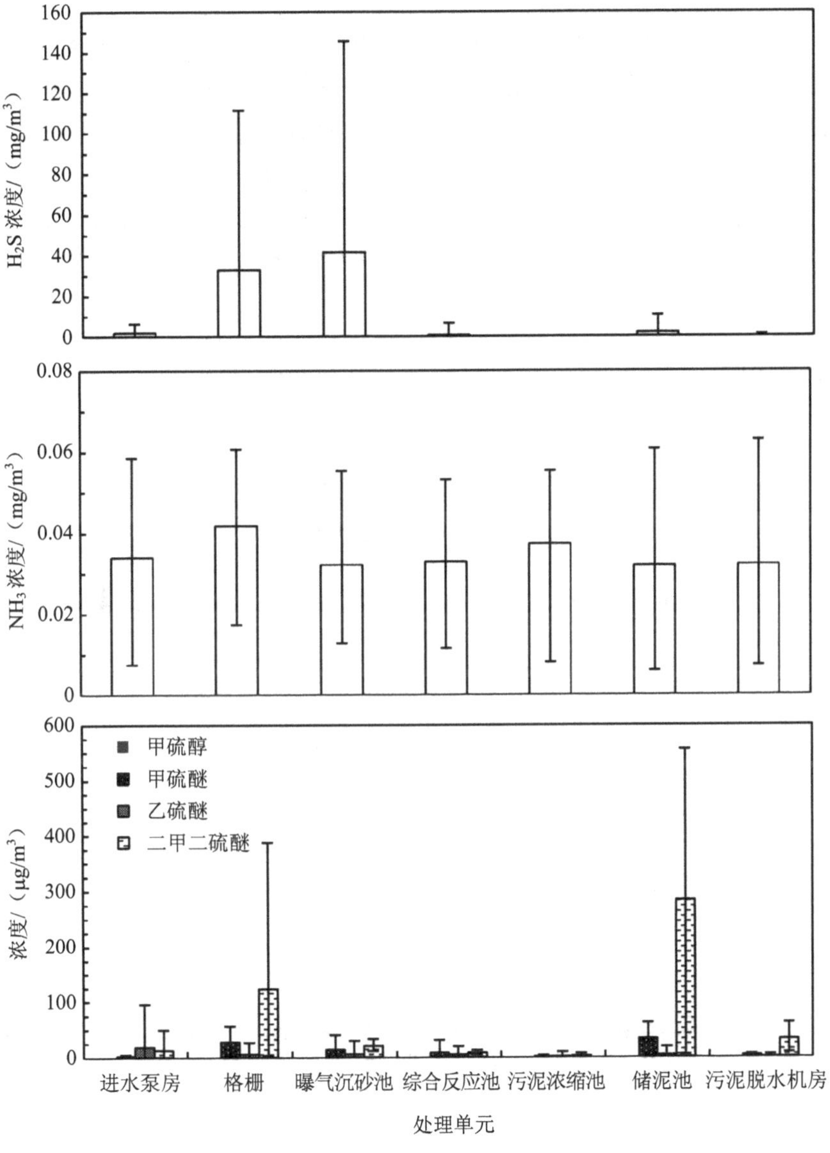

图 3.7　污水处理厂各处理单元典型恶臭气体的排放浓度比较

（2）不同时间尺度下各处理单元 H_2S 的排放浓度变化规律

1）各处理单元 H_2S 的排放浓度月度变化情况。基于本节分析可知，污水处理厂的进水区（进水泵房、格栅和曝气沉砂池）和污泥区（污泥浓缩池、储泥池、污泥脱水机房）是臭气发生的主要区域，以下进行重点讨论。图 3.8 为进水区和污泥区各处理单元 H_2S 排放浓度随月份的变化情况，进水区各处理单元的 H_2S 排放浓度在 7 月、8 月最高，进水泵房、格栅和曝气沉砂池的 H_2S 排放浓度最高分别为 6.27 mg/m^3、108.82 mg/m^3 和 102.89 mg/m^3，9 月、10 月的 H_2S 排放浓度逐渐降低，到 11 月至次年的 2 月，其排放浓度达到最低，这时格栅和曝气沉砂池的 H_2S 排放浓度最高分别为 0.08 mg/m^3、0.25 mg/m^3 和 0.37 mg/m^3。随后，进水区各处理单元的 H_2S 排放浓度开始回升，7 月、8 月达到了最高，9 月、10 月又开始逐渐降低。这可能是随着季节的变化，水温呈夏季高、冬季低的趋势，而水温可以直接影响 H_2S 挥发，从而影响处理单元的 H_2S 排放浓度。综上所述，进水区各处理单元的 H_2S 排放浓度随季节变化呈夏季高、冬季低的趋势。

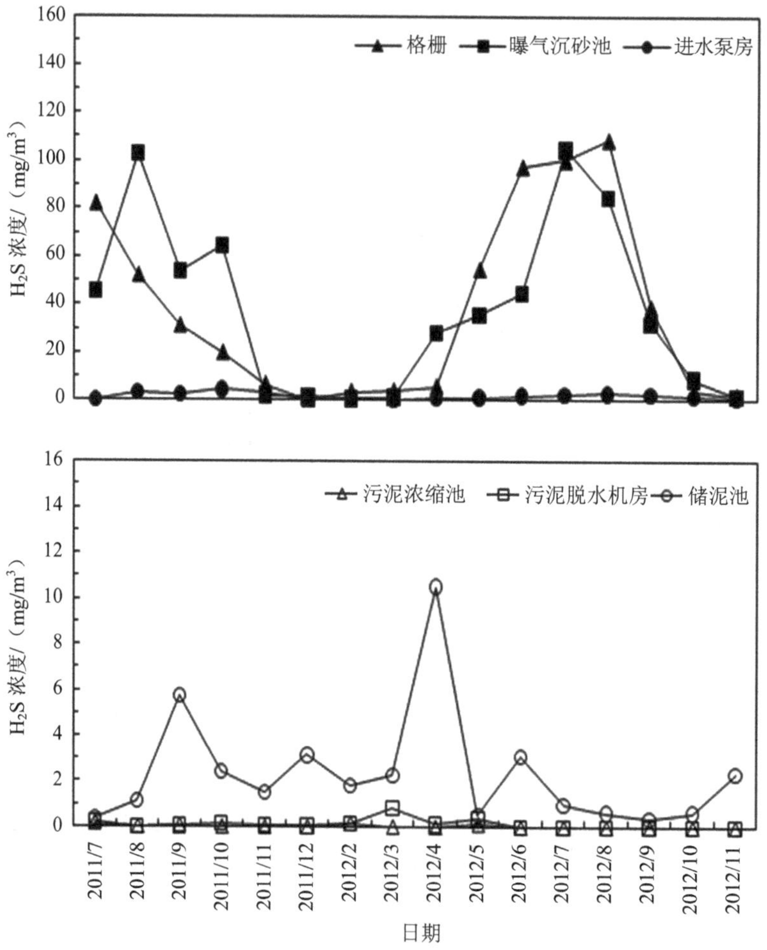

图 3.8 进水区和污泥区各处理单元 H_2S 排放浓度随月份的变化

污泥区处理单元的 H_2S 排放浓度随季节变化没有明显规律，这是由于污泥中的酸可挥发性硫化物（AVS）、重金属离子浓度、含水率、氧化还原电位（ORP）以及其厌氧消化时间对其排放 H_2S 影响非常大，而这些因素随季节变化没有明显的变化规律，因此污泥区 H_2S 排放浓度不受季节变化的影响。

2）进水区与污泥区处理单元 H_2S 排放浓度日变化情况。图 3.9 为进水区和污泥区处理单元 2011 年 8 月 19—25 日 H_2S 排放浓度的监测结果，从图可以看出，各处理单元一周内日 H_2S 排放浓度变化没有明显规律。但据调查，19 日、22 日、25 日均有降雨。8 月 19 日由于受到降雨的影响，进水区各处理单元 H_2S 排放浓度较低，20 日、21 日 H_2S 排放浓度开始上升，至 22 日，受到降雨的影响，H_2S 排放浓度明显降低，23 日、24 日 H_2S 排放浓度开始上升，25 日又受到降雨天气的影响，H_2S 排放浓度再次降低。由此可知，降雨可明显降低该污水处理厂进水区各处理单元 H_2S 排放浓度，这可能是受雨水稀释的影响，溶解氧增高，并降低了污水水温，从而减少了 H_2S 的释放。而污泥区处理单元 H_2S 排放浓度基本不受降雨的影响。

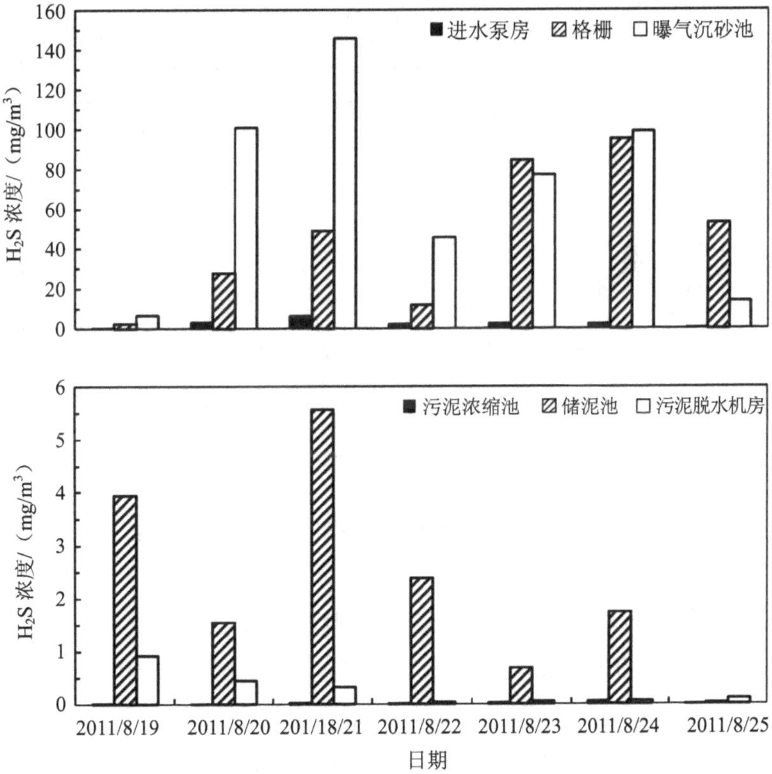

图 3.9 进水区和污泥区处理单元 2011 年 8 月 19—25 日 H_2S 排放浓度

3）格栅及曝气沉砂池 H_2S 排放浓度的时变化情况。由本节可知，格栅和曝气沉砂池是 H_2S 排放浓度的重点监测单元，因此需对这两个单元 H_2S 排放浓度的时变化情况进行监测分析。

图 3.10 为格栅、曝气沉砂池在 2011 年 8 月 20—21 日和 2012 年 11 月 26—27 日 H_2S 排放浓度的时变化情况。据调查，2011 年 8 月 20—21 日和 2012 年 11 月 26—27 日气象状况基本稳定，格栅、曝气沉砂池 H_2S 的排放浓度可以排除气象影响。由图 3.10 可知，一天中在 11:00—12:00、18:00—19:00 排放浓度相对较高，而在夜间的 4:00—6:00 排放浓度相对较低。由于每天的 11:00—12:00、18:00—19:00 是人们的用餐时间，4:00—6:00 是用水低峰期，由此可推断格栅和曝气沉砂池 H_2S 排放浓度的升高可能是由于市民的餐厨行为，而 H_2S 排放浓度的降低则可能受到了用水低峰期的影响，但其具体影响因素还有待进一步研究。

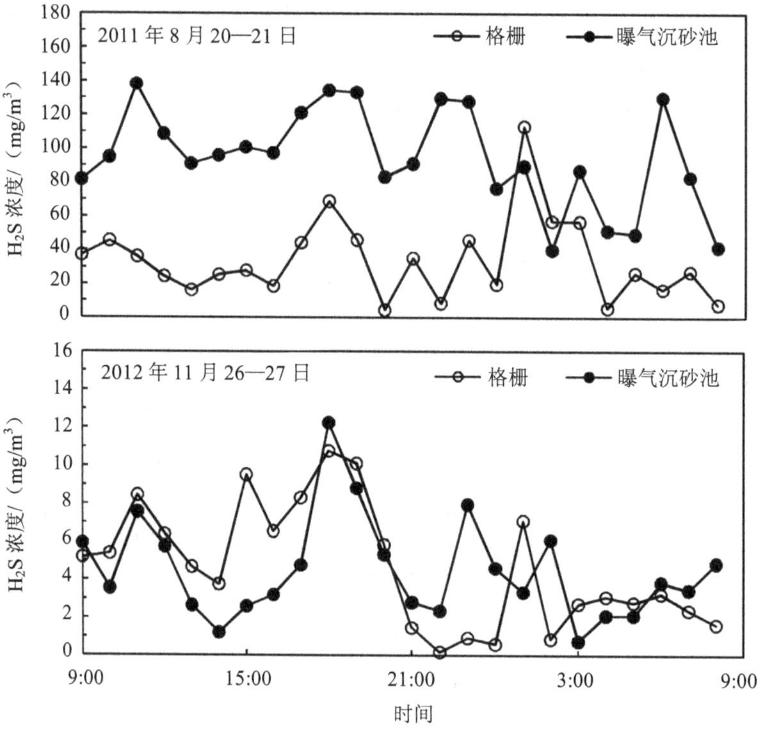

图 3.10 格栅、曝气沉砂池 H_2S 排放浓度的时变化

通过对污水处理厂 B 中各处理单元恶臭物质排放浓度进行比较可知，厂内 H_2S、二甲二硫醚污染最严重，甲硫醚、乙硫醚其次，而 NH_3 和甲硫醇污染程度最小。

污水处理厂 B 进水区各处理单元 H_2S 排放浓度明显受到季节变化的影响，均呈现夏季高、冬季低的规律，而污泥区各处理单元 H_2S 排放浓度随季节的变化没有明显规律。

污水处理厂 B 进水区各处理单元 H_2S 排放浓度明显受到天气情况的影响，在降雨的情况下，进水区各处理单元 H_2S 排放浓度会有所降低，而污泥区则基本不受天气状况的影响。

由污水处理厂 B 格栅和曝气沉砂池 H_2S 排放浓度一日之内的时变化情况可知，格栅和曝气沉砂池 H_2S 排放浓度在每天的用餐时间，即 11:00—12:00、18:00—19:00 内会升高，而在夜间的 4:00—6:00 用水低峰期相对较低。

3.3.2　污水处理厂 H_2S 排放主要影响因子的时空分布规律

为了掌握污水处理厂 B H_2S 排放主要影响因子的时空分布规律，2014 年 6—12 月每月不定期对其各处理单元（格栅、曝气沉砂池、一期生物反应池、二期生物反应池、紫外消毒池、污泥浓缩池）的硫化物及其相关因子等指标进行监测，监测时间基本选取在晴朗的下午。监测指标有水温、pH、污泥浓度（悬浮物浓度）、硫化物、气体流动条件和 H_2S 排放浓度等。

（1）各月份各工艺段的水温变化

各月份各工艺段的水温变化如图 3.11 所示，在整个工艺流程中，水温的变化比较小，从格栅到消毒池升高 1～2℃，主要是在生物反应池升高的，可能是微生物的新陈代谢导致水温的略微升高。在各月份中，8 月的水温最高，其次是 6 月、7 月、9 月和 10 月的水温基本相同，11 月、12 月的水温有较大的下降。

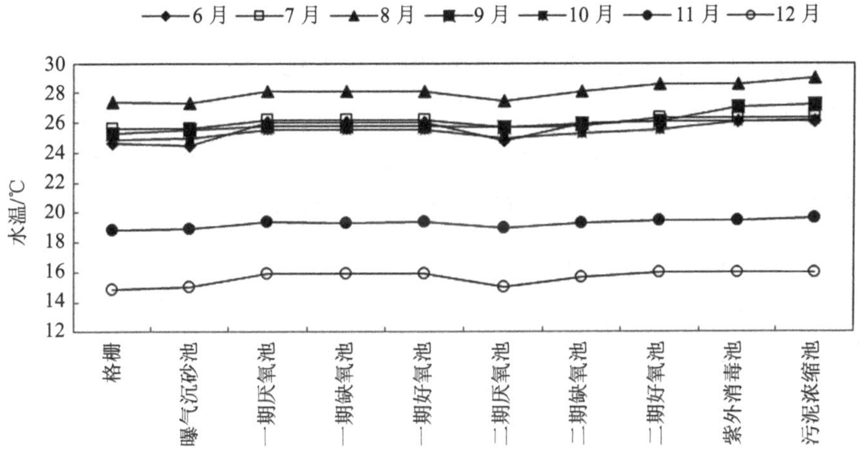

图 3.11　各月份各工艺段的水温变化

（2）各月份各工艺段的 pH 变化

各月份各工艺段的 pH 变化如图 3.12 所示，可以看出，进水的 pH 在 7～8，曝气沉砂池的 pH 基本没有变化，一期生物反应池与二期生物反应池是并联处理污水的，其中，一期厌氧池由于内回流，pH 下降至 6.5～7；一期缺氧池的 pH 略微上升，为反硝化所致；一期好氧池的 pH 下降是硝化反应的缘故。二期厌氧池由于没有设置回流，pH 基本与进水一致；二期缺氧池由于回流液的影响，pH 下降；二期好氧池进行硝化反应，pH 继续下降。在各月份中，整个工艺流程的 pH 变化基本一致，并没有随着月份出现明显的变化。

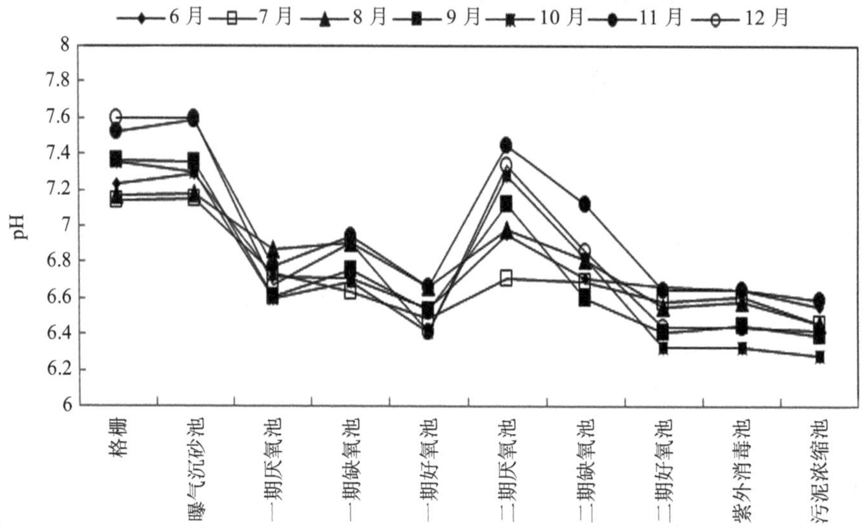

图 3.12　各月份各工艺段的 pH 变化

（3）各月份各工艺段的污泥浓度（悬浮物浓度）变化

各月份各工艺段的污泥浓度（悬浮物浓度）变化如图 3.13 所示。可以看出，一期生物反应池是典型的分段进水 A/A/O 工艺，污泥浓度基本维持在 2 000～4 000 mg/L，其中，一期厌氧池的污泥浓度最高；一期缺氧池由于有部分进水，污泥浓度略有下降；一期好氧池的污泥浓度则与缺氧池基本持平。

二期生物反应池是 UNITANK 工艺，二期厌氧池没有开回流设备，污泥浓度很低；二期好氧池又兼作沉淀池，所测的污泥浓度均在曝气阶段测得，可以看出，8 月的污泥浓度最高，可能是微生物生长快而排泥量较少。11 月、12 月虽然水温较低，但较高的污泥浓度有利于水处理效果，其他月份与一期好氧池相似。

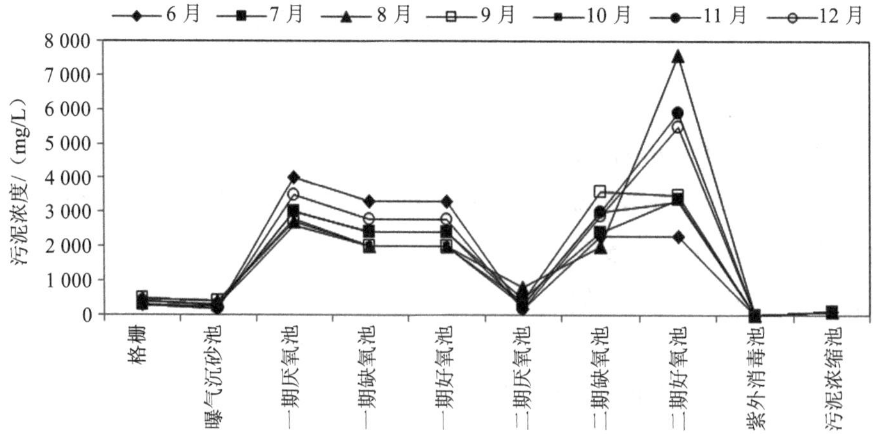

图 3.13　各月份各工艺段的污泥浓度（悬浮物浓度）变化

（4）各月份各工艺段的硫化物浓度变化

各月份各工艺段的硫化物浓度变化如图 3.14 所示，可以看出，在整个工艺流程中，格栅的硫化物浓度最高，在 0.4～2.0 mg/L；到了曝气沉砂池有一定的下降，在 0.3～1.2 mg/L，这是因为曝气氧化了部分的硫化物，偶有曝气沉砂池比格栅的硫化物浓度高的情况，可能是硫化物的波动较大，取的是瞬时样的缘故；二期厌氧池的硫化物浓度比较高，是由于没有回流，污泥浓度较低。因此，硫化物的浓度与污泥浓度有关，这是因为活性污泥能够吸附和氧化硫化物。在各月份中，整个工艺流程的硫化物变化基本一致，并没有随着月份出现明显的变化，说明水温不会影响硫化物的变化。

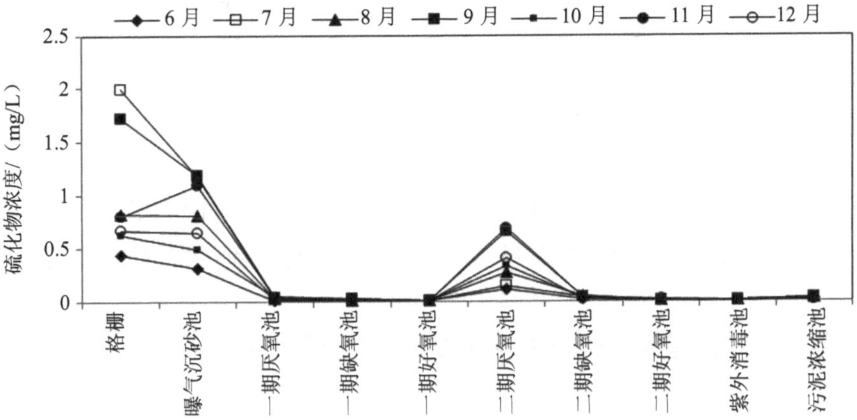

图 3.14　各月份各工艺段的硫化物变化

（5）各工艺段的气体流动条件

在整个工艺流程中，对所有构筑物都进行了封闭，但只对格栅和曝气沉砂池单元产生的恶臭气体进行收集，而其他构筑物则不进行恶臭气体收集。格栅和曝气沉砂池分为一期和二期，收集的气体流量如图 3.15 所示，各工艺段的 H_2S 浓度如图 3.16 所示。从图可以看出，一期和二期格栅的气体流量基本相同，水质也相同，但由于二期水量较大，H_2S 浓度高，50 mg/m^3 已经达到检测的上限。在生化区，只有二期厌氧池有很高的 H_2S 浓度，也达到检测的上限，这是因为该区的污泥没有回流，污泥浓度较低，所以硫化物浓度比较高。

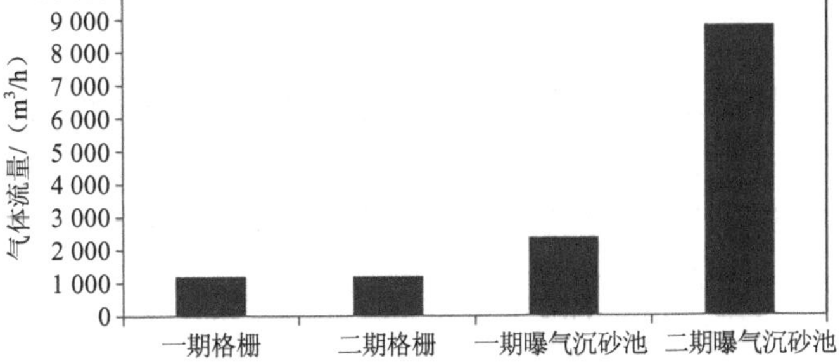

图 3.15　一期、二期格栅和曝气沉砂池收集的气体流量

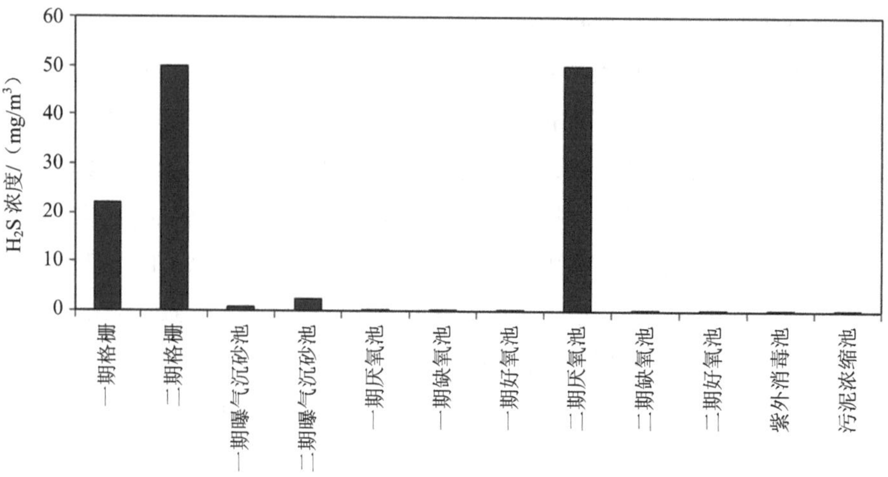

图 3.16 各工艺段的 H_2S 浓度

在整个工艺流程中，硫化物的降低与活性污泥有关，这是因为活性污泥通过吸附和氧化作用，能够快速降低硫化物。同时可以看出，季节变化对硫化物的分布影响不大。

3.4 恶臭污染物释放通量与排放浓度的模拟与验证

恶臭物质的释放通量是指恶臭物质在单位时间单位表面积释放出恶臭物质的质量。由此可知，以释放通量的形式来研究恶臭物质比研究其浓度更能够直观地反映一个污水处理厂潜在的恶臭污染能力。然而，目前针对污水处理厂恶臭污染的研究大多集中在恶臭物质排放浓度的层面，而有关恶臭物质释放通量的研究较少，且影响其释放通量的因素尚不明确。

本书针对污水处理厂最常见的 H_2S 恶臭物质，在实验室条件下，以释放通量的形式研究污水释放 H_2S 能力的影响条件，并分析各个因素对污水释放 H_2S 的传质系数的影响，在此基础上对污水 H_2S 释放通量进行模拟及验证。考虑到实际污水体系复杂，且水质条件难以控制，不利于实验操作。因此，首先在实验室采用硫化钠溶液代替实际污水，通过实验模拟装置研究影响污水 H_2S 释放通量及其传质系数的因素，并在此基础上分析并建立污水 H_2S 释放通量模型。

本书对污水处理厂在实际工况条件下污水 H_2S 释放通量进行测定计算，以此结果来验证污水 H_2S 释放通量模型的可行性，并在此基础上估算该污水处理厂格栅、曝气沉砂池、生物反应池及污泥浓缩池中的 H_2S 排放浓度，并根据建立的排放浓度预测模型得到相对稳定的模型关键系数——传质系数 K_L，已通过实际构筑物进行了验证。

3.4.1　污水 H_2S 释放通量模型

考虑到实际污水处理体系复杂，且水质条件难以控制，因此在实验室采用硫化钠溶液代替实际污水，通过实验模拟装置（图 3.17）研究影响污水 H_2S 释放通量及其传质系数的因素，在此基础上分析并建立污水 H_2S 释放通量模型。

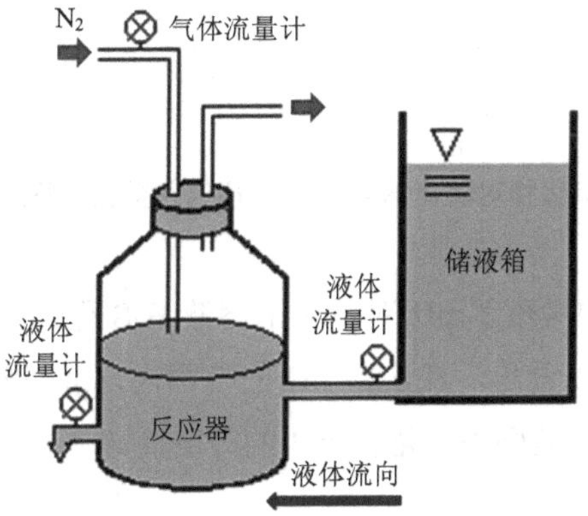

图 3.17　H_2S 释放通量实验模拟装置

首先，将已知浓度的硫化钠溶液用盐酸调整好 pH 之后，盛入储液箱并盖好盖子，同时保持水温不变。其次，打开储液箱处的液体流量计，使硫化钠溶液流入反应器，待硫化钠溶液将液体进出口液封后马上打开出口处的液体流量计，并将进出口的液体流量计流量均调整为 10 mL/min 以保持液封状态不变，将反应器置于数显型加热搅拌仪上。最后，打开气体流量计并调整流量至目标值，待系统稳定后采集出气口气样 250 μL，采用气相色谱-火焰光度检测器（GC-FPD）对 H_2S 浓度进行检测。

经实验验证，装置的稳定时间为 30 min，因此本实验在运行装置 30 min 后进行 H_2S 的取样测定。

3.4.1.1　释放通量影响因素实验

通过图 3.17 实验装置研究硫化物、pH、温度、N_2 流量、液体流速和曝气负荷等影响因素对 H_2S 释放通量及传质系数的影响。当改变一个条件时，其他条件保持不变。

（1）不同条件对硫化钠溶液 H_2S 释放的影响

1）硫化物的影响。实验中考察了硫化物对硫化钠溶液 H_2S 释放通量及传质系数的影响，实验结果如图 3.18 所示。可以看出，实验中所用溶液硫化物的范围内，硫化钠溶液 H_2S 的释放通量随着硫化物浓度的升高而近似线性的升高，但 H_2S 的传质系数不随硫化物浓度的升高而变化，这说明了硫化物浓度的改变不会影响 H_2S 的传质系数。

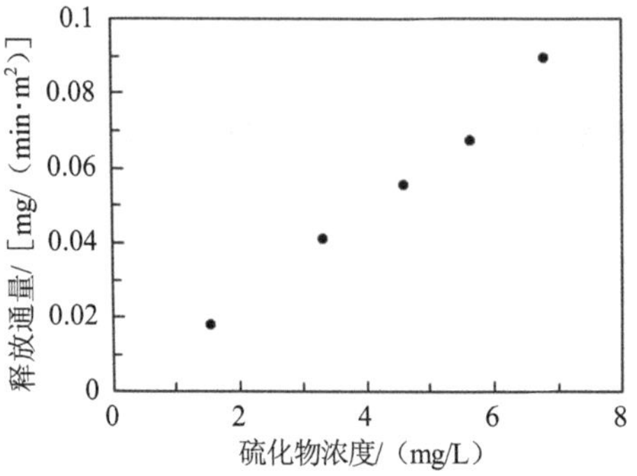

图 3.18 硫化物对硫化钠溶液 H_2S 释放通量及传质系数的影响

2）pH 的影响。实验中考察了 pH 对硫化钠溶液 H_2S 释放通量及传质系数的影响，实验结果如图 3.19 所示。可以看出，在实验 pH 的范围内，pH 越低硫化钠溶液 H_2S 的释放通量越高。而 H_2S 的传质系数则不随溶液 pH 的改变而改变，由此可说明溶液 pH 不会影响 H_2S 的传质系数。

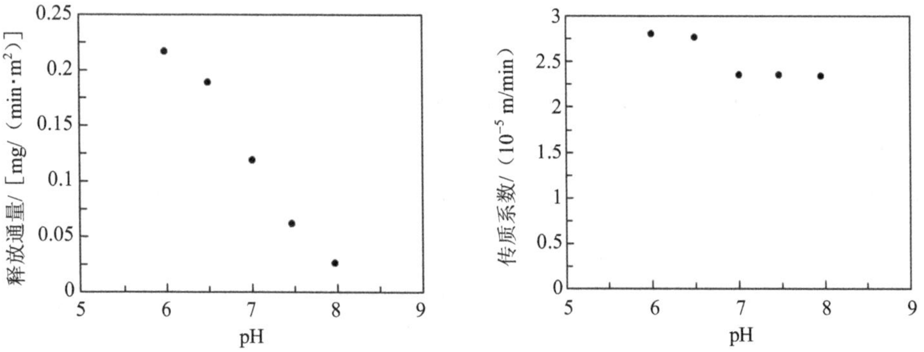

图 3.19 pH 对硫化钠溶液 H_2S 释放通量及传质系数的影响

3）温度的影响。实验中考察了温度对硫化钠溶液 H_2S 释放通量及传质系数的影响，实验结果如图 3.20 所示。可以看出，在本实验温度范围内硫化钠溶液 H_2S 的释放通量及传质系数随着温度的升高近似直线的增加。而由克拉贝龙方程式计算可知，在 10～30℃，温度对 H_2S 分子在水溶液中分布的影响基本可以忽略不计，由此可知，温度升高导致 H_2S 的传质系数升高，从而使 H_2S 的释放通量升高。

4）N_2 流量的影响。实验中考察了 N_2 流量对硫化钠溶液 H_2S 释放通量及传质系数的影响，实验结果如图 3.21 所示。可以看出，N_2 流量对其排放 H_2S 基本无影响，进一步分析可知 H_2S 传质速率主要由液膜控制。

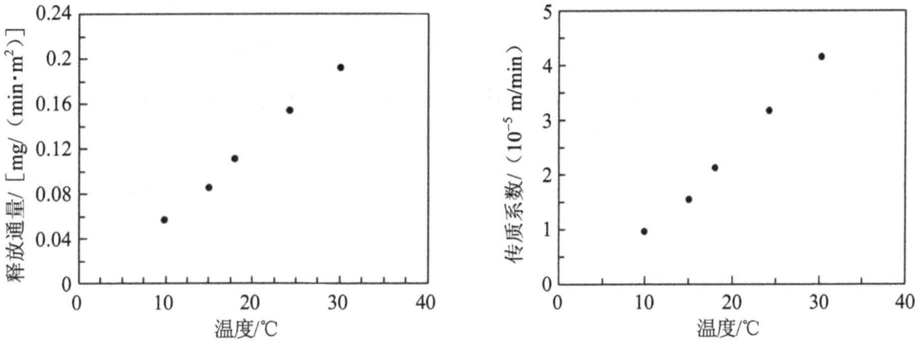

图 3.20　温度对硫化钠溶液 H_2S 释放通量及传质系数的影响

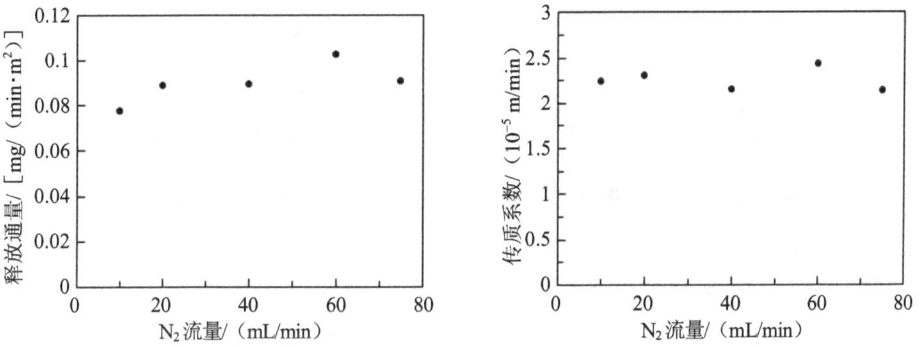

图 3.21　N_2 流量对硫化钠溶液 H_2S 释放通量及传质系数的影响

5）液体流速的影响。实验中考察了液体流速对硫化钠溶液 H_2S 释放通量及传质系数的影响，实验结果如图 3.22 所示。可以看出，液体流速（本书均用平均流速表示）对 H_2S 的释放通量及传质系数产生了巨大的影响，流速越快，H_2S 的释放通量及传质速率越高。这说明流速可以极大地减小传质阻力从而加快 H_2S 释放。从图 3.22 还可以看出，当平均流速增至 2 m/s 以上时，H_2S 的传质系数将维持在 20×10^{-5} m/min 不再增大，这表明 H_2S 的传质系数存在最大值。

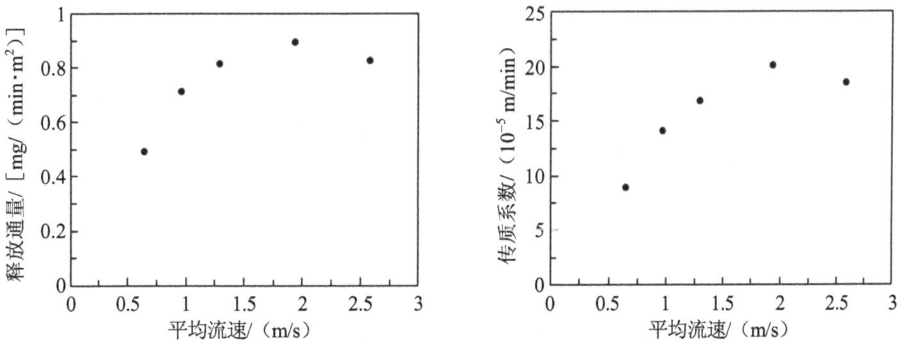

图 3.22　液体流速对硫化钠溶液 H_2S 释放通量及传质系数的影响

6）曝气负荷的影响。实验中考察了曝气负荷对硫化钠溶液 H_2S 释放通量及传质系数的影响，实验结果如图 3.23 所示。由图可知，曝气对 H_2S 的释放通量及传质系数也产生了一定的影响，曝气负荷越大，H_2S 的释放通量及传质速率越高。这说明曝气可以极大地减小传质阻力从而加快 H_2S 释放。从图中还可看出，当曝气负荷增至 0.8 L/（min·m^2）以上时，H_2S 的传质系数将维持在 20×10^{-5} m/min 左右不再增大，甚至出现降低趋势，这也表明 H_2S 的传质系数存在最大值。

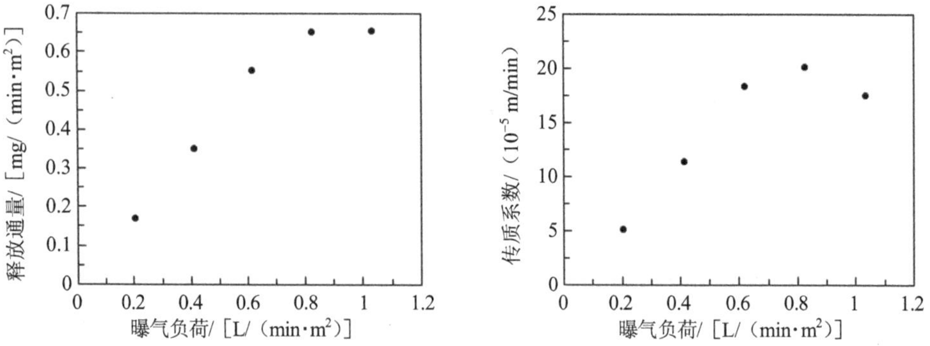

图 3.23 曝气负荷对硫化钠溶液 H_2S 释放通量及传质系数的影响

（2）不同条件对实际污水 H_2S 释放的影响

1）曝气的影响。实验中考察了曝气对污水 H_2S 释放通量及传质系数的影响，实验结果如图 3.24 所示。可以发现，同硫化钠溶液一样，曝气负荷对 H_2S 的释放通量及传质系数产生了巨大的影响，曝气负荷越大，H_2S 的释放通量及传质速率越高。同样，污水 H_2S 的释放通量也存在最大值，当曝气负荷增至 0.8 mL/（min·m^2）以上时，H_2S 的传质系数将维持在 20×10^{-5} m/min 左右不再增大。

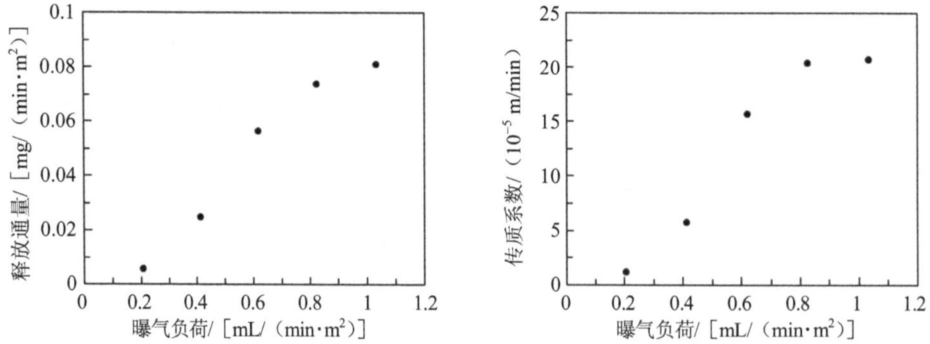

图 3.24 曝气对污水 H_2S 释放通量及传质系数的影响

2）pH 和流速的影响。实验中考察了液体流速和 pH 对污水 H_2S 释放通量及传质系数的影响，实验结果如图 3.25 所示。可以看出，污水 pH 对 H_2S 的释放通量有比较明显的影响，污水 pH 越高，其 H_2S 的释放通量就越低，而相同液体流速下，pH 对污水 H_2S 传质系数并没有太大变化。由此可知，污水 pH 对 H_2S 传质系数没有影响，而污水流速则对 H_2S 的释放通量和传质系数都有影响，流速越快，污水 H_2S 的释放通量和传质系数就越大。

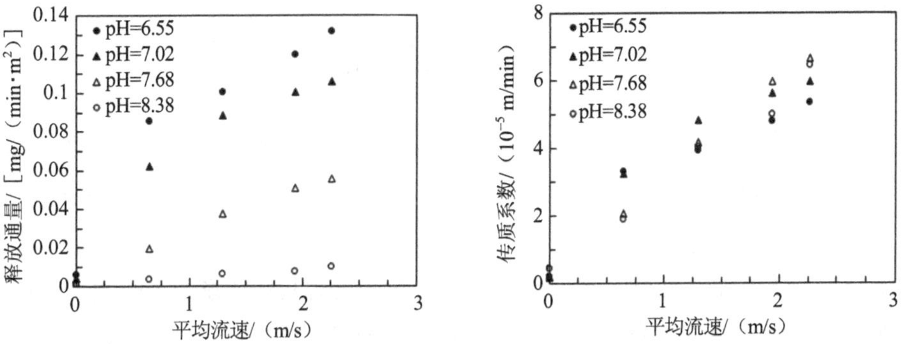

图 3.25　液体流速和 pH 对污水 H_2S 释放通量及传质系数的影响

（3）污水和硫化钠溶液 H_2S 传质系数对比

由前面实验可知，pH、硫化物都只对 H_2S 的释放通量有影响，而不影响传质系数。图 3.26 中左图对比了污水和硫化钠溶液在未搅拌情况下、相同曝气负荷时的传质系数；右图对比了污水和硫化钠溶液在平均流速为 0、0.65 m/s、1.29 m/s、1.94 m/s 时相同 pH（都为 7）、未曝气情况下的 H_2S 传质系数。

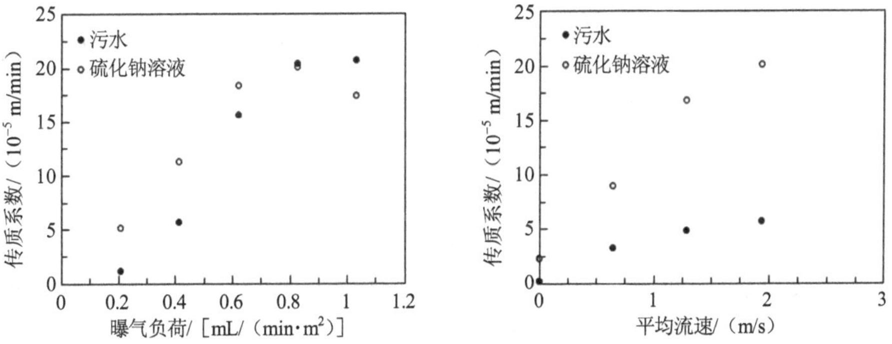

图 3.26　污水和硫化钠溶液 H_2S 传质系数对比

从图 3.26 左图可以看出，随着曝气负荷的增加，污水和硫化钠溶液 H_2S 的传质系数增加趋势基本一致，都在曝气负荷为 0.8 mL/（min·m²）时达到最大值（20×10^{-5} m/min）。从图 3.26 右图可以看出，即使污水温度高于硫化钠溶液的温度，但在相同流速下污水 H_2S 传质系数要小于硫化钠溶液的传质系数。

3.4.1.2 释放通量模型的建立与验证

（1）模型建立

传质通量的计算方法如下：

$$N_{\mathrm{A}} = \frac{c \cdot M \cdot v}{L \cdot A} \times 10^{-6} \tag{3.1}$$

式中，N_{A}为恶臭物质的释放通量，mg/（m^2·min）；c为水面恶臭物质挥发浓度，mg/L；M为恶臭物质的摩尔质量，mg/mmol；v 为载气流量，mL/min；L 为气体的摩尔体积，22.4 mL/mmol；A为水面积，m^2。

以传质模型为基础，结合污水处理厂实际污水情况对其传质系数进行模拟，得出城市污水处理厂污水 H_2S 释放通量的模拟计算公式。传质模型如式（3.2）所示。

$$N_{\mathrm{A}} = K_{\mathrm{L}}(C_{\mathrm{L}} - HC_{\mathrm{G}}) \tag{3.2}$$

式中，N_{A}为污水 H_2S 的释放通量，mg/（m^2·min）；K_{L}为 H_2S 传质系数，m/min；C_{L}为液相中 H_2S 分子的浓度，mg/m^3；H为亨利系数；C_{G}为气相中 H_2S 浓度，mg/m^3，由于污水 H_2S 传质阻力主要集中在液膜一侧，因此该项可以忽略不计。

污水中 H_2S 分子的浓度与污水 pH 和硫化物相关，C_{L}可用式（3.3）来表示。

$$C_{\mathrm{L}} = S_{\mathrm{T}} \times 34/32 \times (1 + Ks_1/10^{-\mathrm{pH}} + Ks_1Ks_2/10^{-2\mathrm{pH}}) \tag{3.3}$$

式中，Ks_1、Ks_2为 H_2S 一级和二级电离平衡常数；S_{T}为污水总溶解性硫化物，mg/m^3。

K_{L}容易受扰动和温度的影响，且相较于温度，扰动对K_{L}的影响更为显著。传质系数的模型可用式（3.4）表示。

$$K_{\mathrm{L}} = K_{\max}\frac{R + 0.1^R}{K \times A^{(20-T)} + R} \tag{3.4}$$

式中，$K_{\max}$为传质系数最大值，为 20×10^{-5} m/min；R为污水扰动系数，其大小由液体流速和曝气负荷确定；T 为温度，℃；K、A 为常数，在未搅拌和曝气的情况下，式（3.4）可化简为式（3.5）：

$$K_{\mathrm{L}} = \frac{K_{\max}}{10A^{20-T}} \tag{3.5}$$

将式（3.5）取对数化简，可得式（3.6）：

$$\lg K_{\mathrm{L}} = \lg K_{\max} - 1 + (T-20)\lg A \tag{3.6}$$

温度对K_{L}的影响可用式（3.7）来表达：

$$K_{\mathrm{L}} = \frac{K_{\max}}{10} \times 1.074^{(T-20)} \tag{3.7}$$

在水温为 20℃时，可将式（3.7）简化为式（3.8）：

$$K_L = K_{max} \frac{R + 0.1^R}{10 + R} \tag{3.8}$$

可设扰动系数 R 的表达式为

$$R = x \times v + y \times B \tag{3.9}$$

式中，B 为曝气负荷，mL/（min·m^2）；v 为污水流速，m/s；x、y 为系数，x=8，y=18。

因此，污水 H_2S 释放模型可用式（3.10）计算：

$$N_A = K_{max} \frac{R + 0.1^R}{10 \times 1.074^{(20-T)} + R} C_L \tag{3.10}$$

式中，R 可用式（3.9）计算；C_L 可用式（3.3）计算。

考虑到实际污水 H_2S 释放通量要小于相同条件下的硫化钠溶液，因此要对式（3.10）进行修正，修正系数如式（3.11）所示。

$$\begin{cases} \xi = 0.3, B = 0 \\ \xi = 1, B \neq 0 \end{cases} \tag{3.11}$$

因此，污水 H_2S 释放通量可用式（3.12）来计算。

$$N_A = \xi \times K_{max} \frac{R + 0.1^R}{10 \times 1.074^{(20-T)} + R} C_L \tag{3.12}$$

（2）模型验证

采用式（3.10）对硫化钠溶液不同条件下 H_2S 的释放通量进行模拟，其结果与实测结果进行比较，如图 3.27 所示。

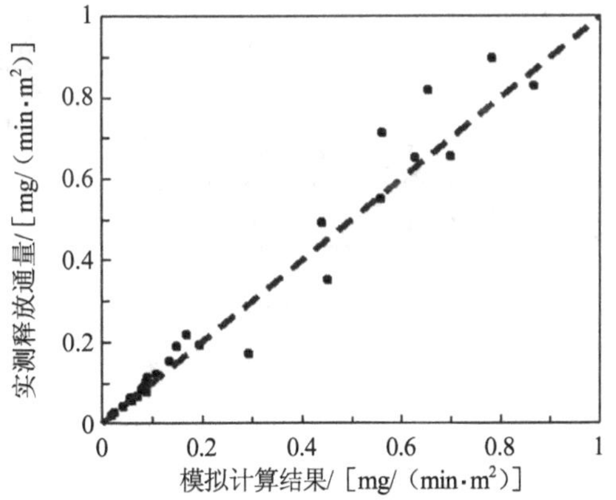

图 3.27　硫化钠溶液不同条件下 H_2S 的释放通量模拟与实测结果的对比

对这两组数据进行相关性及显著性分析，得其相关系数 R^2=0.960，显著水平 P=0<0.05。由此可知，式（3.10）可以用来模拟计算硫化钠溶液在不同条件下 H_2S 的释放通量。

采用式（3.12）对污水不同条件下 H_2S 的释放通量进行模拟，其结果与实测结果进行比较，如图 3.28 所示。对这两组数据进行相关性及显著性分析，得其相关系数 R^2=0.908，显著水平 P=0<0.05。由此可知，式（3.12）可以用来模拟计算污水在不同条件下 H_2S 的释放通量。

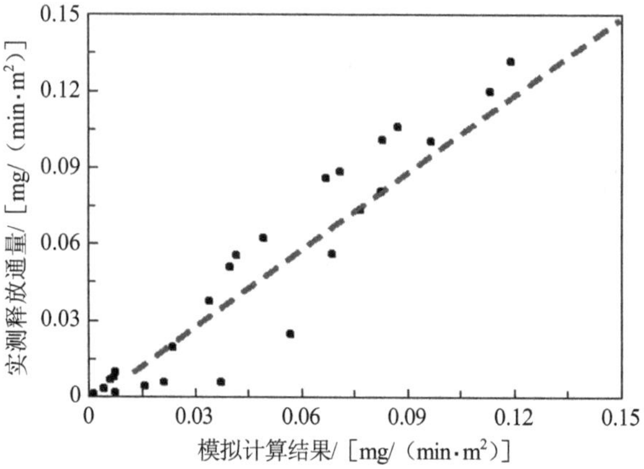

图 3.28　污水不同条件下 H_2S 的释放通量模拟与实验结果的对比

（3）模型应用

为了进一步验证污水 H_2S 释放通量模型的准确性，建立了厂区检测试验装置，如图 3.29 所示，装置长 0.45 m、宽 0.25 m。本次首先将装置放置在污水水面上，使污水液面刚好淹没罩子的边缘从而达到液封效果。其次打开氮气瓶，调整流量为 1 L/min，装置稳定后记录下 H_2S 浓度。最后通过计算得出污水 H_2S 释放通量。

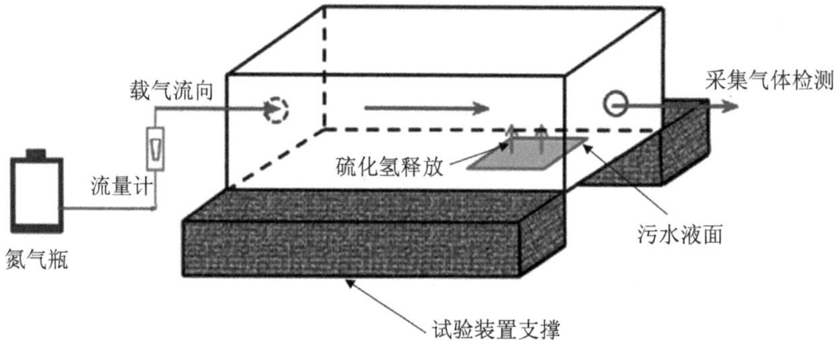

图 3.29　厂区检测试验装置

1）装置稳定时间的确定。在装置通入 N_2 后，需经过一定时间才能使出气口 H_2S 浓度达到稳定状态。因此，在装置运行后每隔 5 s 采集装置出气口气体测定 H_2S 浓度，直至测定结果相对误差小于 10%，以此来确定系统的稳定时间，如图 3.30 所示。由试验结果可知，出气口气体 H_2S 浓度在 3 min 后开始稳定，即此时用 H_2S 浓度算出污水 H_2S 的释放通量。

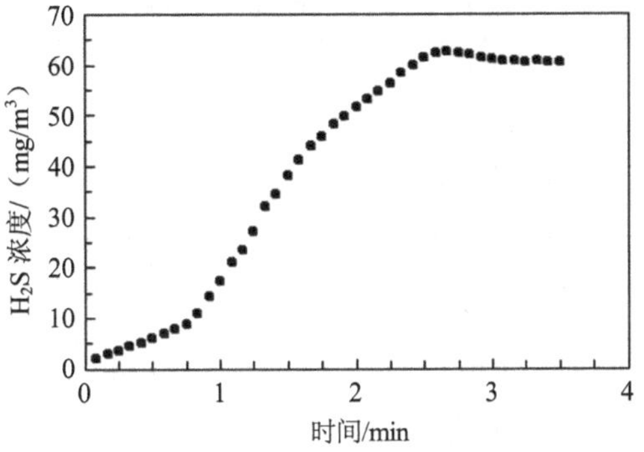

图 3.30　装置出气口 H_2S 浓度随时间的变化

2）H_2S 释放通量计算结果。本次在 2013 年 4 月和 5 月采用试验装置对该污水处理厂格栅、曝气沉砂池、生物反应池和污泥浓缩池中污水 H_2S 释放通量进行了 8 次测定，表 3.2～表 3.5 分别为格栅、曝气沉砂池、生物反应池和污泥浓缩池 8 次测定的结果和所对应的水质条件。

表 3.2　格栅测定结果

日期	曝气负荷/[L/（min·m^2）]	流速/（m/s）	温度/℃	pH	硫化物浓度/（mg/L）	H_2S 浓度/（mg/m^3）
4/9	0	1.33	15.7	6.97	9.47	13.40
4/11	0	1.49	16.3	6.92	6.15	16.80
4/12	0	1.47	16.6	6.88	4.50	20.12
5/5	0	1.47	19.8	6.83	1.75	13.78
5/7	0	1.22	19.7	6.62	1.60	13.07
5/9	0	1.37	19.6	6.20	1.20	10.97
5/10	0	1.43	19.8	6.49	2.10	14.07
5/11	0	1.23	20.1	6.33	3.00	13.31

表 3.3　曝气沉砂池测定结果

日期	曝气负荷/[L/（min·m^2）]	流速/（m/s）	温度/℃	pH	硫化物浓度/（mg/L）	H_2S 浓度/（mg/m^3）
4/9	0	0.58	16.5	6.96	7.50	14.57
4/11	0	0.37	16.3	6.96	6.15	12.67
4/12	0	0.46	16.8	6.87	4.30	13.17
5/5	0	0.43	19.9	6.74	4.00	15.90
5/7	0	0.36	19.9	6.84	2.10	11.57
5/9	0	0.42	19.7	6.21	1.70	12.42
5/10	0	0.35	19.7	6.54	3.70	9.31
5/11	0	0.28	20.1	6.31	3.00	12.17

表 3.4 生物反应池测定结果

日期	曝气负荷/[L/（min·m^2）]	流速/（m/s）	温度/℃	pH	硫化物浓度/（mg/L）	H_2S 浓度/（mg/m^3）
4/9	8.7	0.035	16.8	6.68	0.15	0.57
4/11	8.7	0.018	17.0	6.62	0.24	1.34
4/12	8.7	0.024	17.6	6.50	0.08	0.69
5/5	8.7	0.021	21.1	6.43	0.07	1.24
5/7	8.7	0.017	20.6	6.40	0.04	0.37
5/9	8.7	0.021	21.7	6.16	0.25	1.16
5/10	8.7	0.032	20.9	6.43	0.18	1.24
5/11	8.7	0.026	21.2	6.35	0.16	1.10

表 3.5 污泥浓缩池测定结果

日期	曝气负荷/[L/（min·m^2）]	流速/（m/s）	温度/℃	pH	硫化物浓度/（mg/L）	H_2S 浓度/（mg/m^3）
4/9	0	0	16.4	6.79	1.54	0.70
4/11	0	0	16.4	6.56	2.72	0.66
4/12	0	0	17.1	6.71	0.29	0.85
5/5	0	0	21.7	6.35	0.57	0.74
5/7	0	0	20.6	6.30	1.23	2.89
5/9	0	0	21.3	6.49	2.40	0.25
5/10	0	0	20.4	6.45	0.19	0.74
5/11	0	0	20.8	6.33	1.41	0.76

将测定结果代入式（3.1）进行计算，得出污水处理厂实际污水 H_2S 释放通量，再将测定结果代入式（3.12），计算出模拟值，所得结果如表 3.6 所示，两者对比如图 3.31 所示。

表 3.6 污水 H_2S 释放通量实测值与模拟值 单位：mg/（m^2·min）

日期	格栅		曝气沉砂池		生物反应池		污泥浓缩池	
	实测值	模拟值	实测值	模拟值	实测值	模拟值	实测值	模拟值
4/9	0.181	0.253	0.197	0.153	0.015	0.011	0.001	0.005
4/11	0.227	0.171	0.171	0.101	0.036	0.036	0.009	0.010
4/12	0.271	0.136	0.178	0.086	0.018	0.013	0.011	0.001
5/5	0.186	0.058	0.215	0.096	0.033	0.012	0.010	0.003
5/7	0.176	0.057	0.156	0.043	0.010	0.007	0.039	0.006
5/9	0.148	0.050	0.168	0.048	0.031	0.044	0.003	0.012
5/10	0.190	0.081	0.126	0.089	0.033	0.030	0.010	0.001
5/11	0.180	0.120	0.164	0.070	0.029	0.027	0.010	0.008

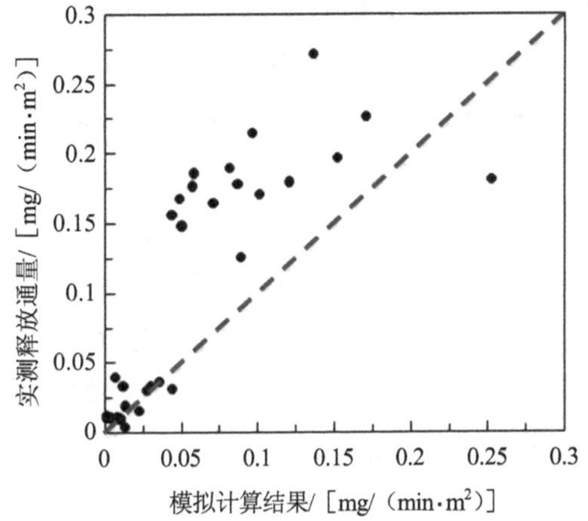

图 3.31　污水 H_2S 释放通量模拟与实测结果对比

对这两组数据进行相关性及显著性分析，得出其相关系数 $R^2=0.627$，显著水平 $P=0.009<0.05$。由此可知，式（3.12）可以用来模拟计算实际污水处理厂污水 H_2S 的释放通量。

该模型的模拟值与实测值存在一定差异，其误差可能有以下几点原因：①污水中存在一些细小的悬浮颗粒物，可能导致溶解态硫化物测定不准确，从而导致了误差。②实际污水处理厂条件比实验室条件复杂得多，有很多不确定性因素可以影响污水 H_2S 的实测结果，从而引起误差。

3.4.2　污水 H_2S 排放浓度模型

本书从污水 H_2S 排放浓度的角度，建立了排放浓度的预测模型，用于估算污水处理厂进水泵房和曝气沉砂池内 H_2S 的释放浓度。通过在污水处理厂内建立中试系统，得到相对稳定的模型的关键系数——传质系数 K_L，并通过实际构筑物进行了验证。

3.4.2.1　排放浓度模型的建立

根据传递系数的定义：

$$K_L = \frac{N}{C_{H_2S} - C_{H_2S}^*} \tag{3.13}$$

式中，K_L 为以液相浓度差为传质动力的传质系数，m/min；N 为 H_2S 的释放通量，mg/（m²·min）；C_{H_2S} 为 H_2S 在液相中的浓度，mg/m³；$C_{H_2S}^*$ 为与气相 H_2S 压力平衡的液相 H_2S 的浓度，mg/m³。

根据亨利定律：

$$C_{H_2S}^* = \frac{c \cdot P \cdot \rho \cdot M}{E \cdot M_S} \tag{3.14}$$

式中，$C^*_{H_2S}$ 为与气相 H_2S 压力平衡的液相 H_2S 的浓度，mg/m^3；c 为水面 H_2S 挥发浓度，mg/m^3；P 为标准大气压，101.3 kPa；ρ 为水的密度，1.0×10^3 kg/m^3；M 为 H_2S 的摩尔质量，34 g/mol；E 为亨利系数，kPa；M_S 为水的摩尔质量，18 g/mol。

综合式（3.1）、式（3.13）和式（3.14），并将常数代入可得 H_2S 释放模型：

$$c=\frac{22.4\cdot A\cdot E\cdot K_L\cdot C_{H_2S}}{34\cdot v\cdot E+4.3\times10^6\cdot A\cdot K_L} \tag{3.15}$$

式中，c 为水面 H_2S 挥发浓度，mg/m^3；A 为水面积，m^2；E 为亨利系数，kPa；K_L 为以液相浓度差为传质动力的传质系数，m/min；C_{H_2S} 为 H_2S 在液相中的浓度，mg/m^3，可由硫化物和 pH 计算；v 为载气流量，m^3/min。

3.4.2.2　模型构建的试验内容

（1）传质系数试验内容

污水 H_2S 释放模型中的传质系数 K_L 通过中试试验获得。中试装置搭建于污水处理厂的进水泵房附近，如图 3.32 所示。中试装置包括进水泵、高位水箱、反应池、管道以及气泵等。试验进行时，污水经进水泵提升至高位水箱，污水由高位水箱流入反应池。在反应池液位上方通入空气，经过整个反应池的长度后，在出口连续测定气体中的 H_2S 浓度，气体流量通过阀门的开启度控制。

图 3.32　污水 H_2S 释放中试装置

（2）模型验证方法

污水 H_2S 释放模型的验证在污水处理厂的进水泵房和曝气沉砂池进行。进水泵房和曝气沉砂池都进行了封闭处理，如图 3.33 所示，可以通过除臭系统的管道测得气体流量和 H_2S 浓度，同时监测污水的水温、pH 和硫化物。

（a）进水泵房　　（b）曝气沉砂池

图 3.33　进水泵房和曝气沉砂池

（3）监测指标和方法

监测的指标有溶解态硫化物、污水 pH 和水温、气体 H_2S、载气流量等。水中溶解态硫化物浓度采用 0.45 μm 滤膜过滤-亚甲基蓝分光光度法测定，pH、水温采用 KRK KP-5Z pH meter 检测，H_2S 采用 CairClip 检测，载气流量采用 Testo 416 检测。

3.4.2.3　排放浓度模型结果分析

（1）传质系数的确定

将不同载气流量（v）条件下的水面 H_2S 挥发浓度（c）等数值代入模型，计算传质系数（K_L），结果如表 3.7 所示。同时，由表 3.8 可知，传质系数 K_L 比较稳定。因此，取 K_L 值为 0.02。

表 3.7　传质系数计算表（1）

水面 H_2S 挥发浓度 c/（mg/m³）	载气流量 v/（m³/min）	水面积 A/m²	释放通量 N/［mg/（m²·min）］	水温/℃	亨利系数 E/kPa
21	0.04	0.66	1.93	20	48 900
17	0.02	0.66	0.78	20	48 900
50	0.01	0.66	1.15	20	48 900
15	0.08	0.66	2.76	19	47 480
19	0.06	0.66	2.62	19	47 480
25	0.04	0.66	2.30	19	47 480
32	0.02	0.66	1.47	19	47 480
38	0.01	0.66	0.87	19	47 480

表 3.8 传质系数计算表（2）

与气相 H_2S 压力平衡的液相 H_2S 的浓度 $C^*_{H_2S}$ /（mg/m³）	水中硫化物浓度/（mg/L）	pH	液相中 H_2S 浓度 C_{H_2S} /（mg/m³）	传质系数 K_L/（m/min）
82.17	0.36	6.98	175.57	0.020 7
66.52	0.23	7.05	102.94	0.021 5
195.65	0.52	7.00	247.62	0.022 1
60.45	0.66	7.33	196.91	0.020 2
76.57	0.66	7.33	196.91	0.021 8
100.75	0.66	7.33	196.91	0.023 9
128.96	0.66	7.33	196.91	0.021 7
153.14	0.66	7.33	196.91	0.020 0

（2）模型的验证

将封闭的进水泵房和曝气沉砂池内污水的水温、pH、硫化物和载气流量代入模型，得到预测的 H_2S 浓度，和实测的 H_2S 浓度进行比较，结果如图 3.34 所示。

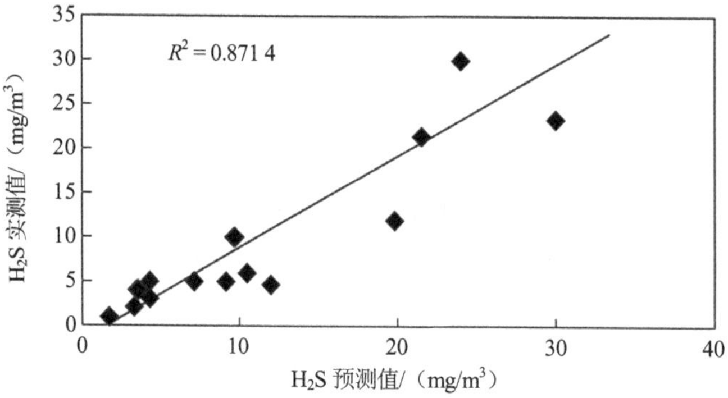

图 3.34 污水 H_2S 释放量预测与实测结果对比

由图 3.34 可知，对预测值和实测值进行相关性分析，得其相关系数 R^2=0.871 4，说明该模型可以用来模拟计算实际污水处理厂污水 H_2S 的释放浓度。

3.5 环境敏感区域污水处理厂恶臭控制技术

如果能够有效地将恶臭污染控制在源头阶段，就不再需要专门设置庞大的臭气收集系统，同时减少了处理装置的运行成本。恶臭污染的源头控制模式如图 3.35 所示。

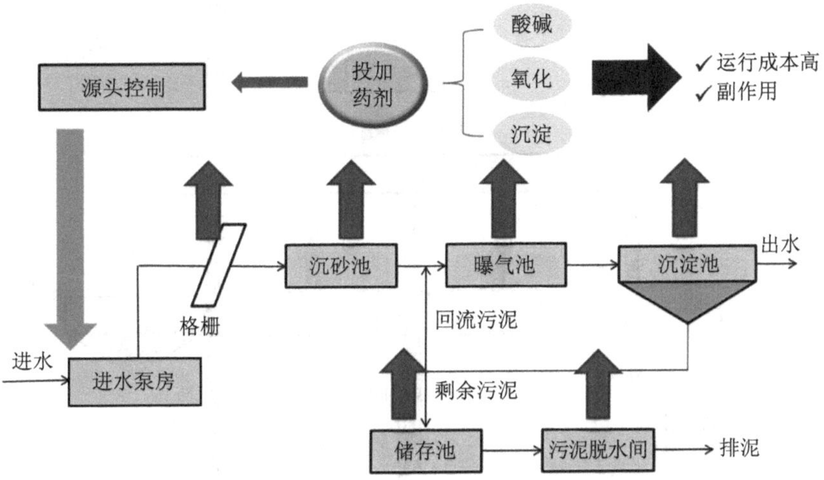

图 3.35　恶臭污染的源头控制模式

利用源头控制的方法来控制 H_2S 排放主要是基于水体中的元素 S 能在 3 种不同形态之间相互转化，即 H_2S 分子、HS^-和 S^{2-}。自然条件下，三者之间的转化方向主要受 pH 影响，如果向水体中投加药剂，能够降低 HS^-或 S^{2-}的浓度，那么电离平衡将会朝着 H_2S 分子减少的方向移动。因此本书考虑利用生物污泥作为吸附剂来吸附去除污水当中的 HS^-或 S^{2-}，从而控制 H_2S 分子的生成，以达到控制由于 H_2S 引起的恶臭污染的效果。

源头控制的方法一般就是向污水中投加化学药剂，改变水体的物化性质。除臭药剂可以通过氧化、沉淀、pH 控制以及抑制厌氧菌繁殖等不同手段来抑制恶臭气体的排放。例如，氧化剂可以氧化恶臭源中具有还原性的组分；金属盐可以和污水中的 H_2S 形成沉淀；酸碱试剂可以改变污水的 pH，进而影响恶臭气体分子向大气环境的传质过程。

源头控制的方法初期投资低，使用灵活，对紧急情况的机动性很强，但是向生活污水中投加大量药剂耗资巨大，二次污染问题也有待解决，因此运行成本高且存在副作用，所以这类方法难以广泛用于大规模工程。

因此在城市污水处理厂中，恶臭气体收集与处理技术的一般治理模式如图 3.36 所示。城市污水处理厂的除臭技术主要有生物除臭法、化学吸收法、紫外光（催化）氧化法、等离子体法、吸附法和植物液喷淋法等。其中，根据对国内外 44 个建设了除臭设施的污水处理厂进行调查，生物除臭法在经济可行性和综合技术性能方面都比较好，已成为城市污水处理厂除臭应用中的绝对主流工艺，调查发现 90%以上的污水处理厂都采用生物除臭法对臭气进行收集和处理。

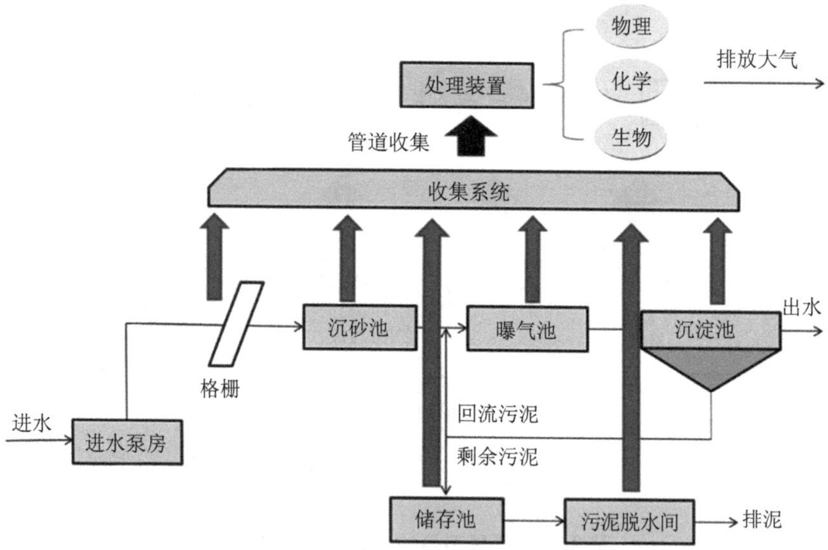

图 3.36 污水处理厂恶臭气体收集与处理技术的一般治理模式

因此，对已建有除臭设施但效率不高的污水处理厂而言，对除臭设施进行参数优化运行更为合理。尤其是生物滤池、土壤滤池等除臭设施，对其填料进行优化也可以提高除臭效率。另外，针对常规生物除臭采用先收集后处理的方式，对能耗较高的问题，提出通过污泥回流进行源头除臭控制来解决。从污泥吸附硫化物的热力学、动力学等方面，对不同污泥浓度、温度、pH、无机阴离子、搅拌速率等条件分别进行研究，以得到合理的回流比，获得较好的恶臭控制效果。针对生物除臭法很难处理难生物降解物质或者对微生物有抑制作用的恶臭物质等问题，紫外光（催化）氧化法可以弥补生物除臭法的不足，可以作为一项预处理技术配合生物除臭法使用。

3.5.1 生物除臭设施参数优化与运行

通过长期运行小试装置，研究两种惰性生物填料的除臭性能，并对两者进行比较，进而探索可能的组合工艺技术和最佳的运行操作条件。这两种填料为人工合成惰性非吸附性颗粒填料（填料 A）和惰性吸附性颗粒填料（填料 B）。

3.5.1.1 生物除臭设施试验系统

试验采用两套小试装置，分别填充填料 A 和填料 B，对两种载体材料的除臭效果进行比较。两套试验装置示意图如图 3.37 所示，试验用填料的对比如表 3.9 所示。试验装置每个填料柱底部铺设砾石承托层，计量泵按设定的流量从循环液贮槽中抽取循环液后，进入填料柱上部，然后滴滤穿过填料后从砾石层流下，返回循环液贮槽。本次试验中循环液定期更换。

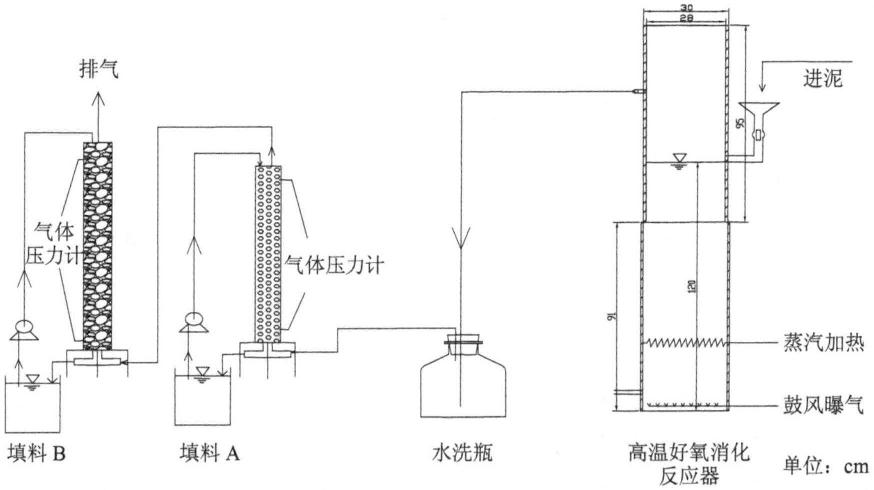

图 3.37　两套试验装置示意图

试验臭气来自高温好氧消化反应器的排放气体，气体从填料柱底部进入，与循环液形成逆流，经过与填料及其上附着的微生物短期接触反应后，从上部排出。试验同时在柱体不同高度处设置了臭气采样口，以研究不同空床停留时间（empty bed resistant time，EBRT）对臭气处理效果的影响。

表 3.9　试验用填料的对比

运行操作及设计参数	填料 A	填料 B
堆积密度/（kg/L）	<0.05	0.6
粒径/mm	3～4	3～4
设计参数		
柱高及直径/cm	90×9	90×10
柱有效容积/L	5.4	7.0
气液流向	逆向	逆向
pH 控制方式	碳酸氢钠缓冲	碳酸氢钠缓冲
操作参数		
臭气来源	填料 A 出气或高温好氧消化反应器①	高温好氧消化反应器①
气体流量/（m^3/h）	1.0	1.0
EBRT/s	19	8.5、17、25.5
体积负荷/（m^3/h）	150	125
NH_3 进口浓度/（mg/m^3）	1～200（波动大）	1～200（波动大）
VOCs 进口浓度/（mg/m^3）	1～20（波动大）	1～20（波动大）
H_2S 进口浓度/（mg/m^3）	1～100（波动大）	1～100（波动大）
循环液流量/（L/h）	6	6

运行操作及设计参数	填料 A	填料 B
循环液 pH	8.0	8.0
循环液组成	$NaHCO_3$：1 g/L KH_2PO_4：0.25 g/L $MgSO_4$：0.25 g/L $CaCl_2$：0.075 g/L $MnSO_4$：0.025 g/L $FeSO_4\cdot 7H_2O$：0.01 g/L	$NaHCO_3$：1 g/L KH_2PO_4：0.25 g/L $MgSO_4$：0.25 g/L $CaCl_2$：0.075 g/L $MnSO_4$：0.025 g/L $FeSO_4\cdot 7H_2O$：0.01 g/L

①高温好氧消化反应器（ATAD）为同步进行的试验系统。

选择试验进气来自高温好氧消化反应器系统，主要考虑该气体一方面臭气浓度高，嗅阈值平均高达 60 万，臭气浓度高，有利于比较不同影响因子对臭气的处理效果；另一方面该臭气成分复杂多样，与污水处理厂工程应用中的气体处理对象成分较为接近。本试验结果是对复杂混合气体的处理结果，可作为污水处理厂除臭最直接的参考数据。

3.5.1.2 生物除臭设施试验效果分析

（1）NH_3 去除效果

在填料柱生物滴滤池启动接种完成后，测定进、出气浓度，不同工况下填料 A 柱和填料 B 柱对 NH_3 的处理效果如表 3.10 和表 3.11 所示。

表 3.10 在不同工况下填料 A 柱对 NH_3 的处理效果

工况	平均温度①28℃ 正常运行	平均温度①20℃ 正常运行	平均温度①12℃ 正常运行
平均 NH_3 进气负荷/［g NH_3-N/（$m^3\cdot d$）］	311	327	119
进气 NH_3 平均浓度/（mg/m^3）	112.1	117.8	43
出气 NH_3 平均浓度/（mg/m^3）	6.67	6.33	7
NH_3 平均去除率/%	94.0	94.6	83.7
循环液吸收去除负荷/［g NH_3-N/（$m^3\cdot d$）］	102	117.5	32.9
生物作用去除负荷/［g NH_3-N/（$m^3\cdot d$）］	190	191.8	66.7
微生物作用所占的比例/%②	65	62	67
由循环液吸收排除的比例/%③	35	38	33

①温度均为试验期间的平均温度。

②包括硝酸盐、亚硝酸盐合成，反硝化作用，以及微生物合成和少量的吸附去除等作用。

③氨气溶入循环液中但还没有被微生物转化利用便排除的部分。

表 3.11　在不同工况下填料 B 柱对 NH_3 的处理效果

工况		低进气浓度的影响（前接填料 A 出气）	温度的影响（直接接 ATAD 出气）	
			常温	冬季低温
平均环境温度/℃		28	21	6
进气 NH_3 平均浓度/（mg/m^3）		8.21	103	50
出气 NH_3 平均浓度/（mg/m^3）	EBRT=8.5 s	3.79	1.08	4.06
	EBRT=17 s	1.95	0.54	1.43
	EBRT=25.5 s	—	—	—
NH_3 平均去除率/%	EBRT=8.5 s	53.8	99.0	91.9
	EBRT=17 s	—	99.5	97.1

以上试验可以得出：

1）生物滴滤池对 NH_3 的去除效果是由液体吸收和生物作用共同影响的结果，但不同填料生物作用效果不同，填料 B 相对填料 A 更适合生物生长，对 NH_3 的去除效果更加明显。

2）填料 A 生物滴滤池温度降低后，生物作用引起的 NH_3 去除负荷明显降低，对 NH_3 的去除效果存在明显不利影响，但对填料 B，由于去除负荷高，低温对 NH_3 处理效率的影响不明显。

3）冬季低温下，废气中的 NH_3 浓度为 110 mg/m^3 左右、EBRT 为 17 s 时，进气 NH_3 浓度控制在 40～70 mg/m^3 时，通过合理的控制，填料 A 生物滴滤池对 NH_3 的去除率可达 83.7%，而相同条件下，填料 B 生物滴滤池对 NH_3 的平均去除率可达 97.1%。

（2）H_2S 去除效果

不同填料柱对 H_2S 的处理效果见表 3.12。

表 3.12　不同填料柱对 H_2S 的处理效果

工况		循环液连续投加	
		填料 A 柱	填料 B 柱
平均环境温度/℃		11	
进气 H_2S 平均浓度/（mg/m^3）	平均值	14.9	
	最高值	77	
	最低值	＜1	
出气 H_2S 平均浓度/（mg/m^3）	EBRT＝8.5 s	—	3.5
	EBRT＝17 s	—	0.4
	EBRT＝19 s	2.8	—
	EBRT＝25.5 s	—	0.5
H_2S 平均去除率/%	EBRT＝8.5 s	—	76.5
	EBRT＝17 s	—	97.3
	EBRT＝19 s	81.2	—
	EBRT＝25.5 s	—	97.3

在循环液连续运行下，进气 H_2S 平均浓度为 14.9 mg/m^3（最高值为 77 mg/m^3，最低值低于仪器的监测限 1 mg/m^3），波动非常大；对生物填料 A 柱而言，EBRT 为 19 s，填料 A 柱出气 H_2S 平均浓度为 2.8 mg/m^3，H_2S 平均去除率为 81.2%；对生物填料 B 柱而言，当 EBRT 为 8.5 s 时，出气 H_2S 平均浓度为 3.5 mg/m^3，平均去除率为 76.5%，略低于填料 A 柱在 19 s 的 EBRT 下的处理效果；当 EBRT 为 17 s 时，出气 H_2S 平均浓度为 0.4 mg/m^3，H_2S 平均去除率达到了 97.3%，处理效率显著提高，比填料 A 柱的处理效率高得多。

因此，生物滴滤池对 H_2S 具有较好的去除效果，但不同填料相比，填料 B 柱对 H_2S 的处理效率优于填料 A 柱；在填料 B 柱的 EBRT 为 17 s 时，H_2S 平均去除率达到 97%。

（3）VOCs 去除效果

污水处理厂排放气体中的许多致臭化合物均以 VOCs 的形式存在，它们的嗅阈值都很低，如甲硫醇的感官阈值仅为 0.000 5 mg/m^3，甲硫醚的感官阈值为 0.001 mg/m^3，因此 VOCs 物质的去除在除臭中占有很重要的地位。

不同填料柱对 VOCs 的处理效果见表 3.13。

表 3.13 不同填料柱对 VOCs 的处理效果

工况		循环液连续投加	
		填料 A 柱	填料 B 柱
平均环境温度/℃		11	
进气 VOCs 平均浓度/（mg/m^3）	平均值	3.7	
	最高值	13.8	
	最低值	0.2	
出气 VOCs 平均浓度/（mg/m^3）	EBRT＝8.5 s	—	1.4
	EBRT＝17 s	—	0.4
	EBRT＝19 s	1.2	—
	EBRT＝25.5 s	—	0.5
VOCs 平均去除率/%	EBRT＝8.5 s	—	63.0
	EBRT＝17 s	—	87.5
	EBRT＝19 s	66.8	—
	EBRT＝25.5 s	—	85.9

（4）臭气浓度的去除效果

有关臭气浓度的测定，许多国家都有不同的规定或仪器方法，国家标准《空气质量　恶臭的测定　三点比较式臭袋法》（GB/T 14675—93）中规定了臭气浓度的测定方法，所谓的臭气浓度即恶臭物质（包括异味）由无臭空气进行稀释，稀释到刚好无臭时所需的稀释倍数。

试验期间对进气、填料 A 柱和填料 B 柱处理后的出气定期收集后，用三点比较式臭袋法进行臭气浓度监测，结果如表 3.14 所示。

表 3.14　试验期间填料 A 柱和填料 B 柱对臭气的去除效果

日期	进气	填料 A 柱	填料 B 柱	备注
2014/10/11	82 483	7 128	4	填料 B 柱进气为填料 A 柱出气
2014/10/26	51 962	3 948	23	填料 B 柱进气为填料 A 柱出气
2014/11/29	22 795	1 732	5	填料 B 柱单独进气
2014/12/17	51 962	3 000	17	填料 B 柱单独进气
2014/12/20	51 962	548	17	填料 B 柱单独进气
2015/1/9	268 787	974	23	填料 B 柱单独进气
平均值	88 325	2 888	15	—

由表 3.14 可知，进气嗅阈值平均为 88 325，臭度极高，填料 A 柱处理后的出气嗅阈值平均为 2 888，去除率 96.7%，对臭度的去除率是相当高的，但嗅阈值仍然比较高，而对于填料 B 柱而言，排放气体嗅阈值的全部监测值的平均值仅为 15 左右，所有监测值均低于 30。

（5）填料的压降

在试验过程中，对填料的压降进行试验，运行 10 个月后，填料 A 柱表面附着生长了一定厚度的生物膜，当气体滤速为 150 m/h 时，相应的压降为 350 Pa/m，填料 B 柱压降为 420 Pa/m。

通过试验研究发现，生物滴滤池对臭气的去除效果是由液体吸收和生物作用共同影响的结果，生物滴滤池对 NH_3、VOCs、H_2S 和臭度均具有较好的去除效果，而作为填料，填料 A 和填料 B 对臭气均有较好的处理效果，且单从处理效果来看，填料 B 效果优于填料 A，但填料 B 价格高，填料压降略高，同时填料 A 比重轻，对除臭装置不产生附加力，价格便宜。因此，建议除臭装置采用填料 A 和填料 B 相结合，以充分发挥两种填料的优点。

3.5.2　污泥回流除臭技术

污泥对硫化物的吸附特性主要从热力学和动力学两个方面进行实验室小试研究。污泥吸附硫化物的热力学研究侧重于分析各种因素对污泥吸附容量的影响，主要分析温度、pH 以及无机阴离子（碳酸根、亚硫酸根、硼酸根、磷酸根）对污泥吸附硫化物的影响，并利用吸附等温线方程进行拟合，分析污泥对硫化物的吸附效果。污泥对硫化物的动力学研究侧重于讨论各种因素对硫化物吸附速率的影响，这些因素包括硫化物初始浓度、温度、pH 以及搅拌速率。在此基础上开展中试试验和现场工程示范，这些试验有助于解释污泥对硫化物吸附的快慢程度，对指导污泥回流除臭技术的实际应用有着重要意义。

3.5.2.1 污泥吸附硫化物的热力学研究

分析各种因素对污泥吸附硫化物容量的影响主要采用热力学进行研究。本次采用某污水处理厂的回流污泥，考察温度、pH 以及无机阴离子（碳酸根、亚硫酸根、硼酸根、磷酸根）对污泥吸附硫化物的影响，并利用吸附等温线方程进行拟合，分析污泥对硫化物的吸附容量。

3.5.2.1.1 污泥吸附的热力学方程

污泥对吸附质的吸附等温线方程可以用来描述污泥的吸附热力学特性，常用的吸附等温线方程有 Freundlich 吸附等温线方程（以下简称 Freundlich 方程）和 Langmuir 吸附等温线方程（以下简称 Langmuir 方程）。

1）Freundlich 方程可以用于解释单分子层吸附，其方程式为

$$\Gamma = k + p^{1/n} \tag{3.16}$$

式中，k 为 Freundlich 吸附常数，量纲一；n 为吸附强度，量纲一；Γ 为单位质量的吸附剂在平衡时吸附的吸附质的质量，mg/g；p 为平衡时溶液中吸附质的平衡质量浓度，mg/L。

方程两边取对数，得到：

$$\lg \Gamma = \lg k + \frac{1}{n}\lg p \tag{3.17}$$

2）Langmuir 方程也适合描述单分子层吸附。简单的推导过程如下：

假设吸附质在吸附剂表面的覆盖度为 θ，吸附速率 v_1 为

$$v_1 = k_1\theta \tag{3.18}$$

假设吸附质的浓度为 p，则脱附速率 v_2 为

$$v_2 = pk_2(1-\theta) \tag{3.19}$$

当吸附达到平衡时，$v_1=v_2$，于是

$$k_1\theta = pk_2(1-\theta) \tag{3.20}$$

令 $b=k_1/k_2$，由覆盖度的定义 $\theta=\Gamma/\Gamma_\infty$，整理式（3.20）可得

$$\frac{p}{\Gamma} = \frac{1}{b\Gamma_\infty} + \frac{p}{\Gamma_\infty} \tag{3.21}$$

式中，b 为与吸附单元有关的吸附常数，L/mg；Γ 为单位质量的吸附剂在平衡时吸附的吸附质的质量，mg/g；Γ_∞为吸附剂的最大吸附量，mg/g；p 为当吸附量为 Γ 时吸附质的浓度，mg/L。

3.5.2.1.2 实验材料与方法

（1）污泥与硫化物溶液

本书选取某城市污水处理厂的回流污泥作为吸附剂，污泥的基本性质指标如表 3.15 所示。

表 3.15　污泥的基本性质指标

污泥指标	检测值	检测方法
MLSS/（g/L）	2.85～7.37	烘干称量
MLVSS/（g/L）	2.23～5.42	马弗炉高温灼烧
本底含硫量/（mg/g）	0.13～0.51	亚甲蓝简易测定法

吸附质为硫化物。用分析纯 $Na_2S \cdot 9H_2O$ 配制硫化物母液，用稀盐酸调节其 pH 至 7 左右，母液硫化物的浓度为 30～50 mg/L（硫化物浓度以硫元素计量）。后续实验可根据需要，将硫化物母液用无氧水稀释成浓度为 0～30 mg/L 的硫化物溶液。由于硫化物易被氧化，且 H_2S 易挥发，该溶液现配现用。

（2）吸附等温线的测定

在一定的温度和 pH 条件下，将 4 mL 污泥和 40 mL 硫化物溶液加入螺旋口玻璃瓶中混合。如图 3.38 所示，用聚四氟乙烯胶垫密封玻璃瓶，将其置于数显型加热搅拌仪上搅拌 40 min（预实验表明吸附在 40 min 前达到平衡），设定搅拌速率。

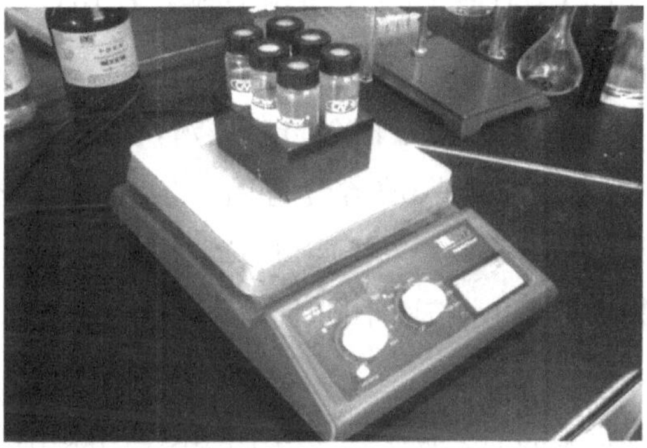

图 3.38　污泥吸附硫化物实验装置

在 40 min 时用亚甲蓝简易测定法检测溶液中的硫化物平衡浓度。通过硫化物与污泥混合前的初始浓度和混合后的平衡浓度可以计算污泥对硫化物的吸附量［以污泥干重计，即被吸附的吸附质质量（mg）/污泥干重（g）］，再加上污泥的本底含硫量即可得到污泥对硫化物的总吸附量。

以吸附平衡时溶液中硫化物的浓度 p（mg/L）为横坐标，污泥对硫化物的吸附量 Γ（mg/g）为纵坐标，绘制吸附等温线。

（3）实验设置

1）温度对硫化物吸附平衡的影响。考察温度对污泥吸附硫化物的影响，测定该污泥在 10℃、20℃、30℃、40℃下对硫化物的吸附等温线，硫化物的初始浓度为 0～30 mg/L，搅拌速率为 400 r/min。

2）pH 对硫化物吸附平衡容量的影响。取回流污泥，用稀盐酸调节污泥 pH 为 1～10，并与 0～30 mg/L 的硫化物溶液混合，40 min 后再次测定混合液 pH 作为平衡时的 pH，实验温度为 25℃，搅拌速率为 400 r/min。

3）无机阴离子对硫化物吸附平衡的影响。取 50 mg 分析纯 Na_2CO_3 配制成 100 mL Na_2CO_3 溶液，用稀盐酸调节 pH 至 7 左右，备用。将 10 mL 硫化钠溶液、10 mL（Na_2CO_3+水）和 2 mL（Na_2CO_3+水）加入螺旋口玻璃瓶中与污泥混合。其中 10 mL（Na_2CO_3+水）是由配制的 Na_2CO_3 溶液和水按照不同比例混合而成，于是得到不同碳酸根浓度下污泥对硫化物的吸附量。

取 65 mg 分析纯 Na_2SO_3 配制成 100 mL Na_2SO_3 溶液，用稀盐酸调节 pH 至 7 左右，备用。将 10 mL 硫化钠溶液、10 mL（Na_2SO_3+水）和 2 mL（Na_2SO_3+水）加入螺旋口玻璃瓶中与污泥混合。其中 10 mL（Na_2SO_3+水）是由配制的 Na_2SO_3 溶液和水按照不同比例混合而成，于是得到不同亚硫酸根浓度下污泥对硫化物的吸附量。

取 0.5 g 分析纯 H_3BO_3 配制成 100 mL H_3BO_3 溶液，用 NaOH 溶液调节 pH 至 7 左右，备用。将 10 mL 硫化钠溶液、10 mL（H_3BO_3+水）和 2 mL（Na_2SO_3+水）加入螺旋口玻璃瓶中与污泥混合。其中 10 mL（H_3BO_3+水）是由配制的 H_3BO_3 溶液和水按照不同比例混合而成，于是得到不同硼酸根浓度下污泥对硫化物的吸附量。

分析纯 Na_2HPO_4 和 Na_3PO_4 配制成 1 000 mL 溶液，Na_2HPO_4 和 Na_3PO_4 浓度分别为 4 mmol/L 和 2 mmol/L，用稀盐酸调节 pH 至 7 左右，备用。将 5 mL 硫化钠溶液、30 mL（磷酸盐+水）和 2 mL（Na_2SO_3+水）加入螺旋口玻璃瓶中与污泥混合。其中 30 mL（磷酸盐+水）是由配制的磷酸盐溶液和水按照不同比例混合而成，于是得到不同磷酸根浓度下污泥对硫化物的吸附量。

无机阴离子对吸附容量影响的实验没有使用不同浓度的硫化物溶液来进行比较，因此并不绘制吸附等温线，仅探究弱电解质是否会对污泥吸附硫化物产生影响。

3.5.2.1.3 污泥吸附硫化物热力学分析

（1）温度对硫化物吸附平衡的影响

考察温度对污泥吸附硫化物的影响，测定了该污泥在 10℃、20℃、30℃、40℃下对硫化物的吸附等温线。

不同温度下的吸附平衡浓度 p（mg/L）为吸附 40 min 后溶液中硫化物的浓度。此时，污泥对硫化物的吸附量 Γ（mg/g）通过硫化物的减少量和污泥本地含硫量计算而得。以平衡时硫化物浓度为横坐标，硫化物吸附量为纵坐标，不同温度下污泥的吸附等温线如图 3.39 所示。

由图 3.39 可知，随着硫化物平衡浓度增加，污泥对硫化物的吸附量在低浓度区间（<1 mg/L）大幅增加，随着硫化物浓度的增加，吸附量的增加幅度越来越小。经比较发现，在 10～40℃，随着温度越高，污泥对硫化物的吸附容量越大。

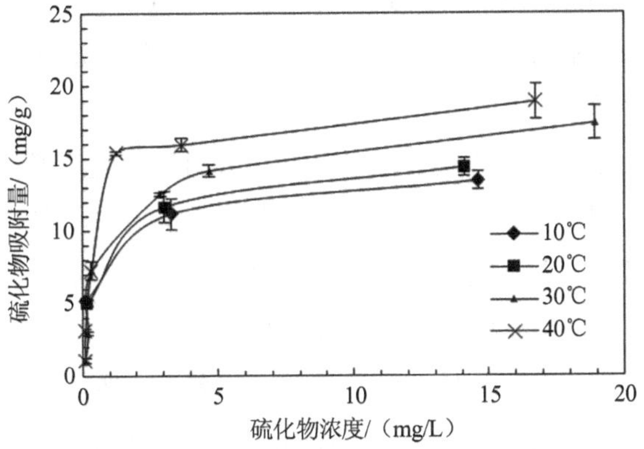

图 3.39　不同温度下污泥的吸附等温线

（MLSS=5.66 g/L，本底含硫量=0.56 mg/g）

由吸附等温线的特征可知，污泥对硫化物的吸附表现为 I 类吸附等温线，属于单分子层吸附，可用 Freundlich 方程或 Langmuir 方程描述。用 Freundlich 方程和 Langmuir 方程对数据进行拟合，结果如图 3.40 和表 3.16 所示。

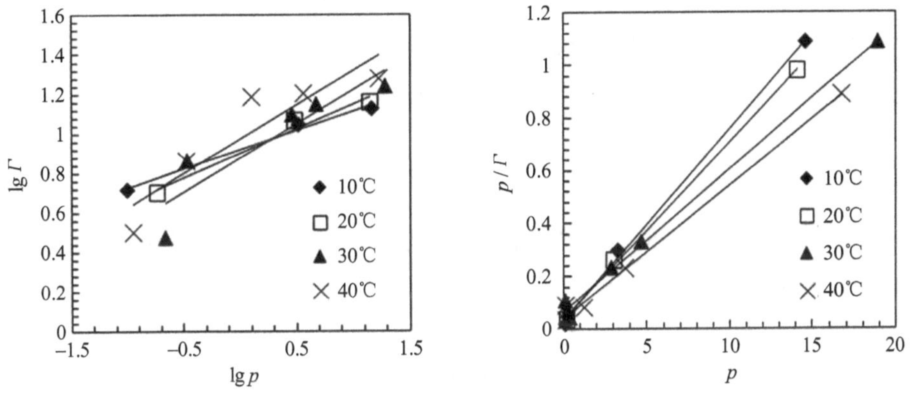

（a）Freundlich 方程　（b）Langmuir 方程

图 3.40　不同温度下污泥吸附硫化物的 Freundlich 方程和 Langmuir 方程拟合曲线

（Γ 为吸附平衡时污泥对硫化物的吸附量，mg/g；p 为硫化物平衡浓度，mg/L）

表 3.16　不同温度下污泥吸附硫化物的 Freundlich 方程和 Langmuir 方程拟合曲线参数

温度/℃	Freundlich 方程			Langmuir 方程		
	n	k	R^2	b（L/mg）	Γ_∞（mg/g）	R^2
10	5.13	8.33	0.98	0.66	13.77	0.99
20	4.04	7.99	0.97	0.92	14.93	0.99
30	2.89	7.54	0.83	1.10	18.48	0.99
40	2.90	9.43	0.87	1.53	19.80	0.99

由图 3.40 和表 3.16 可知，在硫化物平衡浓度为 0～20 mg/L 时，温度为 10～40℃的条件下，污泥对硫化物的吸附符合 Langmuir 方程，其相关系数 R^2 为 0.99，均大于同温度下 Freundlich 方程的相关系数。

一般来说，对于物理吸附（放热过程）而言，吸附量随温度升高而降低；而对于化学吸附（吸热过程）而言，吸附量随温度升高而升高。本实验中，在温度为 10～40℃时，污泥对硫化物的最大吸附量 Γ_∞ 随着温度的上升而增加，从 10℃时的 13.77 mg/g 上升至 40℃时的 19.80 mg/g，表现为吸热过程。因此，污泥对硫化物的吸附主要是化学吸附过程。

为了定量分析温度对污泥吸附硫化物的影响，需要确定吸附热力学研究中几个常用的指标，即吸附表观吉布斯自由能变（ΔG）、吸附表观焓变（ΔH）和吸附表观熵变（ΔS）。以上指标可以通过热力学平衡常数 K 计算，K 值可以选用 Langmuir 方程中的 b 值，选用第二种方法。吉布斯自由能变 ΔG 的计算公式如式（3.22）所示。

$$\Delta G = -RT\ln K \tag{3.22}$$

式中，R 为通用气体常数，8.314 J/（mol·K）；T 为热力学温度，K。

焓变 ΔH 的计算可以用式（3.23）求得，该公式为

$$\ln K_{T_2} - \ln K_{T_1} = \frac{\Delta H}{R}\left(\frac{1}{T_1} - \frac{1}{T_2}\right) \tag{3.23}$$

式中，T_1、T_2 为两个不同的温度，K。

熵变（ΔS）可以通过吉布斯自由能变 ΔG 和焓变 ΔH 计算得到：

$$\Delta S = -\frac{\Delta G - \Delta H}{T} \tag{3.24}$$

通过以上方法计算得到的吉布斯自由能变（ΔG）、焓变（ΔH）和熵变（ΔS）在不同温度下的值如表 3.17 所示。

表 3.17　污泥吸附硫化物的热力学常数

T/℃	10	20	30	40
ΔG（kJ/mol）	−15.28	−16.05	−16.47	−17.25
ΔH（kJ/mol）	2.35			
ΔS［kJ/（mol·K）］	0.054	0.055	0.054	0.055

由表 3.17 可知，在 4 种温度下 $\Delta G<0$，说明污泥对硫化物的吸附是自发进行的；$\Delta H>0$，说明吸附反应是吸热过程；$\Delta S>0$，表明吸附反应是熵增加的过程，表现为固液界面的无序度增加。ΔG 的大小随着温度的升高呈现出一定的升高趋势，这是因为高温活化了污泥中某些带正电基团的吸附位点，使它们更容易和硫化物形成化学键，从而提高吸附性能。

温度对污泥吸附硫化物的影响规律对实际应用也具有一定的指导意义。污水处理厂 H_2S 的排放浓度呈现夏季高、冬季低的特征。夏季温度高，污泥对硫化物的吸附量也较大，

对污水处理厂除臭工程中利用污泥控制 H_2S 排放具有积极意义。

（2）pH 对硫化物吸附平衡的影响

pH 可以通过改变污泥表面特性，如污泥胞外聚合物（EPS）和表面电位，来影响其吸附能力。

本次实验测定了不同 pH 条件下，吸附平衡后溶液中硫化物的浓度 p（mg/L）。污泥对硫化物的吸附量 Γ（mg/g）可以通过硫化物的减少量和污泥本地含硫量计算而得。以硫化物平衡浓度为横坐标，硫化物吸附量为纵坐标，可得到不同 pH 条件下污泥对硫化物的吸附等温线见图 3.41。

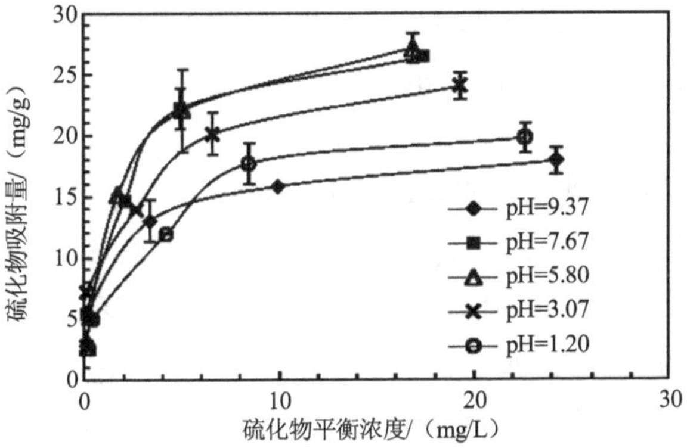

图 3.41　不同 pH 条件下污泥对硫化物的吸附等温线

（污泥 MLSS=7.86 g/L，本底含硫量=0.56 mg/L）

由图 3.41 可知，污泥对硫化物的吸附量受 pH 的影响，在中性偏酸性（pH=5.80、pH=7.67）的条件下，吸附等温线的位置较高，吸附容量比较大。酸性（pH=1.20、pH=3.07）和碱性（pH=9.37）时，污泥对硫化物的吸附能力均有所下降。

不同 pH 条件下污泥吸附硫化物的 Freundlich 方程和 Langmuir 方程拟合曲线如图 3.42 所示，方程的相关参数如表 3.18 所示。

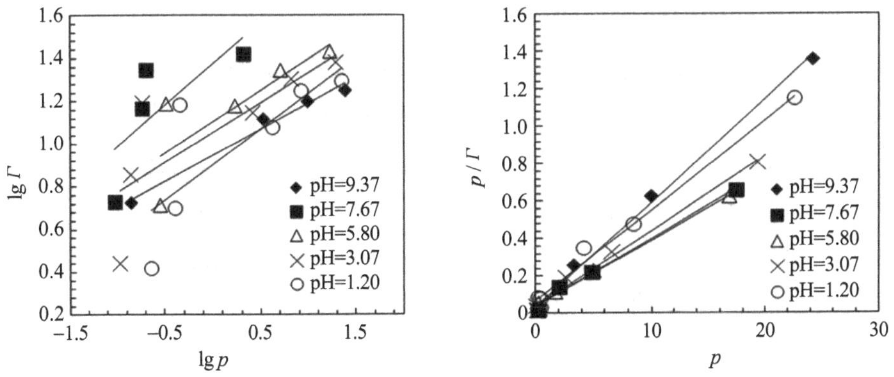

（a）Freundlich 方程　　（b）Langmuir 方程

图 3.42　不同 pH 条件下污泥吸附硫化物的 Freundlich 方程和 Langmuir 方程拟合曲线

表 3.18 不同 pH 条件下污泥吸附硫化物的 Freundlich 方程和 Langmuir 方程拟合曲线参数

pH	Freundlich 方程			Langmuir 方程		
	n	k	R^2	b（L/mg）	Γ_∞（mg/g）	R^2
9.37	4.13	8.67	0.95	0.72	18.05	0.99
7.67	2.58	23.08	0.56	0.97	27.78	0.99
5.80	3.52	12.46	0.65	0.89	28.65	0.99
3.07	3.57	11.34	0.61	0.72	24.63	0.99
1.20	2.99	7.96	0.61	0.67	20.75	0.98

比较表3.18中Freundlich方程和Langmuir方程的参数，在5个不同的pH条件下，Freundlich方程的相关系数 R^2 均明显低于 Langmuir 方程的相关系数，进一步说明污泥对硫化物的吸附特性符合 Langmuir 方程。

由表 3.18 可知，当吸附平衡时的 pH=5.80、pH=7.67 时，pH 对污泥的硫化物吸附基本没有影响，最大吸附量 Γ_∞稳定在 27 mg/g 左右。当 pH 下降至 3.07 时，污泥对硫化物的吸附量随 pH 降低显著减小。当 pH=1.20 时，最大吸附量仅为 20.75 mg/g。当 pH=9.37 时，最大吸附量也很低，为 18.05 mg/g。

用电离平衡原理进一步分析不同 pH 下污泥吸附硫化物过程。在水溶液中存在 S^{2-}、HS^-与 H_2S 之间的转化，假设硫化物是以 H_2S 的形式被污泥吸附，由于 pH 的降低会提高水体中游离的 H_2S 浓度，污泥对硫化物的吸附量应有所增加，这与实验结果相矛盾。这表明，硫化物很可能是以离子形式被污泥所吸附，污泥中的吸附位点和氢离子竞争结合 S^{2-}或 HS^-。当 pH 较低时，氢离子与 S^{2-}或 HS^-的结合处于优势，于是污泥的硫化物吸附量显著减小。另外，碱性条件下 H_2S 分子虽然会朝着 S^{2-}、HS^-的方向转化，但是吸附剂上的吸附位点被 OH^-等阴离子所竞争结合或破坏，水体中的 S^{2-}、HS^-难以结合到吸附剂上，因此这种条件也会降低污泥的硫化物吸附量。

以上分析表明，污泥对硫化物的吸附为离子交换过程，是一种化学吸附。

（3）无机阴离子对硫化物吸附平衡的影响

如果污泥对硫化物的吸附如前文所述是一个阴离子交换的过程，那么很可能会受到其他阴离子的干扰。研究发现，Cl^-和 SO_4^{2-} 在一定的浓度范围内，不会对污泥的硫化物吸附量产生影响。由于 Cl^-和 SO_4^{2-} 都是强酸的阴离子，它们吸附 H^+或与污泥中阳离子位点的结合能力远小于 S^{2-}和 HS^-，并不会在水体中产生明显的竞争吸附作用，所以本书选取了 4 种弱酸的阴离子（碳酸根、亚硫酸根、硼酸根和磷酸根）来试图干扰污泥对硫化物的吸附作用，以证实竞争吸附的存在。4 种无机阴离子对污泥吸附硫化物的影响如图 3.43 所示。

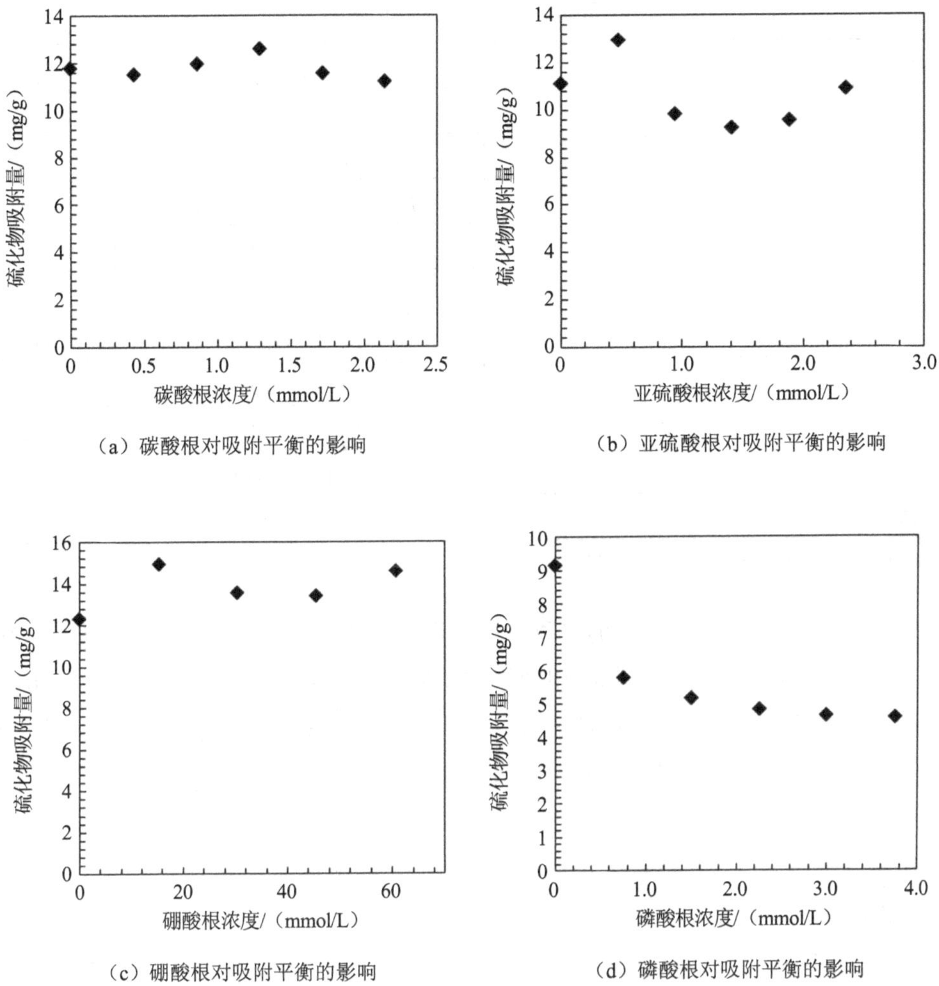

（a）碳酸根对吸附平衡的影响

（b）亚硫酸根对吸附平衡的影响

（c）硼酸根对吸附平衡的影响

（d）磷酸根对吸附平衡的影响

图 3.43　无机阴离子对污泥吸附硫化物的影响

由图 3.43（a）～（c）可知，当碳酸根的浓度在 0～2.0 mmol/L 内，污泥对硫化物的吸附量稳定在 12 mg/g 附近。当亚硫酸根的浓度在 0～2.5 mmol/L 内，污泥对硫化物的吸附量在 12 mg/g 附近波动，其变化趋势也没有明显规律。当硼酸根的浓度在 0～60 mmol/L，污泥对硫化物的吸附量在 13 mg/L 附近波动，没有明显变化趋势。由此可以认为，碳酸根、亚硫酸根和硼酸根在一定的浓度范围内对污泥的硫化物吸附量没有产生明显影响。由图 3.43（d）可知，当磷酸根的浓度由 0 升高到 4.0 mmol/L，污泥对硫化物的吸附量从 9.2 mg/g 降低到 4.6 mg/g，变化趋势呈现一定的规律，可以认为磷酸根会影响污泥对硫化物的吸附，造成吸附能力的下降。

另外，还考察了几种弱酸的电离平衡常数，如表 3.19 所示。

表 3.19 弱酸的电离平衡常数

弱酸	化学式	电离常数 K	pK
碳酸	H_2CO_3	$K_1=4.30\times10^{-7}$	6.37
		$K_2=5.61\times10^{-11}$	10.25
亚硫酸	H_2SO_3	$K_1=1.54\times10^{-2}$（291 K）	1.81
		$K_2=1.02\times10^{-7}$	6.91
硫化氢	H_2S	$K_1=9.1\times10^{-8}$（291 K）	7.04
		$K_2=1.1\times10^{-12}$	11.96
磷酸	H_3PO_4	$K_1=7.52\times10^{-3}$	2.12
		$K_2=6.23\times10^{-8}$	7.21
		$K_3=2.2\times10^{-13}$（291 K）	12.67
硼酸	H_3BO_3	5.8×10^{-10}	9.24

注：弱酸浓度为 0.01～0.003 mol/L，温度为 298 K。

根据表 3.19 所示的几种弱酸的电离平衡常数，可以比较它们所含阴离子与 H^+的结合能力。由于污泥颗粒上对硫化物起吸附效果的主要是一些结合于其上的带正电基团，所以各种阴离子间竞争结合正电基团的能力强弱可以通过电离平衡常数进行类比。经比较，各种弱酸电离平衡常数的大小依次是：K_2（亚硫酸）＞K（硼酸）＞K_2（碳酸）＞K_2（硫化氢）＞K_3（磷酸），因此弱酸阴离子结合正电基团的能力强弱可排序如下：磷酸根＞硫化物＞碳酸根＞硼酸根＞亚硫酸根。可以看出，磷酸根的电离能力强于硫化物，因此磷酸根可以对污泥吸附硫化物的能力产生影响。

无机阴离子影响污泥对硫化物吸附量的实验进一步证实了污泥对硫化物的吸附作用是一种离子交换过程。

3.5.2.2 污泥吸附硫化物的动力学研究

采用污泥吸附硫化物的动力学方法研究讨论各种因素对硫化物吸附速率的影响，这些因素包括硫化物初始浓度、温度、pH 及搅拌速率。

3.5.2.2.1 污泥吸附的动力学模型

污泥对吸附质的吸附动力学模型常用下列 4 种动力学方程来描述：

1）准一级动力学方程：

$$\frac{dq_t}{dt}=k_1(q_e-q_t) \tag{3.25}$$

对式（3.25）积分得

$$\ln(q_e-q_t)=\ln q_e-k_1t \tag{3.26}$$

式中，k_1 为准一级吸附速率常数，min；q_e 为吸附平衡时吸附剂对吸附质的吸附量，mg/g；t 为吸附过程经过的时间，min；q_t 为吸附时间 t 时刻吸附剂对吸附质的吸附量，mg/g。

2）修正准一级动力学方程：

$$\frac{dq_t}{dt} = K_1 \frac{q_e}{q_t}(q_e - q_t) \tag{3.27}$$

对式（3.27）积分得

$$\frac{q_e}{q_t} + \ln(q_e - q_t) = \ln q_e - K_1 t \tag{3.28}$$

式中，K_1 为准一级吸附速率常数，min；q_e 为吸附平衡时吸附剂对吸附质的吸附量，mg/g；t 为吸附过程经过的时间，min；q_t 为吸附时间 t 时刻吸附剂对吸附质的吸附量，mg/g。

3）准二级动力学方程：

$$\frac{dq_t}{dt} = k_2 (q_e - q_t)^2 \tag{3.29}$$

对式（3.29）积分得

$$\frac{t}{q_t} = \frac{1}{k_2 q_e^2} - \frac{t}{q_e} \tag{3.30}$$

式中，k_2 为准二级吸附速率常数，g/(mg·min)；q_e 为吸附平衡时吸附剂对吸附质的吸附量，mg/g；t 为吸附过程经过的时间，min；q_t 为吸附时间 t 时刻吸附剂对吸附质的吸附量，mg/g。

4）颗粒内扩散方程：

$$q_t = k_p t^{0.5} \tag{3.31}$$

式中，k_p 为颗粒内扩散速率常数，mg/（g·min）；t 为吸附过程经过的时间，min；q_t 为吸附时间 t 时刻吸附剂对吸附质的吸附量，mg/g。

3.5.2.2.2　实验材料与方法

（1）污泥与硫化物溶液

选取某城市污水处理厂的回流污泥作为吸附剂，污泥的基本性质指标如表 3.20 所示。

表 3.20　污泥的基本性质指标

污泥指标	检测值	检测方法
MLSS/（g/L）	2.85～7.37	烘干称量
MLVSS/（g/L）	2.23～5.42	马弗炉高温灼烧
本底含硫量/（mg/g）	0.13～0.51	亚甲蓝简易测定法

吸附质为硫化物。用分析纯 $Na_2S·9H_2O$ 配制硫化物母液，用稀盐酸调节其 pH 至 7 左右，母液硫化物的浓度为 30～50 mg/L（硫化物浓度以硫元素计量）。后续实验可根据需要，将硫化物母液用无氧水稀释成浓度为 0～30 mg/L 的硫化物溶液。由于硫化物易被氧化，且 H_2S 易挥发，该溶液现配现用。

（2）实验设置

1）初始浓度对硫化物吸附速率的影响。在 25℃的条件下，将 20 mL 污泥和 200 mL 硫化物溶液（初始浓度为 1～30 mg/L 中的 5 个不同值）加入 250 mL 锥形瓶中，混合后立即用玻璃盖密封锥形瓶，将其置于数显型加热搅拌仪上，开始计时，搅拌 40 min（吸附平衡），搅拌速率为 400 r/min。

每 2 min 使用亚甲蓝简易测定法检测溶液中的硫化物浓度。通过硫化物与污泥混合前的初始浓度和 t 时刻的浓度可以计算 t 时刻污泥对硫化物的吸附量［以污泥干重计，即被吸附的吸附质质量（mg）/污泥干重（g）]，再加上污泥的本底含硫量，即可得到 t 时刻污泥对硫化物的总吸附量。

以不同的动力学方程为基础，绘制污泥吸附硫化物的动力学曲线方程。

2）温度对硫化物吸附速率的影响。考察温度对污泥吸附硫化物速率的影响中，测定了污泥在 5℃、15℃、25℃、35℃、45℃下对硫化物的吸附速率，硫化物的初始浓度为 10 mg/L 左右，搅拌速率为 400 r/min。

3）pH 对硫化物吸附速率的影响。将回流污泥用稀盐酸调节 pH 为 1～10，并与初始浓度为 15 mg/L 的硫化物溶液混合，40 min 后再次测定混合液 pH 作为平衡时的 pH，实验温度为 25℃，搅拌速率为 400 r/min。

4）搅拌速率对吸附速率的影响。

考察混合液的搅拌速率对污泥吸附硫化物速率的影响中，测定该污泥在搅拌速率为 0、200 r/min、400 r/min、600 r/min、800 r/min 下对硫化物的吸附速率，硫化物的初始浓度为 14 mg/L 左右，实验温度为 25℃。

3.5.2.2.3 污泥吸附硫化物的动力学分析

（1）初始浓度对吸附速率的影响

实验中，每 2 min 使用亚甲蓝简易测定法检测溶液中的硫化物浓度，再通过硫化物的浓度计算 t 时刻污泥对硫化物的吸附量。以时间 t 为横坐标，吸附量 q_t 为纵坐标，绘制不同初始浓度下硫化物浓度、污泥对硫化物的吸附量随时间的变化如图 3.44 所示。

由图 3.44 可知，当初始硫化物浓度为 1.2 mg/L 时，平衡时污泥的硫化物吸附量为 2.3 mg/g；当初始硫化物浓度为 29.3 mg/L 时，平衡时污泥的硫化物吸附量为 27 mg/g 左右。初始硫化物的浓度越大，平衡时污泥的硫化物吸附量也越大。因为初始浓度升高，增加了硫化物分子与污泥之间的碰撞频率，所提供的固液传质动力也会增大。

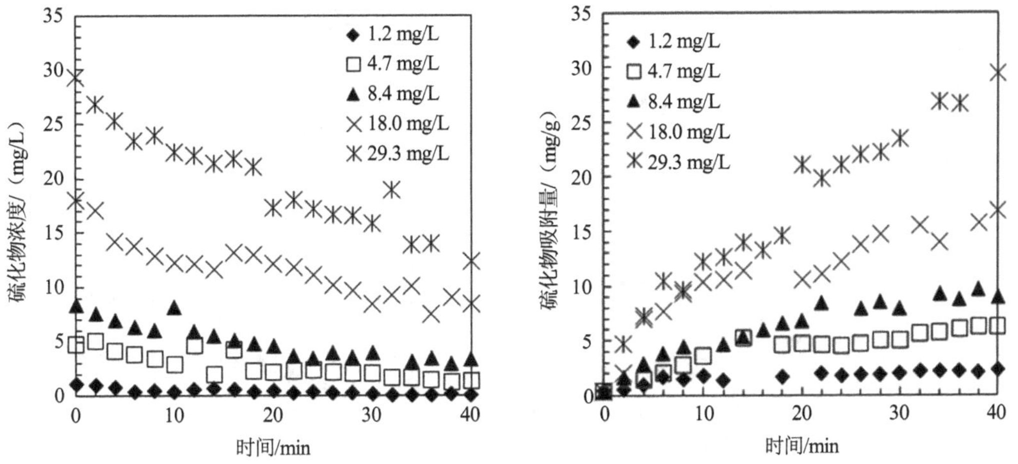

（a）硫化物浓度随时间的变化　　（b）硫化物吸附量随时间的变化

图 3.44　不同初始浓度下硫化物浓度、污泥对硫化物的吸附量随时间的变化

（污泥 MLSS=5.85 g/L，本底含硫量=0.41 mg/g）

另外，在 20～40 min 的时间内，污泥对硫化物的吸附量有时会略有下降，这可能是由于污泥脱附造成的，这也可能造成模型拟合参数出现误差。

利用吸附动力学的几个模型整理图 3.44 中的数据，得到不同硫化物初始浓度下污泥的吸附动力学方程拟合结果，见图 3.45。4 个动力学方程的参数见表 3.21。

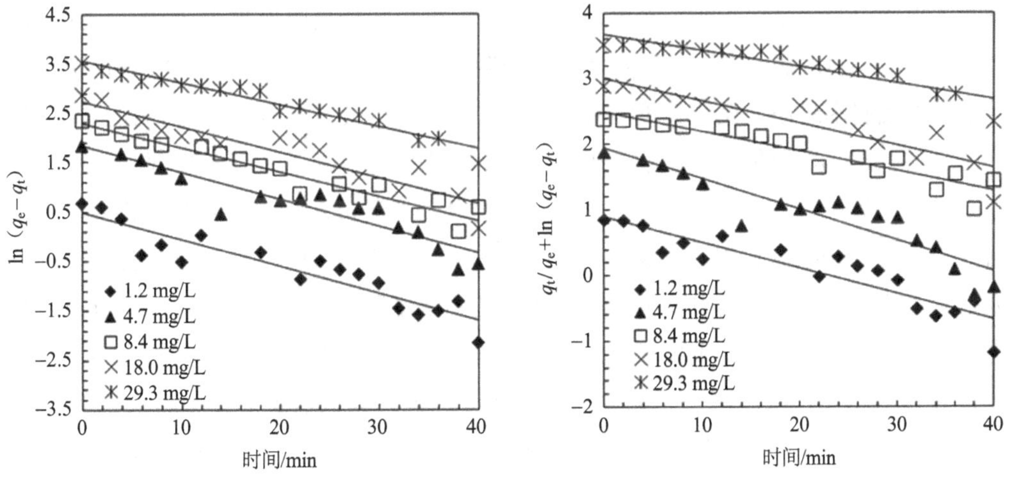

（a）准一级动力学方程　　（b）修正准一级动力学方程

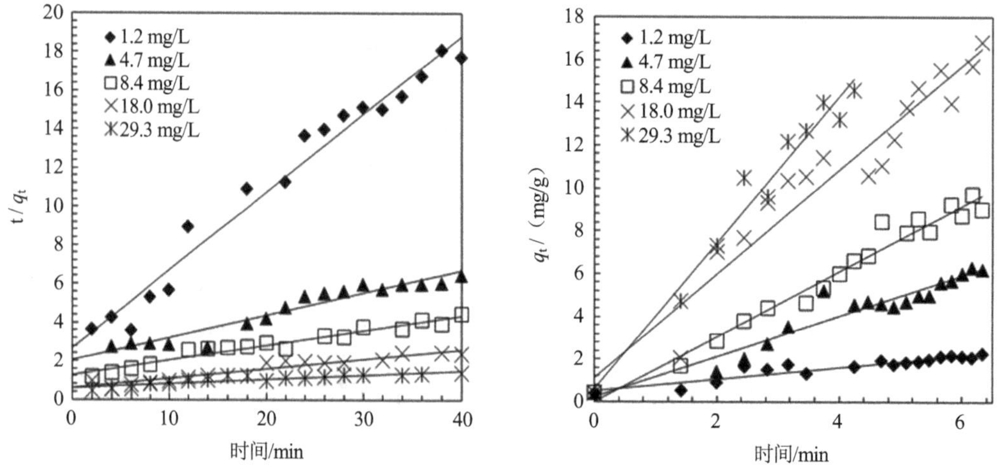

（c）准二级动力学方程　　（d）颗粒内扩散方程

图 3.45　不同硫化物初始浓度下污泥的吸附动力学方程

（q_e、q_t 分别表示吸附平衡时和 t 时刻硫化物的吸附量，mg/g）

图 3.45（a）和（b）分别是不同硫化物初始浓度下的准一级动力学方程和修正准一级动力学方程拟合结果。对照动力学模型公式可知，图中直线的斜率表示了吸附速率的大小，纵坐标上的截距表示平衡时吸附量的大小。图中初始浓度越大的实验组所对应的直线，纵截距越大，在图上的位置越高，表示平衡时的硫化物吸附量越大。

图 3.45（c）是不同硫化物初始浓度下的准二级动力学方程拟合结果，图中直线的斜率表示了平衡时吸附量的大小，斜率越大，平衡时的硫化物吸附量越小。图中 1.2 mg/L 初始浓度所对应的直线斜率最大，表示其平衡吸附量最小，为 2.3 mg/g；29.3 mg/L 初始浓度所对应的直线斜率最小，表示其平衡吸附量最大，为 27 mg/g。该结论和前面的结论相符。

图 3.45（d）表示的是颗粒内扩散方程。吸附过程包括的 3 个基本步骤，分别是硫化物分子在污泥颗粒外表面上的传质交换、硫化物分子扩散进入污泥颗粒的微孔内、内表面上活性基团的生物吸附作用。如果该方程所对应的直线经过原点（0，0），表示孔内扩散是吸附速率的控制步骤。图中 5 个不同硫化物初始浓度所对应的直线均经过原点，证明颗粒内扩散过程对吸附速率的重要作用。另外，斜率表示了颗粒内扩散速率的大小，斜率越大，扩散速率越大。由图可知，硫化物初始浓度越大，颗粒内扩散速率越大。29.3 mg/L 初始浓度所对应的直线斜率最大，此时的颗粒内扩散速率为 3.42 mg/（g·min）。

表 3.21 为不同硫化物初始浓度下污泥吸附硫化物的动力学方程拟合结果。根据各个方程相关系数的大小，选择合适的方程作为一定条件下污泥吸附硫化物的动力学模型。

表 3.21　不同硫化物初始浓度下污泥吸附硫化物的动力学方程拟合结果

C_0	准一级动力学方程		修正准一级动力学方程		准二级动力学方程		颗粒内扩散方程	
	k_1	R^2	K_1	R^2	k_2	R^2	k_p	R^2
1.2	0.055 1	0.86	0.039 5	0.83	0.054 0	0.95	0.28	0.86
4.7	0.054 3	0.87	0.046 9	0.86	0.006 6	0.92	0.95	0.93
8.4	0.050 9	0.83	0.030 3	0.88	0.004 7	0.95	1.53	0.97
18.0	0.052 1	0.92	0.034 3	0.80	0.004 1	0.92	2.42	0.91
29.3	0.044 1	0.95	0.024 7	0.85	0.000 9	0.81	3.42	0.97

注：C_0 为硫化物初始浓度，mg/L；k_1、K_1、k_2、k_p 分别为准一级动力学方程、修正准一级动力学方程、准二级动力学方程和颗粒内扩散方程的速率常数，其单位分别为 min^{-1}、min^{-1}、g/（mg·min）、mg/（g·min）。

由表 3.21 可知，准一级动力学方程所表示的吸附速率的相关系数大于修正准一级动力学方程的相关系数，即 $k_1>K_1$。因此，后续实验结果不采用修正准一级动力学方程进行拟合。准二级动力学方程的相关系数在低初始浓度的范围（1.2～18.0 mg/L）高于准一级动力学方程的相关系数，$k_2>k_1$，但初始浓度在高浓度的范围（>18.0 mg/L），准二级动力学方程的相关系数低于准一级动力学方程。因此，可以认为在低初始浓度范围（≤18.0 mg/L），污泥对硫化物的吸附动力学模型用准二级动力学方程描述更为准确，而高浓度范围（>18.0 mg/L），污泥对硫化物的吸附动力学模型用准一级动力学方程描述更为准确。后续实验中硫化物的初始浓度均控制在≤18.0 mg/L，因此仅用准二级动力学方程进行数据拟合。

准二级动力学方程的吸附速率常数 k_2 随着初始浓度的升高而逐渐减小，从 1.2 mg/L 初始浓度所对应 0.054 0 g/（mg·min）减小到 29.3 mg/L 初始浓度所对应 0.000 9 g/（mg·min），这是由于液膜传质系数会随着初始浓度的增加而减小。

（2）温度对吸附速率的影响

在化学吸附中，温度的升高既可以加快硫化物分子的传质速率，也能增加活化分子的百分数，使吸附速率加快。根据经验，温度每升高 10℃，反应速率增大 2～4 倍。为了考察温度对吸附速率的影响，本书在 5～45℃设置了 5 个温度来进行吸附实验。不同温度下硫化物浓度、污泥对硫化物的吸附量随时间的变化如图 3.46 所示。

由图 3.46 可知，在一定的硫化物初始浓度下，吸附过程随着温度的升高而更早到达平衡。在污泥和硫化物溶液混合后的 2 min 时，45℃条件下的吸附量已经达到 3 mg/g，25℃和 15℃的吸附量仅为 2 mg/g 左右。从其他时间点的对比也可以看出，在经过相同吸附时间的时刻下，温度越高，污泥对硫化物的吸附量也越大。另外，45℃的实验组中，污泥对硫化物的吸附量在期初上升很快，20 min 时已经达到 11 mg/g，之后的 20 min 上升缓慢，仅增加了 3 mg/g，在低温条件下，硫化物的吸附量没有这样的趋势。温度越高，污泥对硫化物的吸附量越大，这是因为污泥对硫化物的吸附作用属于化学吸附，是吸热过程。这里我们发现，温度越高，吸附速率越快，表现为污泥的吸附过程越早到达平衡，更多的硫化物分子会在短时间内吸附到污泥颗粒的表面。

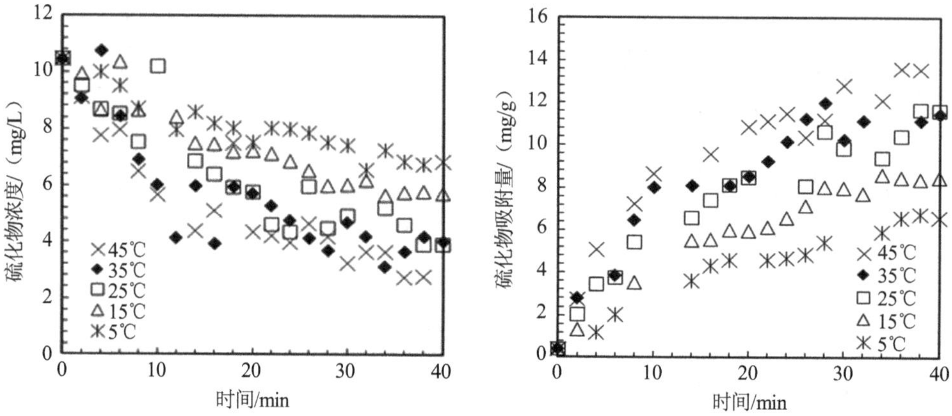

图 3.46　不同温度下硫化物浓度、污泥对硫化物的吸附量随时间的变化

（污泥 MLSS=5.85 g/L，本底含硫量=0.41 mg/g）

图 3.47 是根据图 3.46 数据描绘的不同温度下污泥吸附硫化物的准二级动力学方程拟合结果，表 3.22 列出了动力学方程的参数。

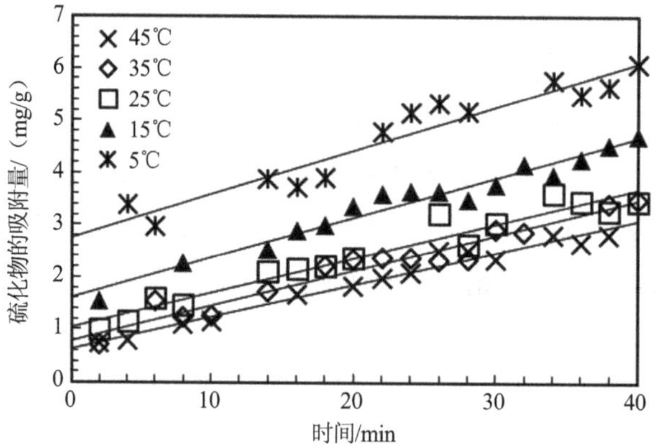

图 3.47　不同温度下污泥吸附硫化物的准二级动力学方程

（q_t 表示 t 时刻硫化物的吸附量，mg/g；t 表示时间，min）

表 3.22　不同温度下污泥吸附硫化物的准二级动力学方程拟合结果

温度/℃	q_e	准二级动力学方程	
		$k_2 \times 10^{-3}$	R^2
5	11.98	2.44	0.896 4
15	13.07	3.65	0.915 9
25	15.20	4.13	0.779 0
35	14.90	5.72	0.590 3
45	16.31	6.03	0.915 8

注：q_e 为吸附平衡时硫化物的吸附量，mg/g；k_2 为准二级动力学方程速率常数，g/（mg·min）。

由表 3.22 可知，准二级动力学方程速率吸附常数随着温度的升高而升高，从 2.44 g/（mg·min）上升到 6.03 g/（mg·min）。这说明温度越高，吸附过程进行得越快，吸附达到平衡的时间越短。较高的温度能激化颗粒内分子的运动，加速分子的迁移速度，提高主动运输的效率和传质动力，促使硫化物分子以更快的速率吸附在污泥颗粒上。

（3）pH 对吸附速率的影响

pH 会影响污泥表面的活性基团，同时会影响硫化物在水体中的存在形式，因此会对污泥对硫化物的吸附作用产生较大的影响。不同 pH 条件下硫化物浓度、污泥对硫化物的吸附量随时间的变化如图 3.48 所示。

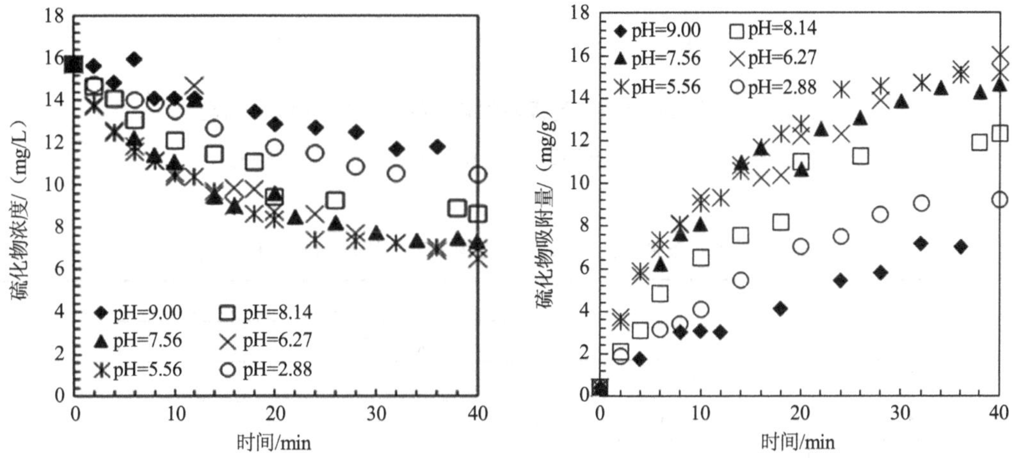

（a）硫化物浓度随时间的变化　　（b）硫化物吸附量随时间的变化

图 3.48　不同 pH 条件下硫化物浓度、污泥对硫化物的吸附量随时间的变化

由图 3.48 可知，pH 对污泥吸附硫化物的吸附速率影响很大。pH 在中性偏酸性的条件下吸附效果最好，吸附容量最大。与热力学的结论相似，pH 在中性偏酸性的条件下吸附的速率也比较快。在 2 min 时，pH=7.56、pH=6.27、pH=5.56 条件下，吸附量约等于 3.7 mg/g，而 pH=9.00 的吸附量仅为 0.5 mg/g。在 pH=6.27 的实验组中，污泥对硫化物的吸附量在 20 min 左右的吸附量为 12 mg/g，但是在 pH=2.88 的实验组中，吸附量缓慢上升，至 40 min 仅有 6 mg/g。

从曲线在图中的位置来看，pH=9.00 和 pH=2.88 的实验组所对应的曲线位于其他曲线的下方，每个时刻污泥对硫化物的吸附量都比较低，证明这两种 pH 条件下都不利于硫化物被污泥吸附。

由图 3.49 和表 3.23 可知，不同 pH 条件下，准二级动力学方程速率常数在中性偏酸性（pH=5.56～7.56）的环境下，硫化物吸附量较高，为 4.21×10^{-3}～4.70×10^{-3} g/（mg·min）；碱性和酸性环境下较低，分别为 2.6×10^{-3} g/（mg·min）（pH=9.00）和 3.42×10^{-3} g/（mg·min）（pH=2.88）。平衡时硫化物的吸附量也表现为同样的变化趋势。

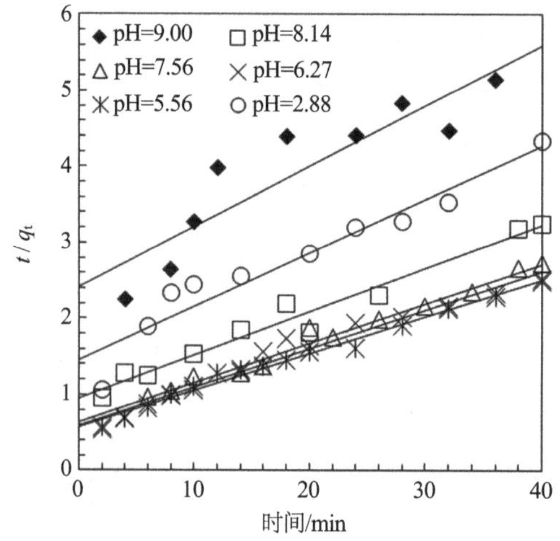

图 3.49 不同 pH 条件下污泥吸附硫化物的准二级动力学方程

（q_t 表示 t 时刻硫化物的吸附量，mg/g；t 表示时间，min）

表 3.23 不同 pH 条件下污泥吸附硫化物的准二级动力学方程拟合结果

pH	q_e	准二级动力学方程	
		$k_2 \times 10^{-3}$	R^2
9.00	12.61	2.60	0.634 8
8.14	17.43	3.50	0.916 9
7.56	19.23	4.21	0.723 1
6.27	19.65	4.41	0.769 8
5.56	19.73	4.70	0.957 0
2.88	14.18	3.42	0.716 4

注：q_e 为吸附平衡时硫化物的吸附量，mg/g；k_2 为准二级动力学方程速率常数，g/（mg·min）。

（4）搅拌速率对吸附速率的影响

搅拌速率，或称振荡速率，虽然不影响吸附平衡的方向，也不影响污泥对硫化物的最大吸附量，但是对污泥吸附硫化物的速率会产生影响。一般认为增大搅拌速率可以加快固液两相的传质速率，吸附质分子与吸附剂碰撞的频率也会增大。不同搅拌速率条件下硫化物浓度、污泥对硫化物的吸附量随时间的变化如图 3.50 所示。

由图 3.50 可知，搅拌速率对污泥的硫化物吸附速率有一定影响。在 5 个不同搅拌速率条件下，吸附量随着搅拌速度的升高而增大，但是在 200 r/min、400 r/min，速率的变化很小，10 min 时，200 r/min、400 r/min 的实验组中吸附量均在 6 mg/g 左右。后续实验使用 400 r/min 的搅拌速率，因为在该速率的条件下，污泥的吸附能力比较稳定。

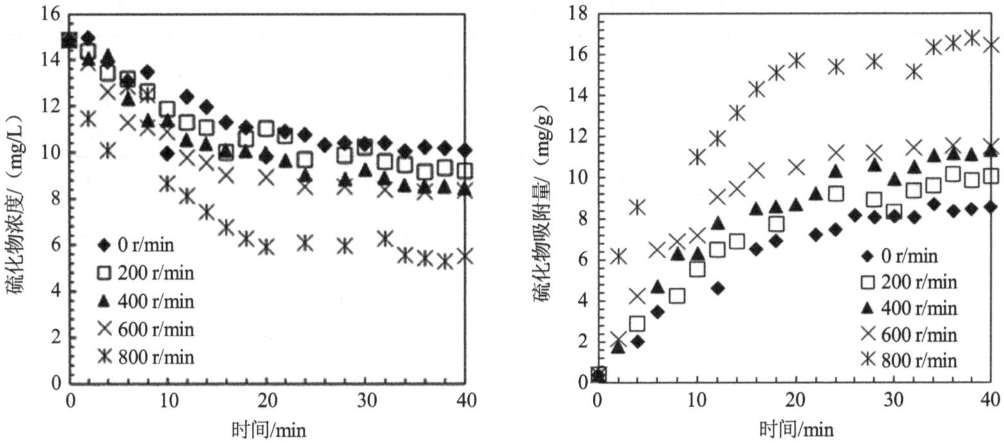

（a）硫化物浓度随时间的变化　　（b）硫化物吸附量随时间的变化

图 3.50　不同搅拌速率条件下硫化物浓度、污泥对硫化物的吸附量随时间的变化

（污泥 MLSS=5.85 g/L，本底含硫量=0.41 mg/g）

在吸附过程进行到 30 min 后，未搅拌的实验组吸附量稳定在 7.5 mg/g，这是因为污泥颗粒沉淀在硫化物溶液中，暴露在表面的对硫化物分子起吸附作用的位点已经饱和，但是颗粒内部的吸附位点无法与硫化物分子充分接触，于是吸附量不再增加。另外，800 r/min 的实验组在 40 min 内的各个时点下，硫化物吸附量明显比其他搅拌速率的实验组高，平衡时的吸附量高达 16 mg/g。这可能是因为高速搅拌改变了污泥的结构，增大了表面积，污泥颗粒的吸附能力得到了增强。

由图 3.51 和表 3.24 可知，准二级动力学速率常数在 0～400 r/min，随着搅拌速率的增加而缓慢增加，从 4.44 g/（mg·min）上升到 4.89 g/（mg·min），说明搅拌速率的增加能加快污泥对硫化物的吸附速率。当搅拌速率增加到 800 r/min 时，速率常数明显升高，为 10.23 g/（mg·min）。

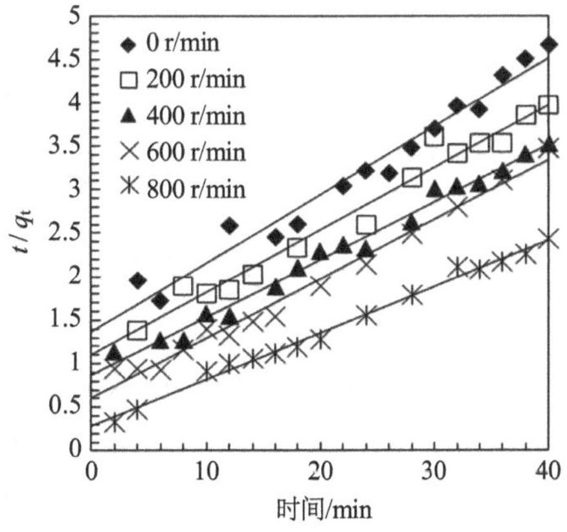

图 3.51　不同搅拌速率条件下污泥吸附硫化物的准二级动力学方程

（q_t 表示 t 时刻硫化物的吸附量，mg/g）

表 3.24 不同搅拌速率条件下污泥吸附硫化物的准二级动力学方程拟合结果

搅拌速率/（r/min）	q_e	准二级动力学方程	
		$k_2 \times 10^{-3}$	R^2
0	12.71	4.44	0.978 5
200	14.00	4.67	0.924 7
400	15.11	4.89	0.848 3
600	14.62	7.82	0.897 2
800	18.65	10.23	0.727 2

注：q_e为吸附平衡时硫化物的吸附量，mg/g；k_2为准二级动力学方程速率常数，g/（mg·min）。

3.5.2.3 利用污泥吸附硫化物控制 H_2S 释放的中试试验

3.5.2.3.1 中试装置

在中试试验中，构建管道引导污泥于进水区（细格栅处）与污水混合，以期达到减少恶臭污染物质排放的效果。中试装置的主体构建搭建于进水区附近，包括进水泵、进泥泵、高位水箱、模拟污水构筑物和管道等，如图 3.52 所示。

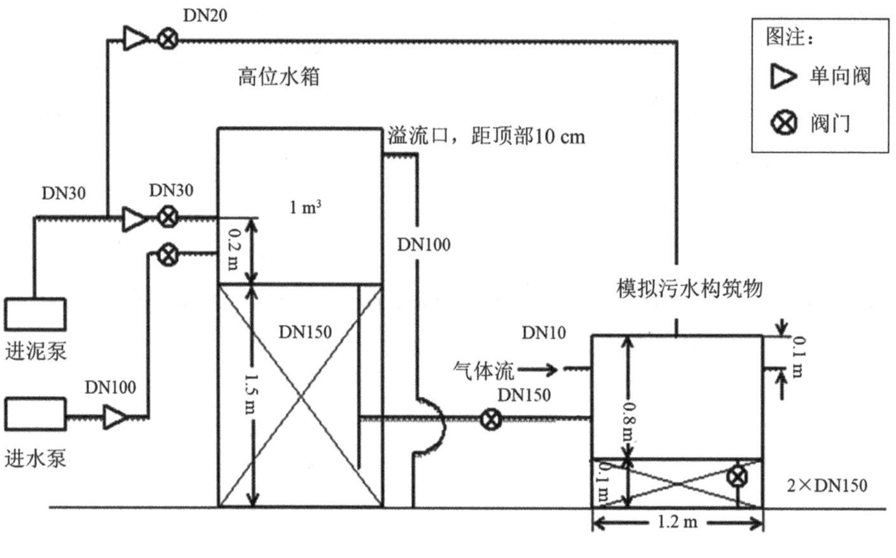

图 3.52 中试装置设计图示意

空白组试验时，污水经污水泵提升至高位水箱，由水箱流入构筑物。需要泥水混合时，污泥由浸在生物反应池回流污泥中的污泥泵进行提升，经过管道输送后可以分两路与污水混合。一是直接在高位水箱中均匀混合，构筑物的作用仅是测定 H_2S 排放浓度；二是在模拟污水构筑物中以喷洒形式进行表面投加。污水与污泥均以控制流量的方式控制其停留时间，整个过程为连续反应过程。

在模拟污水构筑物上设置 H_2S 检测装置，用于实时监测 H_2S 浓度的变化。气体流为纯净的空气，使用气泵产生气流，在构筑物液位的上方通过，经过整个构筑物长度后，在出口使用便携式检测仪测定气体中的硫化物浓度。连接各个构筑物的管道均安装有阀门，各个构筑物尺寸规格如表 3.25 所示。

表 3.25　构筑物尺寸规格

构筑物	尺寸
高位水箱	Φ1.2 m×1.2 m
模拟污水构筑物	1.1 m×0.6 m×0.6 m
污泥管	DN50
污水管	DN100
泥水混合管	DN150
表面投加管孔	Φ2 mm
污水泵	流量 40 m^3/h，扬程 8 m
污泥泵	流量 40 m^3/h，扬程 15 m

3.5.2.3.2　试验内容

（1）进气量对 H_2S 检测浓度的影响

考察进气量与 H_2S 释放的关系时，先打开进水泵，当高位水箱中的污水到一定液位时，打开并调节高位水箱与模拟污水构筑物之间的阀门，使构筑物内的液位保持在设定水位上，确定污水流量为 300 L/min，流速为 1.1 m/min，水力停留时间为 1 min。打开气泵，调节不同的气量（10 L/min、20 L/min、40 L/min、60 L/min、80 L/min，对应的停留时间分别为 1.25 min、1.7 min、2.5 min、5 min、10 min）进行试验，每隔 1 min 测定构筑物出口 H_2S 的排放浓度（mg/m^3）。同时测定污水水温、pH、硫化物浓度以及污水流量。

（2）泥水混合法对 H_2S 排放的影响

考察泥水混合法投加污泥时污泥吸附与 H_2S 释放的关系时，先打开进水泵和进泥泵，调节不同的泥水比例（0、10%、20%、40%），在泥水混合总流量为 200 L/min 和 300 L/min（对应的停留时间分别为 1.5 min 和 1 min）的条件下分别进行试验。当进水桶的泥水混合液到一定液位时，打开并调节高位水箱与反应器之间的阀门，使反应水箱的液位保持设定的水位。打开气泵进行试验，气量为 40 L/min，气体停留时间为 2.5 min。

（3）表面投加法对 H_2S 排放的影响

考察表面投加法投加污泥时污泥吸附与 H_2S 释放的关系时，先打开进水泵和进泥泵，调节不同的泥水比例（0、20%、40%），在泥水混合总流量为 300 L/min 的条件下进行试验。与泥水混合法不同的一点是，污泥的投加方法是通过反应器顶板上的细管道喷洒，当进水桶的泥水混合液到一定液位时，打开并调节高位水箱与反应器之间的阀门，使反应水箱的液位保持设定的水位。打开气泵进行试验，气量为 40 L/min。

3.5.2.3.3 结果分析

（1）进气量对 H_2S 排放的影响

H_2S 向外界大气的排放浓度是度量中试试验是否有效的重要指标，而进气量的大小会影响 H_2S 向外界大气的排放浓度，因此有必要设置独立试验组进行测定，以便选择合适的进气量来完成后续试验。该试验水质条件为：pH=6.83，水温 18.0℃，污水硫化物浓度 0.09 mg/L。

在试验装置连续稳定运行后，设置 5 个不同进气量（80 L/min、60 L/min、40 L/min、20 L/min、10 L/min），每隔 1 min 测定 H_2S 排放浓度（mg/m^3），实时监测结果如图 3.53 所示。对实时监测数据按照进气量进行整理，得到图 3.54。

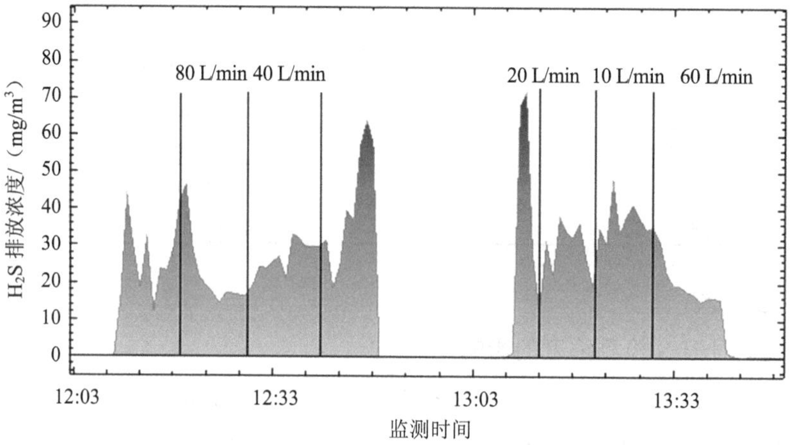

图 3.53 H_2S 排放浓度实时监测结果

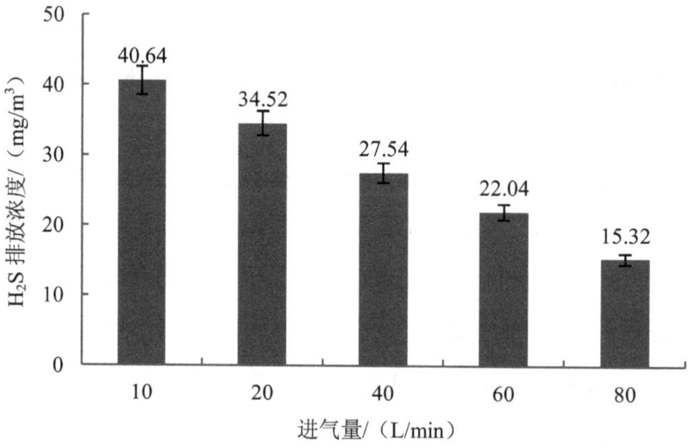

图 3.54 进气量对 H_2S 排放浓度的影响

H_2S 的排放浓度是指单位时间（min）内处理单元向大气中排放的 H_2S 浓度，排放负荷除以释放面积（试验中为 0.66 m^2）可以计算释放通量：

$$N_A = \frac{N}{A} \tag{3.32}$$

式中，N 为 H_2S 的排放负荷，mg/min；N_A 为 H_2S 的释放通量，mg/（m^2·min）；A 为水面面积，m^2。由 H_2S 的排放浓度可以计算得释放通量 N_A，如图 3.55 所示。

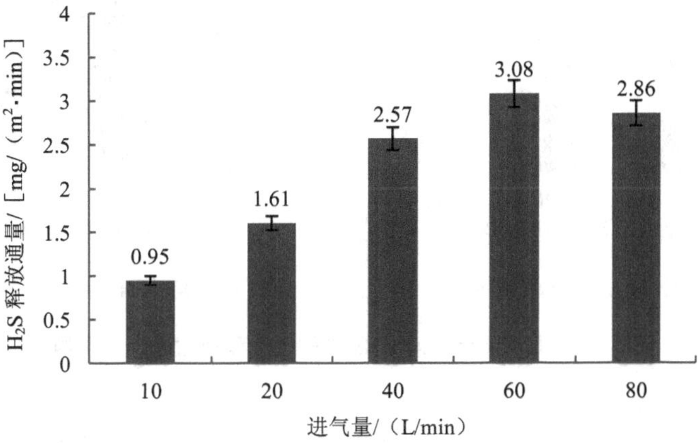

图 3.55　进气量对 H_2S 释放通量的影响

由图 3.54 可知，当进气量从 10 L/min 上升到 80 L/min 时，出口的 H_2S 浓度从 40.64 mg/m^3 降低到 15.32 mg/m^3。由图 3.55 可知，当进气量从 10 L/min 升高到 40 L/min 的过程中，释放通量以较快速度增加，从 0.95 mg/m^3 增加到 2.57 mg/m^3；当进气量在 40～80 L/min，释放通量相对趋向于稳定。该现象可以说明，由于空气的稀释作用，增大进气量可以降低出口 H_2S 的排放浓度。对于释放通量而言，气流量的增大有益于 H_2S 从液相到气相的传质。同时，由于气相中 H_2S 浓度的升高，H_2S 的释放动力也会减小，因此 H_2S 的释放通量在进气量大于 40 min/L 的条件下保持稳定，在进气量小于 40 min/L 的条件下，随着气量的减少而减小。考虑到系统稳定的需要，后续试验选择的进气量为 40 L/min。

（2）泥水混合法对 H_2S 释放的影响

泥水混合法是指回流污泥和污水在高位水箱内均匀混合，泥水混合比例的不同会影响检测出口 H_2S 的浓度。混合流量为 300 L/min 时，水质条件为：pH=6.6，水温 18.7℃，硫化物浓度 0.32 mg/m^3。污泥条件为：pH=6.50，温度 19.3℃，硫化物浓度未检出。混合流量为 200 L/min 时，水质条件为：pH=6.41，水温 18.5℃，硫化物浓度 0.12 mg/m^3。污泥条件为：pH=6.3，温度 19.3℃，硫化物浓度未检出。整个试验的进气量维持在 40 L/min。

泥水混合比对 H_2S 排放浓度和释放通量的影响见图 3.56。

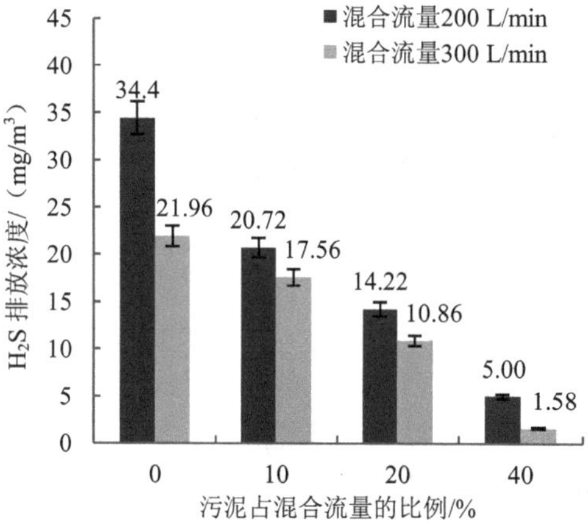

（a）泥水混合比对 H_2S 排放浓度的影响

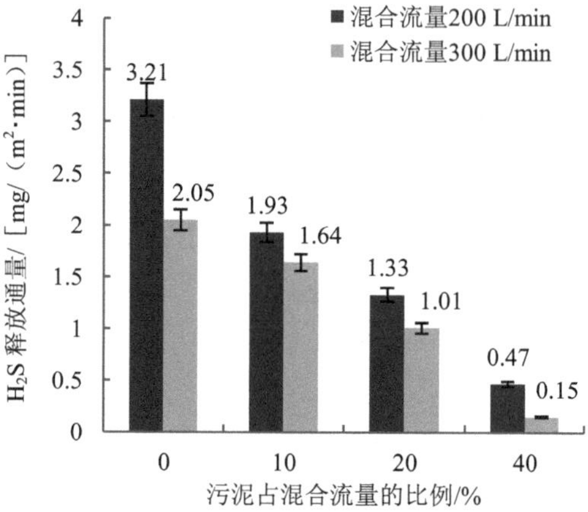

（b）泥水混合比对 H_2S 释放通量的影响

图 3.56 泥水混合比对 H_2S 排放浓度和释放通量的影响

由图 3.56 可知，在一定的泥水混合流量下，出口 H_2S 的排放浓度随着污泥比例的增长而减小，这充分证明了投加污泥有利于控制 H_2S 排放。当混合流量为 200 L/min 时，未投加污泥 H_2S 的排放浓度在 34.4 mg/m^3 左右，释放通量为 3.21 mg/（m^2·min）。仅投加 10%的污泥后 H_2S 排放浓度就下降到 20.72 mg/m^3，释放通量降到 1.93 mg/（m^2·min）。在投加比例增加到 40%的条件下，H_2S 排放浓度下降到 5 mg/m^3 左右，H_2S 的去除效果十分明显。值得注意的是，混合流量为 200 L/min 时，污泥和污水在高位水箱内的停留时间仅为 1.5 min，也就是说，泥水仅混合了 1.5 min，就能够达到很可观的 H_2S 去除效果。

另外，对比不同的泥水混合流量，200 L/min 时 H_2S 的排放浓度要高于 300 L/min 时的浓度。理论上说，因为本试验是以稳定的液位来控制连续试验来进行的，混合流量越高，污水与污泥混合液在水箱和反应器中的停留时间越短，因此排放的 H_2S 应该越多，H_2S 的排放浓度越高。但是在实际中，两个不同混合流量的试验分别在两天完成，这两天中污水和污泥的物化性质可能有所不同，H_2S 的排放浓度可比性不高，因此这里对不同混合流量所造成的 H_2S 的排放浓度的差异不进行分析判断。

（3）表面投加法控制 H_2S 排放的效果

表面投加法是投加污泥的另一种方式。泥水混合法仅仅是将污泥和污水在高位水箱混合，表面投加法是以喷洒污泥的形式在模拟污水构筑物内将二者混合。在污泥表面投加的方式下，H_2S 是从污水表面释放的，能增大气液两相的传质面积，增加污泥与 H_2S 的接触位，可能会使除臭效果更为显著。表面投加法的水质条件为：pH=6.41，水温 18.5℃，硫化物浓度 0.12 mg/m^3。污泥条件为：pH=6.3，水温 19.3℃，硫化物浓度未检出，进气量 40 L/min。两种污泥投加方式的除臭效果对比见图 3.57。

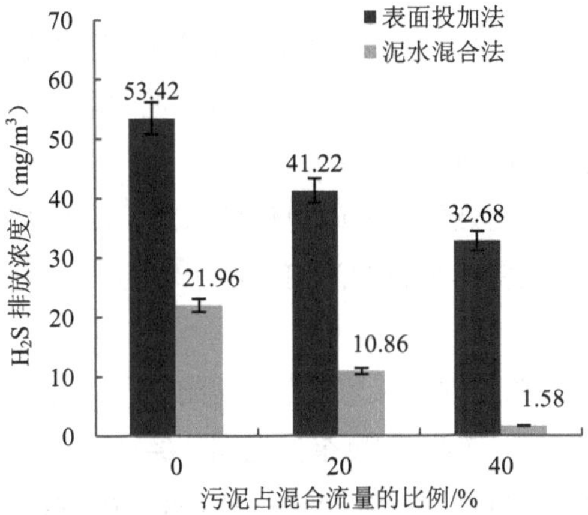

（a）泥水混合比对 H_2S 排放浓度的影响

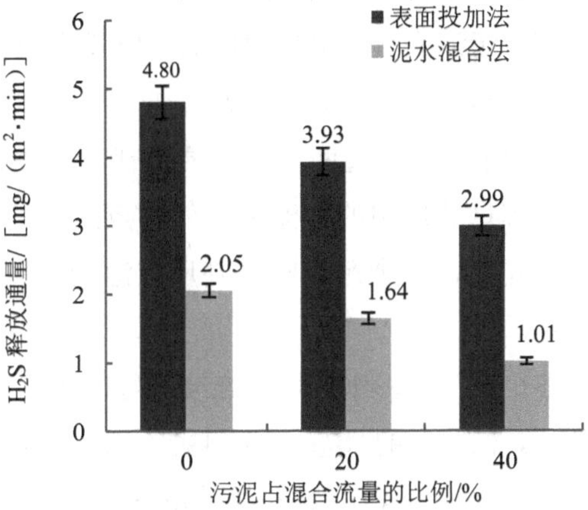

（b）泥水混合比对 H_2S 释放通量的影响

图 3.57 两种污泥投加方式的除臭效果对比

由图 3.57 可知，在表面投加法下，H_2S 的排放浓度和释放通量随着污泥比例的增大而降低，也就是说，在这种方式下，投加污泥仍然对控制 H_2S 的排放有作用。当污泥投加比例从 0 上升至 40%，H_2S 的释放通量从 4.80 mg/（m^2·min）下降到 1.01 mg/（m^2·min）。

相较泥水混合法，表面投加法 H_2S 排放浓度的降低值差别不大，但是除臭的效率有所降低。当污泥比例增加到 40%时，H_2S 的排放浓度从 53.42 mg/m^3 下降到 32.68 mg/m^3，去除率在 38.8%左右；相同条件下的泥水混合法中，H_2S 的去除量为 20.38 mg/m^3，去除率在 90%以上。尽管两种方法的 H_2S 去除率不同，但是由于 H_2S 的浓度相差比较大，因此并不意味着表面投加法对 H_2S 排放的控制效果差。但试验中也的确发现表面投加法存在一些不足，如表面投加法需要喷淋污泥，喷淋所用的细管道可能被污泥颗粒堵塞，造成操作与管理上的困难。在表面投加法下，污泥与污水的混合时间短，仅有气液接触的时间，而在泥水混合法下污泥与污水有一个均匀的混合过程，因此表面投加法难以发挥充分的除臭效果。另外，由于喷洒的过程容易引起气液界面的扰动，反而会增大 H_2S 分子的气液传质，使 H_2S 更容易进入气相环境，可能会造成 H_2S 排放浓度的增加。考虑到两种投加方法对 H_2S 的去除量大致相等，但是泥水混合法简单易行，因此在实际的除臭工程中建议使用该方法。

3.5.2.4 利用污泥吸附硫化物控制 H_2S 释放的工程试验

3.5.2.4.1 试验方法

将中试试验的成果应用于苏州某城市污水处理厂，进行污泥回流除臭工程试验。除臭工程试验是基于污泥对硫化物有较强的吸附特性而设计的，同时不排除污泥对硫化物的氧化降解作用。以下通过两种回流方法进行试验。

（1）生物反应池回流污泥法

回流污泥来自污水处理厂的生物反应池，污泥被排至污水入口处的调节池，主要是因为一定的高程差可以减少动力消耗。在原剩余污泥的排放管道上新增回流污泥的取用管，回流污泥的流量通过两台污泥泵控制，每台流量 80 m^3/h。

工程试验所用的污泥来自生物反应池，污泥取用点的污泥阀门包括总阀、放空阀和剩余污泥阀，剩余污泥阀控制反应池的内回流，放空阀为新增阀门，用于将污泥回流至调节池。

各个阀门在污水处理厂连续运行时的状态：①总阀常开；②放空阀常闭；③回流污泥阀常开。试验时的状态：①总阀常开；②打开放空阀；③关闭剩余污泥阀。经过计算，污泥的回流比约为 4%。H_2S 排放浓度的测定是通过放置在曝气沉砂池密闭空间内的 H_2S 探头来检测的。

（2）浓缩池回流污泥法

在剩余污泥排到分配井（浓缩池前面）之间的管道上装上三通，将剩余污泥引到附近的放空井，再回到污水入口处的调节池。由于放空井的液位低，当剩余污泥泵开启时，原来进入分配井的剩余污泥，进入放空井回流；当剩余污泥泵关闭时，分配井的污泥倒流至放空井。经过计算，污泥的回流比约为 4%。H_2S 排放浓度的测定是通过放置在曝气沉砂池密闭空间内的 H_2S 探头来检测的。

3.5.2.4.2 试验结果分析

（1）生物反应池回流污泥的效果

根据长期监测经验，生物反应池内污泥浓度约为 6 g/L，溶解氧 3 mg/L。如果按照回流比为 4%的污泥和进水完全混合，进水中 SS 将提高 0.3 g/L，溶解氧将提高 0.15 mg/L。另外，污泥的硫吸附能力为 5～6 mg/g，如果与污水混合后为 1 mg/g，则进水中溶解性硫化物浓度能降低 0.3 mg/m^3，由于进水中溶解性硫化物浓度为 0.2～0.3 mg/m^3，因此理论上能有很好的除臭效果。按照之前中试试验结果：污泥投加比例 20%，停留 1 min，能显著降低 H_2S 排放浓度，目前进水泵房集水井的停留时间大约为 13 min，更长的停留时间意味着泥水混合的时间延长，更有利于污泥去除硫化物。

除臭工程连续运行时位于曝气池处的 H_2S 探头实时检测结果如图 3.58 所示，可以看出，当污泥回流管道开启后，污泥和污水开始混合，H_2S 排放浓度明显下降，当污泥回流管道关闭后，H_2S 浓度开始回升，这说明回流污泥法对控制 H_2S 的排放有显著的效果。H_2S 浓度在关闭污泥回流管道后短时间内并没有回升至初始值，可能是整个处理工艺的效果并不会因为污泥的停用而立即作出反应。

（2）浓缩池回流污泥的效果

由图 3.59 可知，由于进水量降低，H_2S 浓度开始降低，虽然污泥回流期间 H_2S 浓度也在降低，但无法判定是否由污泥回流引起，反而污泥回流期间，H_2S 浓度降低的速度变缓了。

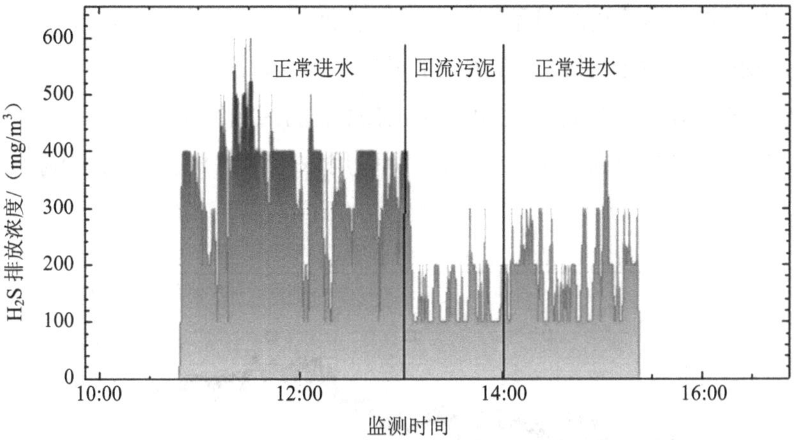

图 3.58　H_2S 排放浓度实时监测图

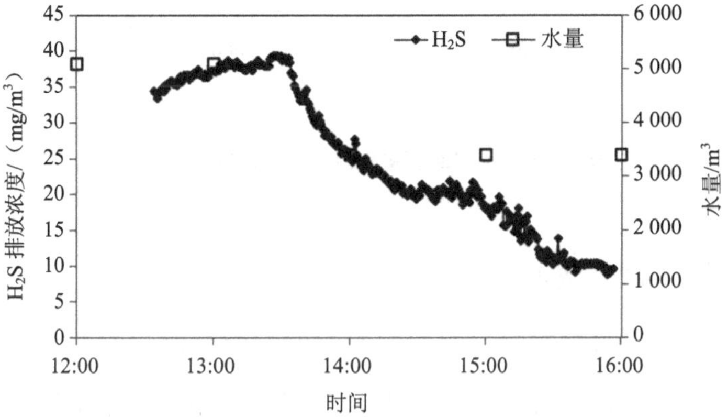

图 3.59　降低污泥回流量，H_2S 排放浓度的变化

由图 3.60 可知，由于进水量增加，H_2S 浓度开始增加，污泥回流期间 H_2S 浓度反而上升了，说明污泥回流降低的部分抵不上流量带来的上升部分。

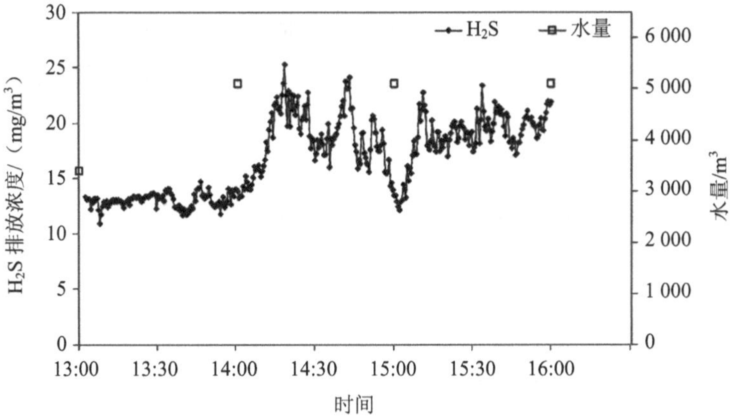

图 3.60　提高污泥回流量，H_2S 排放浓度的变化

由图 3.61 可知，尽管进水量不变，污泥回流期间 H_2S 浓度仍然上升，根据前面的成果，水中硫化物的升高也会引起 H_2S 浓度的升高，因此，产生上述结果有可能是硫化物升高引起的，也可能是浓缩池回流污泥引起的。浓缩后的污泥溶解氧很低，吸附效果也不好，而且长时间厌氧导致细胞内硫元素渗出，所以用浓缩池的污泥进行回流无法到达预期效果。

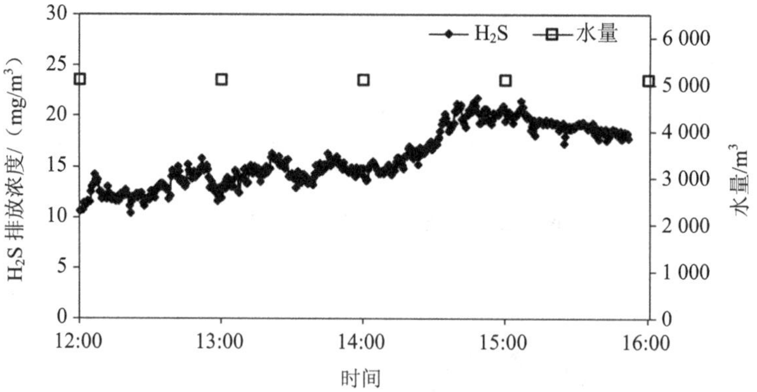

图 3.61　污泥回流量稳定 H_2S 排放浓度变化

3.5.3　紫外光氧化除臭技术

针对生物除臭技术存在的对低浓度、难生物降解污染物去除效果差、装置占地面积大以及冬季运行效果差等问题，本书提出紫外光氧化除臭技术。采用紫外光氧化除臭技术将提高系统对低浓度、难生物降解恶臭物质的去除效果、减小系统占地并提高系统冬季运行性能。通过研究不同工艺设置和操作条件下紫外光氧化除臭技术对恶臭污染物的去除性能和成本，提出紫外光氧化除臭技术的最佳运行参数和设备设计制造方案。

以往大部分研究主要是利用实验室中自配气体进行处理效果实验，规模较小，且研究对象单一，没有考虑不同恶臭物质间的相互影响。而在实际工程中，污水处理厂排放的恶臭气体是包含多种成分的混合气体，且风量较大。实测的某污水处理厂曝气沉砂池恶臭气体主要特征见表 3.26。

表 3.26　某污水处理厂曝气沉砂池恶臭气体主要特征

温度/℃	湿度/（%RH）	恶臭浓度范围	
		H_2S/（mg/m^3）	NH_3/（mg/m^3）
18～30	55～80	20～220	0.24～0.79

3.5.3.1　紫外光氧化除臭系统构建

以该厂曝气沉砂池进水廊道中的恶臭气体为研究对象，研发紫外光氧化除臭系统，并建立中试装置。中试系统的主反应器和管道内壁均涂覆了防腐蚀涂料。在进风管道上设置能够调节风量的阀门，反应器和管道用转接头进行连接，紫外灯管的布置为 6 排 7 列，共 42 盏，系统工艺流程如图 3.62 所示。系统在进气管道和排气管道上分别设置一个直径为 15 mm 的取样口，风机和紫外灯系统由电气控制箱控制。

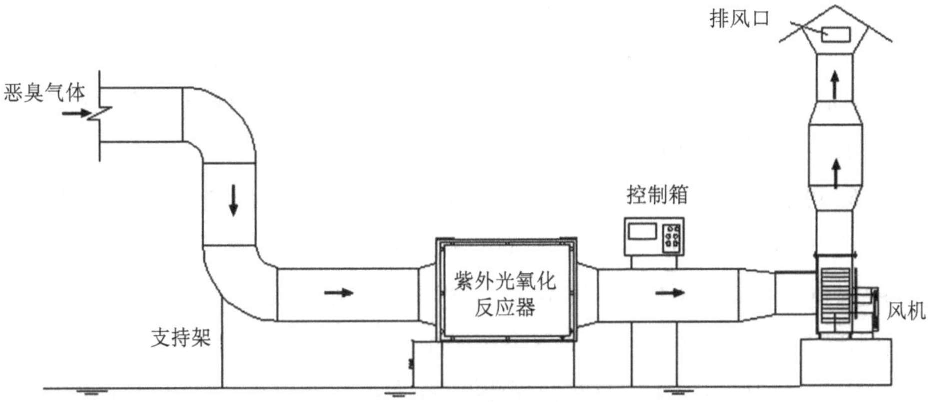

图 3.62　紫外光氧化除臭系统工艺流程

现场搭建的紫外光氧化除臭系统如图 3.63 所示。现场采用该系统对某污水处理厂的曝气沉砂池产生的实际恶臭气体进行了处理，综合考察和评价该系统对污水处理厂恶臭气体的处理效果。

图 3.63　紫外光氧化除臭系统现场

3.5.3.2 紫外光氧化除臭系统运行效果

系统采用的紫外灯管能够产生 185 nm 紫外光线，可使空气中的氧气分子分解并重组形成 O_3。O_3 对恶臭气体能够起到氧化分解的作用。但如果产生的 O_3 过多，全部排出反应器，则会对局部空气质量以及人体健康造成影响。因而，除了测定 H_2S 浓度、NH_3 浓度、管道风速、温湿度、紫外辐射照度等基本参数外，也需要对反应器中 O_3 浓度进行测定。

3.5.3.2.1 紫外光氧化除臭系统的影响因素

（1）空塔停留时间对系统除臭效果的影响

在平均紫外辐射照度 1 664 μW/cm^2、初始 H_2S 浓度约 125 mg/m^3、初始 NH_3 浓度约 0.55 mg/m^3 的情况下，研究不同流速即不同空塔停留时间对 H_2S 和 NH_3 气体去除率的影响，得到去除效果与空塔停留时间之间的关系。

由图 3.64 可以看出，当流速 v=1.5 m/s，即空塔停留时间为 4.5 s 时，H_2S 去除效果最佳，平均去除率可达 35.7%，当流速增加到 v=5.2 m/s，即空塔停留时间为 1.3 s 时，H_2S 去除率下降至 20%。对于 NH_3 的去除效果，去除率变化趋势随着空塔停留时间的增加而增大，但测试中，停留时间为 1.5 s 时的 NH_3 去除率要低于 1.3 s 时的 NH_3 去除率，这是由于污水处理厂中恶臭物质浓度是随着时间存在波动，而 1.3 s 和 1.5 s 两个停留时间比较接近，因此停留时间这一因素不能很好地反映出来。

从图 3.64 的结果可以看出，同样的工况下，NH_3 的去除率要高于 H_2S，这是由于 NH_3 浓度比 H_2S 低。

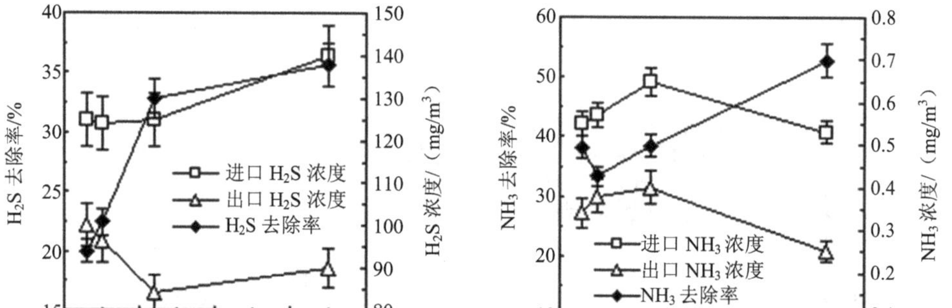

图 3.64 紫外光氧化除臭系统不同停留时间下对 H_2S 和 NH_3 的处理效果

（2）恶臭物质浓度对系统除臭效果的影响

考虑到工厂可能出现的最不利情况，即恶臭气体的排放速率较快，在系统内停留时间较短，本书采用紫外光氧化除臭系统评价空塔停留时间 1.5 s，平均紫外辐射照度 1 664 μW/cm^2 时，不同进口浓度下 H_2S 和 NH_3 的处理效果，如图 3.65 所示。

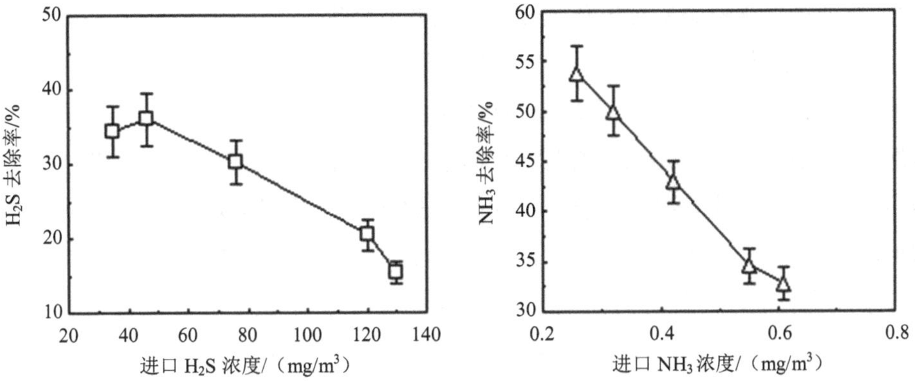

图 3.65 紫外光氧化除臭系统在不同进口浓度下对 H_2S 和 NH_3 的处理效果

结果表明，紫外光氧化除臭系统对恶臭物质的去除率随进口浓度的升高而降低。当 H_2S 进口浓度为 35 mg/m^3，H_2S 去除率为 34.3%；NH_3 进口浓度为 0.26 mg/m^3 时，其去除率达 53.8%。这是因为紫外辐射照度一定时，紫外灯产生的光子能量是有限的，因而被激发的·OH 也是一定的。当初始恶臭物质增加，单位体积恶臭物质被·OH 氧化量变少，导致去除率的降低。

（3）紫外辐射照度对系统除臭效果的影响

通过改变紫外灯管的开关数目来调节除臭系统的紫外辐射照度，用紫外辐照计测定某时刻反应装置 4 个角的紫外辐射照度，并取平均值作为该工况下的照度值，考查不同辐射照度下，H_2S 和 NH_3 的去除率变化。如图 3.66 所示，当停留时间为 1.5 s 时，H_2S 和 NH_3 去除率随着紫外辐射照度的增加而升高。

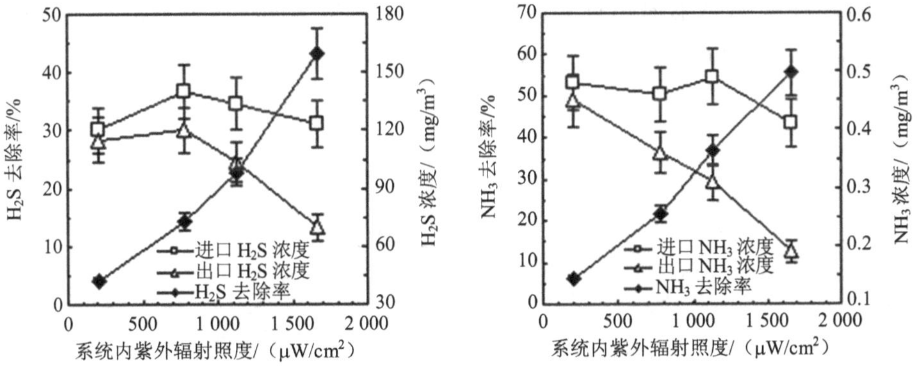

图 3.66 紫外光氧化除臭系统在不同紫外辐射照度下对 H_2S 和 NH_3 的处理效果

这是由于能够与恶臭物质反应的·OH 的产生量与紫外辐射照度成正相关，而·OH 的浓度越高，恶臭物质的去除效果越好。

3.5.3.2.2 紫外光氧化除臭系统运行过程中臭氧产生规律

（1）空塔停留时间对系统中臭氧浓度的影响

在紫外光氧化除臭系统中，平均紫外辐射照度为 1 115 μW/cm^2，进口处恶臭物质的浓度基本保持在 120～140 mg/m^3，通过改变恶臭气体的流速，研究在不同空塔停留时间下，反应器中 O_3 浓度的变化状况，实验结果如图 3.67 所示。从图可以看出，随着空塔停留时间的增加，反应器内部 O_3 浓度呈增加趋势，这是由于紫外辐射的时间越长，空气中更多的氧气分子发生反应，产生了 O_3。

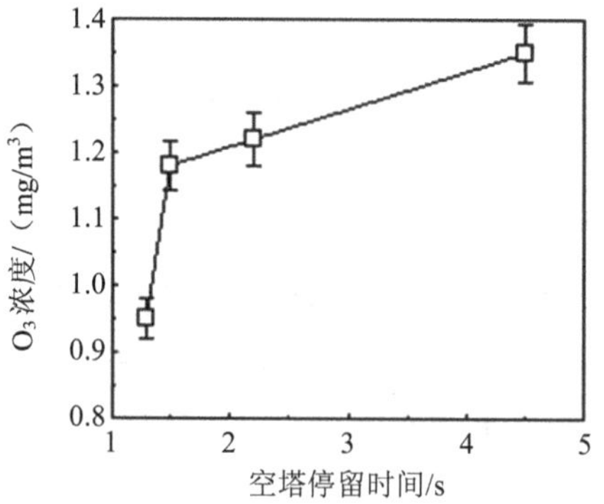

图 3.67 空塔停留时间对系统中 O_3 浓度的影响

（2）进口恶臭物质浓度对系统中 O_3 浓度的影响

以 H_2S 和 NH_3 为恶臭物质的代表物，考察了在停留时间为 4.5 s，平均紫外辐射照度为 955 μW/cm^2 时，不同进口 H_2S 和 NH_3 浓度与系统中 O_3 浓度的关系，结果如图 3.68 所示。从图可以看出，反应器内部的 O_3 浓度和进口恶臭物质的浓度呈负相关，当进口浓度越高时，反应器内部的 O_3 浓度越低，这可能是 H_2S 或 NH_3 与 O_3 发生了反应，使 O_3 在反应器中的浓度降低。

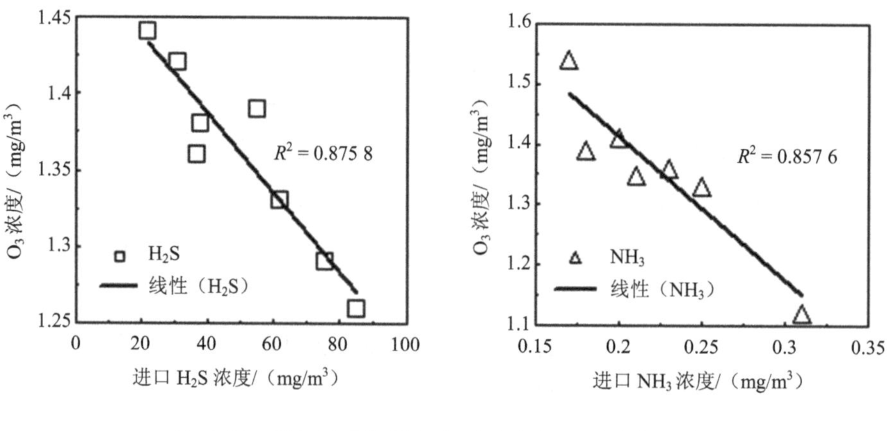

图 3.68 进口恶臭物质浓度对系统中 O_3 浓度的影响

（3）紫外辐射照度对系统中 O_3 浓度的影响

通过改变紫外灯管的开启数目来调节辐射照度，并对不同辐射照度下，反应器内 O_3 的变化规律进行研究，结果如图 3.69 所示。从图可以看出，紫外辐射照度决定 O_3 浓度，紫外辐射照度越大，O_3 浓度越高。

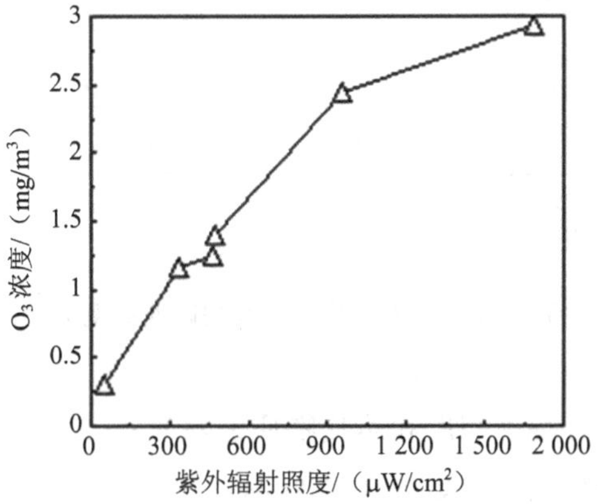

图 3.69　紫外辐射照度对系统中 O_3 浓度的影响

3.5.3.2.3　*反应动力学分析*

（1）恶臭物质去除规律的动力学分析

在平均紫外辐射照度为 1 664 μW/cm² 时，进口恶臭物质浓度的倒数和恶臭物质去除速率的倒数可以拟合为线性关系，如图 3.70 所示。结果表明，恶臭物质去除速率与进口浓度符合式（3.33），经计算，对于 H_2S，饱和系数 K_s=0.06 mg/m³，最大反应速率 V_{max}=86.21 g/（m³·h）；对于 NH_3，饱和系数 $K_s=2.77\times10^{-4}$ mg/m³，最大反应速率 V_{max}=0.693 g/（m³·h）。二者去除速率的公式分别为式（3.34）和式（3.35）。

$$V=\frac{V_{max}\times C}{K_s+C} \tag{3.33}$$

$$V_{H_2S}=\frac{86.21\times[H_2S]}{0.06+[H_2S]} \tag{3.34}$$

$$V_{NH_3}=\frac{0.693\times[NH_3]}{2.77\times10^{-4}+[NH_3]} \tag{3.35}$$

式中，V 为恶臭物质的去除速率，g/（m³·h）；V_{max} 为恶臭物质的最大去除速率，g/（m³·h）；C 为恶臭物质的进口浓度，mg/m³；K_s 为可以求解得出的系数，mg/m³。

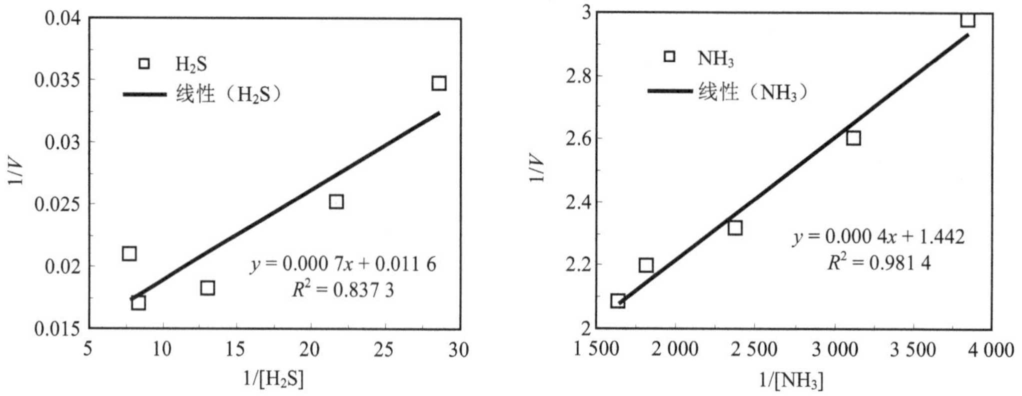

图 3.70　H_2S、NH_3浓度倒数与去除速率倒数的关系

另外，还对系统内紫外辐射照度和恶臭物质去除速率二者之间的关系进行了研究，发现二者之间存在很好的线性关系，如图 3.71 所示。二者之间的关系式分别为式（3.36）和式（3.37）。

$$V_{H_2S} = 0.000\,6 \times I_{UV} \tag{3.36}$$

$$V_{NH_3} = 0.000\,9 \times I_{UV} \tag{3.37}$$

式中，I_{UV}为系统内的紫外辐射照度，$\mu W/cm^2$。

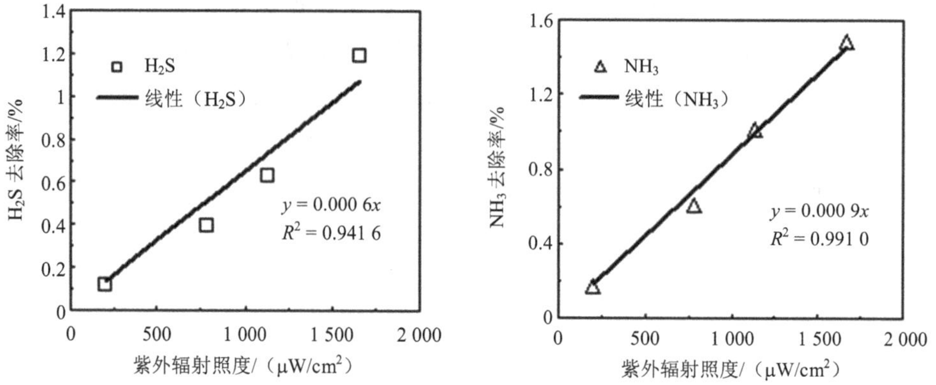

图 3.71　系统内紫外辐射照度与H_2S、NH_3去除速率的关系

综合考虑恶臭气体进口浓度和系统内紫外辐射照度两方面因素，可以得出式（3.38）和式（3.39），表示恶臭气体与这两方面因素的联系。经计算，k=0.000 6，k'=0.000 9。

$$V_{H_2S} = \frac{kI[H_2S]}{0.06 + [H_2S]} \tag{3.38}$$

$$V_{NH_3} = \frac{k'I[NH_3]}{2.77 \times 10^{-4} + [NH_3]} \tag{3.39}$$

（2）系统内臭氧产生规律的动力学分析

通过对系统内进口恶臭物质浓度与 O_3 产生速率二者之间的关系进行研究，可以发现二者之间的线性关系良好，如图 3.72 所示。它们之间的关系式分别为式（3.40）和式（3.41）。

$$V_{O_3} = -0.0021 \times [H_2S] + 1.1923 \tag{3.40}$$

$$V_{O_3} = -1.9028 \times [NH_3] + 1.5111 \tag{3.41}$$

式中，V_{O_3} 为 O_3 的产生速率，mg/（$m^3 \cdot h$）。

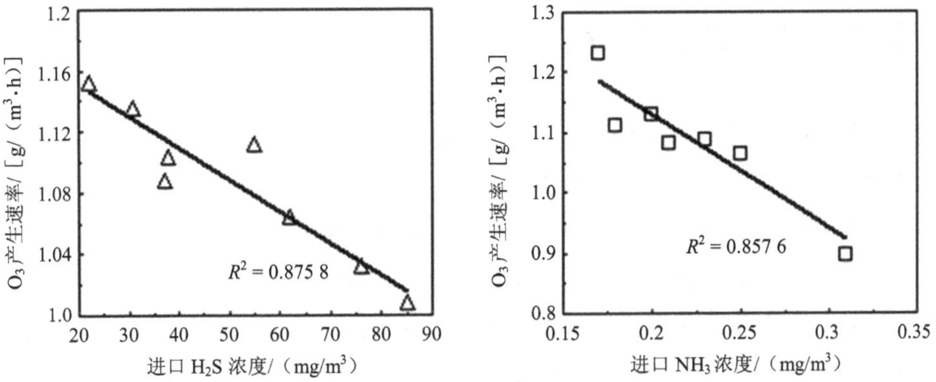

图 3.72　进口恶臭物质浓度和 O_3 产生速率的关系

对系统内紫外辐射照度和 O_3 产生速率进行分析，发现紫外辐射照度倒数和 O_3 产生速率倒数可以拟合为线性关系，如图 3.73 所示。紫外辐射照度和 O_3 产生速率二者之间关系仍可用式（3.33）进行拟合，经计算，饱和系数 K_s=475.88 g/m^3，最大产生速率 V_{max}=2.38 g/（$m^3 \cdot h$）。因此，可列出公式如下：

$$V_{O_3} = \frac{2.38 \times I_{UV}}{475.88 + I_{UV}} \tag{3.42}$$

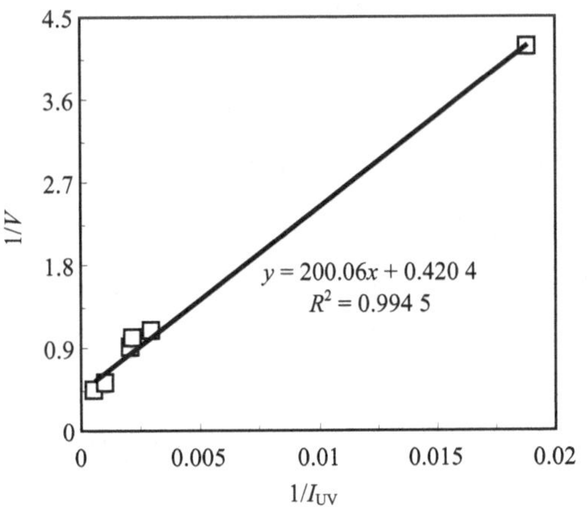

图 3.73　系统内紫外辐射照度倒数与 O_3 产生速率倒数的关系

综合进口恶臭物质浓度和紫外辐射照度两方面的因素，O_3产生速率规律可用式（3.43）表示：

$$V_{O_3} = \frac{(k' \times [A] + b) \times I_{UV}}{M + I_{UV}} \tag{3.43}$$

式中，$[A]$为进口恶臭物质浓度，mg/m^3；k'、M和b均为系数。经计算，$k'=k-3.56\times10^{-3}$/h，$b=2.04$ g/（m^3·h），$M=1\ 237.87$ μW/cm^2。

3.6 恶臭气体在线监测系统

恶臭监测是环境监测的重要环节，其在线监测可以确保实时准确地获取恶臭物质的浓度，对于恶臭污染评价与控制非常必要。

恶臭气体在线监测系统，由终端设备和主站设备两部分组成：终端设备安装在远端的监控点，用于在线采集数据，主站设备安装在污水处理厂监控室，具有数据存储、生成报表、打印等功能。终端设备将采集到的数据通过 GPRS 无线网络传输至主站设备进行数据显示、分析处理、预警。工作人员通过 Web 端可访问相关参数信息，从而实现恶臭气体的实时远程监测和数据读取，方便管理。

3.6.1 在线监测系统终端设备设计

根据恶臭重点产生源，设置一定数量的监测点，安装传感器，以监测主要恶臭气体 H_2S，并借助 GPRS 技术建立远程监控系统，对污水处理厂周边大气环境进行实时监测。同时，在厂区适当位置设立气象监测站，监测风速、风向、温度、湿度等参数，相关数据通过 GPRS 无线传输，集成到主站监控系统。

在异常情况下，本系统同时可以作为监测报警系统，一旦污水处理过程出现异常状况，本系统将及时通知相关人员启动相应的除臭装置，从而可避免因恶臭气体产生而影响周围居民的生活环境。

（1）监测点位设置

根据污水处理厂实际工艺分析，在污水处理厂的周边及在容易产生恶臭气体的污泥脱水机房、进水车间、除臭设施进出口等位置各设置 7 处监测点，每个监测点设置 H_2S 气体监测仪，包括远程终端以及供电装置各一套；需在厂区适当位置设置气象监测仪，用于监测风速、风向、温湿度等基本气象信息。

（2）网络拓扑结构

图 3.74 为根据 GPRS 无线网络传输技术架构而成的网络拓扑结构。

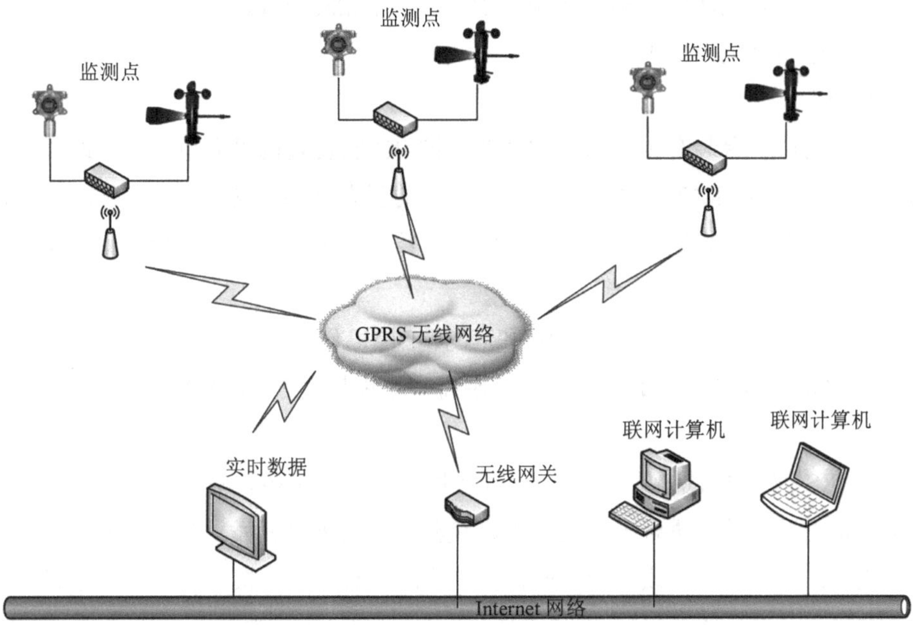

图 3.74　无线监测网络拓扑结构

（3）远程终端 GPRS 模块

系统远程终端在每一监控点完成对模拟量的采集和开关量的检测，将采集信号通过 GPRS 模块发送给主站；如需扩展，现场可接收由主站发送的命令，根据命令修改系统参数或将当前状态信息回送主站。

GPRS 模块是一种物联网无线数据终端，利用公用 GPRS 网络为用户提供无线长距离数据传输功能。

GPRS 采用分组交换技术，数据传输速率高达 160 kbps。使用 GPRS 技术实现数据分组发送和接收，用户永远在线且按数据流量计费，在此信道上提供 TCP/IP 连接，可以用于 Internet 连接、数据传输等应用。

（4）远端终端供电方式

每个远端均包含数据采集模块、电子仪器仪表，需要为其提供动力电源方可正常工作。供电方式采用蓄电池或太阳能供电，以下将分别叙述：

1）蓄电池供电。据计算，两个传感器功率各需约 10 W，无线数采模块功耗 2 W，该系统理论上所需功耗约为 25 W，若系统每天 24 h 运行，则直流电压为 12V DC 的蓄电池每天需要 50 AH 的能耗，而市场上的蓄电池最大只有 12 V 200 AH，按考虑使用 2 台蓄电池计算，仅 6～10 d 就充一次电，材料成本预计 2 000 元/套，相对较低，但运行成本较高。

2）太阳能供电。太阳能供电采用太阳能光伏板接收太阳光能，将其转化为电能为设备提供动力电源，主要器件包括太阳能控制器、太阳能电池板、蓄电池、供电线，若按苏州地区连续 3 个阴雨天计划，预计 4 500 元/套，成本相对较高。

本方案拟采用蓄电池供电。

（5）监控主站

主站设备需由一台装有主站监控软件的工控 PC 机及人机界面组成，主站监控软件借助 Internet 网络，采用 TCP/IP 协议管理整个系统的所有终端设备；主站软件还可查询各远端设备的当前数据和网络运行状态，并提供历史数据查询、打印、备份、删除及模拟量曲线绘制等功能。

1）主站硬件设施。监控主站采用中等配置工控机作为监控主机，主要配置为：处理器为双核 E5300；2 G 内存，DDR2；500 G 硬盘，带网卡，操作系统另配；220 VAC，50 Hz 电源。

由于 GPRS 网络技术需要连接到 Internet 网络，所以工控机需要配置网线，且需要将分配给工控机的网络端口进行一定的设置，使其能够对外网开发，实现联网通信功能。

另选用 10 寸显示屏，该显示屏放置在专用面板盒内，连接工控机，用于显示相关状态信息。

2）监控软件。除了工控机硬件，系统也需要监控软件，该软件具有以下功能：

①主界面形象直观。主界面采用二维地图信息式厂区平面图作为操作界面背景，在其上面设置检测点状态显示、探头数据显示、设备运行状态显示、气象信息显示，并以图像颜色变化的形式标示恶臭气体浓度的变化，以动画形式标示风速风向的改变，界面标示形象直观，便于理解及操作。

②权限管理。系统具有安全防护功能，每个用户必须用自己的身份登录，用户登录后系统自动记录其所有操作，当未登录时，用户也可观看运行状况，但不能做控制操作。用户分为一般用户和管理员两级，一般用户只能观看运行界面和报表，不能操作，而管理员具用最高权限，可以操作。

3）远程终端信息管理。地图信息式主界面上设置远程终端的标示位，点击该标示位，即可弹出该标示位的远程终端实时界面，界面上显示目前的大气浓度、风速、风向实时变化情况，同时显示可控设备的运行状态、远程终端的设置数据及通信状态。

4）历史数据可查询。系统可采用内置数据库，将远端设备传输过来的数据通过日期、类别等不同的分类方式进行存储，并以图表和曲线的形式显示在人机界面上，以便随时查阅，如图 3.75 所示。

5）远程监控。系统提供 Web 远程监控功能，管理人员无论身在何处，只要能够登录 Internet 网络，即可通过 TCP/IP 协议打开监控主站的监控主界面，进行远程监控，并可下载监控主站上存储的数据、报警信息、操作日志等各种数据信息。此外，管理人员通过手机上网的方式，同样可以访问到监控主界面和每个远程终端的数据信息。

6）预留控制点位。系统预留远程控制功能，以备后期对远程终端进行远程遥控。

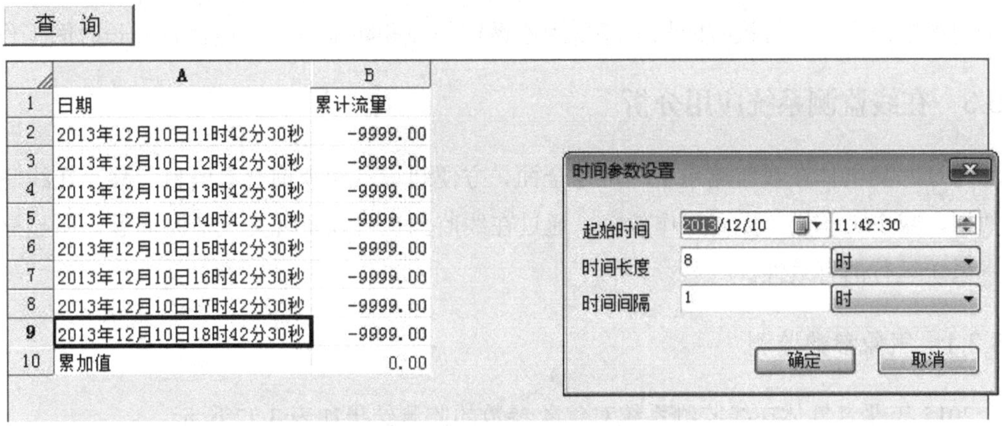

图 3.75　历史数据查询界面

3.6.2　在线监测系统主站设备开发

为了掌握城市污水处理厂 H_2S 的污染情况，需对 H_2S 进行长时间的监测。为此本书介绍一种城市污水处理厂移动式 H_2S 在线监测设备，如图 3.76 所示。该设备以高精度的 H_2S 传感器作为数据采集设备，将环境 H_2S 浓度转化为电流信号，然后采用 GPRS 数据传输模块进行数据传输，将电流信号转化为数字信号，并发送至附近基站。H_2S 传感器和 GPRS 数据传输模块均使用高容量锂电池供电。该设备可实现城市污水处理厂 H_2S 浓度的实时监测，实时保存以及远程访问。能够实现自动监测，对数据进行实时保存，并实现远程访问。

图 3.76　移动式 H_2S 在线监测设备

与现有技术相比，移动式 H_2S 在线监测设备的特点：①可实现对某点位 H_2S 浓度的实时连续监测。②点位可根据需要随时移动，与便携监测设备和固定式传感器相比，既具有使用上的灵活性，也可同时实现无人值守，节省人工。③可实现数据的远程传输和访问。④采用锂电池供电，待机时间长。⑤采用不锈钢外壳和防雨设计，适合野外长时间工作。

3.6.3 在线监测系统应用分析

通过恶臭气体在线监测系统，可以全面、方便地记录和查询气象资料、移动在线监测的数据，减少工作量，提高工作效率。通过在线监测也可以发现臭气泄漏问题，明显提高除臭系统运行的有效性。

3.6.3.1 气象参数监测

2015 年恶臭气体在线监测系统对气象参数的监测结果如表 3.27 所示。

表 3.27 2015 年恶臭气体在线监测系统对气象参数的监测结果

月份	风速/（m/s）	气压/kPa	温度/℃	湿度/%	降雨量/mm	蒸发量/mm
1	0.8	102.2	8.5	77.6	0.1	78.8
2	0.9	101.9	6.4	60.4	0.1	93.8
3	0.6	101.8	10.7	72.6	0.4	150.6
4	0.9	101.4	17.0	63.0	0.5	245.2
5	0.5	101.1	21.3	68.8	0.6	209.1
6	—	—	24.8	78.1	—	—
7	0.5	100.0	26.1	76.3	0.7	152.8
8	0.5	100.3	27.9	72.7	0.6	180.1
9	0.2	101.2	24.6	70.7	0.2	215.1
10	0.2	101.9	19.9	68.4	0.6	193.7
11	0.1	102.2	13.6	79.4	0.6	281.6
12	—	—	7.9	70.5	—	—

3.6.3.2 H_2S 浓度监测

恶臭气体在线监测系统，可以发现臭气泄漏点，用以评价臭气补漏的效果。恶臭气体在线监测系统可安装于常规监测点位进行长期连续监测。

（1）泄漏问题发现

进水区监测点位图如图 3.77 所示，进水区 3 个监测点位 H_2S 浓度变化如图 3.78 所示。由图 3.78 可以看出，开启风机前后，H_2S 浓度并没有降低。环境中的 H_2S 浓度取决于泄漏的 H_2S 浓度，因此可知进水区存在泄漏点，需要对其进行检漏和补漏工作。

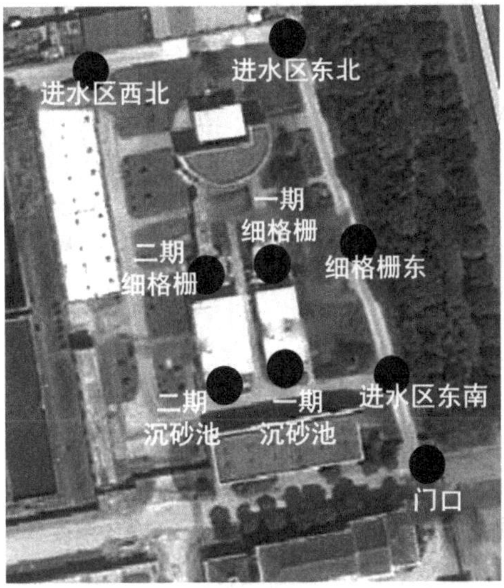

图 3.77 进水区监测点位（●为监测点位置）

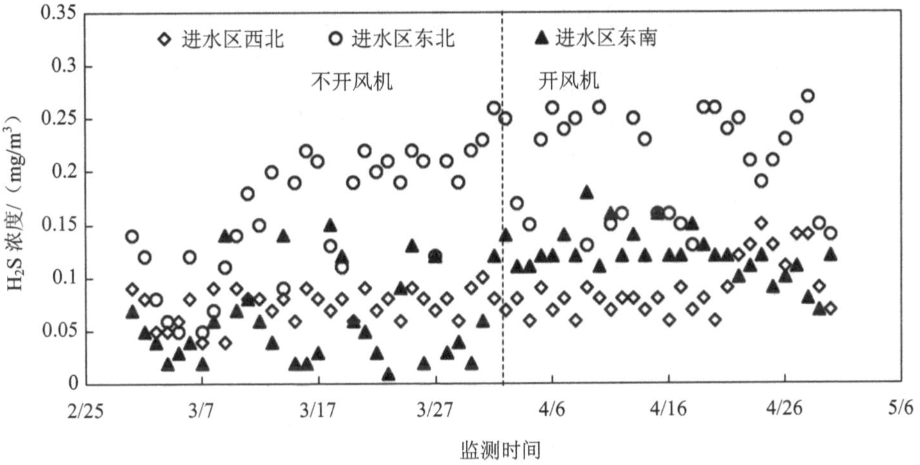

图 3.78 进水区 3 个监测点位 H_2S 浓度变化

（2）补漏效果监测

以沉砂池为例，利用恶臭气体在线监测系统对沉砂池平台补漏前后的 H_2S 浓度进行长期监测，结果如图 3.79 所示。从图中可以看出，一期沉砂池平台的 H_2S 浓度较低，在 1 mg/m^3 以下，没有明显的泄漏点；二期沉砂池平台的 H_2S 浓度较高，在 3 mg/m^3 以上，这主要是分配堰泄漏的原因，需要对分配堰进行补漏。二期沉砂池平台上的分配堰经补漏后，平台 H_2S 浓度降至 1 mg/m^3 以下，说明补漏效果较好。

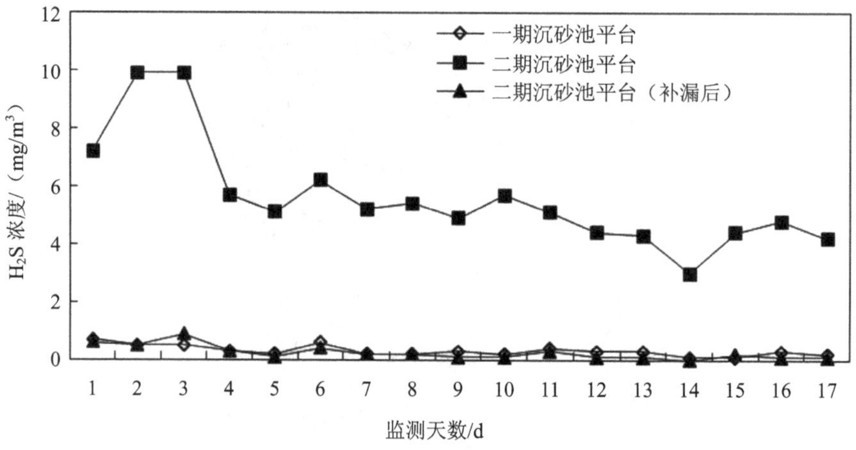

图 3.79　沉砂池平台补漏前后的 H_2S 浓度变化

（3）常规监测

恶臭气体在线监测系统可以对污水处理厂厂界、污水单元等位置敏感点位进行长期连续监测，以污水处理厂 B 的东厂界为例，3 个监测点位 H_2S 浓度的变化情况如图 3.80 所示。由图可知，在东厂界的 3 个监测点位中，大门口和细格栅东的 H_2S 浓度都比较低，大门口的 H_2S 浓度较基本维持在 0.03 mg/m^3，细格栅东的 H_2S 浓度基本维持在 0.05 mg/m^3，而进水区东南的 H_2S 浓度较高，在 0～0.30 mg/m^3。在西北风的影响下，细格栅平台泄漏的 H_2S 主要扩散至进水区东南这个点位。

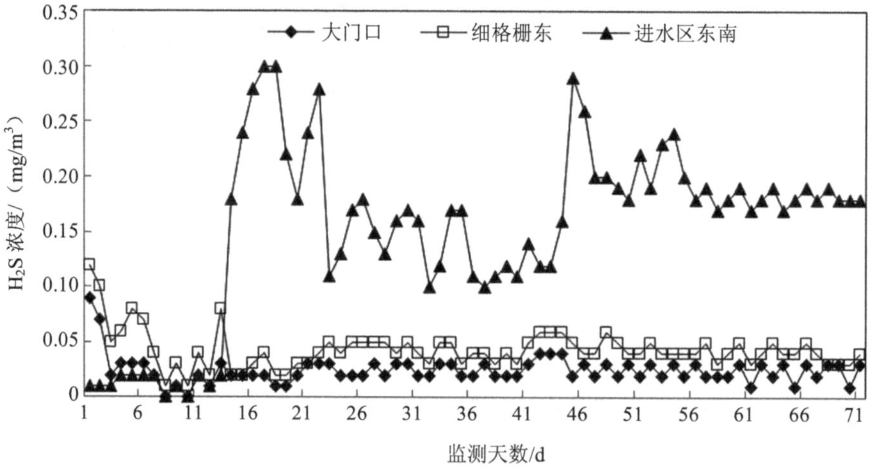

图 3.80　东厂界 3 个监测点位的 H_2S 浓度变化

3.7　工程案例分析

3.7.1　工程建设

污水处理厂 B 地处苏州市主城区，周边被众多居住小区包围，为典型的环境敏感区域，因此解决恶臭污染的需求迫切，恶臭控制的要求和标准高；结合其开展的除臭升级改造等污水处理厂综合改造工程，以及对恶臭污染控制的需求，本次在该厂进行恶臭污染控制技术的示范应用。

工程中除应用基于计算流体动力学（CFD）模拟的风幕式臭气封闭系统、紫外光氧化污水处理厂恶臭气体处理设备、恶臭气体在线监测系统之外，还对污水处理厂进水区各处理点位的恶臭气体泄漏点进行了补漏，并对各构筑物臭气收集量进行分配和优化，同时为进一步提高污水处理厂的臭气控制效果，新建 6 座土壤滤池和 3 座生物滤池。考虑到之前已经对臭气收集、监测等进行了介绍。本节只对进水区臭气收集优化、土壤与生物滤池处理系统建设及工程实施效果进行介绍。

3.7.1.1　进水区臭气收集优化

针对进水区格栅、泵房、进水区除臭设备等泄漏点进行补漏，并对进水区各构筑物收集风量进行分配与优化，以减少臭气的泄漏。

（1）进水区 H_2S 泄漏点调查及补漏

为调查进水区 H_2S 泄漏点情况，采用研究中开发的移动式监测设备于 2015 年 4 月 21 日进行了泄漏点调查，监测点位如图 3.81 所示。

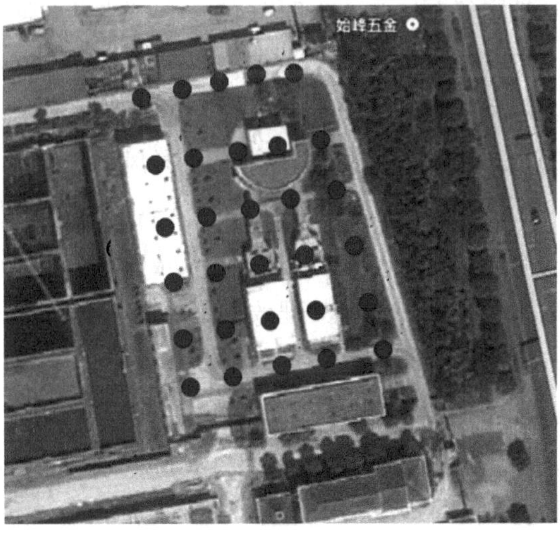

图 3.81　进水区泄漏点调查监测点位

基于调查结果，发现细格栅平台的阀门泄漏严重，随后对其进行了补漏。为验证补漏的效果，补漏后于 4 月 28 日再次进行监测。在进行补漏后，进水区泄漏出来的 H_2S 浓度显著降低，细格栅平台上的 H_2S 浓度均在 2 mg/m^3 以下，可见补漏效果是比较好的，但是由于设备间的一些缝隙，仍不可避免有少量泄漏。通过泄漏点调查和补漏后，受影响区域的 H_2S 浓度降低 90%左右。图 3.82 为补漏前后进水区 H_2S 浓度分布。

图 3.82 补漏前后进水区 H_2S 浓度分布（左图为补漏前，右图为补漏后）

（2）进水区风机的选择

进水区共有除臭设备 5 套，包括土壤滤池 4 套和生物滤池 1 套。4 套土壤滤池分别收集泵房、廊道及细格栅、一期曝气沉砂池、二期曝气沉砂池的臭气（研究期间粗格栅的土壤滤池因维修停止运行），1 套生物滤池可以同时收集上述构筑物的臭气，并且具有变频功能。

1）各风机的风量。各风机的风量如图 3.83 所示，生物滤池在频率为 30 Hz 的状态下运行，风量大约为 17 000 m^3/h，是 3 套土壤滤池运行时风量的总和。

2）各风机的电耗。土壤滤池和生物滤池在不同频率下的电耗如图 3.84 所示，生物滤池在频率为 30 Hz 的状态下运行，耗电量大约为 4 kW·h，是 3 套土壤滤池运行时总电耗的 1/7。

3）各风机的处理效果。土壤滤池的处理效果是通过在土壤表面放置不锈钢集气罩收集处理后尾气，用便携式检测仪来检测 H_2S 浓度，生物滤池的处理效果是通过玻璃钢细管将尾气引下来，用便携式检测仪来检测 H_2S 浓度。

通过检测，土壤滤池处理后的 H_2S 浓度在 0～0.1 mg/m^3，生物滤池处理后的 H_2S 浓度在 0～0.2 mg/m^3，处理效果都比较好。

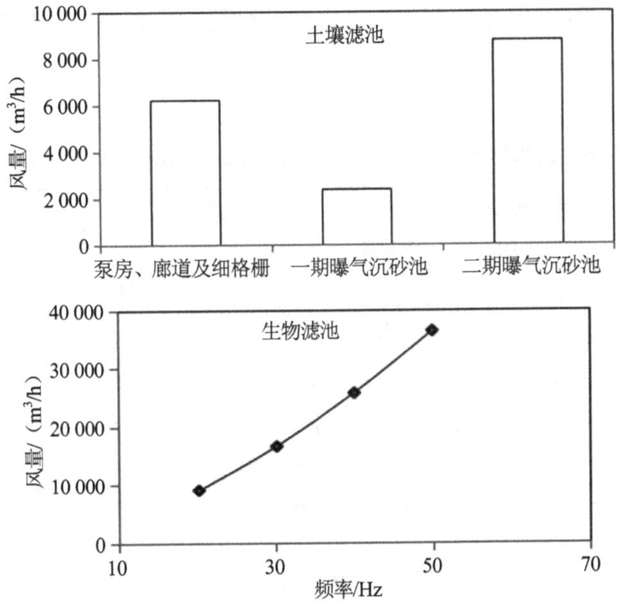

图 3.83　土壤滤池和生物滤池风量

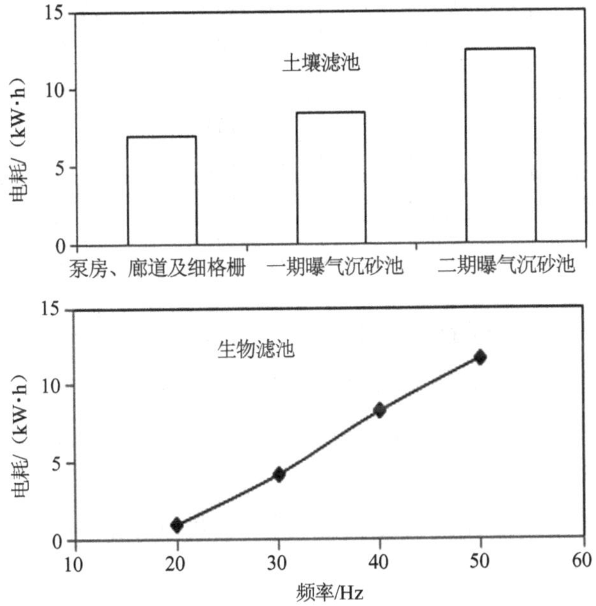

图 3.84　土壤滤池和生物滤池在不同频率下的电耗

综上，在同等风量和获得较好的处理效果下，开启一套生物滤池比较经济。

（3）进水区各构筑物收集风量的分配与优化

在正常情况下，进水区开一套生物滤池，频率设定为 30 Hz。

1）进水区单个构筑物 H_2S 收集浓度。进水区臭气收集管路阀门控制工况与监测指标、监测时间如表 3.28 所示。

表 3.28 进水区臭气收集管路阀门控制工况与监测指标、监测时间

集水井	粗格栅	泵房、廊道及细格栅	一期曝气沉砂池	二期曝气沉砂池	监测指标	监测时间
开	关	关	关	关	H_2S、风速、压力	调整阀门稳定 5 min 后进行监测
关	开	关	关	关	H_2S、风速、压力	
关	关	开	关	关	H_2S、风速、压力	
关	关	关	开	关	H_2S、风速、压力	
关	关	关	关	开	H_2S、风速、压力	
开	开	开	开	开	H_2S、风速、压力	

H_2S 浓度、压强、风速和风量如表 3.29 所示。

表 3.29 H_2S 浓度、压强、风速和风量

工况	H_2S 浓度/（mg/m^3）	压强/Pa	风速/（m/s）	风量/（m^3/h）
仅开集水井	23.2	−1 385	4.4	13 384.8
仅开粗格栅	25.6	−1 418	4.3	13 080.6
仅开泵房、廊道及细格栅	90.6	−1 133	4.9	14 905.8
仅开一期曝气沉砂池	12.5	−1 357	4.2	12 776.4
仅开二期曝气沉砂池	19.5	−1 363	4	12 168
全开	36.8	−412	5.2	15 818.4

由表 3.29 可知，在进水区的各个构筑物中，泵房、廊道及细格栅收集的 H_2S 浓度最高，需优先收集；而集水井、粗格栅由于埋于地下密封效果较好，且水流速度较慢等，基本无 H_2S 泄漏，可不收集；一期曝气沉砂池、二期曝气沉砂池 H_2S 浓度不高，但有时有人员进出，可根据需要进行收集。

2）进水区不同工况下的 H_2S 收集浓度。进水区两种工况条件下管路阀门控制工程与监测指标、监测时间如表 3.30 所示。

表 3.30 进水区两种工况条件下管路阀门控制工程与监测指标、监测时间

集水井	粗格栅	泵房、廊道及细格栅	一期曝气沉砂池	二期曝气沉砂池	监测指标	监测时间
关	关	开	开	开	H_2S	调整阀门稳定，30 min 后进行监测
关	关	开	关	关	H_2S	

工况 1 和工况 2 臭气收集量与 H_2S 浓度如表 3.31 所示。

表 3.31　工况 1 和工况 2 臭气收集量与 H_2S 浓度

	工况 1			工况 2		
	阀门开关	风量分配/（m^3/h）	H_2S 收集浓度/（mg/m^3）	阀门开关	风量分配/（m^3/h）	H_2S 收集浓度/（mg/m^3）
集水井	关	0	—	关	0	—
粗格栅	关	0	—	关	0	—
泵房	开	8 000	10	开	13 500	6
一期廊道	开	600	500	开	700	500
二期廊道	开	600	500	开	700	500
一期细格栅	开	400	300	开	500	200
二期细格栅	开	400	300	开	500	200
一期曝气沉砂池	开	4 000	1.5	关	0	—
二期曝气沉砂池	开	4 000	2.5	关	0	—

从表 3.31 可以看到，当开启泵房、廊道及细格栅、一期曝气沉砂池和二期曝气沉砂池的阀门时，泵房分配到最大的风量，约占总风量的 44%，但 H_2S 收集浓度仅为 10 mg/m^3；而 H_2S 收集浓度最高的一期廊道、二期廊道、一期细格栅、二期细格栅，分配到的风量之和只占总风量的 11%；一期曝气沉砂池和二期曝气沉砂池分别得到 22%的风量，H_2S 收集浓度都比较低，若无人员进出，可暂时不进行收集。

当只开启泵房、廊道及细格栅的阀门时，泵房分配到总风量的 85%；而一期廊道、二期廊道、一期细格栅、二期细格栅，分配到的风量之和只占总风量的 15%。

因此，建议在泵房的管道上装阀门，在泵房臭气收集管路上加装风管。

3.7.1.2　土壤滤池与生物滤池处理系统建设

依据 H_2S 排放浓度预测技术、生物过滤填料比选、生物过滤与土壤过滤性能评价的研究成果，针对进水区、一期和二期污水处理构筑物所收集的臭气，在污水处理厂原有除臭设施的基础上，新建 9 套臭气处理设施。其中，6 套土壤过滤处理设施（用于一期污水处理臭气处理），3 套生物过滤除臭设施（用于进水区、二期污水处理设施除臭）。

工程建成后，该污水处理厂内共有除臭设备 19 套，包括土壤滤池工艺 16 套、生物滤池工艺 3 套，涵盖了进水区、生物处理区和污泥处置区，具体见表 3.32。

表 3.32 污水处理厂 B 除臭设施明细

序号	除臭设施	位置	风量/（m^3/h）	功率/kW	数量/台	是否变频
1	土壤滤池	粗格栅	7 200	7.5	1	否
2	土壤滤池	进水泵房	7 200	7.5	1	否
3	土壤滤池	一期曝气沉砂池	8 400	11	1	否
4	土壤滤池	二期曝气沉砂池	8 400	11	1	否
5	土壤滤池（新）	一期生物反应池缺氧池 1#	8 100	11	1	否
6	土壤滤池（新）	一期生物反应池缺氧池 2#	8 100	11	1	否
7	土壤滤池（新）	一期生物反应池好氧池 1#	13 000	15	1	否
8	土壤滤池（新）	一期生物反应池好氧池 2#	13 000	15	1	否
9	土壤滤池（新）	一期生物反应池好氧池 3#	13 000	15	1	否
10	土壤滤池（新）	一期生物反应池好氧池 4#	13 000	15	1	否
11	土壤滤池	污泥浓缩池 1#	8 400	11	1	否
12	土壤滤池	污泥浓缩池 2#	8 400	11	1	否
13	土壤滤池	储泥池	6 000	7.5	1	否
14	土壤滤池	除磷池	6 000	7.5	1	否
15	土壤滤池	脱水机房	15 000	22	1	否
16	土壤滤池	污泥料仓	5 000	5.5	1	否
17	生物滤池（新）	进水泵房和曝气沉砂池	31 200	55	1	是
18	生物滤池（新）	二期生物反应池缺氧池 1#	36 000	75	2	是
19	生物滤池（新）	二期生物反应池好氧池 2#	36 000	75	2	是

厂区除臭设施分布位置如图 3.85 所示。

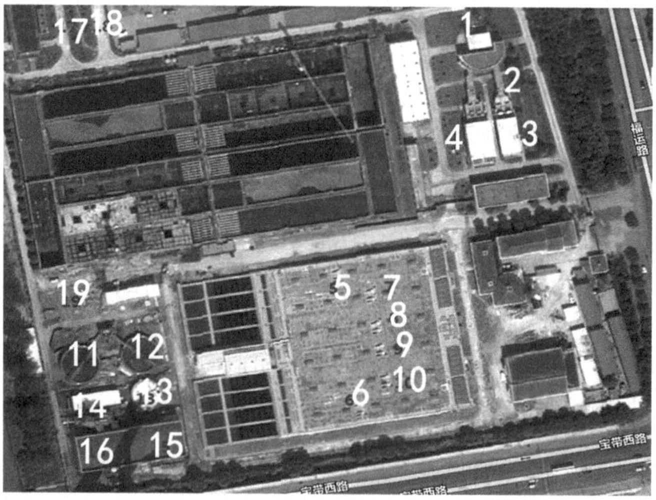

图 3.85 厂区除臭设施分布位置

3.7.2　工程实施效果

工程建成运行后，2015 年测得有组织、无组织的恶臭排放数据 441 个，2016 年测得有组织、无组织的恶臭排放数据 270 个。综合现场记录和在线监测数据，证明工程可稳定运行。

3.7.2.1　进水区臭气收集优化效果

增加泵房风管阀门后，针对泵房、廊道及细格栅和曝气沉砂池的风管阀门开闭及监测指标、监测时间设置 3 个工况条件，如表 3.33 所示。

表 3.33　进水区臭气收集 3 个工况条件

泵房	廊道及细格栅	曝气沉砂池	监测指标	监测时间
开	开	开	H_2S	调整阀门，稳定 30 min 后进行监测
关	开	开	H_2S	
关	开	关	H_2S	

3 个工况条件下，收集风量与 H_2S 浓度如表 3.34 所示，可以看出，当泵房、廊道及细格栅和曝气沉砂池风管阀门都打开时，总风量为 18 000 m^3/h，泵房和曝气沉砂池分配到的风量分别为 8 000 m^3/h，廊道及细格栅的风量只有 2 000 m^3/h，说明主要收集的是泵房和曝气沉砂池的臭气；从 H_2S 收集浓度上看，泵房和沉砂池的收集浓度都比较低，分别为 3 mg/m^3 和 13 mg/m^3，而廊道及细格栅的收集浓度非常高，达 180 mg/m^3。

表 3.34　3 个工况条件下臭气收集风量与 H_2S 浓度

	工况 1			工况 2			工况 3		
	阀门开关	风量分配/（m^3/h）	H_2S 收集浓度/（mg/m^3）	阀门开关	风量分配/（m^3/h）	H_2S 收集浓度/（mg/m^3）	阀门开关	风量分配/（m^3/h）	H_2S 收集浓度/（mg/m^3）
泵房	开	8 000	3	关	0	—	关	0	—
廊道及细格栅	开	2 000	180	开	3 500	130	开	5 000	100
曝气沉砂池	开	8 000	13	开	12 000	9	关	0	—

当关闭泵房的风管阀门后，廊道及细格栅的风量增加到 3 500 m^3/h，曝气沉砂池的风量增加到 12 000 m^3/h；从 H_2S 收集浓度上看，曝气沉砂池的收集浓度下降到 9 mg/m^3，廊道及细格栅的收集浓度下降到 130 mg/m^3。

当关闭泵房和曝气沉砂池的风管阀门后，廊道及细格栅的风量仅增加到 5 000 m^3/h，这意味着总风量也只有 5 000 m^3/h，主要是因为廊道及细格栅水面以上的臭气空间比较小，且收集管道管径小，管道较长，从而导致局部阻力和沿程阻力都比较大，在这种情况下，风机运行是不正常的。

综上所述，在阀门改造后，最优的收集方式是开启廊道及细格栅和曝气沉砂池的风管阀门，收集廊道及细格栅和曝气沉砂池的臭气。

本次分析采用最优收集方式后对 H_2S 分布的影响。监测日期为 2015 年 10 月 11 日，采用最优收集方式收集臭气，即只开启廊道及细格栅和曝气沉砂池的风管阀门，分别在风机关闭和开启时，监测进水区空气中 H_2S 浓度，如表 3.35 所示。

表 3.35 采用最优收集方式后进水区风机开启前后 H_2S 浓度

点位	风机关闭时 H_2S/（mg/m^3）	风机开启时 H_2S/（mg/m^3）	点位	风机关闭时 H_2S/（mg/m^3）	风机开启时 H_2S/（mg/m^3）
1	0.05	0.02	16	0.23	0.16
2	0.07	0.03	17	2.34	0.26
3	0.06	0.03	18	2.98	0.32
4	0.07	0.02	19	1.76	0.19
5	0.03	0.02	20	0.18	0.04
6	0.13	0.03	21	0.21	0.11
7	0.15	0.04	22	1.12	0.18
8	0.11	0.03	23	2.22	0.24
9	0.09	0.02	24	1.99	0.22
10	0.07	0.02	25	0.56	0.07
11	0.19	0.08	26	0.12	0.03
12	1.45	0.15	27	0.78	0.05
13	1.50	0.16	28	1.09	0.1
14	0.89	0.08	29	1.23	0.12
15	0.14	0.03	30	0.45	0.06

在风机关闭时，H_2S 浓度较高，进水区平均浓度在 0.74 mg/m^3，主要集中在廊道、细格栅和曝气沉砂池；在风机开启时，进水区平均浓度降低至 0.10 mg/m^3。进水区仍有一定的 H_2S 泄漏，主要是细格栅有一部分在水面上工作，密封不好。图 3.86 为进水区臭气收集优化后 H_2S 收集效果。

当开启廊道及细格栅和曝气沉砂池的风管阀门时，能够保证风机正常运行，且分配收集风量最合理。如果能对廊道及细格栅的管道进行优化（加大管径，缩短管长），提高廊道及细格栅的收集风量；同时对细格栅进一步的密封，则除臭效果更好。

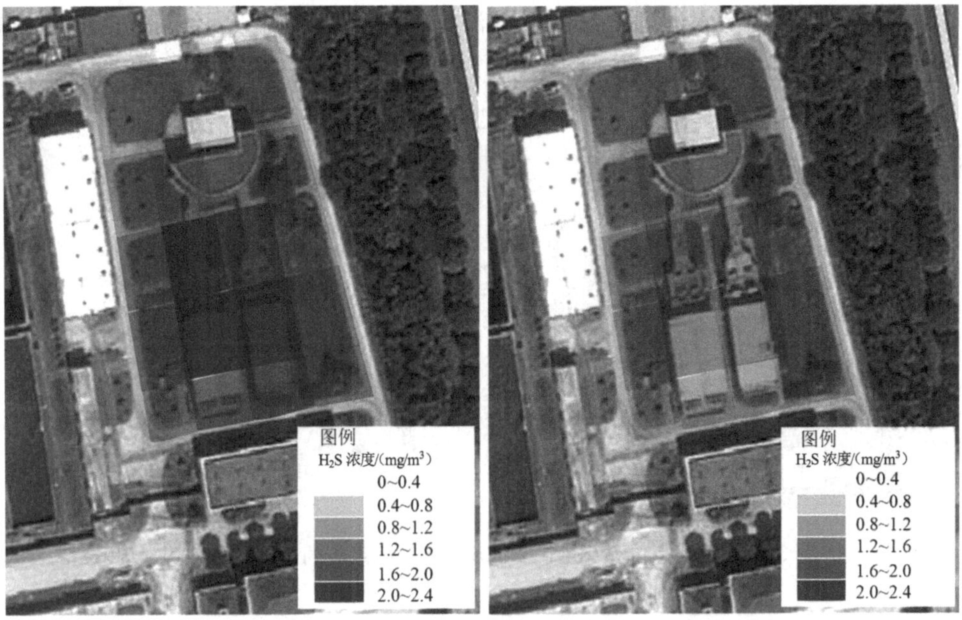

图 3.86　进水区臭气收集优化后 H_2S 收集效果（左图为风机关闭时，右图为风机开启时）

3.7.2.2　硫化氢恶臭污染控制效果

2015 年 7—9 月进水区生物滤池进出口 H_2S 浓度如表 3.36 所示。从表 3.36 可以看出，进口 H_2S 浓度从 7 月初开始呈上升趋势，到 8 月中旬达到最高，然后逐渐下降，到 9 月末只有 5～6 mg/m^3。出口 H_2S 浓度在开始运行阶段略高，之后趋于平稳，到 9 月末进口浓度较低时，已经检测不出来。

表 3.36　2015 年 7—9 月进水区生物滤池进出口 H_2S 浓度

日期	进口 H_2S 浓度/（mg/m^3）	出口 H_2S 浓度/（mg/m^3）	日期	进口 H_2S 浓度/（mg/m^3）	出口 H_2S 浓度/（mg/m^3）
7/3	23.8	0.45	8/25	46.1	0.18
7/6	19.6	0.25	8/27	30.3	0.16
7/17	32.6	0.38	8/31	34.5	0.19
7/20	38.5	0.18	9/2	33.4	0.15
7/24	41.2	0.22	9/7	30.5	0.12
7/27	45.7	0.17	9/9	36.8	0.10
7/31	48.7	0.15	9/11	34.6	0.07
8/3	52.5	0.15	9/14	28.7	0.02
8/7	55.5	0.13	9/16	19.6	0.08
8/10	47.3	0.11	9/18	21.4	0.03
8/14	43.1	0.12	9/22	4.81	0
8/17	91.2	0.20	9/25	5.98	0
8/20	52.5	0.15			

根据监测，H_2S 为污水处理厂 B 的主要污染物，在厂界设置 5 个敏感点位和 2011—2015 年各敏感点位的 H_2S 浓度变化见图 3.87。在 5 个敏感点位中，点位 1 的 H_2S 浓度最高，说明进水区是主要恶臭区域。从 2011—2015 年的 H_2S 浓度变化来看，污水处理厂 B 的恶臭污染得到了有效控制。

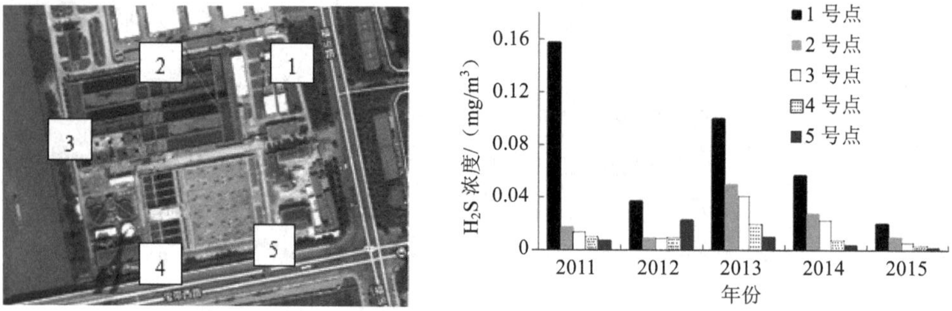

图 3.87　敏感点位和 2011—2015 年各敏感点位的 H_2S 浓度变化

无组织废气排放标准中，NH_3 的一级标准为 1 mg/m^3，监测结果全部达标，且远低于标准；H_2S 一级标准为 0.03 mg/m^3，监测结果中有一次超标，原因是该点位于曝气沉砂池附近，因当天故障检修，导致臭气泄漏；臭气浓度一级标准为 10 mg/m^3，二级标准为 20 mg/m^3，监测结果中有 6 次达到一级标准，7 次达到二级标准。

3.7.2.3　设备电耗

污水处理厂 B 的 3 套新建土壤滤池和 3 套生物滤池除臭设备每月电耗，如表 3.37 所示。2015 年，污水处理厂 B 除臭设备耗电 92 479 kW·h。到 2016 年，各月份的耗电量整体有所降低。

表 3.37　除臭设备电耗

2015 年	电耗/（kW·h）	2016 年	电耗/（kW·h）
1 月	0	1 月	0
2 月	0	2 月	0
3 月	5 287	3 月	5 051
4 月	7 840	4 月	8 032
5 月	11 008	5 月	10 934
6 月	10 664	6 月	10 820
7 月	11 006	7 月	10 808
8 月	11 528	8 月	10 664
9 月	10 723	9 月	10 520
10 月	11 005	10 月	11 528
11 月	8 362	11 月	7 844
12 月	5 056	12 月	5 148
合计	92 479	合计	91 349

参考文献

[1] 洪天求，韦林，刘绍根，等. 污泥吸附性能的研究[J]. 工业用水与废水，2005，36（1）：38-40.

[2] 胡洪营，张旭，黄霞，等. 环境工程原理[M]. 2 版. 北京：高等教育出版社，2011.

[3] 高彩霞. 污泥中硫化氢的释放机理及控制研究[D]. 杭州：浙江大学，2008.

[4] 郭静，梁娟，匡颖，等. 污水处理厂恶臭污染状况分析与评价[J]. 中国给水排水，2002，18（2）：41-42.

[5] 郭薇，刘舒乐，王伯光，等. 城市污水处理厂恶臭挥发性有机物的感官定量评价研究[J]. 环境科学，2011，32（12）：3582-3587.

[6] 眭光华，李建军，孙国萍. 城市污水处理厂恶臭污染源调查与研究[J]. 环境工程学报，2008，2（3）：399-402.

[7] 孔鑫，王灿，席劲瑛，等. 紫外光氧化系统处理城市污水处理厂的恶臭气体[J]. 环境化学，2013，32（1）：7-14.

[8] 刘战广. 甲醛与有机酯类废水的厌氧共降解及抑制效应研究[J]. 中国给水排水，2017，33（3）：7-11，17.

[9] 刘瓒. 污泥干燥处理中典型恶臭的释放特点[D]. 杭州：浙江大学，2007.

[10] 刘静，戴元灿，王梓萌，等. 紫外-发光二极管催化降解气相甲硫醚的影响因素[J]. 环境化学，2010，29（5）：814-818.

[11] 欧阳云，席劲瑛，王智超，等. 城市污水处理厂污泥对水中硫化物的吸附特性[J]. 中国环境科学，2014，34（4）：930-934.

[12] 沈培明，陈振楼，王东启. 恶臭的评价与分析[M]. 北京：化学工业出版社，2005.

[13] 孙文田，谢忠磊，赵晓波. 剩余污泥的吸附特性及其在污水处理中的应用[J]. 工程技术，2008，402（16）：71-73.

[14] 唐小东. 城市污水处理厂挥发性有机恶臭污染物的来源及感官定量评价[D]. 广州：暨南大学，2011.

[15] 王灿，胡洪营，席劲瑛. 城市污水处理厂恶臭污染状况及控制工程实践[C]//国家环境保护恶臭污染控制重点实验室. 第二届全国恶臭污染测试及控制技术研讨会论文集，2005：87-92.

[16] 王灿，胡洪营，席劲瑛. 城市污水池理厂恶臭污染及具评价体系[J]. 给水排水，2005，31（9）：15-18.

[17] 王智超，席劲瑛，程志强，等. 城市污水处理厂不同时间尺度下恶臭排放特征[J].环境科学与技术，2014，37（2）：84-88.

[18] 王智超，席劲瑛，欧阳云，等. 城市污水处理厂 H_2S 排放浓度与水质和泥质指标的相关性[J]. 环境科学研究，2013，26（9）：989-994.

[19] 席劲瑛，胡洪营，罗彬，等. 城市污水处理厂主要恶臭源的排放规律研究[J]. 中国给水排水，2006，22（21）：99-103.

[20] 于方田，宁靓，张东生. 城市污水处理厂含硫恶臭气体的产生与治理[J]. 中国给水排水，2012，28（8）：87-90.

[21] 王晓昌，孔海霞，袁林江. 活性污泥对污水中有机物、铵和磷酸盐的生物吸附试验研究[J]. 西安建筑科技大学学报，2007，39（5）：735-740.

[22] 王灿，席劲瑛，胡洪营，等. 紫外光降解高浓度氯苯气体的研究[J]. 环境科学研究，2008，21（2）：125-129.

[23] 王灿，席劲瑛，胡洪营，等. 紫外光降解反应器去除氯苯气体模型的建立与应[J]. 环境科学，2009，30（1）：29-32.

[24] 张哲. 活性污泥对水体中有机污染物吸附性能的研究[D]. 郑州：郑州大学，2002.

[25] 张东生，于方田，宁靓. 城市污水处理厂含硫恶臭气体的产生与治理[J]. 中国给水排水，2012，28（8）：87-90.

[26] Capelli L，Sironi S，Rosso R D，et al．Predicting odour emissions from wastewater treatment plants by means of odour emission factors [J]. Water Research，2009，43（7）：1977-1985.

[27] Isogai A，Kanda R，Hiraga Y，et al. Screening and identification of precursor compounds of dimethyl trisulfide（DMTS）in Japanese sake [J]. Journal of Agricultural and Food Chemistry，2009，57（1）：189-195.

[28] Jabalpurwala F，Gurbuz O，Rouseff R. Analysis of grapefruit sulphur volatiles using SPME and pulsed flame photometric detection [J]. Food Chemistry，2010，120（1）：296-303.

[29] Muezzinoglu A. A study of volatile organic sulfur emissions causing urban odor[J]. Chemosphere，2003，51（4）：245-252.

[30] Mahattanatawee K，Perez-Cacho P R，Davenport T，et al. Comparison of three lychee cultivar odor profiles using gas chromatography-olfactometry and gas chromatography-sulfur detection[J]. Journal of Agricultural and Food Chemistry，2007，55（5）：1939-1944.

[31] Pang B W，Jiang C H，Yeung M，et al. Removal of dissolved sulfides in aqueous solution by activated sludge：mechanism and characteristics [J]. Journal of Hazardous Materials，2017，324（Pt B）：732-738.

[32] Seredych M，Strydom C，Bandosz T J. Effect of fly ash addition on the removal of hydrogen sulfide from biogas and air on sewage sludge-based composite adsorbents[J]. Waste Management，2008，28（10）：1983-1992.

[33] Tseng T K，Chang H C，Chu H，et al. Hydrogen sulfide removal from coal gas by the metal-ferrite sorbents made from the heavy metal wastewater sludge [J]. Journal of Hazardous Materials，2008，160：482-488.

[34] Xia L Y，Gu D H，Tang J，et al．Photolysis of low concentration H_2S under UV/VUV irradiation emitted from microwave discharge electrodeless lamps[J]. Chemosphere，2008，71（9）：1774-1780.

第 4 章

污泥-绿化废物共堆肥与污泥腐殖化

随着我国经济的高速发展，污水排放量和处理率逐年提高，污泥产量急剧增加。污泥成分复杂，有机质含量高，含有重金属、病原微生物，并带有强烈臭味，易造成二次污染。现有污泥处理处置工作滞后，设施不规范、处置途径不可靠是城市污泥处置中面临的突出问题，其所带来的环境问题越来越突出，因此为污泥处置寻找出路已经成为污水处理行业的重要任务。

4.1 污泥-绿化废物共堆肥与污泥腐殖化技术路线

随着我国经济和城市化进程的快速发展，城市污水产生量逐年增加，污水处理设施也在不断完善。作为污水处理过程中的副产物，污泥所带来的环境问题也越来越突出。2020 年，我国污泥产生量达 7 288.3 万 t，其中生活污泥 3 578.3 万 t，工业污泥 3 710.0 万 t。但仍有相当大一部分的污泥尚未得到妥善处理处置，污泥处置也成为制约污水处理厂良性发展的重要“瓶颈”。

目前，我国主要的污泥处理工艺有填埋、焚烧、厌氧消化及好氧堆肥，填埋处理污泥虽然操作简便，技术成熟，但是占用大量土地。焚烧处理污泥可以有效利用污泥中的生物质能，并且最大限度地实现了污泥的减量化，但是我国污泥含水量大，需要对污泥进行预处理，成本较高。厌氧消化是近年来新兴的污泥处理工艺，可以生产沼气等能源物质，但是目前工艺尚不成熟，面临许多技术上的问题。相较于填埋、焚烧和厌氧消化等工艺，好氧堆肥是目前最适合我国国情的污泥处置方式之一。该工艺通过微生物作用分解污泥中的大分子有机物，从而实现污泥的无害化和稳定化。

污泥好氧堆肥过程主要是通过各类微生物（包括细菌、放线菌、真菌以及原生生物等）的活动对有机质进行分解。因此，为了保证微生物的生命活动，需要对堆肥的关键工艺参数进行控制。除了 O_2 含量、温度、碳氮比（C/N）、含水率等指标外，调理剂也是污泥堆肥的重要组成部分。市政污泥的 C/N、含水率以及结构等均不能满足好氧堆肥的客观条件。

因此，需要通过加入调理剂，提高堆料的C/N，降低含水率，改善堆体的结构，从而保证好氧堆肥的正常运行。

园林绿化废物是指城市绿地、林地或园林植物自然凋落或人工修剪产生的树木、草坪、枯枝叶等植物残体，包括树枝、木屑、树木与灌木剪枝等。随着城市绿化面积的扩大，园林绿化废物的量也越来越大。以我国北方某特大城市为例，该城市年产生园林绿化废物约300万t，可规模化利用量仅约50万t，园林绿化废物的不当处理，既破坏城镇生态环境，又造成资源浪费。园林绿化废物的主要成分多为可降解的有机物质，具有极大的再利用价值，如树枝、树叶、草屑等都可以作为污泥堆肥的调理剂，进行堆肥处理后，作为土壤改良物质或有机肥料还原到林下和绿地中，可以获得巨大的经济效益、社会效益和环境效益。

为了寻找合适的污泥与园林绿化废物的处理处置方法，本书对污泥-绿化废物高温好氧发酵和土地利用的污泥处理处置方式进行了系统的研究。其中，好氧发酵采用新型开放式发酵槽工艺，发酵产品为园林绿化营养基质土和有机肥，可用于城市园林绿化，实现污泥和绿化废物的资源化，形成“污泥和绿化废物-园林有机肥-绿化废物”的资源闭链循环。通过规范污泥处理和利用，减少对地下水、土壤等的二次污染，保障环境安全和公众健康。同时能够变废为宝，减少自然资源的消耗。

本书在污泥含量、污泥质量等调研的基础上，开展污泥与绿化废物等调理剂的好氧共堆肥关键技术研究，确定绿化废物回流比、物料配比、通风强度、调理剂种类、加速腐殖化影响因素等运行工艺参数，并进行共堆肥加速腐殖化研究。为确定堆肥产品在进行土地利用时的环境安全性，对堆肥整个过程中的污泥初始性质分析，堆肥过程中重金属、难降解有机质的迁移和转化以及后续利用等进行全生命周期环境影响评价。生产的园林绿化营养基质土和园林绿化有机肥，通过田间试验分析长期施用堆肥产品时重金属在土壤中的浸出和累积特性。污泥-绿化废物好氧共堆肥技术路线，如图4.1所示。

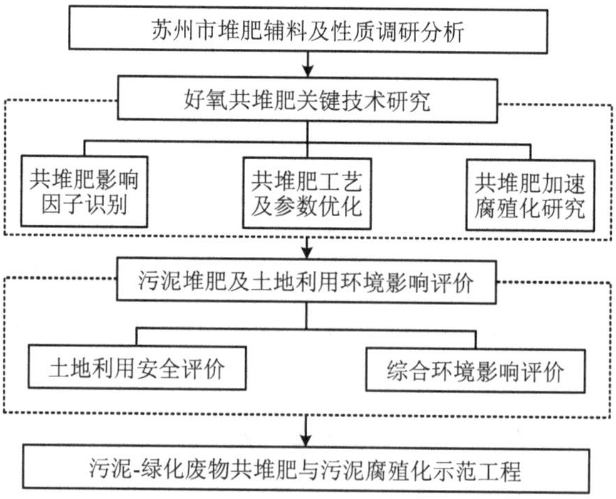

图4.1 污泥-绿化废物好氧共堆肥技术路线

4.2　污泥与绿化废物情况

4.2.1　污泥处理处置情况

以产业密集型城市苏州市为例，截至 2016 年年底，苏州市建成城镇污水处理厂 93 座，处理能力约 379 万 t/d。2016 年，苏州市实际处理污水约 11 亿 t，产生含水率 80%的污泥约 72 万 t，其中市区约 44 万 t（姑苏区约 8.8 万 t）。按照国家技术政策，污泥处置途径主要有土地利用（堆肥）、卫生填埋、建材利用和焚烧等，需要上下游产业政策支持。土地利用受制于污泥特性（不能含有有毒有害物质）和农业部分政策，尚不能大规模使用。适合污泥卫生填埋、建材利用的场所又很少，所以大部分地区把污泥送往热电厂与煤系统焚烧或自建燃煤污泥焚烧炉，或做成生物质燃料运往垃圾焚烧厂。部分乡镇将污泥送往砖瓦厂制砖或临时填埋。焚烧、堆肥分别约占 78%、12%，其余为建材利用或卫生填埋。污泥处理处置工作滞后，现状设施不规范，处理途径不可靠也是面临的突出问题。

城市污泥由于来源的不同，其成分有较大差异。污泥含有氮、磷等营养物质和大量有机质，使其具备了制造肥料和作为燃料的基本条件。然而，污泥中可能含有较多的重金属离子或有毒有害化学物质，如无妥当处置，可能造成二次污染。尤其当污泥处理处置方式为土地利用时，长期施用可能造成土壤中重金属富集，导致土壤污染。因此，需要对城市污泥成分进行分析，了解污泥中各种养分以及有毒有害物质的含量水平，评价后续处理处置方式中造成二次污染的风险，并为污泥堆肥土地利用的安全性评价提供参考依据。

对污泥发酵产品进行土地利用时，其理化指标、养分指标、污染物浓度及卫生学指标须满足《城镇污水处理厂污泥处置　园林绿化用泥质》（GB/T 23486—2009）、《城镇污水处理厂污泥处置　土地改良用泥质》（GB/T 2460—2009）、《城镇污水处理厂污泥泥质》（GB 24188—2009）、《城镇污水处理厂污泥处置　农用泥质》（CJ/T 309—2009）以及地方性法规等相关规定，为此有必要对污泥的含水量、有机质、重金属、有机污染物等指标进行调研和监测。

（1）含水率和有机质

通过调研发现，苏州市部分城市污水处理厂污泥含水率在 80%左右（表 4.1），呈半膏体状，流动性较差。若直接用于堆肥，由于含水率过高，难以成堆，且污泥间隙小，氧气无法进入污泥内部而易形成厌氧环境，堆肥过程无法启动。另外，污泥中有机物的腐败也极易造成恶臭。高温好氧堆肥工艺要求含水率在 60%左右，因此对污泥进行处理时，需要降低其含水率，减少污泥体积。这样可节省运费，也对后续处理更加有利。另外，在堆肥开始前向污泥中加入调理剂（如粉煤灰、树枝等），可以改善污泥性状，调剂其理化性质，创造好氧堆肥的最佳条件。

表 4.1 苏州市部分城市污水处理厂污泥含水率、有机质含量变化

年份	含水率/%			有机质含量/%		
	污水处理厂 1	污水处理厂 2	污水处理厂 3	污水处理厂 1	污水处理厂 2	污水处理厂 3
2006	83.3	83.7	78.8	—	—	—
2007	79.6	80.7	79.8	—	—	—
2008	79.0	81.1	78.8	—	—	—
2009	81.4	80.7	—	—	—	—
2010	82.4	83.8	82.9	40	40	29
2011	80.8	80.1	78.2	56.7	53.8	44.3

注：表中数据均为年平均值。

从表 4.1 可以看出，苏州市城区污泥中有机质含量较高，且随着人们生活水平的提高，有机质含量还有进一步增加的趋势。这也为污泥的土地利用创造了良好的条件。有机质含量较高可使发酵过程中的微生物活动更加旺盛，进而加快堆肥进程，提高堆肥品质。同时，堆肥成品中有机质含量也较高，这就大幅增加了堆肥成品的价值，使其在后期销售和使用方面更有优势。

（2）重金属

在污泥的形成过程中，污水中的重金属会通过微生物吸收、细菌和矿物颗粒表面吸附以及与无机盐共沉淀等多种途径进入污泥，从而使污泥中重金属浓度相对较高。重金属一般溶解度很小，在污泥中较稳定，不能通过微生物降解而去除。因此，重金属也是限制污泥大规模农业利用的重要因素之一。一方面，重金属含量高会对植物的生长产生抑制甚至毒害作用；另一方面，一旦重金属在环境中富集并进入食物链，极易对人体健康造成威胁。目前，污泥中普遍受关注的重金属主要有铬、砷、铜、锌、铅、镍、镉、汞等。

（3）有机污染物

污泥中常见的有机污染物既包括传统的持久性有机污染物（POPs），如多环芳烃（PAHs）、多氯联苯（PCBs）、多氯代二苯并对二噁英（PCDDs）、多氯代二苯并呋喃（PCDFs）等，也包括新型污染物，如抗生素（Antibiotics）、多溴联苯醚（PBDEs）、全氟化合物（PFCs）等。这些物质在污水和污泥处理过程中会得到一定程度的降解，但一般难以完全去除，这些有毒有机物不仅能在土壤中残留，还能被作物吸收进入植株产生危害，因此在对污泥进行农业利用时，需充分考虑其可能产生的危害。根据难降解有机物提取方法，将原始污泥样品用二氯甲烷进行浓缩提取后用气相色谱-质谱联用仪（GC-MS）进行分析，结果显示，原始污泥中能够检测到的持久性有机物仅有十溴联苯醚（BDE-209），且其浓度极低（10^{-9}级），而其他持久性有机物的浓度均低于仪器的检出限，这说明，苏州市污水处理厂污泥中的难降解有机物浓度很低，因此污泥通过生物处理作为园林用土资源化利用时，有机污染物的危险风险较低。

4.2.2 园林绿化废物处理处置情况

2012 年，我国园林绿化废物产生量超过 5 000 万 t，城市绿化快速发展，园林绿化废物的产生量也日益增加，其资源化处理和利用也逐渐被重视。针对城市园林绿化废物的处理，国内仅有北京、上海等少数城市进行了初步探索，90%以上的城市均是空白。特别是长三角地区，城镇化比例高，园林绿化废物的处理处置日渐提上日程。园林绿化废物量大面广，季节性波动大，且性质差异大，给处理带来很大困难。

以苏州市为例，到 2020 年年底，市区绿化覆盖面积达 27 037 hm^2，市区建成区绿化覆盖率达 56.2%。绿地面积不断增加，加上管理部门加强了对绿地的管理和养护，园林绿化废物的产生量逐年增加，仅姑苏区一年的清运量就超过 4 万 t。按照生活垃圾所含园林绿化废物的比重为 8%估算，苏州市每年产生园林绿化废物约 26 万 t，市区每年产生约 14.6 万 t。

苏州市区绿地常见的绿化树种有 49 种，包括香樟、广玉兰、银杏等乔木在内的共 25 种骨干树种与基调树种。通过调查城市绿化主要树种的落叶和修剪情况，园林绿化废物可分为修剪枝叶和枯枝落叶。其中，落叶树种的落叶集中在秋末，以银杏、朴树和榉树为主，常绿树种的落叶集中在春季，以香樟和广玉兰为主。修剪枝叶分生长期修剪和休眠期修剪，生长期修剪主要针对红叶石楠、法国冬青、大叶黄杨等常绿灌木，休眠期修剪主要针对香樟、广玉兰和枇杷等乔木。落叶的产生和清理较为分散，一般清理后和生活垃圾一起处理。产生量大且集中的修剪枝叶被即时运至生活垃圾处理场处理。冬季和春夏季的修剪枝叶产生量大而且集中，是园林绿化废物的主要部分。生长期修剪枝叶的含水率为 57%～72%、碳氮比值为 32～48，处于或接近堆肥处理的最佳范围，适合单独收集，进行堆肥处理。

4.2.3 土壤性质调查研究

污泥-绿化废物好氧堆肥后的产物，如果要进行土地利用，将对土壤有一定改善作用，然而产物中存在的重金属、有机污染物等可能会对环境产生一定的风险。因此，本书也对苏州当地的土壤质量进行了调研分析。

根据《苏州市土地利用总体规划（2006—2020 年）》，2010 年土地利用结构目标：农用地 358 304.9 hm^2，建设用地 177 078.4 hm^2，其他土地 313 399.3 hm^2，分别占土地总面积的 42.21%、20.86%、36.92%。农用地中，耕地 232 365.1 hm^2，园地 24 573.2 hm^2，林地 24 195.6 hm^2，牧草地 0.2 hm^2，其他农用地 77 170.8 hm^2，分别占农用地面积的 64.85%、6.86%、6.75%、0.00%、21.54%。

苏州地区土壤质量监测主要分为耕地质量监测和重点污染场地监测，由于污泥-绿化废物共堆肥目标应用于城市绿化以及园林绿化，该类型土壤性质更接近于耕地土壤质量，因此根据近年来《苏州市耕地质量监测报告》，对苏州地区土壤质量进行分析。

（1）土壤基本物理性质分析

土壤的基本物理性质包括土壤耕层厚度、容重和 pH，不同年份的土壤物理性质监测数据如表 4.2 所示。与 1980 年土壤第二次普查的数据进行对比可以发现，苏州地区的土壤耕层变浅且容重提高，土壤总体呈酸化趋势。

表 4.2 苏州地区不同年份的土壤物理性质监测数据

地区	基本物理性质								
	耕层厚度/cm			容重/（g/cm³）			pH		
	1980 年	2010 年	2012 年	1980 年	2010 年	2012 年	1980 年	2010 年	2012 年
全市平均	14.9	14	14.1	1.19	1.25	1.23	7.11	6.84	6.93
吴中区	13.5	14	13.0	1.26	1.28	1.20	6.10	6.60	7.45
张家港市	18.5	15	16.8	1.22	1.29	1.30	7.95	7.34	7.49
太仓市	13.0	13	12.8	1.19	1.25	1.24	7.75	7.00	6.98
吴江区	16.0	15	15.0	1.11	1.23	1.21	6.06	6.97	7.10
常熟市	14.0	14	13.2	1.22	1.25	1.22	7.08	5.85	5.70
昆山市	13.7	14	13.3	1.15	1.21	1.20	6.91	7.33	7.22

2010 年和 2012 年，苏州地区的土壤耕层厚度平均值分别为 14 cm 和 14.1 cm，相比 1980 年的 14.9 cm，呈明显降低趋势。土壤容重方面，2010 年和 2012 年的平均值分别为 1.25 g/cm^3 和 1.23 g/cm^3，相比 1980 年的 1.19 g/cm^3 呈上升趋势。

从土壤的 pH 分析可以发现，苏州地区土壤总体呈酸化趋势，pH 逐渐降低。不同地区中，吴中区、吴江区、昆山市的土壤 pH 明显上升，其他地区土壤 pH 明显降低，常熟市土壤酸化程度较严重，2012 年监测值为 5.70。

（2）土壤肥力分析

土壤肥力的表征指标主要包括有机质、全氮、全磷、全钾、碱解氮、速效磷、速效钾等，不同年份土壤肥力表征指标监测数据如表 4.3 所示。

表 4.3 苏州地区不同年份土壤肥力表征指标监测数据

指标	年份	平均值	吴中区	张家港市	太仓市	吴江区	常熟市	昆山市
有机质/（g/kg）	1980	24.69	23.55	18.40	25.08	23.40	27.28	30.43
	2010	26.18	23.90	21.60	27.60	23.90	31.60	28.50
	2012	26.39	24.20	20.82	28.83	23.95	32.65	27.87
全氮/（g/kg）	1980	1.56	1.46	1.19	1.62	1.58	1.68	1.85
	2010	1.58	1.31	1.43	1.64	1.42	1.80	1.87
	2012	1.57	1.04	1.43	1.77	1.36	1.94	1.89
碱解氮/（mg/kg）	1980	126.77	108.20	174.50	110.32	124.67	113.05	129.87
	2006	191.36	181.35	181.14	225.02	173.65	192.73	194.25
	2010	175.26	176.45	171.80	169.80	187.90	181.10	164.50

指标	年份	平均值	吴中区	张家港市	太仓市	吴江区	常熟市	昆山市
全磷/（g/kg）	1980	1.27	1.77	0.83	1.51	0.94	1.33	1.23
	2006	0.78	0.69	0.91	1.01	0.62	0.90	0.53
速效磷/（mg/kg）	1980	8.36	19.11	6.98	6.88	2.94	6.59	7.67
	2006	31.36	18.11	21.38	96.69	16.78	25.67	9.51
全钾/（g/kg）	1980	21.99	19.90	20.10	20.15	22.40	23.58	25.83
	2006	14.14	13.13	14.43	15.13	13.81	14.91	13.40
速效钾/（mg/kg）	1980	82.90	68.69	62.75	107.12	79.65	86.70	92.47
	2006	92.58	73.45	84.73	103.17	94.87	97.64	101.64
	2010	104.99	84.45	81.40	127.50	92.70	142.60	101.30

对比不同年份的土壤肥力指标可知，相比 1980 年的数据，近年来，苏州地区土壤有机质含量和全氮含量呈上升趋势，但增幅较小。2012 年，土壤有机质和全氮含量平均值分别为 26.65 g/kg 和 1.59 g/kg。有机质含量提高的重要原因是土壤地力保持较好，养分供应能力增强。1980 年以后，苏州地区推广应用秸秆还田，从开始的少量还田到现在的秸秆全量机械化还田，有效地促进了有机质含量的提高。

苏州市土壤耕层中全磷和全钾量呈下降趋势，但速效磷和速效钾的含量明显上升。2006 年数据表明，耕层全磷为 0.80 g/kg，较 1980 年的 1.26 g/kg，下降 0.46 g/kg。土壤中速效磷出现了大幅上升，2006 年为 33.72 mg/kg，较 1980 年的 8.14 mg/kg，增加了 25.58 mg，增加 3.14 倍。2006 年土壤耕层的全钾和速效钾含量分别为 14.23 g/kg、92.96 mg/kg，较 1980 年的 21.89 g/kg 和 83.27 mg/kg 分别减少 34.99%和增长 11.64%。

（3）土壤污染背景调研

不同年份苏州地区土壤污染物浓度均值如表 4.4 所示。将监测值与标准限值对比可知，土壤中重金属浓度均低于《土壤环境质量标准》（GB 15618—1995）对一般农田、蔬菜地、茶园、果园、牧场等土壤的Ⅱ类要求。

表 4.4 不同年份苏州地区土壤污染物浓度均值 单位：mg/kg

年份	项目								
	Cd	Hg	As	Cu	Pb	Cr	Zn	六六六	DDT
1980	—	—	—	20.04	33.00	64.98	69.18	—	—
2006	0.122 0	0.244 8	7.586	25.80	15.24	53.81	85.90	0.571 0	0.595 3
2010	0.245 0	0.191 0	17.56	41.57	97.14	84.89	177.6	—	—
标准Ⅱ限值	0.3	0.5	25	100	300	200	250	0.5	0.5

计算苏州地区的土壤重金属和农药污染指数如表 4.5 所示。由此可知，随着年份的增加，土壤污染情况日益严重，其中重金属镉、砷、锌的单项污染指数大于 0.7，属于浓度较高的重金属组分。根据重金属的单项污染指数计算得到，1980 年、2006 年和 2010 年

苏州地区土壤综合污染指数分别为 0.287 3、0.435 8、0.704 0。2010 年土壤污染已达到警戒线程度。

表 4.5 1980 年、2006 年、2010 年苏州地区土壤重金属和农药污染指数

年份	项目								
	Cd	Hg	As	Cu	Pb	Cr	Zn	六六六	DDT
1980	—	—	—	0.209 4	0.110 0	0.324 9	0.276 7	—	—
2006	0.406 6	0.489 5	0.303 5	0.258 0	0.050 8	0.269 0	0.343 6	1.142 0	1.190 6
2010	0.816 7	0.382 0	0.702 4	0.415 7	0.323 8	0.424 4	0.710 4	—	—

4.3 污泥-绿化废物共堆肥技术

4.3.1 共堆肥影响因子识别

污泥-绿化废物共堆肥技术是将城市生活污泥首先与木片等园林绿化废物混合，并向其中加入腐殖化催化材料及适量的堆肥成品污泥，使其水分从 85%降低到 50%左右，碳氮比调节到（20～30）：1，容重 60%～70%，满足污泥发酵所需的最佳条件，污泥迅速升温发酵，实现无害化、减量化处理。经过 15～20 d 发酵，即可达到腐熟，用于生产绿化用有机肥料、基质土产品。

堆肥化是一个复杂的过程，合理的工艺参数，能有效提高堆肥效率和堆肥品质。为了掌握不同回流比、物料配比、通风强度对堆肥的影响，采用强制通风静态堆肥反应器开展实验研究。反应器由强制通风系统、主体反应器、排气系统、在线监测分析系统等构成，反应器堆肥系统结构和外观如图 4.2 所示。

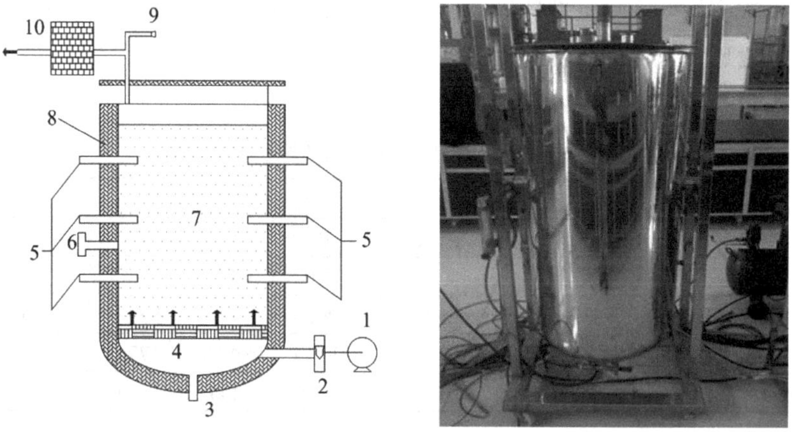

1-空压机；2-流量计；3-渗滤液出口；4-布气板；5-温度传感器；6-取样口；
7-混合物料；8-隔热层；9-气体取样口；10-尾气处理装置

图 4.2 反应器堆肥系统结构和外观

主体反应器为容积 100 L 的立式筒状反应器，由不锈钢焊接而成，筒高 1 000 mm，外径 650 mm，内径 450 mm，内外径之间包有 90 mm 厚的中空棉用于隔热，正中间有一直径 50 mm 钢柱直通筒底，柱周围有叶片防止堆体堆积过密。反应器顶端排气管与尾气处理系统相连，同时可在这里采集气体进行监测；上部反应器盖在试验时铺设隔热棉，用以保持堆体热量；两侧各有 3 个温度传感器，自上而下每隔 200 mm 设置 1 个，与计算机相连，实时监测堆体温度；底部设有直径 10 mm 的渗滤液排出口，在距底部 30 mm 处设置取样口。

4.3.1.1　不同回流比对污泥-绿化废物共堆肥影响研究

试验材料包括市政污泥、绿化废物。市政污泥取自某污水处理厂，为脱水污泥。绿化废物主要为修剪树枝，经过削片机破碎，最终削片厚 3 mm 左右，直径 2～3 cm。一般将破碎后绿化废物风干 2 d，其含水率下降明显，表面粗糙，比表面积大，可为堆肥骨料，并可调理污泥含水率与碳氮比。

经过堆肥的绿化废物（回流绿化废物），其表面附着有经过驯化的微生物，可能会缩短微生物的适应期，促进堆肥升温腐熟。因此，试验中同时研究回流绿化废物对堆肥的影响。反应器堆肥试验材料的初始性质如表 4.6 所示。

表 4.6　反应器堆肥试验材料的初始性质

原料名称	含水率/%	VS/%	碳氮比
污泥	82.28±0.11	77.99±0.15	5.55
绿化废物	9.41±0.16	97.85±0.36	42.69
回流绿化废物	6.03±0.15	94.86±0.32	20.20

（1）堆肥过程与采样方法

反应器堆肥与条垛式堆肥过程有较多相似处，包括切削绿化废物、配比混料等，但反应器堆肥工艺环境密闭，受外界环境影响小，且为强制通风，可以对堆肥条件做更精确的调控。

首先按照一定的回流比和配比将污泥与绿化废物利用混料机混合，装入反应器，保证堆体顶部距反应器盖距离为 100～150 mm，顶部加盖并铺设隔热棉，开启空压机，调节流量计以控制进气量，最后开启实时监控系统。选择堆体温度、O_2 与 CO_2 含量、污泥含水率、挥发性固体（VS）、pH、营养元素含量、重金属含量、种子发芽指数等作为监测参数。

为了保证所采样品可以反映堆体在堆肥过程中的变化，每次在同一采样口取样 50 g 作为样品。强制通风堆肥工艺堆体温度分布相对均匀，因此温度取堆体各监测点平均温度。

对于反应器堆肥工艺，由于强制通风，反应器内 O_2 含量充足，检气口监测不到 CH_4，因此选择堆体温度、O_2 与 CO_2 含量、污泥含水率、VS、pH、营养元素含量、重金属含量、种子发芽指数等作为监测参数，具体检测方法如表 4.7 所示。

表 4.7 堆肥参数检测方法

参数	检测方法	检测仪器
污泥含水率	鲜样 105℃烘箱烘干至恒重，损失质量占总质量百分比	AL204 型电子天平、HG-9145A 型电热鼓风干燥箱
VS	烘干样品 550℃灼烧 2 h，损失质量占烘干样的百分比	SX2.5-10 型马弗炉
O_2、CO_2	直接检测堆体中间断面取样点以下 10 cm 处气体含量	Geotech Biogas 5000 沼气分析仪
NH_3	利用静态箱法检测堆体 NH_3 挥发情况，单位为 mL/（m^2·min）	德尔格 Xam7000 复合气体检测仪
pH	*m*（污泥）∶*m*（去离子水）=1∶10	PHS-25CW 型 pH/mV 计
堆体温度	测量堆体中间断面距表层 20 cm、40 cm、60 cm、80 cm 处温度，同时测量室温	1 m 长金属探头测温仪
重金属	25℃风干样品研磨、过 100 目筛，微波消解	IRIS intrepid 型全谱等离子发射光谱仪
磷、钾	25℃风干样品研磨、过 100 目筛，微波消解	IRIS intrepid 型全谱等离子发射光谱仪
碳、氢、氮	25℃风干样品研磨、过 100 目筛，微波消解	CE-440 型元素分析仪

种子发芽指数检测方法：利用堆肥 25℃风干样品进行实验。将堆肥样品与去离子水按 1∶10（*W*∶*V*）混合，振荡 2 h，浸提液在 5 000 r/min 条件下离心分离 20 min，上清液经滤纸过滤待用。将滤纸置于无菌 9 cm 培养皿，并均匀放入 20 粒大白菜种子，吸取 5 mL 浸提液注入培养皿，之后将其放入培养箱中 25℃恒温培养 48 h，取出并测量种子根长度。每个样品做 2 个平行样，同时用去离子水做空白实验。种子发芽指数 GI 计算公式为

$$\mathrm{GI}=\frac{\text{样品发芽数}\times\text{样品根长度}}{\text{对照发芽数}\times\text{对照根长度}}\times 100\% \tag{4.1}$$

（2）回流比对堆肥的影响结果分析

1）回流比对堆体温度的影响。不同回流比条件下，堆体温度随时间的变化情况如图 4.3 所示。从图 4.3 中可以看出，环境温度基本处于 10～20℃，相对条垛式堆肥来说，反应器堆肥堆体温度受环境影响较小。回流比为 100%时，堆体升温速率最快，第 1 天后温度到达 66℃，第 2 天达到最高温 67℃，第 3 天之后温度开始下降至 55℃以下，第 5 天后降至 50℃以下，第 11 天后温度与室温接近，完成一次发酵。随着回流比的减小，堆体升温速度逐渐减慢，55℃以上高温期维持时间逐渐减少，最高温也逐渐降低。这主要是由于回流绿化废物含有经过驯化的微生物，可以缩短堆肥适应期，更好地利用污泥中的有机质。经过 11 d，除回流比为 0 的堆体外，其他堆体的温度已降至接近环境温度。

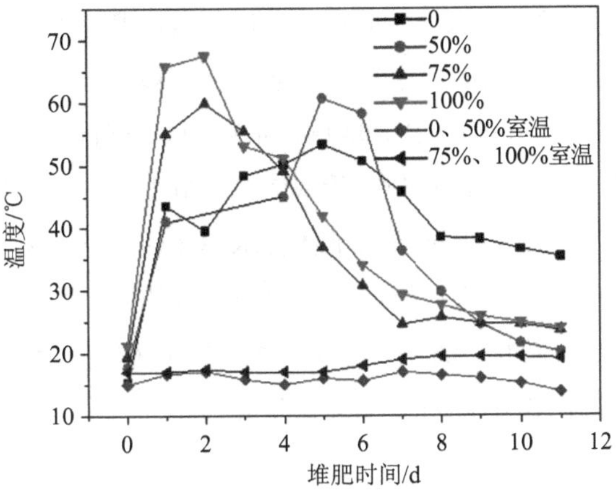

图 4.3　反应器堆肥不同回流比时堆体温度随时间的变化

2）回流比对堆体中 O_2、CO_2 含量的影响。微生物生命活动中消耗 O_2 释放 CO_2，通过检测堆体中 O_2、CO_2 含量可反映微生物活性。理论上讲，O_2 含量与 CO_2 含量呈负相关性，由于反应器堆肥工艺堆肥周期较短，同时监测 O_2、CO_2 含量可利用其互补性使数据更加完整。

图 4.4 为反应器堆肥不同回流比堆体 O_2、CO_2 含量随时间变化。从图可以看出，堆肥初期 O_2 含量首先下降，之后缓慢上升，7 d 之后已与空气含氧量接近；CO_2 含量与 O_2 含量变化趋势相反，堆肥初期首先上升，之后缓慢下降，7 d 之后含量接近空气中 CO_2 含量。

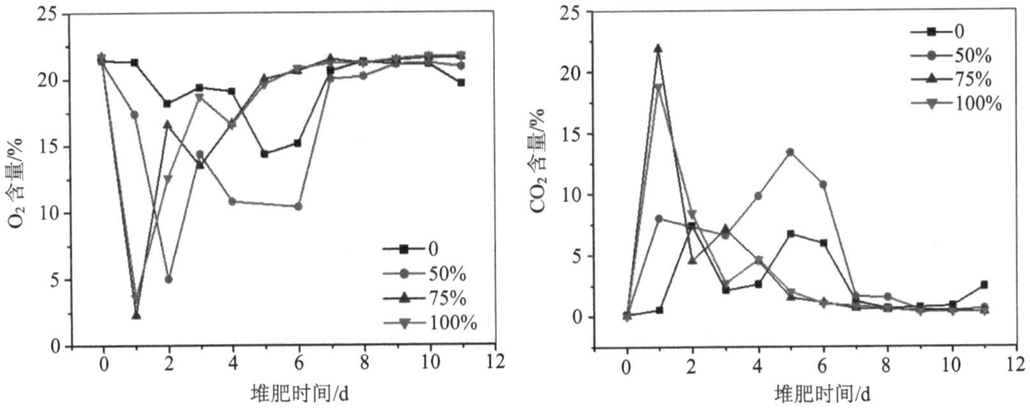

图 4.4　反应器堆肥不同回流比堆体 O_2、CO_2 含量随时间变化

随着回流比的上升，堆肥初期 O_2、CO_2 含量的变化率越大，所能达到的极值越大。100%回流堆体在堆肥第 1 天时 O_2 含量便可达到极小值 3.6%，CO_2 含量达到极大值 18.8%，而 0 回流堆体在堆肥第 5 天时 O_2 含量才能达到极小值 14.4%，相应 CO_2 含量为 6.7%。这说明回流绿化废物不仅可以缩短微生物适应期，使其在短期内达到高速分解有机质的目的，而且可提升微生物活性，增强其分解有机质能力。

3）回流比对污泥含水率、VS、pH 的影响。反应器堆肥工艺中，随着微生物活动温度升高，堆体中水分迅速蒸发，反应器中水分随通风气流被带出，堆体含水率迅速下降。从图 4.5 堆体污泥含水率的变化可以看出，堆体含水率均呈下降趋势。当回流比为 0 时，10 d 后含水率从 64.47%降低至 13.22%，水分去除率较高；当回流比为 100%时，含水率从 62.67%下降至最低值 38.23%，50%、75%回流比堆体含水率变化趋势基本介于另外两堆体之间。这说明回流绿化废物在一定程度上可以防止水分散失过快。堆肥工艺的目的是让微生物尽可能分解有机质制造堆肥，防止“烧苗”现象，而微生物活动的最适含水率往往高于 40%，由此可见，回流绿化废物的保水作用对堆肥更为有利。

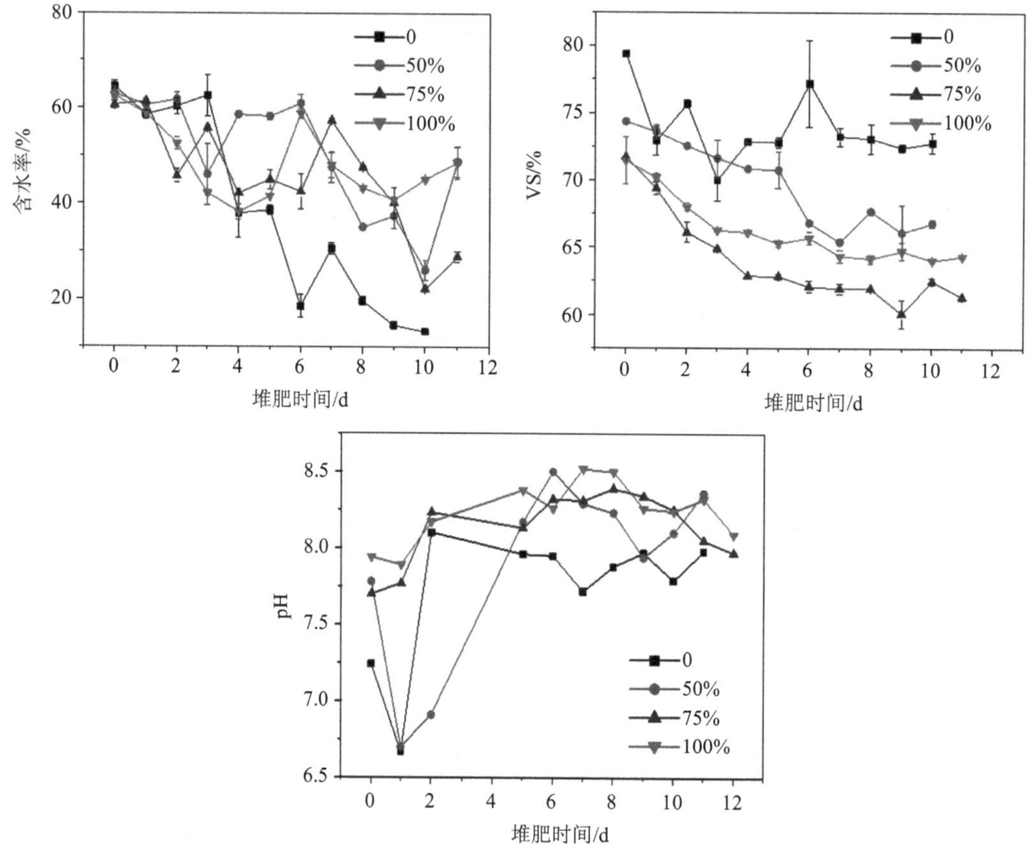

图 4.5　反应器堆肥不同回流比污泥含水率、VS、pH 随时间变化

从图 4.5 可以看出，堆肥初期微生物对有机物降解速率较快，回流比为 0、50%、75%、100%堆体从开始到第 6 d，VS 分别降低了 6.59%、7.54%、9.65%、5.77%，之后降解速率变小，VS 含量降低平缓。总体来看，各堆体 VS 降低幅度均没有超过 10%，有机质含量高，需要二次发酵进一步降解；各堆体堆肥过程中 pH 的变化趋势。可以看到各堆体污泥 pH 变化较为平稳，基本维持在适宜微生物生长的 pH 范围（6.5～8.5），无需调节 pH。

4）回流比对污泥营养元素、重金属含量及种子发芽指数的影响。营养元素和重金属含量是衡量堆肥作为农作物肥料的重要指标。从图 4.6 可以看出，绿化废物回流比对堆肥营养元素、重金属含量影响很小。

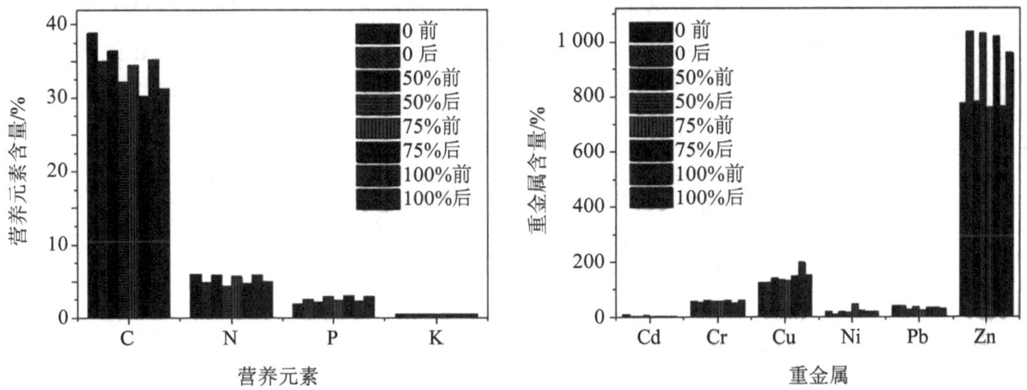

图 4.6　反应器堆肥不同回流比堆体堆肥前后营养元素、重金属含量变化

C 元素随微生物对有机质的分解作用而逐渐减小，但由于堆肥周期较短，其降低量有限，在 15%以内。堆肥过程中产生 NH_3 并挥发，导致堆肥后 N 元素含量降低，而 P、K 元素含量略有上升，堆肥后 N、P、K 含量都分别在 4.50%、2.50%、0.45%之上，营养元素含量满足《城镇污水处理厂污泥处置　园林绿化用泥质》（GB/T 23486—2009）的要求。

在重金属元素中，Zn 元素含量较高，堆肥后达到 1 000 mg/kg，难以满足《城镇垃圾农用控制标准》（GB 8172—87）的要求，但可满足《城镇污水处理厂污泥处置　园林绿化用泥质》（GB/T 23486—2009）的规定。通过对各堆体成品堆肥的检测，当绿化废物 100%回流时，堆肥种子发芽率为 65%，发芽指数为 11%，而其他堆体堆肥未见种子发芽，说明绿化废物 100%回流时，堆肥效果相对较好，但仍不满足相关要求，必须经过二次发酵使其进一步腐熟。

4.3.1.2　物料配比对堆肥过程的影响研究

（1）试验方法

试验采用 100%回流绿化废物，通风强度为 60 L/（h·kgVS），连续通风方式下运行，共设 3 个堆体，反应器堆肥不同物料配比堆体编号与初始含水率如表 4.8 所示。

表 4.8　反应器堆肥不同物料配比堆体编号与初始含水率

配比	编号	初始含水率/%
污泥：绿化废物=1：1	1：1	62.67
污泥：绿化废物=3：2	3：2	60.67
污泥：绿化废物=2：1	2：1	65.35

（2）结果分析

1）配比对堆体温度的影响。各堆体温度随时间变化如图 4.7 所示，可以看出环境温度维持在 15～20℃，对堆体温度变化过程影响较小。虽然 1∶1 堆体最高温度可以达到 67℃，但其高温期维持时间最短，55℃以上只能维持 2 d。《粪便无害化卫生标准》（GB 7959—87）规定，要杀灭堆体中的病原菌和有害微生物，堆温在 50～55℃以上需维持 7 d 或在 55℃以上维持 3 d，显然 1∶1 堆体不符合要求，而 3∶2、2∶1 堆体皆可满足标准，且 2∶1 堆体维持高温时间更长，杀菌效果更好。

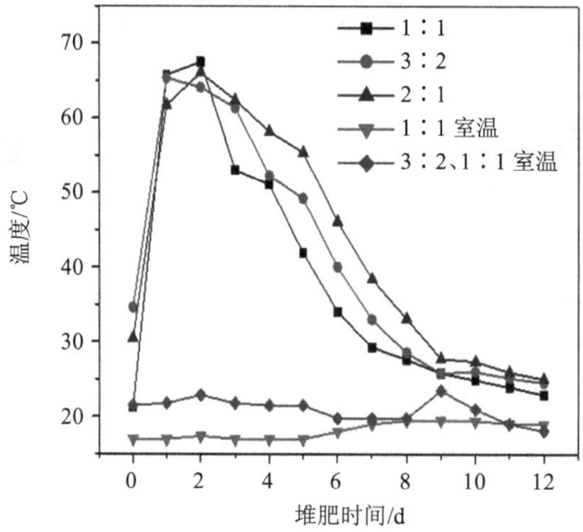

图 4.7 反应器堆肥不同物料配比堆体温度随时间变化

2）配比对堆体中 O_2、CO_2 含量的影响。配比对堆体中 O_2、CO_2 含量的影响见图 4.8。可以看出当堆肥进行 1 d 时，堆体中 O_2 含量达到最小，同时 CO_2 含量达到最大，说明此时微生物活动最旺盛，消耗 O_2 量最大，同时分解有机物的速率最大。2 d 后，微生物活性急剧下降，O_2 含量也在 2 d 之后迅速回升。6 d 后 O_2 含量已比较稳定，且缓慢上升，而对于同一堆体，O_2 含量与 CO_2 含量变化趋势正好相反。

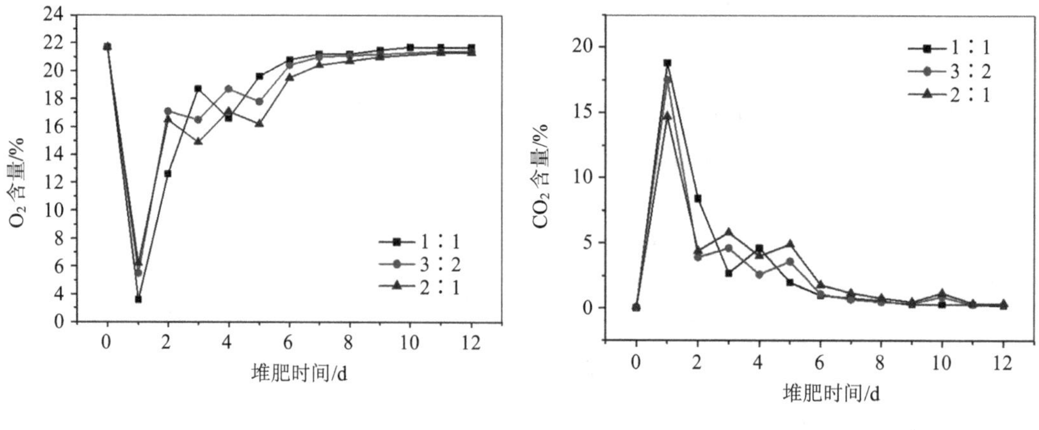

图 4.8 反应器堆肥不同物料配比堆体 O_2、CO_2 含量随时间变化

1 d 时 1∶1 堆体 O_2、CO_2 含量分别为 3.6%、18.8%，微生物活动最为旺盛，这是因为 1∶1 配比堆体的初始条件更适合微生物生长，但其 O_2 含量的上升速率最快，CO_2 含量下降速率最快，因为该堆体污泥量少，相应有机质含量少，随着堆肥的进行，有机质含量成为微生物活动的限制因素。2∶1 堆体污泥含量多，有机质含量多，可维持微生物旺盛代谢时间较长，O_2 含量上升速率和 CO_2 含量下降速率都较小。

3）配比对堆体含水率、VS、pH 的影响。不同物料配比堆体含水率、VS、pH 随时间变化情况如图 4.9 所示，可以看出，1∶1、3∶2、2∶1 堆体的含水率分别从 62.67%、60.67%、65.35%降至 30.60%、35.51%、30.13%，2∶1 堆体由于污泥含量更多，含水量较大，水分去除速率相对较慢，更适宜微生物活动。

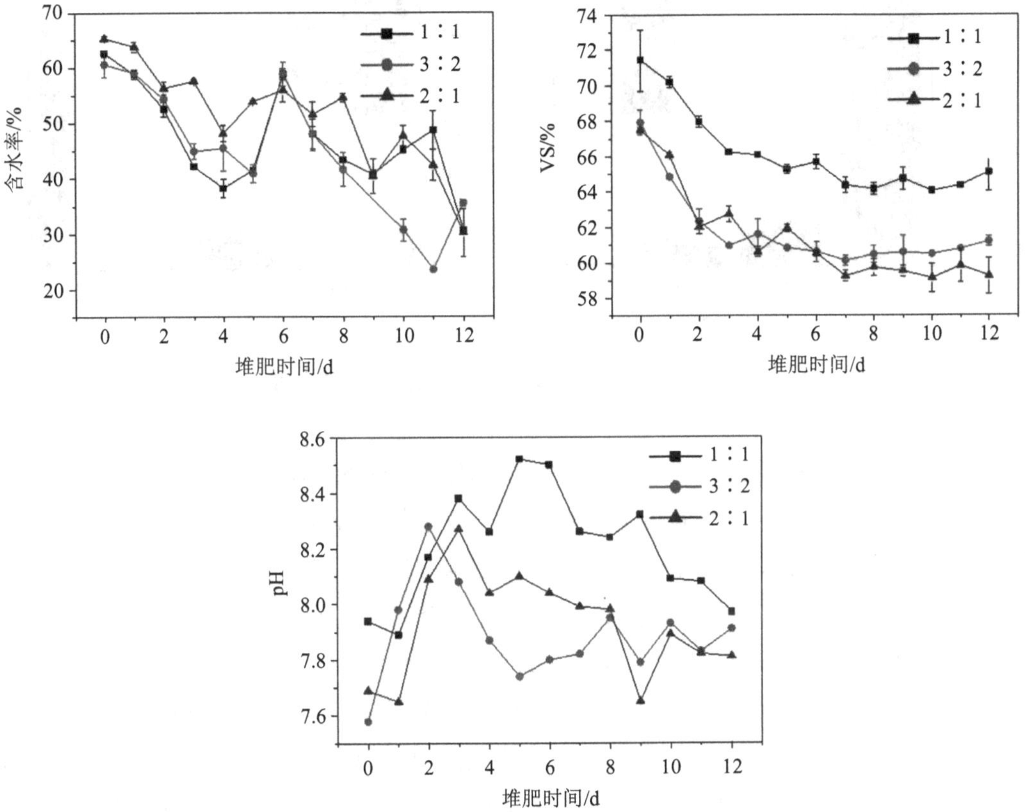

图 4.9　反应器堆肥不同物料配比堆体含水率、VS、pH 随时间变化

从图 4.9 可以看出，各堆体 VS 含量随着堆肥过程的进行而逐渐减小，1∶1 堆体 VS 从 71.45%降至 65.07%，降解率为 8.93%；3∶2、2∶1 堆体 VS 分别从 67.95%、67.51%降至 61.19%、59.23%，降解率分别为 9.95%、12.26%，可见 2∶1 堆体 VS 降解率最大，这与该堆体维持中高温及适宜含水率时间较长密切相关。

图 4.9 中各堆体 pH 均呈先升高后降低趋势，这是堆肥产生的 NH_3 溶于污泥中，而在

堆肥后期污泥含水率下降，NH_3挥发造成的。堆肥过程中各堆体污泥 pH 都处于 7.5～8.5，适合微生物生长，无需调节 pH。

4）配比对营养元素、重金属含量的影响。各堆体堆肥前后营养元素及重金属含量见图 4.10，可以看出，各堆体营养元素及重金属含量变化趋势较为一致。微生物降解有机 C 生成 CO_2 排入大气，堆肥后污泥 C 元素含量减小，但都保持在 29.00%以上，N、P、K 元素含量也分别都在 4.40%、2.90%、0.50%以上；对于重金属，堆肥前后含量变化不大；营养元素与重金属含量均符合《城镇污水处理厂污泥处置　园林绿化用泥质》（GB/T 23486—2009），但不符合《城镇垃圾农用控制标准》（GB 8172—87），不适合直接农用。

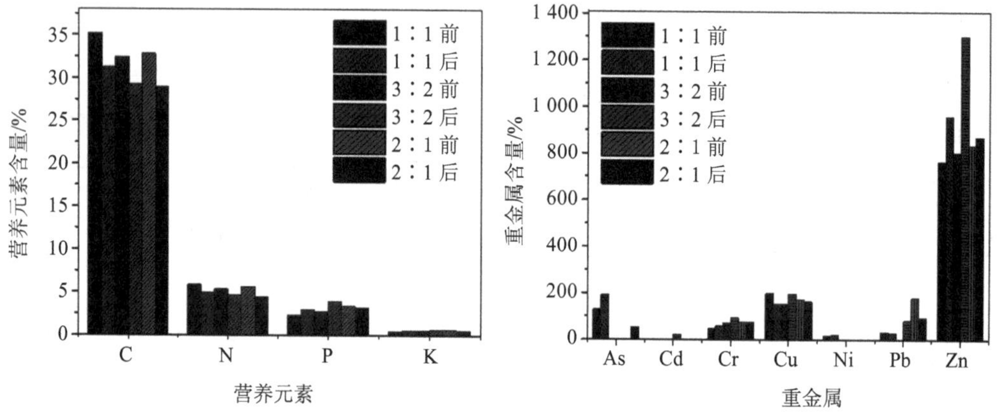

图 4.10　反应器堆肥不同物料配比堆体堆肥前后营养元素、重金属含量变化

综上，当污泥与绿化废物配比为 2：1 时，堆体可在 55℃以上维持 5 d，最高温度为 66℃，满足《粪便无害化卫生标准》（GB 7959—87）有关高温杀菌的要求，由于堆体污泥含量高，有机质含量高，水分含量大，维持中高温时间长，进而微生物活性增强，VS 下降率较大，达到 12.26%。最终堆体的营养元素、重金属含量虽然满足《城镇污水处理厂污泥处置　园林绿化用泥质》（GB/T 23486—2009），但种子发芽指数为 21.05%，仍不符合要求，需要进一步研究控制条件。堆肥过程中无需对 pH 进行调节。1：1 堆体 55℃以上只能维持 2 d，种子发芽指数低；3：2 堆体虽然高温期可维持 3 d，基本达到规范要求，种子发芽指数更高，但与 2：1 堆体相比，其杀菌效果较差。因此综合来看，污泥与绿化废物 2：1 配比时堆肥效果最好。

4.3.1.3　通风强度对堆肥过程的影响研究

（1）试验方法

强制通风，通风强度可调控是反应器堆肥一大特点。通风强度大，堆体充分维持好氧环境，微生物生命活动旺盛，堆体中水分可被及时带出，但同时会将大量热量带出，对堆温造成影响，难以杀灭病原体；通风强度小，堆体可能形成厌氧环境，O_2 成为微生物活动限制因素，严重影响好氧堆肥效果。可见，选择合适的通风强度对反应器堆肥工艺至关重要。

试验在前期试验基础上展开，即采用 100%回流绿化废物，污泥与绿化废物配比取 2∶1（湿基比）。由于前期试验通风强度取 60 L/（h·kgVS）时，1 d 后堆体 O_2 含量为 6.2%，而一般认为堆体中适宜的 O_2 含量为 10%～18%，因此试验中设置 3 个堆体，适度增大通风强度，具体数据见表 4.9。

表 4.9　反应器堆肥堆体编号、不同通风强度初始含水率

编号	通风强度/［L/（h·kgVS）］	初始含水率/%
1	60	65.35
2	90	67.60
3	120	64.10

（2）结果分析

1）通风强度对堆肥温度的影响。不同通风强度下，堆体温度随时间变化情况见图 4.11。温度 1 d 后迅速上升至 55℃以上，2 d 达到最高温，之后迅速下降，通风强度为 120 L/(h·kgVS）时温度下降最快，第 10 d 时，堆体温度已接近室温。堆肥过程中环境温度维持在 15～30℃。

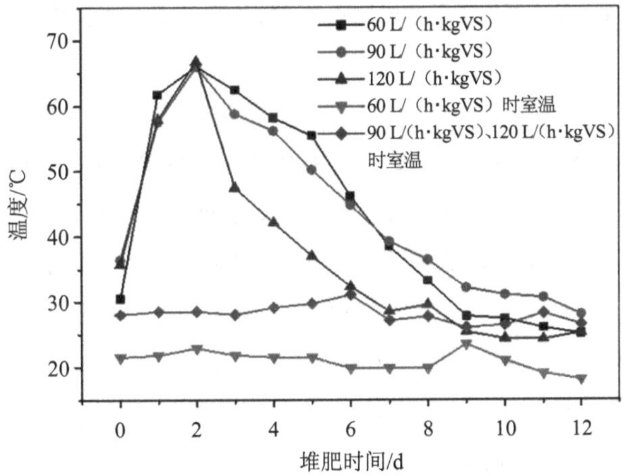

图 4.11　反应器堆肥不同通风强度下堆体温度随时间变化

不同通风强度下，堆体温度特征见表 4.10。从表可以看出，当通风强度为 120 L/(h·kgVS）时，通风强度过大，虽然也可达到比较高的温度，但热量迅速被强风带出堆体，55℃以上只能维持 2 d；当通风强度为 60 L/（h·kgVS）、90 L/（h·kgVS）时，堆体中高温期均可维持较长时间，满足《粪便无害化卫生标准》（GB 7959—87）中相关规定，且前者杀菌效果更好。

表 4.10 反应器式堆肥不同通风强度堆体温度特征

通风强度/［L/（h·kgVS）］	50℃以上天数/d	55℃以上天数/d	最高温度/℃
60	5	5	66
90	5	4	66
120	2	2	67

2）通风强度对堆体中 O_2、CO_2 含量的影响。从图 4.12 可以看出，不同通风强度下，堆体中 O_2、CO_2 变化比较明显，说明通风强度对堆体中 O_2、CO_2 含量有显著影响。

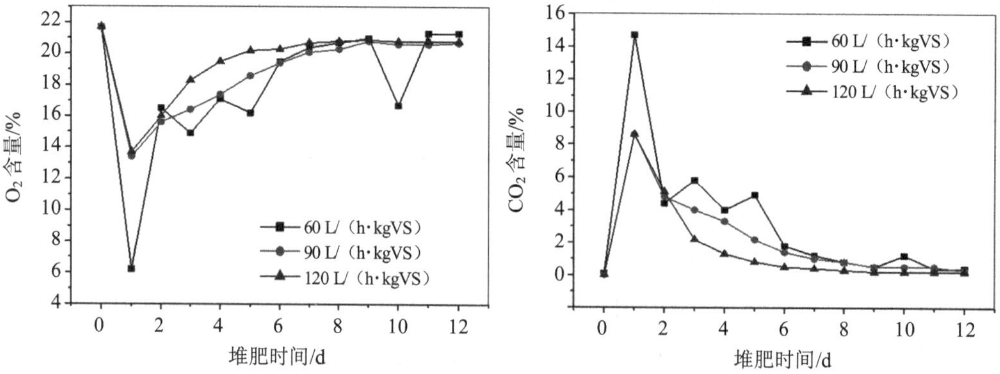

图 4.12 反应器堆肥不同通风强度下堆体 O_2、CO_2 含量随时间变化

通风强度为 60 L/（h·kgVS），1 d 时 O_2 含量为 6.2%，低于微生物适宜含氧量，CO_2 含量也较高，达到 14.7%；当通风强度增大到 90 L/（h·kgVS）、120 L/（h·kgVS），1 d 时 O_2 含量已高于 13.0%，满足微生物需求，CO_2 含量也低于 9.0%。造成上述现象是高通风强度为微生物提供了充足的 O_2，而大量空气也将微生物产生的 CO_2 浓度稀释。

1 d 后，120 L/（h·kgVS）的通风强度使堆体中 O_2 含量迅速增大，5 d 左右即可接近空气中氧含量，通气量过剩；通入 60 L/（h·kgVS）空气时，O_2 含量缓慢增长，8 d 左右接近空气氧含量；通风强度为 90 L/（h·kgVS）时情况介于前两者之间。总体来看，60 L/（h·kgVS）、90 L/（h·kgVS）是较为适宜的通风强度。

3）通风强度对污泥含水率、VS、pH 的影响。堆体含水率的大小主要取决两个因素，堆体温度和通风强度。当堆温较高时，水分能迅速蒸发至堆体缝隙的空气中，此时如果通风强度大，则可将水蒸气及时带出，使堆体含水率下降。当堆体温度高而通风强度低时，水分难以及时排出；当堆体温度较低时微生物活性低，水分难以从污泥中蒸发出来，较大通风强度也不能使含水率迅速下降。

从图 4.13 可以看出，通风强度为 120 L/（h·kgVS）时，堆体初始含水率为 64.10%，12 d 后下降至 43.20%，由于堆温较低，最终水分去除率为 32.61%；通风强度为 90 L/（h·kgVS）时，含水率从 67.60%降至 48.80%，水分去除率为 27.81%，此时堆温与通风强度适中，堆体最终归含水率相对更适合微生物生长；当通风强度降至 60 L/（h·kgVS）时，含水率从 65.35%降至 30.13%，水分去除率为 53.89%，去除率过高，且最终含水率已不适于微生物的新陈代谢，这是因为堆肥高温期持续时间长，水分过度蒸发的缘故。

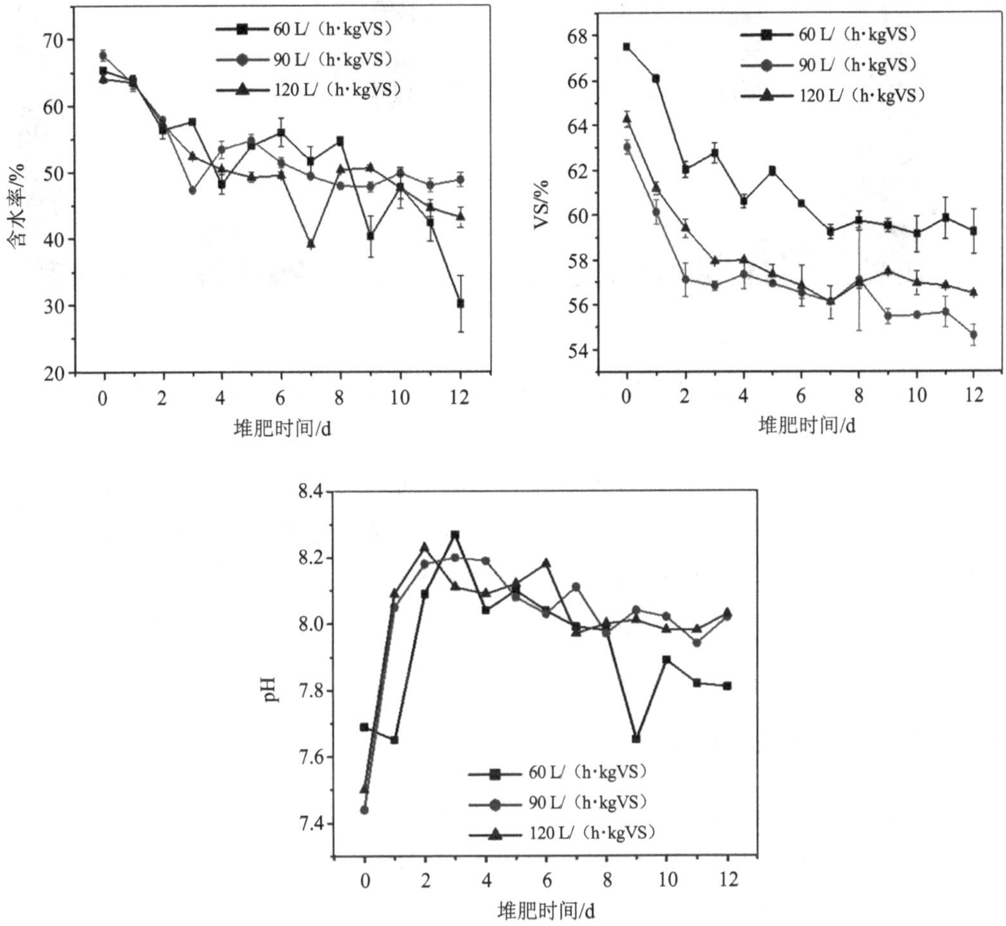

图 4.13 反应器堆肥不同通风强度下堆体含水率、VS、pH 随时间变化

从图 4.13 可以看出，90 L/（h·kgVS）的通风强度可使 VS 在 12 d 内下降 13.39%，当通风强度为 60 L/（h·kgVS）、120 L/（h·kgVS）时，VS 分别下降 12.26%、12.18%，90 L/（h·kgVS）的通风强度使污泥 VS 下降最多，微生物在堆肥期内平均活性最高。各堆体的 pH 在堆肥过程中都处于 7.0～8.4，符合微生物生长条件，无需对堆体的 pH 进行调节。

4）通风强度对污泥营养元素、重金属含量的影响。不同通风强度条件下，堆体堆肥前后营养元素、重金属含量变化情况见图 4.14。从图 4.14 中可以看出，堆体由于微生物的分解作用，污泥中的 C、N 元素被转化为 CO_2、NH_3 排出堆体，故其含量降低，而 P、K 元素堆肥前后变化不大。污泥中重金属堆肥前后变化不大。在 60 L/（h·kgVS）、90 L/（h·kgVS）、

120 L/（h·kgVS）的通风强度条件下，各堆体的营养元素、重金属含量均满足《城镇污水处理厂污泥处置　园林绿化用泥质》（GB/T 23486—2009）的要求。

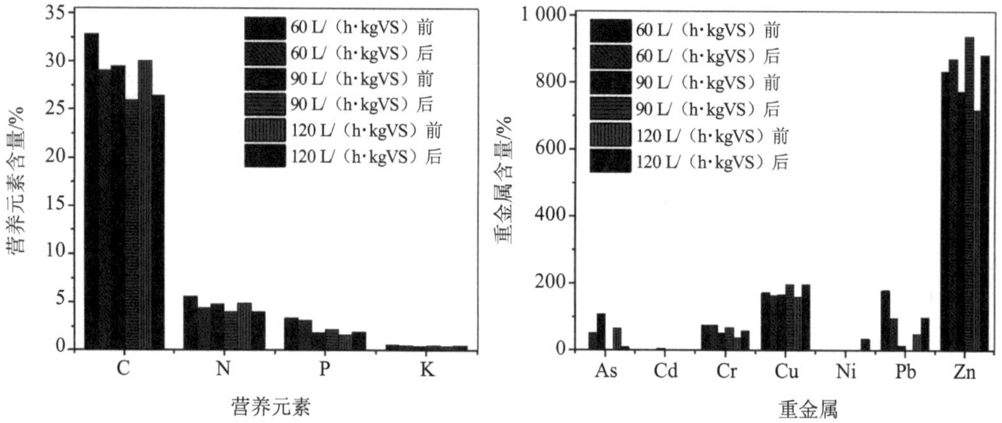

图 4.14　反应器堆肥不同通风强度下堆体堆肥前后营养元素、重金属含量变化

通风强度过大，堆体高温期持续时间短，杀菌效果差导致种子发芽指数低；通风强度小，高温期持续时间长，O_2供应在 1 d 时过少，这些因素会导致微生物活性下降，有机质降解量少，堆肥毒性大。通风强度为 90 L/（h·kgVS）时，种子发芽指数最好，但仍不满足《城镇污水处理厂污泥处置　园林绿化用泥质》（GB/T 23486—2009）的要求，需要进行二次发酵，进一步降低堆肥毒性。

4.3.2　共堆肥工艺及参数优化

通过污泥-绿化废物共堆肥中试研究，可以优化堆肥物料配方及比例，确定合理的调理剂类型和物流回流比。中试试验规模为 10～20 t，条垛高 1.5 m，宽 1.8 m，长 50 m，采用条垛式堆肥，如图 4.15（a）所示。试验所用市政污泥为苏州市某生活污水处理厂的脱水污泥。绿化废物主要为苏州市绿化树修剪树枝，经过破碎后，最终获得木片-可循环多功能调理剂，如图 4.15（b）所示，调理剂厚 3 mm 左右，直径 2～3 cm。

堆肥厂棚长 70 m，宽 6 m，棚顶有塑料布遮盖，阳光可以透过；厂棚四周与外界相通，通风性能良好；地面经过水泥硬化，可供大型机械工作。试验中所使用的机械包括大型铲车、单轨式自动翻抛机［图 4.15（c）］、卡车。翻抛机最大翻抛容量 300 m^3/h，翻抛高度 1. 6 m。试验过程中，每 2 天左右翻堆一次。当堆体温度降至 35℃左右时，堆肥结束。

（a）条垛式堆肥　（b）木片-可循环多功能调理剂　（c）单轨式自动翻抛机

图 4.15　条垛式堆肥及翻抛过程

4.3.2.1　堆肥物料配方及比例优化

4.3.2.1.1　试验材料

条垛式堆肥污泥、绿化废物初始性质见表 4.11。试验共设 4 个堆体，条垛式堆肥不同物料配比情况及编号见表 4.12。

表 4.11　条垛式堆肥污泥、绿化废物初始性质

试验材料	含水率/%	VS/%	C/N
污泥	84.63±0.01	62.24±0.19	6.63
绿化废物	25.80±1.19	98.59±0.27	22.79

表 4.12　条垛式堆肥不同物料配比情况及编号

物料配比	初始含水率/%	编号
污泥：绿化废物=3：1	77.61	3：1
污泥：绿化废物=4：1	74.45	4：1
污泥：绿化废物=5：1	79.48	5：1
污泥：绿化废物=6：1	79.75	6：1

4.3.2.1.2　堆肥过程与采样方法

首先，利用卡车在地磅秤上称量出适当比例的堆肥材料，之后利用铲车进行掺混，直至污泥均匀包裹调理剂，堆体整体呈现较均匀灰色。其次，将堆体在厂棚中堆成条垛，放置 4 d 左右，之后用翻堆机进行翻堆。条垛高 1 m，宽 1.8 m，长 5 m 左右。试验过程中，每 4 d 左右翻堆一次。当堆体温度降至 30℃左右时，堆肥结束。

为了保证采样均匀，选取堆体长度方向中间截面，在中垂线距表层下 10 cm 处取样 20 g，同时在中垂线左右 50 cm 处和堆体表层下 10 cm 处各取 20 g 样品，将 60 g 样品混合均匀，作为一次采样。

条垛式堆肥的监测参数包括堆体温度、O_2与CO_2含量、污泥含水率、VS、pH、营养元素含量、重金属含量、种子发芽指数。

条垛式堆体易受外界因素干扰，且中试规模大，翻堆易造成取样点样品性质波动，导致部分参数分散性较大，为了清晰地看出监测结果，本书在部分参数随堆肥时间变化图中用趋势线的形式描述各参数的变化趋势。

4.3.2.1.3 结果分析

（1）不同物料配比对堆温的影响

各堆体温度随时间变化如图 4.16～图 4.19 所示。环境温度为–1～13℃，堆体表层直接与环境空气相接，温度较低；随着深度增加，堆温逐渐上升，在堆高 60 cm 左右时，达到最高值；之后随着堆体深度增加，堆温缓慢下降。

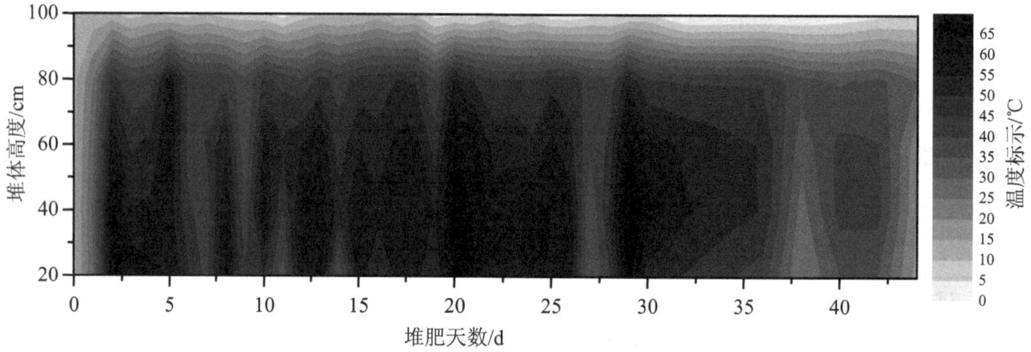

图 4.16 条垛式堆肥 3∶1 堆体温度随时间变化

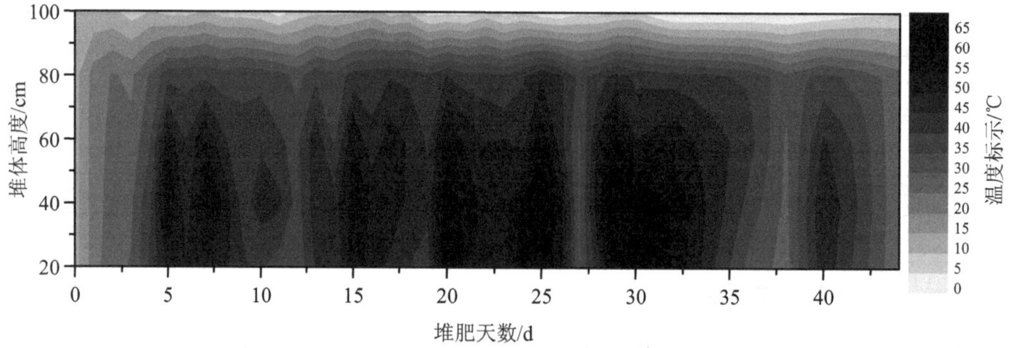

图 4.17 条垛式堆肥 4∶1 堆体温度随时间变化

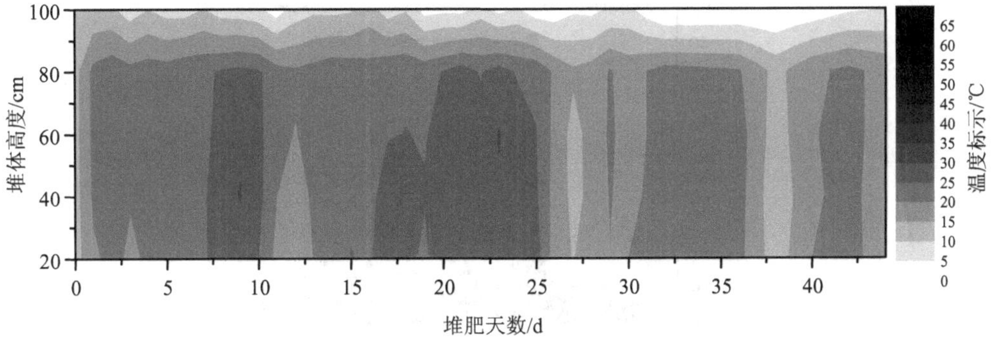

图 4.18　条垛式堆肥 5∶1 堆体温度随时间变化

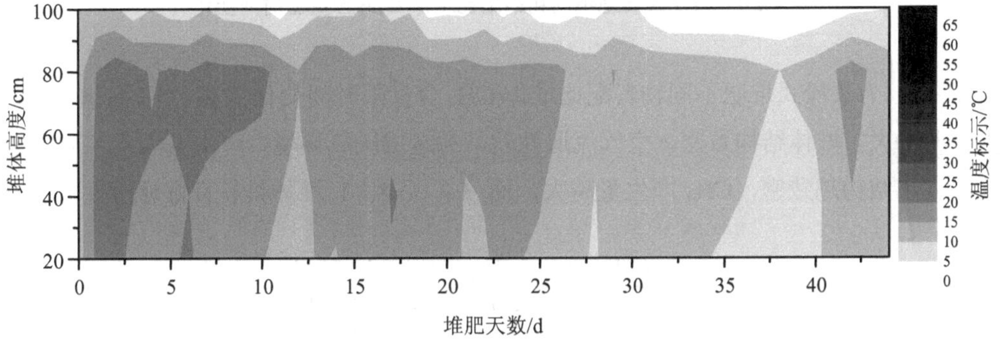

图 4.19　条垛式堆肥 6∶1 堆体温度随时间变化

堆肥开始后，3∶1 堆体迅速升温，2 d 后即可到达 66℃，且高温持续时间长，55℃以上高温可以维持 21 d，最高温度可达到 71℃，满足杀死病原菌及有害微生物的条件，但降温速度较慢，44 d 后堆温才能降至 30℃以下；4∶1 堆体升温速度较慢，第 5 天温度才可升至 60℃以上，最高温度 69℃，55℃以上高温可以维持 12 d，也满足杀菌要求，但效果不如 3∶1 堆体，同样在 44 d 时堆温可降至 30℃以下。

（2）不同物料配比对气态物质释放量的影响

图 4.20 为条垛式堆肥不同物料配比堆体 CO_2 含量随时间变化情况。从图可以看出，3∶1、4∶1 堆体中 CO_2 含量堆肥初期逐渐升高，说明此时微生物活性逐渐增强，后期随着可利用有机质含量降低，堆体中 CO_2 含量逐渐下降，44 d 时分别为 4.1%、2.1%。5∶1、6∶1 堆体虽然堆体温度低，但厌氧菌生命活动依然使得堆体中有较高 CO_2 含量，随着翻堆进行，CO_2 逸散加剧，含量降低。

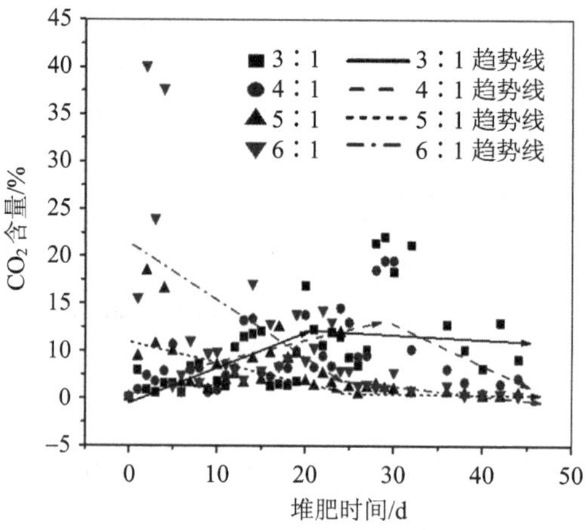

图 4.20 条垛式堆肥不同物料配比堆体 CO_2 含量随时间变化

图 4.21 为条垛式堆肥不同物料配比堆体 CH_4 含量随时间变化情况。5∶1、6∶1 堆体由于污泥量大，堆体结构致密，空气流通性差，易造成厌氧环境，产生 CH_4 等气体，且污泥量越大，结构越致密，CH_4 产生量越大，而 3∶1、4∶1 堆体具有良好通透性，未检测到 CH_4。

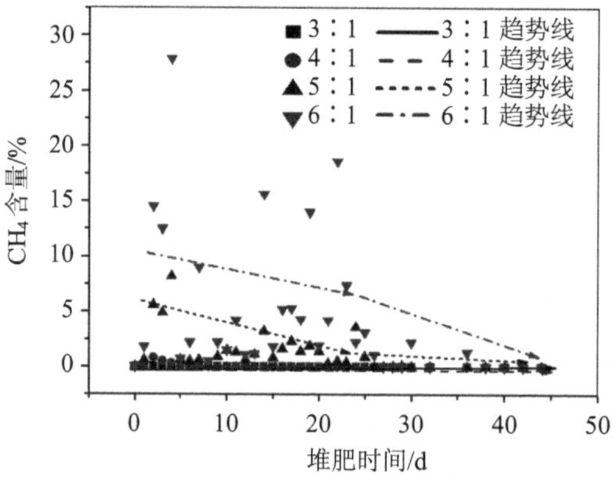

图 4.21 条垛式堆肥不同物料配比堆体 CH_4 含量随时间变化

由于污泥的高氮特性，堆肥在微生物的作用下，会产生大量 NH_3，当堆体温度高时，污泥含水率迅速下降，NH_3 也会迅速挥发；当堆体温度低时，微生物活性小，NH_3 产生量少，且污泥含水率高，不易挥发，如图 4.22 所示。3∶1、4∶1 堆体温度高，NH_3 释放速率在堆肥初期迅速增加，分别在 6 d、7 d 时达到最大的 108.28 mL/（m^2·min）、89.81 mL/（m^2·min），之后随着 N 元素含量减少，NH_3 产生量减少，其释放速率逐渐降低。对于 5∶1、6∶1 堆体，由于其温度较低，NH_3 释放速率一直处于低位。

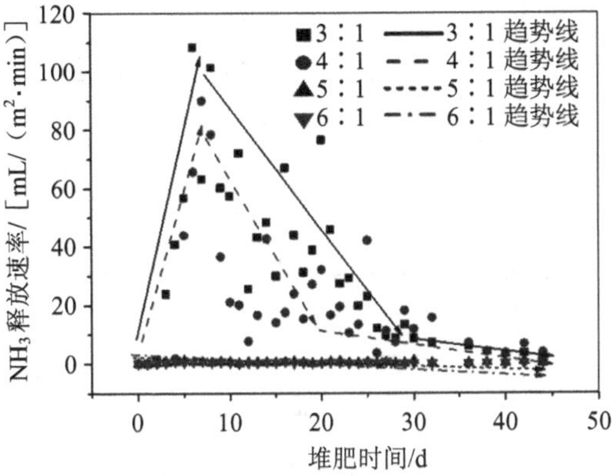

图 4.22　条垛式堆肥不同物料配比堆体 NH_3 释放速率随时间变化

（3）不同物料配比对污泥含水率、VS、pH 的影响

条垛式堆肥不同物料配比堆体含水率、VS、pH 随时间变化见图 4.23。由于 3∶1、4∶1 堆体堆肥初期有机质含量高且温度较高，微生物活性高，故堆体含水率和 VS 在堆肥初期迅速降低，24 d 时含水率从开始的 78%左右分别降至 49.54%、56.68%，VS 从 60%左右分别降至 47.31%、50.49%，而在 24 d 之后两项指标降低缓慢。相较来说，4∶1 堆体由于污泥量更大，虽然堆体过程中温度较高，但含水率在 44 d 堆肥结束时依然为 56.68%，而 3∶1 堆体 44 d 时含水率下降至 48%左右，堆肥物理性状更好，污泥与绿化废物更易分离，更利于后期肥料的制作。

5∶1、6∶1 堆体情况类似，温度较低，含水率去除主要靠翻堆完成，最终都降至 60%左右；翻堆使得污泥整体都有与空气接触的机会，VS 缓慢下降，44 d 分别降至 53.18%、51%。

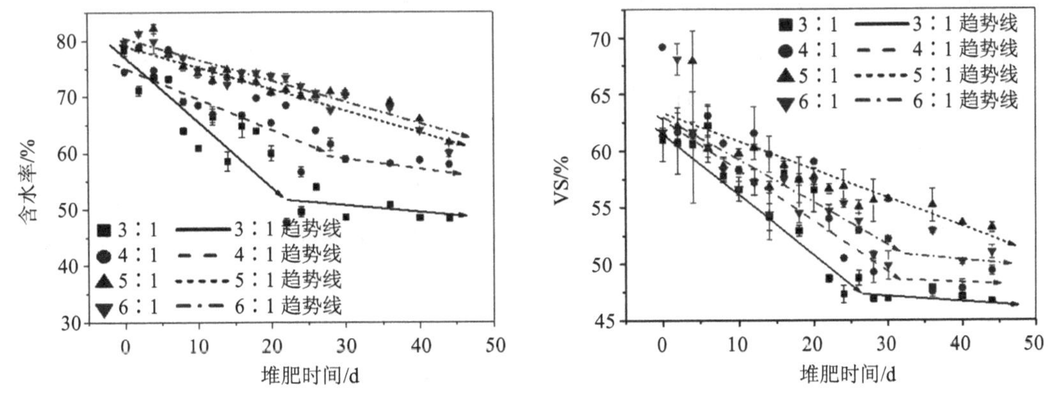

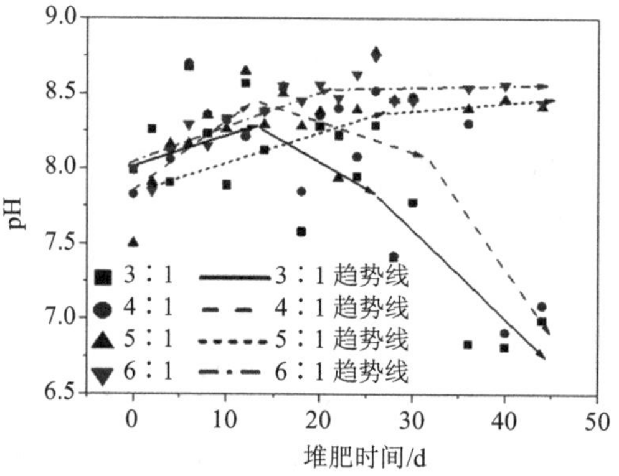

图 4.23 条垛式堆肥不同物料配比堆体含水率、VS、pH 随时间变化

从图 4.23 可以看出，堆肥初期污泥 pH 逐渐升高，这是由于堆体中 NH_3 生成并溶于含水率较高的污泥中，3∶1、4∶1 堆体温度高，水分蒸发速率快，因此堆肥后期 NH_3 逸散较多，pH 降至 7 左右，而另外两堆体中溶解的 NH_3 仍较多，pH 一直处于高位。总体来看，各堆体污泥 pH 基本处于 6.5～8.5，适合微生物生长，无需在堆肥过程中调节 pH。

（4）不同物料配比对营养元素、重金属含量及种子发芽指数的影响

条垛式堆肥不同物料配比堆体堆肥前后营养元素、重金属含量变化情况见图 4.24，从图可以看出，各堆体营养元素含量变化趋势较为一致，随着微生物对污泥的作用，污泥中 C、N 含量明显降低，从 29.17%、4.4%降至 20%、2.5%左右；P 含量一直保持在 1.4%左右；K 含量均有所上升，从 0.65%升至将近 1.50%。总体来看，营养元素含量满足《城镇污水处理厂污泥处置　园林绿化用泥质》（GB/T 23486—2009）与《城镇垃圾农用控制标准》（GB 8172—87）的要求。

图 4.24 中污泥所含重金属种类中，Zn 元素含量最高，污泥与绿化废物共堆肥后，Zn、Cr 元素含量明显下降，这可能是堆肥后样品中不可避免地混有绿化废物，其 Zn、Cr 的元素含量低于污泥，导致堆肥后这些重金属含量减小。其他重金属含量堆肥前后变化不大。堆肥后，各堆体的污泥重金属含量完全满足《城镇污水处理厂污泥处置　园林绿化用泥质》（GB/T 23486—2009）、《农用污泥中污染物控制标准》（GB 4284—84）的要求，可作为中性、酸性及碱性农田及林地肥料使用。

从表 4.13 可以看出，各堆体种子发芽指数均有不同程度的提升，相对而言，3∶1 堆体发芽率提升更多，且满足《城镇污水处理厂污泥处置　园林绿化用泥质》（GB/T 23486—2009）中对污泥种子发芽指数的要求。

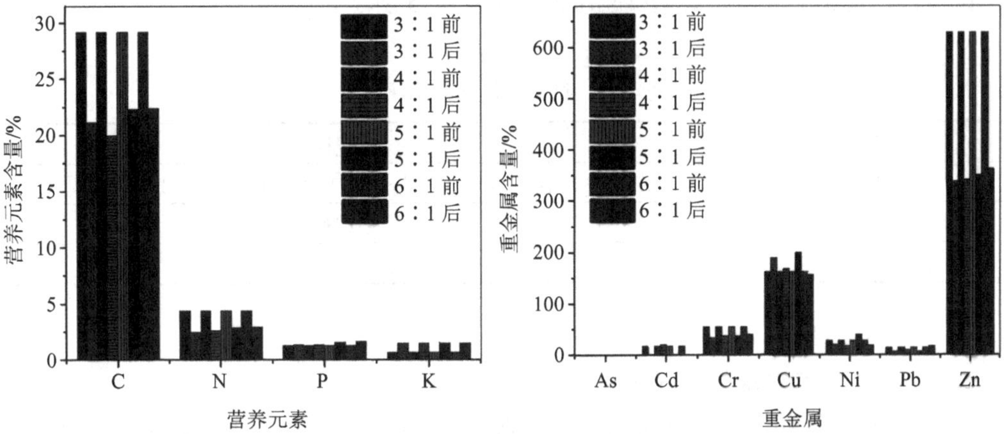

图 4.24　条垛式堆肥不同物料配比堆体堆肥前后营养元素、重金属含量变化

表 4.13　条垛式堆肥不同物料配比堆体堆肥前后种子发芽指数变化

堆体编号	种子发芽指数 GI/%	
	堆肥前	堆肥后
3：1	40.68	70.86
4：1	40.68	51.11
5：1	40.68	43.92
6：1	40.68	52.28

4.3.2.2　调理剂类型对堆肥过程影响研究

4.3.2.2.1　试验方法

本试验向污泥中添加粉煤灰并利用硅藻土基多孔陶瓷调理剂代替绿化废物作为调理剂。其中，粉煤灰含水率较低，调理含水率效果好。在最适调理剂试验中，原料包含添加15%粉煤灰的污泥，故将此粉煤灰与污泥的混合物也列入试验原料。试验材料初始性质见表 4.14。

表 4.14　试验材料初始性质

试验材料	含水率/%	VS/%	C/N
污泥	84.63±0.01	62.24±0.19	6.63
绿化废物	25.80±1.19	98.59±0.27	22.79
粉煤灰	37.31	17.56	24.55
污泥（含 15%粉煤灰）	67.42±1.14	48.63±2.20	9.32

试验共设置 3 个堆体，其物料配比设置如表 4.15 所示。

表 4.15 试验堆体物料配比设置

堆体编号	物料配比
1 号堆	污泥（含 15%粉煤灰）：绿化废物=3：1
2 号堆	污泥：绿化废物=3：1
3 号堆	污泥：陶粒=3：1

4.3.2.2.2 结果分析

（1）不同调理剂对堆体温度的影响

堆体中微生物利用污泥中有机质进行新陈代谢，同时产生大量热量可使堆体升温，温度是反映堆肥效果最直接的指标。根据《粪便无害化卫生标准》（GB 7959—87）的规定，堆肥过程中最高堆温在 50～55℃以上维持 7 d 或在 55℃以上维持 3 d，便可认为堆体中有害微生物和病原菌已被杀死。本试验结合监测结果，利用软件对各堆体温度情况进行模拟，见图 4.25～图 4.27。

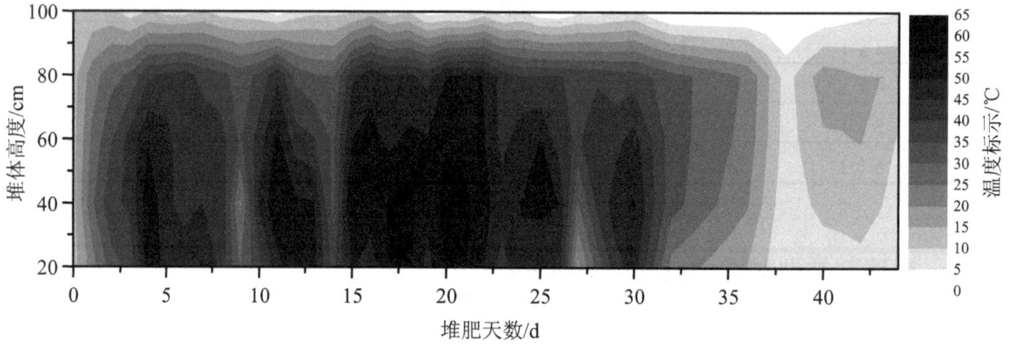

图 4.25 条垛式堆肥 1 号堆体温度随时间变化

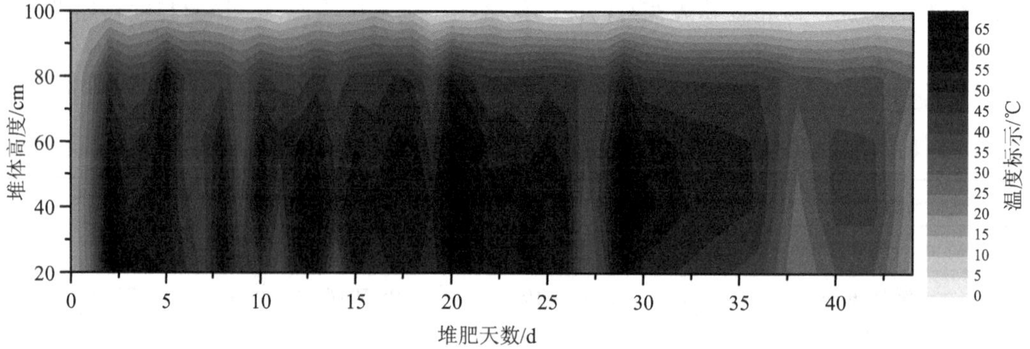

图 4.26 条垛式堆肥 2 号堆体温度随时间变化

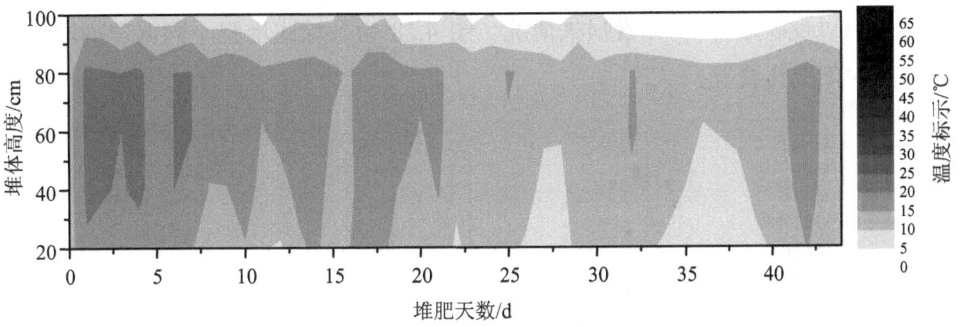

图 4.27　条垛式堆肥 3 号堆体温度随时间变化

当试验进行至第 44 天时，3 个堆体的最高温度均降至 30℃以下，且 1 号、2 号堆体的性状良好，臭味已基本消除，此时一次发酵结束。堆肥期内，由于外界环境温度变化为–1～13℃，始终较低，因此各堆体表面，即堆高 100 cm 处温度较低，随着堆体深度增加，堆温逐渐升高，在堆高 60 cm 处堆温达到最高，之后随着深度的增加，堆温逐渐降低。这是因为堆体温度同时受 O_2 浓度和保温效果的影响。在 60 cm 以上，虽然堆体随深度增加，O_2 浓度减小，但深度增加后保温效果也更好，综合作用使得 60 cm 处有最高温，而在 60 cm 以下，O_2 浓度成为限制微生物活动的因素，此时温度随深度的增加而逐渐减小，但依然能维持较高温度。

各堆体的情况：2 号堆体升温速率最快，2 d 后温度即可上升至 60℃以上，且 55℃以上高温期可以维持 21 d，最高温度可达到 71℃，完全满足杀死病原菌及有害微生物的条件，但降温速度也相对较慢，44 d 后堆温才能降至 30℃以下；1 号堆体升温速率明显慢于 2 号，7 d 温度上升至 50℃以上，12 d 温度可上升至 55℃，但整个堆肥过程最高温度只有 58℃，55℃以上维持时间为 5 d，同样满足杀菌要求，但效果相较于 2 号要差，且在 36 d 后堆温已经可以降至 30℃以下；3 号堆体整个堆肥过程最高温只有 21℃，且堆体温度随着环境温度的降低而降低。

1 号堆体污泥中添加了 15%粉煤灰，虽然含水率下降更明显，但 VS 含量从 62.24%降至 48.63%，微生物可利用的营养物质减少，导致其升温速率下降，最高温、高温持续时间均远低于 2 号。2 号堆体直接用污泥与绿化废物进行共堆肥，可以取得良好的堆肥温度。3 号堆体温度始终较低，这是因为陶粒虽可起到一定的骨架作用，但其微孔结构不如绿化废物发达，在降低含水率、调节碳氮比方面效果较差。另外，陶粒密度大，相对掺混体积小，堆体中污泥致密结构仍然存在，且圆形陶粒在翻堆时损失大，对 3 号效果有严重影响。

（2）不同调理剂对气态物质释放量的影响

微生物活动过程中，消耗 O_2 释放 CO_2，可通过监测堆体中 CO_2 含量来表征微生物活性和反应状态；当 O_2 匮乏时堆体中会发生厌氧反应，产生 CH_4，严重影响堆肥过程；而 NH_3 释放量可以反映堆体 N 元素损失情况。图 4.28 为条垛式堆肥不同调理剂堆体 CO_2、CH_4 含量随时间变化情况。

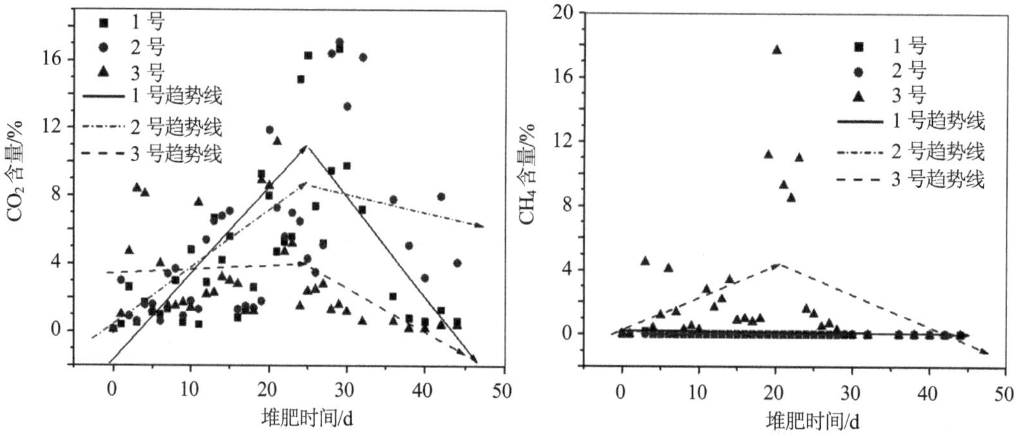

图 4.28 条垛式堆肥不同调理剂堆体 CO_2、CH_4 含量随时间变化

从图 4.28 可以看出，堆肥开始时 1 号堆体中 CO_2 释放速率最快，在 20 d 左右堆体中 CO_2 含量最高，达到 16.3%，30 d 之后，CO_2 含量迅速下降。2 号堆体 CO_2 释放速率较快，在 30 d 左右堆体中 CO_2 含量最高达到 17.1%，之后开始下降但下降速率缓慢，44 d 时，CO_2 依然有 4.1%的含量。3 号堆体中 CO_2 含量没有明显的升高趋势，25 d 以前始终维持在 3.0%左右，之后逐渐下降。

出现上述结果的原因是在 1 号堆体中加入了粉煤灰，污泥含水率下降至 67.42%，相较于其他堆体更适合微生物生长，故其 CO_2 初期释放速率快，但由于 VS 含量同样下降较多，后期 CO_2 含量也迅速下降。2 号堆体随着微生物对环境的适应，CO_2 含量迅速上升，但由于 VS 初始含量高，44 d 堆肥结束时堆体中微生物依然较为活跃。3 号堆体由于调理剂所限，限制了微生物的生长，CO_2 含量一直维持在低位。

图 4.28 中各堆体 CH_4 含量变化可以看到 1 号、2 号堆体中基本监测不到 CH_4，而 3 号堆体中 CH_4 含量有明显的先升高后降低的趋势，且局部 CH_4 含量最高达 17.7%。这说明 1 号、2 号堆体结构疏松，O_2 含量充分，3 号堆体结构致密，出现了局部厌氧反应。

图 4.29 为条垛式堆肥不同调理剂堆体 NH_3 释放速率随时间变化情况。一般来说，NH_3 释放速率与堆体温度呈正相关关系，同时反映了氮素的流失情况。1 号、2 号堆体在 25 d 之前 NH_3 释放速率都比较高，最高分别达到 121.02 mL/（m^2·min）、108.28 mL/（m^2·min），2 号堆体由于温度更高，NH_3 释放速率也更大。由于堆温过低的缘故，3 号堆体的 NH_3 释放速率始终维持在较低水平。

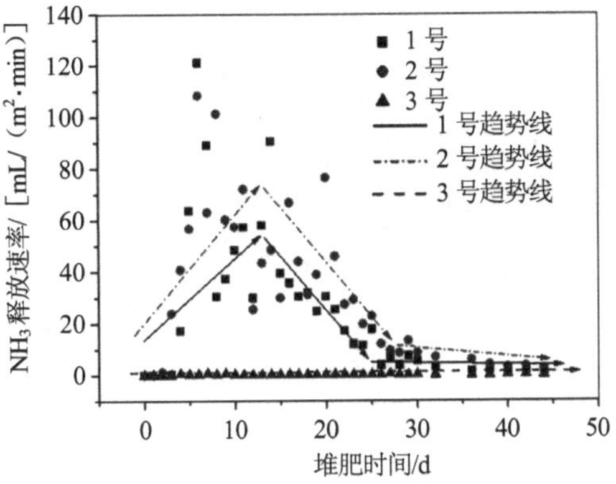

图 4.29　条垛式堆肥不同调理剂堆体 NH_3 释放速率随时间变化

（3）不同调理剂对污泥含水率、VS、pH 的影响

条垛式堆肥不同调理剂堆体污泥含水率、VS、pH 随时间变化情况如图 4.30 所示。堆肥过程中产生的热量，可以使堆体水分快速蒸发，经过翻堆堆体，使水分迅速下降。从图可以看出，各堆体含水率均呈下降趋势。1 号堆体由于添加粉煤灰初始含水率最低，为 67.42%，污泥中含水率在 25 d 之前下降较快，之后随着温度的降低，含水率下降速率也逐渐变缓，最终达到 39.72%。2 号堆体初始含水率为 78.32%，由于堆体温度高且持续时间长，故在 30 d 之前水分去除速率都较快，30 d 之后速度变缓，最终含水率为 48.34%。3 号堆体温度始终较低，含水率从 80.79%降至 59.55%，主要是利用翻堆机进行翻堆时导致水分散失，故其水分去除速率相对稳定且始终较低。

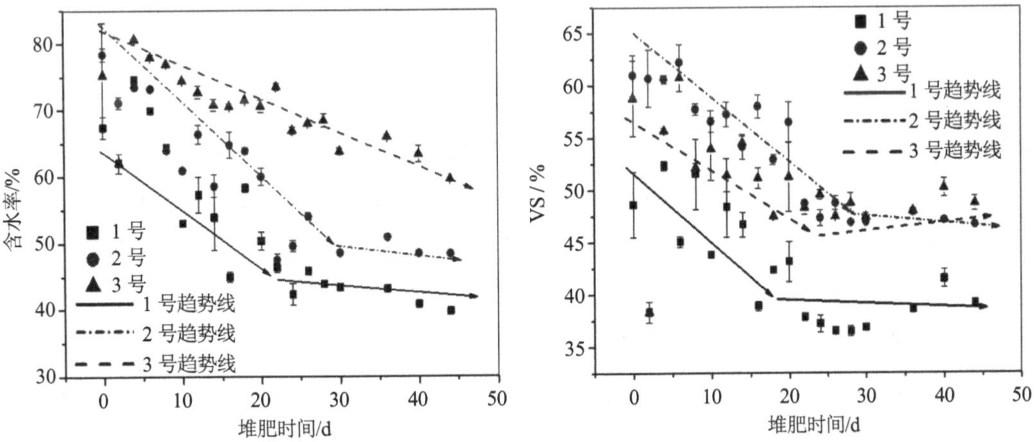

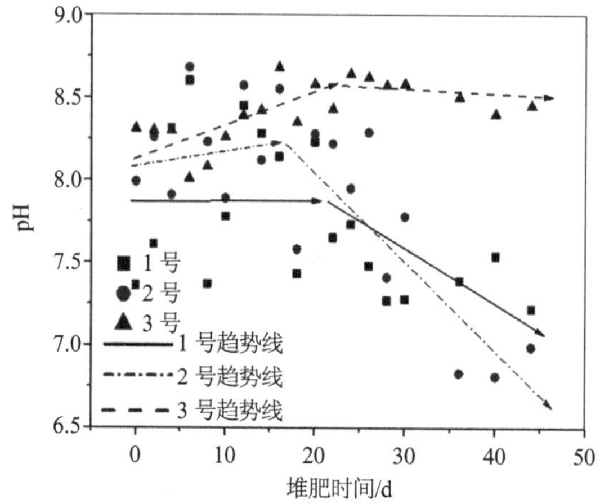

图 4.30　条垛式堆肥不同调理剂堆体污泥含水率、VS、pH 随时间变化

图 4.30 中各堆体 VS 含量的变化可以看出，在堆肥初始阶段堆体中养分充足，微生物降解有机物速率较快，从堆肥开始到第 30 天，1～3 号堆体的 VS 分别从 48.62%、61.00%、58.81%降至 36.85%、46.90%、47.39%，之后降解速率迅速下降，30～44 d VS 含量变化不明显，这主要是因为随着堆肥过程的进行，污泥中易降解的有机质逐渐被利用，难降解物质的比例越来越高，最终对微生物的生长产生抑制作用。

堆肥过程中适宜微生物生长的 pH 为 6.5～8.5，一般来说，污泥堆肥不用调节 pH。堆肥初期各堆体含水率较高，降解过程中产生的 NH_3 溶入高水分污泥中导致 pH 略微升高，12 d 时均达到 8.5 左右。之后 1 号、2 号堆体水分快速蒸发，溶入污泥中的 NH_3 快速散失，pH 也迅速下降，44 d 时分别为 7.2、7.0，而 3 号堆体温度持续低位导致含水率始终较高，最终 pH 为 8.5。

（4）调理剂对营养元素、重金属含量及种子发芽指数的影响

堆肥若用作有机肥料或土壤改良剂，则有必要对其中的营养元素含量进行评估，同时检测其重金属含量，为堆肥的安全利用，以及田地安全的保障提供依据。

C 是维持微生物生命活动的重要元素，且在一定程度上反映了堆体中有机质含量，堆肥过程中微生物将污泥中的有机质分解，产生 CO_2，故一般情况下堆肥后 C 含量会明显降低。如图 4.31 所示，2 号、3 号堆体中，污泥 C 含量分别从 29.17%、29.17%降至 21.13%、20.93%。粉煤灰原样中含有大量无机成分，Si 含量最大，其次是 Al，C 含量为 10.78%，远低于原污泥 C 含量，1 号堆体中掺入了粉煤灰，大幅降低了污泥中 C 元素及有机物的含量，这会影响微生物活性，导致微生物分解有机物能力下降，堆肥前后 C 含量变化微小。

N、P、K 是植物生长所必需的元素。由于污泥是高氮类物质，堆肥过程中 N 含量会随 NH_3 的挥发而降低，P、K 一般不会挥发，其含量会随着含 C、N 等元素物质的挥发而升高。如图 4.31 所示，1～3 号堆体 P、K 含量堆肥之后分别提高至 1.02%、1.38%、1.65%

和 1.51%、1.53%、1.57%；对于 N 含量，2 号、3 号堆体分别减小至 2.47%和 2.82%。粉煤灰 N 含量为 0.44%，远低于污泥中 N 含量，1 号堆体由于掺入粉煤灰，N 含量初始值较小，且微生物活性较弱，最终 N 元素含量变化较小。但各堆体的 N、P、K 含量均符合《城镇污水处理厂污泥处置　园林绿化用泥质》（GB/T 23486—2009）的要求。

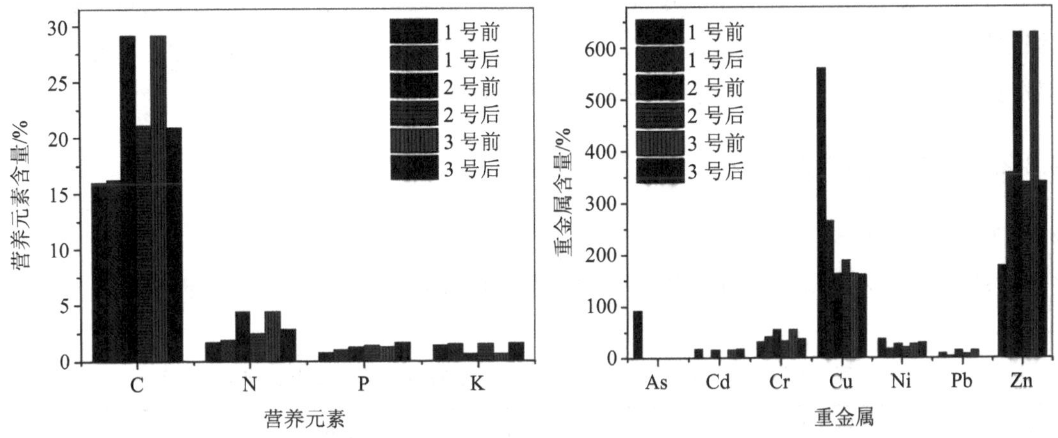

图 4.31　条垛式堆肥不同调理剂堆体堆肥前后营养元素、重金属含量变化

从图 4.31 可以看出，一般堆肥后由于 C、N 元素的挥发，重金属含量会增加，但堆肥后样品中不可避免混有绿化废物，其 Zn、Cu、Cr 的元素含量低于污泥，堆肥后这些重金属含量可能会减小。经比较，最终各堆肥产物重金属含量均符合《城镇污水处理厂污泥处置　园林绿化用泥质》（GB/T 23486—2009）和《农用污泥中污染物控制标准》（GB 4284—84）中的相关规定，堆肥可作为中性、碱性农田及林地肥料使用，对施用标准更为严格的酸性土壤农田则不适用。

测定种子发芽指数能够快速、准确地检测堆肥毒性，是目前普遍采用的方法。由于污泥堆肥最终要用作农田或林地的营养土，这就要求堆肥不能对农作物产生毒性，不能抑制植物种子的生长。因此本次利用污泥堆肥对大白菜种子进行发芽试验，条垛式堆肥不同调理剂堆体堆肥前后种子发芽指数变化情况见表 4.16。

表 4.16　条垛式堆肥不同调理剂堆体堆肥前后种子发芽指数变化

堆体编号	种子发芽指数 GI/%	
	堆肥前	堆肥后
1	72.91	75.11
2	40.68	70.86
3	40.68	60.04

由表 4.16 可以看出，原污泥种子发芽指数为 40.68%，加入草炭灰后提高至 72.91%，说明污泥中添加草炭灰后即可降低污泥生物毒性。经过堆肥后，1 号堆体种子发芽指数仅仅提高到 75.11%，这是因为原料的毒性已经较低，堆肥难以大幅降低毒性。2 号、3 号堆体堆肥后的发芽指数为 70.86%、60.04%，分别提高了 30.18%、19.36%，均有较大提升，且 2 号堆体效果更好，说明堆肥过程可以降低污泥的生物毒性，2 号堆肥生物毒性更小。《城镇污水处理厂污泥处置　园林绿化用泥质》（GB/T 23486—2009）要求污泥堆肥种子发芽指数应大于 70%，故 1 号、2 号堆体才能满足要求。

4.3.2.3　物料回流比例优化

4.3.2.3.1　试验材料

条垛式堆肥不同物料配比堆肥前后种子发芽指数变化情况如表 4.17 所示。

表 4.17　条垛式堆肥不同物料配比堆肥前后种子发芽指数变化

编号	回流比（新木片：旧木片）	绿化废物重量/t	污泥重量/t	新木片/t	旧木片/t
1	7：3	1.5	4.5	1.05	0.45
2	8：2	1.5	4.5	1.20	0.30
3	6：4	1.5	4.5	0.90	0.60
4	5：5	1.5	4.5	0.75	0.75
5	10：0	1.5	4.5	1.50	0

4.3.2.3.2　结果分析

（1）回流比对堆体温度的影响

堆体温度随时间变化情况如图 4.32 所示，其中当回流比为 7：3、8：2 和 10：0 时，在堆肥初期升温较快，能够迅速进入高温期，并能在高温期维持，实现了消灭病原微生物并为嗜热菌提供生长环境的作用。与之相比，当回流比为 6：4 和 5：5 时，堆肥效果并不理想，这可能是回流木片作为骨架支撑的作用并没有新木片的效果理想，因此影响了堆肥效果。

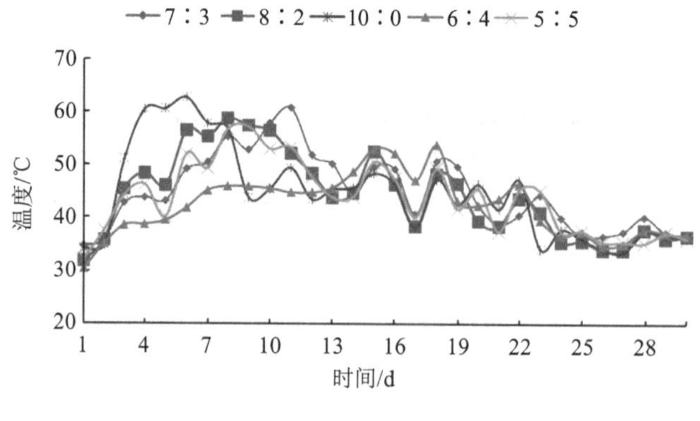

图 4.32　堆体温度随时间变化

（2）回流比对堆体释放氨气浓度的影响

堆肥过程中氨气含量随时间变化情况如图 4.33 所示，氨气的产生主要是由于污泥中存在以硝酸盐和亚硝酸盐形式的含氮物质，在厌氧条件下发生反硝化和氨化作用形成氨气。随着堆肥的进行，堆体内部孔隙度升高，堆体内局部厌氧的情况得到改善，因此氨气的含量逐渐减少。

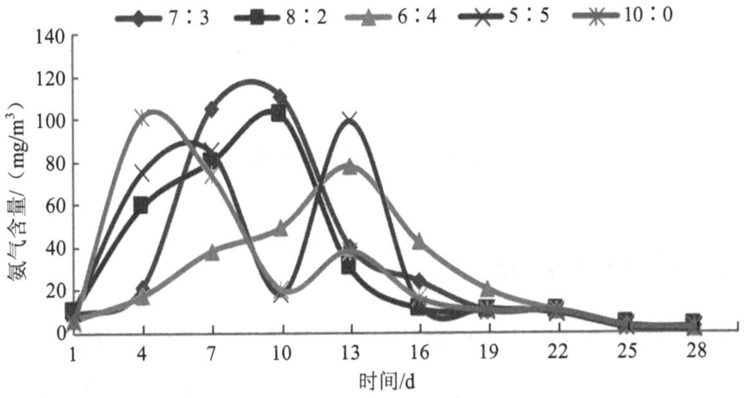

图 4.33　氨气含量随时间变化

（3）回流比对堆体 VS、含水率、pH 的影响

试验中取堆肥试验开始和堆肥试验结束时的样品测量 VS 和含水率，计算 VS 和含水率的变化，其结果如表 4.18 所示，从含水率的变化可以看出，当回流比为 10：0 时对水分挥发最有帮助，这与新木片的结构有比较重要的关系。从 VS 的变化来看，当回流比为 7：3 和 6：4 时，VS 下降最快，这表明对有机物的分解更为彻底。

表 4.18　不同回流比下污泥含水率和 VS 变化

回流比	7：3	8：2	6：4	5：5	10：0
含水率减少量/%	28.1	31.6	19.9	24.7	32.2
VS 减少量/%	25	3.1	25	13	4.14

污泥 pH 随时间变化情况如图 4.34 所示，污泥在反应初期 pH 呈较明显的上升趋势，污泥呈弱碱性。随着反应的减弱甚至是停止，pH 回落至 7 及以下，呈中性和弱酸性。

（4）回流比对不同时间污泥种子发芽指数的影响

研究中发现，当种子发芽指数大于 70%时，即可认为污泥产品对植物无明显的毒性，堆肥第 7 天，除回流比为 5：5 和 10：0 两组外，其他各组均满足要求。第 28 天时的种子发芽指数高达 90%以上，甚至达到 100%，可以认为堆肥产品对植物生长的基本无毒害作用。

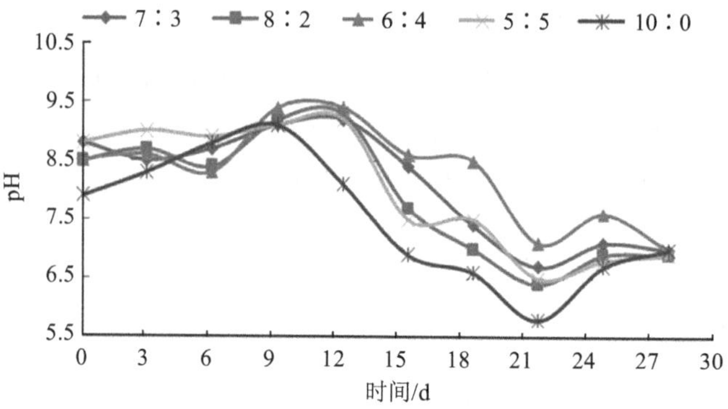

图 4.34 污泥 pH 随时间变化

4.3.3 共堆肥加速腐殖化研究

腐殖酸（HSs）形成的过程称为腐殖化过程，这个过程与矿化过程完全相反。矿化作用主要通过微生物的作用将大分子有机质分解成小分子，并将小分子吸收利用，形成细胞物质以及 H_2O 和 CO_2。污泥好氧堆肥主要是实现有机质的矿化作用。而腐殖化过程是小分子通过一系列物理化学反应，以及微生物作用，形成大分子有机质的过程。腐殖酸与污泥中所含有的污染性有机物不同，腐殖酸的形成过程在土壤中广泛存在，这种利用糖类及氨基酸等物质形成的大分子不仅不会对环境造成污染，还能改良土壤性质，为植物生长提供养料。

腐殖化过程在土壤学研究中较多，其具体途径科学界尚未有明确定论，主要存在以下几种学说：

1）糖-胺缩合学说。该学说认为，HSs 的形成与还原糖和氨基类物质的缩合反应有关，反应过程与美拉德反应类似，可发生聚合形成腐殖酸。

2）多酚学说。该学说认为，多酚是形成腐殖酸的重要原料，多酚在一定条件下会生成醌，然后醌会与胺类物质反应生成腐殖酸。多酚主要是纤维素和部分非芳香族化合族在放线菌和真菌的作用下生成。

3）木质素多酚学说。该学说与多酚学说的主要差别在于，木质素多酚学说认为形成腐殖酸的多酚主要来源于木质素降解，木质素经过氧化产生一系列苯丙烷衍生物，这些衍生物经过进一步的氧化反应及脱甲基作用生成多酚。

4）多酚-美拉德联合学说。即还原糖、多酚和胺类物质都是腐殖酸形成的原料。此学说是多酚学说和糖-胺缩合学说的综合。

除此之外，还有微生物合成学说、微生物自溶学说、厌氧发酵学说等。这些学说不仅对腐殖酸产生的途径存在争论，对富里酸（FAs）和胡敏酸（HAs）的产生过程也存在争议。但是，所有学说都同意富里酸和胡敏酸在不断相互转化，而这种转化过程也保证了腐殖酸不易在土壤中被迅速降解，从而持续为土壤提供肥力。

污泥中腐殖化过程与土壤内腐殖化过程基本类似，但是在堆肥过程中，堆体温度比土壤温度高，有机质含量高，微生物活动也更为剧烈。因此，污泥好氧堆肥时的腐殖化过程反应速率要明显高于土壤中的腐殖化过程。

腐殖化过程可简单概括为微生物将有机残体分解并转化为较简单的有机单体化合物（如多酚、还原性糖及脂肪酸等），其中部分单体作为前体物聚合最终形成 HSs。在该过程中，有机单体化合物的聚合可以通过生物路径和非生物路径实现。对于生物路径，主要是真菌漆酶、酪氨酸酶等作为催化剂氧化多酚至醌，醌进一步发生氧化和缩聚形成 HSs；对于非生物途径，土壤中的矿物，如黏土、Mn/Fe/Al/Si 氧化物、水钠锰矿等，能促进多酚与氨基酸缩合形成 HSs。研究发现，固定存在于矿物（高岭石、蒙脱石和伊利石的羟基化铝螯合物）上的真菌漆酶能够极大促进有机质腐殖化反应，而仅添加矿物的体系腐殖化进程较为缓慢。

腐殖化影响因素主要包括有机质组成、矿物、温度、pH、微生物等。因此，本书初步探索了矿物质、温度以及堆肥生产等对污泥腐殖化的影响。

4.3.3.1　矿物和温度对污泥腐殖化的影响实验研究

4.3.3.1.1　实验方法

实验研究在实验室中进行，新鲜污泥运送到现场后 24 h 内，称量约 0.75 kg 污泥放入 1 L 广口瓶。按实验方案加入对应量的钢渣，搅拌均匀后，放入恒温恒湿实验箱中，调节温度到指定实验温度，保持在整个实验过程中温度恒定。在实验过程中，每隔 3～5 d 采样一次，样品在室温下风干约 7 d，装袋备用，实验周期为 30 d 左右。实验方案设计如表 4.19 所示。

表 4.19　实验方案设计

实验编号	原料	添加剂	温度
A1	污泥	20%钢渣	40℃
B1	污泥	10%钢渣	40℃
C1	污泥		40℃
A2	污泥	20%钢渣	30℃
B2	污泥	10%钢渣	30℃
C2	污泥		30℃
A3	污泥	20%钢渣	常温
B3	污泥	10%钢渣	常温
C3	污泥		常温

实验所用腐殖质提取方法参照《森林土壤腐殖质组成的测定》(LY/T 1238—1999)，具体为：室温下，挑出风干样品中肉眼可见的稻草和石头等，充分研磨后过 100 目（孔径为 0.15 mm）筛，弃去残渣。称取 1.0 g（精确至 0.000 1 g）上述样品于 50 mL 离心管中。加入 25 mL 浸提剂（0.1 mol/L $Na_4P_2O_7$ 与 0.1 mol/L NaOH 混合溶液），加塞后水浴加热至 90℃左右，振荡 1 h，5 000 r/min 离心 5 min，倒出上清液，重新加入 25 mL 浸提剂。重复上述步骤，直至离心后的上清液透明无色，合并浸提液。将浸提液定容至 500 mL 容量瓶中，用 0.45 μm 滤膜过滤约 50 mL 定容后的待测溶液。

从过滤液中移取 25 mL 放入离心管中，加入 5 mL 的浓盐酸，出现棕色胡敏酸絮状沉淀，静置过夜，使其沉淀完全。用慢速定量滤纸过滤，用稀盐酸反复洗涤沉淀，直至滤液无色，滤液定容至 100 mL 容量瓶中，此时得到的滤液即富里酸溶液；将过滤后的沉淀物用稀 NaOH 溶液少量多次洗涤溶解，直至滤纸上无肉眼可见沉淀，溶液定容至 100 mL 容量瓶中，得到胡敏酸溶液。

将胡敏酸溶液用浓盐酸调节 pH 至 7～8，定容至 100 mL；将富里酸溶液用稀 NaOH 溶液调节 pH 至 7 左右，定容至 100 mL。将调节 pH 后的溶液分别倒入小玻璃瓶中，使用总有机碳分析仪分别测定其中总有机碳含量。本实验采用总有机碳（TOC）分析仪，以测定浸取液中的腐殖酸和富里酸含量。

4.3.3.1.2　结果分析

（1）污泥含水率变化

如图 4.35 所示，实验过程中含水率基本保持 60%～80%，随着堆肥时间的推移，A1、B1、A2、B2、A3、B3 等添加钢渣的实验组含水率有所下降。如图 4.36 所示，C1、C2、C3 等无钢渣组中 VS 百分比为 50%～60%，添加钢渣的实验组 VS 百分比为 25%～45%，低于无钢渣组的 VS。

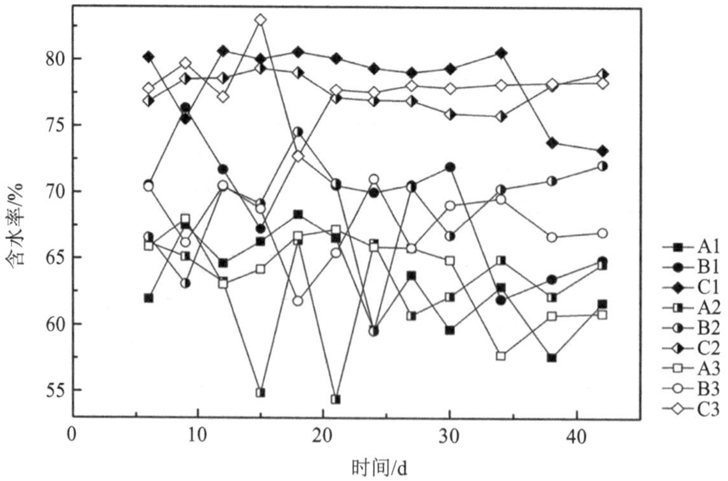

图 4.35　添加钢渣实验组污泥含水率随时间的变化

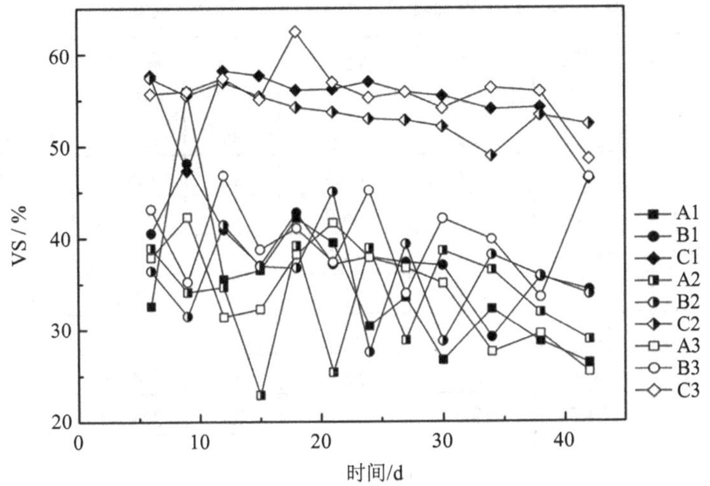

图 4.36 无钢渣组污泥 VS 随时间的变化

（2）污泥 pH 变化

如图 4.37 所示，C1、C2、C3 等无钢渣组的 pH 为 7～8。A1、B1、A2、B2、A3、B3 等添加钢渣组的 pH 均较高，这说明添加钢渣可以提高实验体系的 pH。另外，可以看到实验体系的 pH 随着堆肥时间逐渐降低。

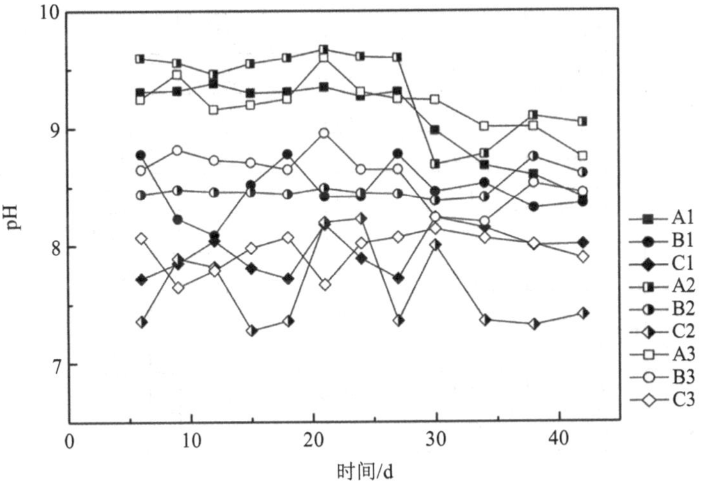

图 4.37 污泥 pH 随时间的变化

（3）腐殖酸变化

腐殖酸是衡量腐殖化程度的重要指标，包括富里酸和胡敏酸两种类别。富里酸可以通过一系列缩合反应生成胡敏酸，因此同时使用富里酸和腐殖酸作为腐殖化程度的主要依据。实验中各处理单元不同时刻腐殖酸含量变化如表 4.20 所示。

表 4.20 实验各处理单元不同时刻腐殖酸含量变化

实验编号	钢渣/%	温度	腐殖酸（干基）/（mg/g）	胡敏酸（干基）/（mg/g）	富里酸（干基）/（mg/g）	VS 含量/%	腐殖酸（VS）/（mg/g）	胡敏酸（VS）/（mg/g）	富里酸（VS）/（mg/g）
6d-A1	20	40℃	66.9	5.3	61.5	33	205.09	16.30	188.79
6d-A2	20	30℃	75.1	8.2	66.9	39	193.10	20.98	172.11
6d-B2	10	30℃	89.6	6.4	83.2	36	246.02	17.44	228.58
6d-A3	20	常温	23.6	6.6	17.1	38	62.41	17.35	45.06
6d-B3	10	常温	62.5	7.6	54.9	43	144.94	17.65	127.29
12d-A1	20	40℃	58.9	3.1	55.8	35	166.09	8.80	157.30
12d-A2	20	30℃	124.5	19.3	105.2	35	359.45	55.77	303.68
12d-B2	10	30℃	93.2	12.2	81.0	41	225.09	29.56	195.54
12d-A3	20	常温	72.6	6.0	66.6	31	231.13	19.10	212.03
12d-B3	10	常温	144.2	22.6	121.6	47	308.07	48.34	259.73
18d-A1	20	40℃	62.6	9.1	53.5	42	148.58	21.63	126.94
18d-A2	20	30℃	61.5	5.2	56.3	39	157.05	13.16	143.89
18d-B2	10	30℃	43.4	10.6	32.8	37	118.14	28.91	89.23
18d-A3	20	常温	83.1	7.7	75.5	38	217.70	20.07	197.64
18d-B3	10	常温	95.6	11.4	84.2	41	232.85	27.65	205.20
24d-A2	20	30℃	77.9	7.5	70.4	39	200.24	19.30	180.94
24d-A3	20	常温	82.2	7.9	74.3	38	217.18	20.91	196.26
30d-A1	20	40℃	79.4	5.5	73.9	27	297.65	20.79	276.86
30d-A2	20	30℃	80.2	6.3	74.0	39	207.87	16.22	191.65
30d-B2	10	30℃	84.6	12.0	72.6	29	294.55	41.87	252.68
30d-A3	20	常温	77.0	4.8	72.2	35	219.62	13.59	206.04
30d-B3	10	常温	88.5	4.8	83.7	42	210.33	11.43	198.90
42d-A1	20	40℃	71.7	3.7	68.0	26	272.02	14.02	258.01
42d-B1	10	40℃	99.2	6.8	92.4	34	288.81	19.68	269.13
42d-C1	0	40℃	114.6	17.9	96.6	46	246.90	38.66	208.24
42d-A2	20	30℃	57.2	4.0	53.2	29	198.01	13.90	184.11
42d-B2	10	30℃	57.7	7.8	49.9	34	170.41	23.04	147.38
42d-C2	0	30℃	151.7	30.0	121.6	52	289.75	57.38	232.37

如图 4.38 所示，有钢渣组在 10 d 左右能够显著提高污泥中腐殖酸的含量。在常温下 40 d 左右，添加 20%钢渣的处理组腐殖酸的含量有所降低，略高于原污泥中腐殖酸含量；富里酸的含量先升后降，初始形成的较不稳定的富里酸会被进一步降解。富里酸可能是胡敏酸的前体物，与腐殖酸的含量变化相似，在 10 d 左右胡敏酸的含量达到最大值，而后下降。

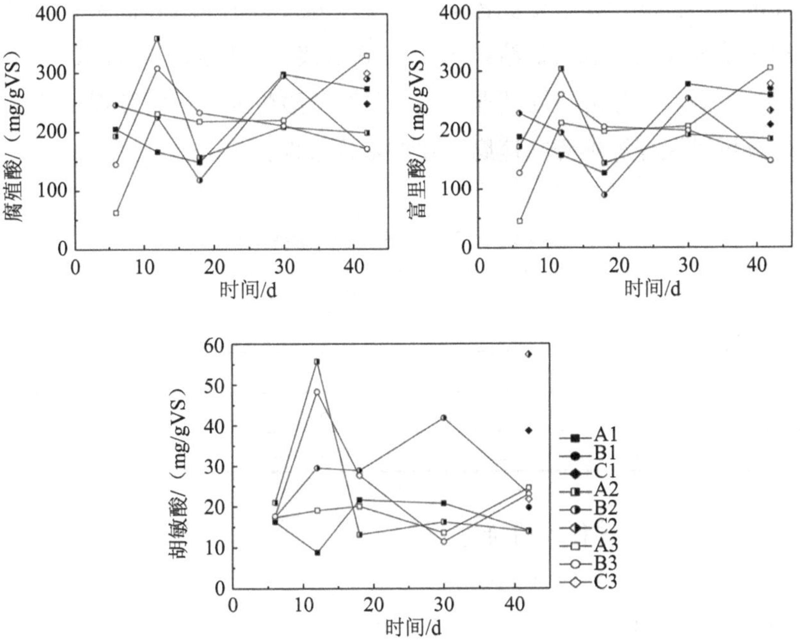

图 4.38　腐殖酸、富里酸、胡敏酸随时间的变化

4.3.3.2　堆肥生产对腐殖化过程影响研究

4.3.3.2.1　材料与方法

好氧堆肥原料选择市政污水处理厂脱水污泥，脱水污泥的含水率通常为 80%左右，污泥呈黏稠半固体状，较未脱水污泥黏性更大，利于与堆肥辅料混合进行堆肥。而市政污水处理厂污泥中重金属等有毒物质较少，可以确保堆肥产品的质量，减少对环境造成二次污染，污泥理化性质如表 4.21 所示。

表 4.21　污泥理化性质

含水率/%	84.63
VS/%	62.24
pH	7.68
C∶N	6.63∶1
LHV[①]/（MJ/kg）	11.965

①LHV 为低位热值。

不同配比污泥堆肥材料如表 4.22 所示，共设 4 个试验组，其中第 1 组为空白对照组，其他组别的木片加入量分别为 50 g、75 g 和 150 g，即污泥。木片调理剂配比（温重∶湿重）为 10∶0、9∶1、6∶1 和 3∶1。先将松木片切成长 2～3 cm、宽 1～2 cm 的小片，然后与污泥充分搅拌混匀，将混合物移至烧杯中，覆盖保鲜膜防止水分在高温下（65℃）迅速蒸发。每天增加手动搅拌提高氧气供给。每 2～3 d 采集一次样品，对含水率、VS、pH、还原糖等指标进行检测，并分析不同调理剂配比对腐殖酸生成、堆肥过程以及污泥还原糖含量等的影响，分析污泥好氧堆肥加速腐殖化的最优条件。

表 4.22 不同配比污泥堆肥材料

编号	污泥重量/g	木片重量/g	配比
1	450	0	10：0
2	450	50	9：1
3	450	75	6：1
4	450	150	3：1

4.3.3.2.2 调理剂对腐殖化过程影响研究

（1）调理剂配比对腐殖酸生成的影响

如图 4.39 所示，6：1 和 3：1 两个试验组的富里酸含量明显高于其他两组，而未加入调理剂的试验组中的富里酸浓度最低。6：1 和 3：1 两个试验组，由于加入了足量的木片，污泥堆肥的结构较好，内部气体可以与外部环境良好交换，确保了污泥内部的氧气浓度达到好氧堆肥的要求。当污泥与木片比例为 9：1 时，由于木片数量较少，所以不能为堆体内部提供良好的空隙结构，只能通过搅拌为污泥内部提供氧气，但优于不加入木片的试验组。当不加入木片时，污泥呈黏稠半固体状，基本没有孔隙结构，只能靠搅拌时为污泥内部供氧，因此其好氧情况最差。

图 4.39 中胡敏酸含量变化表明，在加入调理剂的情况下，污泥中胡敏酸的含量大致相同，而在没有加入调理剂的试验组中，胡敏酸的含量明显较其他 3 组略低。由于本实验使用木片作为调理剂，在发酵过程中，调理剂中的纤维素会分解成低聚纤维糖，并进一步分解形成纤维二糖。纤维二糖是腐殖化过程的重要原料，因此加入木片不仅为腐殖化过程提供了氧气，同时提供了美拉德反应所需要的原料。

图 4.39 中腐殖酸含量变化表明，当没有调理剂的时候，腐殖酸含量明显低于其他 3 组，原因在于污泥缺乏良好的孔隙结构，同时，缺乏外源木质纤维素的提供。而 3：1 和 6：1 两个试验组中，由于孔隙度良好，且调理剂提供了低聚纤维糖等碳源，有利于腐殖化过程的持续，因此腐殖酸含量明显提升，比对照组提高约 10%。

从以上研究可以看出，通过添加适量调理剂改善污泥的孔隙结构，并提供外源木质纤维素可以有效促进腐殖化过程。研究发现，调理剂配比达到 6：1 以上为最优比例，继续加入调理剂不能显著增加污泥中腐殖酸的含量。此外，研究还显示，在正常堆肥的进程中，腐殖酸形成的第一个峰值出现在高温期的第 4～5 d。

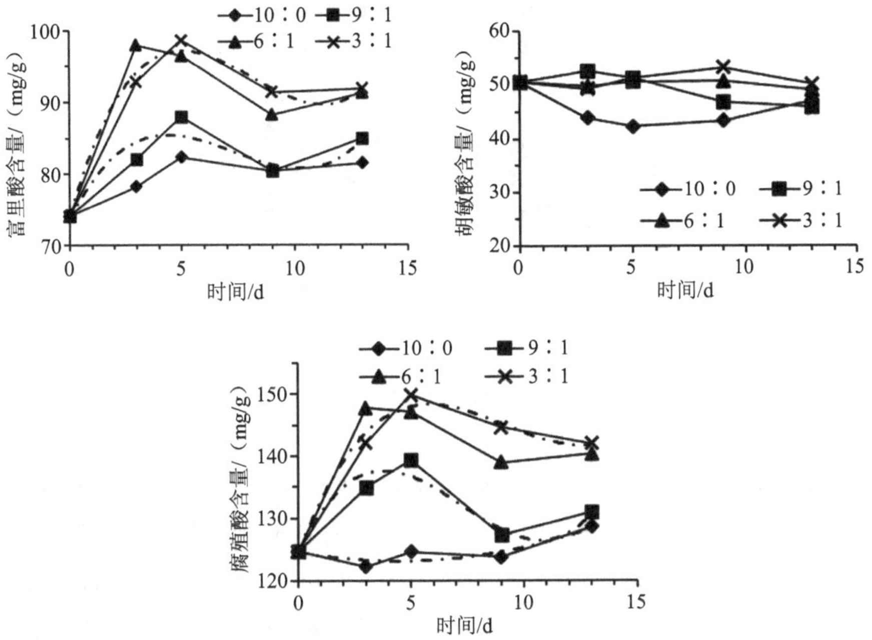

图 4.39　富里酸、胡敏酸、腐殖酸含量变化

（2）调理剂配比对堆肥进程的影响

如图 4.40 所示，由于本试验污泥在恒温箱中培养，因此为污泥中水分散失提供能源的主要是环境温度，而非微生物活动产生的热量。尽管如此，在没有调理剂的情况下，水分散失速率较其他试验组仍然较为缓慢，从试验开始到结束，含水率仅下降了不到 10%，而其他几个试验组的含水率均有不同程度的下降，其中 3：1 和 6：1 两个试验组含水率下降速率最快；3：1 与 6：1 试验组相比含水率更低；9：1 试验组含水率和含水率下降速率均低于这两组，但高于空白组。由于调理剂木片具有一定的吸水性，吸附了大量水分，所以在反应初期，加入调理剂的量影响了含水率的变化。随着反应进行，污泥的结构对含水散失的影响更大，加入调理剂配比越高，含水率下降速度越快。

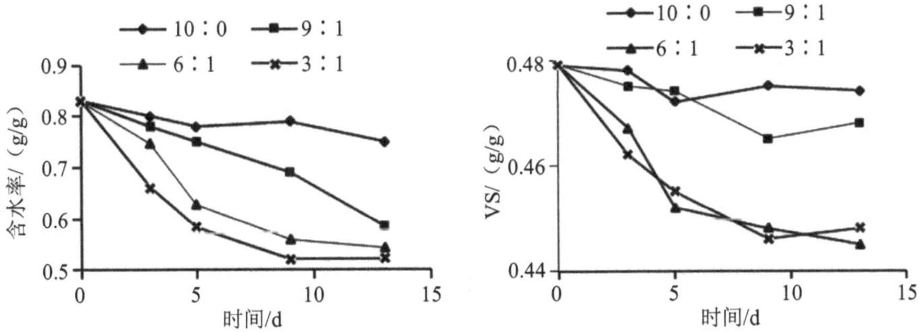

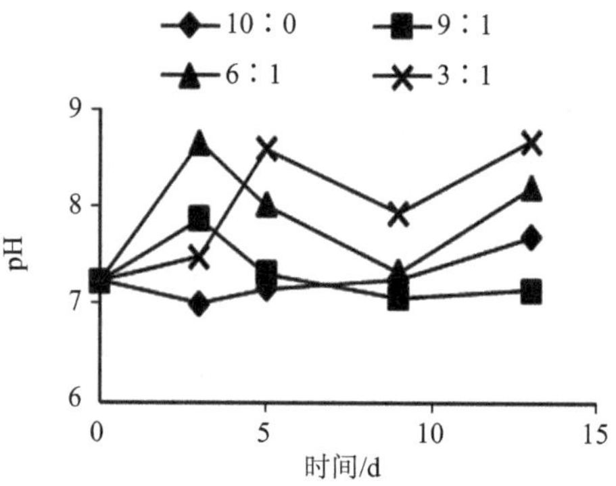

图 4.40 不同调理剂配比含水率、VS、pH 变化

如图 4.40 所示，6∶1 和 3∶1 两个试验组 VS 降解速度明显高于 10∶0 和 9∶1 两个试验组，由于 6∶1 和 3∶1 两个试验组中的孔隙结构更有利于堆体内部的气体交换，因此好氧微生物活性高，有机质的降解速率快。而对比 6∶1 和 3∶1 两个试验组，VS 的降解速率没有显著差异，其腐殖化的速率也大致相近。说明足够的孔隙结构可保证良好的氧气传质，继续增加调理剂则对促进腐殖化的作用有限。

如图 4.40 所示，在不同调理剂配比下，pH 基本上都保持在 6.5～8.5，符合好氧堆肥要求的 pH 范围，因此不会抑制污泥中微生物的生长。一般在好氧堆肥过程中，pH 不需要人为控制，微生物活动会将 pH 维持在自身生长适宜的范围，在本试验中，这种现象仍然存在，pH 的波动范围处于正常堆肥的范围，说明该模拟系统比较成功。

通过美拉德反应形成腐殖酸的过程需要在碱性条件下进行，而有研究表明，pH 会影响腐殖酸的生成，碱性环境可以通过增加生物酶活性的方式促进腐殖化过程。本试验中，6∶1 和 3∶1 两个试验组的 pH 相对较高，是微生物活动剧烈造成了这种现象。该结果从侧面说明，增加调理剂可以促进腐殖酸的生成。

4.3.3.2.3 污泥好氧堆肥加速腐殖化最优条件分析

通过上述内容可以发现，温度、MnO_2、调理剂等是在污泥好氧堆肥过程中与污泥腐殖化相关的重要因子。

（1）温度条件

温度是影响腐殖化过程的重要条件，主要影响堆肥初期的美拉德反应过程，美拉德反应速率随着温度升高而升高。在 45～65℃、65℃下腐殖酸产生量明显高于其他温度。

在好氧堆肥工艺中，传统条垛式堆肥通过改变翻抛频率来控制温度变化，堆肥初级频繁翻抛可以保证堆体内氧气的供给，使堆体迅速升温，而当污泥堆体温度到达 60～70℃时，则应降低翻抛频率以维持较长时间的堆体高温，以利于腐殖质的形成。

（2）MnO_2

通过上述实验可以看出，加入 50 mg/g 污泥 MnO_2 可以有效增加富里酸含量，而加入

过量 MnO_2 则抑制腐殖化过程的进行。

在实际堆肥中，水锰矿砂可以作为 MnO_2 的替代产品，相较于其他锰矿石，水锰矿中的 Mn 主要以 MnO_2 的形式存在，且水锰矿储量大、价格低。同时，作为天然矿物，不会对环境造成二次污染。采用小粒径的水锰矿砂则可增加水锰矿与污泥的接触，增加反应效率。通常水锰矿砂中 MnO_2 含量在 30%～50%，因此，好氧堆肥中，可以采用每吨污泥加入 0.15～0.2 t 水锰矿砂的配比。

（3）调理剂

木片调理剂既可为黏稠的污泥堆体提供良好骨架支撑，通过改善污泥堆体的理化性质和氧气传质条件保证堆肥正常进行，又可通过木质纤维素为美拉德反应提供后续碳源，同时能循环利用，是加速腐殖化工艺的重要环节。

实验中采用的 6∶1 和 3∶1 两种配比取得了最优效果，由于实验中木片含水率低、密度小，因此实验中采用的质量比较小。在实际生产中，使用木片作为调理剂时，由于木片含水率高，往往按照 3∶1 的配比比例效果较好。

污泥好氧堆肥加速腐殖化的机理，主要是通过促进美拉德反应过程加速腐殖化过程。尽管美拉德反应过程复杂，其中具体的反应路径仍然有待研究，但是整个反应的定速过程为 Schiff 碱的形成过程，Schiff 碱形成后会迅速形成 Amaodri 产物：

$$\text{还原糖}+\text{氨基酸}\underset{K_2}{\overset{K_1}{\rightleftarrows}}\text{Schiff 碱}\xrightarrow{K_3}\text{Amaodri 产物} \tag{4.2}$$

式（4.2）反应符合一级反应动力学，因此，促进该反应进行可以采取两种手段：①增加底物浓度；②提高反应速率常数 K_1。由于实验中发现污泥腐殖化的主要还原糖是纤维二糖，加入外源木质素可以增加纤维二糖的含量。同时，保持污泥良好的好氧环境，虽然导致富里酸会被降解，但同时其他有机物的降解为美拉德反应提供还原糖作为原料。

影响反应速率常数 K_1 的因素除物质本身性质外，还有温度和催化剂。由于美拉德反应是吸热反应，提高体系反应温度可促进反应进行。实验结果表明，提高堆体温度可以有效提高反应速率。同时，研究也显示，Fe_2O_3 和 MnO_2 可以降低该反应的活化能，对污泥中的美拉德反应起到催化作用。

4.4　污泥堆肥及土地利用环境影响评价

为确定堆肥产品在进行土地利用时的环境安全性，对堆肥整个过程进行了环境安全评价，包括污泥初始性质分析、堆肥过程中重金属、难降解有机质的迁移和转化，并通过田间试验分析了长期施用堆肥产品时重金属在土壤中的浸出和累积特性。同时，对污泥-绿化废物共堆肥全过程进行了生命周期评价（LCA），针对污泥产生、共堆肥处理及后续利用等开展了物质代谢规律和综合环境影响评估，分析了该资源化途径可能造成的酸雨、土壤生态毒性、温室效应等全球环境影响因素，并形成了污泥资源化技术比选与评估体系，为优化管理过程提供了建议。

4.4.1 污泥堆肥的土地利用安全评价

4.4.1.1 土壤和污泥堆肥中重金属的浸出特性对比分析

与土壤相比，污泥堆肥具有较强的酸碱缓冲能力，且其中的活性吸附表面含量更高，因此污泥堆肥在土壤上的长期施用可能增强土壤吸附重金属的能力。然而，污泥堆肥中的有机物相对不稳定，可能在土壤和污泥堆肥长期相互作用的过程中，发生进一步的矿化或者腐殖化，因此在评价重金属的长期释放时，来源于污泥堆肥中的有机物变化需要考虑。

污泥堆肥中较高的溶解性有机物，尤其是腐殖酸类物质，增强了重金属在中性及碱性条件下的浸出能力，尤其是 Cu、Cd 等与有机物有较强结合能力的重金属。而且由于溶解性有机物在污泥堆肥土地利用的初期即可大量溶出，因此，在污泥堆肥土地利用的初期，重金属的释放需要重点关注。

重金属在土壤及污泥堆肥中的形态分布主要与不同活性吸附表面的相对含量有关。污泥堆肥中有机物含量相对较高，而土壤中黏土矿物含量相对较高，因此，在大部分 pH 条件下，污泥堆肥中固体有机物结合态的比例更高，而黏土矿物在土壤中对重金属的吸附贡献相比在污泥堆肥中更高。然而，在污泥堆肥中，铁铝氧化物对重金属的吸附贡献与其相对含量并不一致。推测可知，在污泥堆肥中，重金属优先吸附在有机物上，而铁铝氧化物的吸附位点并没有被完全利用。

4.4.1.1.1 实验材料

实验所用的土壤采于苏州市某普通农田。由于堆肥主要施用于土壤表面，因此土壤采样深度为 0～20 cm。由土壤粒径分析可知，该地区土壤类型为粉质壤土。

实验所用的污泥-绿化废物共堆肥采用苏州某生活污水处理厂的污泥作为原料，绿化废物作为辅料，质量比为 3∶1，采用高温好氧发酵方式，发酵时间约 30 d。

4.4.1.1.2 实验方法

（1）土壤和污泥堆肥的物理化学特性分析

pH：称取通过 2 mm 筛孔的风干样品，置于烧杯中，按照固液比 1∶10（L/kg）加入定量的无二氧化碳的水，用玻璃棒剧烈搅动 1～2 min，静置 30 min，用 pH 计测定上清液 pH。

电导率：称取通过 2 mm 筛孔的风干样品，置于锥形瓶中，按照固液比 1∶5（L/kg）加入定量的去离子水，在往复式振荡机（150～180 次/min）上振荡 5 min，静置 30 min，用电导仪测定上清液电导率。

腐殖酸：称取 1.0 g（精确至 0.000 1 g）上述样品于 50 mL 离心管中。加入 25 mL 浸提剂（0.1 mol/L 的 $Na_4P_2O_7$ 与 0.1 mol/L 的 NaOH 混合溶液），加塞，水浴加热至 90℃，

振荡 1 h，摇匀，3 000 r/min 离心 5 min，倒出上清液，重新加入 25 mL 浸提剂，重复上述步骤，直至离心后的上清液透明无色，合并浸提液，合并后的浸提剂含有固体样中所有的富里酸和胡敏酸。依据富里酸溶于酸而胡敏酸不溶于酸的原理，将富里酸和胡敏酸分离后，使用 TOC 仪测定其浓度。

非晶型铝氧化物、非晶型铁氧化物和晶型游离铁分别用草酸盐溶液、抗坏血酸溶液和连二硫酸盐溶液浸出，并用电感耦合等离子体发射光谱法（ICP-AES）测量浸出液中铁和铝的浓度。

傅里叶变化红外光谱分析（FTIR）：采用傅里叶变换红外光谱仪（PerkinElmer 1600 FTIR spec-trophotometer）测定土壤、污泥堆肥在波数 400～4 000 cm^{-1} 的红外谱图。

（2）重金属总量分析

消解程序参照 ASTM D6357-00a 的标准测试方法，称取 0.1 g 试样（精确到 0.1 mg）于微波消解容器中，加入 9 mL 反王水（$HCl:HNO_3=1:3$）剧烈反应结束后，盖上盖子，置于微波消解装置内，消解参数为 1 000 W、10 min+400 W、10 min。

通过 0.45 μm 玻纤滤膜真空过滤得到消解液，稀释定容后用电感耦合等离子体质谱法（ICP-MS）仪器测溶液中重金属 Cr、Ni、Cu、Zn、As、Cd、Pb 的浓度。

（3）基于 pH 变化的重金属浸出特性

本方法可以分析重金属浸出特性，通过实验结果，可以了解控制污染物释放的机理和主要因素。

称取通过 2 mm 筛孔的风干样品 40 g，加入具有旋盖和内盖的 2 L 广口瓶中，按照固液比 10 L/kg 加入定量的酸碱溶液（由 2 mol/L 的 HNO_3 和 1 mol/L 的 KOH 配置），使浸出液的 pH 在 2～13 内变化，将广口瓶固定在翻转式振荡装置上，调节转速为（28±2）r/min，于（20±3）℃下振荡 48 h。测定浸出液的 pH 和电导率。通过 0.45 μm 玻纤滤膜真空过滤得到浸出液，稀释定容后用 TOC 仪（Shimadzu TOC-vcph）测定溶液中溶解性有机碳（DOC）浓度。

取 10 mL 浸出液，加入 1 mL 盐酸和 1 mL 硝酸，置于微波消解装置内，消解、稀释、定容后用 ICP-MS 测定溶液中重金属 Cr、Ni、Cu、Zn、As、Cd、Pb 的浓度含量。

（4）基于固液比变化的重金属浸出特性

本方法研究渗流情况下，土壤和污泥堆肥中的重金属在不同固液比下的释放能力。将经过 2 mm 筛孔筛分的风干样品 300～400 g 加入实验柱，实验柱的底端和顶端分别装填一定厚度的石英砂，使实验柱装填饱满。由于土壤及污泥堆肥的有机质含量较高，故使用氯化钙溶液作为淋洗液，防止黏土物质或者有机物的絮凝。

打开泵使柱子内充满淋洗液，湿润柱子，当淋洗液到达柱子的顶端，停止泵入，并平衡 24 h。之后，调节泵的流量使淋出液按照每天（0.75 ± 0.25）L/s 的流速均匀产生，并分别收集累积固液比为 0.2、0.5、1、1.5、2、4.5、5、9.5、10 时的淋出液，测定其 pH 和电导率。用 0.45 μm 玻纤滤膜真空过滤淋出液，稀释定容后用（Shimadzu TOC-vcph）测定溶液中溶解性有机碳浓度。取 10 mL 浸出液，加入 1 mL 盐酸和 1 mL 硝酸，置于微波消解装置内，消解、稀释、定容后用 ICP-MS 测定溶液中重金属 Cr、Ni、Cu、Zn、As、Cd、Pb 的浓度的含量。

4.4.1.1.3 土壤和污泥堆肥的物理化学性质分析

实验所用土壤、污泥堆肥的有机质、黏土、胡敏酸、富里酸、溶解性有机碳、非晶型铁氧化物、晶型铁氧化物、非晶型铝氧化物的含量如表 4.23 所示。

表 4.23 土壤和污泥堆肥相关指标的含量

样品	有机质含量/（gC/kg）	黏土含量/%	胡敏酸含量/（gC/kg）	富里酸含量/（gC/kg）	溶解性有机碳含量/（mg/L）	非晶型铁氧化物含量/（g/kg）	晶型铁氧化物含量/（g/kg）	非晶型铝氧化物含量/（g/kg）
土壤	18.0	13.1	6.76	3.42	15.4	1.26	3.31	2.42
污泥堆肥	139	1.47	56.0	31.1	243	31.8	54.7	4.21

在表 4.23 各种活性吸附表面中，通过 FTIR 表征有机物的种类。土壤和污泥堆肥的傅里叶变换红外吸收光谱如图 4.41 所示，主要红外光谱吸收带解释如表 4.24 所示。

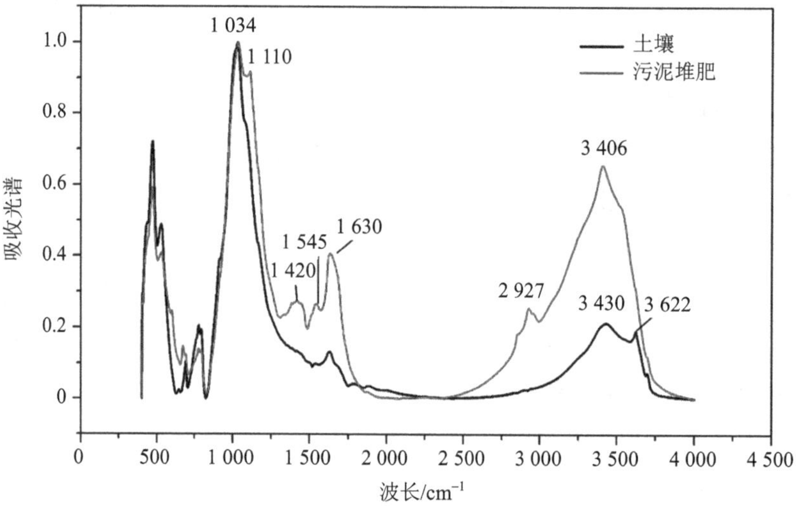

图 4.41 土壤和污泥堆肥的傅里叶变换红外吸收光谱

表 4.24 土壤和污泥堆肥的主要红外光谱吸收带解释

波数/cm^{-1}	官能团
3 419～3 444	氢键 O—H 的伸缩振动，N—H 的伸缩振动（次要）
2 925 和 2 854	脂肪族 CH_3、CH_2 的伸缩振动
1 630	羧化物和芳香族的 C═O 振动

波数/cm^{-1}	官能团
1 540～1 547 和 1 507	N—H 变形和 C═N 拉伸（酰胺Ⅱband），芳香族 C═C 拉伸
1 420	酚基 O—H 键变形、C—O 键拉伸
1 111～1 120	仲醇 C—O 键拉伸
1 034～1 043	多糖和多糖类物质 C—O 键的拉伸

对比土壤和污泥堆肥的红外吸收峰，可以发现相同的吸收波数有 1 034～1 043 cm^{-1}、1 630 cm^{-1} 和 3 419～3 444 cm^{-1}，分别代表多糖和多糖类物质 C—O 键的拉伸、羧化物和芳香族 C═O 振动、酚类化合物—OH 和 O—H 伸缩振动。说明土壤和污泥堆肥中均含有一些较稳定、不易降解的芳香族类及多糖类化合物，如腐殖质、纤维素、半纤维素等。同时，污泥堆肥相比土壤而言，在波数 1 110 cm^{-1}、1 420 cm^{-1}、1 545 cm^{-1}、2 927 cm^{-1} 上有特殊的吸收峰，分别代表仲醇 C—O 键拉伸，酚基 O—H 键变形、C—O 键拉伸、酰胺的 N—H 弯曲振动和 C═N 伸缩振动、脂肪族 CH_3 和 CH_2 的伸缩振动，这说明污泥堆肥中有机质的种类明显比土壤中有机质种类复杂，同时，污泥堆肥中还含有一些（如脂肪等）相对不稳定的有机质。

总体而言，土壤样品在某些有机质特定官能团上的吸收强度明显弱于污泥堆肥样品，同时，有机质种类的复杂程度也较低、稳定性较高，因此，在土壤微生物的长期作用下，施入的污泥堆肥中含有的高有机质将继续降解矿化为简单的有机物。

除了活性吸附表面含量，土壤溶液的 pH 是影响重金属释放的重要因素。在酸性环境下，重金属的溶出量远高于中性及碱性环境条件。对土壤和污泥堆肥的酸碱缓冲能力进行分析，如图 4.42 所示，可以看出，污泥堆肥的酸碱缓冲能力明显高于土壤，当加入的酸当量为−0.5～0.5 meq/g-干污泥时，土壤浸出液的 pH 变化较大，变化范围为 2.96～12.36，而污泥堆肥的浸出液的 pH 变化较小，变化范围仅为 5.20～8.40，因此推测污泥堆肥的长期施入可以增强土壤的酸碱缓冲能力，土壤抵抗雨水或者地表水酸碱性影响的能力增强。

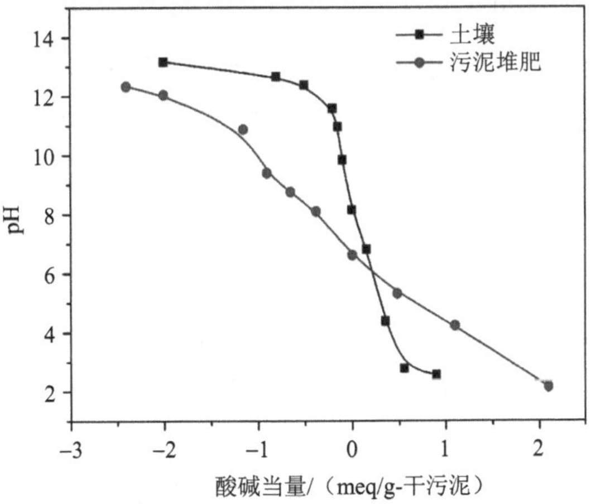

图 4.42　土壤和污泥堆肥的酸碱滴定曲线

总之，与土壤相比，由于污泥堆肥具有较强的酸碱缓冲能力，并且其中的活性吸附表面含量更高，因此污泥堆肥在土壤上的长期施用可能增强土壤吸附重金属的能力。然而，污泥堆肥中的有机物相对不稳定，在土壤和污泥堆肥长期相互作用的过程中，可能发生进一步的矿化或者腐殖化，因此在评价重金属的长期释放时，来源于污泥堆肥中的有机物变化需要考虑。

4.4.1.1.4　重金属基于 pH 变化的浸出规律分析

本书通过地球化学模型计算分析重金属形态，与目前较为常用的连续浸提的方法相比，地球化学模型模拟的方法可以更直观地体现重金属在不同活性吸附表面的吸附分配情况，以及控制重金属沉淀溶解反应的主要矿物质。本次使用 Leach XS^{TM} 软件分析重金属的形态，Leach XS^{TM} 中嵌套 ORCHESTRA 模型，该模型被广泛应用于分析土壤、固体废物等中重金属的形态分析。

因此，实验中进行重金属基于 pH 变化浸出规律分析时，通过现场实验实测和利用地球化学模型相结合的方式，对比分析了土壤和污泥堆肥中重金属 Ni、Cu、Cd、Pb、Zn 的浸出能力随浸出液 pH 的变化，如图 4.43 所示。研究中使用浸出率表征重金属的浸出能力，即浸出量占重金属总量的百分比。由图 4.43 可知，重金属的浸出随 pH 呈现“V”形变化曲线，当 pH 为中性时，重金属的浸出率最低，随着 pH 变大或者变小，浸出率逐渐增加。这是由于在酸性条件下，重金属以离子形态大量溶出；在碱性条件下，重金属可以形成可溶的氢氧化物的复合物，促进重金属的溶解。

对比污泥堆肥和土壤中重金属的浸出规律可知，在强碱条件下，污泥堆肥中的重金属浸出率远高于土壤，例如，当 pH 为 12 时，污泥堆肥中 Ni 的浸出率为土壤中 Ni 浸出率的 10 倍左右，这是污泥堆肥中高浓度的溶解性有机物导致的。土壤和污泥堆肥中重金属 Ni、Cu、Cd、Pb 和 Zn 的浸出率随 pH 的变化以及模型模拟结果如图 4.44 所示。在碱性条件下，污泥堆肥浸出液中 DOC 浓度远高于土壤浸出液，当 pH 为 13 时，污泥堆肥中浸出液的浓度约为 1 800 mg/L，而土壤浸出液的 DOC 浓度仅为 300 mg/L 左右。尤其是污泥堆肥浸出液中腐殖酸的浓度，在碱性条件下远高于土壤浸出液。溶解性有机物，尤其是溶解性腐殖酸与重金属有很强的结合能力，在强碱性条件下，随着腐殖酸类物质的大量溶出，其与重金属形成可溶性络合物，大幅增强了污泥堆肥中重金属的浸出能力。

研究中，通过地球化学模型模拟进一步解释污泥堆肥和土壤中重金属浸出能力的差异。使用 Leach XS^{TM} 模拟得到的重金属在浸出液中的形态分布如图 4.45 所示。对比模拟曲线与实验数据可知，Leach XS^{TM} 可以较好地模拟重金属的浸出，在 1～14 的 pH 变化范围，大部分模拟值与实验数据保持一致。但模拟得到的 Pb 的浸出液略低于实验数据，分析原因可能为模拟过程中输入的矿物结构组成不够准确，与其他重金属相比，Pb 与黏土矿物成分有更强的结合能力，因此对土壤和污泥中矿物结果的识别不准确，可能影响模拟结果。总体而言，虽然模型模拟得到的结果并不是在任何条件下都十分准确，但是依然可以对重金属的浸出行为提供一定解释。

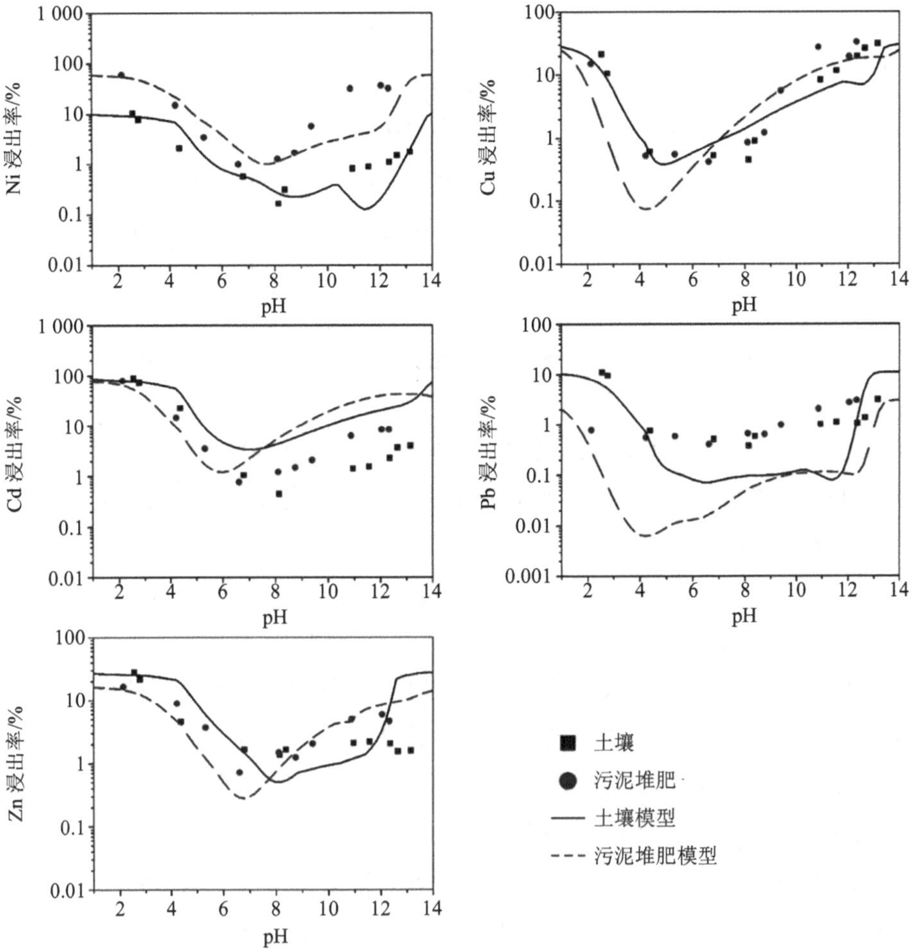

图 4.43　土壤和污泥堆肥中重金属 Ni、Cu、Cd、Pb 和 Zn 的浸出率随 pH 的变化以及模型模拟结果

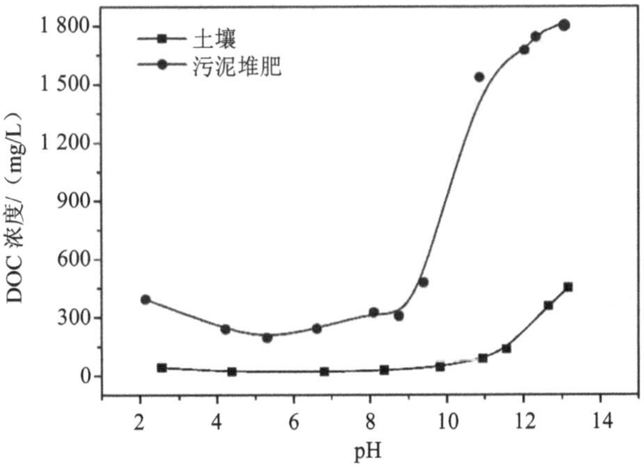

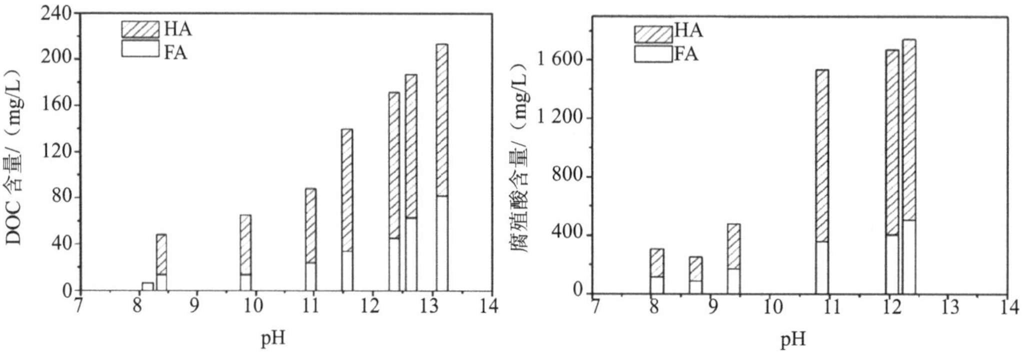

图 4.44 浸出液中 DOC 随 pH 的变化以及碱性浸出液中腐殖酸的含量

在溶液中，重金属的形态主要包括自由离子态（Free）和溶解性有机物结合态（DOC-bound）。总体而言，当 pH＜4 时，自由离子态为浸出液中重金属的主要形态；在中性条件下，溶解性有机物结合态为浸出液中重金属的主要形态。与土壤浸出液中重金属形态分布相比，在 pH＞11 的强碱性条件下，污泥堆肥浸出液中溶解性有机物结合态的重金属比例更高，这是污泥堆肥浸出液中较高的溶解性有机物浓度导致的。然而，在酸性条件下，虽然污泥堆肥浸出液中 DOC 浓度较高，但并没有影响其中重金属的形态分布，这是由于溶解性有机物容易与重金属的氢氧化物形成复合物，与离子态重金属的结合能力较低。因此，根据模拟结果可知，污泥堆肥中更高的 DOC 浓度增加了碱性条件下有机物结合态的重金属形态比例，进而提高了重金属的浸出能力。

除了重金属在溶液中的形态分布，Leach XS^{TM}模型还给出了重金属固体中的形态分布。控制重金属从土壤和污泥堆肥中浸出的机理主要包括溶解度控制和吸附控制，根据计算的饱和指数可知，大部分含重金属的矿物组分未达到饱和状态。因此，重金属从土壤和污泥堆肥中浸出的控制机理主要为吸附与解吸。重金属在土壤和污泥堆肥中的形态分布情况如图 4.46 所示。在固体中，重金属形态主要分为固体有机物结合态（POM-bound）、铁铝氧化物结合态和黏土矿物结合态。由图 4.46 可知，固体有机物是重金属 Cd、Cu 和 Zn 的主要活性吸附表面，铁铝氧化物是重金属 Ni 和 Pb 的主要活性吸附表面。黏土矿物对重金属吸附的贡献很小，只有当 pH 为强酸性时，黏土矿物对 Ni、Zn 和 Cd 的吸附作用略为明显。

污泥堆肥与土壤中重金属 Ni 的矿物沉淀类型存在一定的差异。在强碱性条件下，土壤中会形成 $Ni(OH)_2$ 沉淀，而污泥堆肥中并不存在。

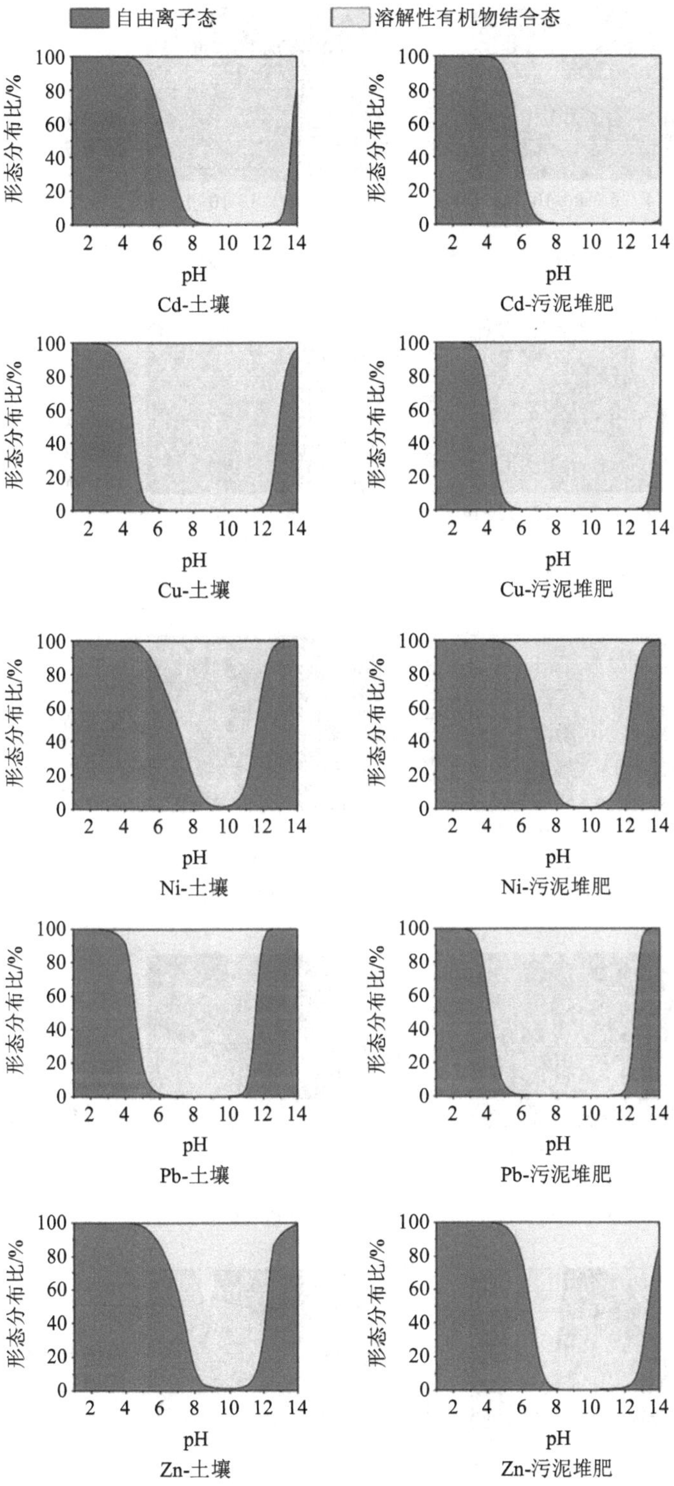

图 4.45　重金属在浸出液中的形态分布

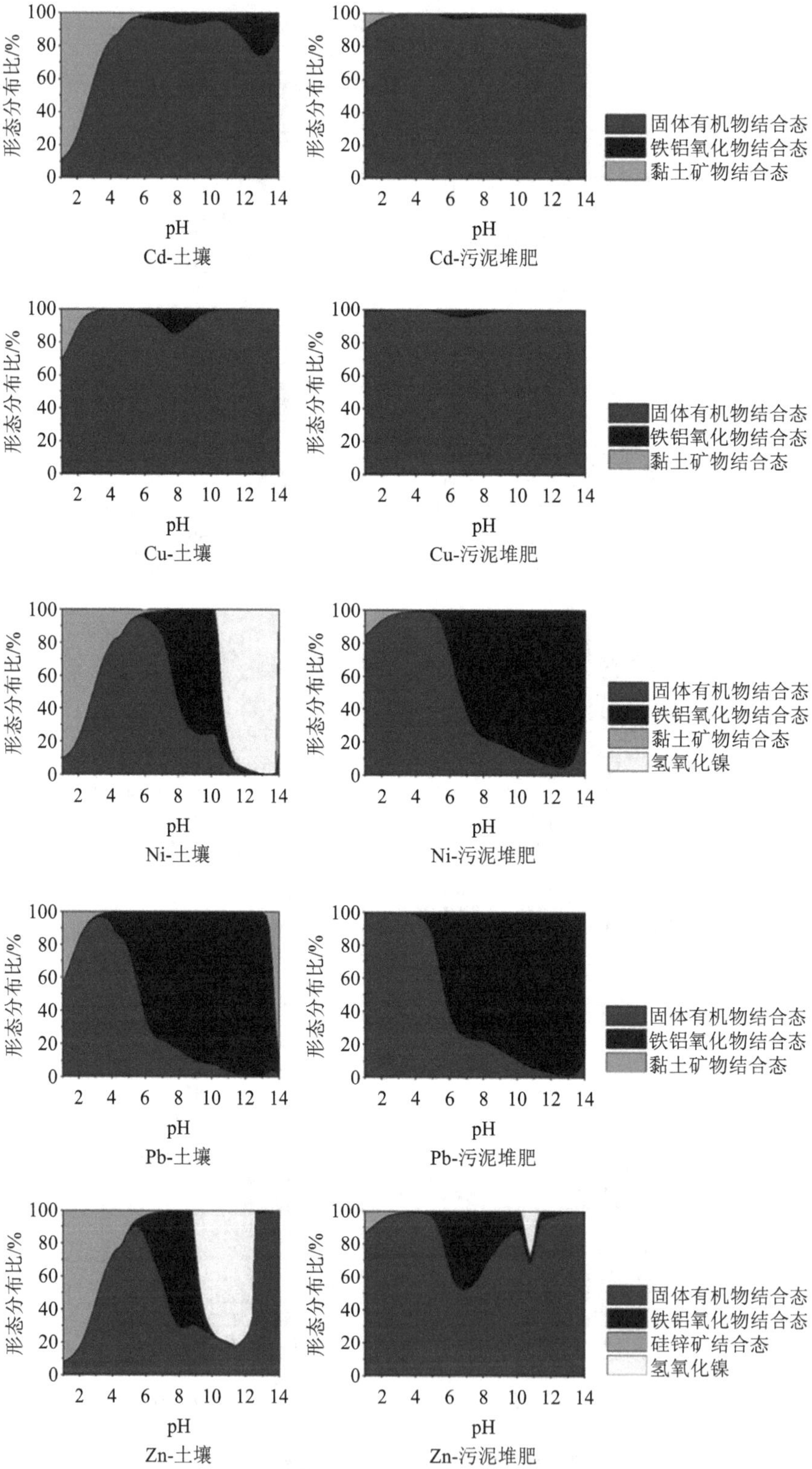

图 4.46 重金属在土壤和污泥堆肥中的形态分布

对比污泥堆肥和土壤中重金属的浸出规律可知，在强碱条件下，污泥堆肥中的重金属浸出率远高于土壤。例如，当 pH 为 12 时，污泥堆肥中 Ni 的浸出率为土壤中 Ni 浸出率的 10 倍左右，这是污泥堆肥中高浓度的溶解性有机物导致的。

重金属在固体中的形态分布与不同活性吸附表面的相对含量有关。污泥堆肥中有机物含量相对较高，而土壤中黏土矿物含量相对较高，因此，在大部分 pH 条件下，污泥堆肥中固体有机物结合态的比例更高，而黏土矿物在土壤中对重金属的吸附贡献相比在污泥堆肥中更高。然而，在污泥堆肥中，铁铝氧化物对重金属的吸附贡献与其含量并不一致。尽管污泥堆肥中铁铝氧化物的含量远高于土壤，而在大部分 pH 条件下，污泥堆肥中铁铝氧化物结合态的重金属比例却低于土壤中该形态的比例。本书推测可知，在污泥堆肥中，重金属优先吸附在有机物上，而铁铝氧化物的吸附位点并没有被完全利用。

4.4.1.1.5　重金属基于固液比变化的浸出规律分析

重金属在实际土壤与土壤水中的释放为一个动态平衡的过程。因此，相比静态的浸出实验，动态的渗流实验能更好地模拟在动态平衡中重金属的释放情况。

重金属累积浸出率随固液比（*L*/*S*）的变化如图 4.47 所示，当固液比为 10 L/kg 时，污泥堆肥中重金属的累积浸出率小于 3%，因此，在污泥堆肥应用在土壤中 2.5 年内，重金属的累积释放量相比其总量而言非常低。

然而，虽然污泥堆肥中重金属的累积浸出率低于 3%，但是相比土壤而言，其重金属的浸出能力还是较高。尤其对于重金属 Ni 和 Cd，当固液比为 10 L/kg 时，其在污泥堆肥中的累积浸出率分别为 2.89%和 1.62%，而在土壤中的累积浸出率仅分别为 0.18%和 0.49%，污泥堆肥中较高的 DOC 浓度增强了重金属的浸出能力。然而，污泥堆肥中 Pb 的浸出能力却低于土壤，当固液比为 10 L/kg 时，其在污泥堆肥中的累积浸出率仅为 0.31%，而在土壤中的累积浸出率为 0.54%，由此可知，溶解性有机物对 Pb 的浸出影响较小。

同时，重金属从污泥堆肥和土壤中释放随固液比的变化也不同。由图 4.47 可知，土壤中重金属累积浸出率随着固液比的上升基本呈线性增加，而污泥堆肥中重金属的累积浸出率在低固液比时快速上升，当固液比大于 4 L/kg 时，重金属的累积浸出率上升速率明显降低。也就是说，在不同固液比的土壤浸出液中，重金属浓度基本相同，然而，对不同固液比的污泥堆肥浸出液，当固液比较低时，重金属浓度较高，而当固液比较高时，重金属浓度较低。这是由于在固液比较低时，污泥堆肥中大量溶解性有机物就快速溶出，进而增强了重金属的浸出能力。因此，在污泥堆肥进行土地利用的初期，重金属的释放需要重点关注。

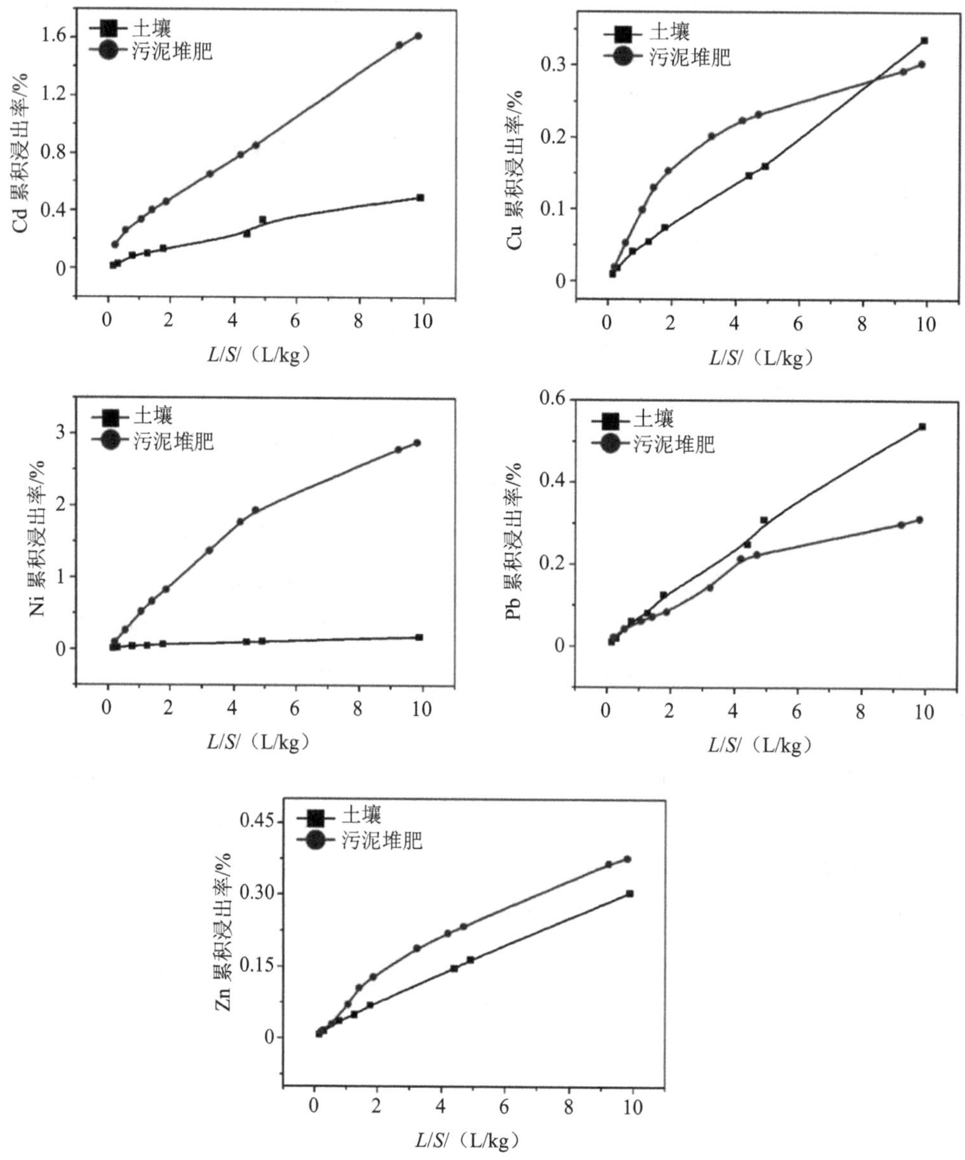

图 4.47 土壤和污泥堆肥中重金属累积浸出率随固液比的变化

4.4.1.2 污泥堆肥中 POPs 种类及其在腐殖化过程中的浓度变化

对污泥堆肥过程中多溴联苯醚（PBDEs）开展定性分析可知，污泥堆肥中多溴联苯醚主要以十溴联苯醚（BDE-209）存在，除仅存在含量很低的四溴联苯醚（BDE-47），其余类型的 PBDEs 基本未检出（表 4.25）。这是由于在 PBDEs 的多种同系物中，BDE-209 的价格低廉、使用范围广，污泥中该同系物的富集量最高。

表 4.25　污泥堆肥过程中 PBDEs 含量变化　　单位：ng/g-干污泥

堆肥时间/d	BDE-28	BDE-47	BDE-100	BDE-99	BDE-154	BDE-153	BDE-183	BDE-209
0	ND	ND	ND	ND	ND	ND	ND	415
4	ND	1.89	ND	ND	ND	ND	ND	78.8
7	ND	1.93	ND	ND	ND	ND	ND	35.7
10	ND	1.86	ND	ND	ND	ND	ND	45.3
13	ND	1.82	ND	ND	ND	ND	ND	29.1
16	ND	1.85	ND	ND	ND	ND	ND	25.6
19	ND	1.85	ND	ND	ND	ND	ND	28.5
22	ND	1.71	ND	ND	ND	ND	ND	30.4
25	ND	1.84	ND	ND	ND	ND	ND	25.7
28	ND	1.74	ND	ND	ND	ND	ND	19.3

注：ND 表示未检出。

污泥堆肥过程（腐殖化过程）中 BDE-209 含量动态分析表明，BDE-209 在原污泥中含量相对较高，为 415 ng/g-干污泥；在堆肥初期，其浓度快速下降，在堆肥进行到 6～7 d 后，BDE-209 含量降低约 90%。之后随着堆肥进程的继续，BDE-209 下降速度逐渐减慢，堆肥即将结束时其含量约为 20 ng/g-干污泥（图 4.48）。该变化趋势的主要原因可能是在堆肥开始后进入升温阶段，中温微生物旺盛的代谢作用使得其在降解其他碳源（如糖、氨基酸、脂肪酸）的同时，使难降解的有机物 BDE 发生了共代谢，其含量迅速降低。而在堆肥后期，由于易降解物质的消耗，共代谢的作用变弱，BDE 降解速率显著下降。

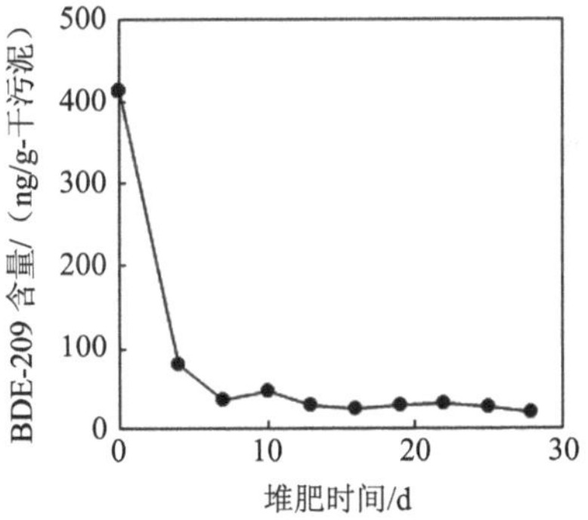

图 4.48　污泥堆肥过程中 BDE-209 含量变化

从以上研究可知，污泥与绿化废物共堆肥处理不仅能够将污泥转化为稳定的腐殖产品，还能够消解原污泥中含有的大部分持久性有机物，使堆肥产品的安全性进一步提高。

4.4.1.3　污泥堆肥在土壤环境中的碳储存能力分析

污泥堆肥在土壤中的施用，可以增加土壤中可被矿化的有机碳总量，该部分有机碳在微生物的作用下可被降解。污泥堆肥的土地利用是一种良好的碳储存方法，污泥堆肥约有82.53%的总有机碳可以被储存。

污泥堆肥的施用可以降低土壤中可被矿化的有机碳的矿化速率，由于污泥堆肥已过较长时间的好氧堆肥反应，大部分容易降解的有机物已经在堆肥过程中被矿化，而土壤中可被矿化的有机碳主要为植物和微生物残体，容易被降解。

（1）实验材料与方法

为了模拟污泥堆肥与土壤的交互作用，将污泥堆肥与土壤按不同比例进行混合，其中污泥堆肥的干重含量分别为 4%、10%、20%。假设施用污泥堆肥的表层 5 cm 土壤的容重为 1 g/cm^3，则模拟的混合物相当于加载污泥堆肥量为 20 t（干基）/（hm^2·a）、50 t（干基）/（hm^2·a）、100 t（干基）/（hm^2·a）的土壤。

将干重 50 g 土壤空白样以及不同比例的土壤-污泥堆肥混合样放在 250 mL 的反应瓶中，并调节含水率均为 37.5%，以此来模拟实际土壤的好氧环境，然后将反应瓶密闭后在28℃条件下进行培养，并定时调节含水率，使其在实验过程中保持一致，每个样品均进行5 次重复实验。

（2）有机碳的矿化及储存

土壤空白样及土壤与污泥堆肥混合样中被矿化的有机碳随时间的变化规律如图4.49 所示。由图 4.49 可知，随着污泥堆肥比例的增加，被矿化的有机碳含量逐渐增高。假设有机物的矿化反应为一级反应，则被矿化的有机碳质量 M_t 为

$$M_t = M \times (1 - e^{-k \times t}) \tag{4.3}$$

式中，M_t 为 t 时刻被矿化的有机碳质量，mg C/g；M 为可被矿化的有机碳总量，mg C/g；k 为反应速率常数；t 为反应时间，d。

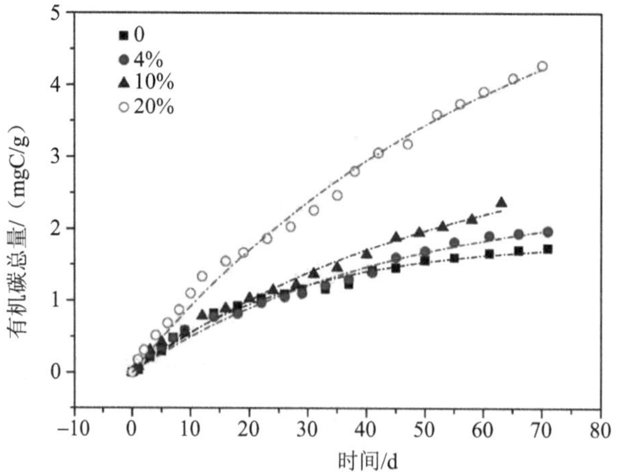

图 4.49　土壤空白样及土壤与污泥堆肥混合样中被矿化的有机碳随时间的变化规律

按照式（4.3），对图4.49中数据进行拟合，得到不同混合物中可被矿化的有机碳总量和反应速率常数（表4.26），可以看出，随着污泥堆肥施用比例的增加，可被矿化的有机碳总量也逐渐增加，这是由于污泥堆肥中含有更为丰富的不稳定的有机物。

表 4.26　不同混合物中可被矿化的有机碳总量和反应速率常数

样品	污泥堆肥含量/%	可被矿化的有机碳总量 *M*/（mgC/g）	反应速率常数 *k*	相关度 R_2
土壤	0	1.810	0.037 2	0.989
土壤-污泥堆肥混合物	4	2.506	0.022 0	0.983
	10	3.361	0.017 7	0.987
	20	6.368	0.015 7	0.991

根据可被矿化的有机碳总量与混合物中污泥堆肥含量的关系，可以计算得到在土壤环境中，污泥堆肥的碳储存能力。可被矿化的有机碳总量与污泥堆肥含量的关系如式（4.4）～式（4.5）所示。将可被矿化的有机碳总量和污泥堆肥含量进行线性拟合如图 4.50 所示，拟合得到的线性方程为 y=1.579+22.736 x，线性相关度为 0.956。由式（4.5）可知，土壤中可被矿化的有机碳总量为 1.579 mgC/g，占土壤有机碳总量的 8.75%，污泥堆肥中可被矿化的有机碳总量为 24.315 mgC/g，占污泥堆肥有机碳总量的 17.47%。因此，污泥堆肥中约有 82.53%的有机碳可被储存，污泥堆肥中可被矿化的有机碳总量相较土壤更高。

$$M = M_{\text{soil}} \times (1 - x) + M_{\text{compost}} x \tag{4.4}$$

$$M = M_{\text{soil}} + (M_{\text{compost}} - M_{\text{soil}}) x \tag{4.5}$$

式中，M 为可被矿化的有机碳总量，mgC/g；M_{soil} 为土壤中可被矿化的有机碳总量，mgC/g；M_{compost} 为污泥堆肥中可被矿化的有机碳总量，mgC/g；x 为污泥堆肥的比例。

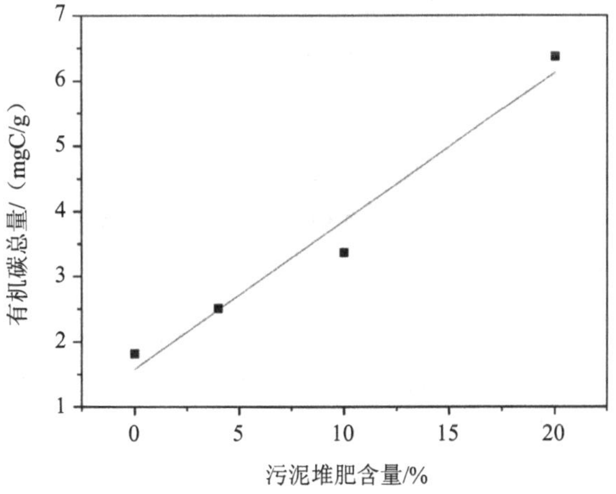

图 4.50　可被矿化的有机碳总量与污泥堆肥含量的线性拟合

然而，随着污泥堆肥施用比例的增加，有机物矿化的反应速率常数逐渐降低，这是由于该土壤来源于普通农田土壤，其中可被矿化的有机碳主要为残留的植物根系以及微生物残体，该部分有机物容易被矿化，而污泥堆肥已经过了好氧堆肥处理，易被矿化的有机碳在好氧堆肥过程中已被完全降解，残留的可被矿化的有机碳的降解速率较低。根据反应速率常数计算得到，土壤和 3 种土壤-污泥堆肥混合物中可被矿化的有机碳被降解 90%所需的时间分别为 59 d、100 d、124 d 和 140 d。因此，虽然污泥堆肥中有机物的矿化速率较慢，但是当污泥堆肥的施用量低于 100 t（干基）/（$hm^2 \cdot a$）时，在施用半年后可以基本达到稳定。

4.4.1.4 堆肥营养土土地利用安全性评价

4.4.1.4.1 材料和方法

本试验评价苏州地区污泥-绿化废物共堆肥土地利用的农业效益和环境风险。本次建立试验田，进行田间试验。试验设置 1 个空白对照组、6 个条件处理组，实验组按照不同国家对污泥加载的限定值，设置不同污泥-绿化废物共堆肥施用量。6 种处理（施用量均用干基计算）具体设置如下。

对照组 CK：不施用普通化肥和污泥-绿化废物共堆肥。

处理 A1：不施用堆肥和化肥，作为空白对照。

处理 A2：按照常熟当地的施肥标准施用普通化肥，作为条件对照。实验组：施用污泥-绿化废物共堆肥。施肥量设计的基本原则是保证植物生长所需的 P、K 元素足量，不同处理的 N 元素输入量有所区别。

处理 A3：参照欧洲德国、英国污泥施用过程中，每年重金属的加载限定值，以绿化废物-污泥共堆肥中的重金属浓度进行换算得到，在满足德国和英国污泥土地利用过程中重金属的加载限定的条件下，设置堆肥施用量为 33 t/hm^2。

处理 A4：按照常熟当地的施肥标准中 N 元素的输入量为参考标准，换算得到含相同氮素的堆肥量 16.5 t/hm^2。

处理 A5：参照中国行业标准《城镇污水处理厂污泥处置　农用泥质》（CJ/T 309—2009）规定，农田年施用污泥量累计不应超过 7.5 t/hm^2。此时输入的 N 元素含量约为常熟当地标准 N 元素输入量的 45%。

处理 A6：参照国外对污泥土地利用要求严格的国家，对污泥施用过程中，每年重金属的加载限定，以绿化废物-污泥共堆肥中的重金属浓度换算，设置施用量为 2 t/hm^2。此时输入的 N 元素含量约为实验组 A 输入 N 元素含量的 12%。

4.4.1.4.2 结果与讨论

（1）污泥堆肥施用对土壤重金属总量的影响

在连续 3 年施用污泥堆肥后，不同处理中土壤（0～20 cm）重金属总量如表 4.27 所示，使用单因素方差分析得到施肥处理对不同深度土壤中重金属总量影响的显著性差异水平，如表 4.28 所示。如表 4.27 所示，连续 3 年的污泥堆肥的施用并未对土壤中的重金属产生显著影响。不论是 0～10 cm 深度的污泥堆肥施用层还是 10～20 cm 的下层土壤，重金属的浓度均在同一个子集。只有 A3 处理的土壤中重金属 Cu 的浓度略高于其他处理。因此，综合而言，3 年污泥堆肥的连续施用并未对土壤中重金属总量产生明显影响，即使污泥堆肥中的重金属含量高于空白土壤，但是只要控制污泥堆肥的施用量和施用年限在合理的范围，污泥堆肥的施用就不会造成土壤中重金属含量的明显升高。

表 4.27　不同处理中土壤（0～20 cm）中重金属总量　　单位：mg/kg

处理	As	Cd	Cr	Cu	Ni	Pb
A1	7.96±1.85*a*	0.533±0.248*a*	119±23*a*	48.9±11.5*a*	41.0±9.8*a*	45.3±10.1*a*
A2	8.04±1.94*a*	0.498±0.247*a*	117±20*a*	48.2±9.9*a*	39.2±8.2*a*	43.7±7.6*a*
A3	8.75±2.66*a*	0.528±0.218*a*	120±22*a*	53.1±9.5*b*	40.2±7.0*a*	45.7±8.4*a*
A4	8.26±1.95*a*	0.451±0.178*a*	118±20*a*	47.3±8.1*a*	41.1±11.6*a*	42.2±6.7*a*
A5	8.14±1.94*a*	0.514±0.206*a*	120±21*a*	48.6±10.4*a*	40.6±10.1*a*	43.3±7.4*a*
A6	8.09±1.81*a*	0.531±0.200*a*	113±20*a*	50.0±11.3*a*	38.2±6.0*a*	43.3±7.2*a*

注：*a*、*b* 代表同一个子集。

表 4.28　施肥处理对不同深度土壤中重金属浓度影响的显著性差异水平

深度/cm	As	Cd	Cr	Cu	Ni	Pb
0～20	0.551	0.354	0.533	0.040	0.445	0.135
0～10	0.979	0.892	0.538	0.168	0.677	0.495
10～20	0.482	0.276	0.824	0.063	0.705	0.234

注：$p<0.05$ 表明存在显著性差异，说明施肥处理对土壤中重金属浓度具有明显影响。

（2）污泥堆肥施用对土壤中重金属浸出特性的影响

虽然污泥堆肥的施用对土壤中重金属的总量无明显影响，但是可能改变其浸出特性。该部分研究 A3 处理下（污泥堆肥的施用量最高，为 33 t/hm^2）重金属的浸出特性，与空白处理 A1 进行对比，A3 处理中 3 年内污泥堆肥的总施用量约为 198 t/hm^2，与室内模拟结果基本相同。因此，将田间试验结果与实验室结果进行对比，分析用实验室模拟实际应用场景的可行性以及存在的不确定性，为评价污泥堆肥长期施用过程中环境风险提供依据。

实验组和空白组土壤的理化性质如表 4.29 所示。由此可知，3 年的污泥堆肥连续施用明显增加了表层 0～10 cm 土壤中的溶解性有机碳、腐殖酸（包括胡敏酸和富里酸），铁氧化物和铝氧化物含量明显高于空白土壤，A3 处理的土壤中溶解性有机质和腐殖酸含量约为空白土壤的两倍，这与实验室模拟污泥堆肥连续施用的结果一致。然而，污泥堆肥的施用对 10～20 cm 的土壤影响较小，仅仅增加了 10～20 cm 土壤中的胡敏酸和铁氧化物的含量，其他性质与空白土壤基本相同。因此，在连续 3 年的污泥堆肥施用的时间内，其对施用层（0～10 cm）土壤性质有明显影响，而对下层土壤的影响较小，实验室模拟污泥堆肥连续施用的实验可以基本准确地分析污泥堆肥连续施用对施用层土壤基本理化性质的影响。

表 4.29 实验组和空白组土壤的理化性质

处理	深度/cm	pH	EC/（μS/cm）	溶解性有机碳/（mg/L）	胡敏酸/（gC/kg）	富里酸/（gC/kg）	铁氧化物/（gFe/kg）	铝氧化物/（gAl/kg）
A3	0～10	6.31	366	23.76	13.89	8.825	5.273	1.968
A3		6.10	373	25.06	13.79	7.000	4.737	2.166
A3		6.09	381	22.17	12.33	6.581	4.216	2.276
A3	10～20	6.71	410	11.23	6.800	4.908	2.105	1.473
A3		7.07	360	14.66	7.362	5.300	2.203	1.714
A3		6.99	350	12.10	6.480	4.166	1.940	1.742
A1	0～10	5.96	232	16.21	8.188	5.375	2.994	1.396
A1		6.17	257	13.54	7.811	4.538	2.489	1.436
A1		6.15	302	11.61	7.808	5.519	2.386	1.537
A1	10～20	6.87	340	10.84	4.292	4.245	1.402	1.334
A1		7.30	370	10.31	5.251	4.984	1.475	1.346
A1		7.26	370	11.40	4.684	3.681	1.662	1.790

然而，田间实验中污泥堆肥的连续施用明显增加了 0～10 cm 土壤的电导率（EC），这与实验室的规律相反，经过连续的污泥堆肥和淋洗后，土壤的电导率明显降低。这说明实验室模拟降雨的淋洗过程冲刷出更多的盐离子，导致土壤电导率的降低。

在了解土壤基本理化性质的基础上，基于 pH 变化的浸出实验分析土壤的浸出特性，发现经过实验室模拟污泥堆肥连续施用后，土壤中重金属在碱性条件下的释放浓度明显上升，这与 A3 处理中施用层（0～10 cm）土壤的浸出特性基本相同，与空白对照的土壤相比，A3 处理中 0～10 cm 土壤的重金属 As、Cd、Cr、Cu 和 Ni 在碱性条件下的浸出浓度明显高于空白土壤，这主要由于污泥堆肥的施用增加了土壤中的有机物含量，在碱性条件下，有机物（包括腐殖酸）大量溶出，溶解性有机质与重金属的络合作用促进了重金属的释放。然而，对于下层 10～20 cm 的土壤而言，施用污泥堆肥对其浸出特性并没有显著影响，A3 处理和空白土壤的浸出特性基本相同。因此，表层土壤对重金属有明显的阻滞效应，连续 3 年施用污泥堆肥不会对地下水造成风险。

4.4.2 污泥堆肥及土地利用模式的综合环境影响评价

本小节针对污泥的产生、共堆肥处理和后续园林绿化利用等过程，利用固体废物生命周期评估模型 EASETECH 开展污泥园林绿化处置途径的物质代谢规律研究和综合环境影响评估，考察污泥-绿化废物共堆肥技术在不同参数条件下的共堆肥过程对酸雨、富营养化、土壤生态毒性等区域性环境的影响，以及温室气体及碳减排效应等全球环境影响，形成了污泥资源化技术比选与评估体系。

4.4.2.1 生命周期分析（LCA）方法与情景设置

基于污泥与园林绿化废物的共堆肥实验，获取污泥处理全生命周期过程的相关数据，并利用 LCA 模型软件 EASETECH 进行综合环境影响评估研究。基于三批次的共堆肥实验，建立 3 个模拟情景（情景 A、情景 B 和情景 C），为使情景具有可比性，每个情景的初始固体废物质量假设相同，均设为 100 t 污泥和 33.33 t 木片，在物料配比为 1∶4 与 1∶5 的情境中，多余的木片（分别为 8.33 t 和 13.33 t）按照园林绿化废物当前处理方式，与生活垃圾一起运输至填埋场进行填埋处置。共堆肥过程中未检测到渗滤液产生，堆肥产品用于园林绿化中以替代化肥。

4.4.2.2 特定情景下污泥堆肥的综合环境影响

主要分析情景 A 的综合环境影响。情景 A 所表示的共堆肥实验批次 A，在 133.3 t 污泥和木片混合堆肥后，产生了 29.1 t 堆肥产品，大部分水分得以去除。从综合环境影响的角度，共堆肥过程将对人体毒性、生态毒性、陆生富营养化、酸雨等环境要素产生影响。如图 4.51 所示，图中 GW100 代表温室效应（100 年），AC 代表陆生酸雨，POF 代表光化学烟雾形成，OD100 代表臭氧层消耗（100 年），FEP 代表淡水富营养化，TEP 代表陆生富营养化，MEP 代表海水富营养化，ET 代表生态毒性，HTc 代表人体毒性（致癌），HTnc 代表人体毒性（非致癌）。根据生命周期清单分析，几乎污泥和木片中所有的重金属（如 Zn 11.8 kg、Cu 3.1 kg、Ni 0.9 kg）均将因堆肥产品的土地利用进入土壤环境，这些重金属元素的浓度与其他研究者报道的污泥与碎草共堆肥产品的相应浓度基本相当。这些重金属元素对生态毒性（527.2PE）和人体毒性（非致癌：8.4PE；致癌：0.4PE）将产生显著影响。这与其他研究者报道的污泥生命周期分析研究结果相一致。然而，值得指出的是，对其毒性有显著影响的重金属形态，在 LCA 模拟分析中并未加以区分。进一步的种子发芽实验表明，通过污泥共堆肥，种子发芽率可由堆肥前的 40.7%提高至 70.9%，表明共堆肥过程对降低污染物毒性有显著作用。

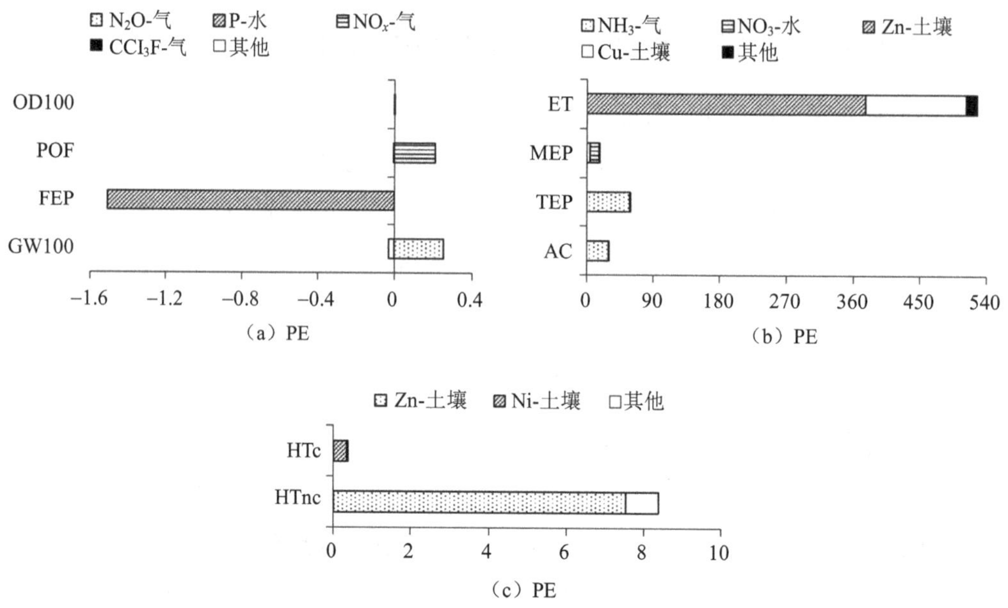

图 4.51　情景 A 的标准化环境影响潜能

在共堆肥过程中释放的 491 kg 氨气（647 m^3）是造成酸雨（29.9PE）和陆生富营养化（57.7PE）的主要污染物。相反，尽管过程中释放了 12 540 m^3 的 CO_2，但整个堆肥和再利用过程对温室效应的影响很小。这是由于 CO_2 的产生完全归因于有机废物的降解，其中的 C 元素从根本上是来源于有机物对大气中 CO_2 的光合作用，因此对温室效应的影响是中性的。N 元素有小部分以 N_2O 形式释放，将产生 0.3PE 的温室效应影响。特别地，堆肥产品的土地利用对淡水富营养化具有一定积极作用（−1.5PE），这主要是由于堆肥产品替代了化肥中的 P 元素。相反，对 N 元素的替代却对削减淡水富营养化没有帮助，这是由于淡水富营养化的主要控制元素是 P，而氨氮（4.8PE）和硝酸盐氮（11.9PE）是海水富营养化的重要原因。本书内容并不涉及对海水的相关影响。

对于共堆肥过程的环境影响，其污染物仅对酸雨（29.9PE）、陆生富营养化（57.7PE）和海水富营养化（4.8PE）产生影响。而对其他类别的环境影响则主要来源于翻堆机等重型机械的燃油消耗。根据运行数据，每处理 1 t 混合废物将消耗 5 L 柴油。因此，燃油消耗造成的温室效应（0.25PE），比共堆肥过程中污染物释放造成的温室效应高 4 倍。而光化学烟雾（0.27PE）、臭氧层消耗（4.57×10^{-5}PE）、生态毒性（0.05PE）、致癌类人体毒性（4.62×10^{-4}PE）和非致癌类人体毒性（2.52×10^{-3}PE）则全部来源于燃油消耗。然而，与堆肥产品的土地利用相比，燃油消耗带来的环境影响并不显著，表明污泥堆肥再利用整个资源化过程中环境污染物控制的关键环节在于土地利用中产生生态毒性和人体毒性的污染物，以及对酸雨和陆生富营养化有一定影响的污染物。

4.4.2.3 不同情景下污泥堆肥综合环境影响对比

主要对情景 A、情景 B、情景 C 下污泥堆肥的综合环境影响进行对比分析研究。不同情景的共堆肥实验，具有不同的反应过程、堆肥产品性质以及不同的污染物排放量。与情景 A 类似，情景 B 也表现了有效的 VS 降解和温度升高，而情景 C 则没有达到堆肥的目标，特别是温度升高、水分蒸发、VS 降解和甲烷产生，都显示其未能达到堆肥成功的标准。相反，在情景 A 中还观察到了厌氧反应的发生，甲烷产生量的增加是造成温室效应的一个重要因素，如表 4.30 所示。

表 4.30 不同情景的标准化环境影响潜能对比

影响类别	情景 A	情景 B	情景 C
GW100	0.2	2.7	8.1
AC	30.0	18.3	0.5
POF	0.2	0.4	0.7
OD100	4.6×10^{-5}	4.4×10^{-5}	4.2×10^{-5}
FEP	−1.5	−1.5	−1.5
TEP	58.2	35.5	1.2
MEP	17.2	45.0	51.3
ET	527.2	498.7	481.5
HTc	0.4	0.3	0.3
HTnc	8.4	7.8	7.4

3 个情景的生命周期清单进一步显示，有机物释放的甲烷分别为 0、841.1 kg 和 2 559.0 kg，但仅有部分是由于共堆肥过程的厌氧反应产生的，剩余部分则是多余的木片在填埋场厌氧降解过程产生的（情景 B：1.9PE；情景 C：3.0PE），如图 4.52 所示。

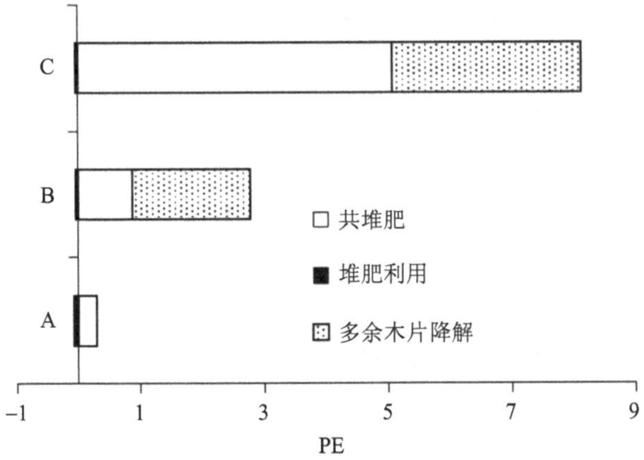

图 4.52 不同情景对温室效应（GW100）的标准化环境影响潜能

在情景 B 和情景 C 中产生的氨，由于温度和含水率所限未能充分挥发，在液相中以 NH_4^+ 的形式残留，其对海水富营养化有一定的潜在影响（分别为 32.2PE 和 39.1PE），如图 4.53 所示。三个情景中堆肥产品土地利用环节的环境影响没有显著差异，这是由于堆肥产品中的 N 元素保留并没有明显差别，且氮元素在土地利用中的分布也基本相似。根据生命周期清单和标准化结果，土地利用中，硝酸盐通过径流进入地表水和地下水是造成海水富营养化的主要因素［(12.0±0.6) PE］。

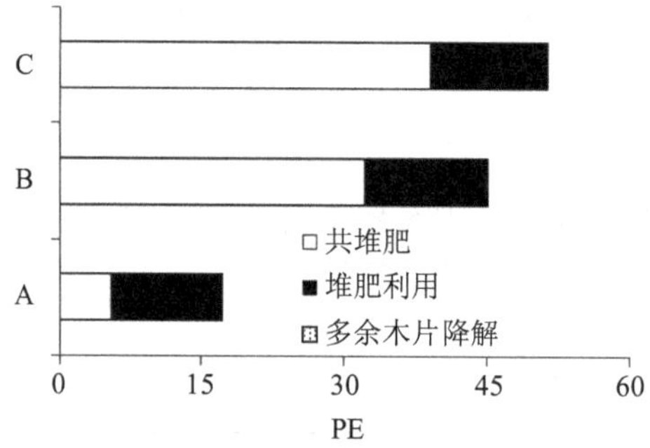

图 4.53　不同情景对海水富营养化的标准化影响潜能

另外，情景 C 对酸雨和陆生富营养化的影响远低于情景 A 和情景 B（图 4.53），这主要得益于更少的氨气释放。此外，生态毒性和人体毒性（致癌、非致癌）也分别有小幅降低，从情景 A 的 527.2PE、0.4PE 和 8.4PE 分别降低至情景 C 的 481.5PE、0.3PE 和 7.4PE。这是由于堆肥产品的质量有小幅减少，从而进入土壤的重金属也有小幅减少。多余的木片中含有的重金属等污染物在填埋场中对环境相对安全，尽管其仍有释放到环境中的风险。在之前对污泥系统的 LCA 研究中，含有较高浓度重金属的堆肥产品通常被认为对人体毒性和生态毒性有较大影响。然而，本书中共堆肥产品的土地利用对人体毒性的影响并不显著，这是由于其堆肥产品被应用于园林绿化工程而非农田土壤。表 4.31 为情景 A 中堆肥产品应用于农田土壤和园林绿化时重金属元素的不同影响对比。与园林绿化土壤相比，由于在农田土壤中存在重金属进入食物链的可能性，其特征化因子明显更高。这说明从环境影响的角度，污泥堆肥产品的利用途径应给予特别关注。

表 4.31　情景 A 中堆肥产品应用于农田土壤和园林绿化时重金属元素的不同影响对比

影响类别	重金属	应用于农田土壤的特征因子	应用于园林绿化的特征因子	应用于农田土壤的标准化环境影响潜能	应用于园林绿化的标准化环境影响潜能
HTc	Cd	4.80×10^{-4}	8.08×10^{-7}	2.10	3.54×10^{-3}
	Cr	—	—	0	0
	Cu	—	—	0	0
	Ni	1.10×10^{-4}	1.97×10^{-5}	1.92	0.34
	Pb	7.60×10^{-5}	2.02×10^{-7}	19.13	0.05
	Zn	—	—	0	0

影响类别	重金属	应用于农田土壤的特征因子	应用于园林绿化的特征因子	应用于农田土壤的标准化环境影响潜能	应用于园林绿化的标准化环境影响潜能
HTnc	Cd	0.13	2.17×10^{-4}	28.08	0.05
	Cr	1.80×10^{-9}	1.52×10^{-9}	4.47×10^{-7}	3.78×10^{-7}
	Cu	3.74×10^{-5}	4.55×10^{-7}	0.11	1.29×10^{-3}
	Ni	5.90×10^{-6}	1.11×10^{-6}	5.08×10^{-3}	9.55×10^{-4}
	Pb	0.027	7.08×10^{-5}	334.90	0.88
	Zn	0.044	7.02×10^{-4}	472.10	7.53

上述实验结果，可以得出：

1）当污泥回流比为 10∶0 时，堆体温度上升最快，含水率下降最快，堆肥效果比较好。

2）在任何回流比的情况下，种子发芽指数均能够达到作为肥料的要求。

4.5　工程案例分析

4.5.1　工程建设与运行

4.5.1.1　工程建设

污泥-绿化废物共堆肥主要是在车间内开展，该车间占地面积约 900 m^2，其中东西方向长为 60 m，南北方向长为 15 m，车间高为 5.7 m，如图 4.54 和图 4.55 所示。污泥进料和出料在车间南部的两个门进出，车间内部北侧建有约 2 m 高的混凝土墙，用于翻堆机的固定，墙北侧为通风设备及主管道。车间基础为混黏土结构，墙体主要由彩钢板构成，顶棚使用的材料为阳光板。车间每批次可处理污泥 100 t 左右。车间的通风设备为三叶罗茨鼓风机，设计功率为 15 kW，设计转速为 1 200 r/min，鼓风机的通气量为 12 m^3/min，升压 50 kPa。鼓风机的动力装置为三相异步电动机，其设计功率为 18.5 kW。空气在风机作用下，通过车间内地下预埋的通风管道，从堆体下部通入堆体。通风管道铺设在车间地面预留的槽内，在车间内横向排布，每根通风管间距为 2.5 m 左右，并通过在槽内放置木片作为垫层，防止污泥堵塞通风口。堆肥中使用的翻堆设备为自主研发的半开放式耙爪堆肥翻抛机，翻抛机总功率为 31.5 kW，翻抛作业宽度为 6 m，最大高度为 1.6 m，最大翻抛作业能力为 300 m^3/h。

图 4.54　污泥-绿化废物共堆肥车间

图 4.55　堆肥车间及生产肥料

堆肥工程每日处理能力为 300 t，其中 200 t 用于生产园林绿化营养基质土，100 t 用于生产园林绿化有机肥。处理工艺采用半开放式发酵槽或条垛式高温好氧发酵工艺；处置方式采用土地利用中的园林绿地回用。堆肥工艺及参数采用研发的污泥-绿化废物共堆肥强化腐殖化技术。

4.5.1.2　工程运行

每批次按半开放式条跺工艺堆置物料，每条体积为 50 m×1.5 m×1.5 m；堆肥物料的组成配料为污泥、菌菇渣、绿化废物、回流物等，每批次设置常规污泥堆肥作为对照，其配料包括污泥、草木灰、菌菇渣。

堆肥物料的翻堆采用自行研制的单轨式大容量自动翻抛机，机器的行走速度设定 30 m/h，待堆温初次升到 50℃时，每天翻堆 1 次。

工程每批次堆肥时间为 30～40 d，堆肥前留取原始污泥样品，堆肥开始每隔一天记录常规参数，包括堆体温度、含水率、pH、有机质、VS 等指标。

在堆肥的第 10～15 天，由专业监测机构进行样品采集（前、中、后 3 个位点，采样深度从上往下 30 cm）并检测样品的核心指标，包括腐殖质、腐殖酸、胡敏酸、有机碳含量。

4.5.2　工程实施效果

工程启动后，所有批次均堆肥成功，取得品质优良的堆肥产品，其腐殖酸含量提高 50%以上。以 2017 年 1—2 月堆肥批次为例，在堆肥第 10 天进行现场采样和测样分析。堆肥日常监测数据（温度、含水率等）如表 4.32 和表 4.33 所示，示范工程实验组和对照组温度变化趋势如图 4.56 所示，含水率变化趋势如图 4.57 所示。

表 4.32　堆肥日常监测数据（实验组）

堆肥时间/d	1	3	5	7	9	11	13	15
温度/℃	12.67	32.6	39.13	44.5	52.3	56	64.1	72.8
含水率/%	—	—	—	58.5	57.7	57.1	57	57.3
堆肥时间/d	17	19	21	23	25	27	29	31
温度/℃	68.9	67	66.8	—	—	—	—	—
含水率/%	58.6	57	56.5	—	—	—	—	—

表 4.33　堆肥日常监测数据（对照组）

堆肥时间/d	1	3	5	7	9	11	13	15
温度/℃	8.33	18.6	20.4	26.0	29.9	31.0	36.8	46.7
含水率/%	—	—	—	58.9	57.6	57.6	57.8	57.3
堆肥时间/d	17	19	21	23	25	27	29	31
温度/℃	43.9	41.5	41.0	—	—	—	—	—
含水率/%	57.7	56.4	56.4	—	—	—	—	—

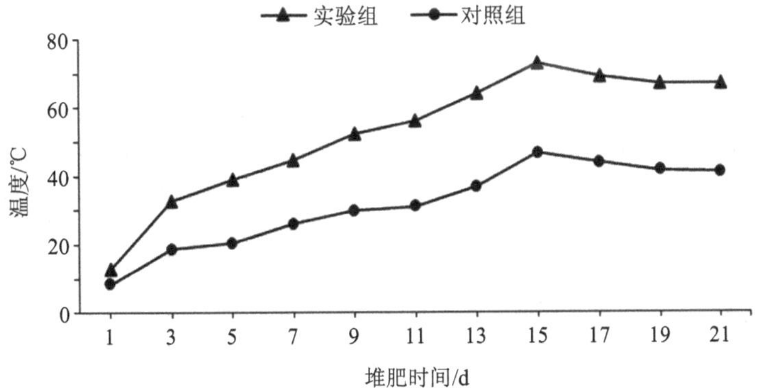

图 4.56　示范工程实验组和对照组温度变化趋势

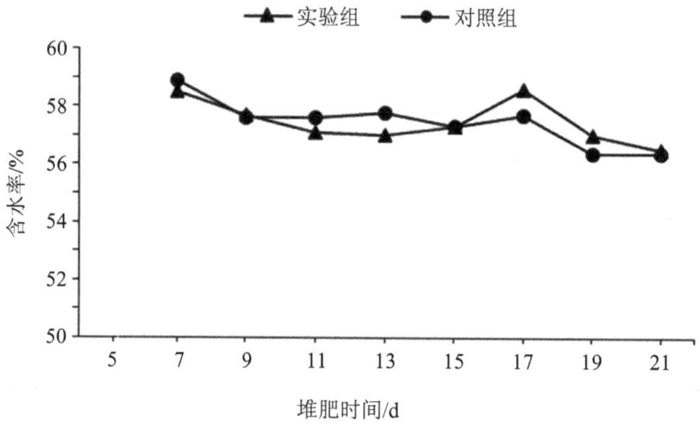

图 4.57 示范工程实验组和对照组含水率变化趋势

堆肥工艺运行结果显示，实验组堆体温度初始温度为 12.67℃，对照组堆体初始温度为 8.33℃。随着堆肥的进行，实验组和对照组堆体温度呈相同的变化趋势，在堆肥进行至第 15 天时，各自达到堆体温度的最大值，实验组堆体温度为 72.8℃，对照组堆体温度为 46.7℃，实验组比对照组高出 26℃以上。实验组堆体温度 55℃以上超过 10 d，而对照组最高温度未达到 45℃。

堆肥指标的监测数据如表 4.34 所示，实验组和对照组各监测指标对比如图 4.58 所示，分析表明，实验组腐殖酸平均值为 94.1 g/kg，对照组腐殖酸平均值为 47.4 g/kg，实验组腐殖酸含量较对照组腐殖酸含量提升了 98%以上。实验组腐殖质平均值为 382.3 g/kg，对照组腐殖质平均值为 178.7 g/kg，实验组腐殖质含量较对照组提升了 114%左右。说明在优化运行条件下，发酵微生物活性增强，污泥快速进入高温发酵状态，连同较高的 pH，促进污泥中还原糖与蛋白质间的缩合反应，提高产品腐殖酸含量，从而达到污泥强化腐殖化的目的。

表 4.34 堆肥指标监测数据

指标	A1	A2	A3	B1	B2	B3
腐殖酸/（g/kg）	106.0	66.4	110.0	40.4	38.4	63.4
胡敏酸/（g/kg）	89.1	41.1	79.9	17.9	15.0	49.6
有机质/%	81.0	70.1	70.5	42.6	42.8	35.9
腐殖质/（g/kg）	385.0	341.0	421.0	190.0	168.0	178.0
含水率/%	23.8	22.0	19.3	19.3	22.8	21.9
腐殖酸平均值/（g/kg）	94.1			47.4		
腐殖质平均值/（g/kg）	382.3			178.7		

注：采样时间为堆肥第 10 天；A 代表实验组，B 代表对照组；数字 1、2、3 分别代表样品取自堆体的前段、中部、后端。

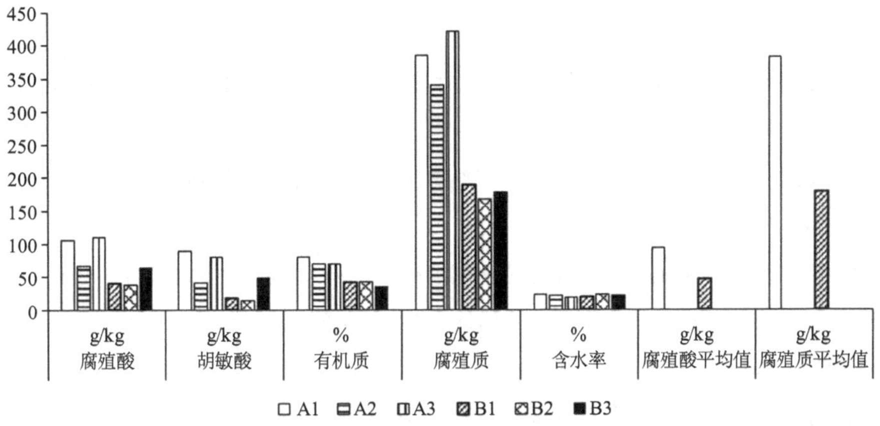

图 4.58　实验组和对照组各监测指标对比

参考文献

[1] 陈祥，易吉林，包兵. 园林植物废弃物堆肥的理化性状及参数研究[J]. 北方园艺，2010，219（12）：225-228.

[2] 方文. 污泥堆肥土地利用中重金属的释放及分配研究[D]. 北京：清华大学，2017.

[3] 郝利峰，孙向，李雪珂，等. 不同外源添加物对园林绿化废物腐熟过程的影响[J]. 中国农学通报，2012，28（7）：302-306.

[4] 郭松林，陈同斌，高定，等. 城市污泥生物干化的研究进展与展望[J]. 中国给水排水，2010，26（15）：102-105.

[5] 刘建国. “减量化”“资源化”“无害化”科学内涵与相互关系解析[J]. 环境与可持续发展，2020，45（5）：23-26.

[6] 梁晶，吕子文，方海兰. 园林绿色废弃物堆肥处理的国外现状与我国的出路[J]. 中国园林，2009，4（6）：1-4.

[7] 吕子文，顾兵，方海兰，等. 绿化植物废弃物和污泥的堆肥特性研究[J]. 中国土壤与肥料，2010，225（1）：57-64.

[8] 刘意立，刘建国，蔡博峰. 生命周期评价方法在生活垃圾填埋中的应用与问题分析[J]. 环境工程，2016，34（2）：19-22.

[9] 刘卫，袁兴中，欧阳建新，等. 利用污泥熟肥作为高含水率污泥堆肥调理剂[J]. 环境工程学报，2013，7（60）：2349-2354.

[10] 明中远. 基于市政污泥好氧堆肥过程的强化腐殖化技术研究[D]. 北京：清华大学，2016.

[11] 钱剑林. 苏州园林绿化树种的应用与规划研究[D]. 南京：南京农业大学，2005.

[12] 邵立明，顾伟姝，徐华成，等. 脱水污泥生物干化及产物农用性质评价[J]. 农业环境科学学报，2011，30（11）：2379-2383.

[13] 孙英杰，张延鹏，王洪涛，等. 不同通风方式对粪渣与树叶共堆肥的影响[J]. 安徽农业科学，2010，38（30）：16899-16902.

[14] 阳金龙，韩融，杜琼，等. 树皮配比对污泥生物-物理联合干燥中试的影响[J]. 环境科学与技术，2012，35（3）：7-10，15.

[15] 王洪涛，陆文静. 农村固体废物处理处置与资源化技术[M]. 北京：中国环境科学出版社，2006.

[16] 王志超，陆文静，王洪涛. 好氧堆肥中高温纤维素分解菌的筛选及性状研究[J]. 北京大学学报（自然科学版），2006，42（2）：259-264.

[17] 吴阳，梅娟，董彦，等. 长三角地区生长期园林废弃物的堆肥工艺研究——以苏州为例[J]. 现代农业，2014，456（6）：91-93.

[18] 易浩勇. 污泥干燥特性及干燥过程研究[D]. 南京：东南大学，2006.

[19] 钟爱成. 苏州市城市污泥处置对策和投资分析[J]. 能源环境保护，2005，19（2）：55-57.

[20] 周肖红. 绿化废物堆肥化处理模式和技术环节的探讨[J]. 中国园林，2009，4（5）：7-10.

[21] 张喻. 污泥与绿化废物共堆肥研究及其与生物干化工艺的对比[D]. 北京：清华大学，2013.

[22] 张喻，韩融，陆文静，等. 通风强度对市政污泥生物干化中试效果的影响[J]. 环境科学，2015，36（5）：1727-1732.

[23] 赵岩，陆文静，王洪涛，等. 城市固体废物处理处置设施恶臭污染评估指标体系研究[J]. 中国环境科学，2014，34（7）：1804-1810.

[24] 朱师杰，秦福军，孔松，等. 某市中心城区通沟污泥处置工艺运行现状及建议[J]. 中国给水排水，2020，36（8）：119-121.

[25] 郑卫聪，王俊，王晓明，等. 不同堆置措施对园林有机废弃物堆肥有机物降解的影响[J]. 华南农业大学学报，2012，33（1）：28-32.

[26] 赵晓莉，朱伟. 长三角部分城市污泥 PAHs 质量分数及特征分析[J]. 环境科学研究，2010，23（9）：1174-1178.

[27] Frei K M，Cameron D，Stuart P R. Novel drying process using forced aeration through a porous biomass matrix[J]. Drying Technology，2004，22（5）：1191-1215.

[28] Fang W，Rossane C D，David S K，et al. Release of heavy metals during long-term land application of sewage sludge compost：Percolation leaching tests with repeated additions of compost [J]. Chemosphere，2017，169：271-280.

[29] Fang W，Wei Y H，Liu J G. Comparative characterization of sewage sludge compost and soil：Heavy metal leaching characteristics [J]. Journal of Hazardous Materials，2016，310：1-10.

[30] Fang W，Wei Y H，Liu J G，et al. Effects of aerobic and anaerobic biological processes on leaching of heavy metals from soil amended with sewage sludge compost[J]. Waste Management，2016，58：324-334.

[31] Liang C，Das K C，Mcclendon R W. The influence of temperature and moisture contents regimes on the aerobic microbial activity of a biosolids composting blend[J]. Bioresource Technology，2003，86（2）：131-137.

[32] Zhao Y，Lu W J，Damgaard A，et al. Assessment of co-composting of sludge and woodchips in the perspective of environmental impacts（EASETECH）[J]. Waste Management，2015，42：55-60.

[33] Duan Z H，Lu W J，Li D，et al. Temporal variation of trace compound emission on the working surface of a landfill in Beijing，China[J]. Atmospheric Environment，2014，88：230-238.

第 5 章

河网城镇断头浜黑臭水体整治

由于城市经济发展和人类的不合理利用，众多城市河道遭受不同程度的污染，城市河流水环境问题突出。城市河道普遍存在氮、磷等营养物超标等问题，河道富营养化现象严重，甚至出现水体黑臭现象，严重影响周围居民正常生活。在这些污染河道中，断头浜河道值得重视，其一般位于用地紧张、建筑物密集、居住人口密集、排水体系混杂的老城区，已成为难以治愈的城市水系“梗阻”。这些断头浜河道，多发淤塞、黑臭现象，影响周围居民生活，遭到居民投诉，对其治理刻不容缓。

5.1 断头浜黑臭水体整治技术路线

城市黑臭水体是指城市建成区内，呈现令人不悦的颜色和（或）散发令人不适气味的水体。黑臭水体成因复杂，包括工业废水、生活污水、初期雨水径流、合流制管网溢流污染、分散畜禽养殖、雨污管网错接、混接，违规排水、水体缺乏流动等，整治难度大。需要开展点源、面源、内源以及其他一些因素造成的污染成因调查以及对周边环境状况进行分析，这也是黑臭水体整治的基础工作和关键环节。

黑臭水体的综合治理，一般遵循“外源减排、内源清淤、水质净化、水动力改善、生态恢复”的技术路线。外源减排和内源清淤是基础与前提，水质净化是阶段性手段，水动力改善和生态恢复是长效保障措施。黑臭水体治理，模式比技术更重要。治理应该因地制宜，根据不同的水文水质特征、不同的治理目标、不同阶段，综合采用不同技术。

以苏州市某断头浜河道整治为例，在整治过程中，基于水体感官性状景观功能恢复的需求，在识别重污染城市河道景观功能恢复影响因子的基础上，从臭味控制、透明度恢复、污染物去除和水动力特征改善的角度出发，开展污染物削减控制、水体黑臭污染物快速去除、与生态景观建设有机结合，以及综合增氧造流和水生态修复技术，形成重污染断头浜水体污染控制与水质修复技术体系。

首先针对污染物排放及污染源进行调查；通过污水改道及湿地建设工程，控制外部污染源；通过底泥疏浚，控制河道内源污染；针对断头浜空间狭窄、污染物存在空间分异的特点，构建河道梯级多元流态调控-增氧一体化生态修复技术，通过外循环强化复氧，稳定水体的高溶氧状态，为快速培植优势好氧微生物打造生态基础；针对城市重污染断头浜水体中悬浮的无机-有机胶体类物质，通过移动式的高通量低耗的黑臭河道水体悬浮固态和胶体污染物快速分离设备，快速提高水体透明度，改善水体感官性状；通过功能性水生动、植物定向培养，建立人工生态环境开展沿河绿化系统升级工程；通过人工生态向自然生态过渡，恢复水体生物多样性，并充分利用自然系统的循环再生、自我修复等特点，实现水生态系统的良性循环。重污染断头浜河道整治技术路线如图 5.1 所示。

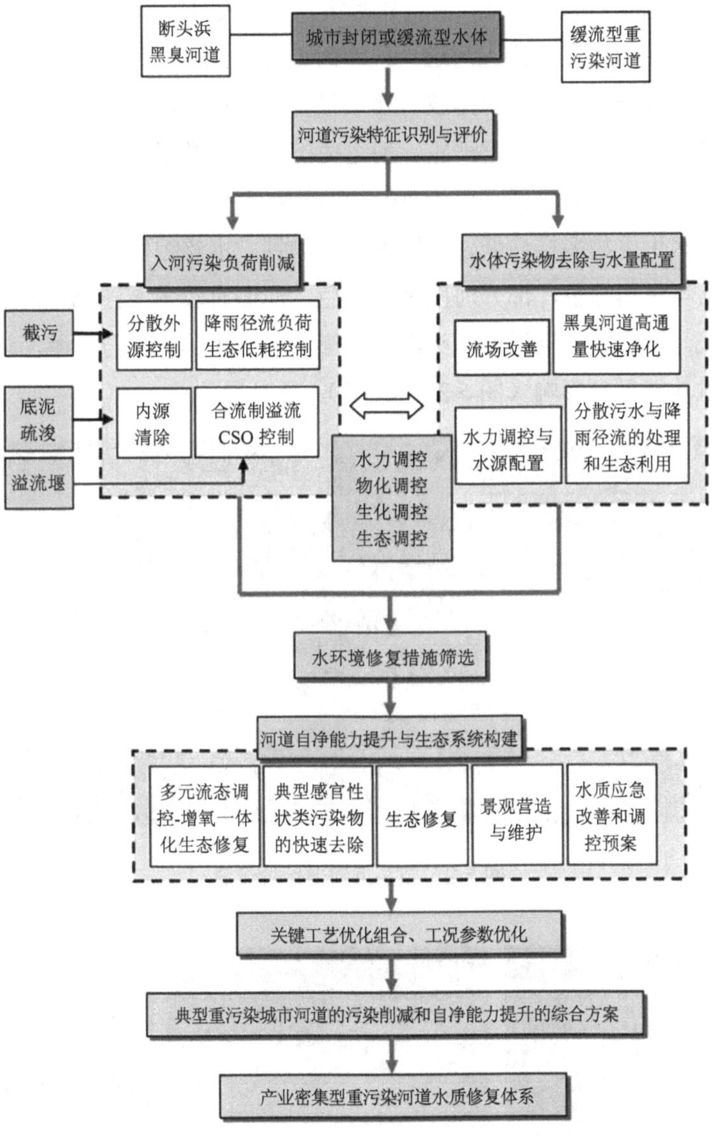

图 5.1 重污染断头浜河道整治技术路线

5.2 断头浜内河概况

5.2.1 断头浜河道基本情况

该断头浜河道总长约 500 m，核心段河长 350 m，宽度 12～15 m，水深 0.5～1.5 m。河道位于某居民小区（1 000 多户的动迁小区）内部。随着区域城市化进程的迅猛发展和土地利用变化，2012 年以前，该河道东端被截断，形成断头浜，水体滞流造成自净能力下降，同时由于该河道位于用地紧张、建筑物密集、居住人口密集、排水体系混杂的老城区，上游城中村污水未经收集直接排入河道，入河污染源来源多、位置分散、生活和复杂来源的工业废水混杂、成分复杂、单个排放口排放量少、排放时间无规律，无法彻底有效截除和处理污染物来源，外源污染非常严重；河道内沉积相当数量的建筑和生活垃圾，底泥淤积达 0.5～1.3 m；水体透明度低，仅为 10～20 cm；水体有机及富营养化等污染明显；水生态系统退化，水生生物多样性低，且以寡毛类颤蚓、水丝蚓以及腹足类环棱螺等耐污物种为主，水体常年呈墨绿色，部分河段呈灰黑色，河面有较多漂浮物，河水腥臭难闻，水体景观功能丧失。为了防止重污染断头浜水体影响下游水体，其与下游河道连接处的闸门常年关闭，泄洪功能受到影响（图 5.2、图 5.3）。

图 5.2 断头浜河道区位示意

图 5.3 断头浜河道整治前现场

5.2.2　断头浜河道水质情况

因该断头浜河道底泥淤积十分严重，因此结合市区河道清淤整治工作，首先对河道进行了底泥疏浚。对清淤期和蓄水期河道水体水质情况进行跟踪分析，设置监测断面如图 5.4 所示，其中断面 1（断头浜河道）分别监测了清淤期和蓄水期水质，断面 2（上游河道西段）仅监测了蓄水期水质。水体透明度仅为 10～20 cm，COD 浓度平均达 133 mg/L，NH_3-N 浓度平均达 10.83 mg/L，TP 浓度平均达 1.79 mg/L，水体的有机污染和营养物污染均十分严重。

图 5.4　清淤期和蓄水期断头浜河道水质监测断面

5.2.2.1　清淤前河道水质情况

2011 年 5 月，河道清淤之前，分别对图 5.5 中 7 个断面进行监测，其中断面 1 位于上游河道，断面 2～7 位于断头浜河道。断头浜河道底泥监测结果如表 5.1 所示。

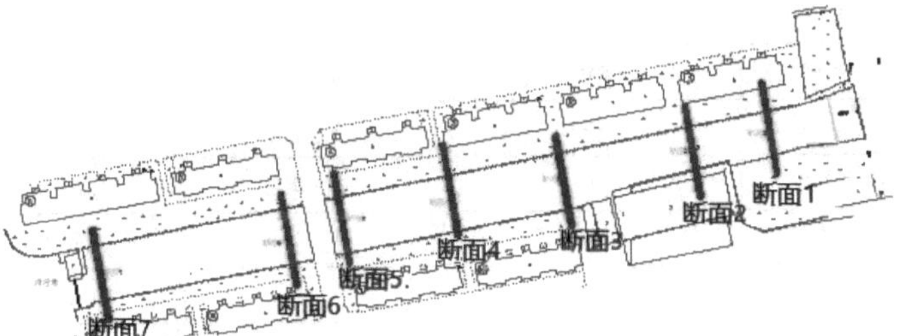

图 5.5　断头浜河道底泥监测断面分布

表 5.1　断头浜河道底泥监测结果

采样点	Cd/（mg/kg）	Zn/（mg/kg）	Pb/（mg/kg）	Ni/（mg/kg）	Cu/（mg/L）	MLSS/（g/L）	MLVSS/（g/L）
断面 1	0.56	655.50	70.20	36.65	473.50	47.90	11.60
断面 2	0.80	648.50	77.75	38.80	665.50	42.90	14.30
断面 3	0.75	515.50	78.40	48.20	797.50	17.40	6.94
断面 4	0.51	588.50	71.70	31.75	960.50	25.30	10.30
断面 5	0.36	190.60	41.15	33.80	207.50	56.60	19.30
断面 6	0.15	30.90	23.90	38.30	25.40	—	—
断面 7	0.68	398.95	117.60	62.75	251.55	45.20	13.70

同时，清淤之前，对断头浜河道上下游来水及 3 个雨水口进行了采样监测，如图 5.6 所示。其中，上游来水为城中村河道与食品厂偷排混合水。水质指标监测结果如表 5.2 所示，可以看出各项水质指标均超标严重。

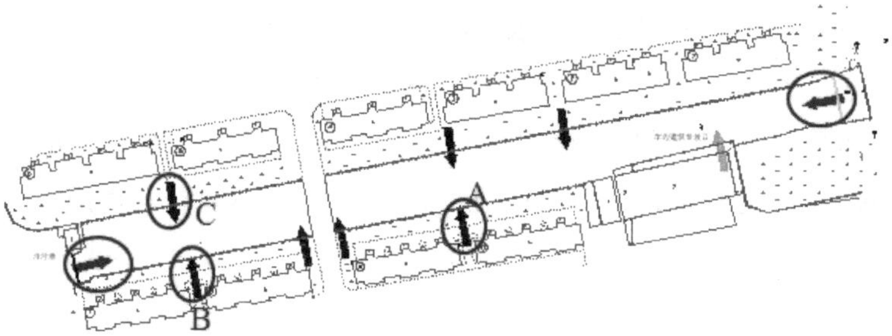

图 5.6　上下游来水及 3 个雨水口监测位置

表 5.2　水质指标监测结果

位置	采样日期	COD 浓度/（mg/L）	NH_3-N 浓度/（mg/L）	TP 浓度/（mg/L）	流量/（L/s）
上游城中村河道来水	2011/5/15	430	15.1	9.76	10
	2011/5/18	258	8.58	1.3	10
	2011/5/20	597	16.1	5.38	15
	2011/5/21	691	21.1	9.98	15
	2011/5/23	125	14.8	2.1	35
	均值	420.20	15.14	5.70	17.00
雨水口 A 处河道	2011/5/15	59	9.34	0.83	0.18
	2011/5/18	22	5.51	0.63	0.05
	2011/5/20	58	5.64	0.60	0.04
	2011/5/21	50	12.2	1.08	0.09
	2011/5/23	84	7.31	0.65	0.70
	均值	54.60	8.00	0.76	0.21
雨水口 B 处河道	2011/5/15	106	8.83	1.01	0.03
	2011/5/18	24	3.45	0.25	0.01
	2011/5/20	108	8.76	0.55	0.008
	2011/5/21	45	1.07	0.30	0.003
	2011/5/23	56	2.23	0.44	0.18
	均值	67.80	4.87	0.51	0.05
雨水口 C 处河道	2011/5/15	—	—	—	—
	2011/5/18	—	—	—	—
	2011/5/20	70	7.31	0.63	0.008
	2011/5/21	—	—	—	—
	2011/5/23	39.5	3.74	0.36	0.1
	均值	54.75	5.53	0.50	0.05

位置	采样日期	COD 浓度/（mg/L）	NH_3-N 浓度/（mg/L）	TP 浓度/（mg/L）	流量/（L/s）
下游河道进水	2011/5/15	—	—	—	—
	2011/5/18	85	18	1.72	—
	2011/5/20	67	22.2	1.54	—
	2011/5/21	53	20.8	1.11	—
	2011/5/23	68	21.4	1.6	—
	均值	68.25	20.6	1.49	—

5.2.2.2 清淤期河道水质情况

监测断面为图 5.4 中断面 2。2011 年 5 月进行分别采样，主要水质指标随时间的变化情况如图 5.7 所示。降雨时采样 1 次，COD 浓度为 125 mg/L，NH_3-N 浓度为 21.1 mg/L，TP 浓度为 9.98 mg/L。非降雨期 COD 浓度最大值为 691 mg/L（晴天），NH_3-N 浓度最小值为 8.58 mg/L，TP 浓度最小值为 1.3 mg/L。综合 5 次监测结果发现，COD 均值为 420 mg/L，NH_3-N 浓度均值为 15.1 mg/L，TP 浓度均值为 5.7 mg/L，各指标浓度高于《地表水环境质量标准》（GB 3838—2002）中Ⅴ类地表水的标准限值。

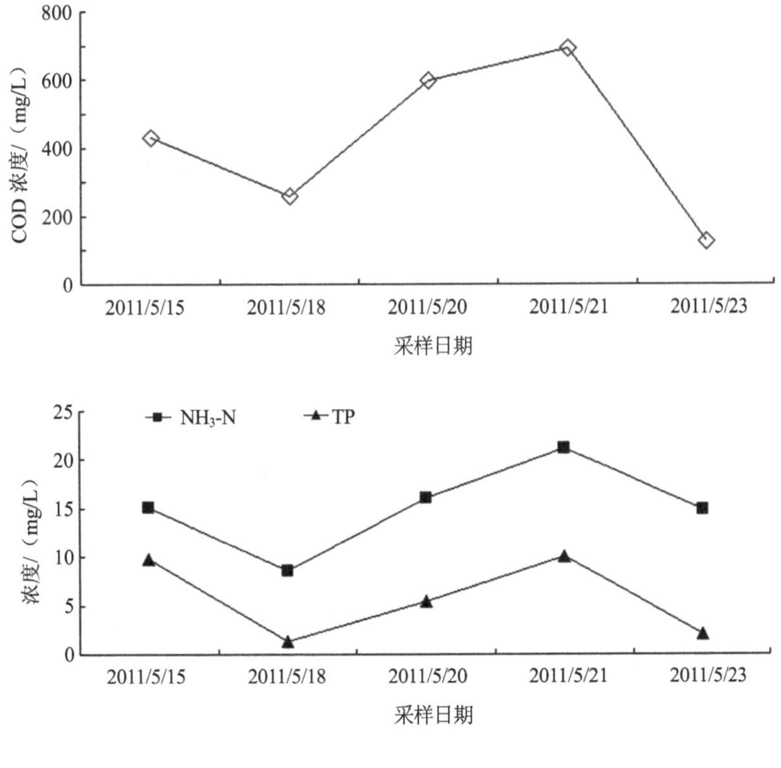

图 5.7 清淤期 COD、NH_3-N 和 TP 随时间变化情况

5.2.2.3 蓄水期河道水质情况

蓄水期为清淤完成后河道蓄水的阶段，主要依靠上游城中村河道与下游河道水流入断头浜河道。本次对断头浜河道和上游河道水质进行了监测分析。

（1）蓄水期断头浜道水质情况

监测断面为图 5.4 中断面 1。2011 年 7—11 月对该断面共计采样监测 18 次，主要指标随时间的变化情况如图 5.8 所示，可以看出，COD 浓度在 29.5～140.0 mg/L 波动，平均为 73.2 mg/L；BOD_5 浓度在 7.97～87.8 mg/L 波动，平均为 40.7 mg/L，变化幅度很大；NH_3-N 浓度为 7.27～26.2 mg/L，平均为 14.5 mg/L；TN 浓度为 7.4～34.1 mg/L，平均为 19.1 mg/L；TP 浓度为 0.988～3.86 mg/L，平均为 1.71 mg/L；SS 为浓度为 9～122 mg/L，平均为 45.8 mg/L，变化幅度很大。

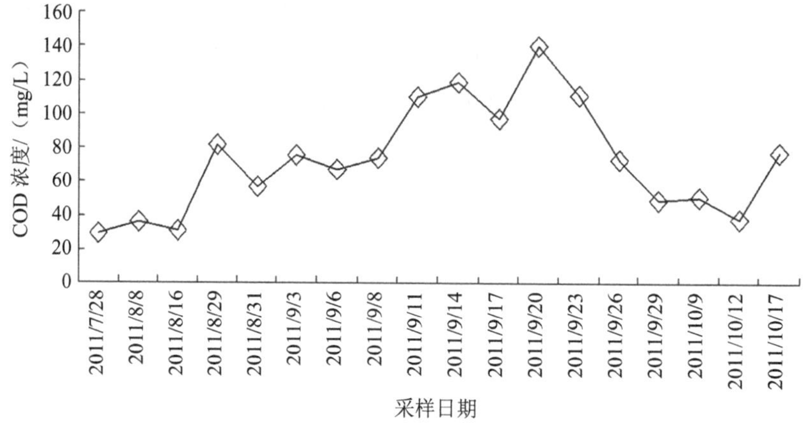

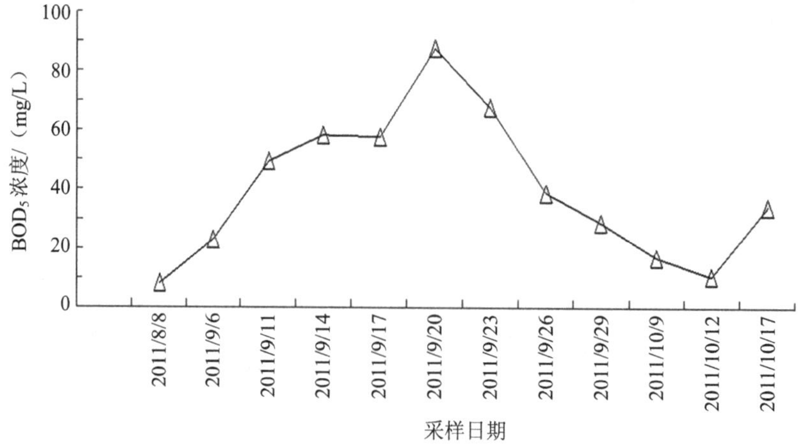

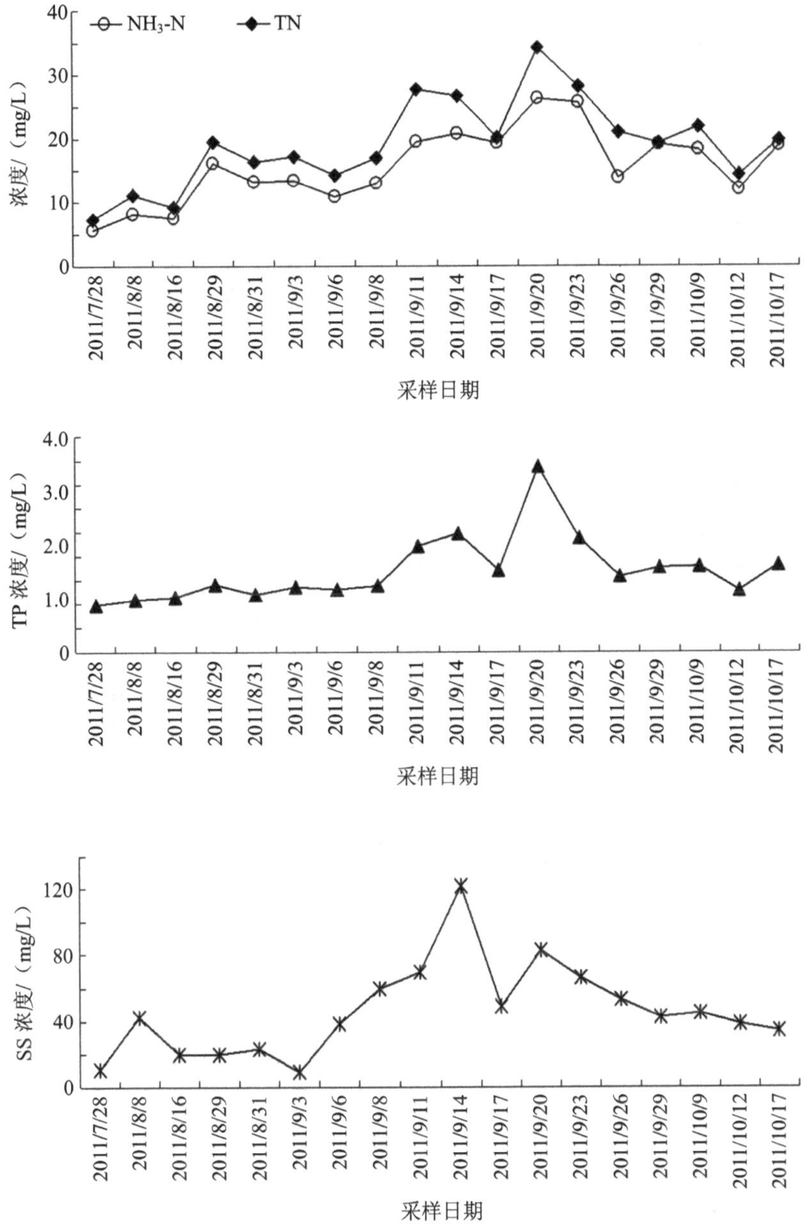

图 5.8　2011 年 7—11 月主要水质指标随时间变化情况

（2）蓄水期上游河道水质情况

监测断面为图 5.4 中断面 2。连续 3 个月对断头浜上游河道（城中村河道西段）采样 20 次，结果如图 5.9 所示，可以看出，上游河道 COD 浓度很高，为 44～247 mg/L，平均 136.9 mg/L；BOD_5浓度为 14.3～89.1 mg/L，平均 49.4 mg/L；NH_3-N 浓度为 2.57～43.2 mg/L，平均 25.6 mg/L；TN 浓度为 10～56.5 mg/L，平均 35.0 mg/L；TP 浓度为 0.08～4.63 mg/L，平均 2.50 mg/L。SS 在该监测时段内变化幅度很大，在 23～130 mg/L 波动，均值为 66 mg/L。

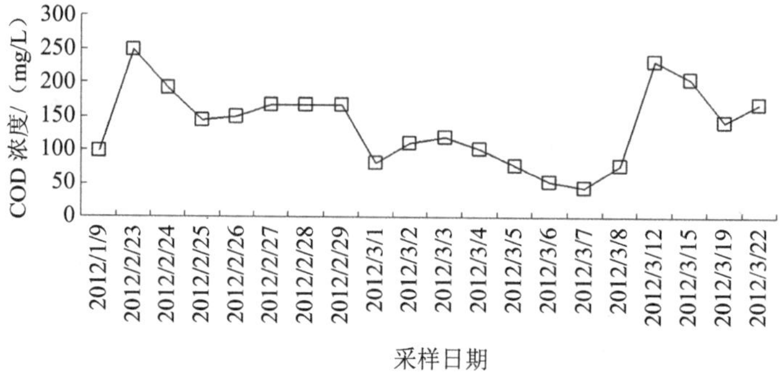
COD 浓度/（mg/L）
300
250
200
150
100
50
0
2012/1/9
2012/2/23
2012/2/24
2012/2/25
2012/2/26
2012/2/27
2012/2/28
2012/2/29
2012/3/1
2012/3/2
2012/3/3
2012/3/4
2012/3/5
2012/3/6
2012/3/7
2012/3/8
2012/3/12
2012/3/15
2012/3/19
2012/3/22
采样日期

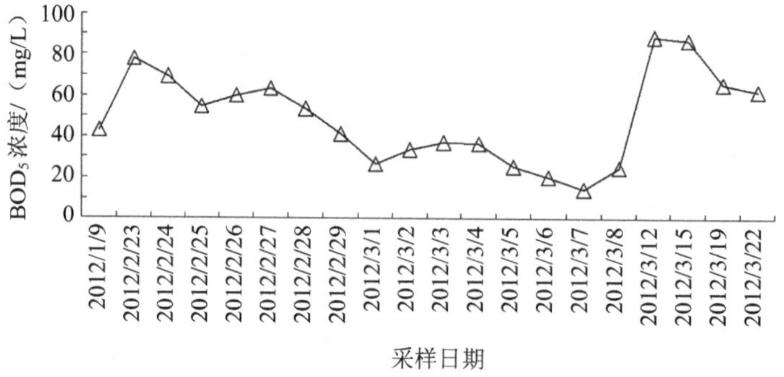
BOD_5 浓度/（mg/L）
100
80
60
40
20
0
2012/1/9
2012/2/23
2012/2/24
2012/2/25
2012/2/26
2012/2/27
2012/2/28
2012/2/29
2012/3/1
2012/3/2
2012/3/3
2012/3/4
2012/3/5
2012/3/6
2012/3/7
2012/3/8
2012/3/12
2012/3/15
2012/3/19
2012/3/22
采样日期

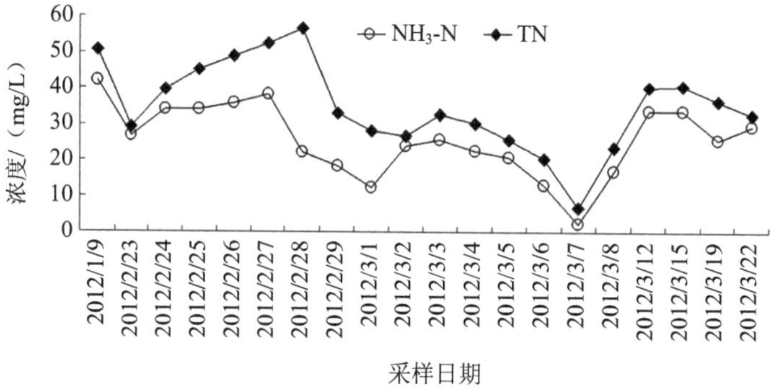
NH_3-N
TN
浓度/（mg/L）
60
50
40
30
20
10
0
2012/1/9
2012/2/23
2012/2/24
2012/2/25
2012/2/26
2012/2/27
2012/2/28
2012/2/29
2012/3/1
2012/3/2
2012/3/3
2012/3/4
2012/3/5
2012/3/6
2012/3/7
2012/3/8
2012/3/12
2012/3/15
2012/3/19
2012/3/22
采样日期

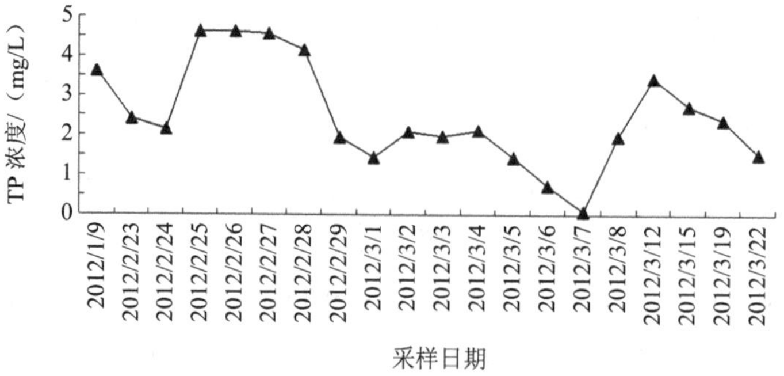
TP 浓度/（mg/L）
5
4
3
2
1
0
2012/1/9
2012/2/23
2012/2/24
2012/2/25
2012/2/26
2012/2/27
2012/2/28
2012/2/29
2012/3/1
2012/3/2
2012/3/3
2012/3/4
2012/3/5
2012/3/6
2012/3/7
2012/3/8
2012/3/12
2012/3/15
2012/3/19
2012/3/22
采样日期

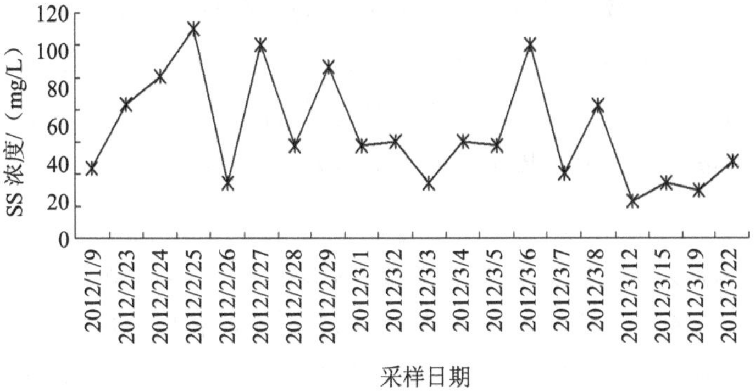

图 5.9　上游河道水质情况

5.3　污染物排放及入河量调查

断头浜河道所在区域产业及人口密集，入河污染物来源错综复杂，包括点源、面源和内源三大类。本次着重对断头浜河道纳污范围内主要点、面污染源进行调查，明确污染源、入河排污口、纳污水域的对应关系，确定影响河道水质的主要入河排污口及其水污染物排放量，进一步测算不同污染源产生的入河污染物量。调查基准年为 2011 年。

1）收集河道相关资料，包括河道所在区域的行政区划图、土地利用图、水系图、地形图、水文气象、水质监测资料、周边企业、三产服务业的相关资料、居民人口、畜禽养殖量、污水收集系统、垃圾和人畜粪便管理情况等。

2）现场踏勘河道各河段的纳污情况，调查监测各类水污染源的排放方式、排放量、浓度和废（污）水去向，对区域污染物排放现状进行系统分析和总结。

3）针对河道区域特点，根据《太湖流域主要入湖河流水环境综合整治规划编制技术规范》（2008 年发布）及《生活源产排污系数及使用说明（2011 修订版）》中给出的部分城市生活污染源和各类农村污染源的源强系数以及入河系数，结合现场监测及实验对相关系数进行修正和补充，在此基础上估算各类污染物入河量。

4）通过现场监测对典型污染源进行校核，对数据进行分析汇总，得到各类污染物入河量及污染物入河总量，在计算各类污染源贡献率的基础上对河道污染成因进行分析。

5）在断头浜河道各河段布置代表性测点，定期采集河段水样，测定水质参数，在此基础上辨识主要污染因子，分析各水质指标的时空分布规律，对水质现状特征进行分析总结。

5.3.1　调查区域土地利用现状

根据产业分布特点、基础设施建设情况以及居民生活方式，可大致将汇水区分成城镇区域（断头浜河道所在区域）和城中村区域（上游河道所在区域）两大类。

断头浜河道所在区域属于城镇区域，土地利用类型主要为住宅用地、工业用地、乡镇建设用地和交通用地以及绿化用地，产业主要包括食品加工业、学校和餐馆、旅店等服务业，人口以本地城镇人口为主，其次为外来常住人口，居民生活方式与一般的城镇人口生活方式相同。

上游河道所在区域为典型的城中村区域。区域内居住人口杂乱，由农村居民、城镇居民和流动人口混合构成，小部分为原住户（包括农村居民和极少数城镇居民）自住，大部分为出租房供外地务工人员和短期劳工及其家属生活居住，人员流动性极强。2011 年年末，根据对户籍人口及暂住人口统计资料，外来人口占总常住人口总数的 78%，户籍常住人口仅占 22%；户籍人口中城镇人口占 72%，农业人口占 28%。区域土地利用类型以住宅用地和拆迁后的闲置土地为主，其中生活用地根据住宅服务功能又可进一步细分为居民生活区和居民生活-集市混合区两类。其中，居民生活-集市混合区密集分布着居民住宅和满足居民日常生活的各种经营，包括小餐馆、浴室、超市等。整个城中村区域内城市规划滞后，违章建筑集中，房屋密度高，居住环境差，基础设施严重缺乏，几乎没有任何排水设施。

5.3.2 主要建筑物排污去向调查

通过收集河道所在区域的水系资料、地形资料、雨水及污水收集系统资料，并结合上述分析，对河道周边区域各片区主要建筑物的排水去向进行总结，如图 5.10（图中 1～11 分别代表不同的区域）和表 5.3 所示。

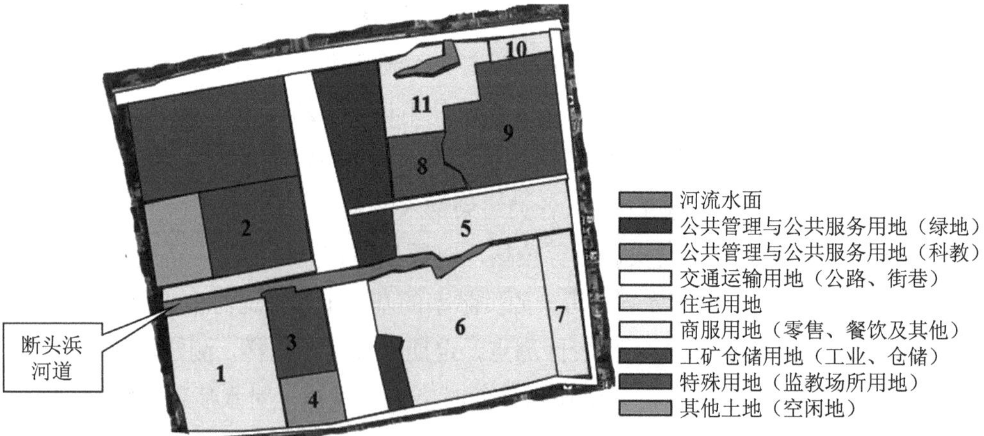

图 5.10 调查区域土地利用现状

表 5.3　调查区域内主要建筑物排污去向

序号	建筑物名称	占地面积/亩①	排污去向
1	断头浜河道所在动迁小区	75	雨水进入断头浜河道，生活污水接管进入污水处理厂
2	食品厂	45.2	生产废水进入断头浜河道
3	废弃工厂	25	雨水及生活污水进入断头浜河道
4	废弃工厂区域民工子弟学校	11.5	雨水及生活污水进入断头浜河道
5	城中村中部区域	32.8	雨水及生活污水进入上游河道
6	城中村西南区域	119.4	雨水及生活污水进入上游河道
7	城中村东南区域	14.6	雨水及生活污水进入上游河道
8	报废车辆堆放中心	15.7	外排
9	看守所、拘留所、收容所	64	外排
10	城中村东北区域	5.2	外排
11	城中村西北区域	39	外排
12	汽修厂	30.6	外排
13	驾培中心	54.9	外排

5.3.3　区域污染物排放特征

断头浜河道区域内排水设施严重缺乏，污水收集处理率低；入河污染物来源多，水质复杂；污水排放量及水质变化幅度大，冲击负荷较大。

（1）排水设施严重缺乏，污水收集处理率低

总体来说，河道周边区域的排水系统建设滞后于城市建设进程，周边排水体系混杂，且区域分布上不平衡，除了少数建成污水收集管网外，绝大部分区域基本没有排水设施，河道纳污区域内的排水系统可大体分为以下四种类型，如图 5.11 和表 5.4 所示。

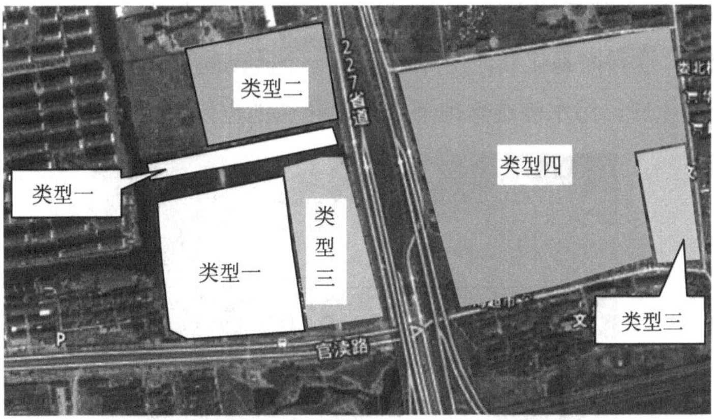

图 5.11　不同类型的排水系统分布

① 1 亩=1/15 hm^2。

表 5.4　不同片区的排水系统类型

排水系统类型	排水系统特点	占调查区域总面积的百分比/%
类型一	排水管网健全，雨污完全分流，生活污水接管进入污水处理厂，雨水经管网收集后就近排入河道	20.5
类型二	工业厂区生活污水接入污水处理厂，生产废水经厂内管道收集后就近入河，雨水经管网收集后就近排入河道	11.1
类型三	生活区生活污水经简易管道收集后就近排入河道，雨水经管网收集后就近排入河道	9.4
类型四	无排水设施，生活污水未经收集分散入河，雨水自然排放就近分散入河	59.0

1）城镇区域。城镇区域包括三种排水类型：

类型一：调查区域内的动迁小区已完成雨污分流改造，雨水管网的布置采取分散布置、就近排放的原则，雨水管网沿小区内的道路铺设，枝状布局。小区内的雨水经管网收集后通过 6 个排放口就近排入断头浜河道，雨水干管管径为 DN300～400；生活污水采用小区内的污水管网收集后输送至娄江污水处理厂统一处理，污水干管管径为 DN250～300。

类型二：河道周边的企业生活污水已完成接管改造，生产废水在厂内经管道收集后未经任何处理，就近排入河道。例如，食品厂的食品加工废水经厂内管道收集后从河道东端排入河道。考虑到河道整治的截污需要，结合河道周边的排水系统改造规划，食品厂在 2011 年 8 月进行污水管网改造，食品加工废水接入污水处理厂，设计排污量 2 600 t/d。

类型三：按照生活污水的来源，居民日常生活过程中产生的污水主要包括烹饪、洗浴、粪便等三个方面。在第三类区域，不同来源的生活污水有不同的排水途径，在河道南岸东侧废弃工厂区域，厨房、盥洗室、洗澡间排放的烹饪、洗浴等洗涤废水混合在一起，通过简易管道就近排入河道（沿河住宅），或通过简易管道收集后就近排入住宅周边的地下暗沟或雨水管渠（非沿河住宅），然后流向河道，如图 5.12 所示。含有粪、尿的厕所排水由简易管道收集后进入化粪池，这种简易化粪池实际上就是一个砖砌的截粪井，化粪池后不铺设任何管道，化粪池本身也无底，污水渗透至地下水系，化粪池也没有任何清理和维护措施。

图 5.12　废弃工厂生活污水排放口（清淤期）

2）城中村区域。断头浜上游河道所在区域是典型的城中村区域，区域的污水排放类型两种情况：

类型一：为居民生活-集市混合区，沿街两侧分布有大量违章搭建的平房，其内或为外来租住户，或为个体商铺占道经营。厨房、盥洗室、洗澡间排放的烹饪、洗浴等洗涤废水混合在一起，通过简易管道收集后，就近排入住宅周边的地下暗沟或雨水管渠，然后流向断头浜上游，含有粪、尿的厕所排水由简易管道收集后进入化粪池，渗透至地下水系。

类型二：该区域大多数住宅的原住户已搬迁至别处，现状房屋内以外来租住户为主，大多数由原来居住一户的天井式住宅逐步演变成了大杂院，不仅在一户住宅内挤进了三四户，而且由于居住面积的不足又建造了许多违章搭建的平房，占用了天井，分割了备弄，使原本狭窄的备弄变得曲曲弯弯。该区域内住宅异常密集，建筑布局非常复杂，沿河房屋通常都紧邻河道，有的房屋甚至有一部分面积悬于水上，如图 5.13 所示。

图 5.13　城中村沿河房屋

该区域由于建筑布局异常复杂，各住户房屋功能分区也不尽相同，用水点分散，难以铺设管道进行污水收集。该区域内沿河住宅厨房、盥洗室、洗澡间排放的烹饪、洗浴等洗涤废水混合在一起，通过简易排放管道分散进入河道，如图 5.14 所示。非沿河住宅的洗涤废水通过简易排放管直接排向街面或街边的排水沟，通过排水明渠或暗沟流向河道，如图 5.15 所示。

图 5.14　沿河住宅的洗涤废水直接排入河道

图 5.15　非沿河住宅的洗涤废水由排水明渠收集后进入河道

该区域平房住宅内基本没有抽水马桶等卫生设施，住宅内的粪、尿倾倒入公厕，马桶在河里清洗或在街边清洗后将洗涤废水倾倒至街面或街边排水沟，最终流向河道，如图 5.16 所示。公厕位于上游河道岸边，临河而建且无人清掏，故公厕内的粪、尿最终仍然进入上游河道，如图 5.16 所示。该区域楼房住宅中通常设抽水马桶，污水从室内卫生间直接用 PVC 管接出户后排入楼房周边的暗沟或者明渠，随后流向河道，如图 5.17 所示。

（a）清洁马桶　　　　（b）公厕

图 5.16　粪便倒入公厕但清洗废水随意倾倒

图 5.17　室内卫生间废水排入楼房周边的沟渠

河道纳污范围内的生活污水去向如图5.18所示。

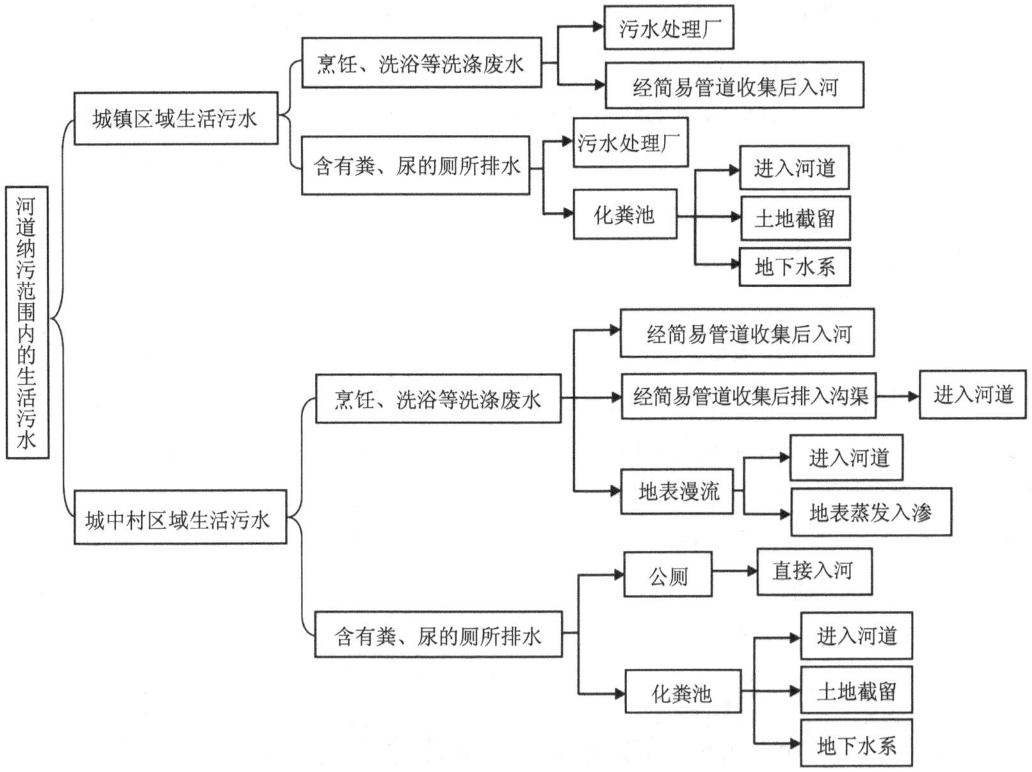

图5.18　河道纳污范围内的生活污水去向

从上述分析可以看出，城镇区域的生活污水大部分进入污水处理厂，小部分经简易管道收集后入河；城中村区域内的生活污水，除一小部分经地表截流蒸发或入渗外，绝大部分均进入断头浜河道，成为断头浜河道的重要污染源。

城中村区域的雨水收集系统始建于20世纪80年代，无统一规划，加之年久失修，雨水收集系统残破不全，无法承担正常的排水功能。经逐户走访显示，大部分平房的屋面无雨水收集措施，屋面雨水直接漫流至地面，部分楼房屋面雨水经简易管道收集后排向地面，地面雨水汇集至天井内的地表沟渠后，通过户外弄堂下的明沟或者暗渠排向河道，如图5.19所示。

图5.19　屋面雨水经地表漫流

（2）入河污染物来源多，水质复杂

入河污染物来源除来自居民日常生活产生的污水（厨房、洗浴等洗涤废水）外，还包括人粪便以及生活垃圾任意堆放或沿河堆放渗滤而产生的污水。

日常生活洗涤废水含有大量的动植物残渣、油污、毛发、洗涤剂等，加上城中村区域以外来流动人口居多，人均用水少于城镇，但城中村区域的污染物排放浓度明显高于城镇生活污染浓度。人粪便未经任何处理直接排入河中是城中村上游河道污染严重的重要因素，污水中的虫卵、细菌及病原体繁殖传播，使水质变化规律复杂。

生活垃圾堆放渗滤而产生的污水也是调查区域内（尤其是城中村区域）的重要污染源之一，城中村居民生活垃圾处理方式是一般将垃圾丢弃于街道上的垃圾堆放点，也有相当一部分居民直接将垃圾丢弃于河道内或倾倒在河边甚至是街面上（图 5.20），居民卫生意识较差，没有完善的生活垃圾收集和外运系统，街道上的垃圾收集池和堆放点长期无人清理，河边及河道内随处可见生活垃圾和人畜粪便，垃圾随意丢弃和直接入河现象非常普遍。加之城中村区域内雨水收集管网破损不全，雨水经地表漫流，冲刷地表垃圾，造成面源污染，垃圾沿河堆放渗滤而产生的污水污染物成分较常规的生活污水更为复杂，污染物浓度远高于常规的城镇生活污水。

图 5.20　城中村垃圾任意堆放

（3）污水排放量及水质变化幅度大，冲击负荷较大

根据调查，断头浜河道周边区域的入河污水以生活污水（废弃工厂）为主，厂区内有多家小型企业，人员构成较为复杂、流动性大，其生活污水排放量变化幅度较大，且随时间无明显规律。上游河段周边区域以外来人口为主，人口密度大，人员流动性强，人均收入较低，生活方式也各异，有相当一部分住宅内的居民生活用水来源于井水而非自来水，生活用水量个体差异较大，总体人均生活用水量偏低，但排水量和污染物浓度上都存在冲击负荷较大的特点。例如，夏季雨水丰沛，排水量明显高于其他 3 个季节，冬季河道纳污范围内的四浴室集中开放造成洗浴废水大量集中排放，入河水量及水质的冲击负荷较大，造成河道水质污染物浓度明显上升。

5.3.4　污染物排放量及入河量

大量外来污染源进入河道水体中是造成水体黑臭的重要因素，所以对外来污染源进行整治是改善河道水体质量的基本措施之一。根据污染源的入河方式可分为点源污染与面源污染。工业废水、城市生活污水等都属于点源污染，降雨径流、农田灌溉水等属于面源污染。根据断头浜河道区域情况调查发现，该河道外来污染源主要为工业废水和生活污水等点源污染、降雨径流等面源污染。

5.3.4.1　点源排放量

根据现场调查，断头浜河道汇水区域内无大规模经济开发区、工业集中区。点源包括 1 个食品加工企业的污水排放口、1 个相对集中的城镇生活污水排放口（废弃工厂）、4 座垃圾屋（城中村区域）、1 座公厕（城中村区域）、6 个雨水排放口（小区内），断头浜河道西段的入河点源位置见前文图 5.6 所示。

（1）食品厂排污情况调查

根据现场调查结果，食品厂区域面积 62 亩，生产类型为食品加工，职工共 380 人。针对该企业排污口，在河道清淤期对食品厂入河排污口进行了监测，监测频次为每天 1 次，连续监测 5 d，得到食品厂排放的污染物 COD 平均浓度为 420 mg/L，NH_3-N 平均浓度为 15.1 mg/L，TP 平均浓度为 5.7 mg/L，平均流量为 0.01 m^3/s。

根据现场监测数据，按式（5.1）计算食品厂的污染物入河量 S_1：

$$S_1 = c_1 Q_1 \tag{5.1}$$

式中，S_1 为污染物入河量，t/a；c_1 为实测平均污染物浓度，mg/L；Q_1 为实测平均入河流量 m^3/d。

由此计算可得，食品厂的生产废水入河量为 881.28 m^3/d；污染物年入河量：COD 为 132.5 t/a，NH_3-N 为 4.76 t/a，TP 为 1.7 t/a。

（2）废弃工厂生活污水排放调查

废弃工厂原为纺织厂，占地面积约 36.5 亩，包括多家小型加工厂和建材仓库以及民工子弟学校等。根据调查，该区域排放的污水为生活污水，通过简易管道收集，未经处理后直接排入河道，是断头浜河道西段的主要污染源。

城镇生活污染，在污染源普查时通常以排污人口为基量，根据《生活源产排污系数及使用说明（2011 修订版）》中的污染物人均产生系数及人均排水定额进行计算，考虑调查区域内人口构成复杂，人员流动性较大，登记在册的常住人口与实际排放人口之间可能有较大差异，直接以常住人口数作为基量估算污染物排放量会存在一定的误差，另外由于其厂区内企业及人员构成情况复杂，入河排污口的污水排放时间及排放量没有明显规律，现场监测未能获得有效的水量及水质数据。

调查中，直接对生活污水直排区域内居民的自来水用量进行调查，在用水量资料的基础上结合区域排水系统特征进行估算：

$$S_2 = c_2 \varphi_2 \beta_2 Q_2 \tag{5.2}$$

式中，S_2为集中入河城镇生活污染量，t/a；c_2为污染物浓度估算值，mg/L，根据《生活源产排污系数及使用说明（2011 修订版）》，折算得到苏州地区生活污水污染物浓度：COD 为 430.0 mg/L，NH_3-N 为 48.8 mg/L，TN 为 64.5 mg/L，TP 为 4.9 mg/L；Q_2为区域的自来水使用量，m^3；φ_2为排水量与生活用水量之间的折算系数，根据苏州地区的居民用水量与排水量调查资料，φ_2取 0.85；β_2为入河系数，按 0.9 估算。

废弃工厂区域 2011 年度的自来水用量调查结果如表 5.5 所示。

表 5.5　废弃工厂区域 2011 年度的自来水用量调查结果

时间	1 月	2 月	3 月	4 月	5 月	6 月	7 月	8 月	9 月	10 月	11 月	12 月
自来水用水量/m^3	800	700	570	700	750	860	780	980	760	830	800	850
合计	9 380											

根据《生活源产排污系数及使用说明（2011 修订版）》，苏州地区按 85%的生活用水可转化生活污水测算，则 2011 年废弃工厂区域全年排入断头浜河道的生活污水总量为 7 176 m^3/a，日均排放量为 19.7 m^3/d。据此估算出废弃工厂区域全年排入断头浜河道河段的 COD 总量为 3.09 t/a，NH_3-N 总量为 0.35 t/a，TN 总量为 0.46 t/a，TP 总量为 0.04 t/a。

2012 年 10 月 31 日，对废弃工厂区域的排放口进行了 24 h 连续监测，监测频次为：用水高峰时段 1 次/h，其他时段 1 次/2 h；具体监测时间：6:00、7:00、8:00、11:00、12:00、13:00、16:00、18:00、19:00、20:00、22:00，采用量水槽和时间-体积法进行流量测量，并同步采集水样进行水质指标分析，连续监测得到的平均流量及污染物浓度均值如表 5.6 所示。连续监测得到的流量过程线如图 5.21 所示，水质指标随时间的变化规律如图 5.22 所示。

表 5.6　废弃工厂排放口流量水质连续监测结果

排污口	平均流量/（m^3/s）	日均流量/（m^3/d）	水质指标/（mg/L）			
			COD	TN	TP	NH_3-N
废弃工厂排放口	0.000 36	30.83	100.91	41.08	3.29	31.31

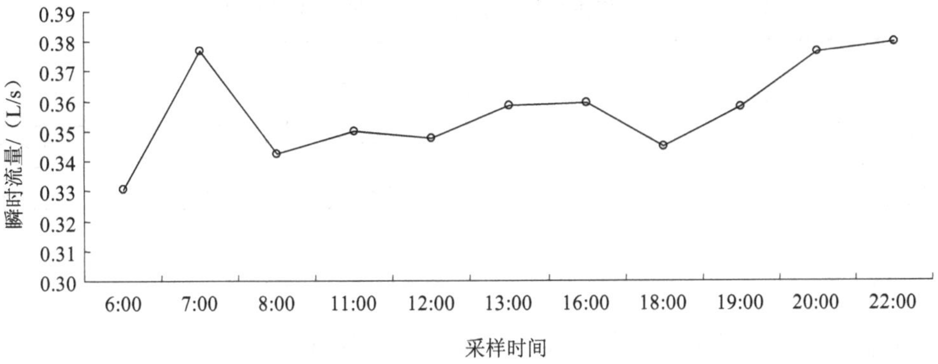

图 5.21　废弃工厂排放口瞬时流量过程线

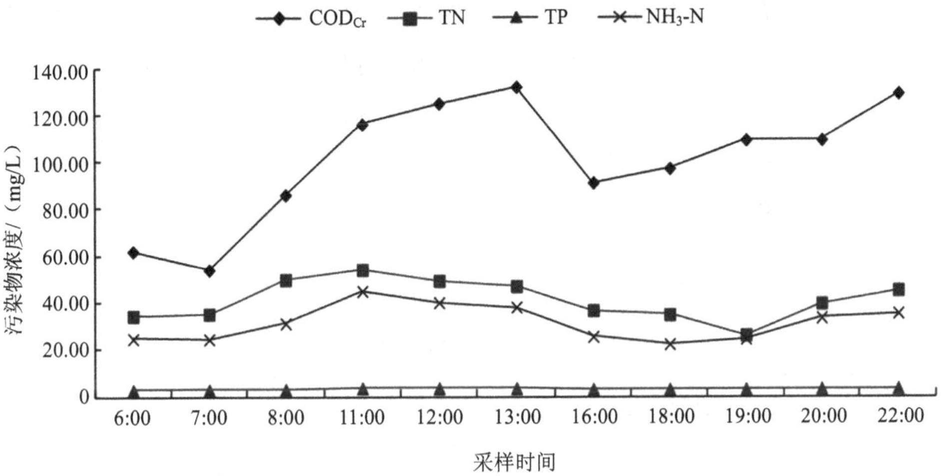

图 5.22　废弃工厂排放口水质指标随时间的变化规律

从图 5.21 和图 5.22 可以看出，废弃工厂区域排污口的排水量在 7:00—8:00 有一较高峰值，在 19:00—22:00 有另一峰值。全天瞬时流量均值 0.36 L/s，日排放量约 30.83 m^3/d，高于根据 2011 年度的用水量估算得到的日排放量均值（19.7 m^3/d）。污染物浓度 2012 年实测均值为 COD 为 100.91 mg/L、NH_3-N 为 31.31 mg/L、TN 为 41.08 mg/L，TP 为 3.29 mg/L，低于根据《生活源产排污系数及使用说明（2011 修订版）》折算得到苏州地区生活污水污染物浓度均值。

以 2012 年 10 月 31 日的实测结果为基础，估算该排放口全年的污染物入河量，结果如表 5.7 所示，可以看出，废弃工厂排放口污染物入河量实测值与估算值比较，COD 入河量估算值明显高于实测值，TN、NH_3-N 及 TP 入河量估算结果则基本一致。

表 5.7 废弃工厂排放口污染物入河量实测值及估算值比较

	污水入河量/（m^3/d）	污染物入河量/（t/a）			
		COD	NH_3-N	TN	TP
实测结果	30.83	1.14	0.35	0.46	0.037
估算结果	19.70	3.09	0.35	0.46	0.04

（3）垃圾淋溶污染和公厕污染

此项统计的垃圾淋溶污染指垃圾屋或垃圾中转站对河道形成的污染负荷，垃圾淋溶对河道的污染负荷 S_3 按式（5.3）计算：

$$S_3 = c_3 Q_3 \tag{5.3}$$

式中，c_3 为雨水淋溶及其与渗滤液形成的混合污水的浓度，mg/L，需采用现场测试方法确定，本次调查中根据参考文献提供的江苏省同类城市老城区重点生活污染源污水分析结果进行估算取值，如表 5.8 所示；Q_3 为每日污水产生量，按垃圾日收集量的 0.5%～3.0%估算，其中垃圾日收集量以常住人口为基量进行估算，根据《第一次全国污染源普查：城镇生活源产排污系数手册》(2008)，苏州属于二区一类城市，其人均垃圾产生量按 0.68 kg/（人·d）估算。

表 5.8 垃圾转运站污水浓度 单位：mg/L

季节	COD	NH_3-N	TN	TP
旱季	35 170	93.2	441	34.57
雨季	51 700	18.47	621.33	87.17

对于污水直接排入河道的公厕，按硬件设施排污系数法计算公厕污染入河量 S_4：

$$S_4 = F_4 P_4 \tag{5.4}$$

式中，P_4 为污水直排入河的公厕数量，调查区域内污水直排入河的公厕数量为 1 座；F_4 为公厕排污系数，指每座公厕单位时间内产生的污染物数量，参照苏南地区其他城市公厕污水的实测结果，结合本区域特点，公厕排污系数按表 5.9 取值。

表 5.9 公厕排污系数 单位：kg/（月·个）

季节	COD	NH_3-N	TN	TP
旱季	22.80	3.81	4.82	0.18
雨季	15.13	3.89	4.47	0.22

按上述方法测算得到的垃圾淋溶和公厕污染物入河量，如表 5.10 所示。

表 5.10　垃圾淋溶和公厕污染物入河量测算结果　　单位：t/a

污染物类别	COD	NH_3-N	TN	TP
垃圾淋溶污染（城镇区域）	0.70	0.002	0.015	0.002
垃圾淋溶污染（城中村区域）	0.89	0.003	0.020	0.002
公厕污染（城中村区域）	0.30	0.060	0.070	0.003

（4）雨水排放口漏排情况调查

调查发现，断头浜河道沿岸的雨水口部分时段有污水排入河中。存在污水漏排现象的雨水口有两个位于断头浜河道南岸，位于北岸雨水口在部分晴天时段也可见到污水排出，如图 5.23 所示。

图 5.23　雨水口排水

清淤期对雨水口的排放量及水质情况进行了 5 次监测，监测时间分别选择在 7:00 一次，13:00 一次，16:00 两次，18:00 一次。根据监测数据，各雨水口漏排水量及水质的平均值统计见表 5.11。

表 5.11　雨水口漏排情况统计

排放口	平均流量/（L/s）	实测污染物浓度/（mg/L）		
		COD	NH_3-N	TP
雨水口 A	0.210	54.60	8.0	0.76
雨水口 B	0.051	67.80	4.9	0.50
雨水口 C	0.020	54.70	5.5	0.50

2012 年 10 月 31 日（晴天）对雨水口 A、雨水口 B 的污水漏排量及水质情况进行了 24 h 跟踪监测（雨水口 C 在 2012 年 10 月监测期间流量较小，故忽略）。流量监测频次：用水高峰时段 1 次/h，其他时段 1 次/2 h；具体监测时间：6:00、7:00、8:00、9:00、11:00、13:00、15:00、18:00、19:00、20:00、22:00，采用时间-体积法对各雨水口的流量进行测量，

在流量监测的同时同步采集水样进行水质指标分析，监测结果如表 5.12 所示。

表 5.12 雨水口漏排水量及水质指标实测均值

雨水口	平均流量/（L/s）	水质指标/（mg/L）			
		COD	TN	TP	NH_3-N
雨水口 A	1.18	31.00	4.52	0.76	3.75
雨水口 B	0.06	307.50	56.94	4.27	53.73

连续监测得到的污水漏排流量过程线如图 5.24 和图 5.25 所示，污水漏排污水浓度过程线如图 5.26 和图 5.27 所示。

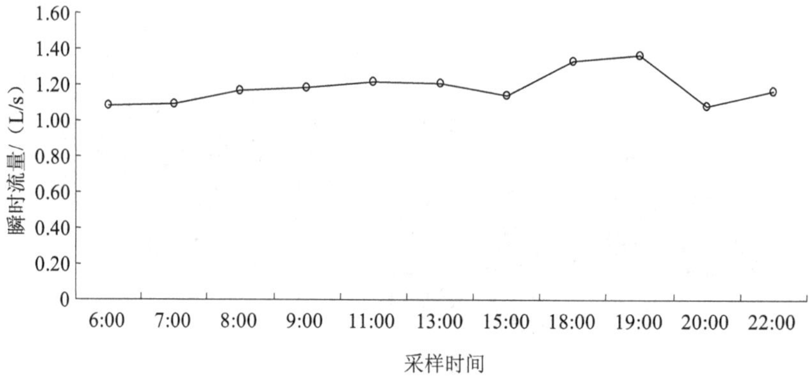

图 5.24 雨水口 A 污水漏排流量过程线

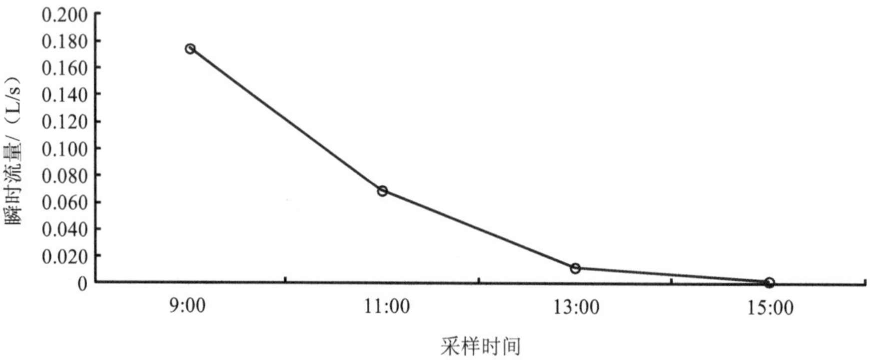

图 5.25 雨水口 B 污水漏排流量过程线

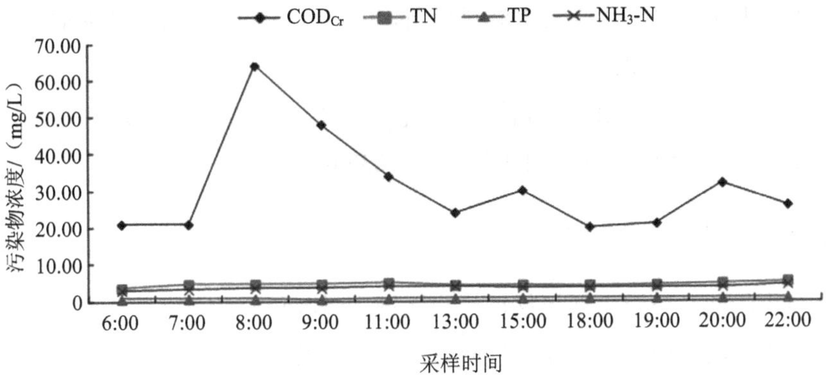

图 5.26　雨水口 A 污水漏排污水浓度过程线

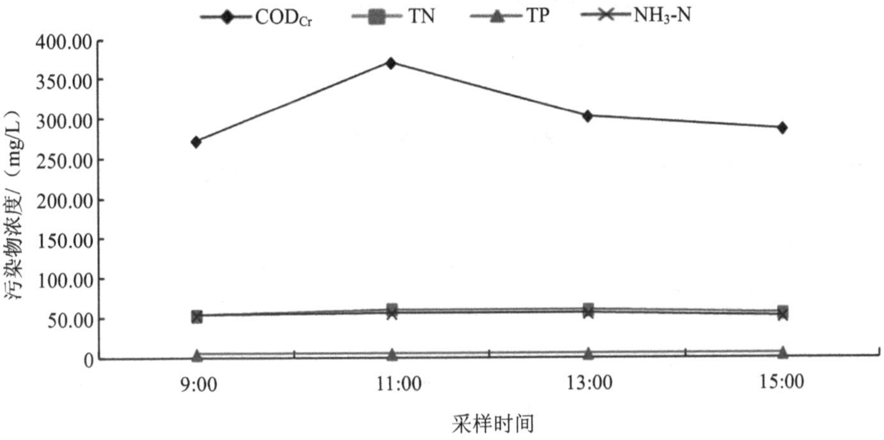

图 5.27　雨水口 B 污水漏排污水浓度过程线

雨水口 A 排水量在 18:00～20:00 有一峰值，但不明显，排水量随时间的分布总体较均匀，排水量较大，瞬时流量均值为 1.18 L/s，日排放量约 102.32 m^3/d，明显高于 2011 年 5 月的监测值（18.1 m^3/d）。该雨水口排放的污染物浓度较低，COD 为 31.00 mg/L，TN 为 4.52 mg/L，TP 为 0.76 mg/L，NH_3-N 为 3.75 mg/L。

雨水口 B 排水规律呈间歇性，9:00 左右流量较大，15:00 之后排放量较小，瞬时流量均值为 0.06 L/s，日排放量约 3.16 m^3/d（2011 年 5 月的监测结果约为 4.4 m^3/d），但该雨水口的污染物排放浓度较高，COD 为 307.50 mg/L，TN 为 56.94 mg/L，TP 为 4.27 mg/L，NH_3-N 为 53.73 mg/L。

以 2012 年 10 月的连续监测数据为基础，按式（5.5）对雨水口漏排污染物入河量进行测算：

$$S_5 = c_5 Q_5 \tag{5.5}$$

式中，S_5为雨污混接造成的生活污水漏排负荷，t/a；c_5为实测平均污染物浓度，mg/L；Q_5为实测平均入河流量，m^3/d。

根据测算结果，全年经雨水口漏排进入断头浜河道的 COD 总量为 1.30 t/a，NH_3-N 总量为 0.17 t/a，TN 总量为 0.20 t/a，TP 总量为 0.032 t/a。

5.3.4.2　面源排放量

调查区域内的面污染源主要包括城中村区域未经收集分散入河的生活污染、降雨径流携带地表污染物入河造成的污染和大气降落污染物 3 类。

（1）生活污染

根据人均用水量情况调查，城中村的农村人口及外来租住人口生活污水排放量按 75 L/（人·d）计算，化肥新村人口的生活污水排放量按 150 L/（人·d）计算，据此测算得到该区域生活污水排放量，如表 5.13 所示。

表 5.13　城中村区域生活污水排放量统计

区域及人口类型	人口	人均排放量/[L/（人·d）]	生活污水排放/（m^3/d）
城中村中部区域原住户（农村人口）	122	75	9.2
城中村中部区域外来人口	998	75	74.9
城中村西南区域原住户（农村人口）	115	75	8.6
城中村西南区域外来人口	2 021	75	151.6
城中村东南区域（城镇人口）	607	150	91.1
合计	3 863	—	335.4

根据上述估算结果，断头浜上游河道纳污范围内的生活污水排放总量为 335.4 m^3/d。

根据调查结果，城镇人口、农村人口、常住外来人口的人均污染物综合排放系数依据《生活源产排污系数及使用说明（2011 修订版）》及《太湖流域主要入湖河流水环境综合整治规划编制技术规范》中给出的经验取值，如表 5.14 所示。

表 5.14　人均污染物综合排放系数　　单位：g/（人·d）

人口类型	COD	NH_3-N	TN	TP
城镇人口	86	9.77	12.89	1.12
农村人口及外来人口	40	4	6	0.5

根据排污系数法计算得到的生活污染源排污量如表 5.15 所示。

表 5.15 断头浜上游河道周边区域生活污染源排污量 单位：t/a

片区名称		COD_{Cr}	NH_3-N	TN	TP
城中村中部区域	原住户	1.8	0.18	0.27	0.02
	外来人口	14.6	1.46	2.19	0.18
城中村西南区域	原住户	3.6	0.17	0.25	0.02
	外来人口	29.5	2.95	4.43	0.37
城中村东南区域		19.1	2.16	2.86	0.25
合计		68.60	6.92	10.00	0.84

根据计算结果，断头浜上游河道纳污范围内生活污染COD年产生量为68.52 t/a，NH_3-N年产生量为 6.92 t/a，TN 为 9.99 t/a，TP 为 0.84 t/a。

根据《太湖流域主要入湖河流水环境综合整治规划编制技术规范》，城镇生活污染物入河系数取值为 0.8，据此计算得到断头浜上游河道的生活污染入河量，如表 5.16 所示。

表 5.16 断头浜上游河道生活污染入河量 单位：t/a

片区名称		COD	NH_3-N	TN	TP
城中村中部区域	原住户	1.44	0.14	0.22	0.02
	外来人口	11.68	1.17	1.75	0.14
城中村西南区域	原住户	2.88	0.14	0.20	0.02
	外来人口	23.60	2.36	3.54	0.30
城中村东南区域		15.28	1.73	2.29	0.20
合计		54.88	5.54	8.00	0.68

根据测算结果，断头浜上游河道生活污水入河量为 335.25 m^3/d，COD 入河总量为 54.82 t/a，NH_3-N 入河总量为 5.54 t/a，TN 为 7.99 t/a，TP 为 0.67 t/a。

2012 年 10 月 31 日在断头浜河道与上游河道交汇处设置量水槽，对上游进入断头浜河道西段的水量及水质进行监测分析。流量及水质监测频次：用水高峰时段 1 次/h，其他时段 1 次/2 h；具体监测时间：6:00、7:00、8:00、11:00、12:00、13:00、15:00、18:00、19:00、20:00、22:00。

城中村来水流量过程线和来水水质变化曲线如图 5.28 和图 5.29 所示。

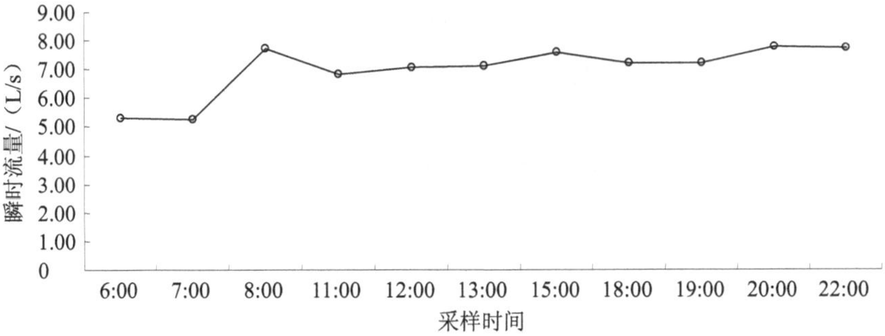

图 5.28 城中村来水流量过程线

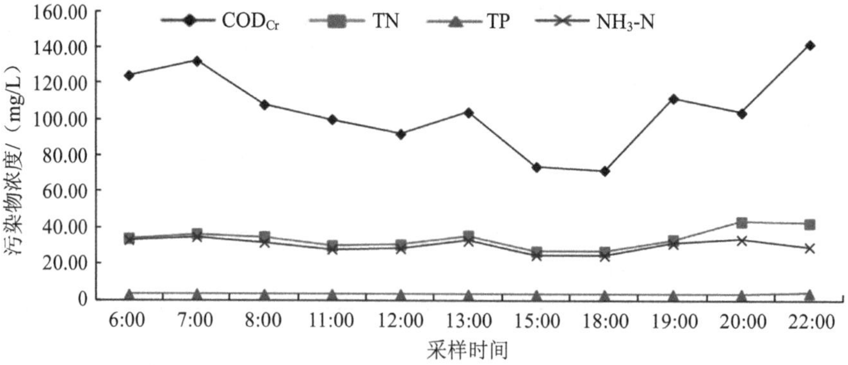

图 5.29 城中村来水水质变化曲线

上游来水瞬时流量在 8:00 以前略低于平均值，8:00～22:00 流量无明显变化，全天瞬时平均流量为 6.98 L/s，日均流量约为 592.87 m^3/d，高于 2011 年污染源调查报告中的城中村生活污水排放量的估算值（335.25 m^3/d）。从城中村来水水质监测结果来看，COD 为 105.82 mg/L，TN 为 34.04 mg/L，TP 为 3.30 mg/L，NH_3-N 为 30.19 mg/L，低于正常情况下苏州地区生活污水浓度经验值，如表 5.17 所示。

表 5.17 城中村污水入河量和污染物浓度

	污水入河量/（m^3/d）	污染物浓度/（mg/L）			
		COD	NH_3-N	TN	TP
实测值	592.87	105.82	30.19	34.04	3.30
经验值（估算值）	335.25	430.00	48.80	64.50	4.90
比例系数	1.77	0.25	0.62	0.53	0.67

将苏州地区生活污水浓度经验值与城中村来水水质实测值比较，除 COD 实测值明显低于经验值外，NH_3-N、TN、TP 实测浓度与经验值的比例系数均在 0.5～0.7，比例系数均值约为 0.6。根据现场情况分析，监测时所测得的流量中除包含城中村生活污水外，还包含一部分城中村河段的河水，若按比例系数 0.6 折算，则城中村生活污水入河量为 355.72 m^3/d，与估算值 335.25 m^3/d 基本一致。

以城中村污水日均流量的单日实测值以及污染物日平均浓度为基础，估算全年从城中村进入断头浜河道西段的污染物入河量，如表 5.18 所示。

表 5.18 城中村区域污染物入河量实测值及估算值比较

	污水入河量/（m^3/d）	污染物入河量/（t/a）			
		COD	NH_3-N	TN	TP
实测值	592.87	22.90	6.53	7.37	0.71
估算值	335.25	54.82	5.54	7.99	0.67

从表 5.18 可以看出，城中村污染物入河量实测值与估算值比较，COD 入河量估算值高于实测值，TN、NH_3-N 及 TP 入河量估算结果与实测结果基本一致。

（2）降雨径流

根据苏州地区年降雨量资料，苏州地区多年平均降雨量为 1 063 mm，降雨量年际变化大，年内分配不均，6—8 月降雨量约占年降雨量的 50%，据此估算降雨径流入河量，如表 5.19 所示。

表 5.19　河道汇水区范围内土地利用情况及降雨径流入河量统计

区域类型	土地类型		面积/m^2	径流系数	降雨径流入河量（全年均值）/（m^3/d）	降雨径流入河量（6—8 月均值）/（m^3/d）
城镇区域	商住区及工业商住混合区		80 138	0.7	163.37	331.28
	交通用地		3 121	0.6	5.45	11.06
	绿地		1 000	0.2	0.58	1.18
	小计		84 259	—	169.41	343.52
城中村区域	住宅用地	居民生活区	111 200	0.7	226.70	459.69
		居民生活-集市混合区	10 026	0.7	20.44	41.45
		旱地及绿地	5 163	0.2	3.01	6.10
	小计		126 389	—	250.14	507.23
合计			210 648	—	419.55	850.75

计算结果表明，断头浜河道西段降雨径流入河量全年均值为 169.41 m^3/d，雨季（6—8 月）均值为 343.52 m^3/d，上游河道降雨径流入河量全年均值为 250.14 m^3/d，雨季（6—8 月）均值为 507.23 m^3/d。

降雨径流入河污染物总量：COD 为 8.31 t/a，NH_3-N 为 0.27 t/a，TN 为 0.74 t/a，TP 为 0.12 t/a。

（3）大气降落

大气降落污染物分为降尘污染和降雨污染两部分，指空气中有毒有害污染物直接降落到河面，降雨污染主要指降雨携带大气中悬浮污染物随雨水降落到河道。大气降落污染物量与当地空气质量以及水域面积有关。断头浜河道西段长约 350 m，河面宽约 15～20 m，水域面积约为 6 125 m^2，申家坟里浜河段长约 350 m，河面宽约 6～12 m，水域面积约为 2 625 m^2。

降尘污染负荷按式（5.6）计算：

$$S_8 = c_8 \times A_8 \tag{5.6}$$

式中，S_8 为区域内年降尘污染负荷，kg/a；c_8 为降尘中污染负荷量，kg/（a·km^2）；A_8 为区域内水域面积，km^2。降尘污染负荷按《太湖水污染防治“九五”计划及2010年规划》的系数计算，其中降尘总氮污染负荷为180 kg/（a·km^2），总磷污染负荷为14 kg/（a·km^2）。

降雨污染负荷按式（5.7）计算：

$$S_9 = R \times c_9 \times A_9 \tag{5.7}$$

式中，S_9为区域内降雨污染负荷，kg/a；R为多年平均降雨量，mm，本计算中取值1 063 mm；c_9为降雨中污染物浓度，mg/L，参考同类地区相关成果，降雨中污染物浓度按COD=20 mg/L、TN=3 mg/L、TP=0.05 mg/L进行计算；A_9为水域面积，km^2。

按上述方法计算得到断头浜河道西段以及上游的大气降尘污染入河量以及降雨污染入河量，如表5.20所示。

表5.20　大气降落污染物入河量统计

河段	水域面积/m^2	降尘污染入河量/（t/a）		降雨污染入河量/（t/a）		
		TN	TP	COD	TN	TP
断头浜河道	6 125	0.001 1	0.000 09	0.130	0.020 0	0.000 33
上游河道	2 625	0.000 5	0.000 04	0.056	0.008 4	0.000 14
合计	8 750	0.001 6	0.000 13	0.186	0.028 4	0.000 47

根据上述计算结果，大气降落污染物进入断头浜河道西段的污染量：COD为0.13 t/a，TN为0.021 1 t/a，TP为0.000 42 t/a；大气降落污染物进入申家坟里浜河段的污染量：COD为0.056 t/a，TN为0.008 9 t/a，TP为0.000 18 t/a。根据苏州地区大气环境质量监测资料统计分析，示范河道所在区域大气质量绝大多数时间可达到良好以上，同时由于河道水面面积不大，直接从大气降落到水面的污染量较小。

5.3.4.3　污染物入河量

（1）东侧来水量统计

对上游河道进入断头浜河道的水量进行统计，该部分水量包括上游河道纳污范围内的生活污水以及降雨径流入河量，根据测算结果，上游河道纳污范围内生活污水排放总量为335.25 m^3/d，降雨径流入河量年平均值为250.14 m^3/d，雨季（6—8月）均值为507.23 m^3/d。因此，断头浜东侧来水量为全年均值585.39 m^3/d，雨季（6—8月）均值为842.48 m^3/d。

（2）污染物入河量统计

根据上述分析结果，对上游河道及断头浜河道西段的各类污染物入河量进行统计，如表5.21所示。

表 5.21　各类污染物入河量统计　单位：t/a

区域	污染源类型		COD	NH_3-N	TN	TP
城镇区域（断头浜河道）	点源	工业污染	—	—	—	—
		生活污染	3.09	0.35	0.46	0.04
		垃圾淋溶	0.70	0.002	0.015	0.002
		雨水管污水漏排	1.30	0.17	0.20	0.032
	面源	降雨径流污染	7.89	0.07	0.32	0.03
		大气降落污染	0.13	—	0.021 1	0.000 18
	小计		13.110	0.592	1.016	0.104
城中村区域（上游河道）	点源	垃圾淋溶	0.89	0.003	0.02	0.002
		公厕污染	0.3	0.06	0.07	0.003
	面源	分散入河生活污染	54.82	5.54	7.99	0.67
		降雨径流污染	20.42	0.2	0.42	0.09
		大气降落污染	0.056	—	0.008 9	0.000 18
	小计		76.486	5.803	8.509	0.765
总计			89.596	6.395	9.525	0.869

根据各类污染物入河量统计结果，每年断头浜河道西段 COD 入河总量为 13.110 t/a，NH_3-N 入河总量为 0.592 t/a，TN 入河总量为 1.016 t/a，TP 入河总量为 0.104 t/a；每年上游河道来水 COD 入河总量为 76.489 t/a，NH_3-N 入河总量为 5.803 t/a，TN 入河总量为 8.509 t/a，TP 入河总量为 0.765 t/a。河道污染物年入河总量 COD 为 89.596 t/a，NH_3-N 为 6.395 t/a，TN 为 9.525 t/a，TP 为 0.869 t/a。

（3）各类污染源贡献率分析

根据上述污染物入河量测算结果，分别计算城镇区域和城中村区域各类污染源的贡献率，如表 5.22 所示。

表 5.22　污染物来源及贡献率　单位：%

污染物来源			COD	NH_3-N	TN	TP
按污染源类型统计	点源	城镇	5.68	8.16	7.09	8.51
		城中村	1.33	0.99	0.94	0.57
	面源	城镇	8.95	1.09	3.58	3.47
		城中村	84.04	89.76	88.39	87.38
按区域分布统计	城镇区域		7.01	9.15	8.03	9.08
	城中村区域		92.99	90.85	91.97	90.85
按污染物来源统计	生活污染		64.63	92.10	88.71	81.67
	降雨径流污染		31.60	4.22	7.77	13.80
	环卫设施污染		2.11	1.02	1.10	0.81
	大气降落污染		0.21	0.00	0.31	0.04
	污水漏排污染		1.45	2.66	2.10	3.68

从不同类型污染源对河道污染负荷的贡献率来看，面源污染对断头浜河道的污染负荷贡献率大大超过点源污染，不同类型污染源污染物COD入河量排序依次为：城中村面源＞城镇面源＞城镇点源＞城中村点源；不同类型污染源污染物 NH_3-N、TN、TP 的入河量排序依次为：城中村面源＞城镇点源＞城镇面源＞城中村点源。由此可以看出，城中村面源是河道污染严重的主要原因，这与城中村区域排水设施严重缺乏，生活污水及雨水分散入河有关。

从区域分布来看，城中村区域的污染物入河量占总量的90%以上。从污染物来源来看，生活污染的贡献率远超过其他污染来源，不同来源污染物对 COD 的贡献率排序依次为：生活污染＞降雨径流污染＞环卫设施污染＞污水漏排污染＞大气降落污染；不同污染物来源对 NH_3-N、TN、TP 的贡献率排序依次为：生活污染＞降雨径流污染＞污水漏排污染＞环卫设施污染＞大气降落污染。由此可以看出，生活污染仍然是河道污染负荷严重的主要原因，无论在城镇区域还是城中村区域，都存在生活污染直接入河的现象，并且来自城中村区域生活污染大大超过城镇区域。城镇区域生活污染以点源方式入河，主要原因是一小部分土地规划类型混乱，建筑物功能分区及使用不规范；城中村区域的生活污染则普遍以面源方式分散入河，与城中村区域外来人口过多，住宅结构杂乱，没有统一功能分区，缺乏有效的污水收集系统有关。

值得注意的是，无论在城中村区域还是城镇区域，降雨径流污染都占有相当的比例。城中村区域的降雨径流污染仅次于生活污染，这与城中村区域雨水以及生活垃圾未能有效收集有密切关系。城镇区域的降雨径流污染则远超过生活污染，成为城镇区域的主要污染源，这一方面与城镇区域点源治理力度增加，点源负荷降低有关；另一方面与城市雨水排放系统“快排快泄”的设计特点有关。

5.4 重污染河道流态调控-增氧与景观功能高效修复技术

城市封闭或半封闭的重污染断头浜，是黑臭水体常见的一种类型，水体自净能力几乎丧失殆尽，累积在底泥中的内部污染源释放，外部入河污染源难以完全去除，水体中悬浮的无机或有机胶体类物质含量高，难以沉降和降解，水体透明度低等造成水体黑臭现象严重。由于城市重污染断头浜河道具有不同于一般郊区河道的特点，在实施断头浜河道治理时，除经济合理、技术可行外，还应该考量以下因素。

（1）尽量减小空间占地

断头浜通常是因为人们对河道的不合理占用而形成的，一般位于用地紧张的城市中心，断头浜周边空间不足，水处理的占地面积成为重要的考虑因素。因此在筛选处理措施时，必须对该措施的空间占地需求进行评估，通常一些占地较大的治理措施不适用于断头浜河道治理，如须使用，则要考虑占地、搬迁、拆除阻碍物等成本代价。

（2）避免产生噪声、不良气味等影响

断头浜河道周边居民人口密集，因此选择治理措施时必须考虑其对周围民众的影响，包括视觉、嗅觉，听觉等。一些运行时噪声较大的技术措施如鼓风机曝气以及运行中可能产生不良气味的技术如厌氧发酵等需要慎重考虑使用。

（3）避免破坏河岸原结构

由于苏州市是传统的水乡城镇，众多建筑依河而建。在河道治理时，应尽量回避对河道原结构的改造和破坏。如无法回避，需要考量所用技术措施对河岸结构的影响，开展河岸地质条件调查，进行承重分析，预测新建处理构筑物可能造成的地基下沉等不良影响，以防对依河而建的民居造成结构性破坏，同时采取必要的加固工程措施。另外，也应该注重与河道景观功能相容，尽量实现城市河流生态环境价值。

对于断头浜、内湖等封闭或缓流型城市水体，一般水深浅，缺乏清洁的补充水源，水体交换缓慢，环境容量低，大气复氧能力低，并且通常有控制难度较大的分散污水排入，易造成水体的缺氧或厌氧环境，进而导致水体黑臭。针对这些问题，集成外循环复氧生态系统处理技术与软质弹性外壁可膨胀式滤池过滤技术，形成城市重污染河道流态调控-增氧与景观功能高效修复技术，实现断头浜河道水体水质修复。

5.4.1　外循环复氧生态系统处理技术

5.4.1.1　技术原理及特点

外循环复氧生态系统处理技术通过物理截留、生物处理的协同作用，实现悬浮物、有机物、氮、磷的去除；通过虹吸原理实现处理单元的间歇式复氧，进而实现连续进水和间歇式出水；再加上出水跌水曝气，实现河水的增氧及水流态调控，改善河道水质。

外循环复氧生态系统，主要是设置在河道内的水泵和岸边的 6 个外循环复氧生态处理器，系统采用微电脑控制，通过水泵将河道污水泵入循环管道，自下而上分配到各个生态池，其中携带的悬浮物被截留，当水位上升到复氧终端的虹吸管顶部并超过后，则产生虹吸，污水自上而下出水重新进入河道。每次出水过程后，由于新进污水的不断流入，复氧单元水位再次上升，直至下一次虹吸过程的开始。在进出水过程中，空气吸入填料孔隙之中，与填料中的水膜相接触而进行大气复氧，同时，填料表面生物膜中，好氧微生物生长，也可促进河道水中污染物的分解。生态池出水通过扩散器流经出水孔口进入河中，发生跌水曝气同时改变循环区域内河水的流态，使水流循环流动，改善局部生态环境。生态床滤层表面种植功能性净水植物，既有利于净化水质，乂美化周围环境（图 5.30）。

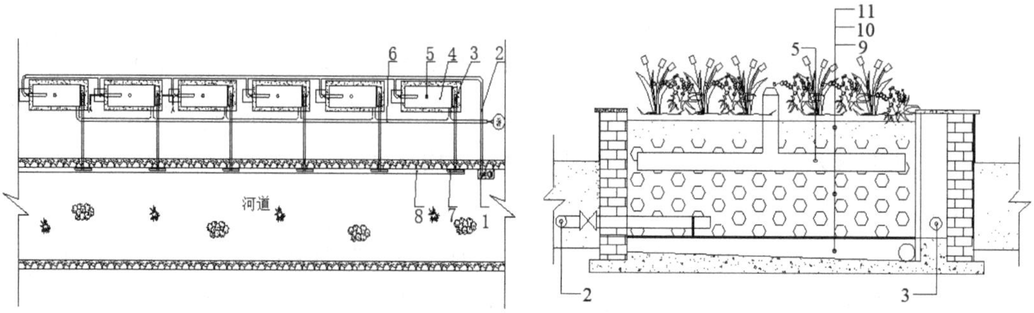

1-水泵；2-循环管道；3-复氧终端；4-生态池；5-复氧管道；6-出水管；

7-布水管；8-河道驳岸；9-底部集水管；10-填料；11-功能植物

图 5.30　复氧单元平面与剖面示意

外循环复氧生态系统处理的技术特点包括：①采用单元组合式结构，具有模块化、小型化、分散化等特点，避免了传统生物滤池或人工湿地占地面积大，受场地条件限制大的缺陷，外观形状根据河道岸线与现有建筑形态进行针对性系统设计，尤其适合河宽较小，污染比较严重，水动力条件较差的污染河道。②采用半地下盆景式建设，地面之上装置可因地制宜种植与当地景观相适应的绿化植物，不会出现敞开式传统生物滤池容易滋生蚊蝇等问题。③进出水都在系统的底部，尤其是利用虹吸原理，出水流速大，不易造成填料堵塞现象，无需反冲洗。并且可利用底部排泥仓自动排泥，克服了传统滤池需要反冲洗、人工湿地等容易淤堵的问题。另外，系统内部形成干湿交替的环境，微生物分级分相，增强了净化效果，从而使污水处理效果优于传统的人工湿地。④利用射流扩散式水力循环形式，使河水在外力条件下产生循环流动。⑤全程自动运行，无需人员值守，对水质、水量变化适应性大，可长期稳定运行。

5.4.1.2　中试系统设计

为了优化外循环复氧生态系统处理技术参数和运行参数，本书介绍 3 种不同型号的中试系统。中试系统主要包括进水/循环泵、生态复氧单元及进水池/循环池（以下简称实验池）等。3 组中试系统共用 1 台水泵。试验原水通过水泵进入实验池，出水经出水孔管跌水曝气。实验池进水泵流量为 17 m^3/h，功率为 1.5 kW·h，单次循环约 0.8 m^3 水量，水力停留时间 7～10 min。中试流程如图 5.31 所示。

（1）填料配置

填料主要用于构成生态池的滤床，同时是承载植物的媒介，是系统构成中最基本的部分。一方面为植物的生长提供载体，另一方面可吸附、过滤其中的部分有机污染物。应用较多的填料有土壤、卵石、塑料、炉渣、陶粒、活性炭、自然岩石与矿物材料等。考虑到外循环复氧生态系统中的填料需要具备轻质、松散容量小、比表面积大、孔隙率大、粒径适宜、化学稳定性良好、有足够的机械强度等特点，综合考虑填料基质对污水中的有机物、磷、氮的去除效果以及经济性，生态复氧单元中选择了粒径比较均匀的黏土陶粒和卵石作为系统填料。

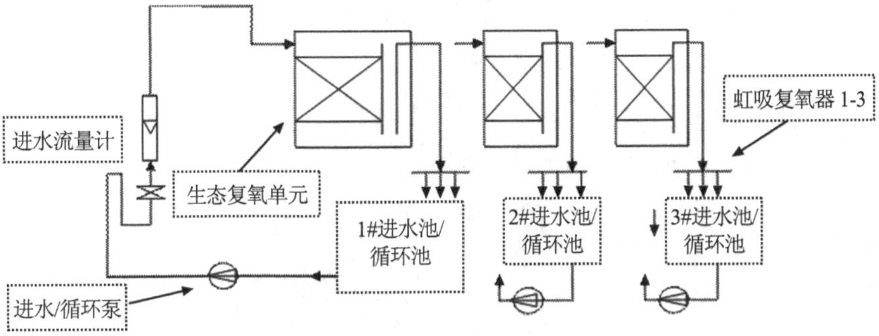

图 5.31　中试流程

注：配水池、进水/循环泵、进水流量计、中试填料池 3 套，进水池/循环池 3 组，虹吸复氧器 3 个。

3 组生态复氧单元分别采用不同的填料组合形式：1 号池填装纯陶粒（粒径 1～2 cm）；2 号池填装三级配（粒径 2～5 cm、1～2 cm、0.8～1.2 cm）鹅卵石（填装高度从下到上依次为 25 cm、30 cm、30 cm）；3 号池填装三级配鹅卵石+陶粒组合填料（从下到上依次为粒径 2～5 cm、卵石 25 cm；粒径 1～2 cm、卵石 20 cm；粒径 0.8～1.2 cm、卵石 20 cm；粒径 1～2 cm、陶粒 20 cm），填料类型及粒径如图 5.32 所示。

图 5.32　填料类型及粒径

（2）复氧单元及实验池设计

3 组进水池/循环池中 1 号池、2 号池外观尺寸均为 2.5 m×3 m×1.5 m，3 号池外观尺寸为 3 m×3 m×1.7 m，如图 5.33 所示。其中，复氧单元在实际工程运用时，可以在主体滤池填料表面种植观赏性植物，以达到景观美化效果。3 组中试系统的复氧单元结构如图 5.34 所示，其中的填料可根据实验需求进行调整更换。

图 5.33 复氧单元（左）及实验池（右）外观

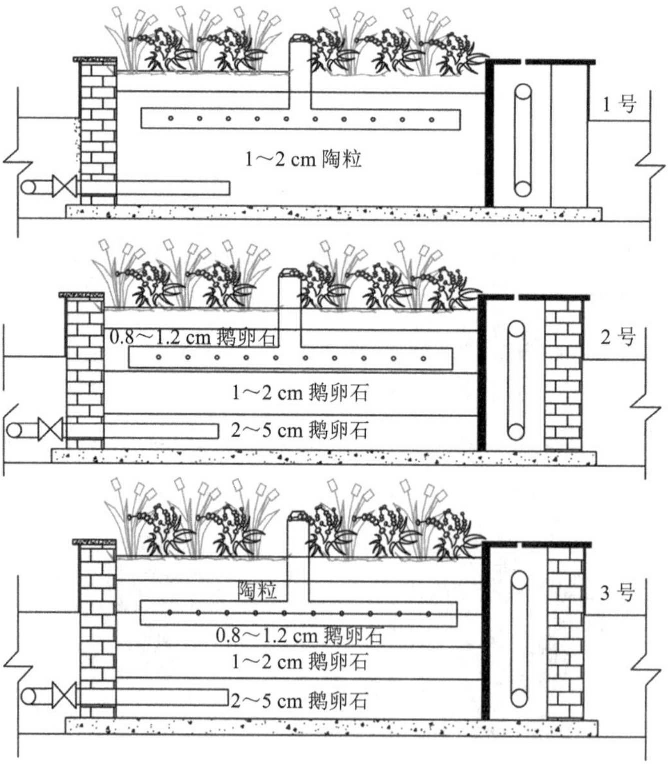

图 5.34 1 号、2 号、3 号中试系统复氧单元结构示意

5.4.1.3 中试系统运行效果分析

本次主要分析了系统对河道复氧的贡献，并分析了中试系统对浊度、COD、NH_3-N 等指标的去除效果。

5.4.1.3.1 生态池复氧效果分析

（1）出水口形式对复氧效果的影响

由于出水孔管的安装会造成建设成本的增高且出水时将造成一定噪声，为研究其必要性，对不同出水形式下装置的充氧效果开展研究。

装置出水口形式，包括两种：①原水经滤池过滤后直接由出水管口流入河中。②在出水管口加装带有均匀出水小孔的出水孔管，出水经小孔均匀布入河道。

用于对比实验的实验系统均装载陶粒填料，控制初始原水水质相同，在同一时刻开始对比实验池的充氧过程，以消除天气、水温等外部条件影响。实验初始 DO 浓度均为 1.5 mg/L。记录两组实验池中 DO 浓度变化，如图 5.35 所示。其中，系列 1 表示出水管末端安装有出水孔管的实验单元充氧曲线；系列 2 表示未安装出水孔管，出水直接由出水管进入实验池的实验单元充氧曲线。

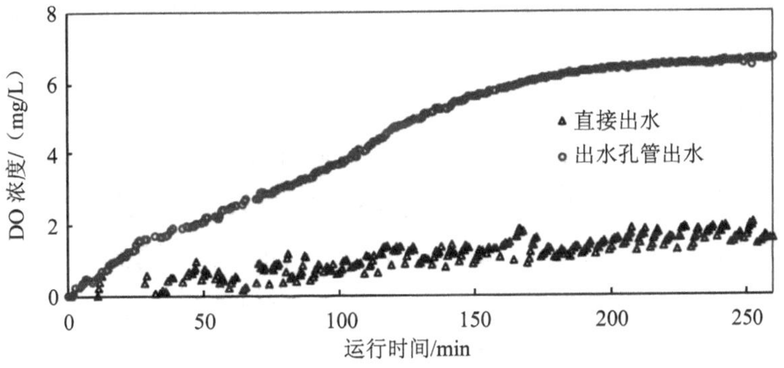

图 5.35 不同出水形式对充氧效率的影响

从图 5.35 可以看出，装置对水体充氧作用来自两种途径：①水在滤池填料内运动时，填料表层水膜与空气接触充氧。②出水在出水孔管处由于水体紊流程度增加且水流与空气接触表面积增加而强化水体大气复氧。其中，占主导地位的仍是出水孔管的强化大气复氧。装置运行 150 min 后，有出水孔管装置的实验单元，DO 浓度升高了约 5.8 mg/L，而直接出水的复氧单元水中 DO 浓度仅增加了约 1.5 mg/L。有出水孔的实验单元 DO 浓度增加绝对值及充氧速率均优于直接出水实验单元，出水孔管设置对加强水体复氧效果具有重要作用。

（2）填料对复氧效果的影响

开展不同填料对充氧效果影响的中试试验，以选择合适的填料进行工程建设。控制初始 DO 浓度相同，在装有陶粒及卵石填料的 2 组实验单元同时开始充氧，以消除原水水质、天气、水温等外部条件影响。实验时进出水水力条件相同。实验得到不同填料下的连续充氧曲线如图 5.36 所示。

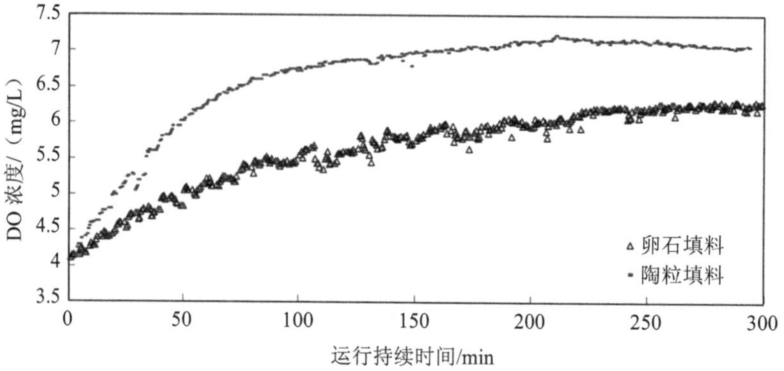

图 5.36 不同填料下的连续充氧曲线

从效率来看，装置运行同样时间下，陶粒填料实验单元 DO 浓度一直领先于卵石填料。持续充氧 5 h 后，陶粒填料的实验单元可将水体 DO 浓度维持在 7 mg/L，而卵石填料在 DO 浓度达到 6 mg/L 浓度后继续充氧的意义已不大，可见陶粒填料具有更好的充氧效果。这可能是因为陶粒具有比卵石更大的比表面积，水膜在陶粒填料中与空气的接触面积更大，更易复氧。

（3）系统充氧过程曲线

建立系统充氧过程曲线模型，即可根据初始 DO 浓度及目标 DO 浓度，设置合理的系统每日运行时间、连续运行周期等参数。根据不同出口形式及不同填料对充氧效果影响的研究结论，可知在河道现状水质下，设置有出水孔管的陶粒填料系统充氧效果最优，能迅速提高实验池 DO 饱和度至 90%以上，在此系统基础上记录系统充氧过程曲线。

根据多参数水质仪记录的 DO 浓度变化曲线，可将装置充氧过程分为两阶段，即 0～4 mg/L 线性增长段与 4～8 mg/L 平缓上升段。在 DO 浓度小于 4 mg/L 时，DO 浓度增加与装置运行时间基本呈线性（图 5.37）。根据势能增氧生态床每次出水时间间隔约为 5 min，可以看到一次出水对实验池中的 DO 浓度提升贡献约为 0.25 mg/L。根据实验池容量，池水全部进入生态滤池循环一次约需 30 min，因此池水全循环一次氧增加量约为 1.5 mg/L。

如图 5.38 所示，在 DO 浓度达到 4 mg/L 以上时，充氧速率趋于平缓，但仍具有较好的复氧效果。DO 浓度本底值为 4.15 mg/L 的情况下，装置运行 25 min 后实验池的 DO 浓度就可以达到 5 mg/L，满足水中鱼类的正常呼吸。运行 50 min 即可使水中 DO 浓度上升至 6 mg/L，DO 饱和度接近 80%。持续运行，可使水中 DO 浓度保持在 7 mg/L 左右，其饱和水平可达 93%以上，可维持水体良好生境。

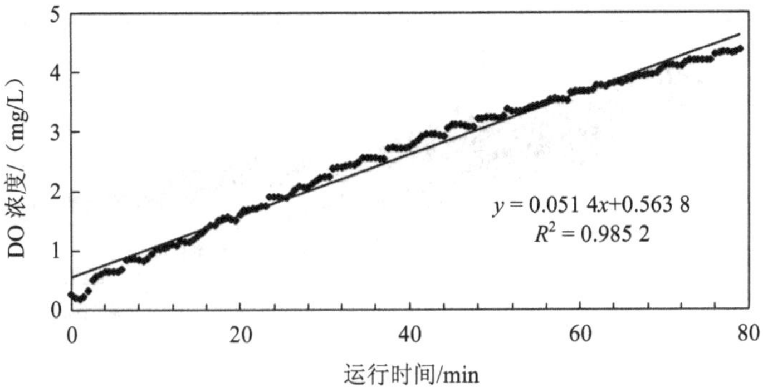

图 5.37　陶粒填料生态滤池充氧曲线（DO 浓度<4 mg/L）

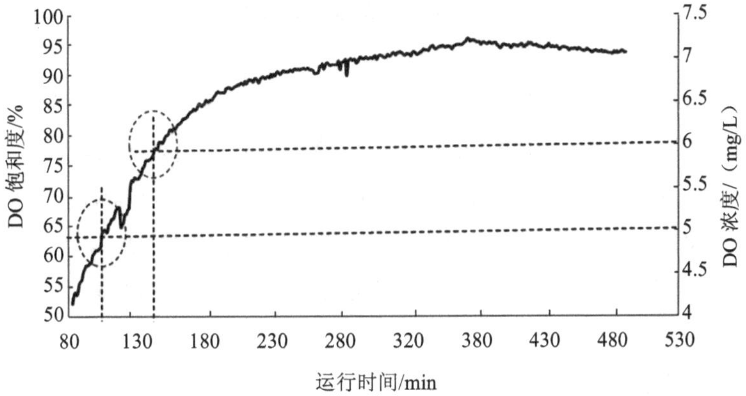

图 5.38　陶粒填料生态滤池充氧曲线（DO 浓度>4 mg/L）

5.4.1.3.2　系统对浊度去除效果

水中的颗粒污染物包括泥土、粉砂、微细有机物、无机物、浮游生物等悬浮物和胶体物，它们可以使水质变得浑浊甚至发出不良气味而影响水体感官，因而对颗粒或胶状污染物的去除能使公众最直观地感受到水质的变化。浊度与水中颗粒及胶状污染物具有相关性，可用浊度表征水中颗粒物及胶状物浓度。

（1）填料对浊度去除的影响

为了在现有可用填料种类基础上选择更适合断头浜水质的填料，对不同填料的生态滤池进行了过滤实验，并记录其浊度变化。控制初始原水水质相同，3 组实验池同时开展浊度去除实验以消除天气、温度等外界因素影响。3 组实验池分别装载陶粒填料、卵石填料及陶粒+卵石组合填料。得到不同填料对浊度的去除效果，如图 5.39 所示。

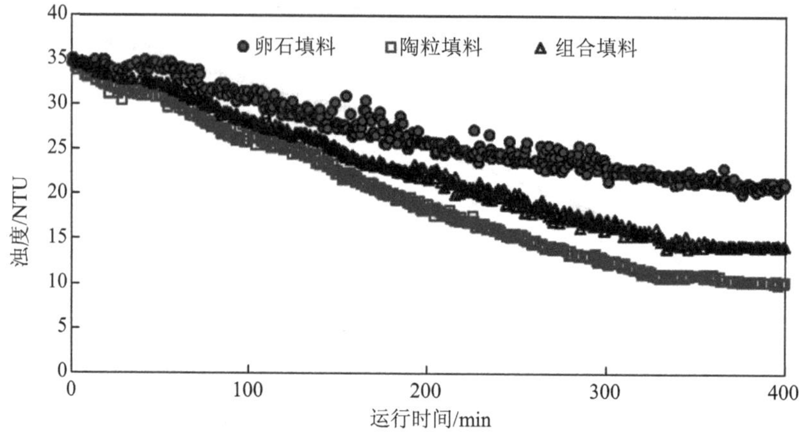

图 5.39 不同填料对浊度的去除效果

从图 5.39 可以看出，陶粒填料实验单元具有最好的浊度去除效果。在相同浊度初始浓度（35.1 NTU）条件下，连续运行 6 h 后，陶粒填料实验单元对应实验池出水浓度可降低至 10 NTU 以下，去除率超过 70%。组合填料实验单元对应实验池出水浓度可降低至 15 NTU 以下，而卵石填料实验单元对应实验池出水浓度依然在 20 NTU 较高浓度水平波动。这可能是因为陶粒表面粗糙，能截留更多的泥土、粉砂、微细悬浮物、浮游生物等，从而具有更优的浊度去除效果。

（2）不同月份系统对浊度的去除效果

图 5.40 为 2012 年 4 月、7 月、11 月 1 号中试系统的浊度运行结果，从图 5.40 中可以看出，该复氧系统对浊度有一定的去除效果。4 月，中试系统刚开始运行，填料上尚无生物膜生长，填料之间空隙较大，浊度截留效果还不佳。初始浊度为 26.9 NTU 时，运行约 113 min 后，浊度可降低到 19.5 NTU，去除率为 27.5%。7 月，中试系统运行了一段时间，填料上附着了一层生物膜，填料之间孔隙率较低，浊度截留效果增强。初始浊度为 31.6 NTU，运行 205.5 min 后，浊度可降低到 16.2 NTU，去除率可达到 48.7%。11 月，温度降低，生物膜活性降低。初始浊度为 22 NTU 时，运行 540 min 后，浊度降低到 13.9 NTU，去除率约为 36.8%。

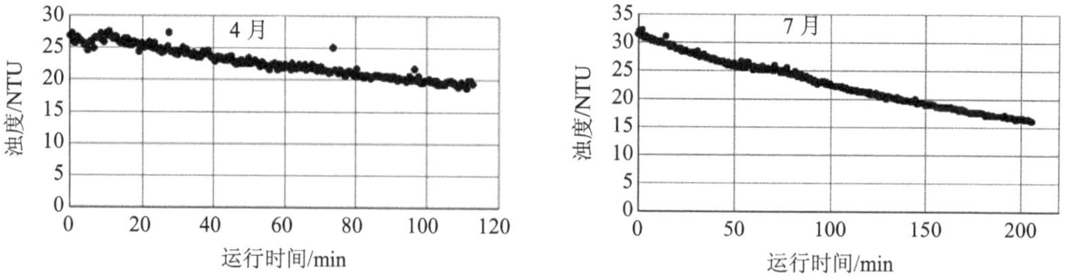

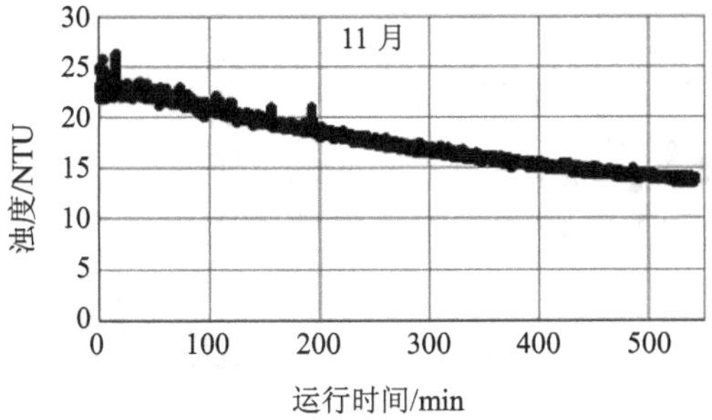

图 5.40　不同月份 1 号中试系统浊度变化情况

图 5.41 为 2012 年 7 月和 9 月 2 号中试系统的浊度变化情况。7 月，2 号中试系统首次开始运行。初始浊度为 20.2 NTU，运行 270 min 后，浊度降低为 11.5 NTU，浊度去除率可达 43.1%。9 月，2 号中试系统运行一段时间。初始浊度为 12.1 NTU，运行 342.5 min 后，浊度降低为 7 NTU，去除率可达 42.1%。

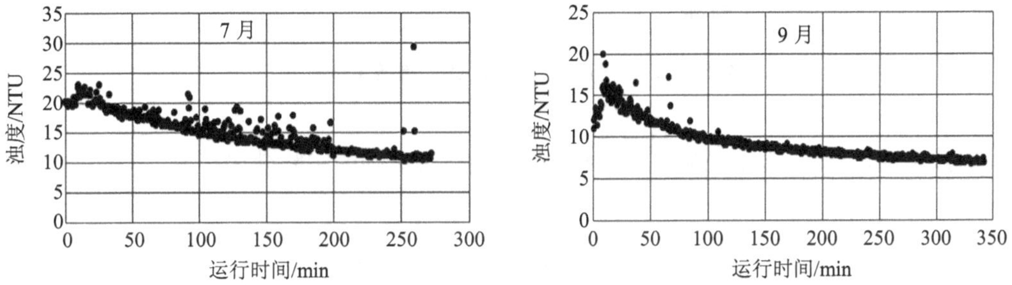

图 5.41　不同月份 2 号中试系统浊度变化情况

5.4.1.3.3　系统对污染物的去除效果

为了选出最适合断头浜河道现状水质的填料方案，开展不同填料的 C、N、P 污染物去除效果研究。抽取河道水作为实验池处理原水，在 3 组实验池同时开展污染物去除实验以消除初始条件及天气、温度等外界因素影响。3 组实验池连接的生态滤池分别装载陶粒填料、卵石填料及陶粒+卵石组合填料。得到卵石、陶粒、组合填料 3 种不同填料形式对主要污染物的去除率曲线，如图 5.42 所示。

从图 5.42 可以看出，陶粒填料对 COD 的去除效果明显优于其他两种填料。装置运行 28 h 后，陶粒填料对 COD 去除率可达 80%，而卵石填料对 COD 去除率仅为 40%左右。陶粒填料对 NH_3-N 去除也有较明显优势，装置运行 18 h 后，去除率可达 50%，实验装置运行 28 h 后，去除率近 70%且仍表现出较大去除潜力，卵石填料和组合填料对 NH_3-N 去除效果仅能达到陶粒填料的一半。不同填料对 TP 和 TN 的去除率相差不大，总体去除效果均不理想，去除率均在 30%以下，相比之下陶粒填料具有微弱优势。

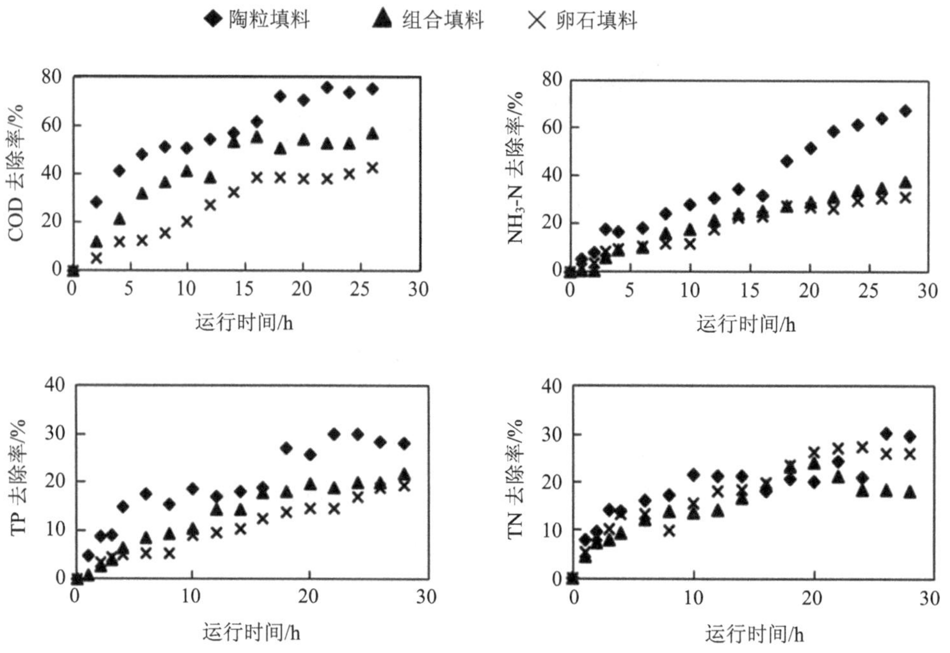

图 5.42　填料对 C、N、P 的去除效率的影响

选择表现最好的陶粒填料生态滤池，对其进行污染物的去除效果研究，得到如图 5.43 所示污染物去除曲线。

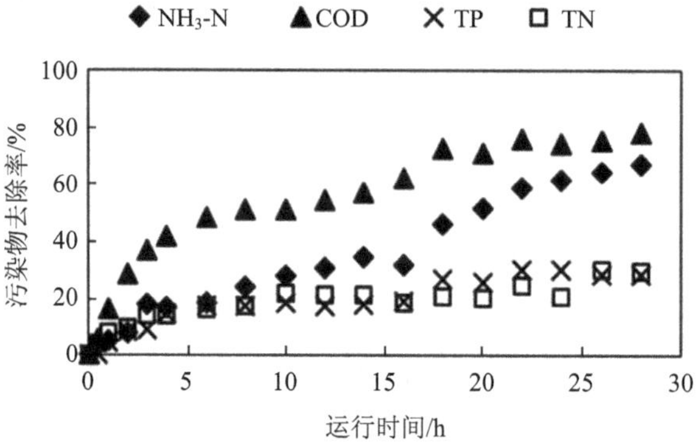

图 5.43　陶粒填料生态滤池对污染物的去除效果

从图 5.43 可以看出，采用陶粒填料的生态滤池对 COD、NH_3-N 具有较好的去除效果。装置运行 20 h 即可去除水中 70%的 COD，28 h 以后，对 COD 的去除率可达 80%以上。在无外源污染输入且 COD 起始浓度为 68.6 mg/L 的条件下，陶粒填料的中试单元处理 28 h 后可使 COD 浓度降到 20 mg/L 以下，达到地表水III类水标准。持续运行装置 48 h，最终 COD 浓度稳定在 12～14 mg/L。装置对 NH_3-N 也具有良好的去除效果。在无外源输入且 NH_3-N 初始浓度为 12.72 mg/L 的条件下，运行 18 h 即可将 NH_3-N 浓度控制在 7 mg/L 以下，

28 h 后 NH_3-N 可至 6 mg/L，但由于初始 NH_3-N 浓度过高，最终出水的 NH_3-N 浓度仍较高，不能达到地表水Ⅴ类水标准，需要其他强化脱氮处理措施辅助。

系统对 TP、TN 的去除效果也不明显，28 h 的过滤对 TN、TP 去除率仅有 30%。持续运行该装置，最终实验池 TN 浓度维持在 10 mg/L 以上，而 TP 的浓度在 0.7～0.8 mg/L 波动，均超过地表水Ⅴ类水标准限值。

5.4.2　软质弹性外壁可膨胀式滤池过滤技术

面向雨季河道水体典型感官性状类污染物（悬浮固体、胶体污染物等）的快速分离，研发了软质弹性外壁可膨胀式滤池过滤技术，用于城市河流水体中悬浮物、藻类等的物理截留和软质填料的快速反冲洗。该技术适用于非重污染河道雨洪溢流污水的治理，对河道浊度、悬浮物和藻类具有很好的去除效果，滤池反冲洗污水需就近接入城市污水管道。该技术不适用河道中有大量大颗粒杂质的重污染河道，此时河水需要进行预处理。

5.4.2.1　技术原理与特点

软质弹性外壁可膨胀式滤池（以下简称弹性滤池）是一种新的快滤技术，它将传统滤池固定的硬质外壁改造成具有弹性的软质滤池外围，并填充软质纤维球作为填料，可用于城市河流水体中悬浮物、藻类等的物理截留和过滤。

弹性滤池包括进水区、过滤区、排水区、反冲洗区、曝气设备、各种管路及电控柜等，运行流程示意如图 5.44 所示。核心部件为软质弹性外壁可膨胀式过滤室，利用过滤和反冲洗两个阶段由于水压变化产生的软质弹性池壁的内凹/外凸，改变填料室填料厚度及密实度，便于水体中悬浮物、藻类等的物理截留和软质填料的反冲洗。过滤室软质填料为一种新型改性纤维球，填料层空隙率达 90%以上。

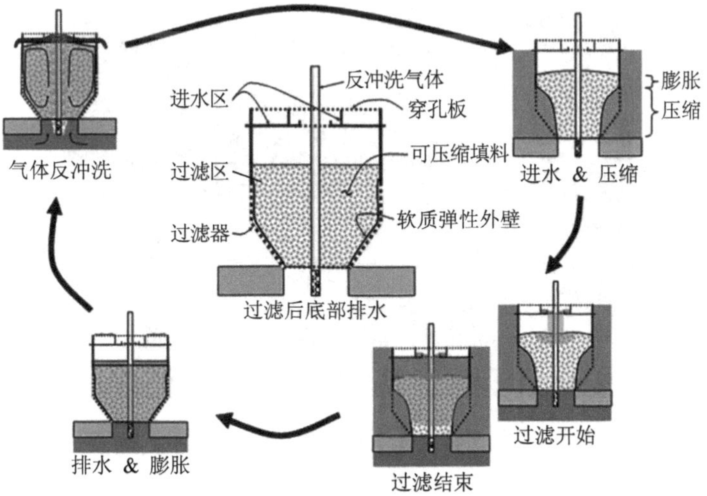

图 5.44　软质弹性外壁可膨胀式滤池运行流程示意

1）过滤阶段：控制过滤室水位高于滤池主体内部水位，在水位差的压力作用下，弹性滤池外壁两侧内凹，填料室被压缩，其横断面相应较小，填料达到设计过滤厚度，污水通过进水装置进入滤池主体后正常过滤。

2）反冲洗阶段：放空过滤室水，此时由于填料的重力作用，弹性滤池外壁两侧呈外凸状，填料室横截面积变大，相应的填料厚度变小，利于反冲洗的进行。在反冲洗过程中，虽然由于曝气作用填料层膨胀，但由于填料室横截面变大，填料总体厚度不会发生较大增加，利于反冲洗的有效进行，降低了反冲洗能耗。

该技术的主要特点表现：①传统滤池将固定的刚性外壁作为填料填充空间，长时间过滤后，填料会压实甚至板结，造成反冲洗困难。该滤池池壁采用软质弹性材料，可以利用过滤和反冲洗两个阶段由于水压变化产生的软质弹性池壁的内凹/外凸，在反冲洗前可自然疏松压实的填料，利于填料的反冲洗。②在实际过程中，可以利用城市河道闸坝等自然落差，实现滤池无动力运行，所需动力仅为反冲洗阶段的电耗，能耗较低。③滤池可与河道的闸堰位置结合起来放置，不占用陆地面积。④该技术运行管理简单、投资成本低、结合气动阀及 PLC 自动控制系统可实现自动化运行，对水悬浮物去除效率高，适用于合流制排水系统的溢流、受污染城市河流等多种水体。

5.4.2.2 中试系统设计

弹性滤池中试系统设置在断头浜河道东部驳岸边，滤池主体过滤尺寸 1.3 m×1.2 m×1.4 m，钢体外观尺寸为 2.3 m×1.7 m×2.0 m，其外观如图 5.45 所示，滤池进水及反冲洗时填料状态如图 5.46 所示。另外，需要配置 2 台潜水泵（流量 6 m^3/h），罗茨风机流量为 2 m^3/min。

图 5.45 弹性滤池中试系统外观

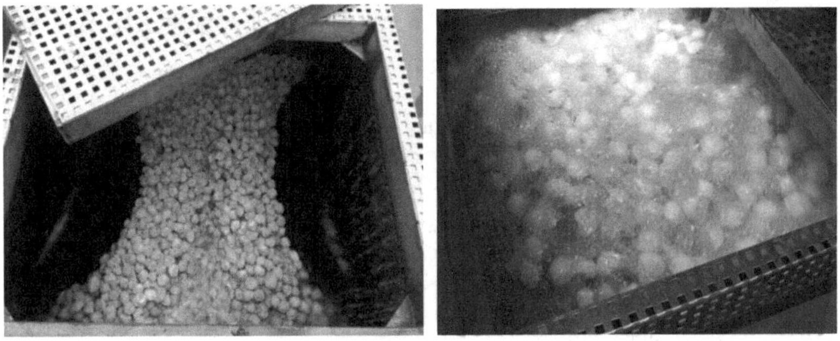

图 5.46　滤池进水及反冲洗时填料状态

试验中用抽取断头浜河道（或东侧城中村生活污水作为高浓度污水）河水作为过滤原水，分析滤层高度、滤速、出水水位、进水水质、静压差等条件下弹性滤池对浊度、叶绿素、藻密度，SS、NH_3-N、COD、TN、TP 等指标的去除效果，以获得最佳设计和运行参数。

5.4.2.3　滤池运行效果

（1）不同滤层厚度和出水口高度时的运行效果

滤池总高度为 2 m，出水渠的反冲洗进水口高度为 1.65 m。试验中根据实际情况设计了 1.55 m、1.3 m、1.0 m 和 0.65 m 4 种不同高度的出水口。滤层厚度设计了 0.4 m、0.6 m、0.85 m 3 种情景。滤速为 4～8 m/h，可根据实际情况进行调整。

在未加任何动力和药剂的前提下，滤池对污染物的去除主要靠物理过滤，因此对 COD、N、P 的去除效果较低。对叶绿素、浊度的去除效果较好。夏季藻类暴发时，装置对浊度、叶绿素、藻密度平均去除率约为 77.1%、60.2%、41.2%；冬季对浊度、叶绿素、藻密度平均去除率约为 81.1%、80.3%、69.5%。

由于藻类对纤维球过滤有很大的影响，选取夏季藻类暴发期和冬季藻类未暴发时进行试验。发现夏季藻类暴发时，滤层厚度为 0.6 m、出水口高度为 0.65 m 时系统对浊度去除效果较好；滤层厚度为 0.85 m，出水口高度为 1.0 m 或 0.65 m 时系统对浊度的去除效果较好。

1）浊度。不同滤层厚度时，不同出水口高度条件下，弹性滤池对浊度的去除效果如图 5.47 所示。设置滤层厚度为 0.4 m，出水口高度对浊度的去除效果影响为 1.0 m>1.55 m>0.65 m。出水口高度为 1.0 m 时，滤池对浊度去除率在 60%～72%的高效区可维持 10 h 左右；设置滤层厚度为 0.6 m，出水口高度为 0.65 m 时对浊度的去除效果最好，1.3 m 次之，此时对浊度去除率为 80%～85%的高效区可维持 6 h 左右，70%～85%的高效区可维持 12 h 左右。出水口高度为 1.3 m 时，滤池对浊度去除率在 60%～73%的高效区可维持 13 h 左右；设置滤层厚度为 0.85 m，出水口高度为 1.0 m 时对浊度的去除效果最好，0.65 m 次之。出水口高度为 1.0 m 时，滤池对浊度去除率在 80%～86%的高效区可维持 8 h 左右，70%～86%

的高效区可维持 10 h 左右。出水口高度为 0.65 m 时，滤池对浊度去除率在 80%～85%的高效区可维持 6 h 左右，70%～85%的高效区可维持 10 h 左右。

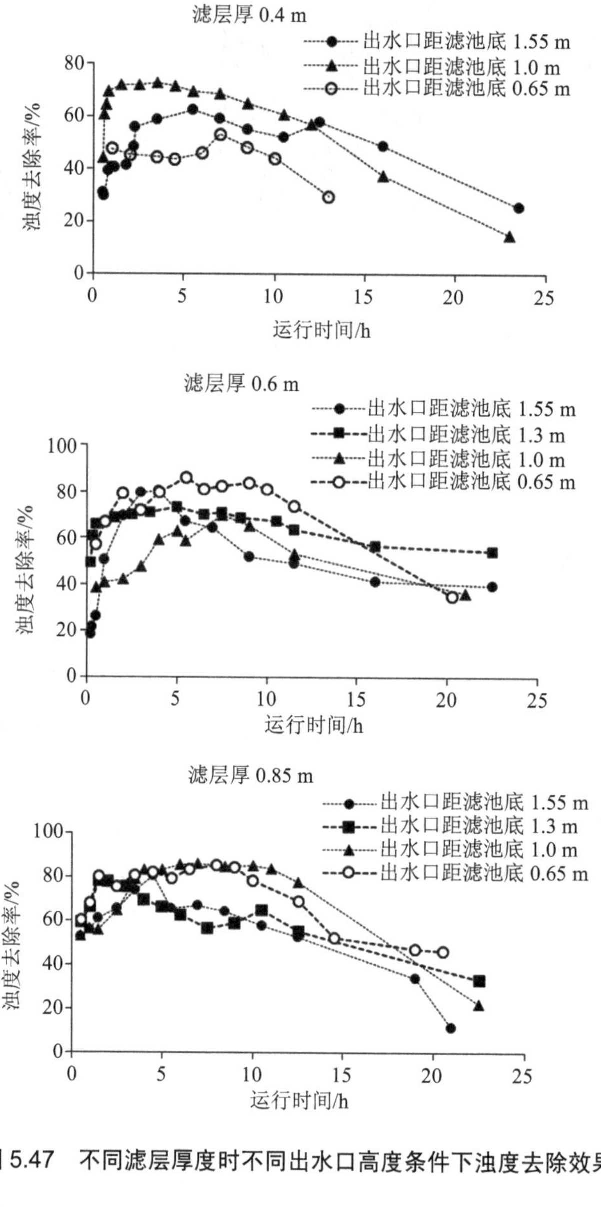

图 5.47　不同滤层厚度时不同出水口高度条件下浊度去除效果

2）叶绿素和藻密度。不同滤层厚度时，不同出水口高度条件下，弹性滤池对叶绿素和藻密度的去除效果如图 5.48 和图 5.49 所示。滤层厚度为 0.4 m 时，出水口高度为 1.0 m 时对叶绿素的去除效果最好，其次是 1.55 m 和 0.65 m。出水口高度为 1.0 m 时，滤池对叶绿素去除率在 60%～72%的高效区可维持 8 h 左右；滤层厚度为 0.6 m 时，出水口高度为 0.65 m 时对叶绿素的去除效果最好，1.3 m 次之。出水口高度为 0.65 m 时，滤池对叶绿素去除率在 60%～70%的高效区可维持 10 h 左右。出水口高度为 1.3 m 时，滤池对叶绿素去除率在 60%～69%的高效区可维持 3 h 左右；滤层厚度为 0.85 m，出水口高度为 0.65 m 时对叶绿素的去除效果最好。出水口高度为 0.65 m 时，弹性滤池对叶绿素去除率在 60%～72%的高效区可维持 8 h 左右，出水口高度为 1.0 m 时，弹性滤池对叶绿素去除率在 70%～77%的高效区可维持 4 h 左右。

总体来看，随着滤层厚度的增加，弹性滤池对叶绿素的去除效果增强，但藻类暴发严重，藻类颗粒被截留在纤维球内部，使得对叶绿素去除高效区维持时间不长。滤层厚度为 0.6 m、出水口高度为 0.65 m 和滤层厚度为 0.85 m、出水口高度为 0.65 m 时对叶绿素的去除效果较好。

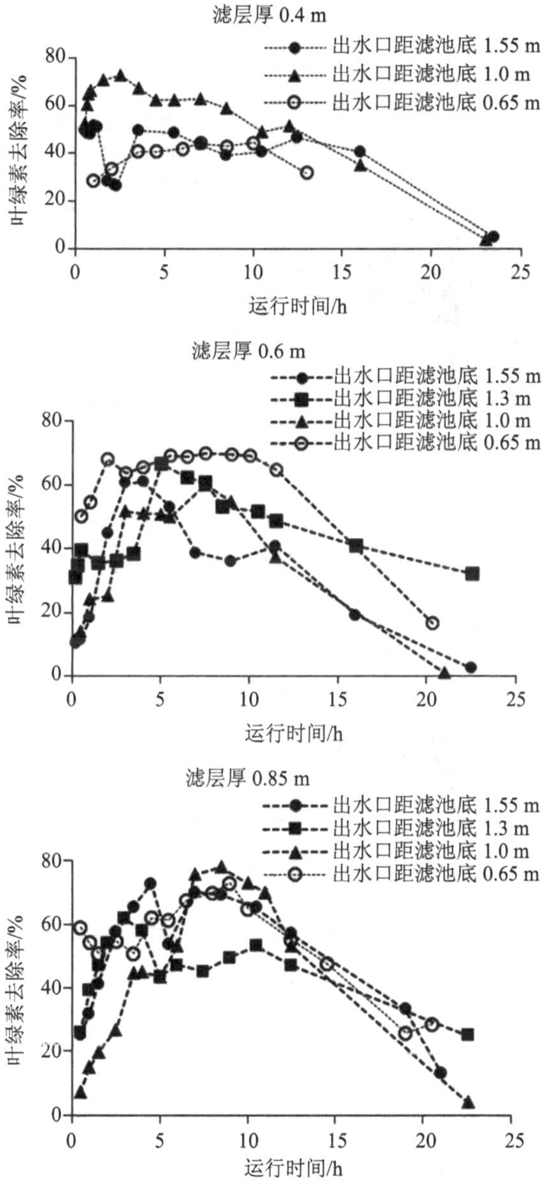

图 5.48　不同滤层厚度时不同出水口高度条件下叶绿素去除效果

从图 5.49 可以看出，弹性滤池对藻密度去除效果相对叶绿素来说较差，但趋势相似；去除效果随着藻密度的变化而波动较大。

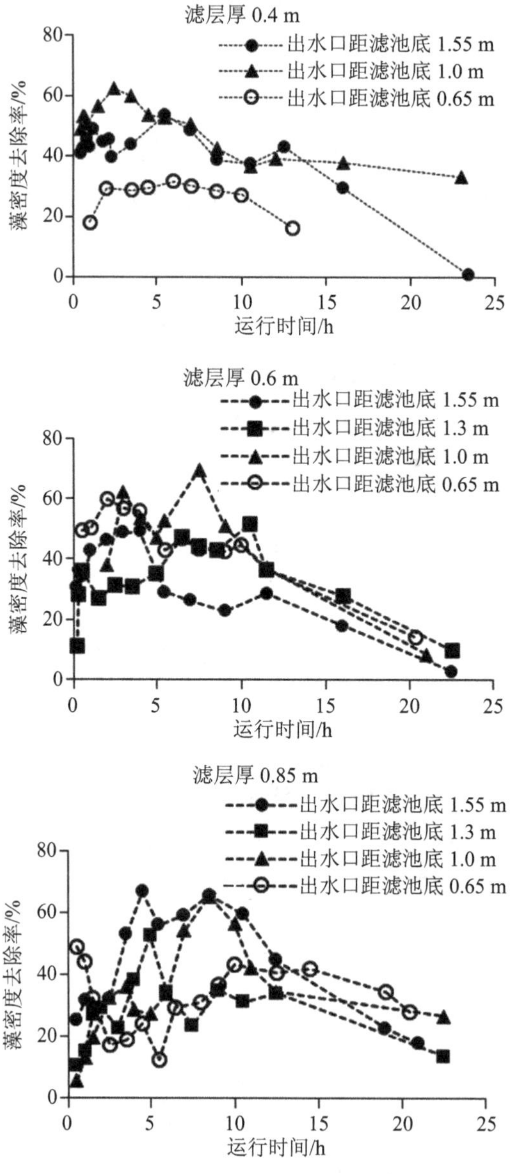

图 5.49 不同滤层厚度时不同出水口高度条件下藻密度去除效果

（2）不同进水水质下的运行效果

保证出水水位高差为最低出水水位，淹没进水并保持相同的静水压差时，系统连续稳定运行 7 h 后的污染物去除效果如表 5.23 所示。由表可以看出，滤池对浊度和叶绿素去除率可维持在 80%以上；藻密度去除率可达 60%以上。COD 去除率最高仅为 55%左右，相对较低；对 N、P 去除效果较差。

表 5.23　相同静水压差不同进水水质下滤池对污染物的去除效果

		浊度/NTU	COD/（mg/L）	TN/（mg/L）	NH_3-N/（mg/L）	TP/（mg/L）	叶绿素/（μg/L）	藻密度/（cells/mL）
高浓度	进水	61.30	79.27	23.34	21.56	1.91	48.10	4 640.00
	出水	8.60	49.44	22.24	21.28	1.18	7.20	1 813.00
	去除率/%	85.97	37.63	4.71	1.30	38.22	85.03	60.93
中浓度	进水	20.50	33.29	6.72	4.18	0.53	32.10	4 059.00
	出水	3.20	19.40	5.55	3.58	0.39	5.80	1 619.00
	去除率/%	84.39	41.72	17.41	14.35	27.42	81.93	60.11
低浓度	进水	5.90	26.08	4.81	3.03	0.39	29.40	3 720.00
	出水	1.00	11.66	4.48	2.58	0.28	4.50	1 199.00
	去除率/%	83.05	55.29	6.86	14.85	28.21	84.69	67.77

（3）不同季节滤池滤床成熟期变化

以滤层厚度为 0.85 m，出水口高度为 0.65 m 为例，分析不同季节滤池过滤同期浊度的变化，如图 5.50 所示。可以看出，夏季藻类暴发时，断头浜河叶绿素高达 130 mg/L，运行 30 min 时滤池对浊度去除率可达 50%，运行 1 h 左右浊度去除率最高可达 65%，运行 2～3 h 时浊度去除率高达 80%。但原水的悬浮物和藻类颗粒等堵塞在纤维球填料的中心，内部的藻类颗粒不易通过反冲洗清洗出。过滤成熟期变长，一般需要 3 h 左右达到过滤高效期，过滤周期在 20 h 以内，之后需要进行反冲洗。冬季藻类未暴发时，断头浜河道叶绿素浓度平均为 50 mg/L，过滤的成熟期明显增快，运行 7 min 时浊度去除率即达到 70%，运行 10 min 浊度去除率可达到 80%，运行 15 min 后浊度去除率达到 84%并趋于稳定。此时，滤池反冲洗过程更为彻底，反冲洗时的气流混合作用使得反冲洗残留水浊度在整个纤维床层内均匀分布，随着滤层逐步压缩和残留水逐步排出，出水浊度逐步降低，且随初始滤速的增加，滤层中残留反冲洗水置换速度以及滤层压缩程度的提高，滤床的成熟期也缩短，一般运行 0.5 h 即可达到过滤高效区，过滤周期达到 40 h 之后可进行反冲洗，对叶绿素和藻密度的去除效果也更佳。

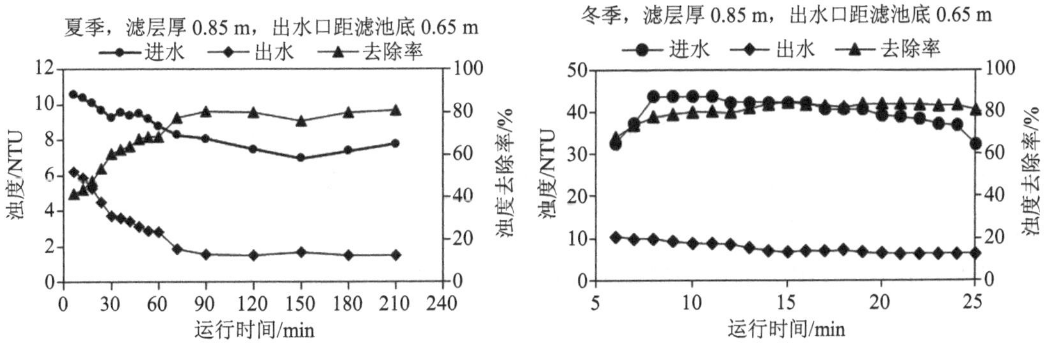

图 5.50　不同季节滤池过滤周期浊度变化

5.5　工程案例分析

5.5.1　工程建设

考虑到断头浜河道底泥淤积严重，工程中首先进行了河道清淤疏浚，清除内源污染。上游城中村进行管网改造，并在上游河道与断头浜河道之间建设溢流堰，保证旱季污水全部进入污水处理厂，雨季溢流进入断头浜河道，以此削减外源点源污染。断头浜河道岸边建设外循环复氧生态系统，结合生态修复措施，达到重污染断头浜河道污染控制与水质修复的目标。

（1）底泥疏浚

考虑到断头浜河道水体的具体特征，即“东断西连”、无水生植物生长等因素，在对底泥养分特征及污染物化学性质分析的基础上，确定底泥的疏浚强度，采用干式清淤法，最大限度地清除污染内源，防止底泥中富营养物质释放进入表层水体，改善河底基质底，有效增加水体深度。

2011—2012 年，对断头浜河道、下游河道、上游河道分别进行了清淤疏浚。断头浜河道清淤面积为 7 200 m^2，与之相连的下游河道清淤面积约为 7 000 m^2。河道清淤现场如图 5.51 所示。

图 5.51　河道清淤现场

（2）控源截污及溢流堰建设

针对断头浜河道的点源污染和面源污染等外来污染源，完善雨污水管网改造等，将工业废水及生活污水污染通过污水管网收集并输送至污水处理设施进行集中处理；通过溢流堰建设，保证旱季污水不进河。

根据河道周边的排水系统改造规划，断头浜河道北岸的食品厂进行污水管网改造，食品加工废水（排放量为 881.28 t/d）不再排入河道，接入附近污水处理厂。

针对断头浜河道上游城中村来水，因民房紧靠河道，无地方铺设污水管道来截留城中村污水。首先，对上游城中村河道进行清淤疏浚。同时在断头浜河道上游狭窄处设置两道人工格栅，以截留河道两侧居民生活垃圾及污水中杂质。在上游河道与断头浜河道交界处，建设钢板桩溢流堰，将水质较好的断头浜河道与水质较差的上游河道分隔开。旱季通过设置在河道北侧绿化带下的一体化泵井内的潜污泵抽水，将河中污水排至河道北侧的 DN400 污水井里。潜污泵单泵流量为 50 m^3/h，扬程 7 m，功率 3 kW。雨天潜水泵停止工作，当水位高出坝顶时通过堰流将上游河水流至断头浜河道（图 5.52）。

图 5.52　溢流堰与泵井建设

泵井 DN300 进水管（与河道连通管）上设置闸门井、格栅井（栅后设置超声波液位仪）；泵井 DN150 压力出水管上设置阀门井及流量计，至压力释放井后重力流排至北侧现状污水管。

格栅采用 2 道人工格栅，粗格栅间距 50 mm，细格栅间距 25 mm，每组格栅 $B\times H$=500 mm×3 120 mm，安装角度 θ=74°。粗、细格栅各用 6 组。

（3）外循环复氧生态系统建设

在断头浜河道两岸，利用小区绿化带建设外循环复氧生态单元 60 组，总容量 210 m^3。其中，48 组填装陶粒填料，6 组填装卵石填料，6 组填装混合陶粒、卵石的混合填料。每 6 组复氧控制单元由 1 个控制终端、1 台潜水泵控制运行。系统共计 10 个控制终端，10 台潜水泵。平面布置图及剖面图见图 5.53，现场装置见图 5.54。

1）生态复氧单元：系统内部尺寸为 3 000 mm×1 000 mm×1 100 mm（长×宽×深）。处理器上部露出地面 450 mm，其余部分埋入地下。处理器下部设置的储泥仓最深处 200 mm。处理器采用 80 mm 厚碎石垫层，绑扎 ϕ 10 mm@120 mm 双层双向三级螺纹钢，浇筑 150 mm 厚 C25 砼基础，上部墙体采用 200 mm 厚普通黏土砖 M7.5 砂浆砌筑。

复氧单元内部采用 20 mm 厚 1∶2 水泥砂浆打底，涂抹 1.5 mm 厚聚氨酯防水层、20 mm 厚 1∶2 水泥砂浆保护层。处理器外部采用 20 mm 厚 1∶2 水泥砂浆保护层，20 mm 厚文化石饰面。

2）集水井、阀门井：全部埋入地下。采用 80 mm 厚碎石垫层，绑扎 ϕ 10 mm@120 mm

双层双向三级螺纹钢，浇筑 100 mm 厚 C25 砼基础，上部墙体采用 200 mm 厚普通黏土砖 M7.5 砂浆砌筑。内部采用 20 mm 厚 1∶2 水泥砂浆保护层。

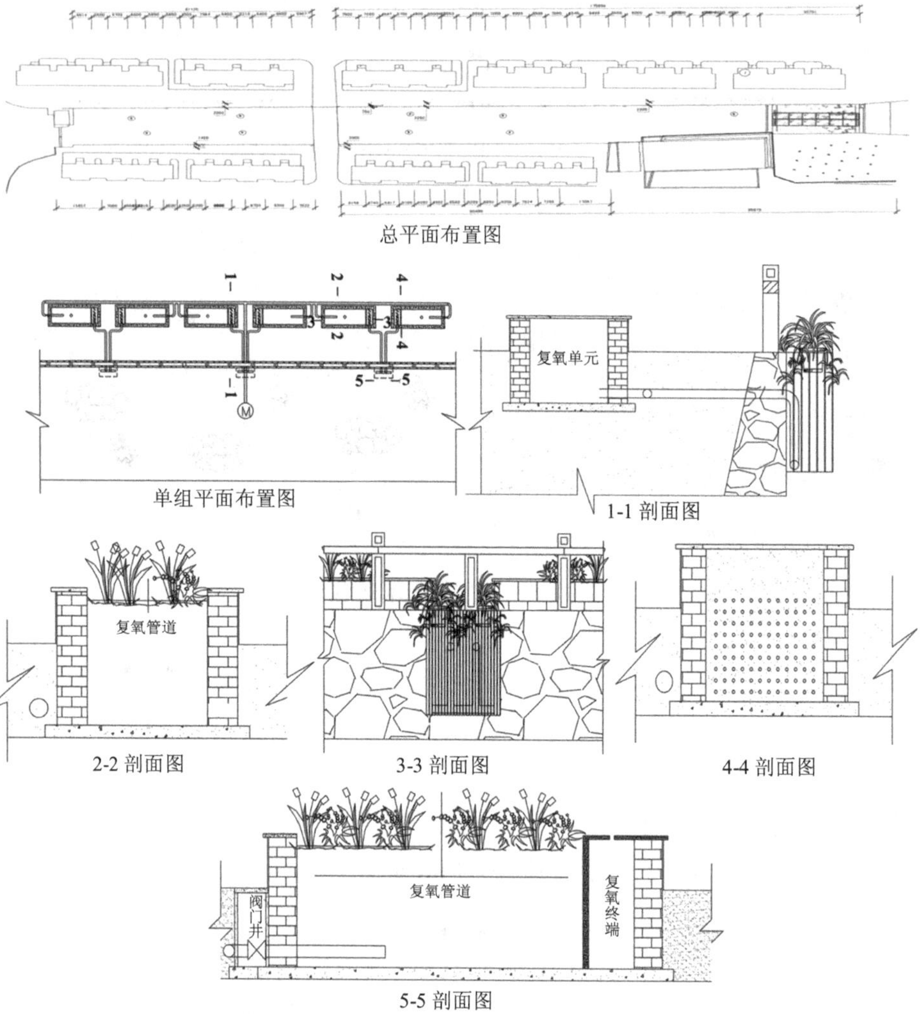

图 5.53　外循环复氧生态系统平面布置及剖面图

图 5.54　现场装置

3）所有管道采用 PE 管道 PN1.6 热熔连接，排水管道按照 1%放坡。浇筑 100 mm 厚 C25 砼垫层后安装排水管道，管道四周铺砂，铺砂厚度不得少于管道直径加上 100 mm。所有阀门均采用铸钢 PN2.5 法兰连接。

4）PLC 微电脑控制系统电源，能够达到定时系统启、闭，水泵故障时自动交替，故障发送短信息至维护人员。

5）外循环复氧生态系统建设过程中，将复氧终端的入口加工成 60°形状，并用砂布将毛刺磨掉，形成光滑表面，有利于形成虹吸现象和破坏虹吸现象，减少水流在管口处表面张力的影响。复氧终端的出口处设置直径 6 mm 孔共计 500 个，增加水体与空气接触的比表面积，提高水体复氧效率。

（4）水生态系统构建与景观营造

考虑到断头浜河道清淤截污之后，水体水质虽有所提升，但水体透明度等依然较低，不适合沉水植物生产，因此采用生态浮床和挺水植物营造水生态景观，共计 12 处，1 处仅种植挺水植物，11 处铺设生态浮床，位置如图 5.55 所示，铺设面积如表 5.24 所示。

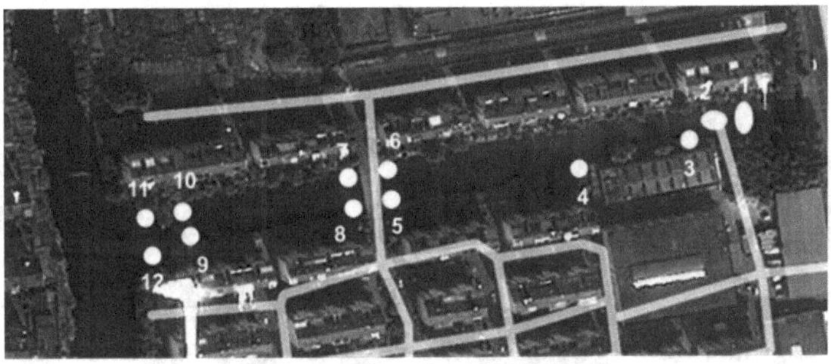

图 5.55　断头浜河道生态浮床和挺水植物位置示意

表 5.24　生态浮床位置及铺设面积

位置序号	规格	面积/m^2
1	溢流堰周围挺水植物	30
2	3 个边长为 1.5 m 正八边形浮床	34
3	方形浮床 2 m×5 m	10
4	2 个边长为 1.5 m 正八边形浮床	20
5	方形浮床 2 m×5 m	10
6	方形浮床 2 m×5 m	10
7	方形浮床 2 m×5 m	10
8	方形浮床 2 m×5 m	10
9	方形浮床 3 m×5 m	15
10	2 个方形浮床 2 m×5 m	20
11	2 个边长为 1.5 m 正八边形浮床	20
12	3 个边长为 1.5 m 正八边形浮床	15

1）生态浮床。生态浮床铺设面积为 174 m^2，浮床植物主要为紫叶美人蕉、花叶芦竹、狐尾藻、常绿鸢尾等，生态浮床样式如图 5.56、图 5.57 所示。

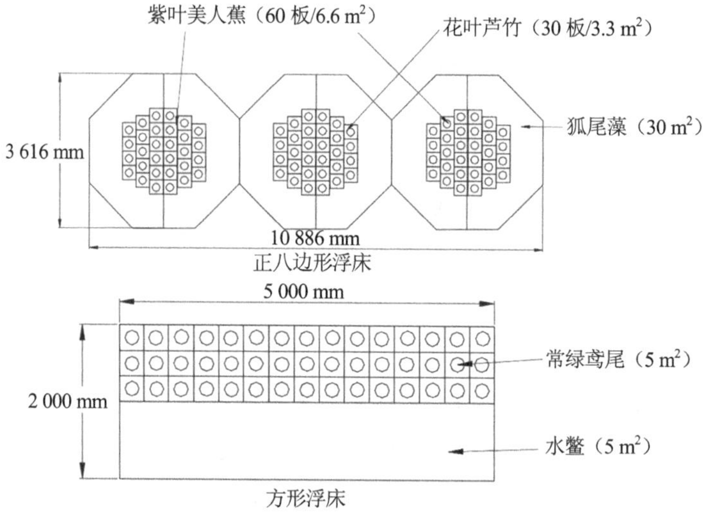

图 5.56 生态浮床布置示意

图 5.57 生态浮床安装初期

2）挺水植物种植。挺水植物主要在钢板桩溢流堰上方及周围种植，种植面积为 30 m^2，选择箭叶梭鱼草、旱伞草等挺水植物，既起到景观美化作用，又起到一定的水质净化作用。挺水植物种植位置示意及具体种植情况如图 5.58 和表 5.25 所示。

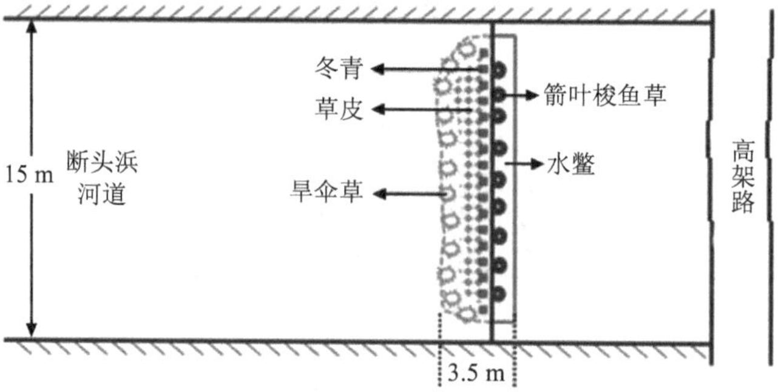

图 5.58 挺水植物种植位置示意

表 5.25 挺水植物具体种植情况

植物名	种植密度	备注
旱伞草	3 丛/m，20～100 芽/丛	单排种植
箭叶梭鱼草	3～4 丛/m，1～3 芽/丛	片植（20 m×0.5 m）
水鳖	10～20 株/m^2	片植，冬季可换大聚藻或铜钱草
草皮	40 m^2	全覆盖
冬青	1 株/15 cm	种两排

5.5.2 工程实施效果

（1）河道水动力条件改善情况

2011 年河道清淤之前，内河水体封闭，基本无流速。工程建成后，内河东侧无污水流入时，采用声学多普勒流速仪对断头浜不同断面流速及断面形状等进行监测。

1）断面 1。断面 1 位于断头浜河道中间位置，断面 1 各点流速变化较大，岸边流速较低，中间水体流速较高。断面河宽约为 20 m，整体平均流速 0.044 m/s，平均水深 1.89 m（图 5.59）。

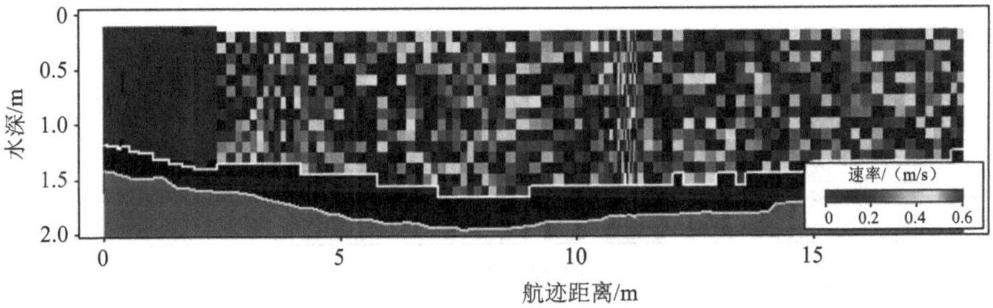

图 5.59 断面 1 流速及河底断面情况

2）断面 2。该断面位于断头浜河道与下游河道交汇处，此处有闸门，闸口断面宽度约为 5 m。断面 2 各点平均流速 0.063 m/s，高于断面 1，平均水深 1.32 m（图 5.60）。

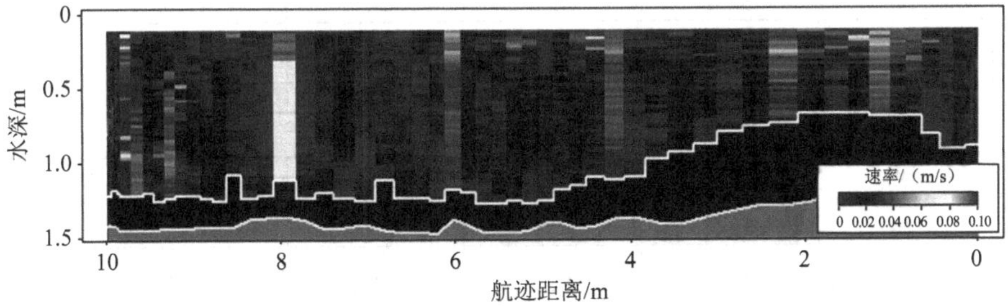

图 5.60 断面 2 流速及河底断面情况

（2）河道水质改善情况

工程建设完成并稳定运行后，2015 年 7 月开始，在断头浜河道设置 8 个监测断面（图 5.61），每月监测 1 次，监测 6 个月，主要水质指标监测数据如表 5.26 所示。可以看出，工程运行后，断头浜河道所有断面溶解氧指标均可达到地表水Ⅴ类水标准。断头浜河道透明度均值可达到 65 cm，相比工程建设前（清淤前透明度平均为 13 cm，清淤后透明度平均为 33 cm）大幅提高。与清淤后蓄水期 COD 平均浓度 73.2 mg/L、NH_3-N 平均浓度 14.5 mg/L 相比，断头浜河道主要指标改善明显。断头浜河道整治前后现场效果如图 5.62 所示，断头浜河道的水体感官也得到了明显的提升。

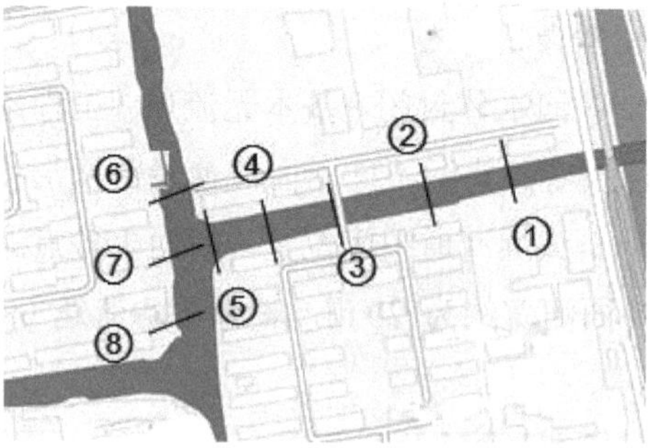

图 5.61　断头浜河道监测断面位置

表 5.26　断头浜河道主要水质指标监测数据

断面	2015/7/15	2015/8/13	2015/9/17	2015/10/10	2015/11/11	2015/12/3
			COD/（mg/L）			
1#	37.6	38.3	36.6	24.7	15.9	10.6
2#	31.9	32.5	32.7	31.4	14.9	21.3
3#	31.7	33.8	33.5	16.9	21.8	16.5
4#	39.8	32.5	32.9	36	<10	13.8
5#	30.8	31.6	30.8	<10	<10	13.2
6#	32.5	32.4	36.8	24.5	<10	12.2
7#	32.1	31.9	32.4	<10	<10	11.8
8#	30.8	27.0	32.1	30.7	<10	11.1
			NH_3-N/（mg/L）			
1#	2.37	2.11	2.03	2.82	2.49	2.12
2#	1.98	1.95	1.95	1.98	1.85	1.73
3#	1.94	1.89	1.86	1.83	1.74	1.63
4#	1.86	1.85	1.81	1.79	1.72	1.57
5#	1.73	1.76	1.72	1.66	1.60	1.51
6#	1.69	1.68	1.57	1.54	1.43	1.29
7#	1.42	1.35	1.33	1.32	1.01	0.816
8#	1.35	1.24	1.12	1.09	0.916	0.773

断面	2015/7/15	2015/8/13	2015/9/17	2015/10/10	2015/11/11	2015/12/3
DO/（mg/L）						
1#	3.59	4.55	3.61	3.63	8.20	8.42
2#	6.50	6.52	6.59	6.63	8.69	8.22
3#	6.67	6.71	6.88	6.97	7.59	8.52
4#	7.72	7.88	7.92	7.95	7.72	8.62
5#	6.38	6.30	6.37	6.45	5.54	8.31
6#	5.31	5.34	5.46	5.49	5.60	6.57
7#	6.14	6.03	6.01	6.06	5.43	8.60
8#	6.42	6.49	6.50	6.66	5.34	8.64
透明度/cm						
1#	45	55	55	50	45	65
2#	64	69	58	55	58	66
3#	63	68	61	58	61	87
4#	75	89	65	62	62	64
5#	89	95	72	69	56	65
6#	65	55	60	66	66	67
7#	65	59	58	67	67	66
8#	68	62	65	68	68	68

图 5.62　断头浜河道整治前后现场效果

注：左图（整治前）拍摄于 2011 年，右图（整治后）拍摄于 2017 年。

参考文献

[1] 程声通. 水污染防治规划原理与方法[M]. 北京：化学工业出版社，2010.

[2] 贾海峰. 城市河流环境修复技术原理及实践[M]. 北京：化学工业出版社，2016.

[3] 环境保护部华南环境科学研究所. 生活源产排污系数及使用说明（2011 修订版）[R]. 2011.

[4] 罗群. 苏州断头浜重污染河道特性分析及修复技术筛选与实证[D]. 北京：清华大学，2013.

[5] 李欲如. 植物浮床技术对苏州古城区河水净化效果及规律研究[D]. 南京：河海大学，2006.

[6] 李斌，柏杨巍，刘丹妮，等. 全国地级及以上城市建成区黑臭水体的分布、存在问题及对策建议[J]. 环境工程学报，2019，13（3）：511-518.

[7] 黎巍，何佳，徐晓梅，等. 滇池流域城市降雨径流污染负荷定量化研究[J]. 环境监测管理与技术，2011，23（5）：37-42.

[8] 李广贺，贾海峰，张旭，等. 河网地区城镇水环境综合整治技术与工程应用[M]. 北京：中国建筑工业出版社，2020.

[9] 李俊奇，毛坤，向璐璐. 京承高速公路径流污染负荷及初期冲刷效应研究[J].中国给水排水，2010，26（8）：59-63.

[10] 李春萍，蒋建国，陈爱梅，等. 常州市老城区重点生活污染源对北市河的污染负荷研究[J]. 环境科学，2010，31（1）：2594-2597.

[11] 李开明，刘军，刘斌，等. 黑臭河道生物修复中 3 种不同增氧方式比较研究[J]. 生态环境，2005，14（6）：816-821.

[12] 刘庄，李维新，张毅敏，等，太湖流域非点源污染负荷估算[J]. 生态与农村环境学报，2010，26（S1）：45-48.

[13] 李卉，苏保林，张倩，等. 平原河网地区农村生活污染入河机制[J]. 生态与农村环境学报，2011，27（4）：110-112.

[14] 梁斌，王超，王沛芳. 复杂河网地区入河污染物调查分析和估算方法研究[J]. 水资源保护，2003，19（5）：30-34.

[15] 彭秀达，陈玉荣. 城市黑臭水体清淤疏浚及底泥处理处置技术探讨[J]. 水资源保护，2016，32（S1）：114-117.

[16] 吴玮，黄天寅，赵克强，等. 苏南快速城镇化区域典型河道入河污染物调查分析与估算[J]. 生态与农村环境学报，2013，29（5）：618-624.

[17] 王雅钰，刘成刚，吴玮. 从河道自净角度谈影响河道水质净化的因素[J]. 环境科学与管理，2013，38（3）：35-40.

[18] 王雅钰，刘成刚，黄天寅，等. 不同处理技术对河流污染物降解系数影响的比较[J]. 环境工程学报，2014，8（3）：917-922.

[19] 徐祖信，刘代玲. 苏州河 6 支流截污工程的优化调整[J]. 上海环境科学，2003，22（4）：234-237.

[20] 徐续，操家顺. 河道曝气技术在苏州地区河流污染治理中的应用[J]. 水资源保护，2006，22（1）：30-33.

[21] 周杰，章永泰，杨贤智. 人工曝气复氧治理黑臭河流[J]. 中国给水排水，2001，17（4）：47-49.

[22] Bermhard A E，Goyard T，Simonich M T，et al. Application of a Rapid Method for Identifying Fecal Pollution Sources in a Multi-Use Estuary[J]. Water Research，2003，37（4）：909-913.

[23] Chen H，Teng Y，Wang J. A Framework of Characteristics Identification and Source Apportionment of Water Pollution in a River：A Case Study in the Jinjiang River，China [J]. Water Science and Technology，2012，65（11）：2071-2078.

[24] D'Arcy B，Frost A. The role of best management practices in alleviating water quality problems associated with diffuse pollution [J]. Science of the Total Environment，2001，265（1）：359-367.

[25] Fan X Y，Cui B S，Zhang K J. Water Quality Management Based on Division of Dry and Wet Seasons in Pearl River Delta，China[J]. Clean：Soil Air Water，2012，40（4）：381-393.

[26] Freni G，Mannina G，Viviani G. Urban storm-water quality management：centralized versus source control[J]. Journal of Water Resources Planning and Management，2010，136（2）：268-278.

[27] Kagalou I，Leonardos I，Anastasiadou C，et al. The DPSIR Approach for an Integrated River Management Framework：A Preliminary Application on a Mediterranean Site（Kalamas River-NW Greece） [J]. Water Resources Management，2012，26（6）：1677-1692.

[28] Kelderman P. Sediment Pollution，Transport and Abatement Measures in the City Canals of Delft，the Netherlands [J]. Water，Air and Soil Pollution，2012，223（7）：4627-4645.

[29] Montalto F，Behr C，Alfredo K，et al. Rapid assessment of the cost-effectiveness of low impact development for CSO control[J]. Landscape and Urban Planning，2007，82（3）：117-131.

[30] Ma X，Huang L，Guo J，et al. Anaerobic Hydrolysis/Waterfall Aeration/Rapid Infiltration Process for Treatment of Domestic Sewage in Mountain Towns [J]. China Water & Wastewater，2012，28（5）：9-11.

[31] Ouyang T P，Zhu Z Y，Kuang Y Q. River Water Quality and Pollution Sources in the Pearl River Delta，China[J]. Journal of Environmental Monitoring，2005，7（7）：664-669.

[32] Villarreal E L，Semadeni-Davies A，Bengtsson L. Inner city stormwater control using a combination of best management practices [J]. Ecological Engineering，2004，22（4）：279-298.

[33] Wu L，Long T Y，Cooper R W J. Simulation of Spatial and Temporal Distribution on Dissolved Non-Point Source Nitrogen and Phosphorus Load in Jialing River Watershed，China[J]. Environmental Earth Sciences，2012，65（6）：1795-1806.

[34] Whalen P J，Toth L A，Koebel J W，et al. Kissimmee River restoration：a case study[J]. Water Science and Technology，2002，45（11）：55-62.

[35] Hu Z B，Liu C，Zhou Q N，et al. Remediation of black-odorous urban rivers by using biostimulants combined with low intensity aeration[J]. Advanced Materials Research，2012，518-523：1784-1789.

第6章

河网城镇古典园林封闭水体营造与水质维持

平原河网地区发展历史较为悠久，城市发展速度也较快，旧城改造、新城建设发展较为迅速。由于历史的原因，旧城建设的标准较低，且旧城大多拥挤、用地紧张，一方面径流系数不断增大，另一方面该地区排水系统的提标改造困难。同时，旧城改造过程中由于道路标高抬高等，容易形成局部低洼地区，降雨时这些地区容易汇集雨水而形成积水。尤其是水体相对比较封闭的区域，如新建古典园林，其排水规划、排水系统已经比较完善，对水体水质的要求比较高，如何长期稳定地保持区域内水体水质也成为重中之重。

6.1 古典园林封闭水体营造与水质维持技术路线

对平原河网地区新建的古典园林封闭水体而言，其排水规划、排水系统已经比较完善，如何进行生态水系建设、城镇降雨径流调蓄利用与面源负荷削减、河道景观功能修复、封闭水体水质持久维持等是营造和维系古典园林良好水环境的关键。

苏州桃花坞历史文化片区是苏州市典型的新建园林，根据其水体景观修复的需要，基于降雨径流水文特征、污染物空间分布、污染物相关性分析等，开展降雨径流调蓄利用与面源负荷削减技术，结合水质自清洗快速过滤水质净化技术，实现源头控制和污染负荷预防、运移过程滞蓄和削减；通过水系循环与动力调控技术，形成封闭水体局部微循环，构建水系循环通路；在水系规划的基础上，确定区域内河道的平面布置和断面结构，以生态河道建设为目标，研究生态驳岸，平面和横断面形式，构建服务于生物多样性的良好生境，营造古典园林封闭水体，实现“源头削减-旁位处理-原位修复”封闭水体水质维持技术体系。古典园林封闭水体营造与水质维持技术路线如图 6.1 所示。

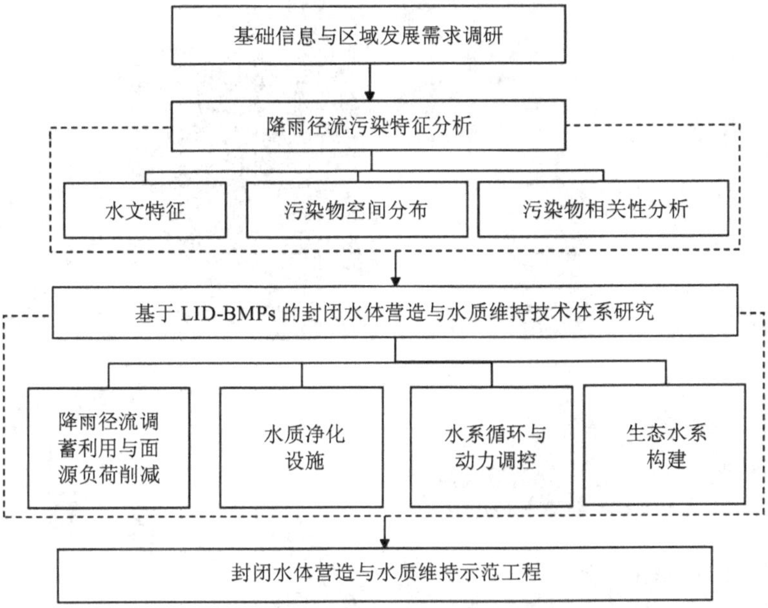

图 6.1　古典园林封闭水体营造与水质维持技术路线

6.2　古典园林片区基本情况

桃花坞历史文化片区位于苏州古城西北部，区域面积约 1.84 km^2，人口密度达到了 2.70 万人/km^2。片区具有丰富的历史文化资源，除了中国古典园林、江南民宅，还有曲折悠长的小街小巷，粉墙黛瓦，临河而筑。整个街区的格局完好地保留了苏州古城，前街后河，形成“河街相依，纵横有序，脉络分明，双向通达”的典型苏州特色，同时该区域内还有丰富的非物质文化遗存。但因桃花坞历史文化片区内部分古建筑、传统民居、古街老巷都已年久失修，较多物质文化遗存缺乏有效保护，非物质文化遗存缺少展示基底，导致丰富的历史文化资源无法得到有效利用，产业发展缺少基础，资源流失与浪费严重。

桃花坞历史文化片区内居住人员非常密集，构成复杂，地区生活水准与苏州整体发展水平不相适应。如图 6.2 所示，片区内地势低洼，基础设施非常薄弱，基本没有排污系统，每逢大雨季节，内涝极为严重。房屋普遍比较破旧，环境脏乱差；路面狭小，且受河道阻隔，居民出入不便，存在消防等安全隐患；居住人员非常密集，构成复杂，绝大部分为经济情况较差的困难群体和外来租住人员，乱搭乱建状况十分普遍，地区生活水准与苏州整体发展水平不相适应。因而，政府部门从文化、旅游和古城保护的角度，提出了对该片区进行整治改造和保护利用的规划。

图 6.2 桃花坞历史文化片区改造前照片

桃花坞历史文化片区保护，旨在保护苏州历史文化传统的前提下，充分挖掘该片区的文化内涵与潜在优势，塑造以唐寅文化、泰伯文化等非物质文化遗存文化为核心，集生活居住、商业服务和文化旅游于一体的综合文化片区，使该区域成为苏州古城内重要的历史文化展示中心。

6.2.1 片区规划情况

桃花坞历史文化片区围绕唐寅文化、泰伯文化等非物质文化遗产，发掘、保护传统文化，推动文化创意产业发展。唐寅故居文化区为桃花坞历史文化片区的核心区，总用地面积约 7.06 hm^2，改造前主要为居住用地、工业用地。唐寅故居文化区规划结构如图 6.3 所示。唐寅故居文化区的功能定位包含 3 个方面：①唐寅文化展示，包括旅游观光和文化展示；②非遗展示，包括非遗展馆和创意产业；③商业配套，指旅游配套和都市商业。通过唐寅文化和非遗展示，把该区域打造成为多功能的城市文化会所，成为吴文化的重要展示窗口、非物质文化遗存的集中展示区、苏州古城旅游的新亮点。

根据功能定位及规划目标，唐寅故居文化区呈现“一轴六组团”的规划结构。“一轴”指唐寅坟-双荷花池路，是整个唐寅故居文化区的主要功能轴线；“六组团”分别指唐寅故居遗址、唐寅祠、文昌阁、非遗文化展示馆、精品酒店和文化产业综合街区。区域内绿地率为 10%，规划总用地 70 618 m^2。

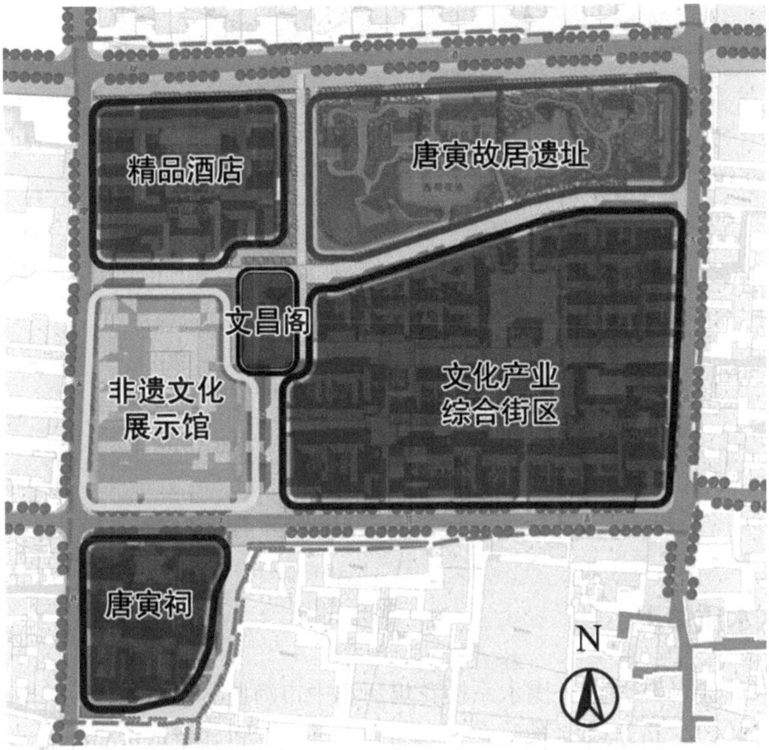

图 6.3 唐寅故居文化区规划结构

6.2.2 片区水系情况

桃花坞历史文化片区规划区域内河道主要包括平门小河、桃花坞河、中市河、学士河等。根据片区规划，唐寅故居文化区示范水系近远期将河道东西打通，北连护城河，东接平门小河，平门小河下游连接桃花坞河、中市河以及学士河。

唐寅故居文化区规划河道呈倒“丁”形，河道总长度约为 397 m。其中，东西向河道长约 272 m，南北向河长约 80 m，斜向河道长约 45 m，水深 2.1 m，水域面积约 4 208 m^2。另外，在唐寅文化故居内规划东西荷花池，荷花池总面积约 1 718 m^2，水深为 50～60 cm。

根据规划，将从东西向河道的东端河道抽水到东荷花池北侧假山，跌水进入东荷花池（图 6.4 中箭头方向），使双荷花池形成与外部水系沟通循环的系统。按照远期规划，北侧河道将与外围河道沟通，形成“活水”系统。

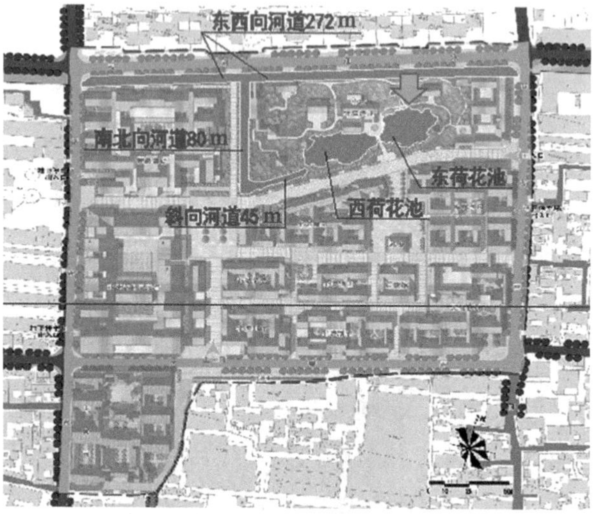

图 6.4 区内水系概况

6.2.3 片区水质情况

根据 2010—2011 年片区外围水系桃花坞河和中市河监测数据中发现，中市河 COD 浓度相当大一部分大于 40 mg/L（图 6.5）；根据《地表水环境质量标准》（GB 3838—2002），NH_3-N 浓度基本属于劣Ⅴ类，均大于 2 mg/L，中市河 DO 浓度有近一半小于 2 mg/L，属于劣Ⅴ类。

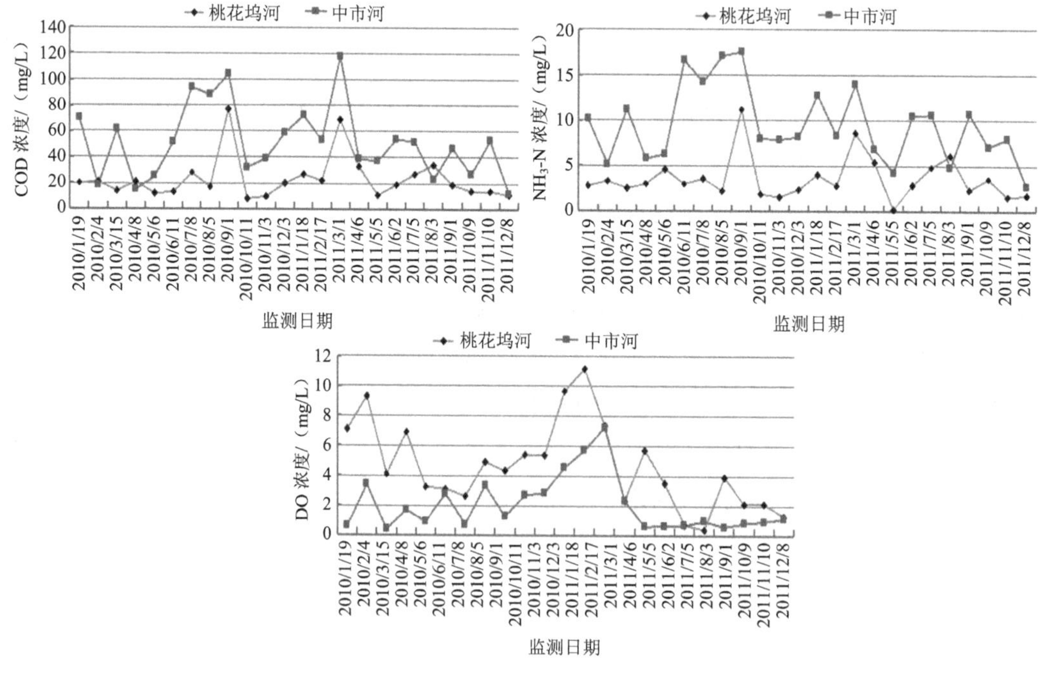

图 6.5 外围主要水系 2010—2011 年主要水质指标情况

6.3　降雨径流污染特征分析

根据桃花坞历史文化片区（以下简称桃花坞片区）规划设计，片区内采用雨污水分流制，市政管网根据规划布局重新铺设，污水收集后排出规划区至市政污水处理厂。因此认为片区内污染源主要为面源污染。对桃花坞片区 5 种不同功能区降雨径流进行监测，以识别降雨径流水文水质特征，为片区内雨水管理以及非点源污染控制策略提供基础数据支持。

6.3.1　监测方案

6.3.1.1　监测点布置

（1）监测点布置原则

监测点的布置遵循以下原则：

①降雨径流监测点的选取应具有一定的代表性，能做到以点带面，体现桃花坞片区不同城市功能区以及下垫面类型的特点；

②所选取的监测点附近（半径＜1 km）应具有设置雨量计的条件；

③方便取样人员安全进行采样工作；

④不影响区域内交通正常运行以及居民日常生活；

⑤远离加油站等具有集中污染源的区域。

不同下垫面条件产流机制不完全相同，结合土地覆被特征和土地利用实际状况，参考《城市用地分类与规划建设用地标准》（GB 50137—2011），桃花坞片区建设用地主要分为绿地、水面、半透水面与不透水面等四大类。

①第一类：绿地。包括小区级绿地、公共绿地、公园绿地、街头绿地、生产防护绿地、防护绿地等。

②第二类：水面。包括各类水域水面。

③第三类：半透水面。包括绿化屋面、块石及碎石等铺砌路、非铺砌的土路面、可渗透铺装路面等。主要分布于风景名胜用地、文物古迹、铁路等。

④第四类：不透水面。包括非绿化屋面、混凝土及沥青路面。

（2）监测点布置

城市不同功能区的排水特征和污染物排放特征不同，根据实地调研，将桃花坞片区划分为商业区、现代住宅区、老旧住宅区、交通区和园林旅游区 5 种城市功能区。

采样点的布置需要综合考虑下垫面的类型和城市功能分区，考虑到实际采样时工作量较大，人员布置存在较大困难，因此对上述 5 种具有代表性的城市功能区分别设置 1 个监测点。此外，为了保证下垫面类型的完整性，在商业区选取 1 处屋顶降雨径流监测点，在现代住宅区、老旧住宅区和园林旅游区增设3个屋顶降雨径流监测点，共计9个监测点，具体布置情况如表6.1和表6.2所示。

表6.1 桃花坞片区降雨径流监测点布置

城市功能区	特征	街道清扫方式和频率	路面材料
商业区	日客流量超过20万人次，节假日可达30万～40万人次	每日人工清扫3～4次	大理石
现代住宅区	高档园林式别墅住宅区，居住条件和环境卫生状况较好	每日人工清扫2～3次	透水性混凝土
老旧住宅区	房屋建设年代久远，布局凌乱、密集	每日人工清扫1次	方格砖石和细小碎石
交通区	南北向重要道路，车流量较高	采用人工和机械相结合的方式进行清扫	沥青
园林旅游区	古典私家园林	每日人工清扫1～2次	方格砖

表6.2 桃花坞片区屋顶降雨径流监测点情况

城市功能区	典型屋面类型	屋面材料	坡度系数①
商业区	平屋顶	沥青	—
现代住宅区	坡屋顶	玻纤瓦	0.35
老旧住宅区	坡屋顶	青瓦	0.65
园林旅游区	坡屋顶	青瓦	0.50

①屋面最低点与最高点的高度差（相较于水平面）和最低点与最高点之间的水平距离之比。

6.3.1.2 采样方案

通过对有关降雨径流采样方法文献分析可知，城市降雨径流中污染物普遍存在初期冲刷效应，在降雨中后期污染物含量较为稳定，因此对降雨初期地表径流的收集显得尤为重要。鉴于此，在采样时采用了“前密后疏”的方式，降雨初期的采样间隔时间较短，随着降雨的进行逐步增加间隔时间，具体采样序列：以地表开始产流为时间基点，前30 min按照每5 min取1次样（6个样品）；30～60 min每隔10 min取1次样（3个样品）；60～120 min每隔20 min取1次样（3个样品）；120 min后每隔30 min取1次样，直至降雨结束。在采集样品的同时用秒表计时，并根据自制采样器的容积计算该时刻的瞬时径流量。采样时，先打开雨水检查井，将自制采样器放入检查井中后，进行取样。

对采集的样品进行pH、SS、溶解性总固体（TDS）、COD、TN、NH_3-N、硝态氮（NO_3-N）、TP、磷酸盐（PO_4-P）指标的含量进行分析，并分析了5种城市功能区具有代表性的路面和屋面降雨径流中污染物的事件平均浓度（event mean concentration，EMC）空间分布以及动态变化特征，分析片区降雨过程、径流过程、水质变化过程，为桃花坞片区地表径流污染负荷的控制和削减提供基础资料。

6.3.2　降雨径流水文变化特征

降雨是城市非点源污染形成的动力因素，而降雨形成的径流是地表污染物迁移的最直接载体，因此了解降雨径流水文过程，对于更好地了解片区内降雨径流水质特征，具有积极的作用。本书选择了 8 次典型降雨事件进行分析，并根据中国气象局的降雨等级划分标准（表 6.3）将所监测的降雨等级进行划分，桃花坞片区场次降雨基本特征见表 6.4。

表 6.3　降雨等级划分标准

<table>
<tr><th>降雨等级</th><th>划分依据</th><th>降雨特征</th></tr>
<tr><td>小雨</td><td>12 h 内降雨量小于 5 mm
或 24 h 内降雨量小于 10 mm</td><td>雨点清晰可见，无漂浮现象；
下地不四溅；洼地积水很慢；
屋上雨声微弱，屋檐只有滴水</td></tr>
<tr><td>中雨</td><td>12 h 内降雨量 5～15 mm
或 24 h 内降雨量 10～25 mm</td><td>雨落如线，雨滴不易分辨；落硬地四溅；洼地积水较快；屋顶有沙沙雨声</td></tr>
<tr><td>大雨</td><td>12 h 内降雨量 15～30 mm
或 24 h 内降雨量 25～50 mm</td><td>雨降如倾盆，模糊成片；
洼地积水极快；屋顶有哗哗雨声</td></tr>
<tr><td>暴雨</td><td>12 h 内降雨量 30～70 mm
或 24 h 内降雨量 50～100 mm</td><td rowspan="3">凡 24 h 内降雨量超过 50 mm 的降雨过程统称为暴雨；根据暴雨的强度可分为暴雨、大暴雨、特大暴雨 3 种</td></tr>
<tr><td>大暴雨</td><td>12 h 内降雨量 70～140 mm
或 24 h 内降雨量 100～250 mm</td></tr>
<tr><td>特大暴雨</td><td>12 h 内降雨量大于 140 mm
或 24 h 内降雨量大于 250 mm</td></tr>
</table>

表 6.4　桃花坞片区场次降雨基本特征

降雨日期	降雨量/mm	降雨历时/h	平均雨强/(mm/h)	最大雨强/(mm/h)	前期晴天数①/d	降雨等级
2015/4/7	12.2	1.8	6.8	14.2	7	中雨
2015/5/8	16.7	2.6	6.4	15.6	9	大雨
2015/5/28	12.6	2.4	5.3	13.4	6	中雨
2015/6/15	30.2	3.1	9.4	22.7	12	暴雨
2015/7/11	18.2	4.4	4.1	10.1	1	中雨
2015/7/23	9.6	2.1	4.6	15.3	3	小雨
2015/8/16	13.1	3.3	4.0	15.3	5	中雨
2015/9/9	16.3	2.8	5.8	15.2	8	大雨

①前期晴天数是指与上次降雨量超过 5 mm 降雨事件的间隔时间。其中，前 6 场降雨用来分析路面降雨事件，后 3 场降雨用来分析屋面降雨事件。

图 6.6 和图 6.7 分别为桃花坞片区路面和屋面降雨径流水文过程，可以看出，所监测的 8 场降雨的平均雨强为 4.0～9.4 mm/h，最大雨强为 10.1～22.7 mm/h，各场次降雨过程存在明显的差异，雨型也可分为“单峰”“双峰”和“多峰”类型，具有一定的代表性。

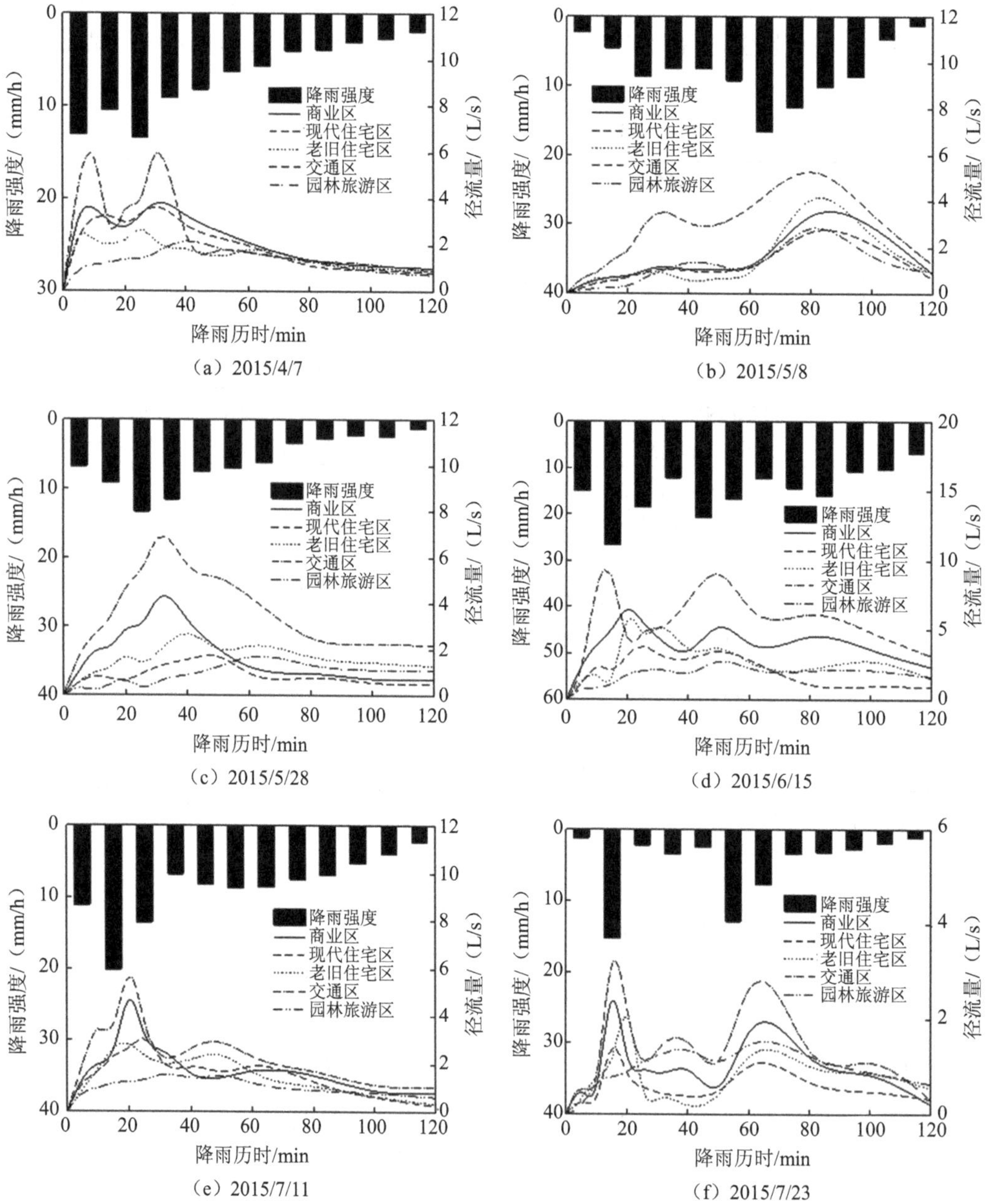

图 6.6 桃花坞片区路面降雨径流水文过程

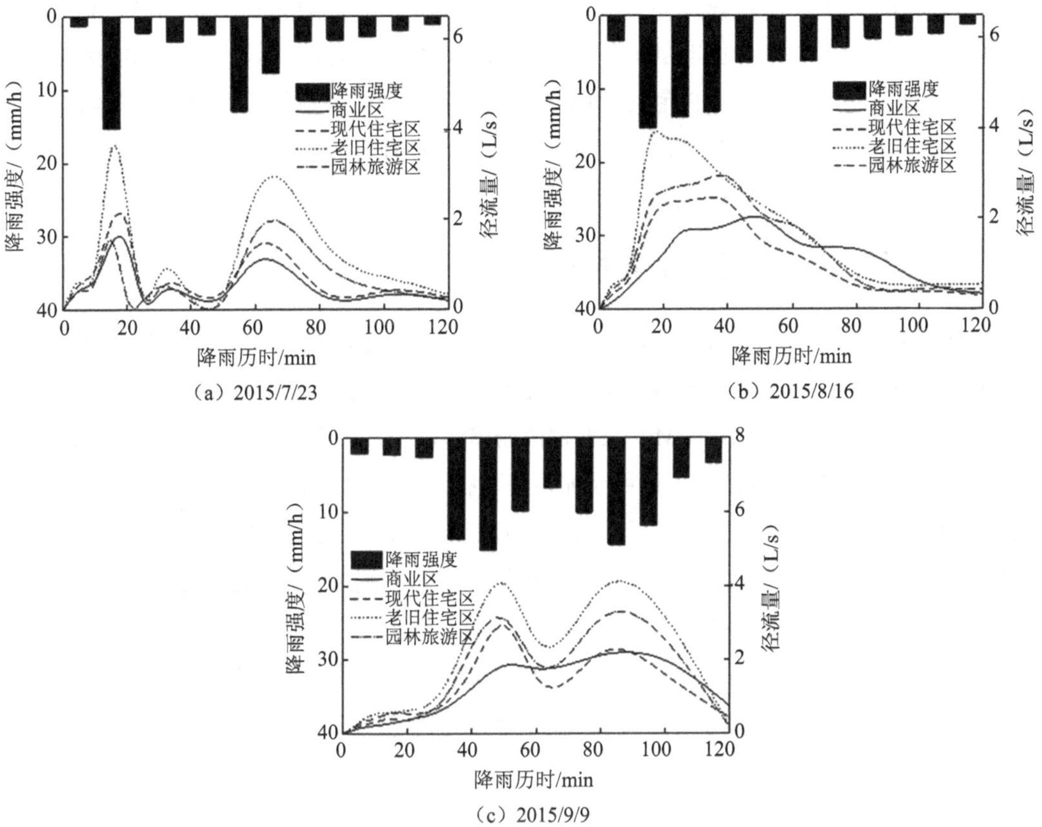

图 6.7　桃花坞片区屋面降雨径流水文过程

降雨初期，降雨量首先会因下渗、滞留、填坑补洼、蒸发等一系列作用而产生初损，在满足临界径流深度之前不会产生径流，这个临界径流深度就称为初损值。不同材质的路面和屋面对应的初损值不同，因此不同下垫面类型降雨初期产流速度存在差异。由图 6.6 可知，交通区路面透水性较差，降雨初损值较低，初期产流速率最快，商业区和现代住宅区路面的产流速率次之，而老旧住宅区和园林旅游区路面多由方格砖石和细小碎石砌筑，因此径流容易从缝隙中下渗至土壤，因此产流速率最慢。屋面相较于路面来说，其产流速率明显高于路面，一方面是其材料一般具有防水的特性，另一方面是屋面具有一定的坡度，有利于产流，而平屋顶的产流速率则与路面较为相似。此外，对比不同降雨事件可以发现，初期降雨强度越大，产流速率越快，因此除了下垫面的初损值，产流速率还与初期降雨强度有关。

从整个降雨径流水文过程来看，径流过程线与降雨过程线的变化趋势较为相似，商业区、交通区、现代住宅区路面不透水地表面比例较大，径流过程线对于降雨过程的响应较迅速，在雨峰出现后 5～15 min 内流量峰值便会出现，且雨峰越高，流量峰值也越高，但现代住宅区路面所用的材料具有一定的透水性能，因此流量峰值要低于商业区和交通区路面；老旧住宅区路面平整度较差，坑洼较多，因此洼蓄雨量较大，径流峰值滞后时间略长，为 20～30 min；园林旅游区路面是由方格砖铺砌而成，道路两旁植物生长茂盛，对雨水的下渗截留作用较强，径流峰值的削减作用最为明显，径流过程线相较于其他功能区也更加平缓。对于现代住宅区、老旧住宅区和园林旅游区坡屋顶的径流过程线来说，其对降雨过程线的变化响应十分灵敏，当降雨强度达到峰值后，往往导致径流量快速达到峰值，而商业区的平屋顶变化趋势与路面较为相似，径流过程线明显滞后于降雨过程线。

6.3.3 降雨径流污染物空间分布特征

美国国家环境保护局（EPA）在二十世纪七八十年代进行的国家城市径流（nationwide urban runoff program，NURP）水质调查中，总结提出了降雨径流数据管理、分析方面的要求，其中最重要的是建议采用 EMC 来描述降雨事件，随后在美国地质调查局（USGS）的进一步规范下，EMC 逐步被广泛运用于城市降雨径流污染负荷的评估。降雨规模和监测地点的差异使污染物浓度极易受到降雨量和径流量变化的影响，因此所监测的降雨事件不能完全代表整个区域降雨的情况，而采用事件平均浓度作为评价径流水质的标准，在不同汇水区域间比较时仍有较高的置信水平。

EMC 是指在一次独立的降雨事件中，整个降雨径流过程中每一瞬时污染浓度的流量加权平均值，即降雨事件总污染物负荷与总径流体积比值，其计算公式为

$$\mathrm{EMC}=\frac{M}{V}=\frac{\int_0^t C_t Q_t \mathrm{d}t}{\int_0^t Q_t \mathrm{d}t}\approx\frac{\sum_{i=1}^{n} Q_i C_i}{\sum_{i=1}^{n} Q_i} \tag{6.1}$$

式中，M 为整个降雨事件某种污染物的总质量，mg；V 为整个降雨事件累积径流体积，L；t 为径流形成时间，min；C_t 为降雨事件过程中 t 时刻径流中的污染物含量，mg/L；Q_t 为降雨事件过程中 t 时刻的径流量，L/s；n 为整个降雨事件过程中采样次数；C_i 为降雨事件过程中第 i 次取样时对应的径流污染物含量，mg/L；Q_i 为降雨事件过程中第 i 次取样时对应的径流量，L/s。

降雨径流对路面和屋面上的污染物进行冲刷，进入雨水管网，并最终进入受纳水体，对城市河道水质产生严重影响。通过先前的分析可知，相比瞬时污染浓度，采用 EMC 来评价降雨径流的污染物特征更为准确，但由于城市地表径流水质缺乏统一的标准，在分析时很难对其评价，因此采用《地表水环境质量标准》（GB 3838—2002）来评价桃花坞片区降雨径流中 COD、TN、NH_3-N 和 TP 指标，采用《污水综合排放标准》（GB 8978—1996）（一级标准为 70 mg/L，二级标准为 150 mg/L）来评价 SS 指标，从而更好地了解苏州古城区降雨径流水质情况。

6.3.3.1　降雨径流中 COD_{Cr} 的空间分布特征

图 6.8 和图 6.9 分别为桃花坞片区降雨径流中 COD 的 EMC 区间图及典型降雨场次降雨径流中 COD 的 EMC 值。从所监测的降雨场次降雨径流中 COD 的 EMC 空间分异情况来看，桃花坞片区各下垫面类型的 COD 均不同程度地超过地表水环境质量Ⅴ类标准（40 mg/L）。在收集的 6 场路面降雨事件中，有 4 场降雨事件的交通区路面径流 COD 含量明显高于其他功能区路面，COD 的 EMC 最大值也出现在交通区路面，达到了 654.51 mg/L，超出地表水环境质量Ⅴ类标准 16.4 倍，即使在小雨的情况下，交通区路面的 COD 污染状况相较于其他功能区路面也较为严重。以 2015 年 6 月 15 日降雨事件为例，该场降雨达到了暴雨级别，晴天数也最高，其路面 COD 的 EMC 值大小排列为商业区＞交通区＞老旧住宅区＞园林旅游区＞现代住宅区，在所监测的降雨场次中商业区和园林旅游区 COD 的 EMC 值最大值出现在该次降雨事件中，而现代住宅区、老旧住宅区和交通区最大值则出现 2015 年 5 月 8 日降雨事件中，这是由于当降雨量过大时，径流量也相应增大，以至于径流中的 COD 浓度被稀释，径流对污染物的稀释作用相较于 2015 年 6 月 15 日降雨事件较弱，而晴天数与之相近，因此 COD 的 EMC 值更容易达到最高。

对于屋面来说，桃花坞片区屋面径流中 COD 污染程度处于较高水平，甚至要超过部分功能区路面径流的污染程度，其 COD 的 EMC 值平均超出地表水环境质量Ⅴ类标准 2 倍以上。对于路面来说，规律较为一致，在所监测的 3 场降雨事件中 COD 的 EMC 大小排列基本为商业区＞老旧住宅区＞园林旅游区＞现代住宅区。从不同降雨特征来看，3 场降雨事件的降雨等级分别为小雨、中雨和大雨，晴天数也各不相同，但是各场次降雨径流中 COD 的 EMC 变化幅度较小，表明其受到降雨特征的影响较小，在晴天时能够通过大气的干沉降而得到快速累积。

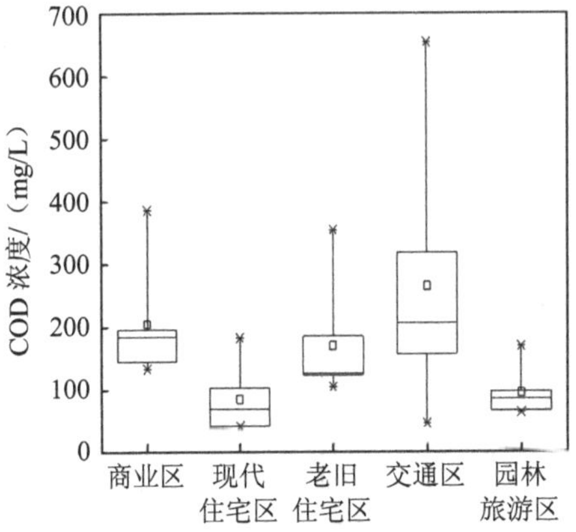

（a）路面

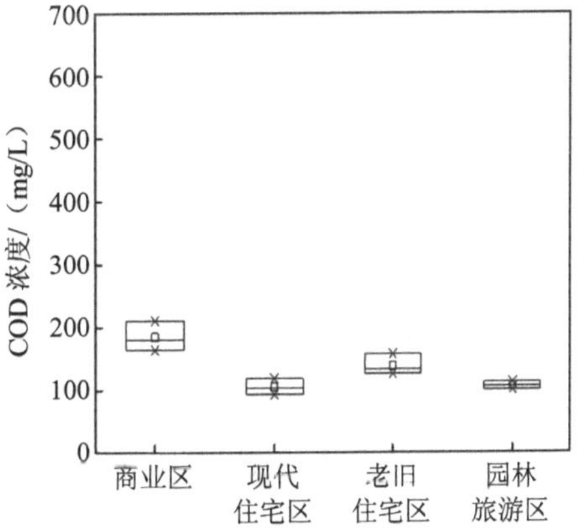

（b）屋面

图 6.8　桃花坞片区降雨径流中 COD 的 EMC 区间图

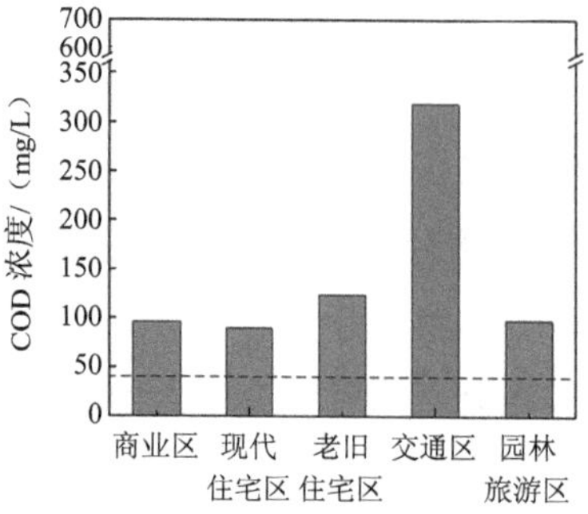

（a）2015/4/7 路面

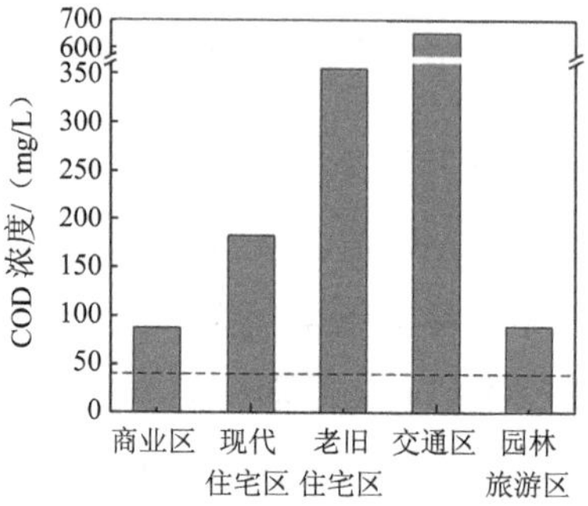

（b）2015/5/8 路面

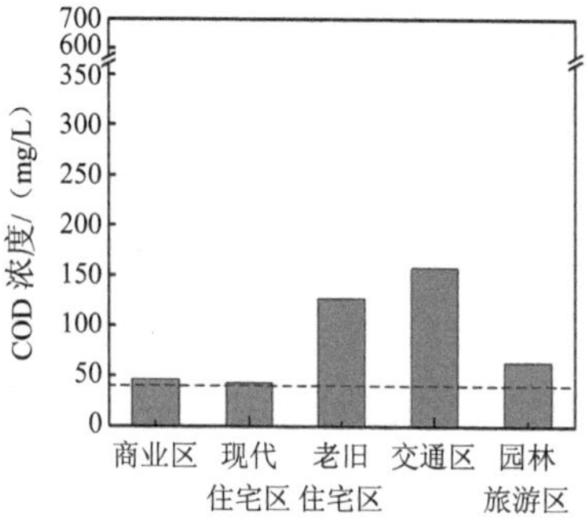

（c）2015/5/28 路面

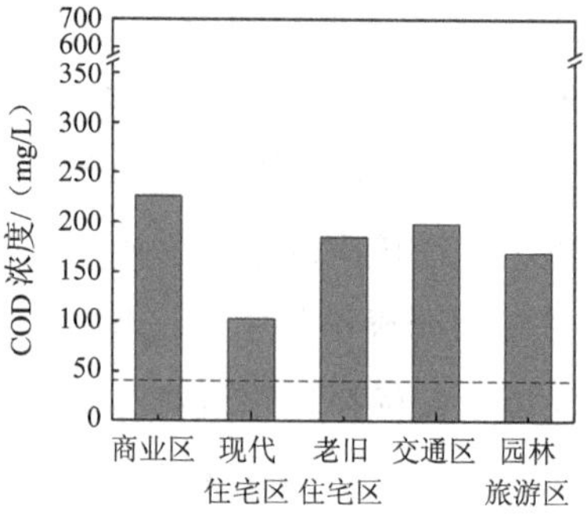

（d）2015/6/15 路面

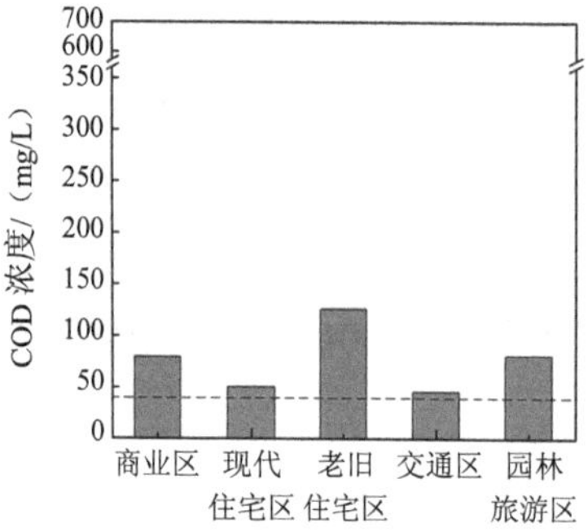

（e）2015/7/11 路面

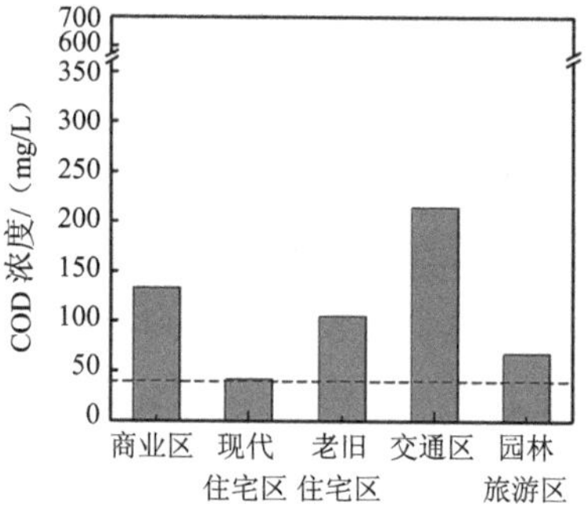

（f）2015/7/23 路面

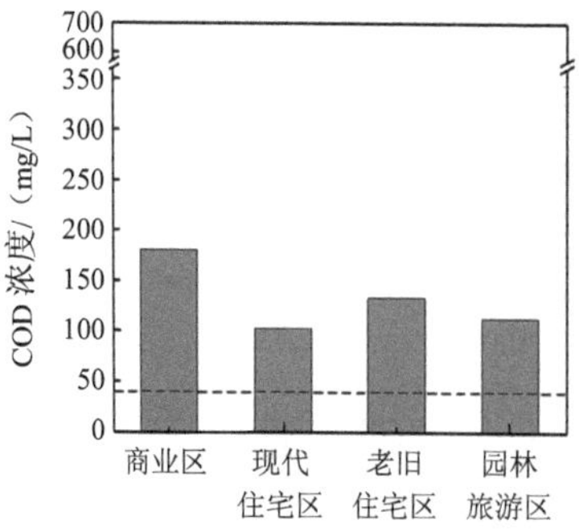

（g）2015/7/23 屋面

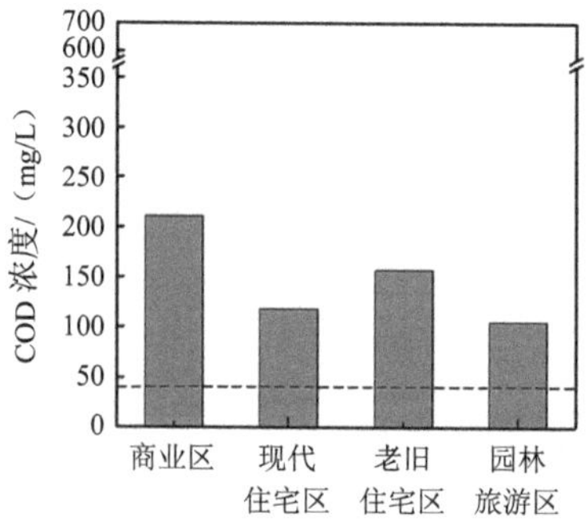

（h）2015/8/16 屋面

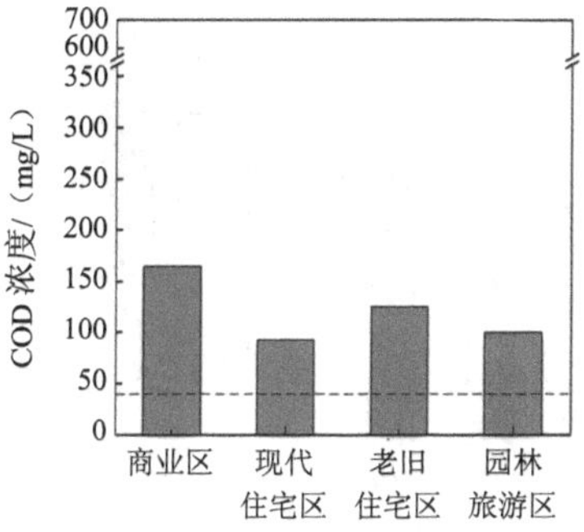

（i）2015/9/9 屋面

图 6.9　桃花坞片区典型降雨场次降雨径流中 COD 的 EMC 值

总体来说，桃花坞片区路面降雨径流中 COD 的污染状况较为严重，虽然屋面径流几乎不受到人类活动的直接影响，但其污染程度与路面基本相当，甚至要高于部分功能区路面径流的污染程度，因此在实际雨水管理控制中仍不容忽视。在满足前期晴天数的情况下，随着降雨量的增大，路面径流中 COD 的 EMC 值有增大的趋势，但当降雨量达到某一程度时，径流的稀释作用反而会使 COD 的 EMC 值变小，而对于屋面而言，降雨量、前期晴天数对于其 COD 的 EMC 值影响较小。

6.3.3.2　降雨径流中 TN 的空间分布特征

由图 6.10 和图 6.11 可知，桃花坞片区各下垫面类型 TN 的 EMC 空间分异情况较为明显。在降雨量和前期晴天数最大的 2015 年 5 月 8 日和 2015 年 6 月 15 日两场降雨事件中，其路面径流中 TN 的 EMC 值要普遍高于其他降雨量较小的降雨事件，商业区、交通区和园林旅游区 3 种功能区路面径流 TN 的 EMC 最大值均发生在这两场降雨事件中，进一步说明降雨特征参数是影响路面径流中 TN 的重要因素，同时在这两场降雨事件中现代住宅区路面径流中 TN 的 EMC 依旧满足地表水环境质量 V 类标准，可见现代住宅区路面径流中 TN 的污染程度较低。

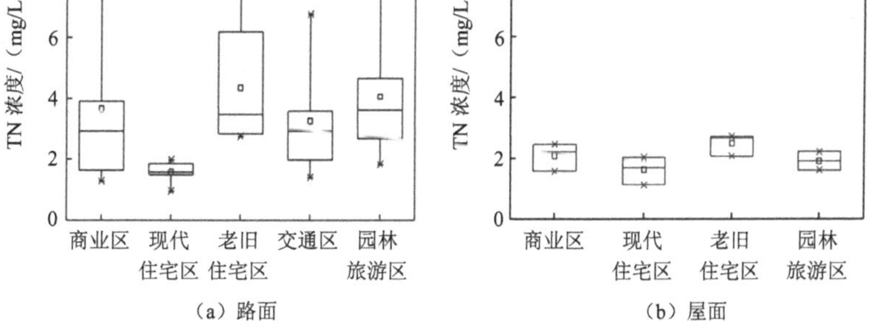

图 6.10　桃花坞片区降雨径流中 TN 的 EMC 区间图

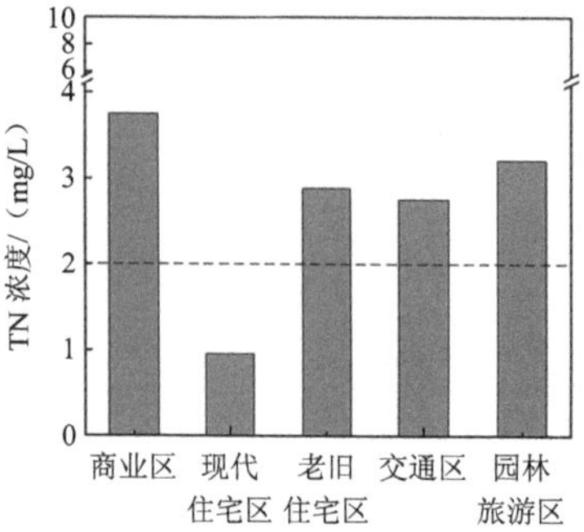

（a）2015/4/7 路面

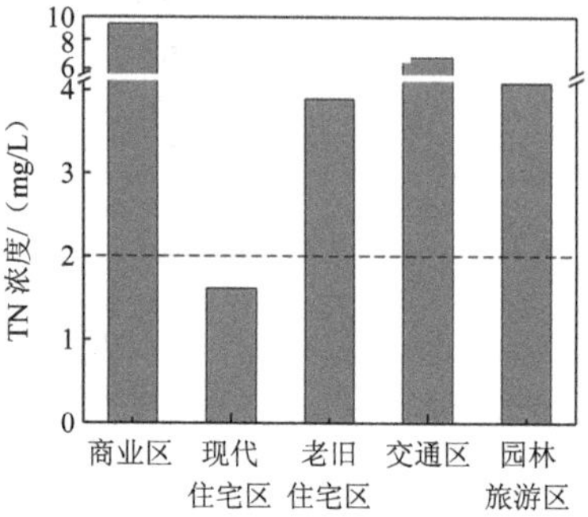

（b）2015/5/8 路面

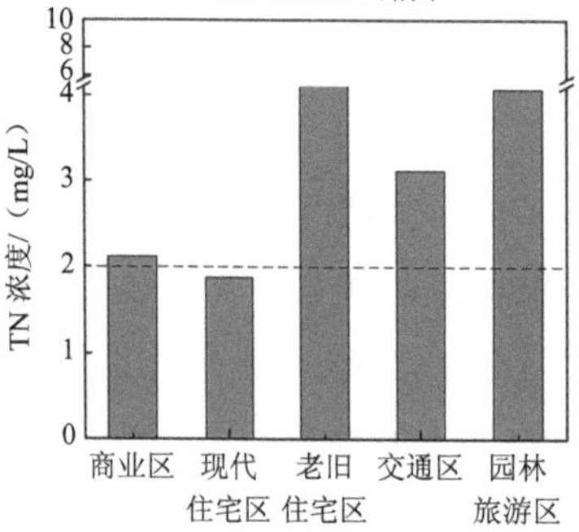

（c）2015/5/28 路面

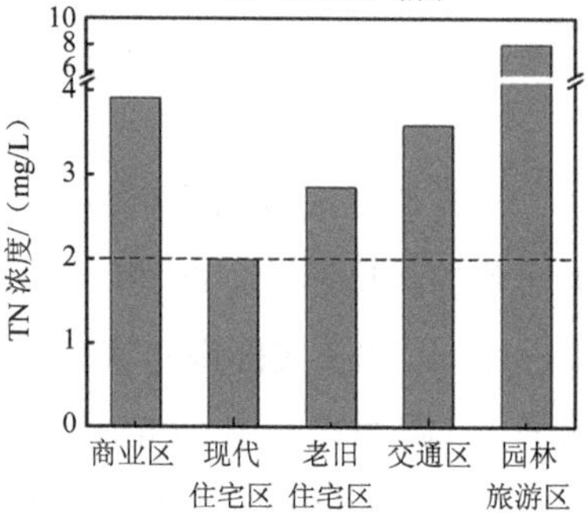

（d）2015/6/15 路面

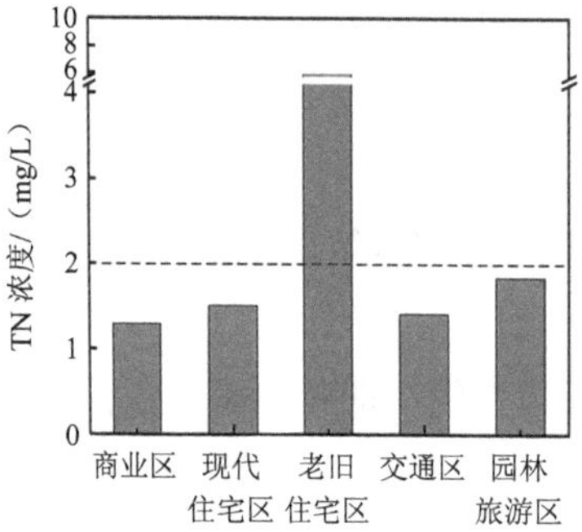

（e）2015/7/11 路面

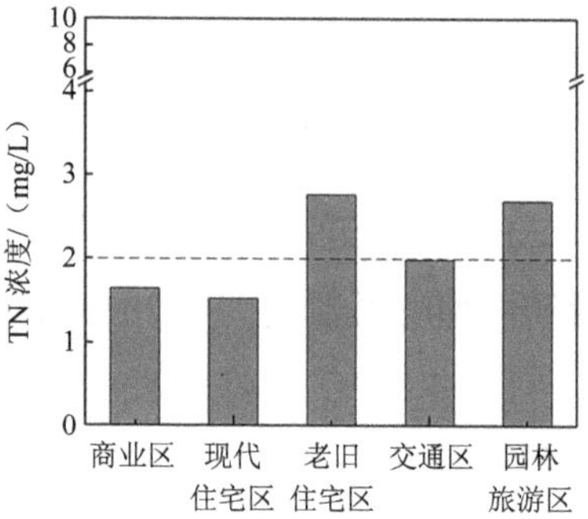

（f）2015/7/23 路面

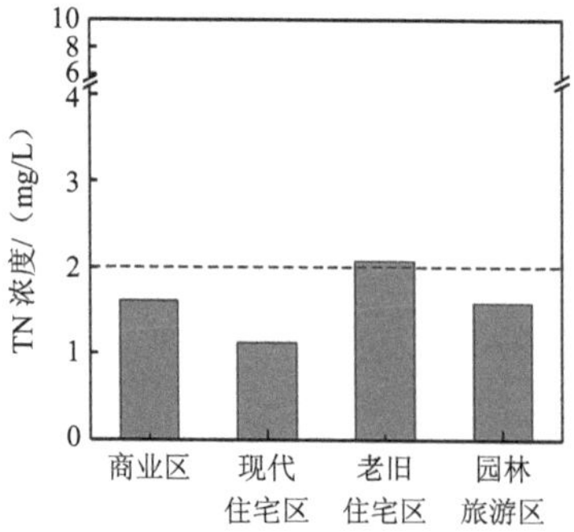

（g）2015/7/23 屋面

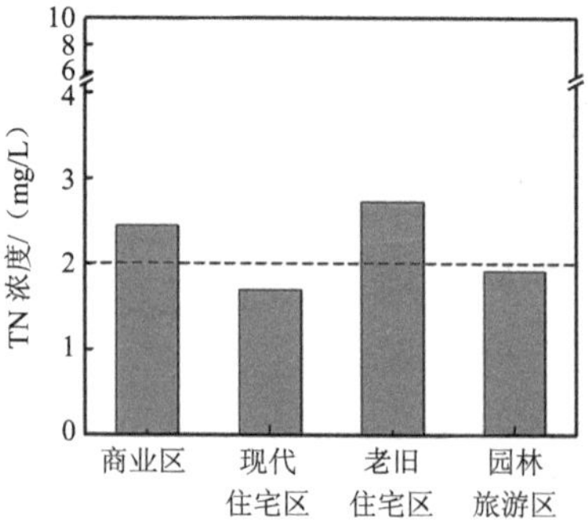

（h）2015/8/16 屋面

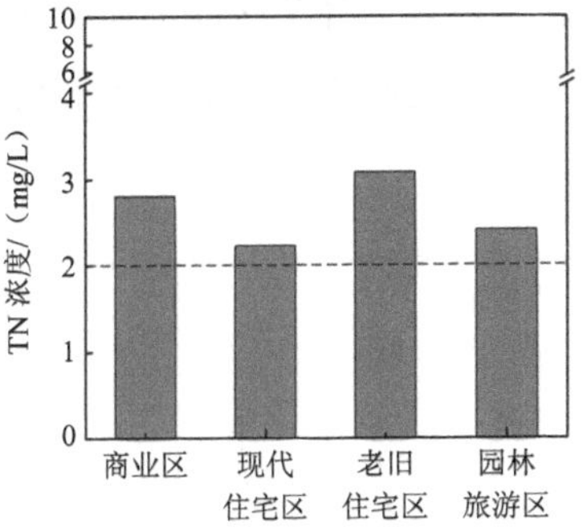

（i）2015/9/9 屋面

图 6.11 桃花坞片区典型降雨场次降雨径流中 TN 的 EMC 值

对于路面而言，桃花坞片区屋面径流中 TN 的污染程度较小，且受屋面类型的影响较小，在所监测的 3 场降雨事件中的空间分异情况不明显，但大小规律情况较为一致，其屋面径流中 TN 的 EMC 值大小排列均为老旧住宅区＞商业区＞园林旅游区＞现代住宅区。2015 年 7 月 23 日降雨事件的前期晴天数为 3 d，其中商业区、现代住宅区、园林旅游区屋面径流中 TN 的 EMC 均满足地表水环境质量Ⅴ类标准。2015 年 8 月 16 日降雨事件的前期晴天数为 5 d，TN 满足地表水环境质量Ⅴ类标准的屋面只有现代住宅区和园林旅游区，而当 2015 年 9 月 9 日降雨事件的前期晴天数增加至 8 d 时，从图 6.11（i）可以明显看出 4 种屋面类型降雨径流中 TN 的 EMC 较之前有明显的升高，商业区、现代住宅区、老旧住宅区和园林旅游区屋面径流中 TN 的 EMC 均超出地表水环境质量Ⅴ类标准。

总体来说，桃花坞片区各功能区屋面径流中 TN 的含量要略低于路面，由于屋面径流中 N 元素主要来自大气的干沉降，因此前期晴天数是影响苏州古城区屋面径流中 TN 含量的主要因素，而屋面类型对径流中 TN 含量影响较小，空间差异并不明显。对于路面而言，虽然大气中的 N 同样会通过干湿沉降在路面上积累，但其主要污染物来源于人类的生产生活，商业区人口流量较大，商铺与餐饮店密布，食物残渣与餐饮污水随意倾倒的现象时有发生，而老旧住宅区人口密集，居民的环境卫生意识较差，这都使地表径流中的 N 含量增多，因此上述两种功能区路面径流中 TN 的含量较高，同时受人类活动影响，相应的变化幅度也较大。

6.3.3.3 降雨径流中 NH_3-N 的空间分布特征

由图 6.12 和图 6.13 可知，苏州古城区各下垫面类型 NH_3-N 的 EMC 空间分异情况。2015 年 5 月 8 日降雨事件路面径流中 NH_3-N 的 EMC 值大小排列为商业区＞交通区＞老旧住宅区＞现代住宅区＞园林旅游区，2015 年 6 月 15 日降雨事件路面径流中 NH_3-N 的 EMC 值大小排列为园林旅游区＞老旧住宅区＞商业区＞交通区＞现代住宅区，值得注意的是，老旧住宅区和园林旅游区率路面径流中 NH_3-N 的 EMC 最大值都发生在 2015 年 6 月 15 日这场暴雨降雨事件中，分析其原因，老旧住宅区路面有裸露的泥土，园林旅游区路面两旁多为绿地，当降雨强度较大时，降雨会将土壤中的溶解态污染物淋洗至径流中，从而导致 NH_3-N 的污染程度加重。

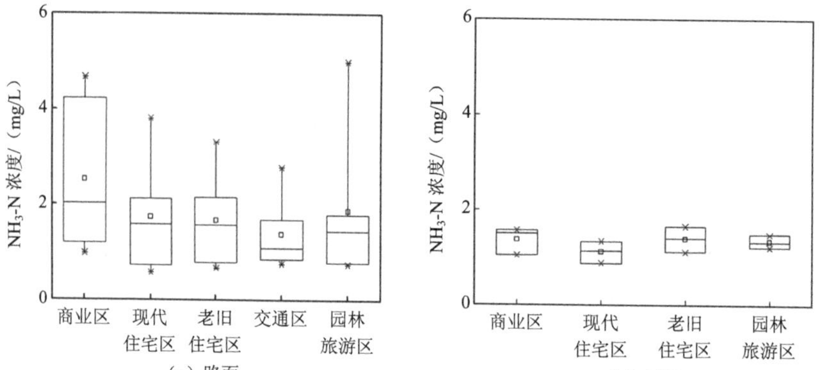

（a）路面 （b）屋面

图 6.12 桃花坞片区降雨径流中 NH_3-N 的 EMC 区间图

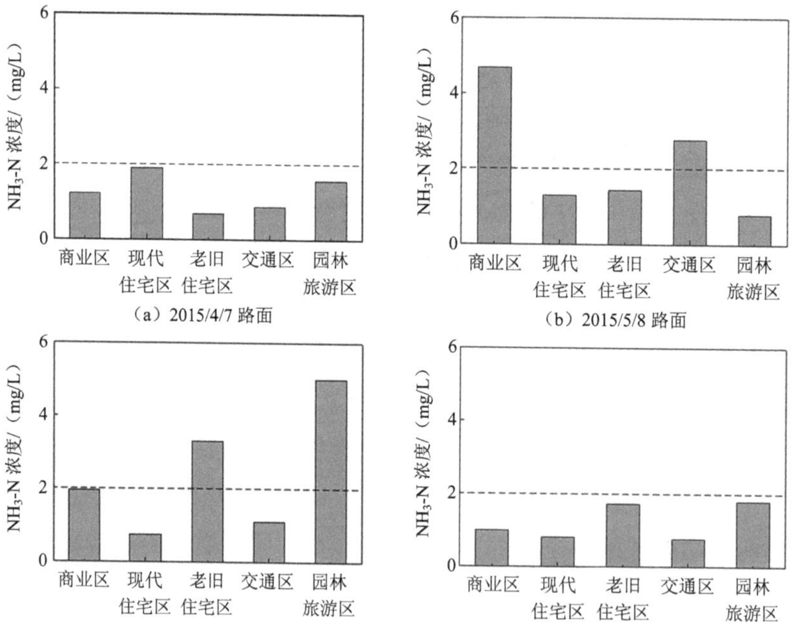

（a）2015/4/7 路面 （b）2015/5/8 路面

（c）2015/6/15 路面 （d）2015/7/11 路面

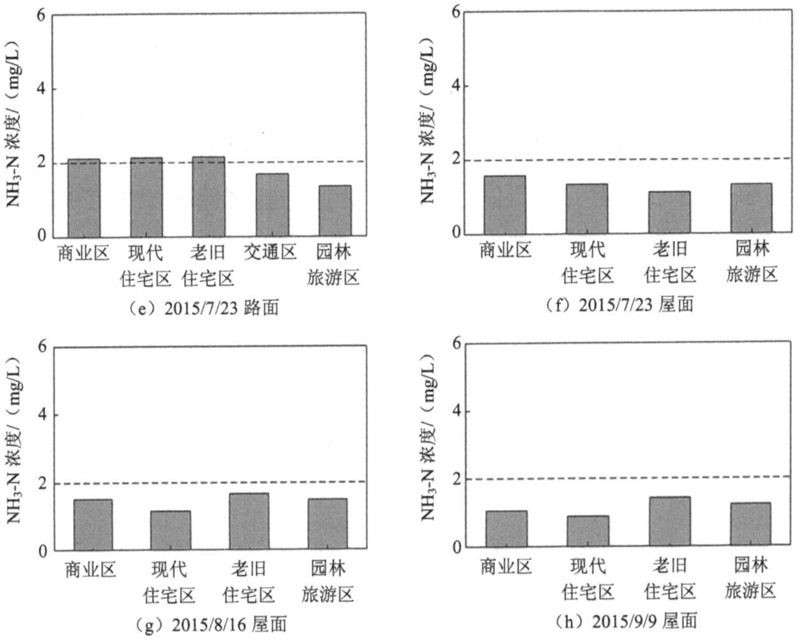

图 6.13　桃花坞片区典型降雨场次降雨径流中 NH_3-N 的 EMC 值

桃花坞片区屋面径流中 NH_3-N 的污染程度同样较为接近，在 2015 年 7 月 23 日、2015 年 8 月 16 日和 2015 年 9 月 9 日 3 场降雨事件中 4 种屋面类型均低于 2 mg/L，屋面类型对径流中 NH_3-N 的含量几乎没有影响，而降雨量和前期晴天数对其影响同样较小。

从之前 TN 的空间分异中可以看出，桃花坞片区降雨径流中 TN 的污染程度较为显著，但单从溶解态的 NH_3-N 来看污染程度并不是很高，且空间分异也不显著，一方面可能是其受降雨径流的稀释作用影响较大，另一方面则是在降雨径流过程中，N 的形态随着降雨历时而发生了改变，这都是 NH_3-N 浓度变低的原因。对于不同功能区路面而言，人类活动仍是径流中 NH_3-N 浓度的主要影响因素，这也是路面径流中 NH_3-N 浓度与降雨特征相关性较差的主要原因。此外，降雨强度较大时，与土壤或者绿地直接接触路面中的 NH_3-N 浓度可能会受土壤中污染物溶出的影响而出现增大现象。

6.3.3.4　降雨径流中 TP 的空间分布特征

由图 6.14 和图 6.15 可知，桃花坞片区各下垫面类型 TP 的 EMC 空间分异情况。降雨等级为小雨时，径流中 TP 的 EMC 值均超出地表水环境质量Ⅴ类标准（0.4 mg/L），商业区路面径流中 TP 的 EMC 值最高。2015 年 5 月 8 日降雨事件为大雨，前期晴天数为 9 d，其路面径流中 TP 的 EMC 值大小排列分别为商业区＞交通区＞园林旅游区＞老旧住宅区＞现代住宅区，可以看出随着降雨量和前期晴天数的增加，除现代住宅区仍满足地表水环境质量Ⅴ类标准外，其余 4 种功能区径流中 TP 的含量均出现了增长，但增长幅度并不大，其中商业区、交通区和园林旅游区的最大值发生在该场降雨事件中。而在降雨量和前期晴天数最大的 2015 年 6 月 15 日降雨事件中，其路面径流中 TP 的 EMC 值大小排列为商业区>老旧住宅区>交通区>园林旅游区>现代住宅区，其中只有现代住宅区满足地表水环境质量Ⅴ类标准，虽然较其他降雨量较小的降雨事件而言，TP 的污染程度较高，但与 2015 年 5 月 8 日降雨事件相比，除了老旧住宅区外的其他功能区路径流中 TP 的 EMC 要低于 2015 年 5 月 8 日降雨事件，这可能是径流的稀释作用导致的。

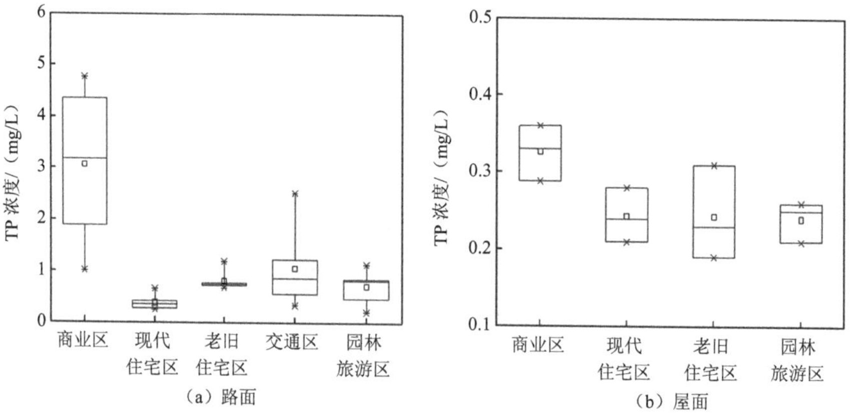

图 6.14 桃花坞片区降雨径流中 TP 的 EMC 区间图

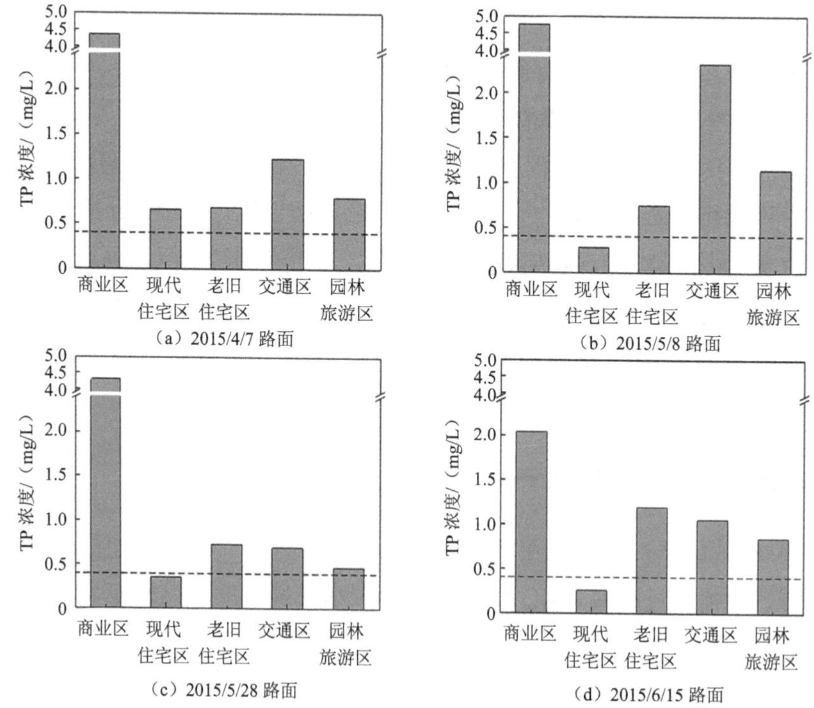

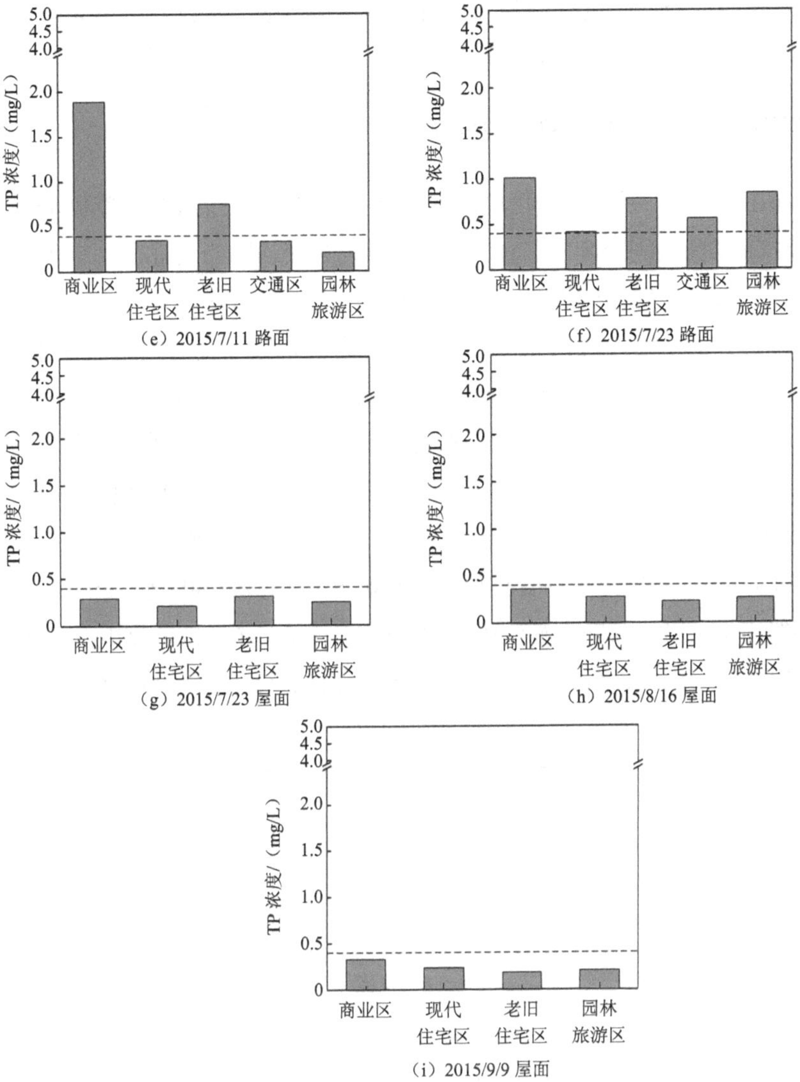

图 6.15 桃花坞片区典型降雨场次降雨径流中 TP 的 EMC 值

屋面径流中 TP 的含量与路面相比，污染程度要远小于路面径流，2015 年 7 月 23 日降雨事件层面径流中 TP 的 EMC 值大小排列为老旧住宅区＞商业区＞园林旅游区＞现代住宅区，而 2015 年 8 月 16 日和 2015 年 9 月 9 日的大小排序均为商业区＞现代住宅区＞园林旅游区＞老旧住宅区，虽然在 3 场降雨事件中 TP 的 EMC 均满足地表水环境质量Ⅴ类标准，但屋面类型对径流中 TP 的含量仍有影响，平屋顶与坡屋顶相比，更容易积聚污染物，因此商业区屋面径流中 TP 的含量要略高于其他功能区。

N、P 同为营养元素，都是降雨径流中主要的污染物质，但与 TN 相比，TP 在桃花坞片区降雨径流空间分异较为明显。商业区路面径流中 TP 的含量要显著高于其他 4 种功能区路面，其平均超出地表水环境质量Ⅴ类标准 6.7 倍，而现代住宅区路面径流中 TP 污染程度最低。对于屋面而言，其降雨径流中 TP 的含量较低，均满足地表水环境质量Ⅴ类标准，其中平屋顶的污染程度要略高于坡屋顶。

6.3.3.5 降雨径流中 SS 的空间分布特征

由图 6.16 和图 6.17 可知，桃花坞片区各下垫面类型 SS 的 EMC 空间分异情况。降雨等级为小雨时，路面径流中 SS 的 EMC 值大小排列为交通区＞商业区＞老旧住宅区＞园林旅游区＞现代住宅区，满足《污水综合排放标准》（GB 8978—1996）二级标准（150 mg/L）的有 3 类，分别为商业区、现代住宅区和园林旅游区，其中交通区路面径流中 SS 的污染状况较为突出，达到了 382.94 mg/L，超出污水综合排放二级标准 1.6 倍；降雨等级为中雨时，路面径流中 SS 的 EMC 值大小排列情况与小雨时基本保持一致，但会受到前期晴天数的影响；2015 年 5 月 8 日降雨等级为大雨时，路面径流中 SS 的 EMC 值大小排列为交通区＞商业区＞老旧住宅区＞现代住宅区＞园林旅游区，其中交通区路面径流中 SS 的 EMC 值是商业区路面的 4.6 倍，超出污水综合排放二级标准 6.8 倍，污染状况十分严重。2015 年 6 月 15 日降雨等级为暴雨时，其路面径流中 SS 的 EMC 值大小排列为交通区＞商业区＞老旧住宅区＞园林旅游区＞现代住宅区，以上 5 种功能区路面径流中 SS 的 EMC 值均超出污水综合排放标准。

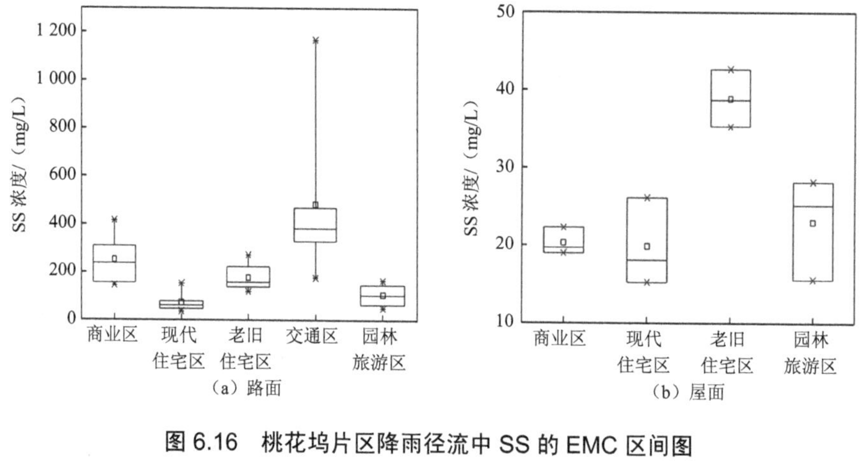

图 6.16 桃花坞片区降雨径流中 SS 的 EMC 区间图

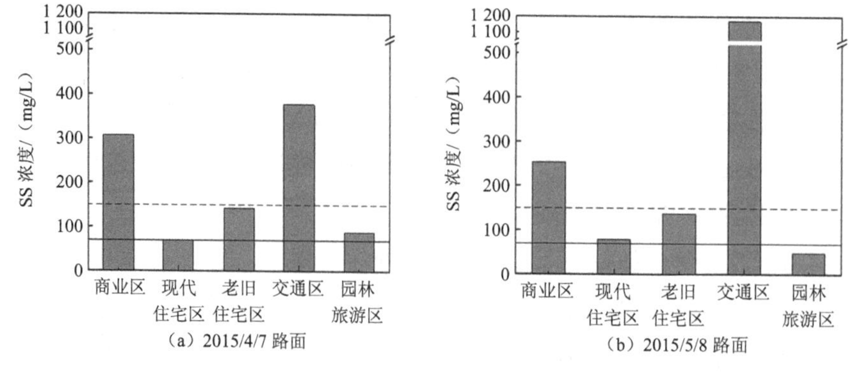

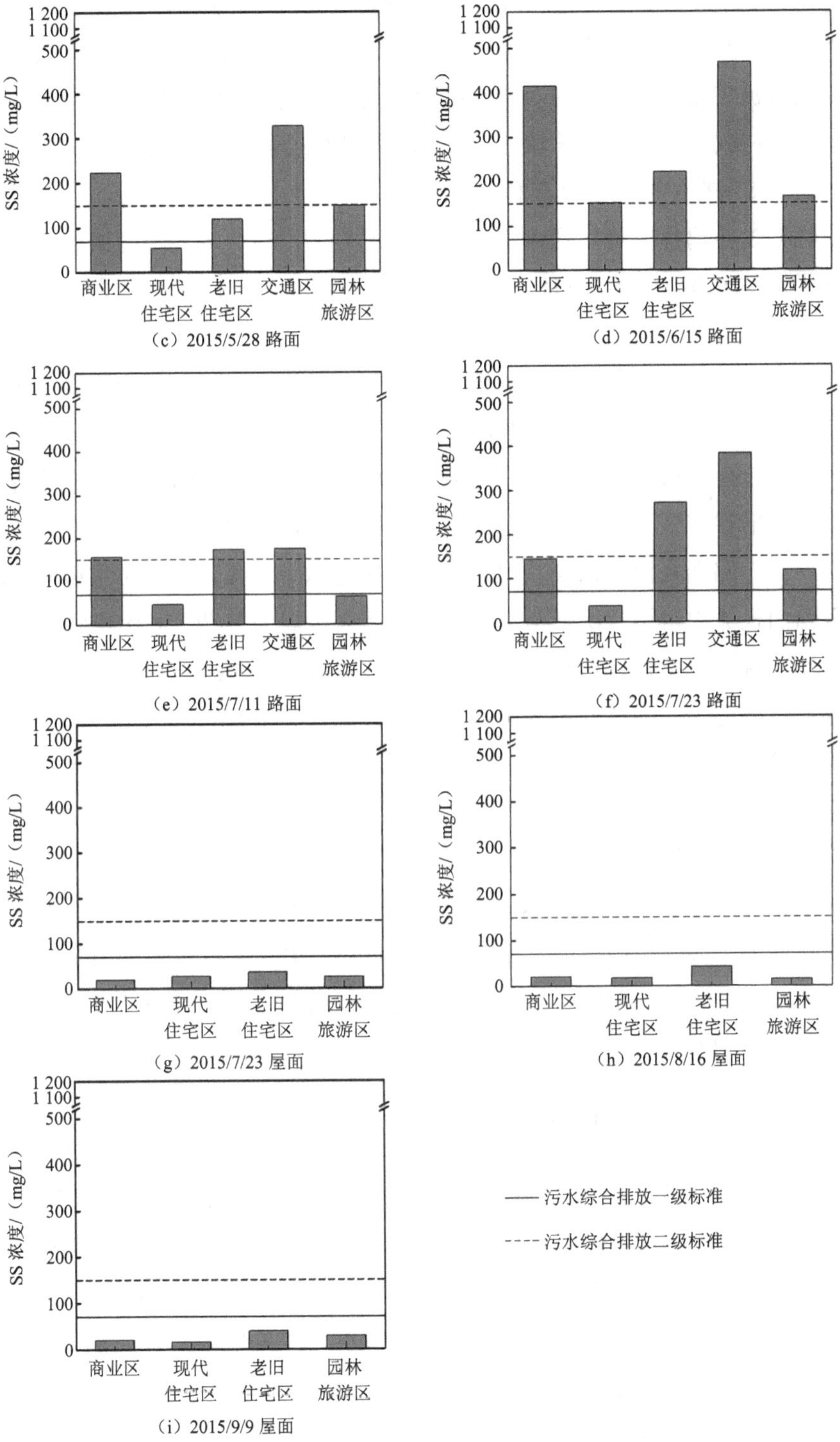

图 6.17　桃花坞片区降雨径流中 SS 的 EMC 值

总体来说，桃花坞片区路面径流中 SS 的污染状况十分严重，其中交通区路面最为严重，与其他功能区相比要高得多，商业区路面 SS 污染程度次之，同样具有较高水平，降雨特征对路面径流中 SS 有较大的影响，前期晴天数越高，颗粒物的累积程度越高。而对屋面来说，径流中的 SS 污染状况较好，均低于污水综合排放一级标准，降雨特征和屋面类型则对径流中 SS 的含量几乎没有影响。

综上所述，桃花坞片区降雨径流中的污染情况较为严重，多数降雨事件中不同下垫面类型的降雨径流中 COD、TN、NH_3-N、TP 和 SS 均不同程度地超出地表水环境质量标准和污水综合排放标准。

对于路面而言，商业区集购物、餐饮、娱乐于一体，人类活动最为频繁、集中，因此其降雨径流中的各项污染物 EMC 普遍偏高，且变化范围较大；现代住宅区有合理的规划和物业管理水平，道路每天定时清扫，环境卫生状况较好，因此路面径流中的各项污染程度普遍最低；老旧住宅区人口密集、布局混乱，居民的环境卫生意识较差，街道上污染物的积累明显，因此路面径流中污染状况较差，特别是 N、P 等营养物质的污染程度相对较高；交通区路面径流中污染状况最为突出，影响因素也最为复杂，其污染物主要源自轮胎磨损、汽车尾气排放以及行人活动，除此之外降雨特征、道路级别和车辆通行量都会对径流造成不同程度的污染；园林旅游区内绿化程度较高，由于其独特的下垫面类型，在传统观念中污染程度往往较小，但从监测数据可以看出，园林旅游区内的各项污染物的污染程度仍不容忽视，其污染程度远远超出预期。在降雨量较大时，土壤会被降雨径流冲刷而夹带，这使得其污染程度进一步提高，因此需要特别重视。

对于屋面而言，除了 COD 和 TN，径流中其他污染物的含量均较低，由于几乎不受人类活动的直接影响，因此屋面坡度、屋面铺设的材料及老化程度、大气的干湿沉降是影响屋面径流水质的主要因素，从实际监测数据来看，前期晴天数对屋面径流的影响显著，而屋面类型的影响则相对较弱。

6.3.4 降雨径流污染物相关性分析

降雨径流中的水质参数容易受到人类活动、降雨特征以及其他水文参数等因素的影响，因此具有一定的随机性，给降雨径流中水质监测以及雨水管理控制措施的制定带来一定困难。对水质参数之间的相关性进行分析，可以了解不同污染物之间的相关关系，为众多待测水质寻找其他替代性指标，从而节约监测成本。许多研究表明，径流中各种理化指标之间都具有较好的相关关系，因此对苏州市古城区降雨径流中水质参数的相关性进行分析，能够有效地促进城市降雨径流污染物治理。

利用 Pearson 相关性分别对苏州市古城区不同功能区路面和屋面径流中各水质指标进行分析，表 6.5～表 6.9 为苏州市古城区各功能区路面径流中污染物的相关关系。COD、TN、TP 与 SS 都具有较好的相关性，其中 TP 与 SS 的相关性最好，在 5 种城市功能区路面径流都呈极显著正相关（$p<0.01$），这是与 P 极易吸附在悬浮颗粒中的性质密切相关。TN 与 SS 的相关性要比 TP 略差，在商业区、现代住宅区和交通区路面径流中与 SS 达到显著水平（$p<0.05$）。COD 与 SS 的相关性在三者中最差，只在交通区和园林旅游区路面径流中较为显著，但其呈极显著正相关（$p<0.01$）。同时，从表 6.5～表 6.9 中可以看出，TP 和 NH_3-N 也具有较好的相关性，在商业区、现代住宅区和交通区路面径流中也都呈极显著正相关（$p<0.01$）。此外，值得注意的是，在交通区和园林旅游区路面径流中各项水质指标之间都表现出较好的相关性，普遍达到极显著水平（$p<0.01$），其中交通区路面径流中各项污染物均与 pH 呈极显著负相关（$p<0.01$），而其余 4 种功能区路面径流中均未出现这一现象。

表 6.5 苏州市古城区商业区路面径流中污染物相关分析（n=58）

	COD	TN	TP	SS	NH_3-N	pH
COD	1	0.2	0.284*	−0.029	0.015	−0.242
TN		1	0.021	0.235*	0.323*	0.241
TP			1	0.366**	0.507**	0.480
SS				1	−0.094	0.106
NH_3-N					1	−0.068
pH						1

注：*在 0.05 水平（双侧）上显著相关；**在 0.01 水平（双侧）显著相关，下同。

表 6.6 苏州市古城区现代住宅区路面径流中污染物相关分析（n=56）

	COD	TN	TP	SS	NH_3-N	pH
COD	1	0.105	−0.114	0.08	−0.162	−0.124
TN		1	−0.102	0.246*	−0.017	−0.048
TP			1	0.384**	0.593**	0.102
SS				1	−0.004	−0.006
NH_3-N					1	−0.010
pH						1

表 6.7 苏州市古城区老旧住宅区路面径流中污染物相关分析（n=55）

	COD	TN	TP	SS	NH_3-N	pH
COD	1	−0.108	0.265	0.033	−0.295*	0.183
TN		1	0.266	−0.188	−0.169	0.131
TP			1	0.364**	−0.354	−0.008
SS				1	0.120	−0.159
NH_3-N					1	−0.120
pH						1

表 6.8 苏州市古城区交通区路面径流中污染物相关分析（n=58）

	COD	TN	TP	SS	NH_3-N	pH
COD	1	0.608**	0.905**	0.784**	0.859**	–0.465**
TN		1	0.751**	0.568**	0.710**	–0.507**
TP			1	0.774**	0.848**	–0.545**
SS				1	0.674**	–0.401**
NH_3-N					1	–0.568**
pH						1

表 6.9 苏州市古城区园林旅游区路面径流中污染物相关分析（n=59）

	COD	TN	TP	SS	NH_3-N	pH
COD	1	0.623**	0.345**	0.537**	0.685**	–0.146
TN		1	0.372**	0.144	0.637**	0.025
TP			1	0.524**	0.141	–0.025
SS				1	0.135	–0.224
NH_3-N					1	–0.183
pH						1

表 6.10～表 6.13 为苏州市古城区各功能区屋面径流中污染物的相关关系。屋面径流中各项水质指标的相关性显著大于路面径流，这是由于屋面相较于路面来讲，其受到人为因素的干扰较小，因此水质指标随机性大大降低。从表 6.10～表 6.13 中可以看出，COD、TN 和 TP 三者之间存在极为显著的相关关系，除园林旅游区屋面径流中达到显著水平外（$p<0.05$），其余 3 种屋面类型径流中相关性都为极显著（$p<0.01$）。并且 NH_3-N 与 COD、TN、TP 也有较好的相关性，在 4 种屋面类型径流中都能达到显著水平外（$p<0.05$）。同时，COD、TN、TP 与 SS 也有较为显著的相关性，但相对来讲，COD、TN 与 SS 的相关性要普遍低于路面径流，只有 TP 仍与 SS 保持极显著正相关（$p<0.01$），这可能是由于屋面径流中悬浮颗粒的污染程度要低于路面径流。除此之外，商业区和园林旅游区屋面径流中 pH 与交通区路面较为相似，也与其他水质指标存在显著的相关关系（$p<0.05$），导致这一现象发生的原因这可能在一定范围内径流中 pH 的变化会影响使污染物的形态发生改变，从而使其表现出较好的相关性。

表 6.10 苏州市古城区商业区屋面径流中污染物相关分析（n=34）

	COD	TN	TP	SS	NH_3-N	pH
COD	1	0.483**	0.545**	0.325*	0.538**	0.350*
TN		1	0.526**	0.256*	0.734**	0.406*
TP			1	0.824**	0.435*	0.659**
SS				1	–0.323	–0.798**
NH_3-N					1	0.745**
pH						1

表 6.11　苏州市古城区现代住宅区屋面径流中污染物相关分析（n=34）

	COD	TN	TP	SS	NH_3-N	pH
COD	1	0.970**	0.476**	0.089	0.948**	0.216
TN		1	0.542**	0.126	0.934**	0.131
TP			1	0.583**	0.398*	−0.285
SS				1	−0.128	0.227
NH_3-N					1	0.306
pH						1

表 6.12　苏州市古城区老旧住宅区屋面径流中污染物相关分析（n=34）

	COD	TN	TP	SS	NH_3-N	pH
COD	1	0.717**	0.707**	0.451*	0.775**	−0.113
TN		1	0.507**	0.365*	0.906**	−0.159
TP			1	0.574**	0.584**	0.063
SS				1	−0.021	0.057
NH_3-N					1	−0.113
pH						1

表 6.13　苏州市古城区园林旅游区屋面径流中污染物相关分析（n=34）

	COD	TN	TP	SS	NH_3-N	pH
COD	1	0.835**	0.194*	−0.006	0.797**	0.502**
TN		1	0.405*	0.248	0.758**	0.305*
TP			1	0.769**	−0.056	−0.463**
SS				1	−0.312	−0.617**
NH_3-N					1	0.727**
pH						1

6.4　基于 LID-BMPs 的封闭水体营造与水质维持技术

维持水体良好生态环境的条件是水体承载的外来有机物、N、P 的总量在其生态自净能力的范围内，通常水体有一定的自净更新功能，以保持水体中有机营养物及水生动植物处于动平衡状态。当平衡破坏时，水体生态环境会发生演变，水体生态转为富营养状态，因水生藻类或单一优势水生植物过度生长、死亡，残体沉积到河道池水底，河道底淤泥沉积，水质恶化。这一过程是由水体中一系列复杂的生化反应过程引起的。而封闭水体大多数为浅水水体，生物多样性缺乏，水体生态系统比自然界中的水体生态系统薄弱，且受干扰多，很容易由于设计不合理（如死角多、循环差），管理不善（如未及时清除水面上的落叶），以及人类活动（如随手丢弃的杂物）等破坏原本就很薄弱的生态系统，水体发生不同程度的恶化，轻度恶化会使水体变色、变浊，藻类滋生，一些恶化严重的水体会发臭甚至导致水生动植物的死亡，严重影响环境质量和人类身体健康。

依据唐寅故居文化区规划，在污染源调查与计算的基础上，结合片区功能定位和水系规划，主要采用降雨径流调蓄利用与面源负荷削减、水体自清洗快速过滤水质净化、水系循环与动力调控、生态水系构建等技术，以达到古典园林封闭水体营造与水质维持的目的。

6.4.1 降雨径流调蓄利用与面源负荷削减技术

城市地表径流污染是指在降雨过程中形成的径流流经城市地面（工业区、商业区、居民区、停车场、建筑工地等）时，冲刷和携带地表聚集的一系列污染物质（如油脂、氮、磷、重金属、有机物等）进入水体而引起的污染。

城市地表径流中的污染物主要来自降雨对大气和城市地表的冲刷，因此城市地表沉积物是城市地表径流污染的主要来源。城市地表沉积物的来源与不同的土地使用功能和地面特征紧密相关，组分主要有固体废物碎屑（城市垃圾、动物粪便、城市建筑施工场地堆积物等）、化学药品（人工草坪施用的化肥、农药）、空气沉降物和车辆排放物等，通常城市路面径流污染最为严重。一般情况下，在降雨形成径流的初期，污染物浓度最高，随着降雨时间的持续，雨水径流中的污染物浓度逐渐降低，最终维持在一个较低的浓度范围。即在一场降雨过程中，占总径流 20%～25%的初期径流，冲刷排放了径流排污量 50%左右的污染物。

城市地表径流污染是伴随城市化进程而产生的，是人类活动集中及其加强对环境产生负面影响的表现。在城市化进程中，一方面由于人类活动的影响，天然流域被开发，土地利用状况改变，混凝土建筑、道路、停车场等不透水地面大量增加，城市的水文过程发生了很大的变化，蒸发、渗透、蓄洼的水量减少，而地表总径流流量和峰值量大量增加；另一方面，城市人口密度增加，人类的各种频繁活动造成城市地表累积较多的污染物质，大量地面径流冲刷地面后携带的污染物通过城市下水道排放到城市河流、湖泊及河口，严重污染了受纳水体。这种变化随着城市化的发展，愈演愈烈，对城市防洪排涝、水环境保护、水资源利用等带来了很大的负面影响。

针对城市降雨径流污染问题，在过去的近 30 年中，以美国、德国、新西兰、日本等为代表的发达国家在理论研究、控制技术、管理等领域已经作了大量的研究和实践工作。其中，最具有代表性的是美国国家环境保护局提出的城市降雨径流控制最佳管理措施（best management practices，BMPs）。城市降雨径流控制 BMPs 可减缓城市降雨径流带来的负面效应，从源头实现城市降雨径流洪峰延迟、洪量削减、非点源污染控制的最为有效的技术与管理体系之一，它是一套高效、经济、符合生态学原则的径流控制措施。其核心是在法规政策的要求和支持下，采用工程性和非工程性的措施达到城市降雨径流控制和管理的目的。目前应用较广泛的典型结构性 BMPs 包括入渗沟、入渗池、生物滞留池、植被过滤带、植草沟、人工湿地、屋顶花园、雨水罐、透水性铺面、植物蓄留池、雨水花园等。非结构性 BMPs 则包括制定相关法规、土地利用规划管理、材料使用限制、卫生管理、控制废物倾倒、公众教育等。

随着城市降雨径流管理研究与实践的不断深入，许多城市雨水管理的新概念、新理论和技术控制手段不断涌现，美国进一步发展了考虑城市发展空间限制问题和与自然景观融合理念相结合的第二代 BMPs，也可称为低影响开发 BMPs（low impact development BMPs，LID-BMPs）。低影响开发是指在城市开发建设过程中，在源头因地制宜地采用分散的 BMPs 措施，通过源头控制的理念实现城市雨洪控制与利用，从而降低城市开发对自然水文过程的影响。它更强调与植物、绿地、水体等自然条件和景观结合的生态设计。其设计思路是通过各种分散、小型、多样、本地化的技术，在城市各个小汇水区内综合采用入渗、过滤、蒸发和蓄流等方式减少径流排水量，减缓洪峰出现的时间，削减非点源负荷，从而对降雨产生的径流实施小规模的源头控制。相较于传统 BMPs 而言，LID-BMPS 具有规模小、布置离散，更适合高密度城市开发区等特点。

6.4.1.1　基于 LID-BMPs 的径流调蓄利用与污染削减技术

降雨量丰富的平原河网城市，降雨径流带来的污染也格外严重。一方面，城市降雨径流携带大量的污染物流入水体，造成水环境污染；另一方面，雨水的流失是一种巨大的资源浪费。因此，城市降雨径流的利用与控制是解决城市水资源短缺、减少城市洪灾、改善城市生态环境、实现水资源可持续利用的重要举措。城市降雨径流控制管理通常与城市设计、新区开发等的总体规划、排水系统规划以及景观规划密切相关，两者可以相互结合，相辅相成。在城市规划中建立降雨径流的控制管理与基础设施和环境相协调、生态承载力相适应，可以达到维持城市良性水循环和健康的生态系统，构建优美、舒适和健康的人居环境，形成人与自然的和谐关系，实现资源节约型、环境友好型城市的目标。

城市降雨径流控制 LID-BMPs 提倡因地制宜，通过对雨水径流进行生态化、低能耗处理，尽可能地模拟雨水自然循环过程，不仅能有效的在源头去除雨水中的营养物质、病原体、重金属离子等，还能最大限度地减少和降低土地开发对于周围生态环境的影响，既适用于新城开发，又适用于旧城改造。结合区域建设规划，以源头水质水量控制和雨水利用为前提，选取和建立适合文化旅游古城区的 LID-BMPs，与植物、绿地、水体等自然条件和景观结合，实现雨水利用、控流控污，以及其与生态环境和经济效益的统一。

6.4.1.1.1　古典园林 LID-BMPs 技术筛选

结合古典园林的地形地貌及土地利用规划，适宜的 LID-BMPs 技术主要包括生物滞留池、植草沟、雨水截流收集生态沟、下凹式绿地、植被缓冲带、雨水湿地、透水铺装、层面雨水收集沟、树箱过滤器等类型。

（1）生物滞留池

生物滞留池，一般采用低于路面的小面积洼地，种植当地原生植物并配以覆土和护根覆盖物等。可按城市景观需要设计成建筑物周围或路边的花池，其构成可分为表面雨水滞留层、植被层、覆盖层、种植土壤层、砂滤层、碎石层等部分。生物滞留池的形状图表多样化，可以建于地表，也可以以植被绿化栏的形式高于地表设置。经过生物滞留池的雨水可以直接入渗至当地土壤，也可以加设底层排水管，收集入渗雨水加以利用或排入市政管网。生物滞留池可有效地减小地表径流量，延迟、减弱降雨洪峰，一般至少可减少 15%～30%的洪峰径流量，同时对固体悬浮物、P、N、粪大肠杆菌、油脂、重金属等大部分污染物有较好的去除作用。适用于汇水面积小于 1 hm^2 的区域。适合商务区、居住小区、工业开发区、停车场、道路以及景观绿化区域，一般建设在停车场或居住区附近，通过入水口导引不透水面产生的降雨径流进入生物滞留池，或以绿化栏的形式围绕建筑物周边设置，接纳、处理屋面雨水。

（2）植草沟

植草沟是指种植植被的景观性地表沟渠排水系统。地表径流以较低流速经植草沟滞留、植物过滤和渗透，雨水径流中的多数悬浮颗粒污染物和部分溶解态污染物可以得到有效去除。根据地表径流在植草沟中的传输方式，植草沟分为 3 种类型：标准传输植草沟、干植草沟和湿植草沟。标准传输植草沟是指开阔的浅植物型沟渠，将集水区中的径流引导和传输到 BMPs 的其他处理措施；干植草沟是指开阔的、覆盖着植被的水流输送渠道，在设计中包括由人工改造土壤所组成的过滤层，以及过滤层底部铺设的地下排水系统，设计强化了雨水的传输、过滤、渗透和滞留能力，从而保证雨水在水力停留时间内从沟渠排干；湿植草沟与标准传输植草沟系统类似，但设计为沟渠型的湿地处理系统，该系统长期保持潮湿状态。3 种类型植草沟都可应用于城市化地区，由于植草沟边坡较小，占用土地面积较大，因此一般不适用于高密度区域。标准传输植草沟常应用于高速公路的排水系统，在径流量小及人口密度较低的居住区、工业区或商业区，可以代替路边的排水沟或雨水管道系统。干植草沟适用于居住区，通过定期割草，可有效保持植草沟干燥。湿植草沟常用于高速公路的排水系统，也用于过滤来自小型停车场或屋顶的雨水径流。

（3）雨水截流收集生态沟

雨水截流收集生态沟，是在开放式场地建造的自然沟渠型工程性措施，与周边雨水边井相连，利用土工布将其与周边土壤分割，上层填料与景观结合，可覆土种植草坪，也可以使用景观效果较好的雨篦子、卵石、塑料人工草等。填料层高度可根据地下空间、其他管线或现场设施高程进行调整，填料层顶端与路面齐平，底部设置雨水收集管，收集后的雨水就近进入雨水井。雨水截流收集生态沟，可以减缓因雨水冲刷带来的泥沙、杂草、树叶等直接进入道路、广场，起到一定的缓冲作用，同时有一定的污染净化作用。断面形式、生态沟长度等灵活多样，不受场地大小的限制，尤其适用于空间比较密集的区域。

（4）下凹式绿地

下凹式绿地是一种高程低于周围路面的公共绿地，也称低势绿地，是在绿地建设时，使绿地高程低于周围地面一定的高程，以利于周边雨水径流汇入。下凹式绿地与植被浅沟的“线状”相比其主要是“面”能够承接更多的雨水，而且其内部植物多以本土草本为主。下凹式绿地透水性能良好，建设成本与常规绿地相近，可减少绿化用水并改善城市环境。下凹式绿地可以临时蓄积雨水，遇到暴雨的时候，即使短时间来不及渗透，也可以积蓄近 10 cm 雨水，然后慢慢渗入地下。减缓水流速度，延长蓄存时间，下雨时就能形成一个天然的“蓄水池”。这样绿地在帮下游排水减压的同时，也使城市的自然生态循环重新“复活”。

（5）植被缓冲带

植被缓冲带，是设立在潜在污染源区与受纳水体之间的由林、草等不同植物覆盖的区域，通常呈带状。一般先将径流引进一水平分布槽内，槽内水满后会沿槽缘溢出，分布均匀地流过过滤带，避免形成渠道流而降低缓冲带效率。过滤带长度宜大于 20 m，纵向坡度以不大于 5%为宜，以保持较缓慢的流速，增加接触时间。植被缓冲带可以去除雨水径流中的悬浮颗粒态污染物、重金属、营养盐等。植物缓冲带多为平坦的制备区，接收大面积的分散降雨量，较适宜建造在池塘边、湖滨带、公园或居住区、商业区、厂区不透水地面周边，也可以设于城市道路两侧，与场地排水系统构成一个整体。

（6）雨水湿地

雨水湿地是以雨洪控制及雨水径流水质净化为主要目标的人工湿地。通常情况下，雨水湿地的底部不进行专门的防渗处理，以利于雨水的入渗。与自然湿地不同的是，雨水湿地一般不模仿自然湿地种植生态功能齐全的各种植物，通常所服务的汇水区域面积较大，一般在 4 hm^2 以上。不过也有小型湿地，这种湿地所服务的汇水区域面积较小，其基础水面是高于湿地底部的地下水水面形成的，因此需要在旱季进行日常养护。雨水湿地可以利用自然生态系统中的物理、化学和生物的三重协同作用，通过过滤、吸附、共沉、等离子交换、植物吸收和微生物分解来实现对雨水的高效净化。雨水湿地对拟建区域的环境要求较高，比较适用于开阔地带，可以和公园、绿地或居住区的景观水体结合建设。

（7）透水铺装

透水铺装是指各种人工材料铺设的透水地面，可以分为两种类型：第一类是本身可直接渗透水的透水材料，如透水混凝土、透水沥青、透水砖等铺设的路面；第二类透水地面是采用普通材料（如塑料、水泥等）制作，但设有一定比例间隙，间隙之间可铺设腐殖土等并种植草皮，如多孔的嵌草砖（草皮砖）、碎石地面等。典型的可渗透路面砖是由特殊级配的骨料、胶凝材料、水及增强剂拌制成混合料，经特定工艺制成，其中含有很大比例的连通孔隙。透水铺装在铺设时由上到下通常可分为有孔隙的透水砖表层、缓冲层、砾石透水基层和由原土夯实而成的素土层。

透水铺装能有效促进雨水滞留、入渗，降低雨水径流量。透水铺装的径流系数可达0.05～0.35。透水铺装可增加雨水渗透，降低暴雨径流的流速、流量，延长滞留时间，缓减排水系统压力，同时对径流水质具有一定的净化作用。

（8）屋面雨水收集沟

唐寅故居文化区建筑风格保留苏州古城建筑风格，外墙青砖砌筑，屋面灰瓦四坡屋顶，降雨到达屋面之后直接落到地面，会对地面以及绿地产生冲刷，屋面雨水收集沟在收集屋面雨落水的同时，可减少冲刷，而收集中的砂滤基质还能起到一定的水质净化作用，在一定程度上起到了滞蓄雨水的作用。

（9）树箱过滤器

树箱过滤器是指城市中位于地下的，栽有乔木的雨水过滤容器。树箱过滤器一般位于道路两侧的人行道上，由种植箱（填充种植土）、水篦子等部分组成。具体尺寸和容量可根据场地调整，植物应选择能承受周期性水淹的种类，同时应优先考虑须根系、慢生植物，以及对土壤的过滤能力和对过滤设施造成的影响。树箱过滤器不需要占用很大的地表面积，但其建设及维护成本较高，一般用于用地条件有限的新开发区域。

6.4.1.1.2 LID-BMPs 技术方案

产业密集型河网城镇，基本以密集建筑群为主且建筑密度较高，适合在建筑文化区内部使用的较小且分散的 LID-BMPs 设施，如生物滞留池、透水铺装、下凹式绿地等；景观绿地较多的区域适宜采用一些拟自然景观效果好的 LID-BMPs 设施，如生物滞留池、雨水截流收集生态沟、植草沟、雨水湿地等。

因此方案设计时，精品酒店、非遗文化展示馆、唐寅祠等建筑文化区内部，以下凹式绿地和透水铺装为主；而唐寅故居遗址中景观绿地较多，还加入了植草沟、生物滞留池、雨水截流收集生态沟以及雨水湿地等 LID-BMPs 设施。部分区域的雨水径流通过雨水管道收集后就近排入雨水井或附近河道。有条件的地方，降雨径流通过生物滞留池、植草沟、雨水截流收集生态沟、下凹式绿地、透水铺装等设施蓄滞、下渗，经透水管道收集后，就近排入雨水边井。部分道路雨水经过分布式初期雨水处理设施处理后，进入雨水管网或河道上述径流共同作为封闭水体水系水源，LID-BMPs 设施布局方案，如图 6.18 所示。

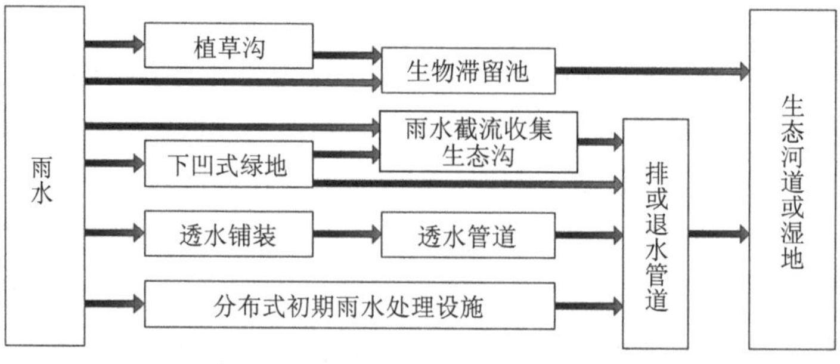

图 6.18 LID-BMPs 设施布局方案

6.4.1.1.3　LID-BMPs 实施效果模拟分析

结合唐寅故居文化区布局规划空间，初步设计 LID-BMPs 设施占地面积，以进行 LID-BMPs 实施效果模拟分析。如表 6.14 所示。需要说明的是，本模拟是在方案设计阶段，为了验证实施效果而进行的分析，模拟中 LID-BMPs 面积与实际工程有差距，实际工程建设时设施总面积超过模拟面积，设施种类也更多。

表 6.14　各 LID-BMPs 设施初步设计面积

LID-BMPs 设施	面积/m^2
雨水湿地	1 718
唐寅故居遗址生物滞留池	91
精品酒店和非遗生物滞留池	500
雨水截流收集生态沟	160
透水铺装	300
植草沟	40
下凹式绿地	1 018

常用于模拟城市区域降雨产流及管网排水的模型有美国 EPA 开发的 SWMM、SUSTAIN，丹麦水利研究所（DHI）开发的 MIKE URBAN，eWater 公司开发的 MUSIC，以及 Innovyze 开发的 InfoWorks ICM 等。SWMM、SUTAIN 模型可免费获取，能模拟多种 LID 设施；MIKE URBAN、MUSIC 等模型多为商业付费软件，功能完善、数据处理系统强大。

为了评估唐寅故居文化区 LID-BMPs 实施后降雨径流控制效果，基于 SWMM 和 MIKE URBAN 模型构建了唐寅故居文化区径流模拟模型，模型概化如图 6.19 所示，通过模型模拟研究区的排水和 LID 系统，进行 LID-BMPs 建设效果的分析和评估。

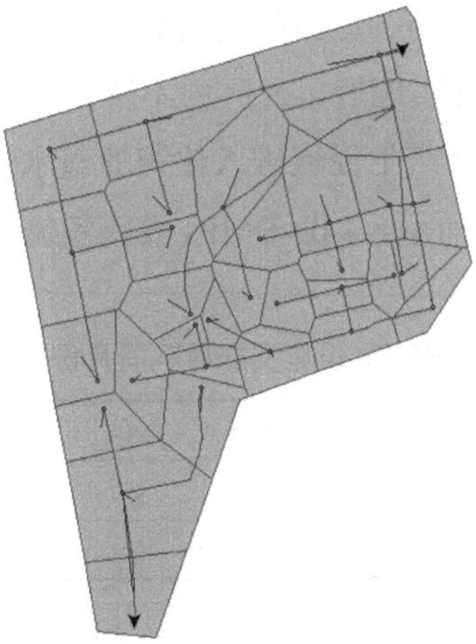

图 6.19　唐寅故居文化区径流模拟模型概化

唐寅故居遗址区域中包括多个小流域。排水系统包括29个节点、29个管道和3个出口。对LID-BMPs实施前后两种情景进行模拟，以进行雨水收集效果评估和防涝效果评估。情景1是没有LID-BMPs设施的常规排水系统（LID-BMPs实施前），情景2是按照LID-BMPs设施规划的排水系统（LID-BMPs实施后）。利用典型年份的年降雨量数据和综合暴雨数据进行模拟，并对两种情景的结果进行分析比较，对LID-BMPs设施的雨水收集效果和防涝效果进行评估。

（1）雨水收集效果评估

根据苏州地区长期月平均降雨量数据分析，暴雨通常发生在每年的4—10月，可占年降雨量的75%左右，其他月份的降雨量相对较少，且通常是小雨，很难收集。本书收集分析了2005年4—10月的小时降雨量数据，并选择典型年份（2005年）的降雨数据用于模拟分析。2005年4—10月的总降雨量为647.8 mm，接近4—10月的长期平均降雨量。该年份桃花坞片区总降雨量为45 346 m^3。2005年4—10月苏州地区降雨量分析，如图6.20所示。

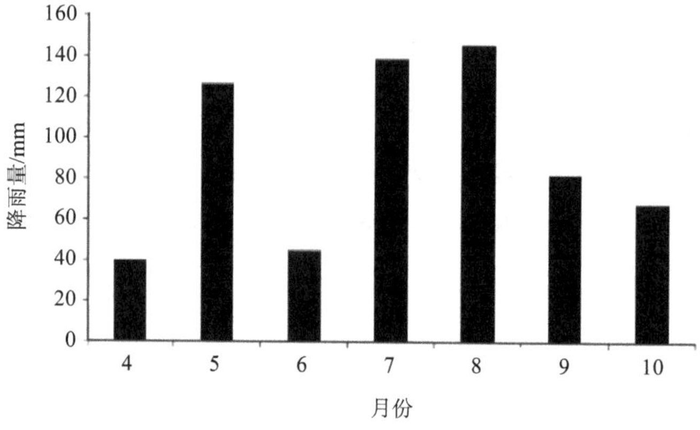

图6.20　2005年4—10月苏州地区降雨量分析

情景1中，根据片区内建筑物、道路广场的面积，在规划图中计算出片区的不透水面积。情景2中，LID-BMPs设施实施后，片区内不透水区域减少。由此可以认为两种情景下，水面（河流和荷塘）均不会产生径流进入传统的雨水系统。LID-BMPs设施实施后不同月份径流可利用量如表6.15所示，LID-BMPs设施实施前后对比如表6.16所示。

表6.15　LID-BMPs设施实施后不同月份径流可利用量　　单位：m^3

月份	LID-BMPs设施实施后径流可利用量	月份	LID-BMPs设施实施后径流可利用量
4	893	8	1 402
5	1 339	9	1 290
6	1 292	总计	7 598
7	1 382		

表 6.16　LID-BMPs 设施实施前后对比

	情景 1/m³	情景 2/m³	变化率/%
年可利用径流量	0	7 598	—
年不可利用径流量	29 700	17 877	−39.81
下渗量	10 021	14 316	42.86
水面蒸发	5 555	5 555	0
合计	45 346	45 346	0

结果表明，情景 2 的 LID-BMPs 设施实施后，雨水排放和雨水控制效果非常明显。年不可利用径流量（进入传统雨水系统中的径流量）减少了 39.81%，下渗量增加 42.86%，同时年可利用径流量增加了 7 598 m^3。

（2）防涝效果评估

唐寅故居文化区排水系统可控制 2 年一遇暴雨的雨水径流。利用开发的唐寅故居文化区径流模拟模型，在 5 年一遇和 20 年一遇的暴雨条件下，评估 LID-BMPs 对防洪的影响。模拟 5 年一遇和 20 年一遇暴雨时 LID-BMPs 设施实施前后情况对比，如图 6.21 所示。

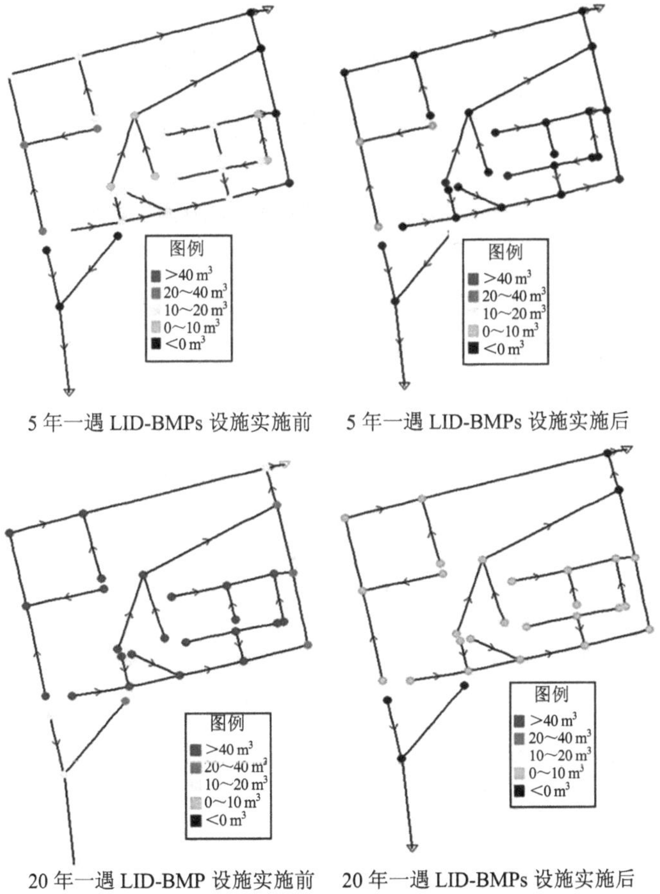

5 年一遇 LID-BMPs 设施实施前　5 年一遇 LID-BMPs 设施实施后

20 年一遇 LID-BMP 设施实施前　20 年一遇 LID-BMPs 设施实施后

图 6.21　LID-BMPs 设施实施前后情况对比

评估发现，虽然唐寅故居文化区雨水管道按照 2 年一遇标准进行建设，但增加 LID-BMPs 设施后，发生 5 年一遇暴雨时唐寅故居文化区没有积水产生，发生 20 年一遇暴雨时唐寅故居文化区积水情况有了明显缓解。

根据检修井水量及现场地形，计算了积水深度。以 0.15 m 的积水深度作为洪水标准，可得到了积水面积与积水深度的变化对比。可以看出，LID-BMPs 设施实施后，不管是积水面积还是积水深度都有了很大的改善。

从图 6.22 中 LID-BMPs 设施实施前后的积水面积可以发现，LID-BMPs 设施实施前的最大积水面积大于实施后，LID-BMPs 设施实施前的消退慢于实施后。

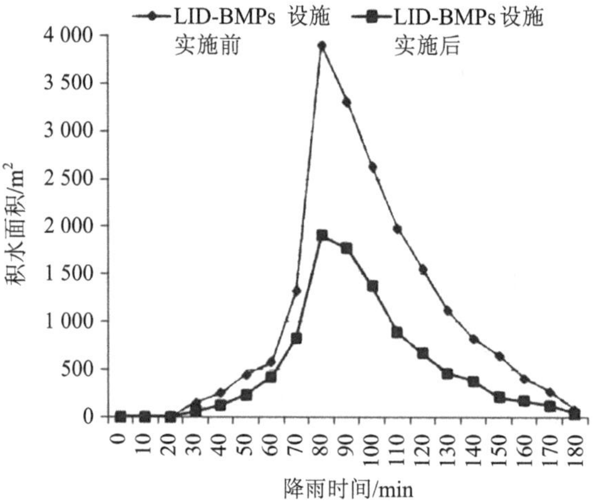

图 6.22 LID-BMPs 设施实施前后积水面积对比

从图 6.23 最大积水深度可以发现，LID-BMPs 设施实施前的系统最大积水深度大于实施后的；LID-BMPs 设施实施前的消退慢于实施后的。按照积水深度超过 15 cm 影响交通的标准衡量，则实施后消退时间仅为 20 min，实施前消退时间高达 60 min。

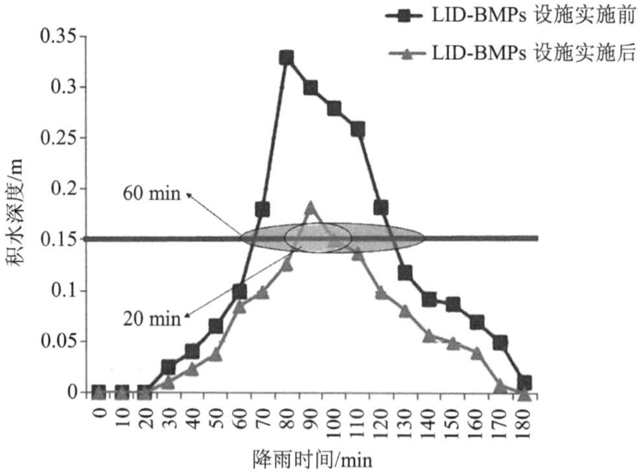

图 6.23 LID-BMPs 设施实施前后积水深度对比

6.4.1.2 与雨水边井耦合的分布式初期雨水处理技术

根据唐寅故居文化区交通规划，主入口位于规划区东侧西大营门路和南侧大营弄路，唐寅坟-双荷花池路成为主景观轴，也是人流分布最为密集的街道。主景观轴折点处以文昌阁为中心，向北、向西均进入市政道路，形成两条次交通道路，也是游客通行频次较高的道路。密集的游客会导致面源污染更为严重。

地表径流冲刷下垫面会携带大量的污染物进入收纳水体和雨水井，为了在源头上削减径流污染，在不影响原有区域排涝的情况下，考虑在以文昌阁为中心的东、西、南、北 4 条道路上的雨水边井中设置分布式初期雨水处理设施，从源头上降低雨水中污染物的含量。

6.4.1.2.1 技术原理与特点

分布式初期雨水处理设施主要依靠物理分离、功能性填料吸附等方式，对居民区、商业区、工业区等区域内初期雨水进行处理，减少污染物对周边水体影响，构建与区域规划匹配的综合环境。

分布式初期雨水处理设施包括功能性井盖、隔板、导流板、支撑块、雨水管。地表深挖形成边井，由上到下分别设有井盖、隔板、导流板、支撑块及雨水管。设施的井盖需低于地表面，边井壁设有隔板，隔板与井壁向上形成夹角。边井底部设有导流板，导流板下方设有支撑块，雨水管与支撑块形成空间连通（图 6.24）。

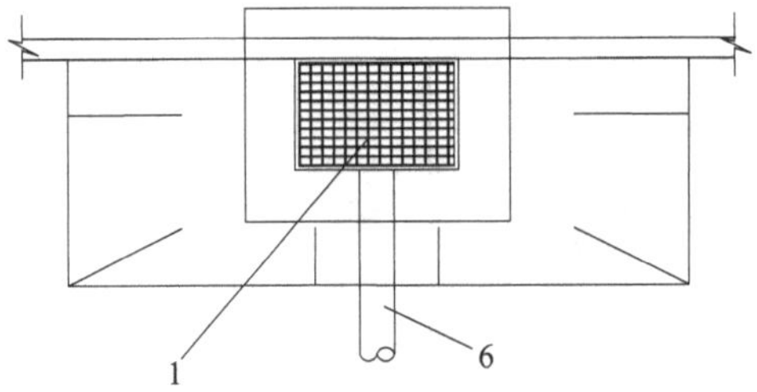

（a）俯视图

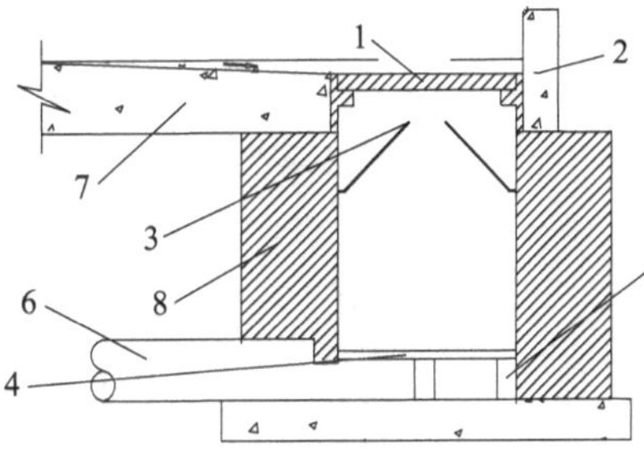

（b）剖面图

1-井盖；2-隔板；3-泥水分离器；4-导流板；5-出水管；6-雨水管；7-路面；8-井壁

图 6.24 分布式初期雨水处理设施构造

雨水及路面降雨径流进入雨水井后，大块的垃圾、树叶等粗粒污染物被隔在路面，便于日常清扫。进入分布式初期雨水处理设施后，首先经过设施顶部设置倒漏斗式沉淀布水器，粒径较大且易沉降的颗粒得到一定程度的沉淀，雨水逐渐增多后，通过漏斗式沉淀布水器顶端均匀地进入内部填料层，经过功能型组合填料层的处理，去除水中的细微悬浮物、胶体颗粒，甚至 COD、TP、重金属等污染物。填料层底部设置收集管道，与市政管网连接。

该处理设施可模块化一体化定制，采用不同形式的井盖，维护简便，拆卸和更换滤筒简单易行，维护周期长。对处理雨水、污染地下水、污染河水、质量不佳的市政管网供水、轻度工业用水都有良好的净化效果，适合承重较小的工业区、居民区、商业区、公园等路面，可与传统雨水井结合使用。

6.4.1.2.2 设施效果模拟与分析

唐寅故居文化区内雨水管线长度约为 2.5 km，道路上雨水检查井 123 个。雨水井中增加分布式初期雨水处理设施之后，可能会减缓径流外排速率，从而导致地表积水甚至内涝。因此，分别建立一维管网水力模型和二维管网-道路耦合模型，评估边井的收集能力，以确定布置新型井盖的数目和位置。

（1）一维管网水力模型

根据唐寅故居文化区管道布置图、路面竖向标高和场地内布置图，建立研究区域雨水管网模型，如图 6.25 所示。评估重点是使用了分布式初期雨水处理设施后，雨水边井的收集能力能否仍然满足要求。将道路上市政管道和小区内雨水管道进行区分和概化，保留完整的市政管道。

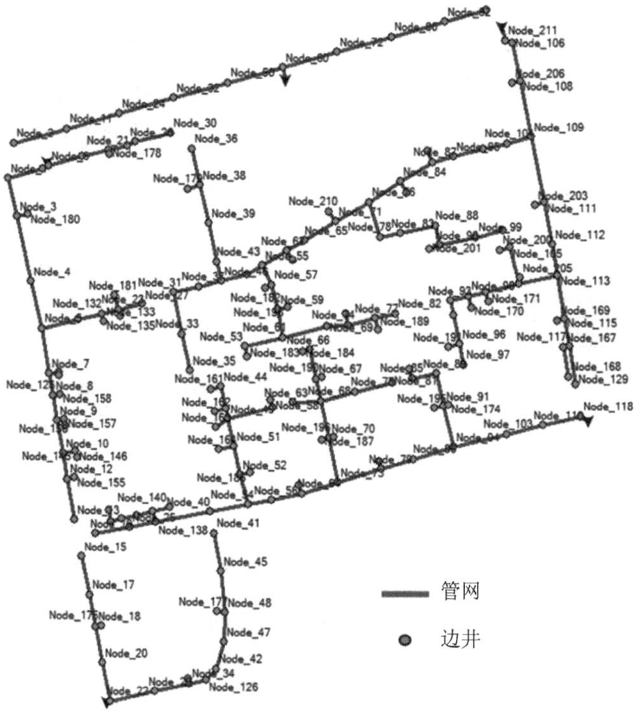

图 6.25 唐寅故居文化区雨水管网模型

设置了分布式初期雨水处理设施的市政管线主要收集的是市政道路上和路边两侧区域产生的地表径流，因此对集水区的划分也要区分市政道路干管收集和小区内雨水管道收集区域，道路集水区的划分需考虑道路坡向，地势较高区域的降雨通过边井汇入附近的雨水井。唐寅故居文化区内的集水区划分概化如图 6.26 所示。

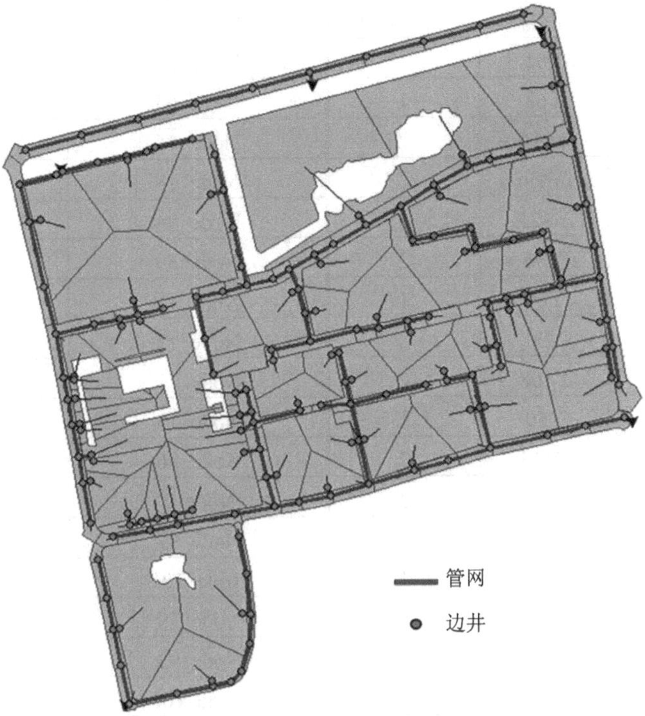

图 6.26　唐寅故居文化区集水区划分概化

研究区域内的雨水管网要高于周边管网，同时排水口也要高于河道常水位，因此排出口边界条件采用自由出流，降雨采用 1 年一遇降雨强度。

由于雨水边井都是连接在雨水人孔处的，因此在初步评估阶段对雨水边井都进行了概化，以人孔作为收集到的雨水进入雨水管网的节点。

模型中雨水边井 ID 与实际边井编号的对应关系如表 6.17 所示。

表 6.17　模型中雨水井 ID 与实际边井编号的对应关系

模型中雨水井 ID	边井编号	边井数目	模型中雨水井 ID	边井编号	边井数目
Node_66	Y122	2	Node_27	Y67	2
Node_127	Y98	2	Node_74	Y 90	2
Node_30	Y62	1	Node_22	Y 41	2
Node_85	Y115	2	Node_23	Y68	2
Node_105	Y97	2	Node_77	Y91	2
Node_58	Y109	2	Node_52	Y104	2
Node_41	Y33	2	Node_72	Y7	1
Node_81	Y114	2	Node_62	Y76	2
Node_63	Y110	2	Node_132	Y69	2
Node_59	Y85	2	Node_20	Y42	2
Node_53	Y87	2	Node_24	Y3	1

模型中雨水井 ID	边井编号	边井数目	模型中雨水井 ID	边井编号	边井数目
Node_26	Y61	1	Node_82	Y92	2
Node_36	Y63	1	Node_65	Y77	2
Node_89	Y116	2	Node_14	Y70	2
Node_99	Y99	2	Node_18	Y43	2
Node_67	Y121	2	Node_94	Y22	2
Node_57	Y86	2	Node_80	Y8	1
Node_122	Y60	1	Node_11	Y2	1
Node_45	Y34	2	Node_17	Y44	2
Node_44	Y108	2	Node_71	Y78	2
Node_21	Y59	1	Node_15	Y45	2
Node_75	Y113	2	Node_86	Y23	2
Node_97	Y118	2	Node_2	Y1	1
Node_90	Y100	2	Node_92	Y9	1
Node_16	Y58	1	Node_101	Y10	1
Node_118	Y19	2	Node_79	Y24	2
Node_129	Y18	2	Node_93	Y93	2
Node_91	Y117	2	Node_106	Y123	2
Node_48	Y35	2	Node_1	Y55	2
Node_38	Y64	1	Node_98	Y94	2
Node_88	Y101	2	Node_131	Y95	2
Node_96	Y119	2	Node_108	Y11	2
Node_47	Y36	2	Node_3	Y54	2
Node_6	Y57	1	Node_107	Y96	2
Node_136	Y107	2	Node_76	Y79	2
Node_50	Y5	1	Node_4	Y53	2
Node_123	Y56	1	Node_84	Y80	2
Node_42	Y37	2	Node_73	Y25	2
Node_83	Y102	2	Node_87	Y81	2
Node_117	Y17	2	Node_64	Y26	2
Node_126	Y38	2	Node_56	Y27	2
Node_39	Y65	1	Node_95	Y82	2
Node_110	Y20	2	Node_100	Y83	2
Node_130	Y120	2	Node_104	Y84	2
Node_34	Y39	2	Node_54	Y28	2
Node_78	Y103	2	Node_40	Y29	3
Node_61	Y88	2	Node_138	Y30	2
Node_115	Y16	2	Node_25	Y31	2
Node_29	Y40	2	Node_19	Y32	2
Node_37	Y72	1	Node_109	Y12	2

模型中雨水井 ID	边井编号	边井数目	模型中雨水井 ID	边井编号	边井数目
Node_173	Y74	2	Node_111	Y13	2
Node_43	Y66	1	Node_112	Y14	2
Node_49	Y106	2	Node_13	Y46	2
Node_68	Y111	2	Node_12	Y47	2
Node_31	Y71	1	Node_10	Y48	2
Node_60	Y6	1	Node_9	Y49	2
Node_69	Y89	2	Node_8	Y50	2
Node_55	Y75	2	Node_7	Y51	2
Node_32	Y4	1	Node_113	Y15	2
Node_103	Y21	2	Node_5	Y52	2
Node_51	Y105	2	Node_46	Y73	1
Node_70	Y112	2			

建立一维管网水力模型，降雨强度采用苏州地区 1 年一遇降雨强度，雨型采用芝加哥雨型。计算得到的管网 Flood 值结果（Flood 值=水位值−地面标高，表示积水情况）如图 6.27 所示。从图可以看出，在 2 h 的降雨过程中，管网雨水井 Flood 值均小于 0，即道路未出现积水的情况。在均为常规雨水井的情况下，可以满足系统的排水能力要求。

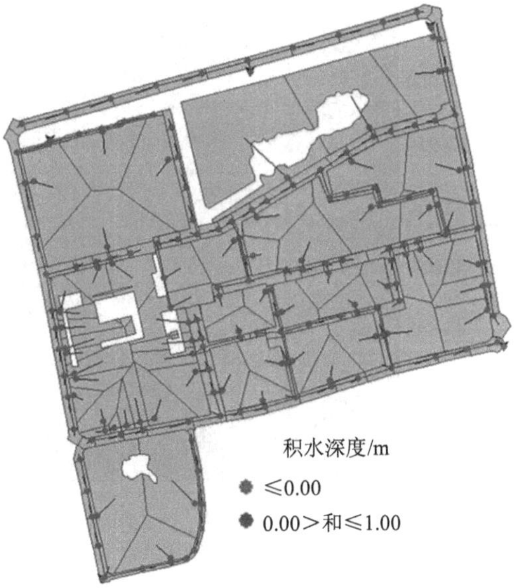

图 6.27　一维雨水管网模型 Flood 值结果

（2）二维管网-道路耦合模型

为了分析分布式初期雨水处理设施对过流能力的影响，结合道路地面高程，建立了二维管网-道路耦合模型。

1）创建地形文件。地形对建立二维模型非常重要。通过 MIKE ZERO 工具建立道路地形文件，将道路外地形均设置为闭边界（10 m），即在模拟中，该区域中的水是不可淹没的。创建好的地形文件如图 6.28 所示。

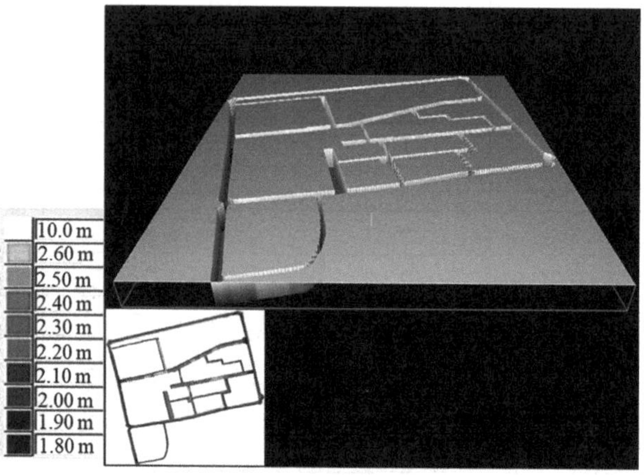

图 6.28 地形文件

2）创建耦合模型。选择做好的一维管网水力模型和二维道路坡面模型，建立一维管道流和二维道路坡面流之间的耦合，道路检查井与地形相连接，建立好的二维管网-道路耦合模型如图 6.29 所示。

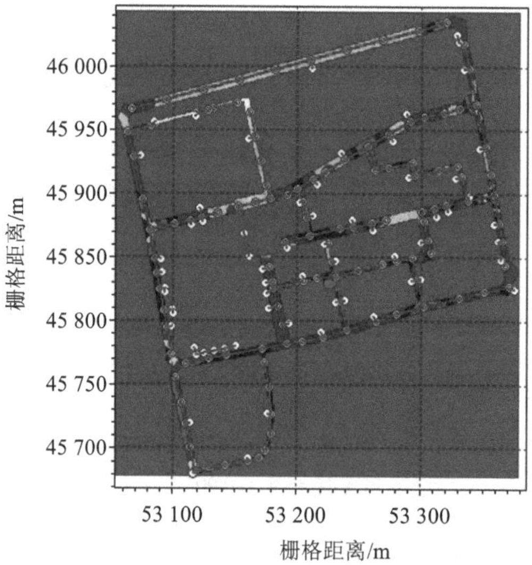

图 6.29 二维管网-道路耦合模型

利用建立的二维管网-道路耦合模型对以下 3 种不同的雨水井布设情景进行模拟分析：

①所有雨水边井均采用常规型井盖，雨水管网-地形耦合模型模拟结果如图 6.30 所示，可以看出，道路中未出现积水的情况，与一维模型相吻合。

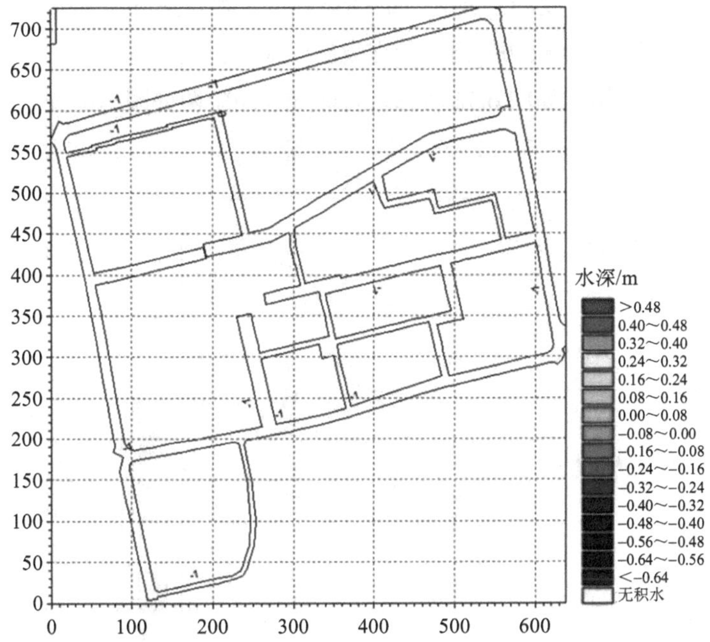

图 6.30　雨水管网-地形耦合模型模拟结果（栅格间距为 0.5 m）

②假设雨水边井过流能力为 0，得到道路的积水情况如图 6.31 所示。从图可以看出，雨水无法通过雨水井进入管道，均堆积在道路表面，形成积水。

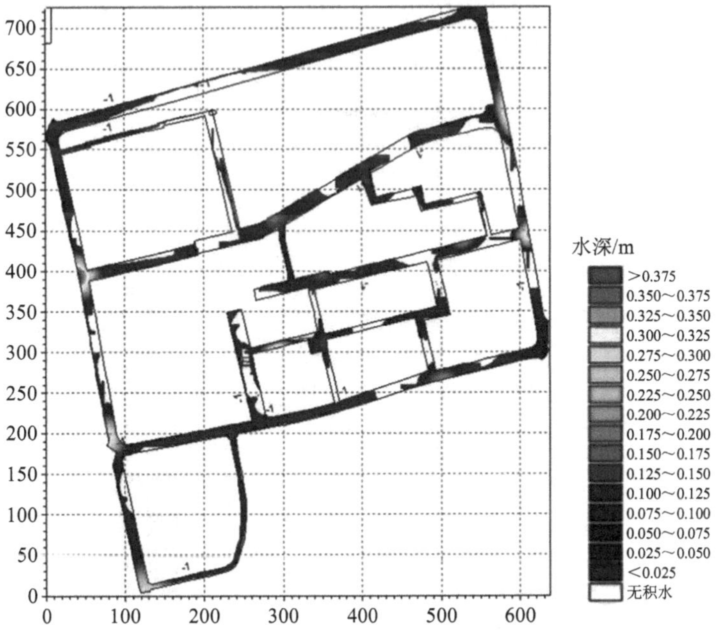

图 6.31　过流能力为 0 时道路积水情况（栅格间距为 0.5 m）

③通过高强度和中等强度降雨模式下的现场测试试验，获得新型雨水边井的设计流量为 28 m^3/h。雨水井采用分布式初期雨水处理设施模式（新型雨水边井）时，按照设计流量 28 m^3/h 模拟，道路积水情况如图 6.32 所示，有两处（图中两处圈出部分）较易产生积水。

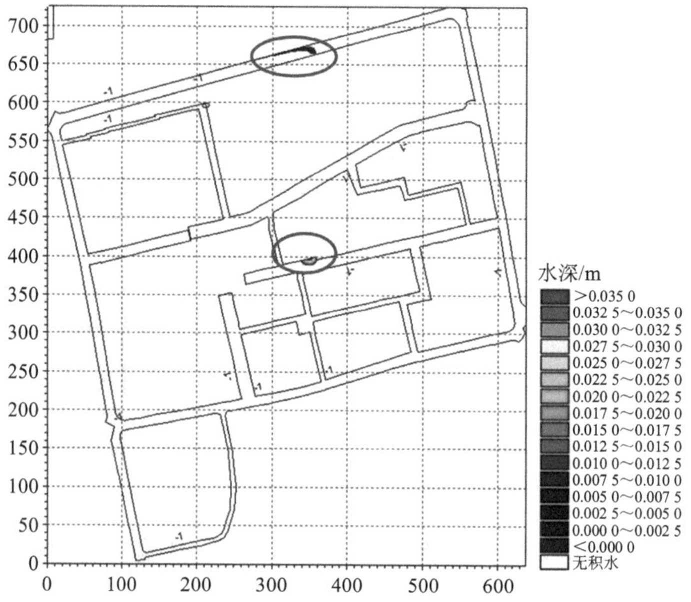

图 6.32 采用新型雨水边井（设计流量为 28 m^3/h）时的道路积水情况（栅格间距为 0.5 m）

采用过流能力为 15 m^3/h 的新型雨水边井时，道路积水情况如图 6.33 所示，有两处（图中两处圈出部分）较易产生积水。

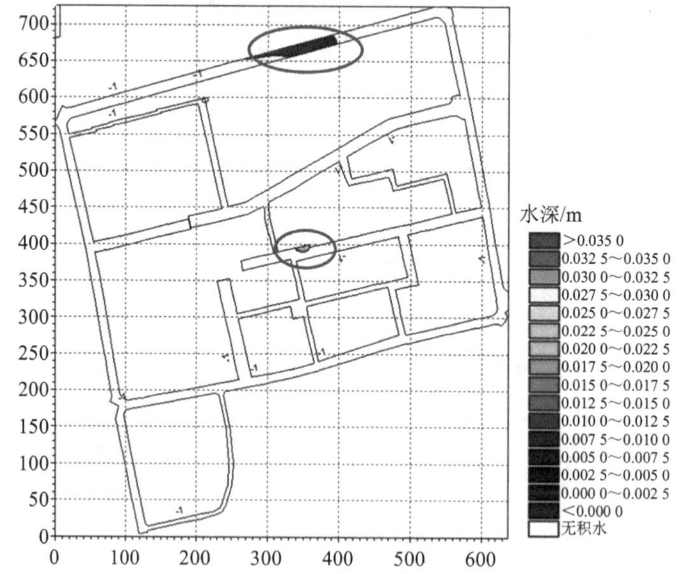

图 6.33 采用新型雨水边井（设计流量为 15 m^3/h）时的道路积水情况（栅格间距为 0.5 m）

通过一维管网水力模型及二维道路耦合模型的计算，可以看出，全部采用新型雨水边井时，有两个区域较易产生积水，因此建议将位于该区域的雨水边井保留为常规型，包括 Y5、Y6、Y7、Y8、Y88、Y89、Y90、Y91，位置如图 6.34 所示。

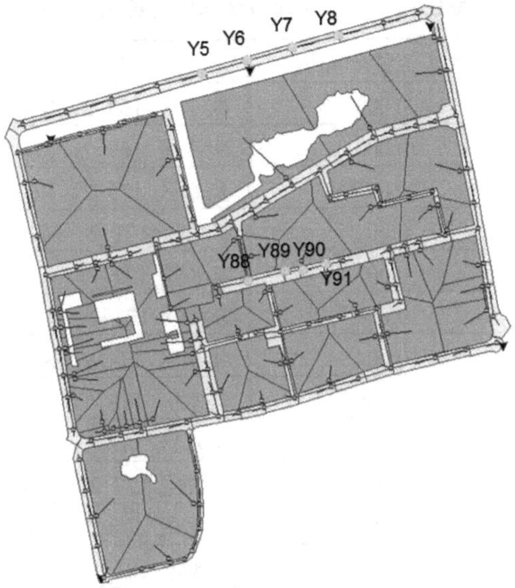

图 6.34　常规雨水井位置

全部采用新型雨水边井时，若遇到暴雨，易产生积水的位置还包括图 6.35 中的 Y12、Y15、Y41、Y46、Y52 这 5 个区域，因此建议这 5 处雨水边井也保留为常规雨水井。

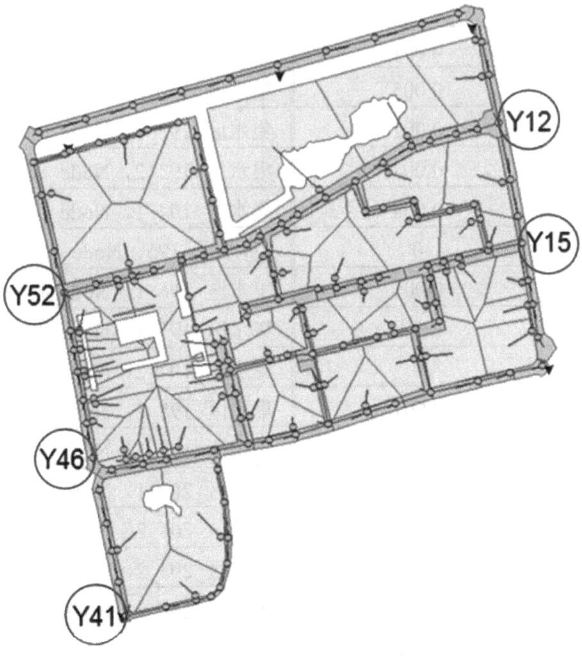

图 6.35　暴雨时易产生积水的位置

统计雨水井对应集水区的最大汇流量，可以得到新型雨水边井收集到的降雨量所占比例，约为 88.39%。雨水井对应集水区的最大汇流量如表 6.18 所示。

表 6.18 雨水井对应集水区的最大汇流量

集水区	最大汇流量/（m^3/s）	集水区	最大汇流量/（m^3/s）
集水区_109_1，Node_92	0.003	集水区_168_2，Node_43	0.002
集水区_110_1，Node_80	0.003	集水区_169_2，Node_31	0
集水区_111_2，Node_72	0.004	集水区_170_2，Node_37	0.002
集水区_112_1，Node_2	0.001	集水区_171_2，Node_110	0.002
集水区_113_1，Node_11	0.003	集水区_172_1，Node_118	0.002
集水区_114_1，Node_24	0.004	集水区_173_2，Node_103	0.003
集水区_115_2，Node_32	0.004	集水区_174_2，Node_46	0.002
集水区_116_1，Node_60	0.006	集水区_175_2，Node_81	0
集水区_116_2，Node_50	0.004	集水区_176_1，Node_53	0.001
集水区_117_1，Node_13	0.001	集水区_177_2，Node_173	0.002
集水区_118_2，Node_12	0.002	集水区_178_1，Node_55	0.001
集水区_119_2，Node_10	0.001	集水区_181_1，Node_129	0.002
集水区_120_1，Node_9	0.002	集水区_182_1，Node_117	0.002
集水区_121_1，Node_8	0.001	集水区_183_2，Node_115	0.001
集水区_122_1，Node_7	0.001	集水区_184_2，Node_97	0.002
集水区_123_1，Node_27	0.002	集水区_185_2，Node_96	0.001
集水区_124_1，Node_23	0.001	集水区_186_2，Node_130	0.002
集水区_125_1，Node_132	0.001	集水区_187，Node_85	0
集水区_126_1，Node_14	0.001	集水区_188_2，Node_75	0.001
集水区_127_2，Node_5	0.005	集水区_192_2，Node_94	0.003
集水区_128_1，Node_4	0.002	集水区_193_1，Node_79	0.003
集水区_129_1，Node_3	0.003	集水区_193_2，Node_86	0.002
集水区_130_2，Node_1	0.004	集水区_194_1，Node_70	0.002
集水区_131_2，Node_30	0	集水区_195，Node_68	0.003
集水区_132_2，Node_26	0.001	集水区_196_1，Node_73	0.003
集水区_133_1，Node_122	0	集水区_197_1，Node_89	0.001
集水区_134_1，Node_21	0	集水区_197_2，Node_91	0.001
集水区_135_2，Node_16	0.001	集水区_198_2，Node_98	0.001
集水区_136_1，Node_123	0.001	集水区_199_1，Node_82	0.002
集水区_136_2，Node_6	0.001	集水区_200_1，Node_77	0.001
集水区_137_1，Node_15	0.001	集水区_201_2，Node_74	0.002
集水区_138_2，Node_17	0.002	集水区_203_2，Node_69	0.001
集水区_139_2，Node_18	0.002	集水区_204_2，Node_61	0.005
集水区_140_2，Node_20	0.002	集水区_205_1，Node_59	0.001
集水区_141_1，Node_41	0	集水区_206_2，Node_57	0.001

集水区	最大汇流量/（m^3/s）	集水区	最大汇流量/（m^3/s）
集水区_142_2，Node_45	0.001	集水区_207_1，Node_62	0.002
集水区_143_1，Node_48	0.001	集水区_208_1，Node_65	0.001
集水区_144_1，Node_47	0.001	集水区_209_1，Node_71	0.003
集水区_145_2，Node_42	0.001	集水区_210_2，Node_93	0.002
集水区_146_1，Node_126	0	集水区_211_2，Node_131	0.001
集水区_147_1，Node_34	0	集水区_212_2，Node_76	0.005
集水区_148_1，Node_29	0.001	集水区_213_1，Node_78	0.001
集水区_148_2，Node_22	0.003	集水区_214_1，Node_90	0.001
集水区_149_1，Node_19	0.001	集水区_215，Node_83	0.001
集水区_150_2，Node_25	0.002	集水区_216_2，Node_88	0.001
集水区_151_1，Node_138	0.002	集水区_217_1，Node_99	0.001
集水区_152_1，Node_40	0.003	集水区_218_2，Node_127	0
集水区_153_2，Node_44	0.002	集水区_219_2，Node_105	0
集水区_154_1，Node_136	0.002	集水区_220_1，Node_107	0.003
集水区_155_2，Node_58	0	集水区_222，Node_112	0.002
集水区_156_2，Node_49	0.002	集水区_223，Node_111	0.003
集水区_157_2，Node_51	0.002	集水区_224_1，Node_84	0.002
集水区_158_2，Node_52	0.002	集水区_225_2，Node_87	0.003
集水区_159_2，Node_54	0.004	集水区_226_1，Node_109	0.006
集水区_160_1，Node_56	0.001	集水区_227_1，Node_104	0.002
集水区_161_2，Node_64	0.002	集水区_228_1，Node_95	0.001
集水区_162_1，Node_63	0.001	集水区_229_1，Node_100	0.002
集水区_163_2，Node_66	0	集水区_230_2，Node_106	0.002
集水区_164_1，Node_67	0.001	集水区_231_1，Node_101	0.001
集水区_165_2，Node_36	0.001	集水区_232，Node_108	0.002
集水区_166_1，Node_38	0.002	集水区_233，Node_113	0.006
集水区_167_2，Node_39	0.002		

根据模拟结果，共有 13 处雨水边井采用常规雨水井模式，其余 110 个雨水边井结合分布式初期雨水处理设施建设，既对径流起到净化作用，又能保证区域内不积水。实际工程建设中可根据径流调蓄需求，在保证区域内行洪排涝安全的前提下，合理设置分布式初期雨水处理设施的数量和位置。

6.4.2　水体自清洗快速过滤水质净化技术

根据桃花坞片区规划，远期水系打通后，片区水系将与周围水系连通。从十字洋河、平门小河的水质历史监测情况来看（表 6.19），河道水质尚可，在Ⅳ类水以上，但水体浊度较高，透明度较低，且藻密度较高，尤其是夏季，如果不采取适当的措施，双荷花池和片区内西侧河道感官质量会逐渐变差。

表 6.19 十字洋河、平门小河主要水质指标情况

河流断面	藻密度/（万 cells/mL）	浊度/NTU	NH_3-N/（mg/L）	TP/（mg/L）	COD_{Mn}/（mg/L）	透明度/cm
十字洋河	343.4	13.2	0.84	0.14	2.60	40
平门小河	119.3	20.8	0.55	0.11	2.61	30

由于外围河道沟通尚存在不确定性，在较长一段时期片区内水系会是一个封闭系统，加上面源污染及水体内微生物的活动，水质会逐渐变差，感官质量也会逐渐下降，从安全角度考虑，宜结合假山跌水，采取内部水循环处理措施，保持水系水质稳定。即使未来周边河道沟通之后，由于片区内水系水环境的要求要高于外围的城市河道，仍有必要对外围河道水进行处理，提高片区内水系水质和感官质量。

考虑到研究区特殊的文化旅游和古城保护以及现场用地的实际情况，选择采用处理效果强且能够模块化设计、灵活利用现场边角空间、安装占地小的自清洗快速过滤系统。该系统设于荷花池东北角卫生间内，结合河道水系循环与水动力调控系统，将河道东北角水体引至过滤系统，出水进入东荷花池。

6.4.2.1 技术原理与特点

自清洗快速过滤系统运行时，原水自进水口进入过滤器，通过过滤叠片时，在弹簧力和水力的作用下被紧紧地压在一起，杂质颗粒被截留在叠片交叉点，经过滤的水从过滤器主通道中流出，此时单向隔膜阀处于开启状态。当达到一定的压差时，或设定的时间内系统自动进入反冲洗状态，控制器控制阀门改变水流方向，过滤器底部单向隔膜关闭主通道，反冲洗进入四组喷嘴通道，与喷嘴通道连接的活塞腔内的水压上升，活塞向上运动克服弹簧对叠片的压力，并在叠片组顶部释放活塞空间，同时反冲洗水从四组喷嘴通道上面的喷嘴沿叠片切线的方向高速喷射，使叠片旋转并均匀分开，喷洗水喷洗叠片表面，将截留在叠片上的杂质喷洗甩出。当反冲洗结束时，水流方向再次改变，叠片再次被压紧，系统重新进入过滤状态。

自清洗快速过滤系统的特点主要包括以下 5 个方面。

1）精确过滤。可根据用水要求选择不同精度的过滤盘片，有 20 μm、55 μm、100 μm、130 μm、200 μm、400 μm 等多种规格，过滤比大于 85%。

2）彻底高效反洗。由于反洗时将过滤孔隙完全打开，加上离心喷射作用，达到了其他过滤器无法达到的清洗效果。每个过滤单元反洗过程只需 10～20 s 即可完成。

3）全自动运行，连续出水。时间和压差控制反洗启动。在过滤器系统内，各个过滤单元和工作站之间按顺序进行反洗。工作、反洗状态之间自动切换，可确保连续出水，系统压损小，过滤和反洗效果不会因使用时间而变差。

4）模块化设计。用户可按需取舍过滤单元并联数量，灵活可变，互换性强。可灵活

利用现场边角空间，因地制宜且安装占地少。

5）维护简单。几乎不需日常维护，检查也不需专用工具，可拆卸零部件很少。

6.4.2.2　系统运行效果分析

为了验证该技术的处理效果，以苏州市桐泾河、平江河和同里湖水为原水，进行了小试试验验证。以桐泾河、平江河和同里湖水为原水时的小试运行结果如表 6.20～表 6.22 所示。

表 6.20　桐泾河为原水时小试运行结果

		温度/℃	浊度/NTU	叶绿素/（μg/L）	藻密度/（cells/mL）	COD/（mg/L）	TN/（mg/L）	NH_3-N/（mg/L）	TP/（mg/L）
原水（桐泾河）		9.89	11.2	0.5	1 323	24	3.88	1.82	0.252
不同滤速出水/（m/h）	26.27	12.05	5.2	0.3	983	17	3.89	2.05	0.267
	20.68	12.26	5.0	0.2	872	12	3.83	2.00	0.202
	18.15	12.19	4.9	0.1	854	13	3.82	1.94	0.202
	16.48	12.54	4.5	0.1	845	16	3.86	1.79	0.197
	14.09	12.76	4.4	0.1	836	12	3.83	1.80	0.197
	13.14	13.28	4.1	—	829	17	3.72	1.72	0.187
	11.56	14.22	3.7	—	927	16	3.95	1.92	0.197
	9.79	13.22	3.2	—	885	14	3.96	2.01	0.197
	8.36	13.81	2.7	—	723	13	3.98	1.95	0.192
	6.21	14.93	2.3	—	766	12	3.89	1.86	0.182
	5.64	16.18	2.1	—	748	—	—	—	—

注：表中“—”表示“未检测”。

小试原水为桐泾河时，原水浊度为 11.2 NTU 时，不同滤速下出水浊度基本稳定在 5 NTU 以下，最低为 2.1 NTU，浊度去除率为 53.6%～81.3%。另外，藻密度去除率为 25.7%～45.4%，COD 去除率为 29.2%～50.0%，而 N、P 去除效果不明显。

表 6.21　平江河为原水时小试运行结果

		温度/℃	电导率/（μS/cm）	pH	浊度	藻密度/（cells/mL）	溶解氧/（mg/L）
原水（平江河）		9.30	774	6.92	2.2	1 179	3.20
不同滤速出水/（m/h）	26.27	11.56	760	6.87	1.0	958	6.58
	20.68	11.41	763	6.92	0.7	856	6.43
	18.15	11.30	763	6.87	0.5	897	6.13
	16.48	11.83	770	6.83	0.4	928	5.05
	14.09	12.59	767	6.83	0.4	906	4.85
	11.56	12.62	403	7.00	0.3	603	5.71
	9.79	12.86	757	7.18	0.2	677	5.85

平江河水为小试原水时，原水浊度很低，约 2.2 NTU，不同滤速下出水浊度基本稳定在 1 NTU 以下，最低为 0.2 NTU，浊度去除率为 54.5%～90.9%。藻密度去除率为 18.7%～48.9%。

表 6.22　同里湖水为原水时小试运行结果

		浊度/NTU	藻密度/（cells/mL）	叶绿素/（μg/L）	NH_3-N/（mg/L）	TN/（mg/L）	TP/（mg/L）	COD/（mg/L）
原水（同里湖水）		9.4	959	5.8	1.32	4.20	0.137	21
不同滤速出水/（m/h）	9.79	2.0	890	4.9	1.33	4.11	0.084	16
	11.56	2.0	904	5.0	—	—	—	—
	14.09	2.3	911	5.2	1.26	4.01	0.103	17
	16.48	2.5	711	5.1	1.25	3.55	0.103	15
	18.15	2.5	725	5.6	1.27	3.97	0.108	14
	20.68	2.4	805	5.2	1.24	4.05	0.108	19
	26.27	2.6	531	5.6	1.20	4.01	0.113	13

同里湖水为小试原水时，原水浊度为 9.4，不同滤速下出水浊度基本稳定在 2.6 NTU 以下，浊度去除率为 72.3%～78.7%。另外，藻密度去除率为 5.0%～44.6%，TP 去除率约为 17.5%～38.7%，COD 去除率为 9.5%～38.1%。NH_3-N 去除率较低，最高为 9%。N、P 去除效果较好。

表 6.23 为小试试验结果的平均值，可以看出，水体浊度较高的时候，该技术对浊度的去除率在 60%以上，藻密度去除率在 40%以上；水体浊度较低的时候，出水浊度可低于 1 NTU。进出水感官对比较明显，可以直观地看出处理效果的优劣。随着设施的循环运行，水体浊度会越来越低，唐寅故居文化区河道水质也会得到改善和维持。

表 6.23　自清洗过滤系统小试试验结果的平均值

原水	原水		系统出水		出水估算透明度/m
	浊度/NTU	藻密度/（万 cells/mL）	浊度/NTU	藻密度/（万 cells/mL）	
桐泾河	11.2	132	4.2	75	1.5
同里湖水	11.3	105	3.1	62	2
平江河	2.2	117	0.2	60	清澈见底

6.4.3　水系循环与动力调控技术

对于地势平缓区域的滞流或缓流河道水体，由于上下游水位差小且不稳定，水动力学条件不佳，可通过水体推流等水动力学调控手段来实现，改善这些滞流或缓流水体的水体流态，增加水体局部微循环。

常用的水体推流设备有叶轮吸气推流式曝气机、水下射流曝气机、潜水推流器、远程推流曝气设备等。其中，远程推流曝气设备通过水下的大流量低扬程的推流，实现水体的远程交换和净化，提升水体的自净能力。尤其适用于断头浜的城市河道、局部与外围河道连通的小型景观湖泊。

6.4.3.1 高效远程推流曝气技术

为了维持唐寅故居文化区滞流水体的水系统健康，促进河网水系水体交换，提高河道自净能力，使片区内水系水动起来，做到水活，以期达到水美、水清、水优，采用高效远程推流曝气设备，实现水体推流，构建生态循环系统，实现水体的动力学调控。

高效远程推流曝气设备（图 6.36）可以实现 100～200 m 城市河段的水体推流，如果水体溶解氧低，则可同时实现曝气。通过科学合理的布置，可以使城市河道水体构建良好的水循环，改善水体的流态，促进上下层水体交换，激活水体的自然净化机能。另外，对抑制藻类暴发和蚊虫滋生也有较好的效果。

图 6.36 高效远程推流曝气设备

（1）工作原理与功能

通过曝气与推流功能兼具的高效远程推流曝气，在封闭水体中进行局部造流，加快水体流动的同时保持河道有充足的溶解氧，也为河道生物群落的生存和繁衍创造了条件。

高效远程推流曝气设备是专门针对江河湖泊等水体、改善水质和防止水体结冰而开发设计的只有曝气、造流、循环、净化水质的高效技能的水处理设备。该设备可应用于人工及自然湖泊水体、公园、别墅区、生态住宅、高尔夫球场、城市河流湖泊、引水渠、河涌水系、生态休闲乐园湖泊等景观水处理以及生活污水处理和工业污水处理。高效远程推流曝气设备的构造及功能如图 6.37 所示。

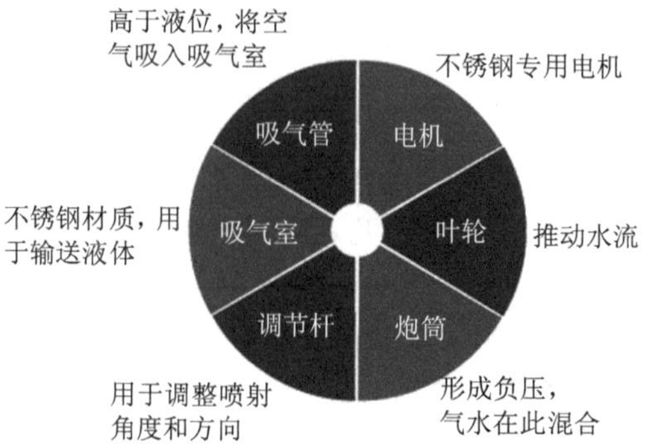

图 6.37　高效远程推流曝气设备的构造及功能

高效远程推流曝气设备的工作原理主要包括以下 3 个方面。

1）叶轮由高性能电动机带动后高速旋转，潜水点击产生的强力单向水流在设备进气口周边产生负压区，将空气吸进设备。

2）叶轮高速旋转产生强大的轴向推动力和径向搅拌力，将吸入的空气搅碎成细密的气泡，并将水气混合物强力推射入水中。夹带多气泡的水流，如短路河道、断头河道、枝杈河道以及不流动、低溶氧的河、湖水体，水体瞬间四散开来，使厌氧、低氧水体含氧量得到大幅提高，从而使水体逐步恢复自净能力，彻底解决死水区水质厌氧状态以及臭味和蚊蝇滋生等黑臭水体问题。

3）可以强劲推动水流，增强水动力条件。在寒冷地区可防止水面结冰。

（2）设备功能

高效远程推流曝气设备的主要功能包括：

1）构造水体的人工强化远距离水体交换，形成循环对流。

2）改善水体中的静水流态；增加水体流量，提高水体流速。

3）提高水体中的溶解氧含量。

4）破坏微囊藻的生存环境，抑制藻类的繁殖，激活水体的自然净化机能，使整个水体底层即使在夏天也能大幅提高溶解氧含量，使其处于良好的好氧状态。

5）有利于好氧微生物对湖内有机污染物进行分解，有效地降低 BOD_5 的含量，使氨氮转化得到挥发，打破水体中的氮磷比，使水质在短期内提高等级。

6）高效推流曝气设备的作用范围与链接管道的大小及长度有关。管道为高密度聚乙烯碳氢聚合物，无毒、不腐蚀、不结垢，适应最低温度（–60℃）和最高温度（60℃），管道不易变形。结构独特，强度高，抗压耐冲击，内壁平滑，摩阻小，流量大，接头密封好。管道长 100 m 时，管道内有助推设备，管道内不会沉积堵塞，使用寿命可长达 60 年。

（3）技术效果

该技术曾用于北京市某水量 4.2 万 m^3 的人工湖。该湖为断头河道型湖泊，水华严重，并有黑臭现象。技术团队布置了功率为 1.5 kW，叶轮直径 100 mm，长度 200 m 的高效远程推流曝气设备，实现了推流流量 360 m^3/h，充氧能力 1.6 kgO_2/h，显著改善了该人工湖水环境，消除了水体黑臭。

北京市某高档别墅区内有景观河道，水面面积约 2 万 m^2，河宽 6 m。河道水体悬浮物浓度为 76 mg/L、藻密度为 10^4～10^5 cells/mL。为此，沿着河道中心线每隔 200～280 m，在水深 0.6～1.5 m 处，布置 18 台高效远程推流曝气设备，使河道水体得到明显改善，水质主要指标从Ⅴ类提高至Ⅳ类，河道水环境改善明显，藻类不再蔓延滋生。

某水乡古镇河道采用高效远程推流曝气设备提高部分河段水体流动性。河段总长 430 m，河段宽 6～14 m，平均水深约 1.2 m。为了验证效果，采用 EFDC-WASP 水动力-水质耦合模型进行了模拟，并将各监测断面流速模拟值与现场监测值进行了对比（图 6.38），可以看出，增加推流设施后河道水动力有所提高（表 6.24）。

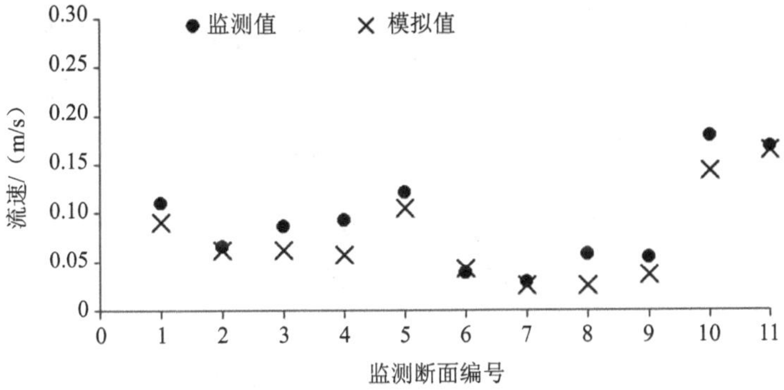

图 6.38　各监测断面流速模拟值与现场监测值对比

表 6.24　推流模拟结果　　单位：10^{-2} m/s

河段位置	无推流	流量为 300 m^3/h	流量为 450 m^3/h
河段 1	2.886 5	2.944 7	2.959 3
河段 2	4.944 4	5.043 6	5.068 7
河段 3	4.334 1	4.453 2	4.858 3

综合考虑，在唐寅故居文化区配置高效远程推流曝气设备，在东西河道西段的河底铺设循环管道，设计流量为 300 m^3/h，出水口设在南北河道，水流在河底管道和河道内形成循环通路；河道东侧末端与荷花池东侧末端用管道连通，水流在荷花池和河道形成通路。将水体推流设备与曝气系统结合，在进行局部造流、加快水体流动的同时，保持河道有充足的溶解氧，也为河道生物群落的生存和繁衍创造条件。

6.4.3.2　水系循环通路构建与动力学调控

根据唐寅故居文化区规划，从图 6.4 可以看出，示范封闭水系呈倒“丁”字形布置，河道的东西两侧以及东荷花池东侧为水系末端节点。为保证水循环顺利进行，减少死角，需要打通各个末端节点，使其形成闭合通路。

河道西段构建推流系统、河道东段设置水质过滤净化系统，使水流沿图 6.39 中方向流动。将水体推流曝气设备与水体过滤设备相结合，在水质得到净化的同时，进行局部造流、加快水体流动的同时，保持河道有充足的溶解氧，也为河道生物群落的生存和繁衍创造条件。

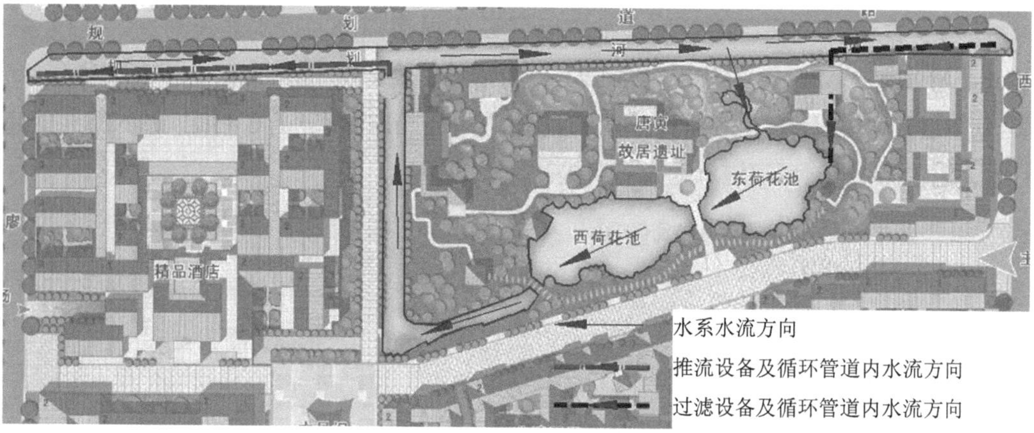

图 6.39　水系水循环路线

水系循环通路构建后，唐寅故居文化区水系不同河段的水流指标如表 6.25 所示，可以实现封闭水系的生态循环。

表 6.25　生态循环系统构建效果分析

水系位置	循环流量/（m^3/h）	水域宽度/m	水深/m	流量/（10^{-3} m/s）
河道西段	300	6	2.1	6.6
河道东段	100	6	2.1	2.2
荷花池最宽处	100	24	0.6	1.9

6.4.4　生态水系构建技术

结合唐寅故居文化区水系规划，建议采用的生态水系构建技术包括生态河道结构优化技术和生态浮床技术。

6.4.4.1　生态河道结构优化技术

河床是水生态系统的重要载体，是各种水生生物生存和繁衍的主要空间。但由于过去人类认识上的局限性，单纯从城市防洪等水利目标出发，采取了裁弯取直、渠系化、硬质化等损坏城市河相多样化的人工措施，致使自然河床消失，水域生态系统退化。为了修复城市河流生态系统，应采取各种生态工程技术，重建自然河道断面，重构和修复被损坏的河床，恢复河道形态多样性，尽可能地减少传统河道整治时铺设在河床上的非环保硬质材料，恢复河床自然底泥状态和多孔质化，为水生生物重建栖息地环境。

6.4.4.1.1　生态河道平面形态

自然界的河流形态都是蜿蜒曲折且连续的，宽窄相间的水面、深浅交错的水深，使河道形成急流、瀑布、跌水、缓流等丰富多样的生境，河流中的曲流、深潭、浅滩、河漫滩、积水沼地、阶地、三角洲等丰富的地貌，构成了河流形态的多样性。由此形成流速、流量、水深、河床材料构成等多种生态因子的异质性，造就了生境多样性，形成了丰富的河流生物群落多样性。丰富的滨水植被，为鱼类、鸟类和两栖动物、昆虫等提供了繁衍栖息的场所，也形成了丰富的景观类型。

生态河道的平面设计应以自然河道平面和长期发展形成的河道形态为依据，遵循生态学原理，营造出蜿蜒曲折的河流形态。在河道的平面形态构造时，可以在河道的两边，堆放巨石、枯树或泥沙，形成类似自然河道的凸岸和凹岸，使河道在一定程度上形成弯曲形状。以利用生态工程技术适度恢复部分自然岸线与河床，依照自然规律，根据规划方案，采取“宜直则直，宜弯则弯”的指导思想，将直线化的人工河道恢复原来蜿蜒曲折的自然线形，丰富水流形态，为水生植物创造丰富的水环境（图 6.40）。

（a）人工河道

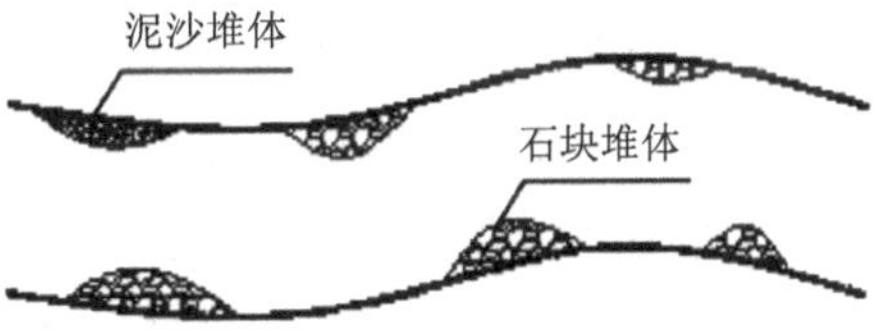

（b）生态河道

图 6.40　人工河道与生态河道的平面形态

6.4.4.1.2　生态河道断面设计

生态河道断面设计，要考虑城市河道的特点，区别于自然河道，要以景观和生境营造为主。生态河流断面设计的关键是使河道能够适应不同的水位和水量，维持河流生态系统的生态需水，为鱼类和其他水生生物提供基本的生存条件。河道断面基本采用复式、梯形、矩形、双层等（图 6.41、图 6.42）。

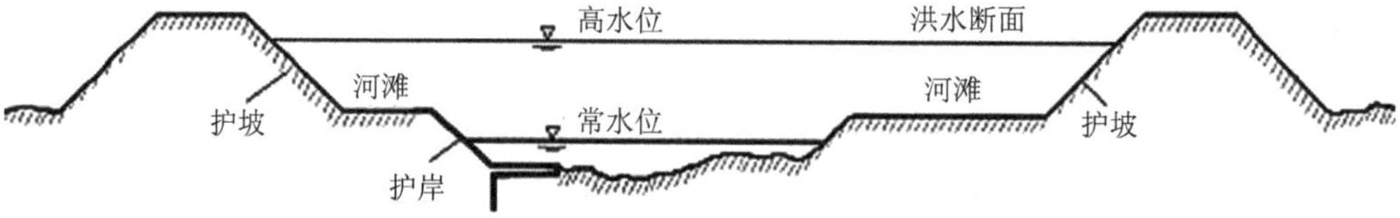

图 6.41 生态河道复式断面示意

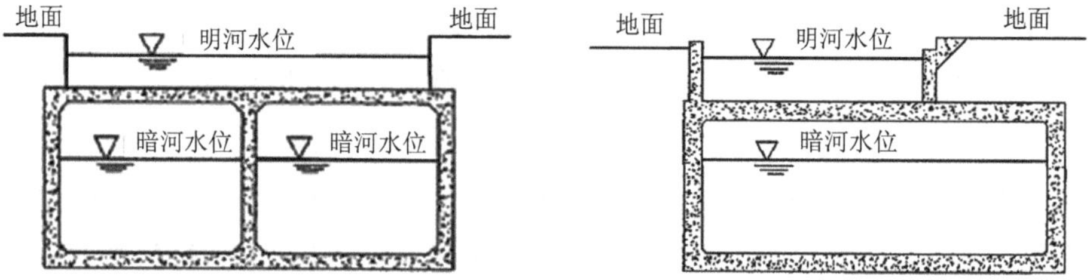

（a）浙江省新昌县南明坑

（b）日本杨木县斧川

图 6.42 双层河道断面示意

6.4.4.1.3 生态护岸

生态护岸建设是河流生态修复的重要措施之一。其主要采用植物、植物与自然材料或土木工程相结合的方式对河岸进行防护，减轻坡面及坡脚的不稳定性和侵蚀，同时保证坡面的安全和耐久性，使其接近自然，以便充分发挥流域生态系统的环境效应和生物效应。生态护岸也是滨水景观的重要组成部分，必须与景观建设、城市整体规划相结合，保持岸坡生态系统的安全性、完整性、健康性和可持续性。

生态护岸以自然材料形成可渗透性的界面，河水与地下水连通，丰水期河水向地下水渗透储存缓解洪灾；枯水期地下水反渗入河补充河流基流。同时，大量植被也有涵蓄水分的作用。生态护岸能减缓流速，对水体中的无机污染物颗粒进行过滤、沉积和吸附，通过微生物和动植物降解有机污染物。生态护岸能够保证水陆两大生态系统的连通性，为水生动植物和两栖动物提供繁衍空间，形成完整的水陆多生物共生的生态系统。

（1）生态护岸类型

生态护岸具有多种多样的形式。根据断面的形式不同可以分为直立式护岸、斜坡式护岸、复式护岸和混合式护岸。直立式护岸包括松木桩护岸、干砌直立驳坎、石笼护岸、混凝土沉箱挡墙和生态砌块驳岸等形式。斜坡式护岸包括自然原型护岸、植物护岸、植草砖、土框架护岸、介质型护岸、生态混凝土护岸、生态砌块护坡等形式。复式护岸是将直立式护岸和斜坡式护岸有效结合，布置成二级亲水平台，局部地段进行台阶式护岸，增强其亲水性。在两岸亲水平台以上斜坡种植草皮，在保护河岸不受冲刷的同时，又可以绿化河道，保护生态。另外，还有将不同形式护岸混合的混合式护岸。

根据所使用的材料不同，可以分为生物护岸、天然材料护岸、绿色混凝土护岸、土工合成材料护岸、网笼护岸、生态砌块护岸等形式。生物护岸包括芦苇、菖蒲等水生植物护岸，柳、杨、水杉、水松等湿地植物护岸，乔、灌木等边坡植物护岸，萤火虫护岸、鱼巢护岸等以特定动物栖息地营造为目标的生态护岸形式。天然材料护岸包括木桩、竹笼、石笼、块石护岸等。绿色混凝土护岸是由粗砂砾料或碎石、水泥加混合剂压制而成一种无砂大孔混凝土进行护岸，它既有透水透气性，又有较大的抗拔力，可以长草生根，满足植物生长。土工合成材料护岸主要有三维土工网、三维植被网、土工织物袋、土工格栅等。网笼护岸主要有蜂箱护岸、格宾网护岸等。

根据人工化的程度，可以分为自然护岸、半自然护岸和人工化仿自然护岸等 3 种形式。其中，人工化仿自然护岸是利用工程措施，较大规模地使用混凝土、高分子材料等人工材料与植物的结合，形成一个具有较大抗侵蚀能力的护岸结构。这类护岸一般用于对护岸抗冲击侵蚀能力要求较高或岸坡空间较小、陡峭，不适合建设另外两种护岸的河道岸坡。

（2）护岸选择原则

针对不同河段的河流特点选择适宜的护岸形式，主要原则包括：

1）在水流流速比较缓慢的平原河网地区，以自然原型护岸为主。尽可能保留河道的自然土质岸坡，河岸植草种树。

在缓流水体，岸坡侵蚀较小的河段，对岸坡的坚固程度要求较低，可以直接利用草、芦苇、柳树等天然的植物材料进行岸坡防护，它们均具有亲水性，在潮湿环境中能健康成长，可以在保护岸坡的同时创造出丰富的岸边自然生态环境。

2）对于人工河道的生态治理应尽量采取土质岸坡、缓坡，以植物护岸为主。在城市河道，由于可利用空间少，防洪标准高，大多采用直立式护岸的形式，也可以选择生态砌块护岸的形式。

3）在水流较急、岸坡侵蚀较大的河段，单纯利用草、柳树和芦苇等活体材料进行护岸容易遭到破坏，因此必须采取工程措施。比如，采用土工材料、块石堆砌、石笼格网、空心混凝土块等方式护岸，为水生植物的生长、水生动物的繁育、两栖动物的栖息繁衍活动创造条件。常见护坡种类有：三维网垫、混凝土框格、混凝土砌块的植草护坡；利用粗木桩、石笼、铁丝固定的柳树护岸；利用石块、混凝土槽的水生植物护岸；还有直接以木材和石材为主的木桩、木格框护岸；抛石、砌石、石笼护岸等。

4）在河岸边坡较陡的地方，可采用木护岸、抛石护岸等工程措施护岸。在稳定河床的同时改善生态和美化环境，避免了混凝土工程带来的负面作用。在应用草皮、木桩护坡时也可以借助土工编袋，袋内灌泥土、粗沙及草籽的混合物，既抗冲刷，又能长出绿草。

5）没有通航要求的河道可采用自然原型护岸，防止水土流失，还可在正常水位以下采用衬砌空心异形块、预制鱼巢等结构形式，给鱼类等水生动物提供安身栖息的地方。

6）有通航要求的河道，正常水位以下可采用生态砌块等直立式护岸，正常水位以上采用斜坡式护岸，以增加水生动物生存空间，削减船行波对河道冲刷的影响，有利于堤防保护和生态环境的改善。

7）面源污染比较严重的河道，可以在河岸构建多阶梯、潜流型或表面流型人工湿地护岸系统，在保证岸坡稳定的同时着重控制入河面源污染。

8）在水位变化较大的河段，采用复式护岸，常水位以下可采用生态砖/鱼巢砖等构件、石笼席、天然材料垫、土工布包裹、混凝土块、土工格室、间插枝条、木框墙、三维土工网垫等形式保证堤岸的安全。水位变化区，除冲刷严重河岸需筑硬质堤岸护坡外，可采用大块鹅卵石堆砌、干砌块石等构件护岸，使河岸趋于自然形态。在受冲河岸堤防内侧也可采用种植水杉等根系为直根的树种或草坪护坡等植物护堤措施。水位变化区以上的部位采用自然原型护岸。

9）对目前城市河道已有的混凝土护岸进行改造时，可以采用桩板护岸绿化技术、坡面打洞及回填技术或者利用原有护岸材料进行改建。

由于河流生态系统具有复杂性，单一利用某一种修复技术不一定会取得良好的修复效果，必须根据河流的特点、污染程度及其生态现状联用多种修复技术才能取得理想的修复效果。

6.4.4.1.4 生态河道植物配置

生态河道植物规划坚持优先选择乡土植物、非入侵性外来植物合理搭配的原则。选择持水能力强，根系发达，固土能力强，有较强的吸污防污能力的垂柳、芦苇等植物。建成以河道生态修复为主导，兼具景观特色与观赏游憩功能。

植物配置把握以下两个方面：

1）突出生态功能。河道沿线绿化首先遵循地带性植被的生态学规律，体现物种多样性，应用互惠共生的生态学原理，科学配置人工群落，重视对本土植物和湿生植物的应用，发挥河道绿带的生态功能。

2）强调景观艺术特性。在河道重要景观区段，优化植物景观构成，突出表现植物形体美、色彩美、韵律美和季相美等要素，满足观光、休闲、游憩的需要，与人文景观相映成趣。植物配植以群落组合式为主，引进适于当地栽植的具优良观赏性状的观叶类、观花类，以丰富河道绿带的群落构成。

从河岸植物配置的艺术构图来看，注意三点：一是林冠线，即植物群落配置的立体轮廓线，要与水景的风格相协调，富有变化；二是疏密有致，河边植物配置有疏有密，如在有景可观之处，利用高大乔木，加宽株距，利用间隙构成框景；三是季相变化，河流景观的绿化设计，充分考虑植物季相色彩的搭配。为了丰富水景，水体的植物配置不仅在岸上，还扩展到水面及河底。例如，荷花、睡莲等的应用，为游人展示一种生态自然的河道景观。

6.4.4.2 生态浮床技术

（1）技术原理

生态浮床又称生态浮岛、人工浮床或人工浮岛，是运用无土栽培技术，综合现代农艺和生态工程措施对污染水体进行生态修复或重建的一种生态技术，主要适用于富营养化及有机污染河流。具体是在受污染河道中，用轻质漂浮高分子材料作为床体，人工种植高等水生植物或经过改良驯化的陆生植物，通过植物强大的根系作用削减水中的 N、P 等营养物质，并以收获植物体的形式将其搬离水体，从而达到净化水质的效果。另外，种植植物后构成微生物、昆虫、鱼类、鸟类等自然生物栖息地，形成生物链进一步帮助水体恢复。

生态浮床能有效去除水体污染，抑制浮游藻类的生长，原理如下：①营养物质的植物吸收；②许多浮床植物根系分泌物抑制藻类生长；③遮蔽阳光，抑制藻类生长；④根系微生物降解污染。与其他水处理方式相比，生态浮床更接近自然，具有更好的经济效益。浮床上栽种的植物美化了环境，与周围环境融为一体，成为新的河道景观亮点。同时生态浮床的建设、运行成本较低。

（2）浮床分类

生态浮床根据水和植物是否接触分为湿式与干式。湿式生态浮床可再分为有框和无框两种，因此在构造上生态浮床主要分为干式浮床、有框湿式浮床和无框湿式浮床 3 类。

干式浮床的植物因为与水有距离，可以栽种大型的木本、园林植物，构成鸟类的栖息地，同时也形成了一道亮丽的水上风景。但因为干式浮床的植物与水体不直接接触，因此水质净化的功能相对较差，一般只作为景观布置或是防风屏障使用。

有框湿式浮床一般用 PVC 管等作为框架，用聚苯乙烯板等材料作为植物种植的床体。无框湿式浮床用椰子纤维缝合作为床体，不单独加框。无框湿式浮床在景观上则显得更为自然，但在强度及使用时间上比有框式较差。从水质净化的角度来看，有框湿式浮床应用广泛。

生态浮床是一类经过人工设计建造、漂浮于水面上，供动植物和微生物生长、繁衍、栖息的生物生态设施。把筛选、驯化后的水生（陆生）植物，植入预制好的漂浮载体内，让植物在类似无土栽培的环境下生长，植物根系自然延伸并悬浮于水体中，吸附、吸收水中的氮、磷等有机污染物质，为水体中的鱼虾、昆虫和微生物提供生存和附着的条件，同时释放出抑制藻类生长的化合物。在植物、动物、昆虫以及微生物的共同作用下使环境水质得以净化，达到修复富营养化的水体，营造水面景观和净化空气的目的。

生态浮床技术经过多年的发展和应用，已经较为成熟，在国内外湖泊和河道污染水体修复中大量应用。生态浮床可以改善河道硬质驳岸环境，利用植物庞大的根系吸收去除水中的污染物质，降低水体富营养化水平，抑制藻类的暴发性生长，提高水质的同时美化环境。在工程实践中，只要能合理地选择植物的品种、种植密度并控制好植物的养护收割，短期内各种污染物指标才会有明显下降，水体能见度明显提高，水色明显改善变清。

（3）浮床组成

常用的典型有框湿式浮床组成包括浮床框体、浮床床体、浮床基质、浮床植物 4 个部分。

1）浮床框体。要求坚固、耐用、抗风浪，目前一般用 PVC 管、木材、毛竹等作为框架。PVC 管无毒无污染、持久耐用、价格便宜、重量轻，能承受一定冲击力，应用最为广泛；木头、毛竹作为框架比前两者更加贴近自然，价格低廉，但常年浸没在水中，容易腐烂，耐久性相对较差。

2）浮床床体。浮床床体是植物栽种的支撑物，同时是整个浮床浮力的主要提供者。目前主要使用的是聚苯乙烯泡沫板，这种材料成本低廉、无毒且疏水、浮力大、性能稳定，不污染水体、方便设计和施工，重复利用率相对较高。此外还有将陶粒、蛭石、珍珠岩、火山岩等无机材料作为床体，这类材料具有多孔结构，更适合微生物附着而形成生物膜，有利于降解污染物质，但涉及成本问题。对于漂浮植物，可以不使用浮床床体，而直接依靠植物自身浮力保持在水面上，再利用浮床框体、绳网将其固定在一定区域内。

3）浮床基质。浮床基质用于固定植物，同时要保证植物根系生长所需的水分、氧气条件及能作为肥料载体，因此基质材料必须具有弹性足，固定力强，吸附水分、养分能力强，不腐烂，不污染水体，能重复利用等特点，而且必须具有较好的蓄肥、保肥、供肥能力，保证植物直立与正常生长。目前使用较多的浮床基质如海绵、椰子纤维、陶粒等，可以满足上述的要求。

4）浮床植物。植物是浮床净化水体的核心，需要满足以下要求：适宜当地气候、水质条件，成活率高，优先选择本地种；根系发达、根茎繁殖能力强；植物生长快、生物量大；植株优美，具有一定的观赏性；具有一定的经济价值。目前经常使用的浮床植物有美人蕉、芦苇、荻、水稻、香根草、香蒲、菖蒲、石菖蒲、水浮莲、凤眼莲、水芹菜、水雍菜、金鱼藻等，在实际工程中应根据现场条件进行植物筛选。

（4）种植方式

生态浮床上植物有不同的种植方式，对水体的进化效果也不同。目前主要采用植物混合种植，植物与填料组合种植，对水面植物合适的覆盖率等也要注意。

1）植物混合种植。实践表明，多种植物经过适当比例的配比种植能减少病虫害的发生，提高系统的稳定性，并且对水体的净化效果往往比单一种植要好。但是多种植物混合种植可能会导致生长竞争，因此需要根据植物利用水体空间的不同进行合理组合。

2）植物与填料组合种植。传统生态浮床净化水体的主体只有植物，但受水面限制，其生物量有限，而且植物根系的微生物数量和种类较少，系统的净化能力难以进一步提高。此外，传统的生态浮床仅仅利用的是水面，而水下充足的空间并没有得到良好的使用。因此，通过在浮床下悬挂填料，不仅充分开发了水下空间，更好地固定住植物，而且增加了系统内微生物数量和种类，强化了微生物净化作用，提高了生态浮床的净化能力。

3）水面植物覆盖率。通常生态浮床的植物覆盖率越高，其对水体的净化能力就越强，但是夜间的呼吸耗氧也越严重。过高的水面植物覆盖率还会影响水体的大气复氧，最终可能导致水体缺氧，因此要合理设置水面植物覆盖率。

（5）技术经济特征

1）优点与局限。相较于其他生态修复技术，生态浮床具有以下优点：①可用于高等水生植物难以生长的区域（深水区或底部混凝土结构的水域）。②增加了生物多样性。③对水位变化的适应性较强，可移动性强。④具有景观美化作用。⑤具有一定的消波及保护河岸的作用。⑥建设、运行成本较低，具有良好的经济效益、环境效益和景观效益。

然而，生态浮床技术也存在一定的问题与局限性：①浮床植物的选择首先要考虑成活性以及不同的选择净化性这两方面要求。有些污染水体可能不适合最适净化植物的生长，在这种情况下就必须考虑替代植物，但其净化性能就会降低，这就要求扩大种植面积，相应的资金投入也会增加。而且植物的生长还会受到季节影响，不同的生长阶段其净化效果也不同，植物不可能始终停留在最大净化能力的生长阶段，无法在短期内获得理想的效果。②浮床植物的回收处理。生态浮床植物种类繁多，植物死后若得不到适当处理，会造成水体二次污染。如重金属污染水体，当生态浮床植物得不到正确处理后，就可能把重金属由水体转移到土壤中，或者重新回到水体。此外，有的生态浮床选择了可食用的植物，如空心菜、水芹等，其食用安全也需要重视。③对深层水体缺乏净化能力。由于生态浮床主要依靠植物的吸收来净化水体，植物根系不能深入深层水域，因此对底层水和底泥缺乏净化能力。④夏季容易滋生蚊蝇，影响环境卫生。

2）适用范围。生态浮床较适用于没有航道要求的景观河道；在居民聚集区的城市河流，由于其夏季容易滋生蚊蝇等，其使用也受到限制；它也不适用于工业废水连续排放的河道。

3）经济性分析。生态浮床技术具有施工简单、工期短、投资小等优势，具体表现如下：浮床植物和载体材料来源广，成本低；无动力消耗，节省了运行费；维护费用少，且应用得当时，可具有一定的经济效益。

4）管理与维护。生态浮床的管理维护一直是被忽视的问题，如体现在植物的无土栽培技术、病虫害防治技术、杂草防治技术、定期收割与越冬管理、动物病虫害预防与饵料投放、介质材料的更换等方面。如果维护管理跟不上，常常就会造成使用期极短，甚至直接成为二次污染源，因此必须安排专门人员进行维护。

6.5　工程案例分析

唐寅故居文化区改造工程主要包括生态河道的构建、降雨径流调蓄利用与面源负荷削减措施（主要为 LID-BMPs 设施）、封闭水体水质持久维持措施等。根据唐寅故居文化区东西河道规划方案，利用生态工程技术构建生态河道，并进行封闭水体水质维持措施，在东荷花池北侧公共卫生间内安装叠片式自清洗过滤器，通过过滤系统可以去除剩余污染物。最后，为保证水质，在河道水域设置生态浮床 3 处，高效推流曝气设备 1 组。另外，该区域内 LID-BMPs 设施设计为降雨径流通过生物滞留池、植草沟、雨水截流收集生态沟、下凹式绿地、透水铺装等设施蓄滞、下渗后，由透水管道负责收集，补充片区封闭水体。道路雨水经过分布式初期雨水处理器处理后，补充片区河道，超过收集和净化能力的降雨径流通过雨水系统排放。

6.5.1　工程建设

6.5.1.1　水系结构优化措施

结合唐寅故居文化区河道水系建设规划，以生态河道建设为目标，促进良好生境增强，选择适用的水系结构优化措施，主要包括生态河道结构优化生态浮床等，以此来构建良好的水生态系统。

（1）生态河道结构优化

根据唐寅故居文化区绿地规模和江南古典园林风格，生态河道结构优化主要包括河道平面结构优化、河底深潭与浅滩构建、生态河道跌水景观、生态驳岸建设，优化植物配置。

生态河道断面结构如图 6.43 所示，通过下挖子槽，形成河道水面景观，营造生境群路的通道。采用错落有致驳石护岸，与迎春、杜鹃、茶梅等地被植物穿插融合，形成自然的水陆过渡带。堤坡种植桂花、红梅、红叶桃等灌木，点缀春树、香樟、银杏、垂柳等高大乔木，形成篱状围合空间，同时过滤客水。通过对生态河道水系形态进行优化，打造连通水系，增加水岸线的蜿蜒曲折，以营造生态河道景观（图 6.44、图 6.45）。

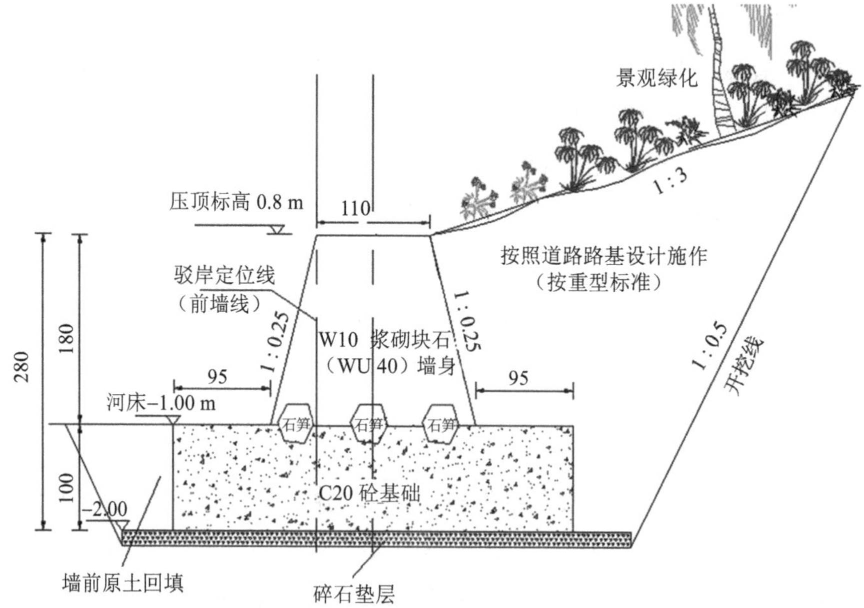

图 6.43　生态河道断面结构示意

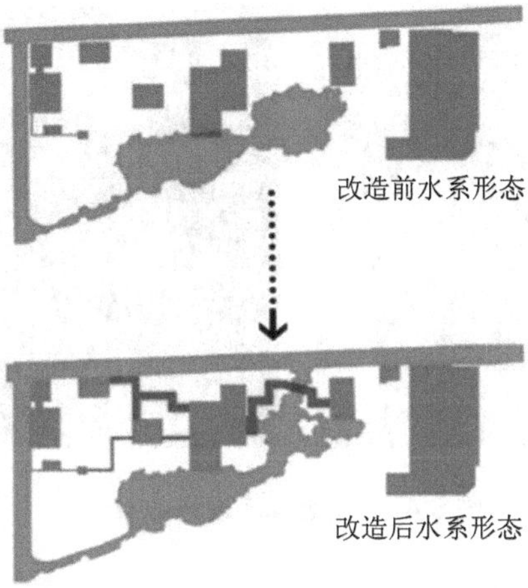

图 6.44 水系形态优化

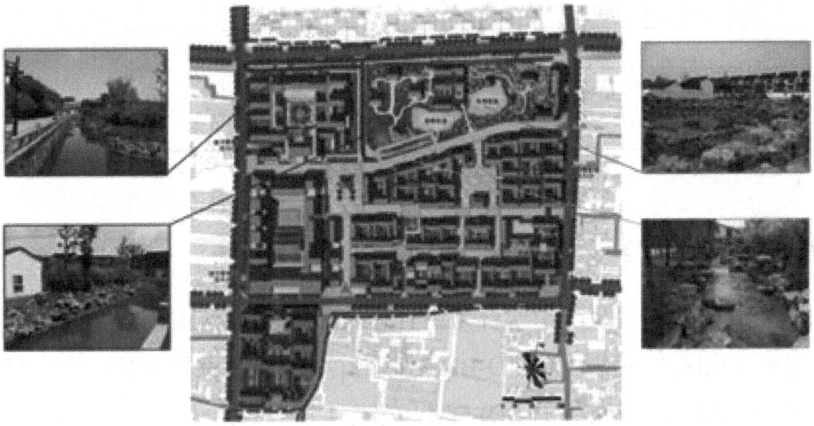

图 6.45 生态河道现场

（2）生态浮床

唐寅故居文化区内河道东西走向长 272 m、南北走向长 80 m，水深 2.1 m。结合景观效果，内河道设 3 处生态浮床，位置如图 6.46 所示，生态浮床现场效果如图 6.47 所示，生态浮床种植情况如表 6.26 所示。

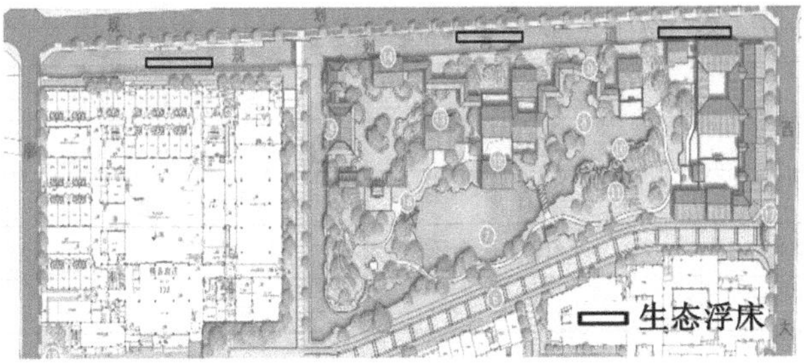

图 6.46 生态浮床位置示意

图 6.47　生态浮床现场效果

表 6.26　生态浮床种植情况

序号	规格	铺设面积/m^2	植物种类
1	3 个边长约为 1.5 m 的正八边形浮床	34	西伯利亚鸢尾、旱伞草、铜钱草、大聚藻
2	方形浮床 1 m×10 m	10	
3	3 个边长约为 1.5 m 的正八边形浮床	34	
总计		78	

6.5.1.2　基于 LID-BMPs 的降雨径流控制措施

唐寅故居文化区基本以密集建筑群为主且建筑密度较高，因此适宜采用一些较小且分散，适合在建筑文化区内部使用的 LID-BMPs 设施，同时唐寅故居遗址内有大量景观绿地，适宜采用一些拟自然景观效果好的 LID-BMPs 设施。

根据桃花坞历史文化片区建设进度，对不同 LID-BMPs 设施进行分期分批建设。唐寅故居文化区建设为一期工程，首先开始建设。其中的 LID-BMPs 设施包括生物滞留池、植草沟、植物缓冲带、雨水截流收集生态沟、下凹式绿地、透水铺装和透水管道、屋面雨水收集沟、雨水湿地等。生态树池（入渗型植物绿化栏）等在后期工程建设中应用。其中，一期工程中建设的 LID-BMPs 设施面积如表 6.27 所示。

表 6.27　一期工程中建设的 LID-BMPs 设施面积

LID-BMPs 设施	设施面积/m^2	LID-BMPs 设施	设施面积/m^2
生物滞留池	591	透水铺装和透水管道	300
植草沟	40	雨水湿地	1 718
雨水截流收集生态沟	160	总计	3 827
下凹式绿地	1 018		

（1）生物滞留池

在唐寅故居文化区设生物滞留池，实际建设面积 91 m^2。精品酒店、非遗文化展示馆等区域设施生物滞留池，实际建设面积 500 m^2。经过处理后雨水直接进入荷花池。其中，唐寅故居遗址与精品酒店和非遗文化展示馆结构示意如图 6.48 所示。

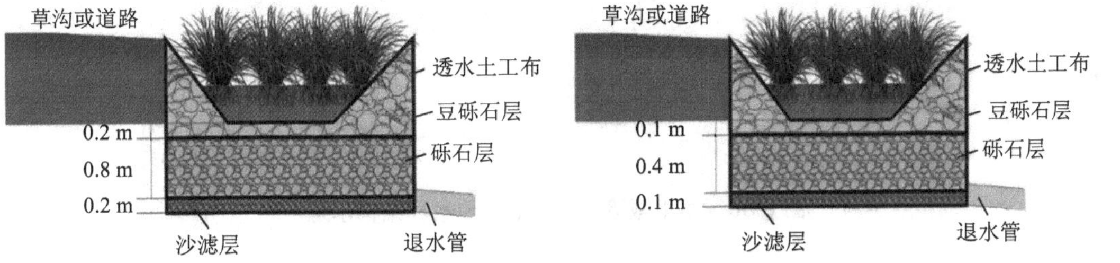

（a）唐寅故居遗址　　（b）精品酒店和非遗文化展示馆

图 6.48　生物滞留池结构示意

（2）植草沟

唐寅故居文化区内的植草沟，采用干式草沟，与生物滞留池相连，负责收集植草沟周边雨水并进行蓄积、过滤，最终经下游生物滞留池后排入荷花塘。植草沟断面结构和现场效果如图 6.49 所示。

图 6.49　植草沟断面结构和现场效果

（3）雨水截流收集生态沟

雨水截流收集生态沟在唐寅故居遗址内路面与人造山及广场周围设置，负责收集周边雨水并进行蓄积、过滤，最终就近排入附近雨水井或荷花池，其位置和结构如图 6.50 所示。

（4）下凹式绿地

唐寅故居文化区下凹式绿地主要包括分散的绿地（除局部造景要求的微地形）、花园、花篮等。对于绿地和花园，其高程低于周边地面 5～10 cm，绿地周边路缘石应预留通道或采用平缘石，保证周边雨水能够进入下凹式绿地。土壤根据条件安放一定的砾石、沸石等吸附性填料。下凹式绿地主要分布在精品酒店和非遗文化展示馆两部分。对于花篮的摆放，要求花篮周边围挡应高于花篮内部高程 5～10 cm。下凹式绿地现场如图 6.51 所示。

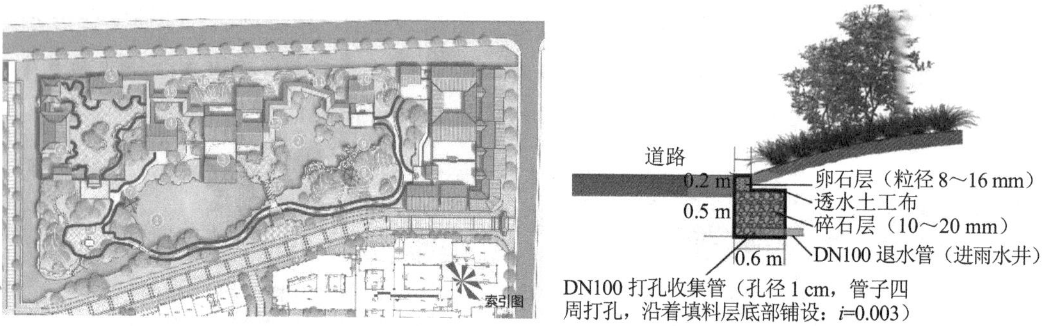

图 6.50 雨水截流收集生态沟位置和结构示意

图 6.51 下凹式绿地现场图

（5）透水铺装和透水管道

唐寅文化故居区透水铺装施工结构示意见图 6.52。填料层自下而上分别为二灰碎石、透水混凝土、透水水泥砂浆、仿青砖（透水砖）。其中仿青砖与水泥砂浆之间放设置透水管道。

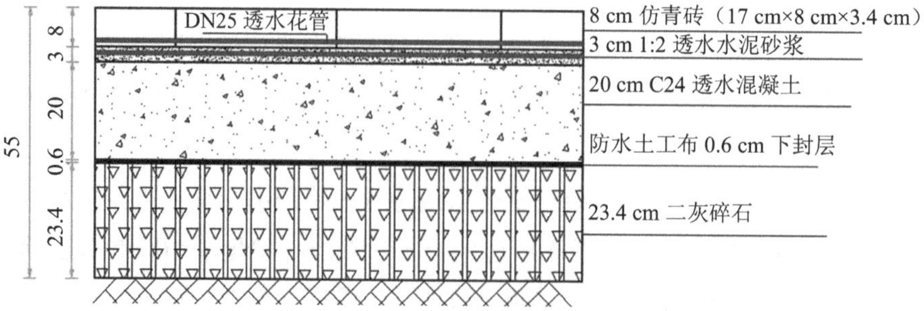

图 6.52 透水铺装施工结构示意

（6）雨水湿地

结合唐寅故居文化区水系规划中的东西荷花池，循环水经假山跌水流至荷花池，应用 LID-BMPs 理念，优化荷花池水深、岸坡及植物种植。尤其是东荷花池，在原规划的基础上，增加岸线蜿蜒性，通过水质处理设施与河道相连通，然后通过假山跌水增加水体流动性，如图 6.53 所示。雨水湿地面积为 1 718 m^2，水深平均为 0.5 m。东荷花池底部设置填料层，填料层采用陶粒和砾石。

图 6.53　雨水湿地现场

考虑到唐寅故居文化区内建筑均为坡屋顶，因此在唐寅故居遗址、精品酒店、非遗文化展示馆等区域均设置屋面雨水收集沟。屋面雨水收集沟示意如图 6.54 所示。根据片区建设进度，在二期工程中建设。

图 6.54　屋面雨水收集沟示意

6.5.1.3 分布式初期雨水处理设施

在不影响原有唐寅故居文化区内排涝的情况下，在片区内雨水边井中设置 32 组分布式初期雨水处理设施，降雨径流进入处理设施后经过处理汇入雨水管网。单个处理装置设计最大流量约 28 m^3/h，为了便于安装维护，采用一体式定制加工，外观尺寸为 42 cm×38 cm×60 cm（长×宽×深），填装的功能性填料体积为 10.14 L，填料粒径规格为 3～6 mm 或 4～8 mm，填料比表面积为 3 900 m^2/m^3，填料堆积密度为 700～90 kg/m^3，填料孔隙率为 42%～58%。

在以文昌阁为中心的东、西、南、北 4 条道路上设置 32 组初期雨水处理设施，于源头降低雨水中污染物的含量，以达到维持河道水体水质的目的。分布式初期雨水处理设施结构示意如图 6.55 所示。

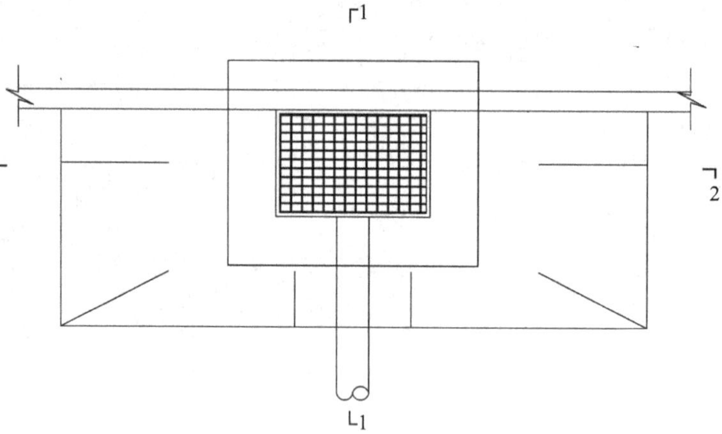

（a）平面图

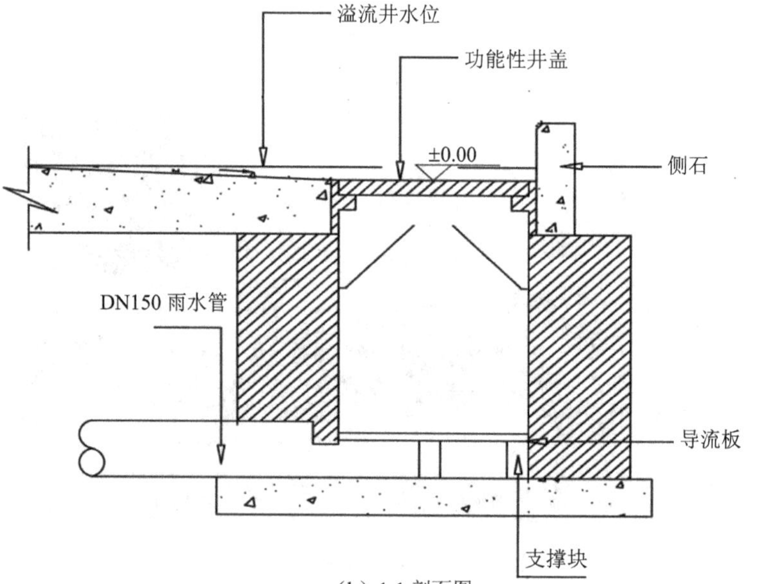

（b）1-1 剖面图

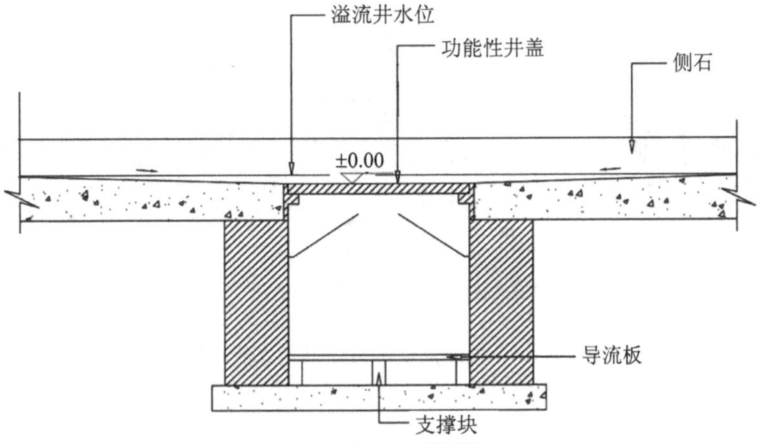

（c）2-2 剖面图

图 6.55　分布式初期雨水处理设施结构示意

6.5.1.4　封闭水体水质净化设施建设

唐寅故居文化区内荷花池与河道总面积约 4 208 m²，河道设计水深 2.1 m，荷花池水深 0.5～0.6 m。封闭水体总水量约 6 000 m³。根据专项研究成果，片区内水系需要 7 天置换 1 次，相当于每个小时要处理约 40 m³ 的水。本次采用处理能力为 50 m³/h 的自清洗快速过滤器。

考虑到过滤设备、管道的水头损失之和，以及系统进出口水位差，选择扬程 35 m，功率 10～15 kW，流量 50 m³/h 的水泵。设施出水一部分通过泵提升至假山跌水进入荷花池，一部分出水至景观走廊下方后直接汇入荷花池，如图 6.56 所示。根据测算，仅通过过滤设备，荷花池内水体流速可维持在 0.000 7～0.007 m/s，河道内水体流速约为 0.001 m/s。

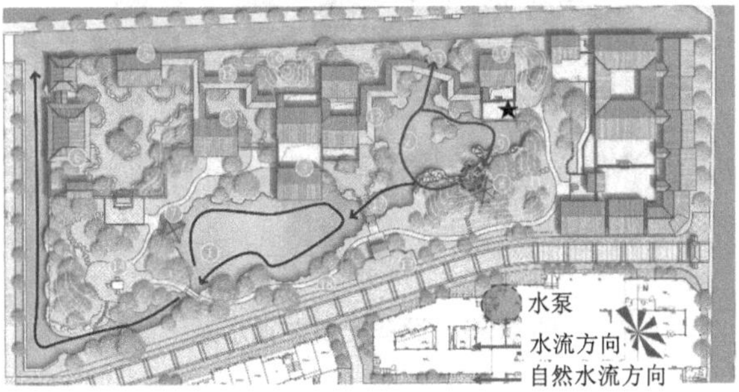

图 6.56　过滤系统水流示意

在保证效果的前提下，工程中充分考虑到经济性。为了保证过滤设备正常的清洗动作，所以设备安装位置靠近泵的出水口，远离系统的出水口。根据现场情况确定安装地点设在东荷花池北侧洗手间内（图 6.56 中★处）。自清洗快速过滤器平立面布置如图 6.57 所示。为了不影响片区内整体景观效果，工程将建设地下空间，将设备安装于地下空间内。

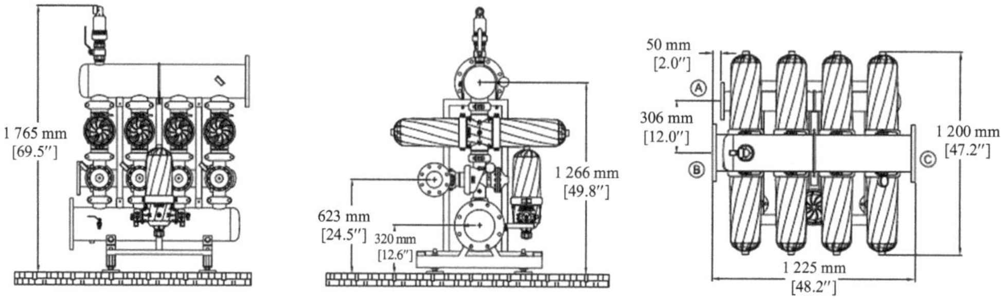

图 6.57 自清洗快速过滤器平立面布置

6.5.1.5 高效远程推流曝气设备建设

高效远程推流曝气设备机头安装于距离唐寅故居文化区东西向河道西端 10 m 处。设备管路沿河道南岸河底铺设，岸边每 12 m 设置固定挂钩，管道沿河道南岸布置。出口位于南北河道北端。设备安装位置示意如图 6.58 所示，现场安装及运行情况如图 6.59 所示。推流设施总功率为 1.5 kW，循环水量为 300 m^3/h，增氧能力为 20 kgO_2/h，推流流速为 0.1 m/s。

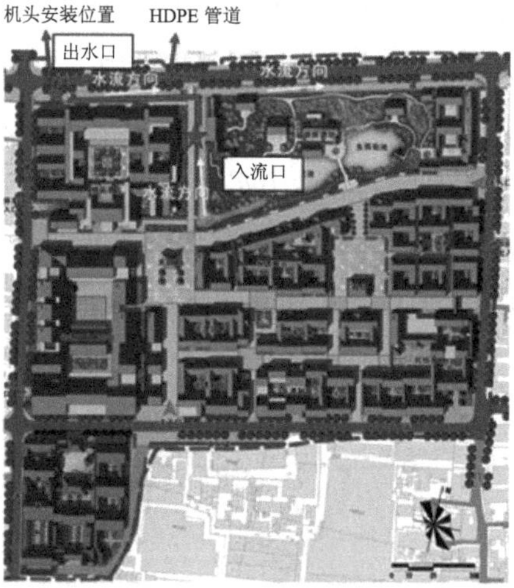

图 6.58 设备安装位置示意

图 6.59 设备现场安装及运行情况

6.5.2　工程实施效果

2016 年 10 月—2017 年 5 月对唐寅故居文化区生态河道和荷花池水质进行监测。监测数据如图 6.60 所示。由图 6.60 可知，基本上 COD≤40 mg/L、NH_3-N≤2 mg/L、DO≥2 mg/L，COD、NH_3-N、DO 等主要水质指标结果全部满足Ⅴ类水质要求，特别是 DO 和 NH_3-N 值，均满足Ⅳ类水质要求。生态河道透明度平均 63 cm，荷花池透明度平均 38 cm，几乎等于水深，清澈见底。

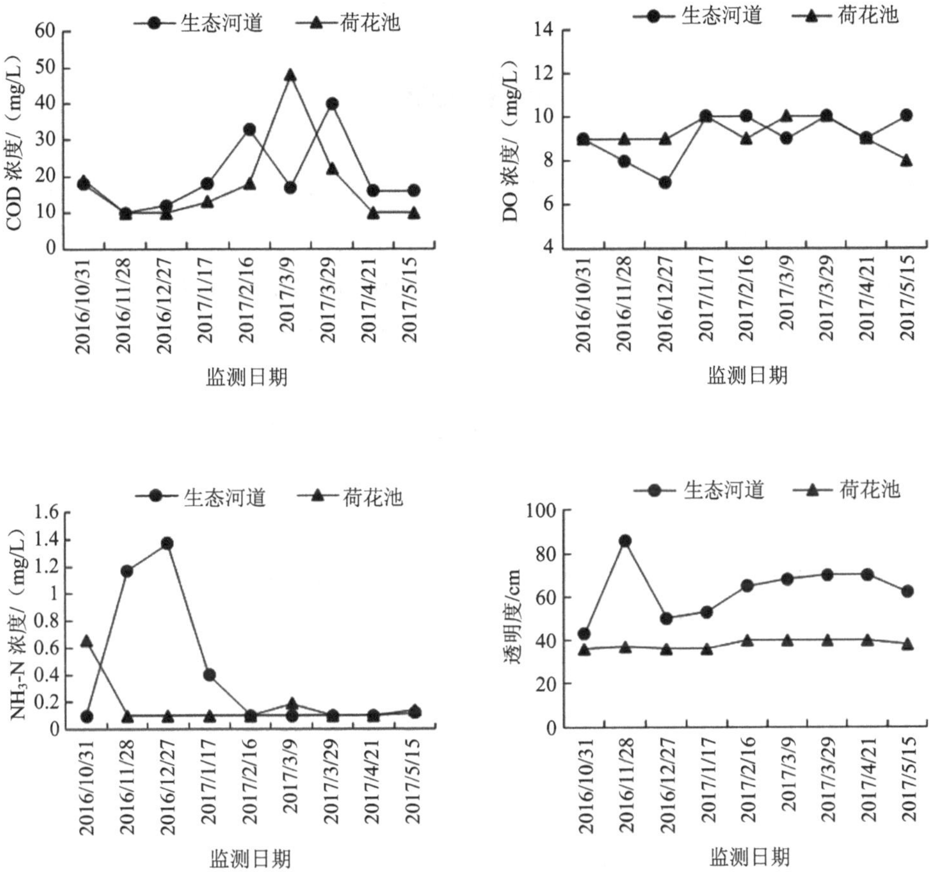

图 6.60　生态河道和荷花池水质监测数据

桃花坞片区改造前，唐寅故居文化区前的池塘水质很差，水中布满各种生活垃圾、建筑垃圾，臭味严重。工程建设后，河外生态驳岸草木丛生、错落有致；河边蓝绿融合、相映成趣；河内流水潺潺，鱼戏荷间，营造出生机盎然的水景并持续至今，如图 6.61 所示。

图 6.61 生态河道和荷花池现场

参考文献

[1] 方怒放，史志华，李璐. 基于输出系数模型的丹江口库区非点源污染时空模拟[J]. 水生态学杂志，2011，32（4）：7-12.

[2] 侯培强，任玉芬，王效科，等.北京市城市降雨径流水质评价研究[J].环境科学，2012，33（1）：71-75.

[3] 黄金良，杜鹏飞，欧志丹，等. 澳门城市路面地表径流特征分析[J]. 中国环境科学，2006，26（4）：469-473.

[4] 贾海峰. 城市河流环境修复技术原理及实践[M]. 北京：化学工业出版社，2017.

[5] 李微，梁建勋，裴剑，等. 气提式连续砂滤池生物预处理试验研究[J]. 给水排水，2011，37（11）：42-45.

[6] 刘晓飞，韩红东，莫祖澜，等. 平原河网地区排水防涝能力提升的系统方案研究[J]. 城市道桥与防洪，2015，10（10）：63-64.

[7] 刘兴坡，刘遂庆，李树平，等. 基于 SWMM 的排水管网系统模拟分析技术[J]. 给水排水，2007，33（4）：105-108.

[8] 刘焕彬，王新堂. 山东省城市大气降水 pH 观测结果及其初步分析[J]. 中国环境监测，2006，22（6）：92-95.

[9] 孙樱珊. 基于 Mike_Urban 模型的北京市老城区合流制溢流污染控制研究[D]. 北京：北京交通大学，2018.

[10] 尚志海. 当代全球变化下城市洪涝灾害的形成机制与风险管理研究——以广州市为例[D]. 广州：华南师范大学，2005.

[11] 王雯雯，赵智杰，秦华鹏. 基于 SWMM 的低冲击开发模式水文效应模拟评估[J]. 北京大学学报（自然科学版），2012，48（2）：303-309.

[12] 谢映霞. 从城市内涝灾害频发看排水规划的发展趋势[J]. 城市规划，2013，37（2）：45-50.

[13] 赵冬泉，王浩正，陈吉宁，等. 城市暴雨径流模拟的参数不确定性研究[J]. 水科学进展，2009，20（1）：45-51.

[14] Bender G M，Terstriep M L. Effectiveness of street sweeping in urban runoff pollution control [J]. Science of the Total Environment，1984，33（1-4）：185-192.

[15] Du P F，Jia H F，Yu S L. Urban watershed management under rapid urbanization[J]. Frontiers of Environmental Science & Engineering，2012，6（5）：595.

[16] El-Hasan T，Batarseh M，Al-Omari H，et al. The Distribution of Heavy Metals in Urban Street Dusts of Karak City，Jordan[J]. Soil & Sediment Contamination：An International Journal，2006，15（4）：357-365.

[17] Everaert G，Pauwels I S，Boets P，et al. Model-based evaluation of ecological bank design and manage-ment in the scope of the European Water Framework Directive [J]. Ecological Engineering，2013，53：144-152.

[18] Moscrip A L，Montgomery D R. Urbanization，flood frequency，and salmon abundance in puget lowland streamsl[J]. Jawra Journal of the American Water Resources Association，1997，33（6）：1289-1297.

[19] Jia H F，Ma H T，Sun Z X，et al. A closed urban scenic river system using stormwater treated with LID-BMP technology in a revitalized historical district in China [J]. Ecological Engineering，2014，71：448-457.

[20] Jia H F，Ma H T，Wei M J. Calculation of the minimum ecological water requirement of an urban river system and its deployment：a case study in Beijing central region [J]. Ecological Modelling，2011，222（17）：3271-3276.

[21] Jia H F，Yao H R，Tang Y，et al. Development of A Multi-Criteria Index Ranking System for Urban Stormwater Best Management Practices（BMPs）Selection[J]. Environmental Monitoring and Assessment，2013，185（9）：7915-7933.

[22] Jia H F，Yao H R，Yu S L. Advances in LID BMPs research and practices for urban runoff control in China[J]. Frontiers of Environmental Science & Engineering，2013，7（5）：709-720.

[23] Loucks D P，Jia H F. Managing water for life [J]. Frontiers of Environmental Science & Engineering，2012，6（2）：255-264.

[24] Liu Y，Che W，Li J. Monitor-based evaluation of pollutant load from urbanstormwater runoff in Beijing [J]. Water Science and Technology，2005，52（9）：191-197.

[25] Richard F，Hugh M，Melvin S. Porous pavement：Research，development，and demonstration [J]. Transportation Engineering Journal，1982，108（3）：244-258.

[26] Winston R J，Hunt W F，Kennedy S G，et al. Evaluation of floating treatment wetlands as retrofits to existing stormwaterretention ponds [J]. Ecological Engineering，2013，54：254-265.

[27] Zhang Y H，Jia H F，Yao Y J，et al. Evaluating the evolution of the old urban river system of the plain river network in Southern Jiangsu Province，China [J]. Journal of Food，Agriculture & Environment，2013，11（3&4）：2556-2560.

第 7 章

水乡古镇河道水质修复与调控

水乡古镇水网稠密，水系复杂，随着古镇工业经济的发展，人口的增加，面源污染不断加剧，加上河道长期淤积，河流受闸控等的影响，河流流速低，甚至停滞，河流水环境不容乐观，水生态遭到了破坏。针对这些问题，重点研究古镇重污染河道污染源构成和特征污染物识别、古镇水系的生态调度和调控、河道典型污染物快速去除技术以及污染河道景观功能的快速高效修复和持久维持技术等，形成水乡古镇河道高品质水质修复与调控集成技术体系，提出水乡古镇高品质水质修复与调控技术方案并进行工程示范，改善水乡古镇水系水环境和生态状况。

7.1 水乡古镇河道高品质水质修复与调控集成技术路线

近年来，随着旅游服务业的发展，旅游接待人口快速增长，水乡古镇居民的生产生活方式也逐渐发生改变。面对小区域、大容量的旅游服务业的发展，古镇旅游接待负载压力大，旅游容量和旅游污染之间的矛盾日益突出，旅游污染已成为古镇内最重要污染源之一。再加上点源污染、面源污染以及其他类型污染源的影响，古镇水环境逐年恶化，直接影响了当地居民的生活，也影响了旅游品质。

为满足江南水乡古镇高品质旅游需求，基于水乡城镇河流众多、河道平缓、局部流向多变、流态复杂等特征，以同里古镇水系为研究对象，针对水流滞缓、自净能力差、水体生态功能退化、水环境质量恶化等问题，通过系统的水质和水动力监测，污染源调查，制定了水乡古镇河道高品质水质修复与调控集成技术路线，如图 7.1 所示。重点研究古镇重污染河道污染源构成和特征污染物识别、古镇水系的生态调度和调控、河道典型污染物快速去除技术以及污染河道景观功能的快速高效修复和持久维持技术等，形成水乡古镇河道高品质水质修复与调控集成技术体系。以江南苏州水乡古镇同里古镇为案例研究区，系统开展同里古镇基本情况调研、水环境问题识别、河网水动力、水质监测分析、研究区水动力-水质耦合模型建立、污染源调查解析以及水质改善技术工程方案研究等，以改善同里古镇水系水环境和生态状况。

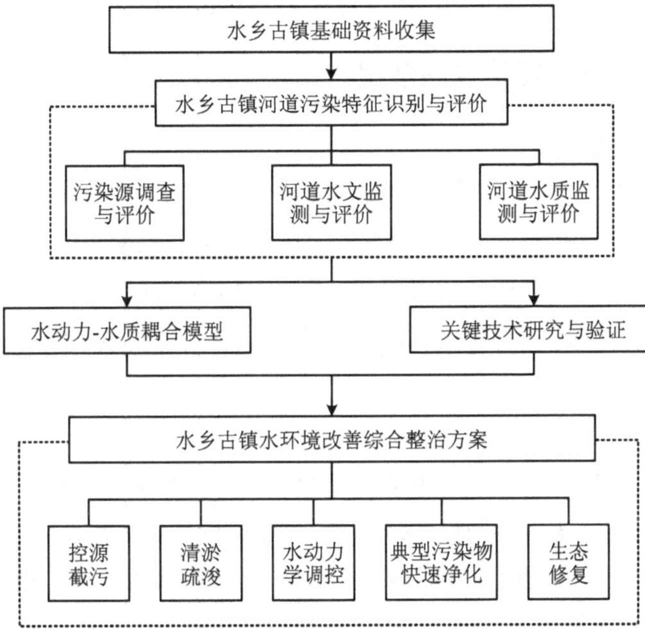

图 7.1 水乡古镇河道高品质水质修复与调控集成技术路线

7.2 水乡古镇基本情况

同里古镇位于苏州市吴江区东部，地处太湖沿岸，大运河畔，是目前江苏省保存最为完整的水乡古镇，也是江苏省重点文物保护单位，太湖国家级风景名胜区的十三大景区之一。历史悠久、文化底蕴深厚、建筑风格别致，使得清丽古朴的同里古镇成为游玩江南古镇的首选之地。

7.2.1 古镇水系情况

同里镇属于太湖水网平原中的湖荡平原，地势平坦，镇区由西北向东南微缓倾斜，镇区及镇郊高程在 4.01～5.12 m（采用吴淞高程，下同）。地层属全新现代沉积，土层以亚黏土为主，地承受能力 12～18 t/m^2，地下水 0.5～1.0 m，含水层埋深 80～120 m，钻井涌水量 60 t/h。

同里系太湖流域，境内河港交叉，湖荡密布。古镇区外围五湖（同里湖、南星湖、九里湖、叶泽湖、庞山湖）环抱，总水域面积约 48 km^2，占镇域总面积的 46.6%。

同里古镇区水域约为 39 248 m^2，水岸线约 4 400 m，河道最窄处约为 5 m，最宽处约 22 m，基本为垂直硬质驳岸。地势平缓且坡降不明显，水流平缓，水动力学条件差。古镇水系流向基本上以“自西向东、从北到南”为主流线，受闸坝调控以及风向影响，有时表观上河道表面水流呈反向流。镇域内河流平均水位 2.80 m，洪水位 4.34 m，洪水周期 25 年。

7.2.2 古镇行政管理与经济发展情况

（1）行政区划及人口

全镇行政区面积为 102.91 km^2，其中镇区面积为 9.7 km^2。2010 年年末总人口约 5.8 万，下辖 5 个社区、12 个行政村。同里古镇区包括鱼行社区、东溪社区（2011 年大部分并入鱼行社区，小部分并入东新社区）、东新社区，共约 1.2 km^2；同里历史镇区面积约 0.54 km^2；历史文化名镇核心保护范围面积约 0.3 km^2；景观和风貌上与核心保护范围协调的区域面积约 0.24 km^2。

（2）古镇景观格局

同里古镇域内 46.7%是水面，古镇四周 3 000 亩以上的大湖有 5 个，可以用“五湖环抱于外，一镇包含于中”来形容同里古镇的水乡形态。同里古镇建设用地主要分为 3 部分，古镇区居中，东部是同里新区，西部和西南部是同里产业园区。同里新区为 20 世纪 80 年代后开始建设，目前规模较小，也有 90 年代后期建设的小川东路等新开发的商业街和住宅小区。同里产业园为新规划的产业园区，并有部分动迁居民住宅。

同里历史镇区范围为北到后港，南到南荒圩，西至南板桥，东到肖家浜，包括鱼行社区与东溪社区的绝大部分。历史镇区内被川字形的 15 条小河分隔成 7 个小岛，而 49 座古桥又将小岛串为一个整体，家家临水形成街河并行、桥路相接的格局特点。历史镇区内建筑依水而立，以“小桥流水人家”著称，建筑密度较高，建筑形式以传统的坡屋顶、砖木结构为主。

历史镇区西北部为吴江经济技术开发区管理区域，该区域工农业、居住功能混杂，主要有生产电烘箱等机械设备的小型工厂、分散的居民平房，以及少量沿河分布的农田。

历史镇区东南部为东新社区，因是镇东部新区而得名。该社区于 2002 年成立，社区内的街道、建筑物大多为 2000 年以后新建，为苏州市较为典型的城镇化区域。社区内以中川南路、小川东路、小川西路为镇商业中心，包括农贸市场、银行、星级宾馆、大型酒店、超市、居民住宅小区等。

（3）经济发展概况

2009 年全镇地区生产总值 40.25 亿元，财政一般预算收入 1.96 亿元，旅游服务业增加值 20.95 亿元，占 GDP 比重 52%；服务业税收 6 800 万元，占一般财政预算收入 35.8%。农民人均纯收入 13 300 元，城镇居民人均可支配收入 26 600 元。国家统计局江苏调查总队发布的江苏乡镇综合发展指数测评结果显示，同里古镇在 100 强镇中位列第 75。

2010 年，全镇完成地区生产总值 46.33 亿元，同比增长 15.11%；完成三产增加值 24.25 亿元，同比增长 15.75%；实现一般预算收入 2.3 亿元，同比增长 17.25%；完成全社会固定资产投资 24.75 亿元，同比增长 7.61%。

（4）古镇旅游发展情况

旅游业是同里古镇的重要支柱产业，同里古镇凭借保存完好的明清建筑群、深厚的文化底蕴和淳朴的传统民风等资源优势，在国内外享有盛誉。截至 2007 年，同里古镇接待旅客超过 308.6 万人次，同比增长 16.8%，门票收入 6 106.5 万元，同比增长 15.8%。2009 年，旅游服务业增加值为 20.95 亿元，占 GDP 比重 52%，旅游及服务业已经发展成为同里古镇经济的“半壁江山”。2010 年，中国旅游行业第一份“中国旅游百强景区”发布，同里古镇以年接待 523 万人次的成绩成功入围，在百强旅游景区中排名第十。

7.2.3 古镇排水系统情况

7.2.3.1 古镇排水系统

古镇区内采取雨、污分流制。雨水管网的布置采取分散布置、就近排放的原则，利用地形和密布的河网，按河道水流的流向划分排水分区，部分采用暗渠的形式直接入河。污水管网沿河和主要街道铺设，枝状布局，分成 7 个片区，各片区污水量低于 400 m^3/d，最大时流量为 25 m^3/h。鉴于片区内排水为小流量、间断排出的工况，采用污水池内置潜污泵合建式泵站的方式提升污水，考虑保持岸边风貌的需要，污水提升泵站设在自然地坪下，隐蔽修建。古镇排水系统共设置 10 个污水提升泵站。污水管网干管管径为 DN225～800，雨水管网干管管径为 DN600。

同里古镇区划分东、西两个排水分区，其中西片区由新设的中川路主管截流，东片区和同里新区片区由度假村路主管截流，共同排入迎燕路污水总管。镇东组团分南、北两个排水分区，由组团中两条东西向主管汇集后排入迎燕路延伸段的污水总管中。镇西组团南北两片均划分东、西两个排水分区，由南北向的主管汇集后进入迎燕路污水总管。最后，镇区污水经迎燕路污水总管向西进入污水处理厂。

7.2.3.2 居民家庭雨污收集状况

古镇区住宅异常密集，邻里之间由弄堂连接，弄堂的宽度在 1.2～1.8 m，有的露天，有的是室内走廊。住户房屋功能分区也不尽相同，各用水点分散，污水的收集难以采用常规的管道布置形式。除此之外，该地区地下水位较高，地下土质较差，多为松散的杂填土、腐殖土。因此，污水管道的铺设深度和污水处理构筑物的埋深受到限制。

目前古镇区虽然保持了大多数老房子的基本构型，但实际使用功能却发生了极大的变化。大多数由原来居住一户的多进天井式住宅逐步演变成了大杂院。不仅在一户住宅内挤进了三四户，而且由于居住面积的不足又建造了许多厢房，占用了天井，分割了备弄，使原本狭窄但通畅的备弄变得曲曲弯弯，甚至出现了死胡同。

逐户走访显示，古镇住宅屋面雨水排向内天井，通过阴沟排到户外，再通过户外弄堂下的暗沟排向河中。部分住宅的厨房排水、洗衣排水，也通过阴沟排出，或用就近铺成的混凝土管道直排河中。

古镇居民普遍设置抽水马桶厕所，大多建在厢房或天井附近。沿河附近一进至二进范围内的住户，黑水由纳管截污，从天井直接接入污水干管或次街道后接入污水干管。离河较远的住户，污水无法直接排至污水管网时，则在天井建一个小型化粪池。这种化粪池实际上就是一个砖砌的截粪井，长、宽仅为 1 m 左右，深 1 m，污水从室内卫生间直接用铸铁管出户后，进入化粪池。化粪池的类型有两种：一种是化粪池后的管道具备铺设条件，用混凝土管通入河中；另一种化粪池后的管道不具备铺设条件，这类化粪池本身无底，污水渗透至地下水系，从不清掏。因此古镇内有相当一部分灰水混合雨水直接进入古镇水系，同时有一部分排放至化粪池的黑水，通过自然下渗，进入古镇水系。

7.2.4　古镇水系结构与水动力情况

7.2.4.1　古镇闸坝与河段基本情况

同里古镇区水域基本为垂直硬质驳岸。地势平缓且坡降不明显，水流平缓，水动力学条件差。古镇水系流向基本上以“自西向东、从北到南”为主流线，受闸坝调控以及风向影响，有时表观上河道表面水流呈现反向流。

镇域内河流平均水位 2.80 m，洪水位 4.34 m，洪水周期 25 a，主要以外运河为补给水源，通过闸坝控制古镇水系水位高于运河，基本引水方式为“一进七出”，如表 7.1 所示。镇域内进口泵站 1 处，位于西珠圩和后港交汇处；出水闸坝共 7 处，分别位于南板桥、饮马桥、东溪桥、会川桥、东棣港、小川河、南图滨。总体引水走向：通过引水泵站自后港提升运河水，进入西珠圩，随后经蒋家桥进入历史镇区核心区，置换核心区河道内水体。置换出的水一部分从饮马桥、东溪桥溢流排出，进入后港；另一部分自会川桥、东棣港、小川河溢流排出，进入中元港；还有一部分进入北图滨，溢流至南图滨，并最终进入中元港。古镇内水系主要河段长度、宽度、河段面积如表 7.1 所示。

表 7.1　古镇主要河段长度、宽度、河段面积

河段	河段长度/m	河段宽度/m	河段面积/m^2
蒋家桥至西珠港	300	8	2 400
蒋家桥至德春桥	360	14	5 040
蒋家桥至会川桥	180	14	2 520
泰安桥至吉利桥	120	6	720
乌金桥至升平桥	250	6	1 500
升平桥至东新桥	200	12	2 400

河段	河段长度/m	河段宽度/m	河段面积/m^2
升平桥至南园茶楼	160	10	1 600
德春桥至饮马桥	150	10	1 500
农贸市场至东溪桥	620	14	8 680
小川桥至东新桥	200	12	2 400
东川桥至南图浜	270	6	1 620
总计	2 810	—	30 380

7.2.4.2　古镇河道断面情况

通过河道水系结构的调查测量，主镇区主要河道为人工硬质驳岸，外运河少部分河段保留着自然河道的形态结构。古镇区河底结构主要呈平缓的弧形或直线型，具有明显的人工河道断面特征。

同里河道断面可分为自然（近自然）河道和人工渠化河道。自然（近自然）形态的河道，如上元桥断面、富观桥断面等，如图 7.2 所示。自然（近自然）形态河道主要位于同里周边外围河道，河道断面以天然抛物线形断面为主，河道宽深比有较大变化，常有深潭与浅滩交错的布局出现。这类河道在同里古镇区较为少见。

图 7.2　同里古镇自然（近自然）河道断面及断面形状

同里古镇内部河道大部分断面都属于人工渠化河道，如长庆桥、泰安桥、中川桥等，如图 7.3 所示。人工渠化河道断面通常为梯形、矩形及平缓的弧形等规则几何形状，宽深比变化较小。河岸边坡因其抗冲、抗侵蚀性及耐久性需求而采用硬质材料，如浆砌块石河岸或混凝土硬质化河岸，形成垂直人工驳岸，岸坡较陡。人工渠化河道主要位于同里古镇区内河，通常为满足城市发展及人民生活需求，如供水、防洪、航运、渔业及旅游等兴建，这是因为规则的渠道断面输水能力强，占地少，设计时易于计算，建设时易于施工，且便于维护管理，但也由于人为改造，水域生物群落多样性下降，影响了生态系统的健康和稳定性。

图 7.3 同里古镇某人工渠化河道断面

7.2.4.3 古镇水文水动力情况

2013 年 6 月，现场利用声学多普勒 ADCP 流速仪等测量了同里古镇河道水文及水动力条件参数，各断面监测结果如表 7.2 所示。古镇河道平均水深约 1.95 m，古镇外河断面流速较大，水动力条件较好。古镇内部河道流速普遍偏低，核心区断面流速基本在 0.01 m/s 左右，水流滞缓，基本处于静止状态，断面流量也均低于 0.02 m^3/s。

表 7.2 同里古镇河道断面监测结果

序号	断面	宽度/m	总流量/（m^3/s）	水深/m	流速/（m/s）
1	进口泵站	8.14	0.026	2.15	0.016
2	卧云庵桥	4.28	0.035	0.68	0.024
3	蒋家桥	8.79	0.110	2.7	0.086
4	太平桥	9.25	0.054	2.1	0.010
5	长庆桥	4.82	0.057	2.1	0.003
6	吉利桥	8.18	0.005	1.2	0.007
7	泰安桥	3.53	0.070	1.8	0.010
8	鱼行桥	6.28	0.085	2.1	0.005
9	乌金桥	6.16	0.133	2.1	0.014
10	会川桥	6.14	0.110	1.82	0.006
11	德春桥	10.12	0.043	2.3	0.006
12	饮马桥	4.92	0.054	2.3	0.009
13	中元桥	13.48	0.038	2.4	0.003
14	中川桥	19.56	0.188	2.4	0.006

序号	断面	宽度/m	总流量/（m^3/s）	水深/m	流速/（m/s）
15	东新桥	17.89	0.131	2.1	0.008
16	小川桥	21.62	0.002	2.4	0.008
17	东川桥	4.89	0.007	1.13	0.004
18	大东溪桥	15.54	0.045	1.6	0.001
19	小东溪桥	10.07	2.724	1.8	0.140

7.2.5 水环境与水生态情况

针对同里古镇河道水流滞缓、自净能力差、水体生态功能退化、水体感官较差、水环境质量恶化等问题（图 7.4），本次在同里古镇河道设置约 20 个监测断面，开展了同里古镇水系水质及水动力条件（流速、流量、流向、水位、河道结构等）实地数据监测采集与分析评价。

上游来水—运河水体

上游来水—进口泵站和附近水域

中游核心区—德春桥和三桥区域

中游核心区—泰安桥和中川桥

下游水体—小川桥附近

下游水体—南图浜闸附近

图 7.4 同里古镇水环境现场

综合考虑河道形态特征、闸坝方位、水流流向以及水系补水换水的影响，选择景区水系西北侧的进口泵站为起点，以景区水系东南侧的南图浜闸为终点，共布设 20 个监测采样点，贯穿整个景区水系，如图 7.5 所示。

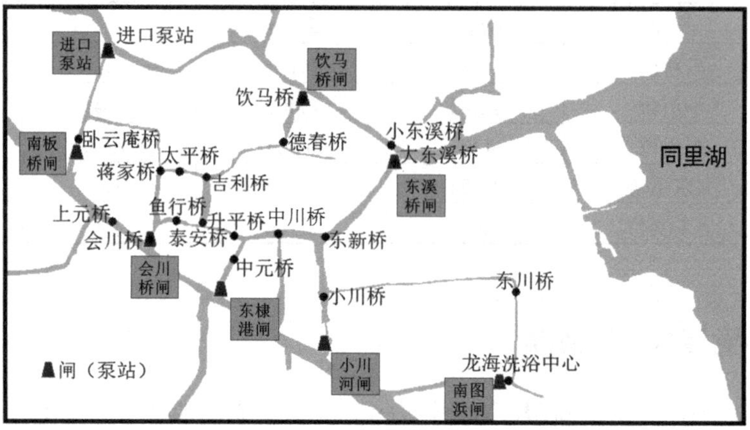

图 7.5 同里古镇河道监测点分布

（1）水质指标变化及超标因子分析

2011 年 11 月—2013 年 4 月测得的断面主要水质指标变化范围如表 7.3 所示。水质指标波动比较大，COD、N、P 指标最高值远超过V类水标准。

表 7.3 监测期内（2011 年 11 月—2013 年 4 月）河道断面主要水质指标变化范围

水质指标	均值	变化范围（最小值～最大值）
透明度/cm	36.43	13～89
DO/（mg/L）	2.91	0.21～8.3
浊度/NTU	14.16	3.2～59.7
pH	7.29	6.64～8.76
电导率/（μS/cm）	673.14	493～1 011
COD/（mg/L）	25.73	11～91
BOD_5/（mg/L）	5.01	0.7～17.7
TN/（mg/L）	6.45	2.45～25.7
NH_3-N/（mg/L）	3.50	0.02～18.7
NO_3^--N/（mg/L）	1.40	0.01～2.88
TP/（mg/L）	0.36	0.03～11.3
Chla/（μg/L）	9.66	1.25～79.02
Hg/（mg/L）	0.45	0.000 24～2.98
As/（mg/L）	0.58	0.000 2～1.90

按照《地表水环境质量标准》（GB 3838—2002）中的V类地表水水质要求对同里古镇水环境现状进行评价。主要水质指标的标准限值如表 7.4 所示。

表 7.4　同里古镇主要水质指标的标准限值

指标	pH	DO	COD	BOD_5	TN	NH_3-N	TP
标准限值	6～9	≥2 mg/L	≤40 mg/L	≤10 mg/L	≤2.0 mg/L	≤2.0 mg/L	≤0.4 mg/L

用单因子指数来判断单个监测指标的超标与否，其中 pH 的单因子指数计算如下：

$$I_{pH} = \frac{pH_i - 7}{pH_{su} - 7} \quad (pH > 7.0) \tag{7.1}$$

$$I_{pH} = \frac{7 - pH_i}{7 - pH_{sd}} \quad (pH \leqslant 7.0) \tag{7.2}$$

式中，pH_i 为监测值；pH_{su} 为水环境标准上限值；pH_{sd} 为水环境标准下限值。

而 DO 的单因子指数计算如下：

$$I_{DO_i} = \frac{DO_i - DO_s}{O_s - DO_s} \quad (DO_i \geqslant DO_s) \tag{7.3}$$

$$I_{DO_i} = 10 - 9\frac{DO_i}{DO_s} \quad (DO_i < DO_s) \tag{7.4}$$

式中，DO_i 为监测值；DO_s 为Ⅳ类水环境标准限值；O_s 为水的饱和溶解氧值，此处采用 9.07 mg/L。

其余监测指标的单因子指数则采用测定值直接除以标准值，即 $I=C_i/C_s$，按上述方法计算 COD、BOD_5、TN、NH_3-N、TP、DO、pH 这 7 项指标的单因子指数，用来判断单项监测指标的超标情况，监测期内各指标单因子指数及综合指数如表 7.5 所示。

表 7.5　各指标单因子指数及综合指数

断面	各指标单因子指数							综合指数
	COD	BOD_5	TN	NH_3-N	TP	DO	pH	
进口泵站	0.51	0.44	2.75	1.14	0.59	0.34	0.19	0.85
卧云庵桥	0.54	0.45	2.35	1.10	0.52	0.30	0.17	0.78
上元桥	0.59	0.48	2.73	1.18	0.53	0.28	0.18	0.85
会川桥	0.58	0.44	2.58	1.04	0.54	1.33	0.18	0.96
蒋家桥	0.59	0.47	2.93	1.33	0.57	1.03	0.20	1.02
太平桥	0.56	0.47	2.85	1.43	0.60	1.06	0.18	1.02
吉利桥	0.61	0.49	3.18	1.58	0.71	1.52	0.16	1.18
德春桥	0.57	0.53	2.90	1.30	0.61	0.88	0.18	1.00
饮马桥	0.54	0.53	2.99	1.32	0.66	1.08	0.20	1.05
鱼行桥	0.66	0.40	3.00	1.56	0.71	0.31	0.17	0.97
泰安桥	0.64	0.43	2.95	1.62	0.66	1.61	0.19	1.16
升平桥	0.64	0.43	3.11	1.71	0.70	0.14	0.18	0.99

断面	各指标单因子指数							综合指数
	COD	BOD_5	TN	NH_3-N	TP	DO	pH	
中元桥	0.63	0.49	3.06	1.59	0.66	0.52	0.22	1.02
中川桥	0.66	0.45	3.28	1.88	0.69	1.27	0.20	1.20
小东溪桥	0.48	0.47	2.69	1.34	0.58	1.07	0.19	0.97
大东溪桥	0.65	0.50	3.32	1.65	0.88	2.04	0.18	1.32
东新桥	0.67	0.49	3.19	1.74	0.86	2.43	0.16	1.36
小川桥	0.75	0.56	3.88	2.41	1.17	2.64	0.17	1.65
东川桥	0.82	0.63	5.30	3.72	2.01	4.51	0.16	2.45
龙海洗浴中心	1.13	0.82	5.08	3.88	3.37	4.90	0.17	2.76
断面均值	0.64	0.50	3.21	1.73	0.88	1.46	0.18	1.23

为综合反映各监测点综合水质情况，定义各监测指标单因子指数和的平均值为综合指数 I，代表各点上述 7 项监测指标的综合效应，即

$$I=\frac{I_{pH}+I_{DO}+I_{COD}+I_{BOD_5}+I_{TN}+I_{NH_3\text{-}N}+I_{TP}}{8} \tag{7.5}$$

从水质综合指数来看，40%的监测断面综合指数均值超标，综合水质最差的是景区大门外侧的小川桥、东川桥和龙海洗浴中心监测断面，监测期内水质综合指数分别为 1.50、2.21、2.50，其次较差的是靠近景区大门附近的中川桥、大东溪桥、东新桥断面，监测期内水质综合指数分别为 1.11、1.21、1.25，最后是位于景区中心的三桥景点附近的吉利桥以及泰安桥断面，监测期内水质综合指数均值分别为 1.09 和 1.06。

参照地表水Ⅴ类标准限值，同里河网监测断面的主要超标因子为 TN、NH_3-N、TP、DO。几乎所有监测断面的 TN 和 NH_3-N 均严重超标，监测期内 TN 单因子指数断面均值为 3.21，监测期内 NH_3-N 单因子指数断面均值为 1.73，部分断面（主要是景区进口附近以及景区以外的监测断面）的 TP 超标。COD 偶尔超标，DO 监测数据的波动性较大，总体偏低。

（2）水质指标空间分布特征

考察同里水系断面水质指标在 2011 年 11 月—2013 年 4 月的空间分布情况，将每个监测点同一监测指标在该期间内的所有测定值进行平均，得到各水质指标均值空间变化情况（图 7.6～图 7.11）。

从图 7.6 中可以看出，各监测点的 pH 均值有微小差异，但总体保持在弱碱范围，就平均值和检测值 25%～75%数据范围来说，pH 全部在 7.0～7.5 变动，pH 均值 7.40，说明研究区域以生活污染为主，没有其他的酸性废水汇入。

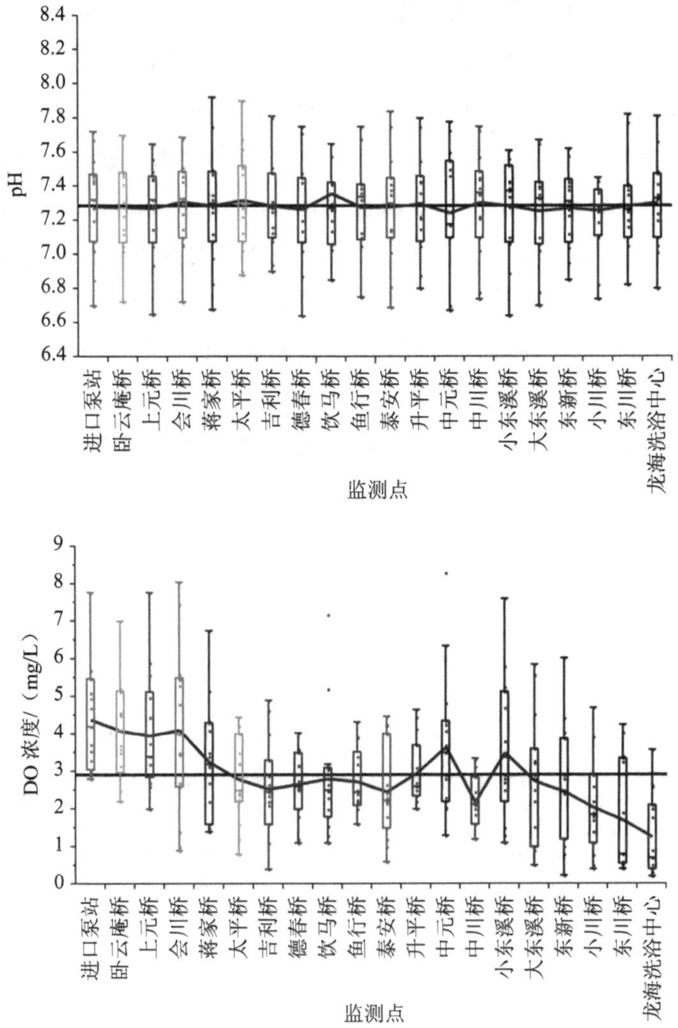

图 7.6　pH 和 DO 指标均值空间变化

图 7.6 所示的各监测点的 DO 差异较大，在 0.21～8.30 mg/L 波动。其中，进口泵站断面 DO 均值最高，其邻近河段的 DO 也处于相对较高的水平，因为进口泵站断面采样点位于泵站附近靠近外河（景区水系以外）侧，泵站邻近河段（进口泵站—卧云庵桥、上元桥—会川桥河段）是整个景区水系的流入处，故这部分河段的 DO 值也高于其他河段，DO 均值大于 3 mg/L。

蒋家桥—太平桥—吉利桥—德春桥—饮马桥—鱼行桥—泰安桥—升平桥河段位于景区中心，其 DO 均值相对较低，在 2～3 mg/L 波动，这与景区水系滞流和景区旅游污染及居民生活污染有直接关系。

中川桥、大东溪桥、东新桥位于景区大门附近，由于游船码头及其客流量较集中，加之景区大门附近茶室和餐饮点较密集，此点位的综合水质相对较差，相应的其 DO 值相对较低，但小东溪桥测点的 DO 值明显高于其邻近点位，一方面与小东溪桥附近旅游污染相对较少有关，另一方面该断面附近水面有明显的流速，这对该断面的 DO 值升高会有一定的作用，由于该断面位于饮马桥闸和东溪桥闸之间，故推测这两座闸可能存在一定的渗漏现象。

小川桥、东川桥以及龙海洗浴中心断面的 DO 值明显低于其他河段，因为该河段受农贸市场排水、餐饮及浴室排水影响，加之这 3 个断面所在的河段位于景区水系以外，缺乏必要的管理和河道保洁措施，故河段水质较差有关，相应地反映在 DO 值水平偏低上。

图 7.7 中 COD、BOD_5 各监测点的情况表现出与 DO 有基本类似的特点，即 COD、BOD_5 数据沿河段呈现较为明显分布特征，在景区水系以外的小川桥—东川桥—龙海洗浴中心河段明显高于景区内部河段，靠近景区大门附近的大东溪桥、东新桥断面略高于其他河段，但总体来说，景区内部河段 COD、BOD_5 数据整体差异较小，基本处于同一水平，COD 均值在 20～30 mg/L 波动，BOD_5 有小部分数据高于 8.0 mg/L，BOD_5 均值在 5 mg/L 左右。

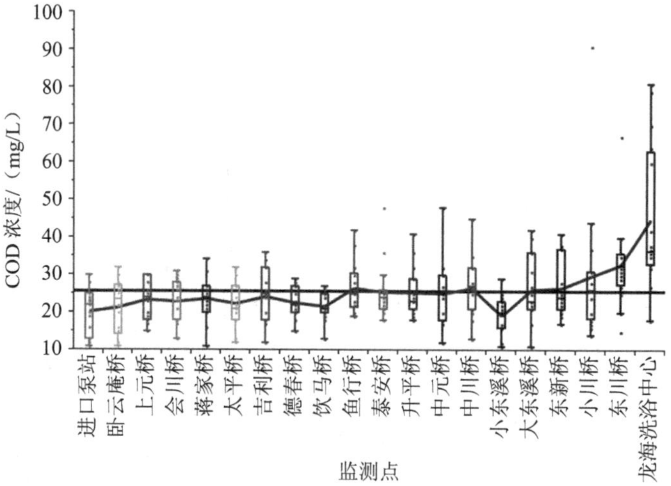

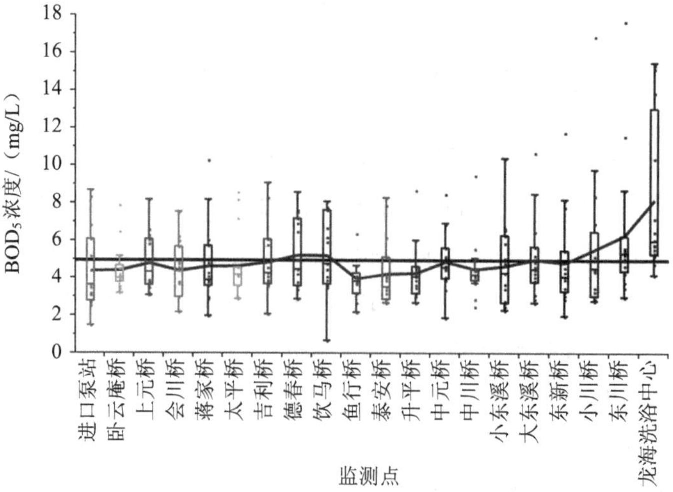

图 7.7 COD 和 BOD_5 指标均值空间变化

图 7.8 中 TN 及 NH_3-N 沿河段的总体变化趋势与 COD、BOD_5 变化趋势一致，景区以外的断面指标值明显高于景区内部。除靠近景区大门的大东溪桥和东新桥断面 TN 略高外，景区内部其他河段的 TN 处于同一水平，TN 的均值在 5.0～6.0 mg/L 小幅波动，NH_3-N 的波动幅度稍大于 TN，其均值在 2.0～3.5 mg/L 波动，从景区水系的西北侧（进口泵站）至东南侧（景区大门），总体呈上升趋势。这仍然与景区水系的换水方式和污染源分布情况有直接关系，一方面泵闸打开换水时，从西北侧进水，至东南侧水动力交换作用已较弱；另一方面，越靠近景区大门附近，污水排放点越密集，由于大部分时间泵闸关闭，景区水系处于滞流状态，流速几乎为 0，水体自净能力很弱，各河段的水质情况与进入其中的生活污水有直接关系。

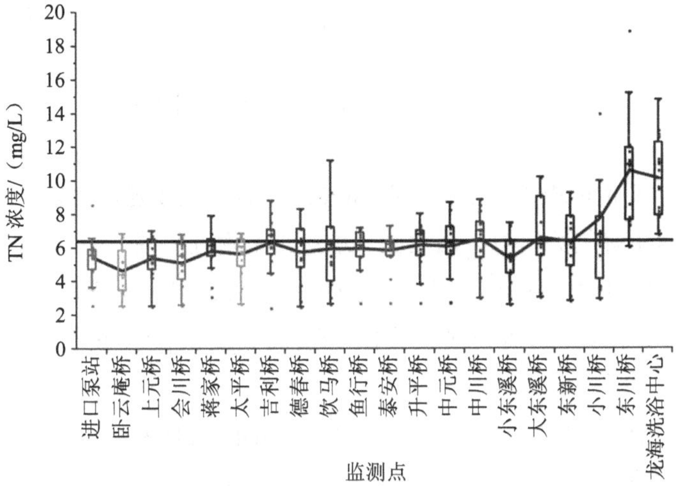

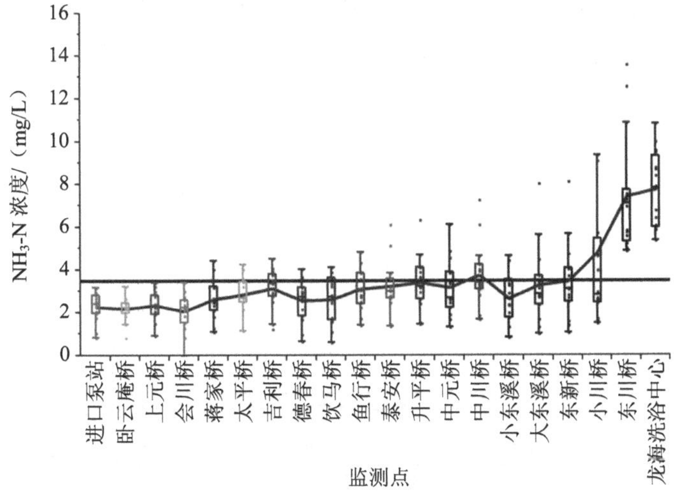

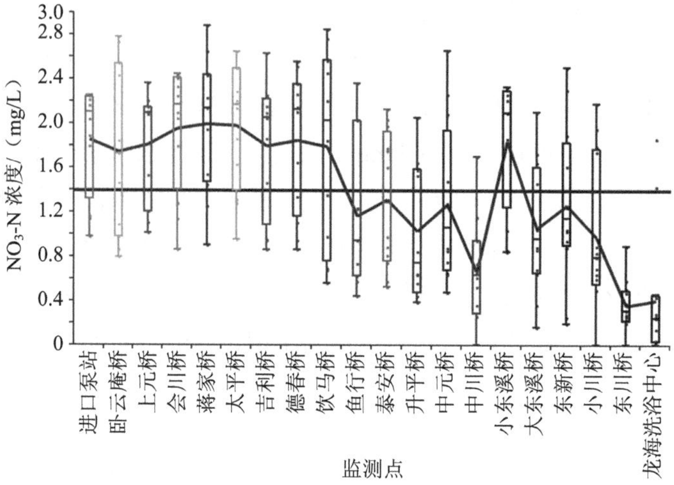

图 7.8　TN、NH_3-N、NO_3-N 指标均值空间变化

与 TN 及 NH_3-N 指标相比，各监测点 NO_3-N 的波动性较强，自景区西北侧至东南侧，NO_3-N 均值总体呈下降趋势，景区西北侧（进口泵站附近区域）NO_3-N 均值在 1.8 mg/L，景区东南侧（中川桥附近区域）NO_3-N 均值在 0.6～0.8 mg/L，至景区以外的小川桥、东川桥和龙海洗浴中心断面，NO_3-N 均值则更低，在 0.2～0.4 mg/L，说明自景区西北侧至东南侧，水体的自净能力呈减弱趋势。

图 7.9 中 TP 指标均值为 0.38 mg/L，除景区内部的大东溪桥、东新桥断面 TP 均值在 0.38 mg/L 以外，景区内部其他测点的 TP 均值在 0.2～0.3 mg/L 波动，景区以外的小川桥、东川桥和龙海洗浴中心的 TP 均值则明显高于 0.4 mg/L，尤其是东川桥，TP 的均值在 0.7 mg/L 以上，龙海洗浴中心断面，TP 的均值在 1.0 mg/L 以上，从而拉高了 TP 的总体均值。

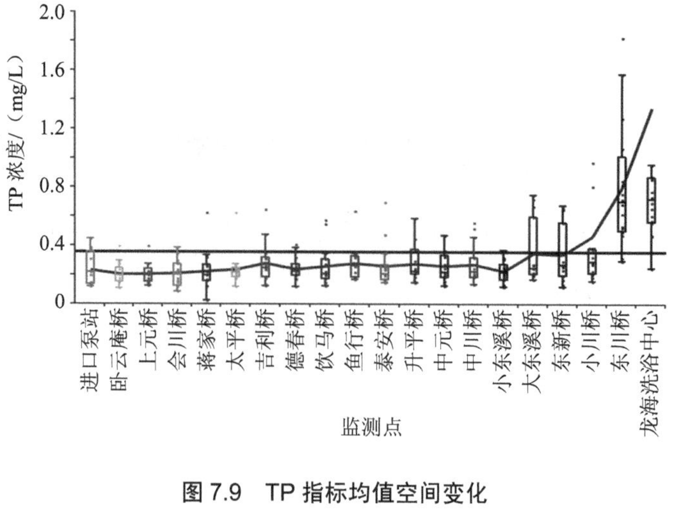

图 7.9　TP 指标均值空间变化

图 7.10 中叶绿素沿河段的分布特征不明显，除东川桥和龙海洗浴中心断面明显高于总体均值外，其他河段的叶绿素数据无明显差异，总体处于同一水平，各断面叶绿素的时间均值在 10 mg/L 上下波动。

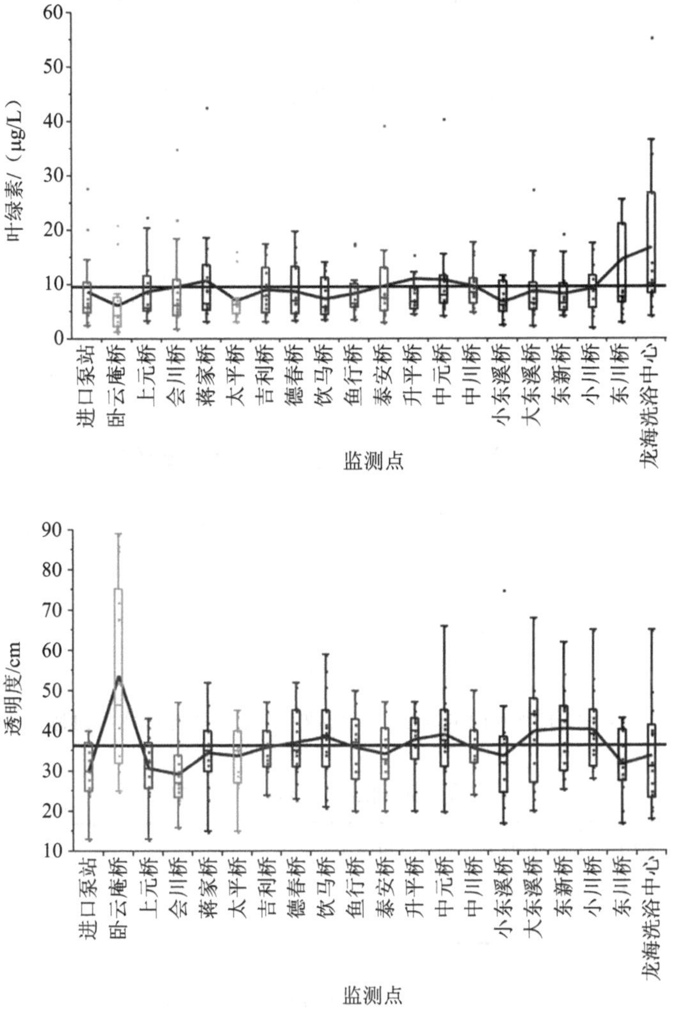

图 7.10　叶绿素、透明度指标均值空间变化

图 7.10 中透明度沿河段的分布特征仍不明显，均值约为 36 cm，且西北侧区域与东南侧区域相比，透明度数据并无明显差异，其分布情况与前述的 COD、BOD_5 以及 TN 和 NH_3-N 的分布特征并无明显的相关性，其中卧云庵桥断面所在位置水草茂盛，尽管河面整洁程度较差，但是该断面的水体透明度反而较高。

将图 7.5 中监测点位进行编号：1 号进口泵站，2 号卧云庵桥，3 号上元桥，4 号会川桥，5 号蒋家桥，6 号太平桥，7 号吉利桥，8 号德春桥，9 号饮马桥，10 号鱼行桥，11 号泰安桥，12 号升平桥，13 号中元桥，14 号中川桥，15 号小东溪桥，16 号大东溪桥，17 号东新桥，18 号小川桥，19 号东川桥，20 号龙海洗浴中心。根据水系水质指标值的分布情况，结合水动力特征，可将景区水系采样点位按河段分为 6 个部分，即 Part Ⅰ、Part Ⅱ、Part Ⅲ、Part Ⅳ、Part Ⅴ、Part Ⅵ。各采样点编号及位置对应关系为：1～4 号采样点对应为 Part Ⅰ 河段，5～8 号采样点对应为 Part Ⅱ 河段，9 号采样点对应为 Part Ⅲ河段，10～14 号采样点对应为 Part Ⅳ河段，15～17 号采样点对应为 Part Ⅴ河段，18～20 号采样点对应 Part Ⅵ河段。各监测断面的水质综合指数如图 7.11 所示，按各河段统计的综合水质指数如表 7.6 所示。

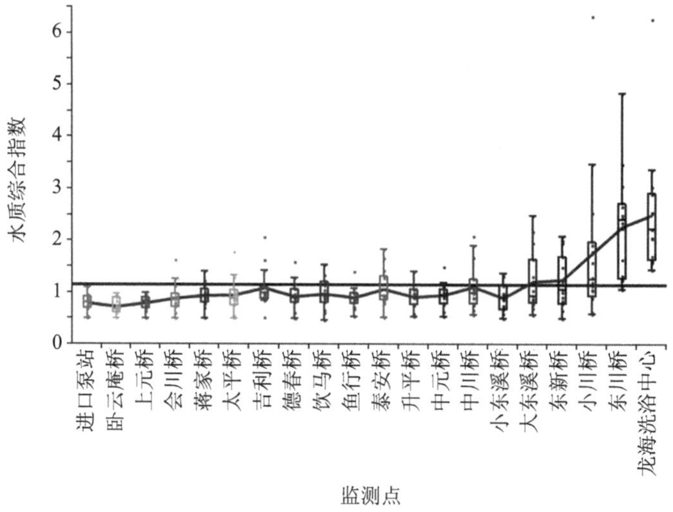

图 7.11 各监测断面的水质综合指数（对照Ⅴ类地表水标准限值）

表 7.6 各河段综合水质综合指数

河段	Part I	Part II	Part III	Part IV	Part V	Part VI
对应测点	1～4	5～8	9	10～14	15～17	18～20
综合指数	0.80	0.98	0.97	0.99	1.12	2.07

从 Part Ⅰ至 Part Ⅵ，河段综合水质表现为从优至劣的变化规律。河道水质空间分布规律主要与污染源分布以及泵闸方位和换水时的水动力交换特征有关，河段 Part Ⅰ位于进口泵站附近，外河水通过泵站引入景区水系后，在进口泵站—南板桥闸—会川桥闸之间形成较好的换水条件，该河段的综合水质明显优于其他河段，Part Ⅱ和 Part Ⅲ河段的水动力交换主要受引水泵站和饮马桥闸影响，这两个河段的水质与河段 Part Ⅰ 相比略差。Part Ⅳ河段位于景区中心，距离泵站较远，不能形成良好的水动力交换条件，加之此河段游人较多，游船项目以及沿河两侧居民生活的影响，造成该河段水质劣于前 3 个河段。Part Ⅴ河段靠近景区大门，距离泵站较远，水动力条件较差，加上游船码头及周边茶室等的影响，使该河段综合水质状况较差。Part Ⅵ河段位于景区水系外，受沿河茶室、餐饮、农贸市场以及洗浴中心的影响，河段水质最差。

（3）水质指标时间分布特征

分析各水质指标在 2011 年 11 月—2013 年 4 月的时间分布状况，针对同一监测指标，以月份为单位，对所有监测点的测定值进行平均，结果如图 7.12～图 7.17 所示。

从图 7.12 可以看出，pH 断面均值随时间无明显变化规律，在 6.64～7.92 波动，波动幅度不大，其中 2012 年 4 月、6 月及 11 月 pH 相对较低，其中 2012 年 6 月 26 日为暴雨期的监测结果，其 pH 的降低与降雨有一定关系，2012 年 4 月和 11 月出现 pH 极小值的原因不明确，pH 极大值出现在 2012 年 5 月。

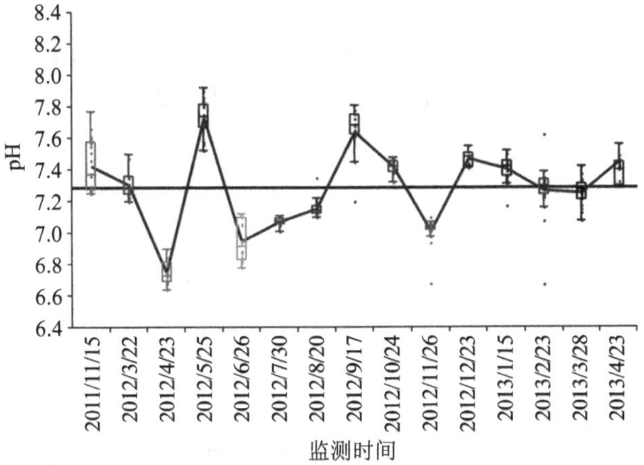

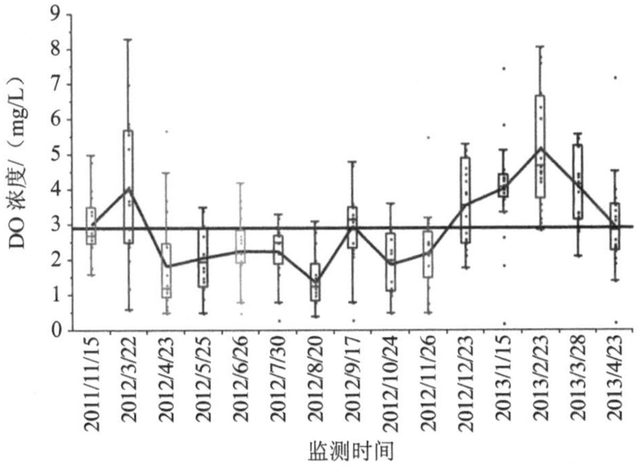

图 7.12　pH 和 DO 指标均值随时间的变化

图 7.12 中 DO 断面均值随时间无明显变化规律，其中 2012 年 3 月与 2013 年 2 月的 DO 值处于相对较高水平，断面均值分别约为 4.0 mg/L 与 5.0 mg/L，2012 年 12 月和 2013 年前 4 个月 DO 值也高于平均水平，DO 最小值则先出现在 2012 年 8 月，这可能是 2012 年 8 月时受台风影响，外河水位偏高，关泵 3 天，景区水系封闭 3 天未与外界进行交换，导致景区总体水质状况下降，相应的 DO 值处于较低水平。

图 7.13 中，COD 与 BOD_5 断面均值随采样时间的变化呈现相似的规律，在 2011 年 12 月出现极大值，在 2012 年 3 月出现次极大值，表明 2011 年 12 月—2012 年 3 月的水质有机污染程度较高，另外 2012 年 6 月也有一较大值出现，6 月较大值出现的原因推测与采样当天的暴雨有关，降雨径流带来的污染物导致 COD 与 BOD_5 指标值略有上升。在整个监测期内，COD 与 BOD_5 断面均值随采样时间总体呈下降趋势，但下降幅度并不明显，另外值得一提的是，2012 年 8 月采样时工况较为特殊（景区水系封闭 3 天未与外界进行交换），但是测得的 COD 与 BOD_5 值与其他时间相比并无明显升高，分析发现：2012 年 8 月由于受台风和降雨影响，景区内部水位为 3.91 m，明显高于正常换水工况下的正常水位 3.30 m，停止换水 3 天使景区水质有恶化趋势，但是此同时水位偏高有利于水体的纳污能力增强，两方面因素综合影响下，测得的 COD 与 BOD_5 指标值并未出现明显升高现象。

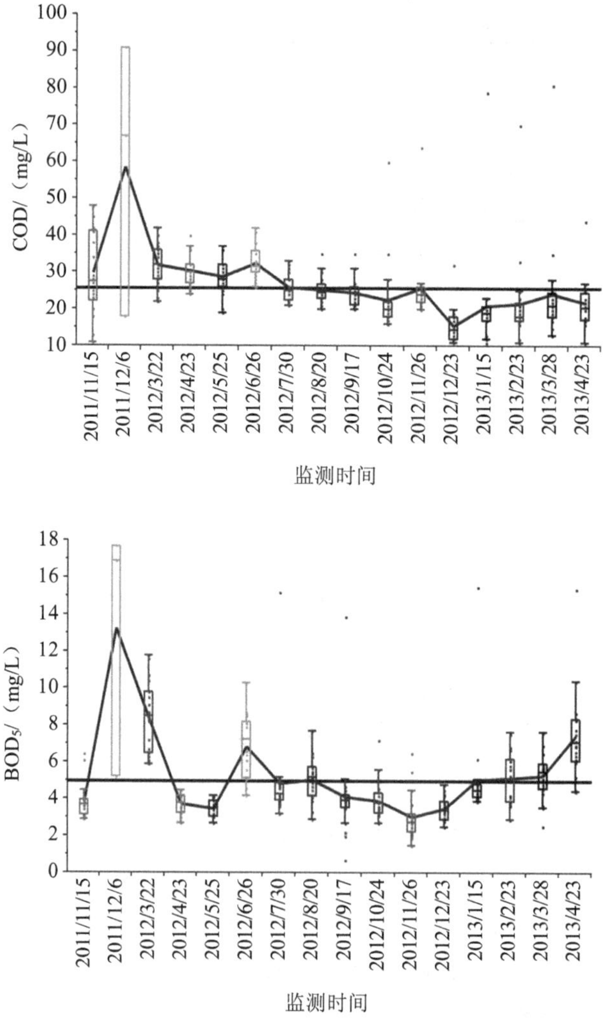

图 7.13 COD 和 BOD_5 指标均值随时间的变化

图 7.14 中，TN 和 NH_3-N 随时间总体呈下降趋势，2012 年 3—6 月以及 2012 年 12 月的 TN 断面均值高于总体均值，7—10 月的 TN 断面均值低于总体均值，处于相对较低水平，NH_3-N 也表现出类似的时间变化规律。TN 和 NH_3-N 断面均值的极大值出现时间与 COD 与 BOD_5 断面均值的极大值出现时间一致（2011 年 12 月），TN 断面均值的次极大值出现时间与 COD 与 BOD_5 一致（2012 年 3 月），NH_3-N 断面均值在 2012 年 11 月和 2013 年 1 月也处于相对较高的水平。

图 7.14 中 NO_3-N 随时间的推移波动较大，整体变化特点与 TN、NH_3-N 不尽相同，在 TN、NH_3-N 断面均值的极大值出现的同时（2011 年 12 月），NO_3-N 断面均值则同时出现极小值，NO_3-N 断面均值随时间的变化曲线与 TN、NH_3-N 断面均值的时间变化曲线呈现一定的负相关性。

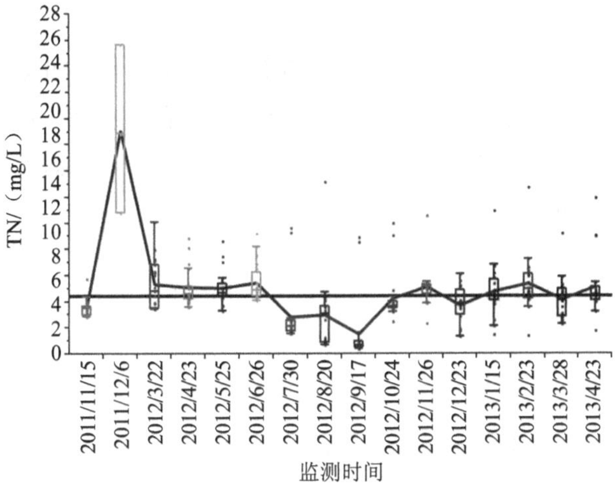

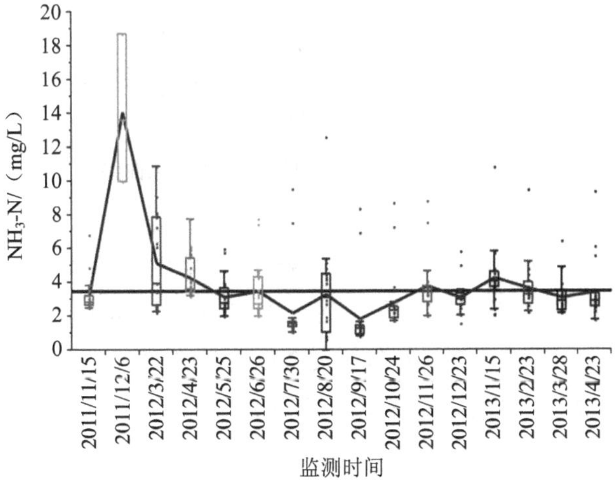

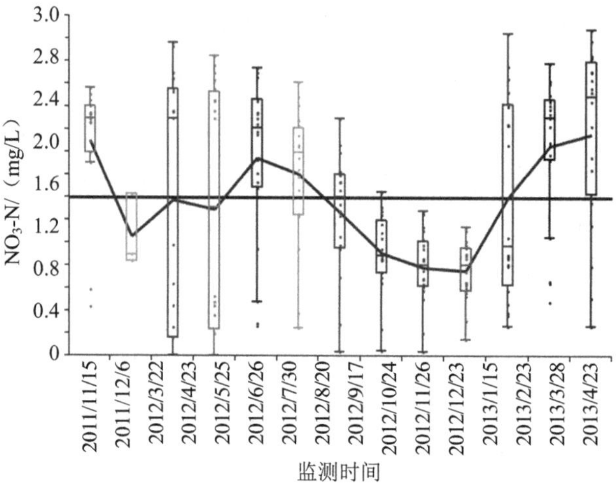

图 7.14 TN、NH_3-N、NO_3-N 指标均值随时间的变化曲线

图 7.15 中 TP 断面均值的极大值出现时间与前述的 COD 与 BOD_5 以及 TN 和 NH_3-N 的极大值出现时间一致，均为 2011 年 12 月，TP 断面均值第二极大值出现的时间是 2012 年 8 月，2012 年下半年与上半年相比，TP 的断面均值略有降低，总体均值在 0.38 mg/L 左右。

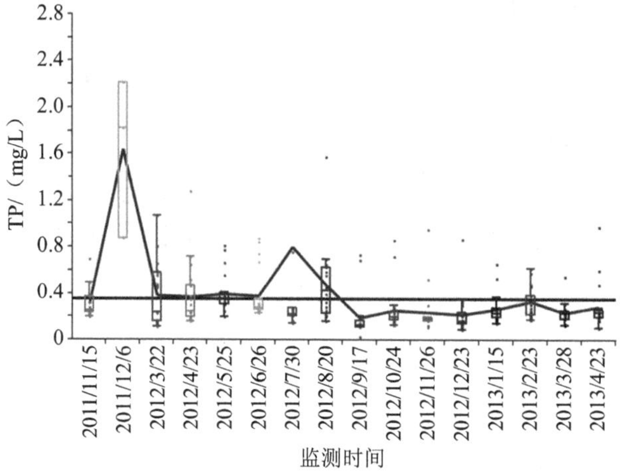

图 7.15 TP 指标均值随时间的变化曲线

图 7.16 中叶绿素指标均值随时间的变化趋势与前述指标并无明显相关性，其最大值出现在 2012 年 8 月，这一方面与季节有关，另外也与 2012 年 8 月的采样工况（封闭 3 天未换水）有关。2011 年 11 月—2012 年 6 月以及 2012 年 10 月—2013 年 3 月的叶绿素处于相对较低水平，2012 年 7—9 月的叶绿素则明显处于较高水平，说明叶绿素与季节和温度呈现出较强的相关性。

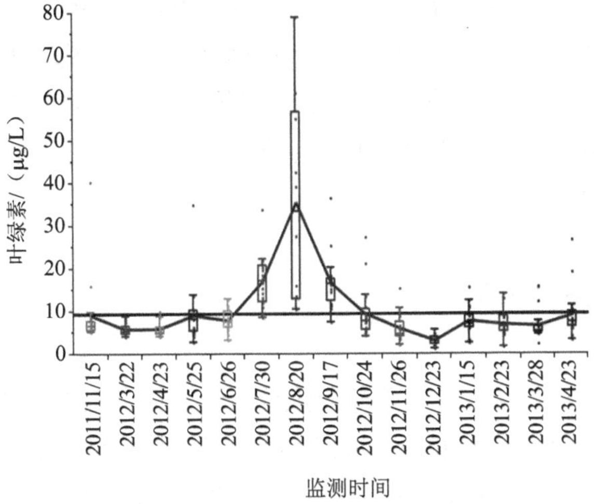

图 7.16　叶绿素指标均值随时间的变化曲线

图 7.17 中透明度指标均值随时间的变化趋势与前述指标也无明显相关性，其较大值出现在 2012 年 5—6 月以及 2012 年 11 月—2013 年 2 月，2012 年 7—9 月透明度均值处于相对较低的水平，透明度随时间的变化规律与叶绿素随时间的变化规律呈一定的负相关性。

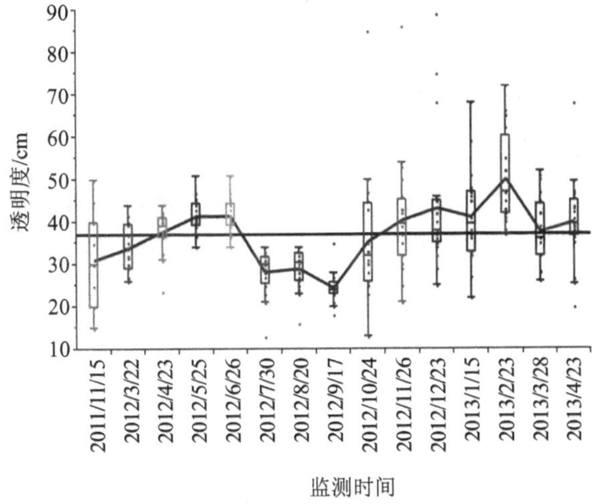

图 7.17　透明度指标均值随时间的变化曲线

根据各水质指标均值随时间的变化，总体来说，除 2011 年 11 月的单月污染物浓度略微偏高外，其余各月的指标均值随时间变化规律不明显，指标均值随时间的波动性主要受景区河网水位及换水情况影响，其中 2012 年 6 月 26 日为暴雨期的监测结果，与其他各月相比，暴雨期 COD、BOD_5、TN、NH_3-N 略有升高但升高幅度不明显，TP、DO、叶绿素无明显变化，透明度略有升高；2012 年 8 月 20 日的监测工况：受台风影响，外河水位偏高，关泵 3 天，此工况下测得的指标，叶绿素有明显升高，NH_3-N 略有升高，DO 略有降低，其余各指标的均值的变化幅度均不明显。叶绿素升高的原因一方面是受温度的影响，另一方面停止换水 3 天使景区水质恶化，但是此期间的景区水位约 3.91 m，明显高于景区常水位（3.3 m），水位偏高有利于水体的纳污能力增加，这些方面的因素综合影响下，使测得的大部分指标无明显变化。

7.3 污染源调查与分析

为了摸清河道污染源分布情况、污染物成分、污染负荷及其动态变化，测算并评估外源污染负荷状况和河道水质污染状况，根据古镇水系的分布特点和现有闸坝的方位，在同里古镇约 1 km^2 的区域内开展调查，包括鱼行社区和东溪社区的绝大部分、东新社区 78% 左右的区域以及吴江经济技术开发区管理区域。同里古镇污染负荷包括生活污染（生活污水、生活垃圾）、旅游污染、干湿沉降、农贸市场排水以及污水漏排等。以下对不同类型污染负荷量进行了测算分析。

7.3.1 生活污染负荷量测算

7.3.1.1 生活污水排放特征

（1）黑水和灰水的去向存在差异

同里古镇居民日常生活过程的污水主要包括烹饪、洗浴和粪便等 3 个方面。按污水来源，可分为灰水和黑水。厨房、盥洗室、洗澡间排放的洗涤废水通常混合在一起，统称为灰水；而含有粪、尿的厕所排水则称为黑水。在同里古镇内部，黑水和灰水的去向存在明显区别，黑水去向主要有进入化粪池、进入市政污水管网和清粪车收集 3 种；灰水去向则有进入市政污水管网、雨水管网和直排入河 3 种。

根据灰水和黑水各自不同的去向，并结合实地调查的古镇内居民生活污水排放的基本状况，将同里古镇生活污水的排放方式归纳为以下 3 种：

第一种：生活污水排放方式为灰水和黑水混合后，进入市政污水管网，即居民家庭所产生的灰水与黑水都排入铺设于街区地下的污水管道，最终收集至污水处理厂进行集中处理。

第二种：生活污水排放方式为黑水进化粪池，灰水进雨水管道或直排，即居民家庭所产生的黑水通过管道就近排入修建的化粪池，而居民家庭所产生的灰水进入雨水管道后排入水体中或直接通过自行铺设的管道进入水体。

第三种：生活污水的排放方式为黑水定期由清粪车运走或倾倒入公厕，马桶在河里清洗，灰水进雨水管道，即居民家庭所产生的黑水通过定期集中收集的方式由清粪车运去其他的处理点进行处理，使用的马桶可能在水体中清洗。居民家庭所产生的灰水通过进入雨水管道后排入水体中或直接通过管道进入水体。

（2）排放方式与居民住宅空间格局紧密相关

古镇内居民生活污水的排放还与其住宅空间格局有关。同里古镇典型空间格局特征是水陆并举。镇区内河与外界连通，是主要的人流物资输送干道，次河道则相对较窄，是人们饮用、洗涤、出行及交往为主的日常生活空间。而陆上的街巷则是日常生活居民行走的通道，与水体紧密联系。古镇居民住宅都构建在水陆之间的区域，住宅空间布局差异主要体现在住宅与河道、主街道位置关系上。不同的住宅空间格局，往往间接影响居民在用水排水方面的生活习惯，进一步导致生活污染排放方式存在差别，对古镇水系水质的影响程度不一。依据住宅与河道、主街道位置关系不同，可分为面街面河、面街背河和远街远河 3 种空间格局，具体如下。

第一种是面街面河。此类型住宅的空间格局特征为朝向主街道和河道，街道另一侧为河道（街道与河道在房屋的同侧），住宅普遍垂直于街河，为使更多居民可以临水而居，一般形成面阔窄而进深长的条状排列。此类型房屋都顺水而建，房门朝向主街道便于出入，过街即河道。此类住宅门前街道地下基本建成市政污水管道，因此产生的生活污水通常通过污水管道集中收集进行处理。然而，由于临河居住，居民直接在河内清洗菜、锅和拖把的频率较高。此类住宅集中于历史镇区内部，大多位于鱼行社区和东溪社区的河道两岸，主要为居民住房。对于住宅面街面河的居民而言，截污情况也较为理想，生活污水中的灰水和黑水绝大部分都可以统一收集进入市政污水管网（图 7.18）。

图 7.18　面街面河住宅格局

第二种是面街背河。此类型住宅的空间格局特征为面对主街道，而背靠河体。此类型住宅都紧挨古镇河道而建，房门朝向主街道便于出入，同时房后设有后门，后门外通常留有较窄的小路（2～3 m），小路另一侧即河道。由于邻近河道，生活于此的古镇居民常常自设排水管道，将厨房污水和洗浴污水直接排入河道；或者开启后门，前往河道进行洗涤工作，直接在河道内清洗菜、锅和拖把等。此类住宅在东新社区小川东路、竹行棣、新填街等处较为常见，主要为居民住房，也有一些个体餐馆。对于住宅面街背河的居民而言，其生活污水中的大部分灰水直接排入古镇水系，黑水则进入化粪池或者市政污水管网（图 7.19）。

图 7.19 面街背河住宅格局

第三种是远街远河。此类型住宅的空间格局特征为远离主街道和河道，位于与主河道垂直的巷弄内，或位于临河规模较大的宅院深处。在同里的街巷体系中，除沿河主街道外，有许多垂直于河道的蜿蜒曲折的巷道弄堂，于高大山墙之间，形成又窄又高的空间，窄处只容一人通过，在其两侧为居民住宅。对于此类处于巷弄或大宅院深处的住宅，由于纳管截污难度较大，仅有部分住宅产生的生活污水可被收集入市政污水管道。此类住宅地下一般建有化粪池，也有部分居民使用马桶，每天将马桶中黑水转移至就近的公厕或由清粪车清走，随后在河道中清洗马桶。此类住宅集中于历史镇区内部，大多位于鱼行社区和东溪社区的巷弄内，主要为居民住房。对于住宅远街远河的居民而言，当市政污水管道无法接入时，其生活污水中的灰水一般排入雨水管道，进而流入古镇水系；黑水则进入化粪池下渗入河或由清粪车清走（图 7.20）。

图 7.20 远街远河住宅格局

7.3.1.2 生活污水水质水量特征

（1）人均排水量与居住区域有关，且与生活周期紧密相连

根据调查，鱼行社区和东溪社区内居民以老年人为主，每户 2～3 人，人均收入较低，相应的人均生活用水量也偏低；而镇区以外，对古镇水系水质具有影响的汇水区域主要为东新社区的大部分和东北部由吴江经济技术开发区管理的区域（蒋家桥以北，仓场弄以东），这部分区域居民年龄结构中的中青年比例较高，每户 3～4 人，人均收入相对较高，相应的人均生活用水量也相对偏高；关于季节的影响，夏季排水量较其他 3 个季节明显偏

高，一般为均值的 1.5～2 倍。

生活污水特别是生活污水中灰水部分的排放水量与每日的生活周期紧密相连。对一般古镇居民而言，一般自 6:00—7:00 开始起床做饭，生活污水量开始增加，到 12:00—13:00 污水量达到最大值，13:00 以后水量开始减小，15:00 后污水量又逐渐开始增大，19:00—20:00 再次达到峰值，之后水量又开始减小。总体而言，生活污水发生量较小、变化大，污水量一般每天都有 3 个高峰，分别出现在 8:00、12:00 和 18:30 左右，即每日早、中、晚的用餐时段用水排水非常集中，产生冲击负荷情况明显；23:00 至第二天 6:00 前，一般很少有污水排放；同时，夜晚洗澡时段也可能产生峰值。当然，居民做饭、洗衣服等的时间有所差别，这导致每天的水量随时间的变化规律不一致。

（2）生活污水中污染物浓度高于城市地区，且日内变动较大

农村生活污水包括厨房用水、洗衣用水、洗澡用水和冲洗厕所排放的污水等，还有大量的动植物残渣、油污、毛发、洗发香波等，加上农村人均用水量少于城镇，因此污染物排放浓度高于城市。同里古镇属于太湖流域乡镇，根据调研结果，太湖流域农村生活污水水质特征如下。

1）pH：污水的 pH 变化较大，有的地方污水基本呈弱酸性，有的地方污水基本呈弱碱性，有的地方酸碱性水质均有，这说明污水的 pH 并没有特殊规律，这是生活污水的复杂性造成的。但污水的 pH 均在 6～9，因此不会对水体造成酸碱污染。

2）COD：不同时间段污水的 COD 范围不一样，COD 在 120～900 mg/L，波动范围大，最高浓度约为最低浓度的 7.5 倍。在上午、中午和晚上均有高峰，高峰值时间内，居民进行洗菜、做饭、洗衣等，污水排放量大，水质复杂，其中洗碗水的 COD 较高，这主要是污水中含食物杂质，可生化性强。

3）TN：不同时段的 TN 差别较大，TN 含量为 6～70 mg/L，浓度较低；变化系数较大，最高浓度为最低浓度的 11.7 倍。

4）TP：农村生活污水 TP 含量大致在 0.45～12.11 mg/L，最高浓度约为最低浓度的 27 倍。洗衣水中的 TP 含量很高，这是污水中 TP 含量有时较高的主要原因。

7.3.1.3　生活垃圾排放现状

同里古镇居民对生活垃圾的处理方式一般为丢弃于自家垃圾桶内，待垃圾桶盛满时，倾倒至门口街道的大型垃圾桶内或垃圾池中，定期由环卫工人清除积存的垃圾。

对于鱼行社区和东新社区而言，当地居民卫生意识较强，社区管理部门已建立了较为完善的生活垃圾收集和外运系统，因此生活垃圾随意丢弃和大型垃圾桶长期不清理的现象极少，垃圾收集率很高。

但是对于古镇西北部区域而言，当地垃圾池中垃圾堆放时间较长，而且附近河道常常漂浮果皮、塑料制品等垃圾。总体来看，该区域生活垃圾收集和外运系统尚不完善，垃圾

收集率不高，因此垃圾直接入河现象较为普遍。

7.3.1.4 生活污染负荷测算

（1）居民人均用水量调查和人均生活污水排放量测算

①历史镇区以内（鱼行社区、东溪社区）。采用入户调查的方式，请当地居民填写“生活污染源入户调查表”，获得有效问卷 45 份。在调查访问过程中发现，历史镇区内人口中以老年人为主，中青年人多数仅为短住或已经彻底迁离，几乎所有受访的老年人所提供的生活用水量数据都低于农村地区人均用水量，即基于历史镇区人口趋于老龄化的这一特征，其用水习惯区别于一般农村地区，家庭人均用水量偏低。根据调查结果，可测算得历史镇区人均用水量为 2.57 t/月，合人均用水量 86.7 L/d。另外，根据《城市居民生活用水量标准》（GB/T 50331—2002）中调查计算的拘谨型居民家庭生活人均日用水量为 86.21 L/（人·d），这与本项目调查结果十分吻合，说明人均用水量 86.7 L/d 较为合理。同时，根据我们现场口头调查并结合相关文献，估计 90%的生活用水可转化生活污水，因此测算得人均生活污水排放量为 78.0 L/d。

②历史镇区以外（东新社区、吴江经济技术开发区管理区域）。根据调查结果，这部分区域人口年龄结构较为正常。根据《吴江区水资源开发与保护规划》，考虑到社会的进步和发展，人民生活水平的提高，因此用水标准也有所提高。另外，由于节水技术的不断完善，基于创建节水型城市和水资源的循环利用等因素，规划中将农村生活用水量定为 135 L/（人·d）。因此，本区域内用水量按 135 L/（人·d）计。估计 90%的生活用水可转化生活污水，因此，测算得生活污水排放量为 121.5 L/（人·d）。

（2）居民人均生活垃圾排放量测算

采用入户调查的方式，请当地居民填写“生活污染源入户调查表”，其中关于生活垃圾部分有效问卷 44 份。根据调查结果，可测算得生活排放量为 0.91 kg/（人·d）。

（3）居民生活污水污染物浓度估算

根据国内学者对太湖流域宜兴、无锡、苏州、昆山等地农村生活污水水质的调查结果，农村生活污水的污染物浓度：COD 为 350～770 mg/L，TN 为 3～50 mg/L，TP 为 2.5～3.5 mg/L，推荐用于生活污染控制的设计水质：COD 为 600.0 mg/L，TN 为 40.0 mg/L，TP 为 2.75 mg/L。

同时，我们对同里古镇内地埋式污水处理厂（小川东路）收集的生活污水开展了监测（早、中、晚共 3 次），其结果显示：COD 为 390～760 mg/L，TN 为 30～44 mg/L，TP 为 2.5～3.5 mg/L。

综合以上结果，同里古镇生活污水污染物浓度按如下计：COD 为 600.0 mg/L，TN 为 40.0 mg/L，TP 为 3.0 mg/L。

（4）居民人均排污系数测算

居民人均排污系数计算公式为

$$W_{pk}=Q_p\times C_{ik}/1\,000 \tag{7.6}$$

式中，W_{pk} 为第 k 种污染物的人均排污系数，g/（d·人）；Q_p 为生活污水排放量，L/（d·人）；C_{ik} 为生活污水中污染物的质量浓度，mg/L。

历史镇区以内居民人均排污系数为

$W_{pCOD}=Q_{p1}\times C_{iCOD}/1\,000=78.0$ L/（d·人）×600.0 mg/L =46.8 g/（d·人）；

$W_{pTN}=Q_{p1}\times C_{iTN}/1\,000=78.0$ L/（d·人）×40.0 mg/L =3.12 g/（d·人）；

$W_{pTP}=Q_{p1}\times C_{iTP}/1\,000=78.0$ L/（d·人）×3.0 mg/L =0.234 g/（d·人）。

历史镇区以外居民人均排污系数为

$W_{pCOD}=Q_{p1}\times C_{iCOD}/1\,000=121.5$ L/（d·人）×600.0 mg/L =72.9 g/（d·人）；

$W_{pTN}=Q_{p1}\times C_{iTN}/1\,000=121.5$ L/（d·人）×40.0 mg/L =4.86 g/（d·人）；

$W_{pTP}=Q_{p1}\times C_{iTP}/1\,000=121.5$ L/（d·人）×3.0 mg/L=0.364 5 g/（d·人）。

（5）不同居住类型人口数测算

鉴于古镇内居民住宅的空间格局与居民生活污染排放方式密切相关，我们将居民住宅依照面街面河（包括次街道内居民住宅）、面街背河、远街远河进行分类，结合实地调查测算 3 种类型住宅数量，并进一步计算居住于 3 种类型住宅的居民人口数，为生活污染负荷的测算提供依据。

1）面街面河住宅及人口数。根据实地抽样调查结果，可计算得面街面河住宅平均密度为 16.2 户/100 m；次街道两侧住宅平均密度为 15.3×2=30.6 户/100 m。

根据《同里古镇志》中关于人口和户数统计结果（2003 年统计数据），历史镇区内户均人口数为 2.49 人/户，该区域内共 652.6 户，因此可计算得居住于面街面河街道和次街道的居民人口数为 2.49 人/户×652.6 户=1 625 人。

2）面街背河住宅及人口数。根据我们实地调查，历史镇区内面街背河住宅为新填街和竹行棣一带，街道总长 257 m，按 16.2 户/100 m 折算，约为 41.6 户，总计人口数为 2.49 人/户×41.6 户=104 人。

另外，根据我们对东新社区实地调查，小川东路一带有面街背河住宅 67 户，根据《同里古镇志》东新社区户均人口数为 3.48 人/户，总计人口数为 3.48 人/户×67 户=233 人。

3）远街远河人口数（历史镇区）。根据鱼行社区负责人提供数据，鱼行社区（东溪社区并入鱼行社区，鱼行社区相当于历史镇区），总人口 6 883 人（含原东溪社区大部分人口），因此历史镇区远街远河人口数=历史镇区总人口数−面街面河（含次街道）人口数−面街背河人口数=6 883 人−1 625 人−104 人−233 人=4 921 人。

（6）生活污水污染负荷量测算方法

根据我们现场调查结果，居民住宅的空间格局影响生活污水的排放方式，因此针对面街面河、面街背河、远街远河 3 种状况分别测算生活污水污染负荷。

污染负荷计算公式为

$$T_{ik}=W_{\mathrm{p}k}\times M_i\times L_i \tag{7.7}$$

式中，T_{ik} 为 i 类型排放方式下第 k 种污染物污染负荷，g/d；$W_{\mathrm{p}k}$ 为第 k 种污染物的人均排污系数，g/（d·人）；L_i 为 i 类型排放方式下生活污水入河系数；M_i 为 i 类型排放方式下的人口数。

1）历史镇区内生活污水污染负荷量计算：

①对于生活在面街面河住宅（包括次街道两侧）的居民，其生活污水中的灰水和黑水绝大部分都统一收集进入市政污水管网，因此除少量漏失外，生活污水基本不进入古镇水系，结合相关文献，在截污工程实施较理想状况下生活污水收集率可达 90%～98%，因此对此类型居民生活污水入河系数可按 5%计。

结合面街面河（含次街道）人口数计算结果，历史镇区内生活在面街面河住宅的居民为 1 625 人；生活在面街面河（含次街道）住宅的居民生活污水污染负荷量为

$T_{i\mathrm{COD}}=W_{\mathrm{pCOD}}\times M_i\times L_i$=46.8 g/（d·人）×1 625 人×5%=3 802.5 g/d；

$T_{i\mathrm{TN}}=W_{\mathrm{pTN}}\times M_i\times L_i$=3.12 g/（d·人）×1 625 人×5%=253.5 g/d；

$T_{i\mathrm{TP}}=W_{\mathrm{pTP}}\times M_i\times L_i$=0.234 g/（d·人）×1 625 人×5%≈19.01 g/d。

②对于生活在面街背河住宅的居民，其生活污水中的灰水大部分直接排入古镇水系，黑水中的一部分则进入化粪池或者市政污水管网，因此结合相关文献，对此类型居民生活污水入河系数可按 30%计。

根据面街背河人口数计算结果，历史镇区内生活在面街背河住宅的居民为 337 人。生活在面街背河住宅的居民生活污水污染负荷量为

$T_{i\mathrm{COD}}=W_{\mathrm{pCOD}}\times M_i\times L_i$=46.8 g/（d·人）×337 人×30%=4 731.48 g/d；

$T_{i\mathrm{TN}}=W_{\mathrm{pTN}}\times M_i\times L_i$=3.12 g/（d·人）×337 人×30%≈315.43 g/d；

$T_{i\mathrm{TP}}=W_{\mathrm{pTP}}\times M_i\times L_i$=0.234 g/（d·人）×337 人×30%≈23.66 g/d。

③对于生活在远街远河住宅的居民，其生活污水中的灰水大部分直接排入古镇水系，其生活污水中的灰水一般排入雨水管道，进而流入古镇水系；黑水则进入化粪池或由粪车清走，而进入化粪池的黑水存在下渗入古镇水系的情况，马桶也经常在河道中清洗。因此结合相关文献，对此类型居民生活污水系数可按 25%计。

根据远街远河人口数计算结果，历史镇区内生活在远街远河住宅的居民为 4 921 人。

结合以上分析，生活在远街远河住宅的居民生活污水污染负荷量为

$T_{i\mathrm{COD}}=W_{\mathrm{pCOD}}\times M_i\times L_i$=46.8 g/（d·人）×4 921 人×25%=57 575.7 g/d；

$T_{iTN}=W_{pTN}\times M_i\times L_i$=3.12 g/（d·人）×4 921 人×25%=3 838.38 g/d；

$T_{iTP}=W_{pTP}\times M_i\times L_i$=0.234 g/（d·人）×4 921 人×25%≈287.88 g/d。

2）东新社区生活污水污染负荷量计算。由于东新社区的城镇化程度较高，地下市政污水管道较为完备，因此认为对于东新社区而言，绝大部分居民生活污水都收集进入市政污水管网，生活污水入河率（漏失率）按5%计。另外，在东新社区小川东路一带集中了大量面街背河住宅，根据面街背河人口数计算结果，东新社区住宅的居民为228人，这部分居民生活污水入河系数按30%计；此外东新社区居民产生的生活污水并不是都进入古镇水系，根据古镇地图测算，可能排入古镇水系的区域面积占总面积的77.4%。

结合东新社区负责人提供的数据，东新社区中纳污状况较理想的区域的人口数为（社区总人口数–面街背河人口数）×77.4%=（4 680–228）人×77.4%≈3 446 人。

结合以上分析，东新社区生活污水污染负荷量如下：

$T_{iCOD}=W_{pCOD}\times M_i\times L_i$=72.9 g/（d·人）×3 446 人×5%+72.9 g/（d·人）×228 人×30% = 17 547.03 g/d；

$T_{iTN}=W_{pk}\times M_i\times L_i$=4.86 g/(d·人)×3 446 人×5%+4.86 g/(d·人)×228×30%≈1 169.80 g/d；

$T_{iTP}=W_{pk}\times M_i\times L_i$=0.364 g/（d·人）×3 446 人×5%+0.364 g/（d·人）×228 人×30%≈87.61 g/d。

3）古镇西北部区域生活污水污染负荷量计算。根据现场调查结果，该区域基本没有截污，其生活污水中的灰水一般直接排入雨水管道，进而流入古镇水系；黑水则进入化粪池或还田，而进入化粪池或还田的黑水存在下渗入古镇水系的情况，因此结合相关文献，该区域居民生活污水入河系数可按 40%计。另外，根据古镇地图测算，该区域面积约为0.057 1 km^2，按同里东新社区人口密度 5 804 人/km^2，则该区域人口总数为 332 人。

结合以上分析，吴江经济技术开发区管理区域生活污水污染负荷量如下：

$T_{iCOD}=W_{pCOD}\times M_i\times L_i$=72.9 g/（d·人）×332 人×40%=9 681.12 g/d；

$T_{iTN}=W_{pk}\times M_i\times L_i$=4.86 g/（d·人）×332 人×40%=645.41 g/d；

$T_{iTP}=W_{pk}\times M_i\times L_i$=0.364 g/（d·人）×332 人×40%=48.34 g/d。

（7）生活污水污染负荷总量估算

生活污水污染负荷总量=历史镇区内生活污水污染负荷量+东新社区生活污水污染负荷量+吴江经济技术开发区管理区域生活污水负荷量。

COD=3 802.5 g/d+4 731.48 g/d+57 575.7 g/d+17 547.03 g/d+9 681.12 g/d=93 337.83 g/d≈93.34 kg/d≈34.07 t/a；

TN=253.5 g/d+315.43 g/d+3 838.38 g/d+1 169.80 g/d+645.41 g/d=6 222.52 g/d≈6.223 kg/d≈2.27 t/a；

TP=19.01 g/d+23.66 g/d+287.88 g/d+87.61 g/d+48.34 g/d=466.5 g/d≈0.47 kg/d≈0.17 t/a。

（8）生活垃圾污染负荷量估算

生活垃圾污染负荷量比较难于估计，垃圾产生面源污染的主要途径是直接进入水体后降解释放和陆上堆积遇降雨溶出；同时垃圾在河道中淤积会恶化水体的流动条件，降低河道自净容量，则是其对水体污染的间接贡献。当地垃圾的主要成分是无机物质和难降解非溶解性有机物，从该特点分析，居民产生的生活垃圾污染负荷总体不大，主要集中于吴江经济技术开发区管理区域，而古镇区域则由于管理制度完善，垃圾入河率很低，具体计算如下。

1）古镇西北部区域。垃圾有效清运率取 70%，其余 30%经过雨水淋溶或直接丢弃到河道中对古镇水系产生直接影响。参考国内的相关研究文献，垃圾中有机质成分、N、P 的比例分别取 10%、0.5%和 0.2%，溶出率取 20%，取人均生活垃圾排放量为 0.91 kg/（d·人），产生生活垃圾人口数为 332 人。

以上述数据为基础，估算得到生活垃圾污染负荷量为

COD=332 人×0.91 kg/（d·人）×20%×10%×30%=1 812.72 g/d；

TN =332 人×0.91 kg/（d·人）×20%×0.5%×30%≈90.64 g/d；

TP =332 人×0.91 kg/（d·人）×20%×0.2%×30%≈36.25 g/d。

2）古镇区域（包括历史古镇与东新社区）。垃圾有效清运率取 98%，其余 2%经过雨水淋溶或直接丢弃到河道中对古镇水系产生影响。垃圾中有机质成分、N、P 的比例分别取 10%、0.5%和 0.2%，溶出率取 20%，取人均生活垃圾排放量为 0.91 kg/（d·人），产生生活垃圾人口数为 10 617 人。

以上述数据为基础，估算得到生活垃圾污染负荷量为

COD =10 617 人×0.91 kg/（d·人）×20%×10%×2%=3 864.59 g/d；

TN =10 617 人×0.91 kg/（d·人）×20%×0.5%×2%=193.23 g/d；

TP =10 617 人×0.91 kg/（d·人）×20%×0.2%×2%=77.29 g/d。

结合以上，生活垃圾负荷总量为：

COD =1 812.72 g/d +3 864.59 g/d =5 677.31 g/d≈5.68 kg/d≈2.07 t/a；

TN =90.64 g/d +193.23 g/d =283.87 g/d≈0.28 kg/d≈0.10 t/a；

TP =36.26 g/d +77.29 g/d =113.55 g/d≈0.11 kg/d≈0.04 t/a。

（9）生活污染负荷总量测算

生活污染负荷总量=生活污水污染负荷量+生活垃圾污染负荷量

COD= 93 337.83 g/d + 5 677.31 g/d = 99 015.14 g/d≈99.02 kg/d≈36.14 t/a；

TN = 6 222.52 g/d + 283.87 g/d= 6 506.39 g/d≈6.51 kg/d≈2.37 t/a；

TP = 466.5 g/d + 113.55 g/d = 580.05 g/d≈0.58 kg/d≈0.21 t/a。

7.3.2 旅游污染负荷量测算

随着旅游服务业的发展，旅游接待人口的快速增长，古镇居民的生产生活方式也逐渐

发生改变。古镇居民大多享有祖辈遗留的房产资源，在历史古镇内的居民或将房屋出租给外地人，或以家庭为单位以半经商半居住的方式经营餐饮和旅店，旅游业逐渐成为当地居民的主要收入来源。与此同时，紧邻古镇的东新社区也加快了旅游服务业配套设施建设，餐馆酒店服务业迅速发展，逐渐成为古镇游客的主要休闲社区。

然而，面对小区域、大容量旅游服务业的发展，古镇旅游接待负载压力大，旅游容量和旅游污染之间的矛盾日益突出，旅游污染已成为古镇内最重要的污染源之一，而首当其冲受影响的是古镇水环境质量。水是当地居民生活的源泉、旅游产业的亮点、历史文化的灵魂，古镇水质的加速恶化直接影响了当地居民的生活，旅游的品质和古镇的兴衰，因此本次调查对区域内的旅游污染源进行了详细的调查，并对污染负荷进行了定量分析。

7.3.2.1　旅游污染源种类和分布

（1）旅游污染源种类

古镇区内旅游污染源主要为餐馆和旅店（包括民居客栈），东新社区污染源另外包括部分休闲娱乐场所。为了保持古镇的历史建筑风貌，历史古镇以修缮为主，仍保留老房子、老住户，由此来体现古朴的民俗、民风。历史镇区内多以现有老建筑为基础，老建筑依水而建、顺水而建，大多朝向河道，每家的房屋大多垂直于街河，形成面阔窄而进深长的条状排列，整个建筑群体沿中轴线向纵深发展，使更多的居民可以临水而居。因此，历史镇区内的旅游污染源呈现数量大、规模小、分布区域广的特点（图 7.21、图 7.22）。

图 7.21　同里古镇建筑朝向示意

图 7.22　古镇沿街、河的餐馆和旅店

相较之下，东新社区多为现代建筑，以沿街、河扩建而成，建筑规模较大，接待人数多（图 7.23）。需要注意的是，商铺沿街、河分布是以上旅游污染源的共同特点，所产生的污染物入河系数大，如不妥善处理，将对河流水质产生最直接的影响。

图 7.23　东新社区沿街、河的餐馆和旅店

（2）旅游污染源分布

旅游污染源分散覆盖于整个历史古镇和东新社区，但其空间分布并不均匀，客流量大小是旅游污染源集中与否的决定性因素。旅游污染源的 4 个重点分布区域包括：

1）小川东路和小川西路沿街：该地段集中了规模较大的餐馆、旅店以及休闲娱乐场所，单位餐馆餐位在 50～200 个，单位旅馆床位在 20～100 个，接待旅游人数多，污染排放量大，休闲娱乐场包括各种规模的洗浴场、洗头房、酒吧、茶座等。该地段污水截污纳管率较高，但面街背河建筑直接排放污水进入邻近河道现象仍然大量存在。

2）中川北路沿街：作为古镇内部主干道，该地段客流量较大，沿街餐馆和旅馆集中分布，由于距离河流较远，污水主要通过管道进入污水处理厂，该地段的截污纳管率较高。

3）竹行埭：该地段位于古镇区内部，餐馆数量多且面街背河密集分布，旅馆和休闲娱乐场所较少，由于该污染段截污纳管率不高，污水直接排放入河，风险较大。

4）三元桥景区：该地段是古镇内最主要风景区之一，客流量较大，餐馆和旅店密集分布于河道两侧，休闲娱乐场所数量少，该污染段的商铺一般经营规模不大，大多建筑为面街面河，截污纳管率高。

7.3.2.2　旅游客流分布特征

同里古镇 2009—2011 年旅客流量时间分布趋势见图 7.24，古镇的年旅客流量分布趋势：1—5 月总体呈递增趋势，到 5 月达到第一个高潮，6—9 月旅客流量回落后基本持平，再到 10 月掀起高潮，然后到 12 月总体呈递减趋势，全年中处于旅游旺季的是 4 月、5 月和 10 月，其中尤以 5 月和 10 月的旅客量最多，为平日客流量的 2～4 倍。对旅客流量时间分布运用 SPSS 统计软件进行聚类分析（图 7.25），结合旅客流量数据分析结果可知，

5 月和 10 月均为古镇旅客流量高峰组，其次是 4 月为次高峰组，而 6—12 月以及 1 月为正常流量组，2 月和 3 月为客流低峰组，近 3 年的 4 个时间段客流量的比例为 3.7∶2.7∶1.6∶1。古镇旅游接待人数的时间差异性导致了旅游污染发生的时间差异性，高峰值、超负荷的旅游污染排放将对古镇水环境造成巨大压力。

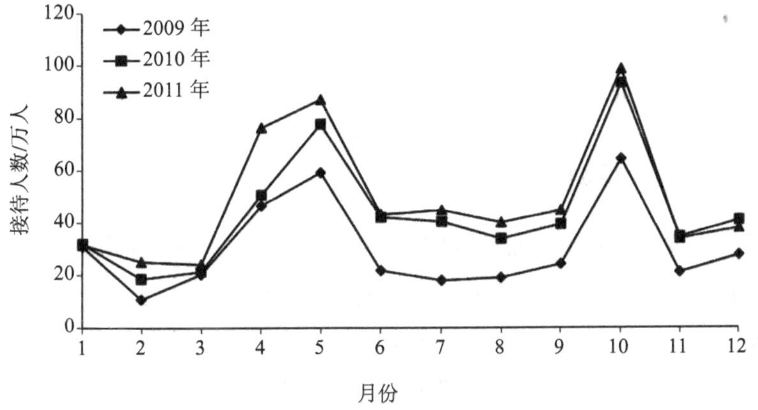

图 7.24　同里古镇 2009—2011 年旅客流量时间分布趋势

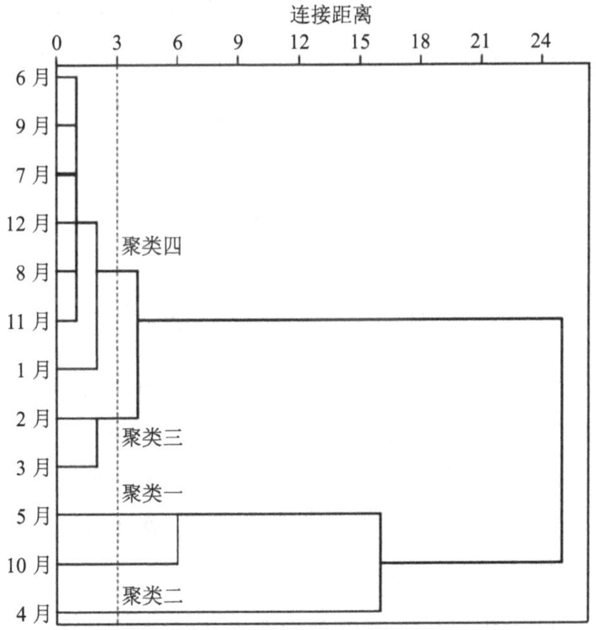

图 7.25　同里古镇 2009—2011 年旅客流量时间分布聚类分析

历史镇区内旅游污染源数量多但规模小，餐馆和旅馆多以半经商半居住方式经营，多以旅游污水和生活污水混合排放，旅游污水的水质和水量特征与生活污水相似。但在排放特征上有所不同，历史镇区内的商铺较多开设在沿街、河地段以及客流量集中地段，基础设施比较完备，污水纳管率较高，其中灰水主要通过管网被输送至污水处理厂，而黑水大部分进入化粪池，少部分由清粪车定期收集。并且公共厕所收集了数量相当可观的旅客粪便，这部分黑水被排入化粪池，定期由专人进行清掏外运。另外，历史镇区内的餐饮旅馆价格昂贵且数量有限，很多旅客并不选择在历史镇区内进行消费，而是在镇区外的东新社区选择用餐和居住。目前东新社区的旅游污染源数量多且规模大，污染以生活污水为主，大部分经管网进入污水处理厂，少部分存在污水偷排漏排进入邻近河道。

7.3.2.3 旅游污染负荷量测算

2011 年镇区各种规模餐馆和旅馆分别有 43 家和 21 家，其中东新社区各有 12 家和 7 家。本次详细调查了其中 18 家不同规模的旅馆和餐馆，发现旅馆平均用水量为 400 L/（d·人），餐馆平均用水量为 250 L/（d·人），按照各个时间段客流量的比值 3.7∶2.7∶1.6∶1，确定高峰期、次高峰期、正常期、低峰期的餐馆平均上座率分别为 300%、200%、100%和 60%，宾馆平均入住率分别为 90%、65%、40%和 25%，其中高峰期为 5 月和 10 月，次高峰期为 4 月，正常期为 6—12 月以及 1 月，低峰期为 2—3 月。餐馆排水参考上海地区城镇生活灰水水质计算：COD=350 mg/L、TN=15 mg/L、TP=1 mg/L；旅馆排水参考太湖流域生活污水水质计算：COD=600 mg/L、TN=40 mg/L、TP=3 mg/L。具体计算公式为

$$T = T_1 + T_2 \tag{7.8}$$

$$T_1 = \sum_{i=1}^{4} a \times H_1 \times (O_i) \times Q_h \times W_h + \sum_{i=1}^{4} c \times R_1 \times (O_i) \times Q_r \times W_r \tag{7.9}$$

$$T_2 = \sum_{i=1}^{4} b \times H_2 \times (O_i) \times Q_h \times W_h + \sum_{i=1}^{4} d \times R_2 \times (O_i) \times Q_r \times W_r \tag{7.10}$$

式中，T 为进入河道的旅游污染总负荷量，t/a；T_1 和 T_2 分别为历史镇区和东新社区旅游污染发生量，t/a；a 和 b 分别为两个地区产生的旅馆污水入河率，c 和 d 分别为两个地区产生的餐馆污水入河率，%，根据两个地区的实际情况，取入河率 a=5%、b=5%、c=20%、d=5%；H_1 和 H_2 分别为两个地区的旅店的床位数，个；R_1 和 R_2 分别为两个地区的餐位数，个；O_i 分别为不同时间段的餐馆上座率和旅馆入住率，%，i=1，2，3，4 分别为客流高峰期、次高峰期、正常期、低峰期；Q_h 和 Q_r 分别为旅店和餐馆的每日人均排水量，L/（d·人），取值 Q_h=400 L/（d·人）和 Q_r=250 L/（d·人）；W_h 和 W_r 分别为旅馆和餐馆排放的污水水质，mg/L。旅游污染负荷量计算如表 7.7 所示。2010 年区域内旅游污染年平均负荷如表 7.8 所示。

表 7.7　旅游污染负荷量计算

2010 年	餐馆上座率/%	旅馆入住率/%	COD/（kg/d）	TN/（kg/d）	TP/（kg/d）
A 高峰期	300	90	105	4.57	0.31
B 高峰期			14	0.71	0.05
小计			119	5.28	0.36
A 次高峰期	200	65	70	3.06	0.21
B 次高峰期			10	0.49	0.03
小计			80	3.55	0.24
A 正常期	100	40	35	1.55	0.10
B 正常期			5	0.27	0.02
小计			40	1.82	0.12
A 低峰期	60	25	21	0.93	0.06
B 低峰期			3	0.16	0.01
小计			24	1.09	0.07

注：A 和 B 分别表示历史古镇和东新社区。

表 7.8　2010 年区域内旅游污染年平均负荷

	高峰期	次高峰期	正常期	低峰期	全年合计
天数/d	62	30	214	59	365
COD/（kg/d）	7.38	2.40	8.56	1.42	19.76
TN/（kg/d）	0.33	0.11	0.39	0.06	0.89
TP/（kg/d）	0.022	0.007	0.026	0.004	0.06

7.3.3　其他污染源及负荷量测算

7.3.3.1　大气干湿沉降污染负荷量测算

区域内的降雨和降尘将携带污染物进入河流水体。调查区域总面积为 0.8 km^2，其中水域面积为 0.03 km^2，陆域面积为 0.77 km^2。

降尘污染负荷量计算：

$$T = I \times A_1 \tag{7.11}$$

式中，T 为区域内年降尘污染负荷量，kg/a；I 为降尘中污染负荷量，kg/（a·km^2）；A_1 为区域内水域面积，km^2。同里古镇降尘负荷按《太湖水污染防治“九五”计划及 2010 年规划》的系数计算。其中，降尘总氮污染负荷为 180 kg/（a·km^2），总磷污染负荷为 14 kg/（a·km^2）。

降雨污染负荷量计算：

$$W = P \times C \times (A_1 + a \times A_2) \tag{7.12}$$

式中，W 为区域内降雨污染负荷量，kg/a；P 为年降雨量，mm，计算中取值 1 019 mm；C 为降雨中污染物浓度，mg/L，参考《无锡市太湖新城生态水系规划》，计算中同里古镇降雨中污染物浓度按 COD=20 mg/L、TN=3 mg/L、TP=0.05 mg/L 进行计算；A_1 和 A_2 分别为区域内水域面积和陆域面积，km^2。

另外，陆域降雨部分，雨水中的污染物会受到地面的拦截、下渗、蒸发、降解等作用，致使污染物浓度降低，考虑调查区域内地面硬化程度高，临河道路多以青石地面为主，因此陆域降雨污染物的入河系数 a 按 50%计。由此计算调查区域内大气沉降入河污染负荷量如表 7.9 所示。

表 7.9 区域内大气沉降入河污染负荷量

污染物种类	大气沉降入河污染负荷量/（kg/a）			
	水面降尘	水面降雨	陆域降雨	合计
COD	—	611.4	7 946	8 557.4
TN	5.4	91.65	1 176	1 273.05
TP	0.42	1.5	19.61	21.53

7.3.3.2 初期雨水污染

古镇年平均降雨量 1 116.4 mm。降雨主要集中在 5—9 月，6 月是梅雨季节，降雨量最多，9 月受台风影响降雨量居次，1 月和 12 月降雨量最少。在降雨量较大并形成地表径流的时期，入河初期雨水可能对水系水环境造成冲击负荷影响。根据现场调查结果结合相关研究，初期雨水的入河途径包括以下两个方面：

1）近岸路面通过地表径流直接入河。在历史镇区河道两岸多为石砌不透水路面，而在东新社区河道两岸则多为水泥路面。与砂地、黏土、草坪等天然地表在降雨期间能滞蓄 3～10 mm 降雨相比，不透水硬质地面在产生径流前只能保持不到 1 mm 的雨水，因此其从降雨到产流的时间极短，产流速度、地表径流量都较天然地表高出许多。

2）汇水后通过雨水管网入河。古镇区内已铺设较为完备的雨水管网系统，沿河两岸每隔 20～30 m 设置 1 个雨水排口。在开展调查的 2011 年 10 月—2012 年 1 月，由于未有较大降雨并形成地表径流的情况出现，因此没有观测到雨水排口大量排水的情况。

需要说明的是，由于当时调查时间和现场条件所限，调查中对初期雨水的具体污染负荷量未能进行全面深入的研究。但所测算的大气干湿沉降入河污染负荷量中已包含初期雨水的污染负荷量部分。

7.3.3.3 农田面源污染

在农业耕作过程施加肥料，过量的 N、P 随地表径流进入水体后会造成污染，尤其会使水体富营养化。历史古镇区域内并无农田，但一些古镇居民在自家庭院或街道靠河一侧空地种植蔬菜，对水体将产生一定的影响。

同里古镇农田较集中的地区为古镇西北部区域，进口泵站前的河道两侧；古镇内部的河道边也有极少量存在；另外，在远离主街道和远离河道的弄巷里也存在极少量的农田。

总体来看，由于同里古镇农田总面积相对较低，据估计不超过 30 亩，因此认为农田面源污染对同里古镇水系的影响极小，可以忽略不计。

7.3.3.4　农贸市场排水污染负荷测算

同里新农贸市场位于同里古镇小川桥东南堍，全年经营农副产品，是同里古镇的用水大户，也是废水和垃圾的生产大户。农贸市场内的摊位多种多样，内部主要有鲜鱼、鲜肉、蔬菜、豆制品、冷冻、禽类、副食品等 100 个左右。农贸市场内绝大部分门店使用自来水，按照商业用水的价格收取费用，小部分门店使用井水。统计数据表明，农贸市场每月用水量约 1 300 t，其中 20 个鲜鱼摊位，每月用水量约为 300 t，占总用水量的 23%，是农贸市场的主要用水摊位之一；18 个鲜肉摊位，每月用水量约为 72 t，为鲜鱼摊位用水量的 24%；蔬菜、副食品、禽类等用水量较小的摊位共有 60 个，每月用水量在 1～2 t。

农贸市场的污水管网修建于 2001 年，其污水收集至同里古镇内地埋式污水处理厂进行处理，但随着吴中污水处理厂的建设，污水管网已进行并网改造，现大部分废水被收集至吴中污水处理厂进行处理，但实地调查发现，农贸市场仍存在排口将污染物直排至邻近河道的现象，并且部分鲜鱼、鲜肉现场清洗加工所产生的废弃物被排入水中，给附近河道的水质和观感造成影响。农贸市场中垃圾产生量在本调查中不考虑，核算农贸市场中产生的污水负荷量为

$$T = a \times C \times b \times Q \tag{7.13}$$

式中，T 为农贸市场污染物入河量，t/a；a 为传输过程中污染物的渗漏入河系数，根据实际调查情况，农贸市场大部分废水被收集至吴中污水处理厂，但仍存在排口将污染物直排入邻近河中，计算中取 a=20%计算；根据统计资料，农贸市场月用水量约为 1 300 t，考虑市场内排水系统较好，取排水系数 b=90%；废水水质 COD=800 mg/L、TN=60 mg/L、TP=8 mg/L。2010 年农贸市场污染负荷量如表 7.10 所示。

表 7.10　2010 年农贸市场污染负荷量　　单位：kg/a

	COD	TN	TP
农贸市场污染负荷量	2 246.4	168.48	22.464

7.3.3.5 污水漏排

根据调查，在小川东路北图浜桥附近存在十分明显的污水漏排现象，现场可见生活污水自河道岸边水体中下层向表层涌出，导致小川桥至龙海浴场一带河道水体整体黑臭，如图 7.26 所示。根据现场漏排出来的污水流量和涌水断面面积，排污量约为 500 m^3/d。考虑到现场观察存在的误差，保守估计排污量≥300 m^3/d。

图 7.26 污水漏排导致水体黑臭

经调查发现，该排口附近为原地埋式污水处理厂所在地块。近年来，同里古镇的生活污水已统一收纳至污水管网，送至吴江污水处理厂处理，因此原有的地埋式污水处理厂已停止使用，但地埋式污水处理厂服务的排水片区产生的生活污水仍旧汇集于此，然后接入附近的截污干管。因此，漏排污水极有可能与地埋式污水处理厂原有收集管网破损有关。

同时由于这一带河道水体周边为同里古镇商业场所密集区域，也不排除还有其他暗藏于水体下层的排污管造成的污染。

按污水漏排量为 300 m^3/d 计，生活污水污染物浓度按 COD 为 600.0 mg/L，TN 为 40.0 mg/L，TP 为 3.0 mg/L 计。所产生的污染负荷为

$T_{i\mathrm{COD}}$=300 m^3/d×600.0 mg/L=1.8×10^5 g/d=65.7 t/a；

$T_{i\mathrm{TN}}$=300 m^3/d×40.0 mg/L=1.2×10^4 g/d =4.38 t/a；

$T_{i\mathrm{TP}}$=300 m^3/d×3.0 mg/L=900 g/d≈0.329 t/a。

7.3.4　入河污染负荷总量

7.3.4.1　入河污染负荷总量

根据调查、分析与测算结果，同里古镇水系污染来源主要包括生活污水污染、生活垃圾污染、旅游污染、干湿沉降、农田面源污染（可忽略）、农贸市场污染、污水漏排等，具体情况见表 7.11。

表 7.11　不同类型污染源负荷量　　单位：t/a

污染源类型	COD	TN	TP
生活污水污染	34.07	2.27	0.17
生活垃圾污染	2.07	0.10	0.04
旅游污染	19.76	0.89	0.06
干湿沉降	8.56	1.27	0.02
农贸市场污染	2.25	0.17	0.02
污水漏排	65.70	4.38	0.33
合计（含污水漏排）	132.41	9.08	0.64
合计（不含污水漏排）	66.71	4.70	0.31

来自生活污水的 COD 比例最高，为 51%；其次为旅游污染，占 30%。来自生活污水的 TN 比例最高，为 48%；其次为干湿沉降，占 27%；旅游污染占 19%。来自生活污染的 TP 比例最高，为 54%；其次为旅游污染，占 19%。对同里水系有影响的各类污染源中，生活污染的贡献最大，旅游污染的贡献次之，干湿沉降虽然位于第 3，但也占据了一定的比例。

7.3.4.2　入河污染负荷年内变化情况分析

同里古镇水系污染负荷的主要来源中，生活污染和农贸市场污染每天都会发生。而旅游污染与年内旅游人口数量有关，干湿沉降中的湿沉降部分与年内降雨情况有关。

对调研获得的 2009—2011 年平均每月旅游人口数量取每月加权值，并利用此系列加权值对旅游污染负荷总量进行加权处理，可获得不同月份旅游污染负荷量；同样地，根据 2009—2011 年的年降雨量取加权值，利用此系列加权值对降雨中的湿沉降负荷总量进行加权处理，可获得不同月份湿沉降污染负荷量；将不同月份旅游污染负荷量、不同月份湿沉降污染负荷量、平均每月生活污染负荷量、平均每月农贸市场污染负荷量、平均每月干沉降量进行加和，可获得年内不同月份的污染负荷量，如图 7.27 所示。

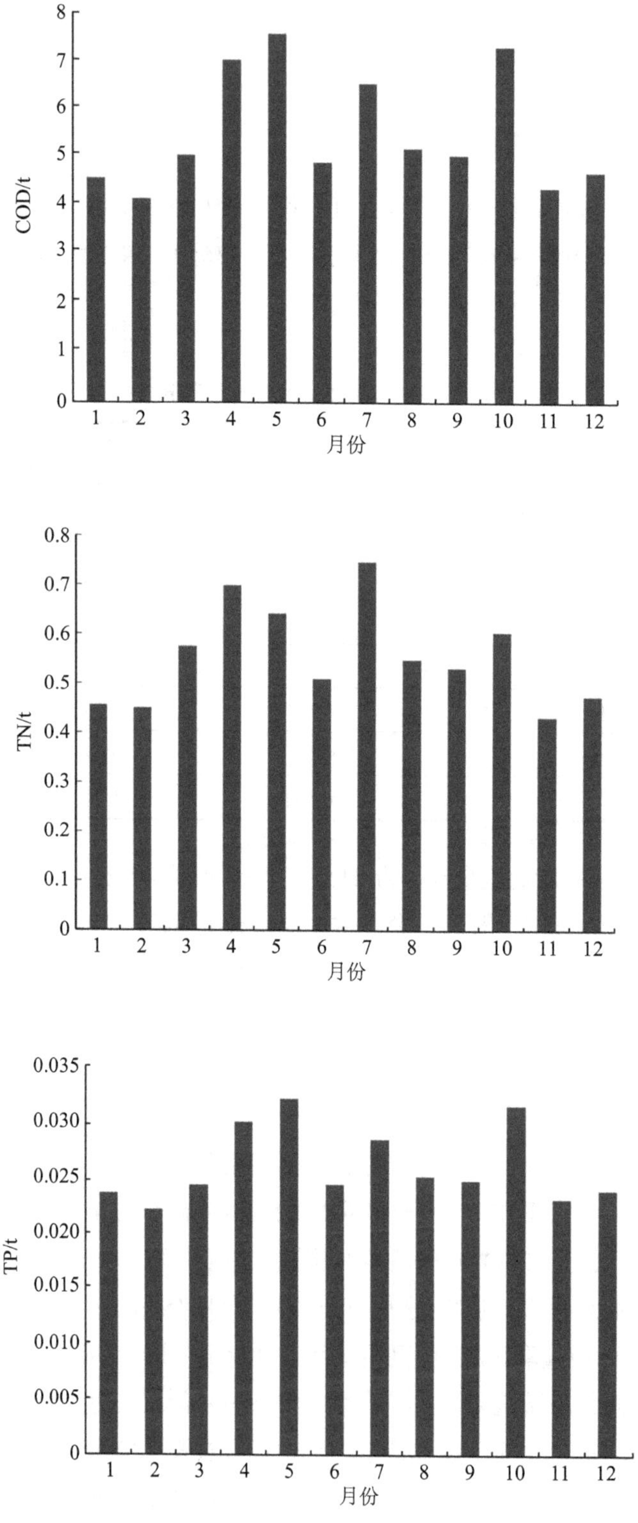

图 7.27 COD、TN、TP 年内污染负荷情况

COD 的年内污染负荷情况：5 月和 10 月出现最高峰值，入河 COD 污染负荷最大，这与旅游人口数量在 5 月和 10 月显著上升有关；4 月和 7 月次之，这与这两个月降雨量较大有关。

TN 的年内污染负荷情况：7 月出现最高峰值，入河 TN 污染负荷最大，4 月次之，这与这两个月降雨量较大，而湿沉降氮负荷占氮负荷总量比例较高有关；5 月和 10 月由于旅游人口增加，因此出现氮负荷的另外两个峰值。

TP 的年内污染负荷情况：5 月和 10 月出现最高峰值，入河 TP 污染负荷最大；4 月和 7 月为另外两个峰值。总体来看，TP 年内幅度变化较 COD 和 TN 低得多。

7.3.4.3　各类污染源入河途径及各途径入河污染负荷量分析

根据调查、分析与测算结果，同里古镇水系污染来源主要包括生活污染、旅游污染、干湿沉降、农田面源污染（可忽略）、农贸市场污染、污水漏排等。

生活污染中的生活污水部分，入河途径分为“直排入河”“通过雨水管道间接入河”“污水管道渗漏入河”3 种形式。从空间格局来看，“直排入河”主要为面街背河住宅集中的区域，其主要特征为生活污水中的灰水通过自家排水管道直接排入附近河道，黑水则进入城市污水管网；“通过雨水管道间接入河”主要为远街远河住宅集中的区域，生活污水中的灰水先进入雨水管道，经过较长时间之后与雨水混合进入附近河道，同时黑水进入化粪池，并通过自然下渗作用缓慢进入附近河道；“污水管道渗漏入河”主要为面街面河住宅集中的区域，生活污水中的黑水和灰水都进入城市污水管网，但存在 5%左右的漏失率。

生活污染中的生活垃圾，入河途径主要为“直排入河”或“雨水淋溶入河”。

旅游污染入河途径主要为“污水管道渗漏入河”，即生活污水中的黑水和灰水都进入城市污水管网，但存在 5%左右的漏失率；同时存在少量的污水“直排入河”，主要为鱼行社区内一些面街背河餐馆集中的区域，如竹行街，其主要特征为生活污水中的灰水通过自家排水管道直接排入附近河道，黑水则进入城市污水管网。

干湿沉降中的干沉降部分直排入河，湿沉降部分通过雨水管道收集，排入古镇水系，为污染面源。

农贸市场污染，主要通过市场内排水沟直排入邻近河道，为污染点源。

污水漏排集中于小川东路北图浜桥南侧原地埋式污水处理厂附近，形成污染浓度很高、排放量很大的点源。

综合对不同污染源入河途径进行分析，得到不同污染源入河途径的入河负荷量，如表 7.12 所示。

表 7.12 不同污染源入河途径的入河负荷量

污染源入河途径	COD/（t/a）	TN/（t/a）	TP/（kg/a）
直排入河	27.31	1.13	85.28
雨水管网入河	33.11	2.90	143.83
污水管网漏失入河	9.09	0.60	42.54
漏排入河	65.70	4.38	329.00

7.4 水乡古镇河道高品质水质修复与调控技术

针对水乡城镇河流众多，水流滞缓、自净能力差、水体生态功能退化、水环境质量恶化等问题，开展基于水动力-水质耦合模型的古镇河网水动力调控技术、典型污染物快速去除技术研究，同时结合污染河道景观功能生态修复技术，形成水乡古镇河道高品质水质修复与调控技术体系。

7.4.1 基于河网水动力-水质耦合模拟的水系调控技术

针对水乡城镇水系结构复杂，连通性差，人工闸泵对流态干扰严重、流速缓慢的特点，考虑研究区细部河网水系与研究区外宏观关联水系之间的尺度耦合，基于水系的系列水文、水质监测，开发了基于“分区概化、耦合模拟”模式的平原河网地区水乡城镇水系的水动力学-水质耦合模型系统，解决了传统的基于整体模型模式模拟结构复杂的平原河网效果较差的问题。

通过系列实测数据的解析分析和情景模拟，识别水乡城镇河网结构阻点、“瓶颈”以及缓流节点，综合考虑水环境改善和水利工程优化运行，有针对性地提出了常态的水系结构优化、污染负荷削减方案和闸泵联合动力调控方案，可以明显改善研究区水系流态和水环境状况。

7.4.1.1 河网水动力-水质耦合模型建立

在上述研究的基础上，将环境流体动力学模型（EFDC）和水质分析模拟程序（WASP）进行耦合，建立反映同里古镇区河网水动力特征和水质特征的水动力-水质模型，并用其模拟分析同里古镇河网的水动力学、水质特征，同时提出水动力调控和水动力优化方案。

7.4.1.1.1 模型选取

（1）水动力模型选取

河网水动力模型，是其他模型（如水质模型、水环境容量模型等）的基础。从原理上来说，大体可分节点-河道模型、单元划分模型、混合模型等 3 类。此外，还有人工神经网络模型，由于平原河网与人工神经网络在结构和功能上的相似性，可以借助计算机的强大计算功能进行模拟计算。

应用较为广泛的水动力模型软件主要有丹麦水利学院的城市水模拟软件（MIKE 系列）、荷兰 Delft 水利学院的三维水动力-水质模型（Delft 3D）系列、美国威廉与玛丽学院开发的 EFDC 等。EFDC 已广泛应用于各类水体的水动力模拟中。由于同里古镇研究区域相对较小，水系结构相对简单。因此，选用 EFDC 用于模拟水动力状况。

（2）水质模型选取

水质模型主要用于描述水体中污染物的时空迁移转化规律及相互影响因素关系，是水环境研究和水污染治理的重要工具，由于平原河网地区河道的复杂性与特殊性，目前国内在这一领域应用较多的模型为 WASP 系列模型及 MIKE11 模型。考虑到同里古镇区河网水系相对简单清晰的结构，且与水动力模型 EFDC 耦合的便捷性，决定选用 WASP 模型 EUTRO 板块进行水质模拟，采用的模型版本为 WASP7.5。

7.4.1.1.2 模型概化、初始值设定

（1）时间概化

模型的时间概化，从实际问题的性质出发，综合考虑水体水质和输入条件的时间变化。一般来说，概化的时间步长应当要小于重要变量的变化周期。但当输入条件的变化周期过小时，可以通过输入变量在一定变化周期内平均的方式来放松此项限制。例如，对河段入流量进行概化时，当河段的入流受到闸坝及抽水泵站的控制时，由于泵站的功率相对稳定，一定时间内可将河段的入流量视为恒定值进行概化。

时间步长的考虑，还应当考虑实际可得数据的详尽程度。此外，从计算的稳定性和数值的精确性考虑，计算时间步长和模型网格的大小是直接相关的，当其中一个增大或减小时，另一个也应相应地增大或减少。减小时间步长（同时减小网格大小）将增加水质模拟的详尽程度，但同时增加了输入数据需求和模拟时间。

综合考虑上述因素，本次模拟周期定为一年，具体为 2011 年 1 月 1 日—12 月 31 日。

水动力学模拟时间步长为 15 s，输出时间步长为 60 s。考虑到水动力学输出时间步长与水质输入时间步长应当相等，故水质模拟时间步长也为 60 s。输出时间步长综合考虑到模型模拟的精确性和后续分析的必要性，设定为 0.5 d。

（2）空间概化

根据水系中桥梁所在断面位置设 8 个模型模拟范围的边界点，主要为从进水闸门至外河闸口这一古镇内部区域河网，不包括与古镇区水系相通的大运河。

模型单元格的划分，需要综合考虑研究区域范围、研究区域空间分异需求、模拟精确程度、可得数据的详尽程度以及模型计算的稳定性和准确性等。由于古镇（近）人工化河道较多，形状相对规则，故而在概化时基本采用凸四边形网格（河道交汇点、转弯点等特殊区域根据实际情况为三角形）。同时由于河道水深较浅，均在 2 m 以内，垂直差异较小，故而垂向不分层。

概化后网格一般长度在 60～100 m，宽度在 5～20 m，深度在 0.8～2 m。在河道转弯处及多河道汇流处的单元格，根据实际状况，长度相对较小。各网格之间的连接均为一维线性连接关系。空间概化处理流程如图 7.28 所示。

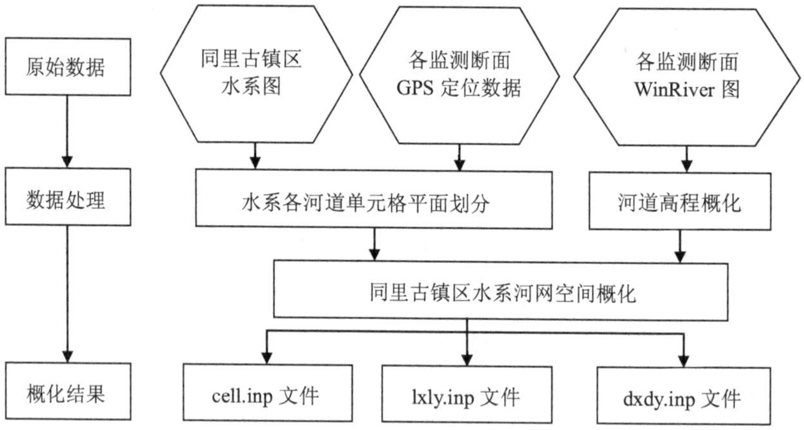

图 7.28 空间概化处理流程

概化后的同里古镇区水系如图 7.29（a）所示，将水系的网格概化结果写入 cell.inp 文件，图 7.29（b）中网格划分结果中，不同的数字代表不同的网格类型。其中："0" 表示四周或者四角均没有成为湿网格边界的干陆地网格；"1"表示东北部分是干陆地的含水三角形网格；"4" 表示西北部分是干陆地的含水三角形网格；"5" 表示四边形含水网格；"9" 表示与含水网格四周或者四角相接的干陆地网格，或者开放边界含水网格四周和四角假设的干陆地边界。

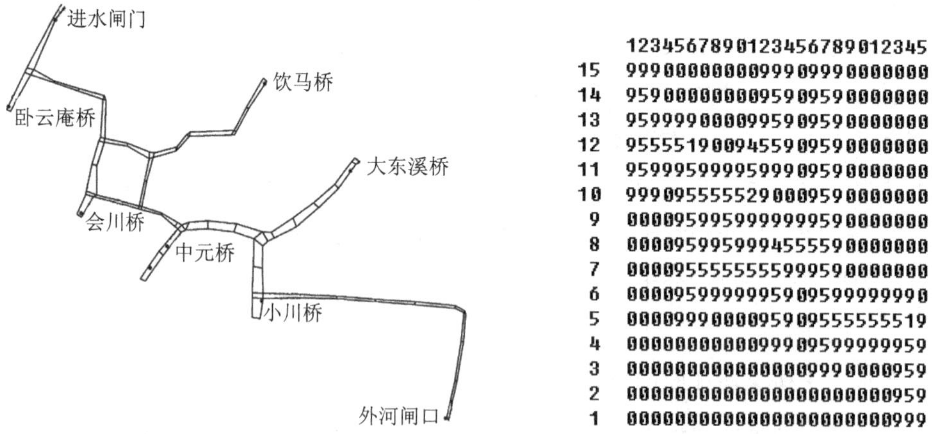

（a）同里古镇区水系　　（b）网格划分结果

图 7.29 概化后的同里古镇区水系和网格划分结果

（3）模型初始值设定

水动力模型的初始值，主要是指每个概化单元格内的水位值。由于实际监测数据有限，各个概化单元格的水位值，在实测结果的基础上，通过空间差值得到。

水质模型的初始值，除各个站点的污染物浓度边界条件设定外，还需要核算研究区内点源污染的输入情况。

对模型模拟过程中考虑的其他因素，包括温度、风速、太阳辐射、降雨量及蒸发量等，主要采用研究区域的月均值。例如，以瓜泾口站 2001—2007 年降雨量和蒸发量的多年月平均值，作为模型模拟过程中的降雨量和蒸发量，如表 7.13 所示。根据月降雨量和蒸发量可得到平均日的降雨量及蒸发量。

表 7.13　降雨量和蒸发量计算过程（2011 年）　　单位：mm

月份	降雨量	蒸发量	每日降雨量	每日蒸发量
1	51.7	28.1	1.668	0.906
2	64.1	34.4	2.289	1.229
3	59.9	49.4	1.932	1.594
4	92.6	68.3	3.087	2.277
5	103.5	93.7	3.339	3.023
6	165.9	87.7	5.530	2.923
7	132.7	116.4	4.281	3.755
8	116.2	117.9	3.748	3.803
9	116.5	88.8	3.883	2.960
10	60.7	70.0	1.958	2.258
11	47.0	49.9	1.567	1.663
12	36.6	37.3	1.181	1.203

7.4.1.1.3　模型参数率定

（1）参数选取原则

参数的选取遵循以下 3 条原则：

1）选取的参数取值范围在 EFDC 和 WASP-EUTRO 模型的使用说明中规定的取值范围内。

2）参数的选择和取值借鉴和参考使用说明书和相似文献研究的推荐取值。

3）研究中使用的 EFDC 及 WASP-EUTRO 7.5 水质模型的应用非常成熟，且在研究区域周围环境状况相似的区域中已有较多模型研究和应用，因此选择的参数是使用文献调研中获得的参数值，对模型的使用仍然应当具有合理性。

根据上述选择，在选定合适的参数后，再通过试错法对参数进行率定，得到合理的参数取值，使模型模拟结果最优。

（2）水动力模型率定结果

EFDC 水动力模型中，所选取的参数主要为曼宁粗糙系数。一般河道的曼宁粗糙系数为 0.01～0.08，取值为 0.05。其余参数，如模拟时间步长、干湿切换水深等基本参数，一般按照文献调研结果设定。

确定参数初值后，再通过试错法率定，对参数进行适当调整。采用以下两种方法评价模型参数率定和模型验证的合理性。

1）中值误差：

中值误差的表达式如下：

$$e_{0.5} = 0.6745\sqrt{\frac{\sum_{i=1}^{n}\left(\frac{y_i - y_i'}{y_i}\right)^2}{n-1}} \tag{7.14}$$

式中，y_i 为第 i 个观测值；y_i' 为第 i 个计算值；$e_{0.5}$ 为中值误差；n 为测量值的个数。

2）NS（Nash-Sutcliffe）模拟系数法：

NS 系数的表达式为

$$\mathrm{NS} = 1 - \frac{\sum_{i=1}^{n}(Q_{\mathrm{m}} - Q_{\mathrm{s}})^2}{\sum_{i=1}^{n}(Q_{\mathrm{m}} - Q_{\mathrm{avg}})^2} \tag{7.15}$$

式中，Q_{m} 为监测值；Q_{s} 为模拟值；Q_{avg} 为监测值的平均值；n 为监测次数。

当 NS≥0.8 时，认为模拟结果在可接受的合理范围内。

由于古镇区域范围较小，区域内无相关水文水质的历史监测数据；且研究区域各个出入流口受人工控制闸坝影响明显。因此，采用 2014 年 6 月 24 日实际监测的同里古镇区 11 个监测断面流速数据进行率定，采用 2014 年 6 月 25 日实际监测的相同监测断面的流速数据进行验证。在整个水系内均匀选取监测断面，如图 7.30 所示。

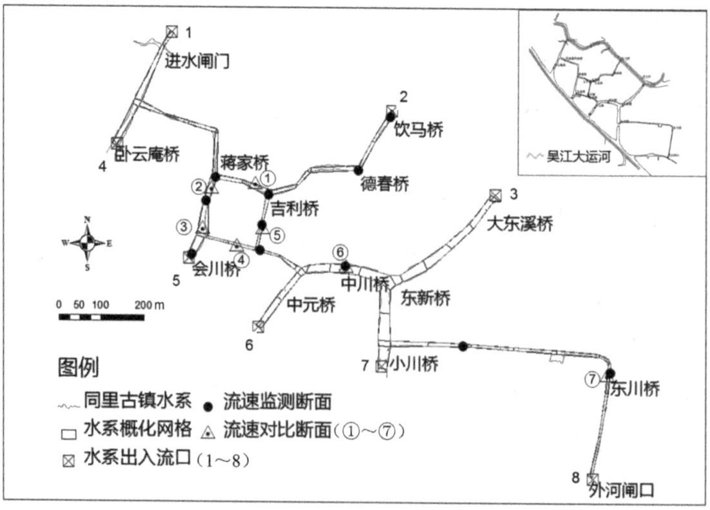

图 7.30 同里古镇区水系监测断面示意

同里古镇区水系各监测断面流速率定结果如图 7.31 所示。

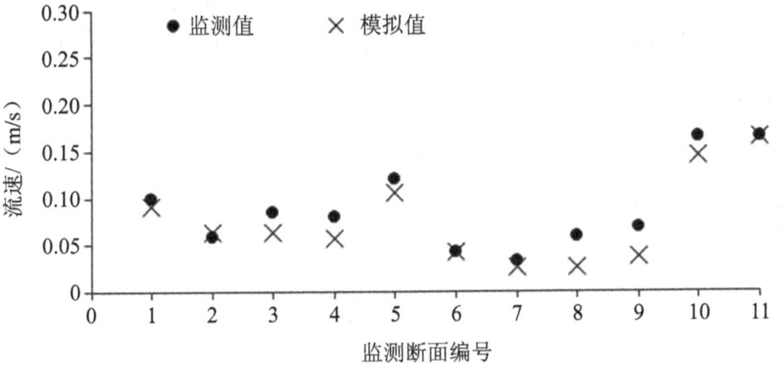

图 7.31 同里古镇区水系各监测断面流速率定结果

分析模型产生误差的原因，可能包括以下两个方面：

1）流速监测值本身存在误差。流速监测采用的是声学多普勒水流剖面仪，监测过程中由于操作原因、风速影响等，会使监测值产生一定的误差。

2）由于流速测量值和模拟值均较小，产生较小的绝对数据偏差时会产生较大的误差。

由表 7.14 中数据可知，总体来说，流速率定得到的中值误差为 18.60%<20%。参考潮流模型关于个别测站流速的允许误差规定（不超过 20%），《海岸与河口潮流泥沙模拟技术规程》（JTJ/T 233—98）可以认为模型模拟结果合理。NS 系数为 0.81>0.80，可以认为模拟结果合理。

表 7.14 同里古镇区水系各监测断面流速率定误差计算结果

编号	监测断面	监测值/（m/s）	模拟值/（m/s）	相对误差/%	中值误差/%	NS 系数
1	饮马桥	0.100	0.091	8.76	18.60	0.81
2	德春桥	0.059	0.063	−7.26		
3	吉利桥	0.085	0.063	26.78		
4	吉利-泰安中	0.080	0.057	28.54		
5	泰安桥	0.120	0.105	12.20		
6	蒋家桥	0.042	0.043	−0.72		
7	蒋家-会川中	0.032	0.026	18.54		
8	会川桥	0.058	0.026	56.11		
9	中川桥	0.069	0.037	46.44		
10	小川-东川中	0.164	0.144	12.17		
11	东川桥	0.165	0.164	0.52		

（3）水质模型率定结果

WASP-EUTRO 水质模型中，水质参数共有 13 段，共 88 项。根据相似区域的 WASP

模型应用中参数的取值，所选取的参数有 38 项。水质模型的参数率定，是在同里古镇区水系内选择 6 个代表性断面，以 DO 为指标进行率定。选取的断面为蒋家桥、吉利桥、饮马桥、中川桥、小川桥和东川桥断面。采用 2012 年 1—6 月的水质监测数据（每月 1 个数据）作为率定数据，7—12 月数据作为验证数据。由于水质误差相对较大，主要以图形法表示判断水质参数的模拟结果。DO 指标参数率定结果如图 7.32 所示。

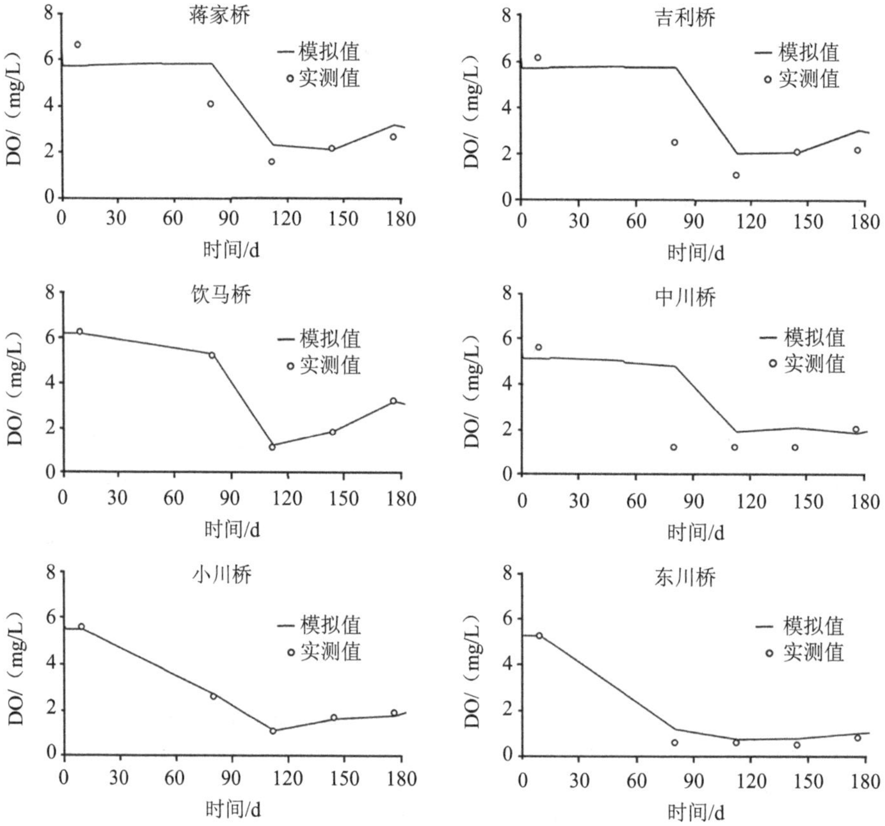

图 7.32　同里古镇区水系水质模型 DO 指标参数率定结果

同里古镇区水系各监测断面 DO 率定误差计算结果如表 7.15 所示。

表 7.15　同里古镇区水系各监测断面 DO 率定误差计算结果　　单位：%

监测断面	断面中值误差	平均中值误差
中川桥	31.69	17.81
小川桥	3.46	
东川桥	22.50	
吉利桥	26.64	
饮马桥	5.45	
蒋家桥	17.12	

从图 7.32 中可以看出，模拟值的变化趋势与实测值的误差相对较大，主要的原因可能有以下几点：

1）古镇区水系水动力条件主要受人工控制影响，而水质模拟中采用的水动力条件假定为自然状态，即所有闸门均处于开启状态，可能存在水质监测时水动力状态模拟条件与实际条件不符的情况。

2）水质监测主要通过现场采样，以及实验室分析的方法得到，为具体某个时刻的瞬时值。而模拟值为当天的平均值，从而导致误差。

3）降雨等气象条件对模拟结果的影响。模型中使用的气象条件数据为常年平均值，与监测时实际的气象条件不符造成误差。

4）水质监测数据相对较少，在实际监测过程中造成的监测数据的误差也应被考虑。

总体来说，水质模拟结果的变化趋势与实际值基本相符，误差绝对值差距不大，所以可以认为水质模拟结果具有一定的参考价值。

7.4.1.1.4 模型验证

为了保证模型模拟结果的合理性和可靠性，在进行参数率定后，需要对模型进行验证。模型的验证包括水动力模型验证和水质模型验证。

（1）水动力模型验证

对于 EFDC 水动力模型，采用 2014 年 6 月 25 日实际监测值进行模型验证。具体结果如图 7.33 所示。

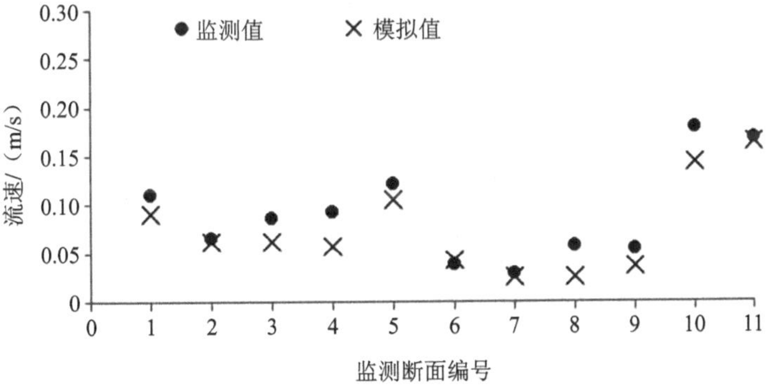

图 7.33 同里古镇区水系各监测断面流速验证结果

由表 7.16 中数据可知，总体来说，模型验证的中值误差为 18.39%<20%，可以认为水动力模型模拟结果合理。NS 系数为 0.81>0.80，可以认为水动力模拟结果合理，可以应用模型进行后续工作。

表 7.16 同里古镇区水系各监测断面流速验证结果

编号	监测断面	监测值/（m/s）	模拟值/（m/s）	相对误差/%	中值误差/%	NS 系数
1	饮马桥	0.110	0.091	16.91		
2	德春桥	0.066	0.063	3.73		
3	吉利桥	0.086	0.063	27.13		
4	吉利-泰安中	0.092	0.057	38.10		
5	泰安桥	0.122	0.105	13.54		
6	蒋家桥	0.038	0.043	−12.53	18.39	0.81
7	蒋家-会川中	0.029	0.026	9.21		
8	会川桥	0.057	0.026	55.36		
9	中川桥	0.055	0.037	33.06		
10	小川-东川中	0.178	0.144	18.90		
11	东川桥	0.168	0.164	2.39		

（2）水质模型验证

对于水质模型的验证，同样以 DO 为指标，采用 2012 年 7—12 月的水质监测数据进行验证。选取的断面为蒋家桥、吉利桥、饮马桥、中川桥、小川桥和东川桥共 6 个断面。具体如图 7.34 和表 7.17 所示。总体来说，各监测断面的模型模拟值与实际监测值相符合，误差较小，模型结果基本合理，可以被应用于情景分析。

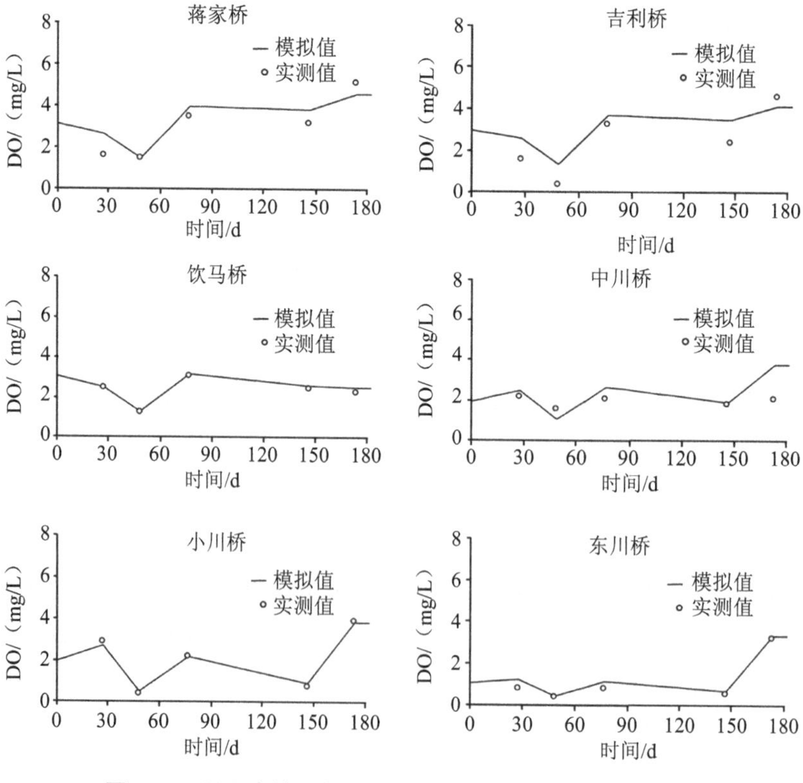

图 7.34 同里古镇区水系水质模型 DO 指标模型验证结果

表 7.17　同里古镇区水系各监测断面 DO 验证误差计算结果　单位：%

监测断面	断面中值误差	平均中值误差
中川桥	22.75	15.96
小川桥	9.73	
东川桥	15.74	
吉利桥	29.30	
饮马桥	3.05	
蒋家桥	15.16	

7.4.1.2　基于耦合模拟的水动力学调控方案分析

考虑到同里古镇区内游客分布的情况，游客集中区域为景区南大门（中川桥附近）和三桥区域（吉利桥附近），需要保证一定的流速以满足景观需求。而小川桥至外河闸口段属于居民区，附近有浴场，水质最差，需要适当提升流速以改善水体感官，在不改变古镇闸坝基本调度的前提下，优化引水调度方案，实现水系生态调控。

由于同里古镇区水系各个出入流口均设有闸坝，可人工控制出入流流量，因此可通过 EFDC-WASP 耦合模型模拟不同的流量分配方案，分析不同流量分配方案下的水系水动力状况。根据实际情况，在进水闸门（进口泵站）（出入流口 1）和饮马桥（出入流口 2），可分别从外部大运河或下游同里湖调水进入古镇水系。同时根据现有泵的调水能力、古镇水系整体水量、经济因素、场地因素等方面综合考虑，制定了从出入流口 1 入流、从出入流口 2 入流、从出入流口 1 和从出入流口 2 同时入流，其他各个出流口按自然状态出流或进行适当的流量分配出流等模拟情景，如图 7.35 所示。

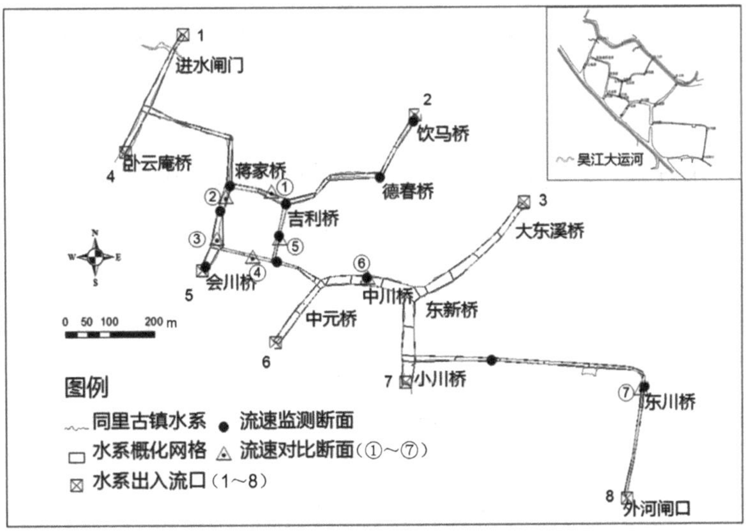

图 7.35　同里古镇水系断面及出入流口

（1）单一入流口入流情景模拟

对仅从外部运河调水（入流口为进水闸门）和仅从下游同里湖调水（入流口为饮马桥）的水动力情景进行模拟，各出入流口编号见图 7.35。

为了便于比较这两类不同入流口入流情景的优劣，首先模拟单一入流口入流（J1、J2、J3 为进水闸门入流情景，Y1、Y2、Y3 为饮马桥进水情景），且单一出流口出流（出流仅从出流口 8 外河闸口出流）的各情景。具体情况如表 7.18 所示。

表 7.18 模拟情景 J1～J3、情景 Y1～Y3 基本出入流情况

出入流口	1	2	3	4	5	6	7	8
情景 J1	+0.5 m^3/s	0	0	0	0	0	0	−0.5 m^3/s
情景 J2	+1.0 m^3/s	0	0	0	0	0	0	−1.0 m^3/s
情景 J3	+1.5 m^3/s	0	0	0	0	0	0	−1.5 m^3/s
情景 Y1	0	+0.5 m^3/s	0	0	0	0	0	−0.5 m^3/s
情景 Y2	0	+1.0 m^3/s	0	0	0	0	0	−1.0 m^3/s
情景 Y3	0	+1.5 m^3/s	0	0	0	0	0	−1.5 m^3/s

对上述 6 种情景进行模拟，分析比较断面①～⑦的流速情况（图 7.36）。

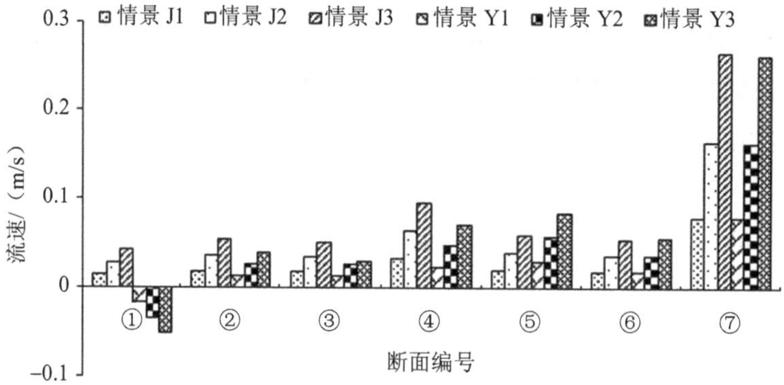

图 7.36 情景 J1～J3，情景 Y1～Y3 断面①～⑦模拟流速情况

（假设自北向南、自西向东的主流向为+）

从图 7.36 中可以看到，随着入流口（进口泵站或饮马桥）进水量的增加，同里古镇区水系整体流速均呈现增大趋势。且对下游断面，改善尤为明显。图 7.36 中的断面⑥（中川桥）和断面⑦（东川桥），当入流量相同时，入流口的改变，对下游断面流速基本无影响。

对比仅从进口泵站进水和仅从饮马桥进水两类情景，可以发现：从饮马桥进水时，断面①和断面⑤，即吉利桥—泰安桥河段流速相对较大。而且从进口泵站进水时，饮马桥—

吉利桥段流速较小，基本为滞流状态；从饮马桥进水时，进口泵站—蒋家桥段流速较小，基本为滞流状态。

针对这两类不同点，模拟中需要从同里古镇区水系的实际情况考虑。首先，吉利桥—泰安桥段为三桥景点区域，属于游客聚集区域，需要重点关注。此外，饮马桥—吉利桥段属于古镇区景区范畴，邻近三桥景点，沿河商铺众多；进口泵站—蒋家桥段基于属于当地居民区或废弃工厂区，不属于重点旅游区域，游客罕至。综合考虑上述两点，可以认为，在单一入流口的情况下，从饮马桥入流，即从同里湖下游调水进入同里古镇水系，更有利于改善水系重点区域的水动力状态，属于更合理的方案。

对于上述模拟的仅从饮马桥入流的情景，仅从下游外河闸口这一单一出流口出流，导致进口泵站到蒋家桥段出现滞留现象。为了提升同里古镇水系整体流速，减少滞留区，在饮马桥入流 1 m^3/s 的入流情景下，模拟各个出流口不同流量分配情况，分析比较不同水利调度情况下同里古镇区水系整体流速情况及重点区域流速情况。

在饮马桥进水为 1 m^3/s 的条件下，对各个出流口不同流量分配的情况进行模拟，共模拟 3 个情景，具体如表 7.19 所示。

表 7.19　模拟情景 Y2～Y2_2 基本出入流情况

出入流口	1	2	3	4	5	6	7	8
情景 Y2	0	+1.0 m^3/s	0	0	0	0	0	−1.0 m^3/s
情景 Y2_1	0	+1.0 m^3/s	0	0	−0.2 m^3/s	0	0	−0.8 m^3/s
情景 Y2_2	0	+1.0 m^3/s	0	0	−0.5 m^3/s	0	0	−0.5 m^3/s

对上述 3 种情景的模拟结果进行分析比较，如图 7.37 所示。对于情景 Y2～Y2_2，从图 7.37 可以看出，随着出入流口 5（会川桥出流口）的出流量增加，三桥区域西北部分（吉利桥—蒋家桥—会川桥河段），流速逐渐增大。而三桥区域东侧及其下游，流速逐渐减小。三桥区域南侧河段，其流速先减小，再增大。

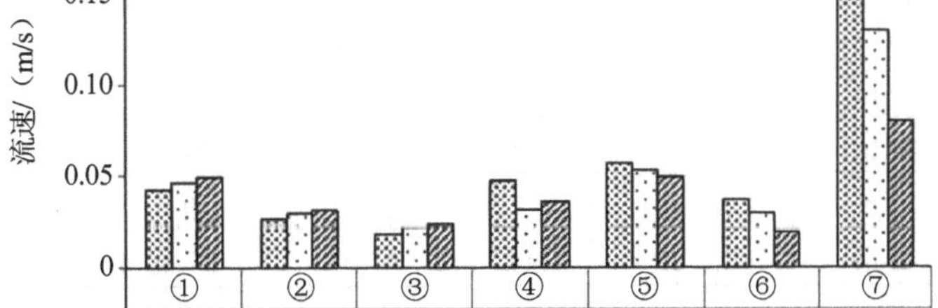

	①	②	③	④	⑤	⑥	⑦
情景 Y2	0.042	0.027	0.018	0.047	0.057	0.037	0.163
情景 Y2_1	0.046	0.029	0.022	0.031	0.053	0.029	0.129
情景 Y2_2	0.049	0.031	0.024	0.036	0.049	0.018	0.080

图 7.37　情景 Y2～Y2_2 断面①～⑦模拟流速情况

情景 Y2 中，在仅从外河闸口出流的情况下，三桥区域西侧河段（蒋家桥—会川桥河段）流速相对较小。表 7.20 的情景 Y2_1 和情景 Y2_2 中，增加了出入流口 5（会川桥出流口）的流量，可以增加三桥区域南侧的流速，其具体的增加量和增加百分比如表 7.20 所示。由表 7.20 可知，虽然增加出流口 4 的出流量，可以增大断面 2 和断面 3 的流速，但中川桥及东川桥断面流速减小。从这 4 个断面流速变化的百分比可以看出，增加出流口 4 的出流量，对三桥区域南侧河段流速增加的效果不显著，但却大幅减小了三桥区域下游的流速。其中，中川桥区域作为景区南大门，是旅游的重点区域，流速减小过多对整个古镇景区的景观不利。

表 7.20　情景 Y2_1 和情景 Y2_2 较情景 Y2（基础情景）断面流速变化情况

断面编号	流速增加值/（m/s）		流速增加百分比/%	
	情景 Y2_1	情景 Y2_2	情景 Y2_1	情景 Y2_2
②	0.002	0.004	8.8	16.3
③	0.004	0.006	22.9	31.5
⑥	−0.007	−0.018	−20.1	−50.1
⑦	−0.034	−0.083	−20.8	−51.2

此外，考虑到水质的状况时，由于同里湖调水是从饮马桥进入古镇，水质较好，若从会川桥出流口出流，且出流量较大时，不利于这部分水质较好的水的充分利用。因此，增加会川桥出流口出流量，可以使同里古镇区水系的水动力整体上更加均衡，但综合考虑其流速增量及水质的情况，在会川桥出流口大幅增加出流量这一方案并不可取。

（2）两入流口同时入流情景模拟

从同里古镇区实际情况可以看出，进口泵站和饮马桥均可以作为古镇区水系入流口。因此在模拟了单一入流口入流的情况之后，也模拟了进口泵站和饮马桥两个入流口同时入流的情景。具体情景如表 7.21 所示。

表 7.21　模拟情景 B1～B4 基本出入流情况

出入流口	1	2	3	4	5	6	7	8
情景 B1	+0.42 m^3/s	+0.5 m^3/s	0	0	0	0	0	−0.92 m^3/s
情景 B2	+0.42 m^3/s	+0.5 m^3/s	−0.09 m^3/s	0	−0.09 m^3/s	0	0	−0.73 m^3/s
情景 B3	+0.23 m^3/s	+0.5 m^3/s	0	0	0	0	0	−0.73 m^3/s
情景 B4	+0.23 m^3/s	+0.5 m^3/s	−0.07 m^3/s	0	−0.07 m^3/s	0	0	−0.59 m^3/s

图 7.38 为进口泵站进水的同时，饮马桥处入流为 0.5 m^3/s，且一天 24 h 持续进水的情况下，4 种不同情景的 7 个断面流速模拟情况。可以看出，游客集中三桥区域（断面⑤）

和景区南大门中川桥（断面⑥）流速基本达到 0.05 m/s，水动力状况较好。不过，此时蒋家桥—吉利桥段流速相对较小。

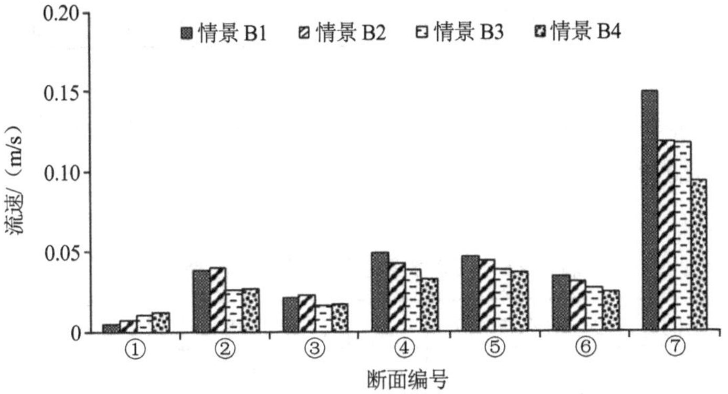

图 7.38 情景 B1～B4 情况下断面①～⑦模拟流速情况

（3）不同水利调度情景模拟

仅从饮马桥进水，出流口出流量不同，分析不同的情景条件下，同里古镇区水系整体水动力情况和部分重点区域流速情况，在饮马桥进水为 1 m^3/s（饮马桥为单一入流口）的条件下，对各出流口不同流量分配的情况进行模拟，模拟情景 1、情景 2、情景 3 共 3 个情景，具体如表 7.22 所示。

表 7.22 模拟情景 1～3 基本出入流情况

	饮马桥进水	出流口 1～7
情景 1	1 m^3/s	1～6：0，7：100%
情景 2	1 m^3/s	4：20%，7：80%，其他：0
情景 3	1 m^3/s	4：50%，7：50%，其他：0

情景 1：饮马桥进水量为 1 m^3/s。仅 7 号出流口（外河闸口）出流，出流量为 1 m^3/s，其余出流口不出流。各出流口的流量分配如表 7.23 所示。

表 7.23 情景 1 各出流口流量分配情况 单位：m^3/s

出流口	1（进水闸门）	2（大东溪桥）	3	4（会川桥）	5	6	7（外河闸口）
流量	0.0	0.0	0.0	0.0	0.0	0.0	1.0

情景 2：饮马桥进水量为 1 m^3/s。仅 4 号和 7 号出流口（外河闸口）出流，其余出流口不出流。各出流口的流量分配如表 7.24 所示。

表 7.24　情景 2 各出流口流量分配情况　　单位：m^3/s

出流口	1（进水闸门）	2（大东溪桥）	3	4（会川桥）	5	6	7（外河闸口）
流量	0.0	0.0	0.0	0.2	0.0	0.0	0.8

情景 3：饮马桥进水量为 1 m^3/s。4 号和 7 号出流口以相同的出流量出流，其余出流口不出流。各出流口的流量分配如表 7.25 所示。

表 7.25　情景 3 各出流口流量分配情况　　单位：m^3/s

出流口	1（进水闸门）	2（大东溪桥）	3	4（会川桥）	5	6	7（外河闸口）
流量	0.0	0.0	0.0	0.5	0.0	0.0	0.5

对上述 3 种情景的模拟结果进行分析比较。选择 8 个重点监测断面（图 7.39）流速进行比较。

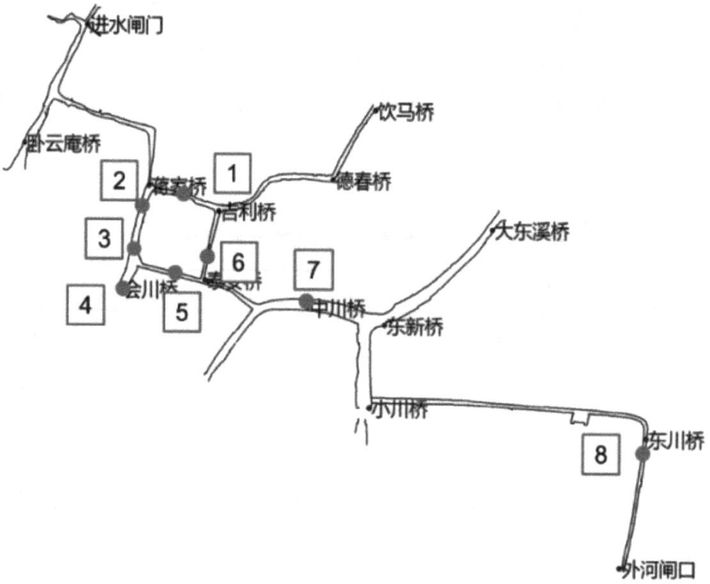

图 7.39　情景 1～3 流速分析 8 个重点监测断面示意

对于情景 1～3，这 8 个重点区域的流速情况如图 7.40 所示。从图可以看出，随着出流口 4（会川桥出流口）的出流量增加，三桥区域西北部分（吉利桥—蒋家桥—会川桥河段），流速逐渐增大。而三桥区域东侧及其下游，流速逐渐减小。三桥区域南侧河段，其流速先减小，再增大。

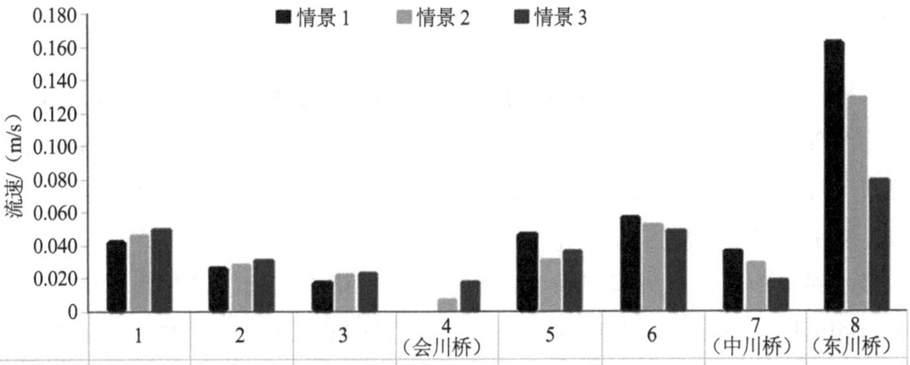

	1	2	3	4（会川桥）	5	6	7（中川桥）	8（东川桥）
情景 1	0.042	0.027	0.018	0.000	0.047	0.057	0.037	0.163
情景 2	0.046	0.029	0.022	0.007	0.031	0.053	0.029	0.129
情景 3	0.049	0.031	0.024	0.018	0.036	0.049	0.018	0.080

图 7.40　情景 1～3 重点断面模拟流速情况

情景 1 中，在仅从出流口 7（外河闸口）出流的情况下，三桥区域西侧河段（蒋家桥—会川桥河段）流速相对较小。情景 2 和情景 3 中（表 7.26），增加了出流口 4（会川桥出流口）的流量，可以增加三桥区域南侧的流速，其具体的增加量和增加百分比如表 7.26 所示。由表 7.26 可知，虽然增加出流口 4 的出流量，可以增大断面 2 和断面 3 的流速，但同时，中川桥及东川桥断面流速减小。从这 4 个断面流速变化的百分比可以看出，增加出流口 4 的出流量，对三桥区域南侧河段流速增加的效果不显著，但却大幅减小了三桥区域下游的流速。其中，中川桥区域作为景区南大门，是旅游的重点区域，流速减小过多对整个古镇景区的景观不利。

表 7.26　情景 2 和情景 3 较情景 1（基础情景）断面流速变化情况

断面名称	流速增加值/（m/s）		流速增加百分比/%	
	情景 2	情景 3	情景 3	情景 3
2	0.002	0.004	8.8	16.3
3	0.004	0.006	22.9	31.5
7（中川桥）	−0.007	−0.018	−20.1	−50.1
8（东川桥）	−0.034	−0.083	−20.8	−51.2

通过不同水利调度情景的模拟分析可以看出，饮马桥作为入流口引入同里湖水，虽然会提升古镇整体水环境，但需要在保证古镇重点景区水质水动力的前提下，选择合适的水利调度方式。

7.4.1.3 水动力学调控方案

结合模拟结果，为达到更好的水动力调控效果，分别从引水水源水质、调度方式、水动力条件改善及后续工程建设等方面进行选择和比较，将水质较好的同里湖水作为引水水源，将饮马桥作为单一入流口，并采取一定的水质净化设施处理后，实现“清水入古镇”。

（1）从引水水源水质方面对比

古镇水系以前主要以外运河作为补给水源，京杭大运河（苏州段）由北至南依次流经苏州市相城区、高新区、吴中区，最后进入浙江嘉兴境内。已有研究表明京杭大运河江南段水质遭到不同程度的污染，主要污染物属于耗氧和富营养复合型有机污染物，其中部分河段 COD、BOD、TP 严重超标。苏州运河水体以有机污染为主，废水主要来自造纸、化工、食品等行业和城市居民生活污水，水质一般为劣Ⅴ类水，水中泥沙含量高，但易沉降。

同里湖面积约为 2.4 km^2，位于同里古镇东部，同里湖水质相对较好。大部分指标可达到Ⅴ类水质标准，部分可达到Ⅳ类水质标准。但是夏季温度较高时，藻密度和叶绿素均较高。

（2）从调度方式对比

运河调水，整个水系有进口泵站 1 个入口，6 个出口，每天由人工巡视整个古镇河道，根据河道感官性状，按需开闸，由进口泵站从外运河调水，最后经古镇河道流入同里湖和南星湖。一旦泵站运行出现故障，没有备用调水方式可选。

同里湖调水，整个水系也只有 1 个入口，6 个出口。24 h 全自动运行，无需人员巡视，只需在中控室进行控制，每个闸口的闸板高度调节好后，镇区水位较高时溢流到外运河，无需经常调节。运行出现故障后，可利用外运河调水作为应急措施。

（3）从同里古镇区水系的实际情况考虑

首先，古镇三桥景点区域，属于游客聚集区域，需要重点关注。同里湖调水从饮马桥进水的话，此河段邻近三桥景点，沿河商铺众多；若从原进口泵站进水，进口泵站—蒋家桥段属于当地居民区或废弃工厂区，游客罕至。综合考虑上述两点，可以认为，在单一入流口的情况下，从饮马桥入流，即从同里湖下游调水进入同里古镇水系，更有利于改善水系重点区域的水动力状态，方案更为合理。

（4）从后续水质工程建设方面对比

古镇河道水体自净能力差，仅靠调水，虽然能改善河道水动力条件，但不能从根本上解决河道水质污染问题，需进一步采取水质处理措施进行深化处理。运河调水泵站建设时间较早，要满足同里水动力改善的要求，需对泵站进行全面提升改造，投资较大。周围没有足够的空地建设水质处理工程。泵站紧邻居民区，工程建设会对周围居民的生活生产造成影响。同里湖调水工程，有足够的建设空地，离居民生活区较远，不会受到工程建设的影响。

综上所述，根据水动力-水质耦合模拟结果，以同里古镇水质水动力改善为出发点，通过引水泵站（引水流量为 1.0 m^3/s）将同里湖清水从饮马桥入口处引入同里古镇河道，主要从东南侧的外河闸口出水。

7.4.2　典型污染物超磁分离水体净化技术

同里古镇水动力-水质调控实施后，引同里湖水入古镇。同里湖水质相对较好，主要水质指标基本可达到Ⅴ类水质标准，浊度较低，约 10 NTU。但是夏季光照充足、温度较高，藻类滋生快，藻密度很高，导致水体感官较差，如不经过处理直接进入古镇，可能会导致古镇内藻类暴发，引起严重的水环境问题。根据同里古镇河道高品质水环境需求，需采取一定的措施对同里湖水进行净化，分析必选后，拟采用超磁分离水体净化技术，该技术以往极少用于水乡古镇景观水体的治理，因此需要对其运行参数进行优化，以得到适合同里古镇河道水质的最优净化模式。

7.4.2.1　技术原理及工艺流程

（1）技术原理

超磁分离水体净化技术作为新兴水处理技术，近年来开始在国内外广泛开展研究。该技术是借助外加高梯度磁场后，以磁力将水中形成的磁性絮团分离出水体的物化处理技术。近年来，不少学者在钢铁废水、屠宰废水、采油废水、纸浆厂废水、食品废水、景观水体等水体处理方面进行了一定的研究，结果表明，超磁分离技术处理高悬浮物、高浊度废水有其独特的优势，并取得了良好的处理效果，与沉淀、过滤等常规方法相比，具有效率高、运行费用低、占地面积小、排污率低等优点，是一种适合我国国情的低成本、低运行费用、简单有效、极具发展前景的新型废水处理技术。

普通水体中悬浮物一般不带磁性，超磁分离水体净化技术是将不带磁性的水体悬浮物赋予磁性，然后通过超磁分离机进行固液分离，使水体得到净化。水体中分离出来的泥渣经磁种回收系统分散、脱磁后实现磁种与泥渣分离，磁种进入下一循环使用过程。

微磁絮凝技术的核心：①磁种：特选磁种、适当粒径，剩磁小，有利于水中非磁性悬浮物与磁种结合，含铁量需大于 98%以上，另外也需要考虑磁种的目数、比表面积等特性；②水中的非磁性悬浮物在混凝剂和助凝剂作用下与前期投入水体的磁种结合，只需微絮凝即可在超磁分离净化设备的强磁场作用下分离，无需形成大的絮团，投加药剂量少，处理时间很短；③磁盘转速：通过调整超磁分离机磁盘的转速，可以改变磁盘对微磁絮团的吸附能力。

（2）工艺流程

废水净化的主流程：经过预处理除掉较大悬浮物及杂质后的废水，被提升至混凝系统中，投加磁种、混凝剂、助凝剂 3 种物质，在混凝系统的后端生成以磁种作为“核”的悬浮混合体，包含磁种的悬浮物（磁性絮团）流经超磁分离机，利用超磁分离机里的稀土永磁体产生高强磁力，实现磁性絮团与水的快速分离。

磁种的回收流程：磁性絮团被收集后自流到分散箱中，并通过絮团分散机打散后流经磁分离磁鼓。在磁分离磁鼓中磁种被筛选出来，剩余污泥从磁分离磁鼓的底部排污阀排至污泥处理系统中。筛选出来的磁种被再次配置成一定浓度的溶液，配制磁种所需的补充水由补水电磁阀根据磁种液位的高低，自动控制补充。磁种溶液通过磁种投加泵以一定的量投加到混凝系统中，完成磁种的循环回收利用。

药剂投加流程：在混凝系统中，将需要的混凝剂及助凝剂通过药剂制备装置配置成一定的浓度。配置完毕的混凝剂经过混凝剂计量泵泵组定量地投加到混凝系统的搅拌箱，配制完毕的助凝剂经过助凝剂计量泵泵组定量地投加到混凝系统的搅拌箱。

超磁分离水体净化技术工艺流程，如图 7.41 所示。

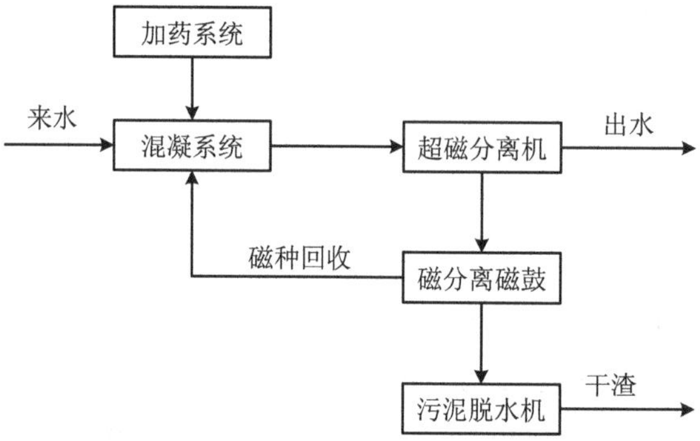

图 7.41　超磁分离水体净化技术工艺流程

（3）设备组成

超磁分离成套设备主要包括混凝系统、超磁分离机、磁种回收系统、混凝剂制备投加装置四大部分。

1）混凝系统。经过预处理除掉较大悬浮物及杂质后的废水，被提升至混凝系统中，投加磁种、混凝剂、助凝剂 3 种物质，在混凝系统的后端生成以磁种作为“核”的悬浮混合体，包含磁种的悬浮物（磁性絮团）流经超磁分离机，利用超磁分离机里的稀土永磁体产生高强磁力，实现磁性絮团与水的快速分离。

2）超磁分离机。超磁分离机是超磁分离水体净化技术的核心设备。它利用稀土永磁材料的高强磁力，通过稀土磁盘的聚磁组合，将废水中的磁性悬浮物絮团吸附分离去除，完成固液分离，实现污水净化功能。

3）磁种回收系统。为实现循环利用，节约资源，降低运行成本，特别考虑了对投加进原水里的磁种加以回收利用，磁种回收系统设备的主要功能是将超磁分离机分离出来的磁性絮团进行高速分散，使磁种脱离混凝剂的作用单独分散出来，再经过磁鼓分选，将磁种和非磁性悬浮物分离，回收的磁种再配制成一定浓度的磁种溶液，输送到系统循环利用。

4）混凝剂制备投加装置。混凝剂制备投加装置用于配制和投加聚合氯化铝（PAC）和聚丙烯酰胺（PAM）药剂。它结构简单、布置紧凑。混凝剂制备投加装置采用玻璃钢进行防腐处理。

7.4.2.2　技术运行效果分析

为了验证超磁分离水体净化技术的运行效果，2013 年 9 月分别选取京杭大运河（苏州段）、城区断头浜河道冶坊浜段、同里湖水作为试验水源，分析不同的运行工况下系统对浊度、COD、NH_3-N、TP、SS 等主要指标的去除效果。中试系统规模为 40 m^3/h，运行工况如表 7.27 所示。综合比较不同混凝剂的优劣势，选择 PAC 作为超磁分离水体净化技术的混凝剂。采用 PAM 作为助凝剂，配合混凝剂使用。

表 7.27　超磁分离中试系统运行工况　　单位：mg/L

序号	PAC 投加量	PAM 投加量
1	40	1.5
2	30	1.2
3	25	1.2
4	20	1
5	15	0.8
6	10	0.5
7	10	0.8
8	10	1
9	15	1
10	15	0.8

（1）原水为运河水时系统运行效果

原水为京杭大运河（苏州段）时，从图 7.42 中可以看出，系统对浊度去除效果较好，可高达 96%，出水浊度基本维持在 5.1～8.9 NTU。药剂投加量最低为（10+0.5）mg/L 时，稳定运行 30 min 后出水浊度为 7.6 NTU，出水浊度与药剂投加量关系密切。系统稳定运行后，随着药剂投加量减少，浊度去除率也相应减少。但从图 7.42 左图中也可以看出，系统运行时间越长，对浊度去除率效果也越好，与运行 30 min 相比，水体更为清澈（图 7.43）。

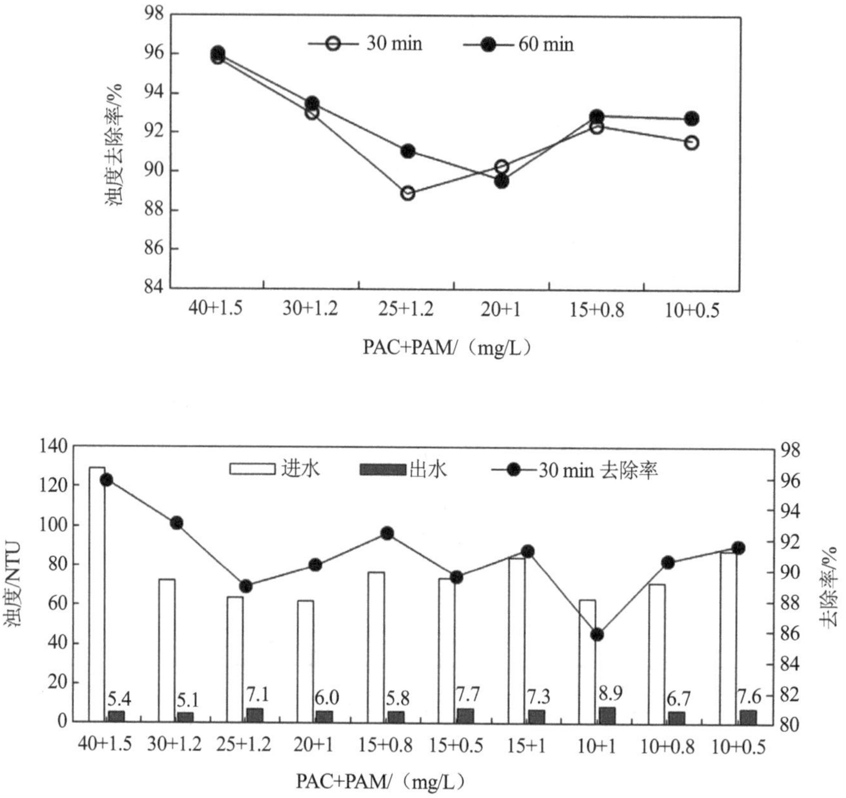

图 7.42　原水为运河水时不同工况下浊度去除效果

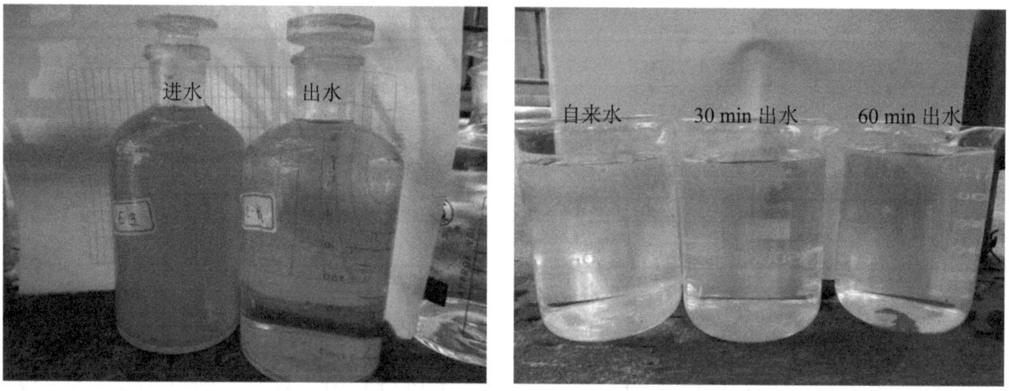

图 7.43　进出水感官对比

与此同时，本次分析了不同运行工况下系统对 COD、NH_3-N、TP、SS 等主要水质指标的去除效果，如图 7.44 所示。

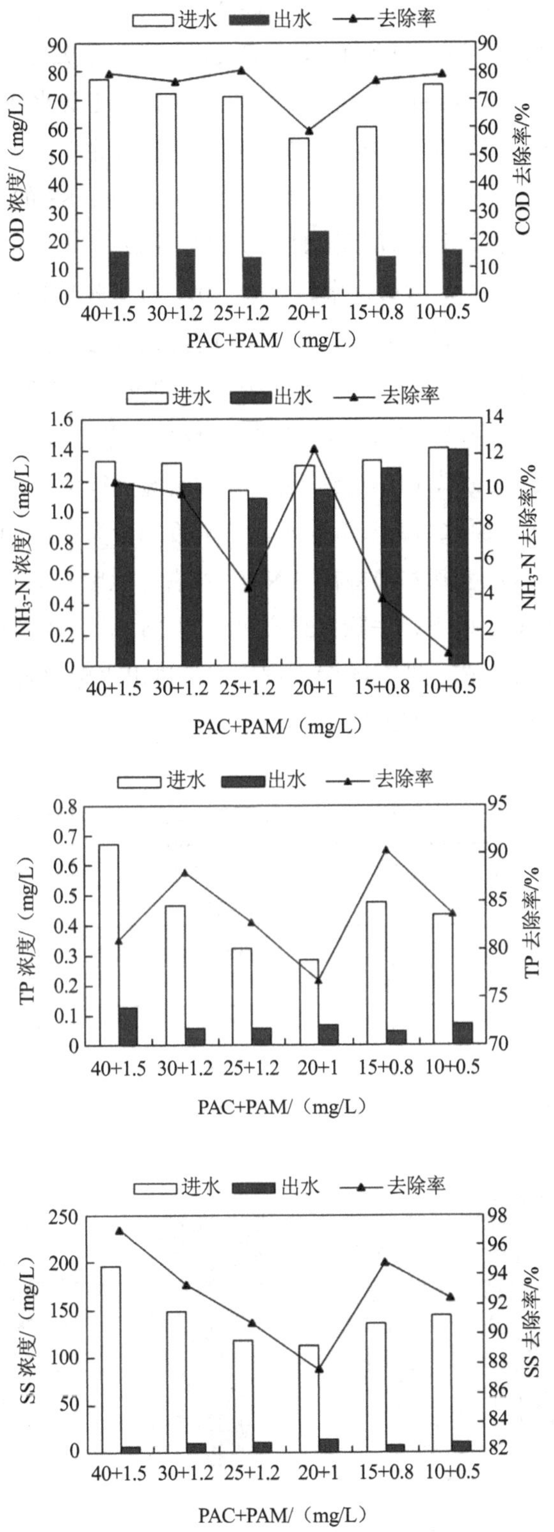

图 7.44　不同运行工况下主要水质指标的去除效果

从图 7.44 中可以看出，超磁分离系统对 COD 平均去除率可达到 75%，出水为 14～23 mg/L，可达到III类水质标准；对 NH_3-N 平均去除率仅为 6.92%；TP 指标的平均去除率为 83%，出水为 0.046～0.127 mg/L，可达到III类水质甚至 I 类水质标准；SS 指标的平均去除率为 93%。系统对 COD、TP、SS、浊度均有较高的去除率，但对 NH_3-N 的去除效果较差。PAC+PAM 投加量为（20+1）mg/L 时，对 COD、TP、SS 的去除效果最差。

（2）原水为城区断头浜河道冶坊浜段时系统运行效果

城区断头浜河道冶坊浜段，污染物来源复杂分散，难于收集处理；河道水质严重超标，感官性状差，臭味严重，景观功能丧失；水体 DO 含量低，封闭缓流，自净能力不足。

因京杭大运河水中泥沙含量较多，因此试验中药剂投加量较多。而城区断头浜河道水体中浊度和悬浮物浓度本身就不高，所以试验中减少药剂投加量，选择 PAC+PAM 为（5+0.5）mg/L、（7.5+0.5）mg/L、（10+0.5）mg/L 3 种工况进行分析，运行时间均为 20 min。

从表 7.28 可以看出，原水为断头浜河水，药剂投加量为（10+0.5）mg/L 时效果相对更好。不同工况下，出水浊度基本维持在 3 NTU 左右，浊度去除率可达 80%以上。出水中叶绿素可维持在 2.0 μg/L 以下，去除率最高可达到 75%，藻密度可维持在 700 cells/mL 以内，去除率可达到 70%左右。图 7.45 为不同工况下进出水感官对比。进水较为浑浊，透明度较低，而出水比较清澈，透明度较高。

表 7.28 原水为断头浜河水三种不同工况下运行结果

PAC+PAM/（mg/L）	监测位置	浊度/NTU	藻密度/（cells/mL）	叶绿素/（μg/L）	溶解氧/（mg/L）
5+0.5	进水	19.2	1 327	6.6	4.36
	出水	3.5	497	1.7	6.00
7.5+0.5	进水	19.4	8.1	1 548	4.17
	出水	3.6	572	2.0	6.17
10+0.5	进水	18.8	1 858	5.7	4.98
	出水	3.0	545	1.2	6.25

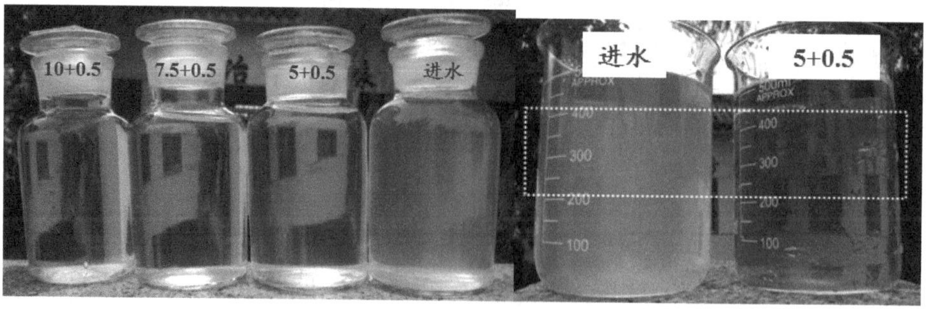

图 7.45 不同工况下进出水感官对比

（3）原水为同里湖水时系统运行结果

试验中，在 PAC+PAM 投加量为（10+0.5）mg/L 的工况下连续运行，结果如表 7.29 所示，可以看出，系统对浊度、叶绿素、藻密度、TP 处理效果较好。浊度去除率可达到 86.4%，叶绿素去除率可达到 81.2%，对藻类去除率基本可达到 68.3%，COD 去除率较低为 40%（主要因为原水 COD 本身就比较低），TP 去除率基本可达到 80%以上，对 NH_3-N 去除效果较差（原水 NH_3-N 浓度已经满足Ⅳ类水质标准）。从图 7.46 可以看出系统出水感官清澈如自来水。

表 7.29　原水为同里湖水时运行结果（多次均值）

监测位置	浊度/NTU	叶绿素/（μg/L）	藻密度/（cells/mL）	溶解氧/（mg/L）	COD/（mg/L）	NH_3-N/（mg/L）	TP/（mg/L）
进水	11.8	46.2	8 802	7.57	25	1.36	0.38
出水	1.6	8.7	2 787	8.11	15	1.29	0.08

图 7.46　进水（左图）和出水（右图）水质情况对比

7.4.2.3　基于水动力-水质模型的情景分析和方案评估

EFDC-WASP 模型模拟结果表明，实施控源截污工程，且同里湖调水经超磁分离水体净化技术处理后，同里古镇区水系整体的水质得到改善，超标河段减少，河段水质基本均能达到Ⅴ类水质指标。

为更好地比较各类工程措施处理前后同里古镇区水系水质的变化，分别模拟同里湖调水（无超磁分离技术处理、不进行截污工程等），以及对外源污染进行截污处理，经过超磁分离水体净化技术处理再进水两种情景。两种情景下模拟的水动力情况均为仅从饮马桥进水，流量为 1 m^3/s，出流口为外河闸口，其余出流口均不出流。两种情景的进水水质有所不同，具体模拟情景如表 7.30 所示。

表 7.30 同里古镇区水系水质模拟情景

情景	水动力	进水 COD/（mg/L）	进水 NH_3-N/（mg/L）	进水 TP/（mg/L）
情景 C1	饮马桥：1 m^3/s 外河闸口：−1 m^3/s 其余：0	25	1.36	0.38
情景 C2		15	1.29	0.08

根据模拟结果，分析比较情景 C1 和情景 C2 下，同里古镇区水系各河段 COD、NH_3-N 和 TP 3 类指标相较于地表水Ⅴ类水限值的超标情况，如图 7.47 所示。

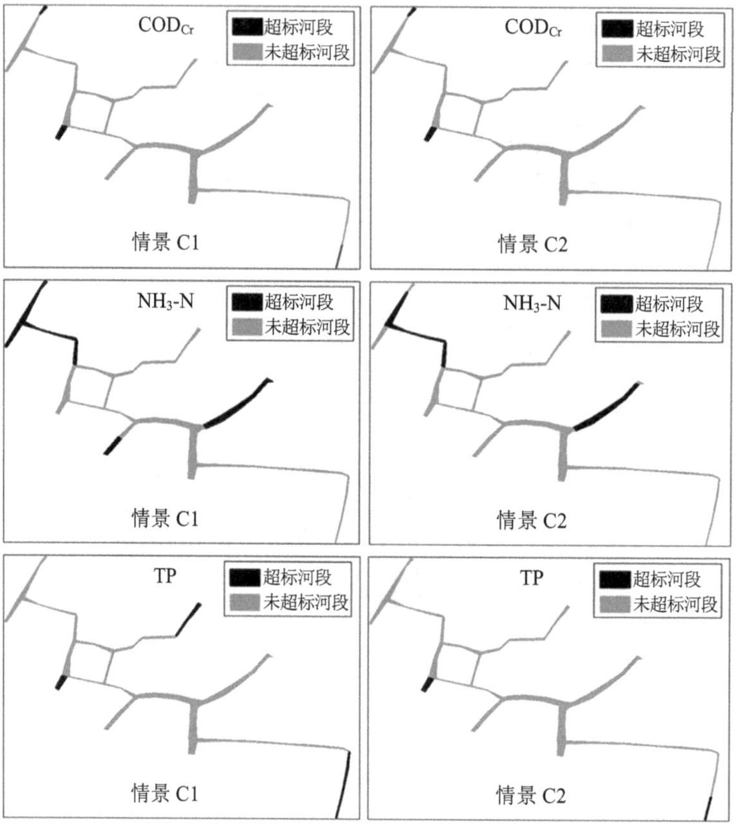

图 7.47 情景 C1 和情景 C2 中 COD、NH_3-N、TP 超过地表水Ⅴ类水限值的河段

为了更清晰地看到同里古镇区水系在各项工程措施实施后的水质变化情况，选取蒋家桥、饮马桥、吉利桥、泰安桥、中川桥和东新桥共 6 个监测断面，比较情景 C1 和情景 C2 中 COD、NH_3-N 和 TP 的浓度变化，如图 7.48 所示，可以看出，同里湖调水进行超磁分离处理后再进入同里古镇区水系（情景 C2），对 COD 和 TP 两个指标，古镇区水系劣Ⅴ类水质河段有所减少，整个水系水质基本均能达到Ⅴ类水质。

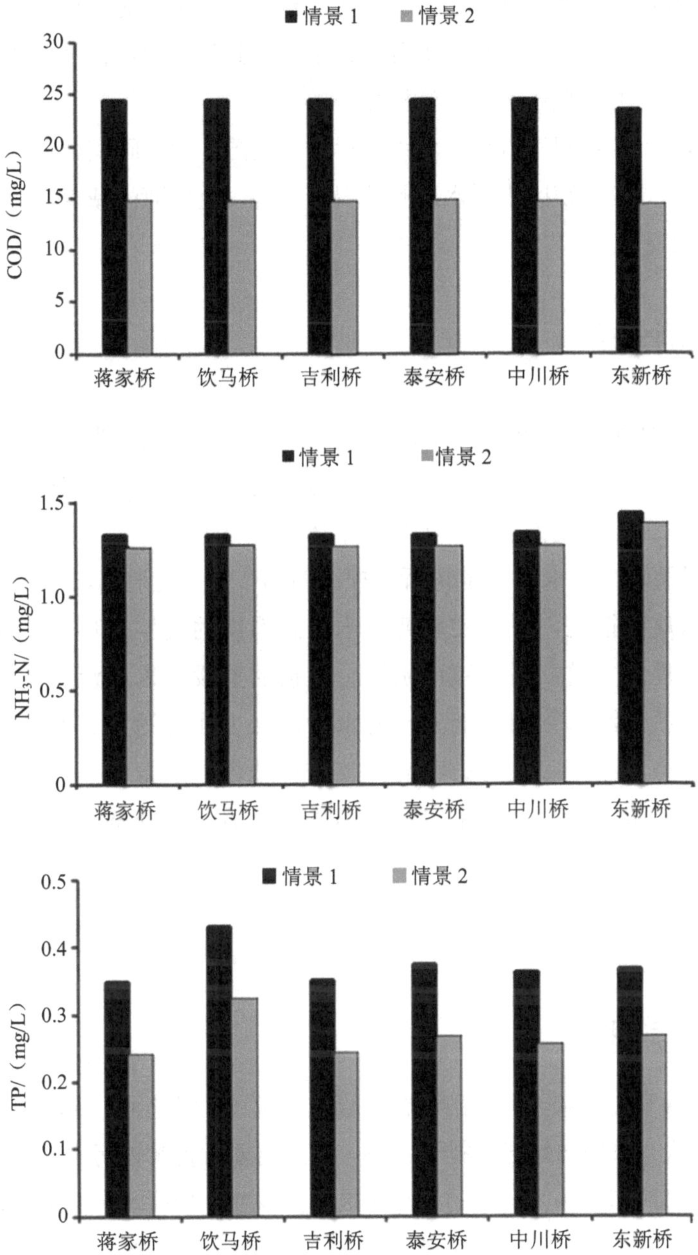

图 7.48　情景 C1 和情景 C2 断面 COD、NH_3-N、TP 浓度变化情况

在图 7.48 中，对于 NH_3-N 而言，由于同里古镇区河道水质原先超标情况较严重，且超磁分离水体净化技术对 NH_3-N 的去除率低，故经超磁分离处理后，超标河段未得到明显改善。但 NH_3-N 的超标河段主要为蒋家桥上游河段，此部分河段处于水动力滞流状态，经超磁分离由饮马桥处进入的水难以抵达这部分河段。这是该河段 NH_3-N 超标的最主要原因。可以通过水动力调控等，改变这部分河段的滞流状态，从而改善这部分河段的水质。

模型主要模拟了超磁分离水体净化技术和外源污染截污技术，对于这部分超标河段，后续可以采用生态浮床等技术对水质进行处理，使水质达到V类水质标准。此外，这部分河段所在区域游客罕至，并不属于重点关注河段。

因此，总体来说，对同里古镇区水系进行外源截污工程，同里湖调水经超磁分离水体净化技术处理后，同里古镇区水系水质整体得到改善，超标河段减少，河段水质基本均能达到V类水质标准。

7.5 工程案例分析

同里古镇高品质水质改善的工作思路总体上坚持以控源截污为前提，以水动力调控与水质改善为重点，同时开展河道清淤、景观生态建设等，最终形成完整的、系统的、符合同里古镇发展要求的水环境治理技术工程方案体系。

首先是对同里研究区水系河道进行“控源截污”和“河道清淤”治理，在此基础上实施改善恢复水质的措施，最终实现河道水生态系统的良性循环。控源截污是同里古镇河网水环境治理的关键，对古镇内淤堵、破损的管段、未截流的大漏点片区进行改造设计，并进行新建污水管网，翻建原污水管，减少面源污染。通过河道清淤工程，清除河道内源污染，减少底泥污染物的释放。再结合水动力调控与水质修复的最新理念与技术，多种技术方案综合实施，最终形成最合适的综合整治技术集成模式，实施示范工程项目。

7.5.1 工程建设

7.5.1.1 控源截污工程

古镇区均为狭窄街巷和弄堂，雨污合流管从未做过清淤检测，淤泥沉积严重。降雨期雨污混流水量加大，管网淤堵导致排污不畅，因此需要对古镇内污水管网进行完善、清理疏通，清除污水管网和泵井内沉积的淤泥垃圾等沉积物，加快污水的流通，并对沿河建筑灰水进行截流，减少外源污染。更换老旧水泵，保证污水可顺畅地沿着污水管网进入污水处理厂，解决降雨期雨污混流后排污不畅、溢流到河道内的难题。同时应在保证安全的情况下定期开展河道清淤疏浚，减少内源污染释放。

（1）修补管网的漏点

古镇雨污管网有两处较大漏点，一处为菜场西侧排出口，另一处位于耕乐桥泵站的排出管（能明显看到水面上冒泡），如图 7.49 所示。其余管段也存在较小的漏点，共 30 处。

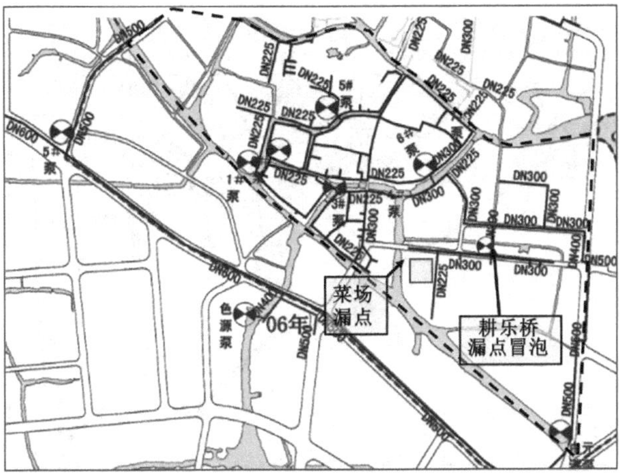

图 7.49　较大管网漏点所在位置示意

工程方案：对 2 个较大漏点管段进行重建，并将菜场西侧的现状雨水沟接入污水管网，重建泵站出水管时需筑坝围堰。对较小的漏点，采用气囊封堵的方式进行修补。管道封堵气囊是利用优质橡胶做成的管道封堵气囊，通过充气方法使其膨胀，当堵水气囊内的气体压力达到规定要求时，堵水气囊填满整个管道断面，利用管道封堵气囊壁与管道产生的摩擦力堵住漏水，从而达到目标管段内通过充气膨胀对水流进行快速阻断，达到无渗水的目的。

（2）翻建淤堵或破损的管段

古镇管网中有两处较大的淤堵点：蒋家桥东侧，有厨房油腻污水排入，导致严重淤堵；小三元桥以南、戏台西侧，雨天管道易堵。一处老旧破损：蒋家桥西侧小弄、小弄南侧原为屠宰厂，管道为该厂自建的混凝土管。

工程方案：针对较大的淤堵点。翻建管道，并在蒋家桥东侧厨房灰水排入点设置若干隔油池。同时采用推杆式内窥镜检测古镇雨污管网，进行污水干管清淤。污水干管清淤总长约 8 766 m，污水管网清淤涵盖了饮马桥—三桥段、蒋家桥—三桥段、泰安桥—升平桥—中川桥—东新桥、中川桥—小川桥等古镇核心区域的污水管，以及蒋家桥—进口泵站和三元桥以北、以西、以南等区域的污水管。本次对图 7.50 中 6 处泵井进行清淤。

（3）部分区域新建管网（3 处）

1）古镇西侧区域：新建污水管，将厕所、厨房及部分农田污水全部纳入。该区域西侧为吴江经济技术开发区内，污水主管向西排入九淞路市政污水管。东侧为历史镇区内，排入历史镇区内的污水管网，考虑污水管标高受限，设置污水泵井 1 座。

2）古镇东侧区域：在现状合流管进入古镇内污水管网的居民小区内新建污水管道接纳生活污水，主管向东直接排入环湖西路上的古镇污水总管。原合流管直接入河。

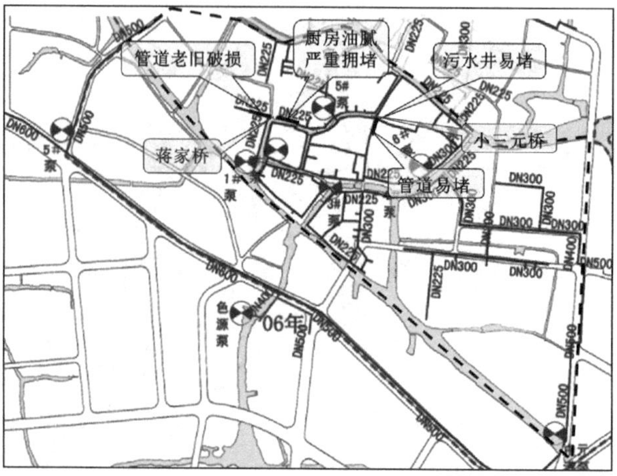

图 7.50 较大淤堵或破损管段位置示意

3）历史镇区的院落内：沿河已铺设截流管区域内的院落合流排出管可能存在严重渗漏。因此，在院落内新建 DN160 的污水管，接入沿河的截流管。将历史镇区已截流的院落按合流和路网分成 8 个小区域，选取区域 2（面积 1.06 hm^2）布设污水管，共布设 492 m，则平均每公顷布设污水管 464 m，以此作为每个区域布管的面积密度（图 7.51）。

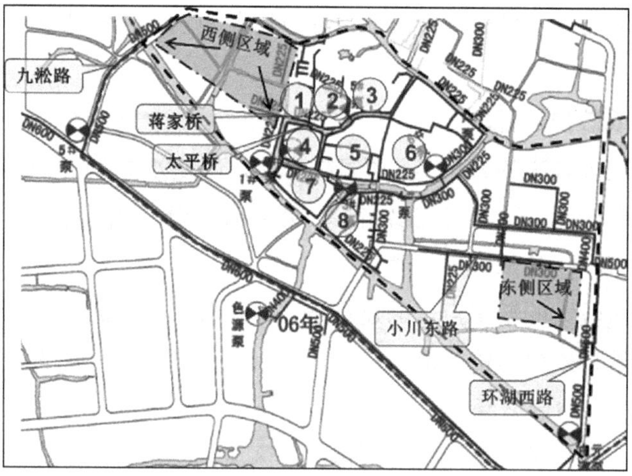

图 7.51 新建管网位置示意

（4）沿河建筑灰水的截流

有两处沿河建筑灰水直接排放，一处在蒋家桥北侧河道的东岸，另一处在小川东路北侧河道的南岸。

工程方案：沿河在驳岸上架设污水管，接纳沿途排出的灰水（图7.52）；小川东路北侧河道南岸的最西端，建筑与河之间有沿河小路，故此段可开挖浅埋铺设管道。

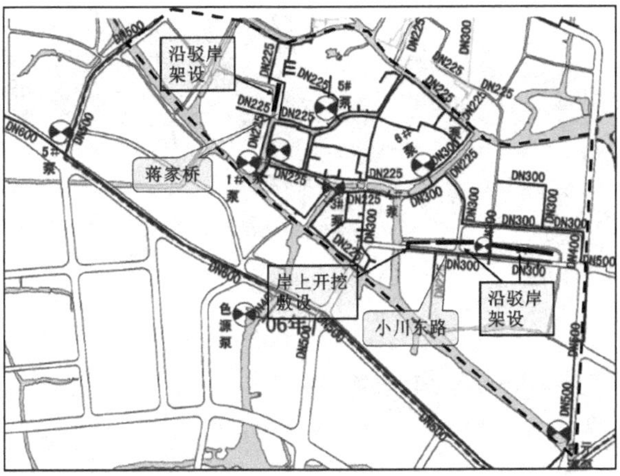

图 7.52　需截流沿河灰水的位置示意

（5）更换水泵及电控柜

根据古镇泵站管网管理员反映：2#泵站电控柜坏，5#泵站一台泵坏，6#泵站一台泵坏，3#泵站的出水管堵塞。

工程方案：对 2#、5#、6#泵站损坏的电控柜及水泵进行更换，3#泵站暂考虑对两台水泵都进行更换，并对泵站出水管进行清通（图 7.53）。

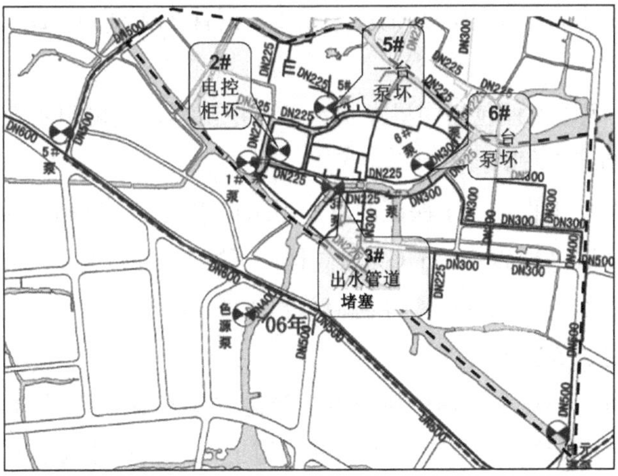

图 7.53　需更换水泵及电控柜位置示意

7.5.1.2　水系水动力学调控工程

同里古镇河网水系水动力学调控工程（以下简称同里湖调水）分为管线工程、河道工程及泵站工程 3 项。工程实施的目的是为同里古镇区北入口景区及镇区引入同里湖优质的水源，水系水动力学调控工程平面布置如图 7.54 所示。

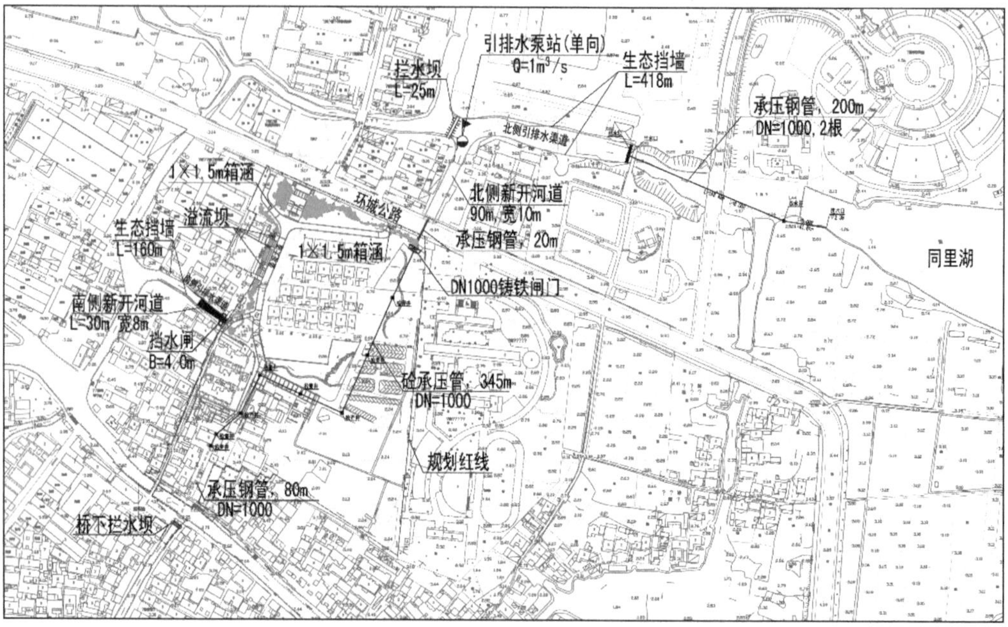

图 7.54 水系水动力学调控工程平面布置示意

（1）工程内容

1）管线工程。工程主要依靠地下埋设暗管进行引水，以环城公路为界，分为北侧引水管线工程和南侧引水管线工程，共铺设 DN1200 钢管 312.51 m，DN1000 钢管 361.8 m，DN400 钢管 12.4 m。

2）河道工程。河道工程包括同里湖引水口开挖工程、北侧引水河道工程、南侧引水河道工程及荷花池挡墙工程。

同里湖引水口开挖工程：为了保证同里湖引水口水质，同里湖引水口 130 m 范围内进行清淤开挖，控制河底高程为 0.0 m（吴淞高程，下同），并设置拦污网进行拦污。

南、北两侧的引水河道工程：新开河道总长 120 m，河道均进行清淤整治，两岸新建连锁砌块生态挡墙总长 578 m。

荷花池挡墙工程：环城公路南侧荷花池共新建 M10 浆砌块石重力式挡墙 400 m。

3）泵站工程。工程位于敬老院西侧新开河道上，泵站功能为引水功能，主要引同里湖优质水源进入镇区及北入口景区。泵站设计引水流量为 1 m^3/s，布置采用 2 台潜水轴流泵（1 备 1 用），建筑面积 127.92 m^2。

（2）工程运行

同里湖调水工程自饮马桥进水，大部分沿着德春桥—吉利桥—泰安桥流向外河闸口，一部分沿着吉利桥流向蒋家桥，最少一部分流向东新桥—大东溪桥。采取闸顶溢流的方式，维持镇区内水位到 3.0～3.2 m。闸门采用钢板弧形闸。调水工程自 2013 年 5 月正式运行后，24 h 连续运行，规模为 1 m^3/s。

7.5.1.3　超磁分离水体净化工程

（1）工程布置

工程总体布置主要包括水体净化设备及基础、引水泵井以及上部建筑的总体布置。（图 7.55）。水体净化设备为成套设备，主要由混凝系统、超磁分离系统、沉淀池、PAM 加药装置、污泥脱水机等组成。

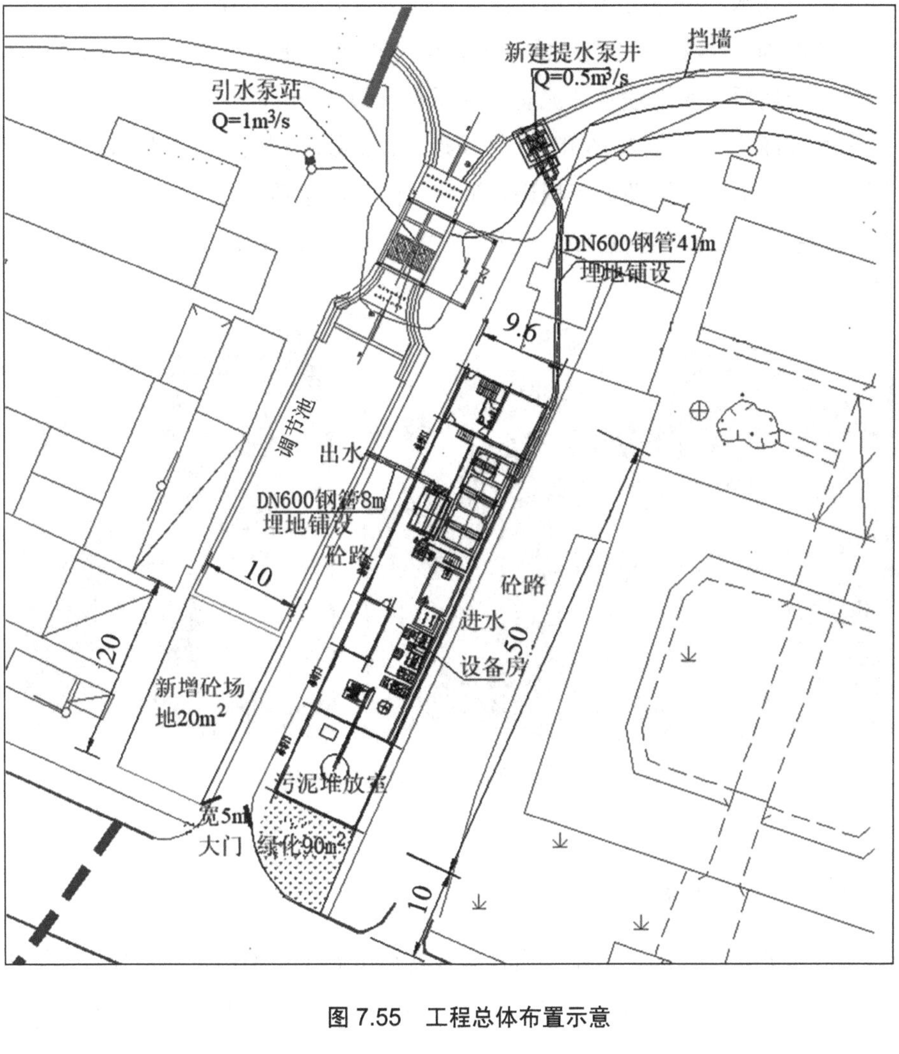

图 7.55　工程总体布置示意

设备厂房南北向长度 35 m，东西向长度 9.6 m，建筑面积 398.32 m^2。功能布置：由北到南依次布置值班室、PLC 及配电室、厂房设备间、污泥堆放室、药品库房等。其中，值班室与 PLC 及配电室设计为二层楼房，一层高 3.3 m，二层高 3.2 m，其余房间均为单层结构，层高 6.5 m。

根据 3.6 万 t/d 的污水处理能力推算，引水潜污泵的理论引水流量为 0.42 m^3/s，设计引水流量为 0.5 m^3/s。

引水泵井采用 C25 钢筋混凝土结构，进水口设计 1.5 m×3.0 m 拦污栅，泵井内布置 2 台水泵（1 用 1 备），2 台泵安装中心间距≥950 mm，水泵出水管采用 DN600 钢管，地埋式安装。上游河道最低水位为 2.5 m，为确保在最低水位水泵能够正常运行的设计标准，水泵进水口标高确定为 1.6 m。

（2）工程运行

原水来自同里湖水，经超磁分离水体净化系统处理后自饮马桥进入古镇水系，大部分沿着德春桥—吉利桥—泰安桥—中川桥—东新桥—小川桥流向小川河闸，部分沿着吉利桥—蒋家桥流向会川桥，对沿途水体流态和水质都有改善。

超磁分离水体净化工程自 2016 年 10 月开始运行，处理规模为 3.6 万 t/d。同里湖水质较好的时期，仅采用水动力学调控工程进行调度。同里湖水质较差的时期（如夏季藻类暴发期），需采用超磁分离水体净化工程进行水质净化和流态调控。同里水体净化工程运行现场如图 7.56 所示。

图 7.56　同里水体净化工程运行现场

7.5.1.4　局部节点生态修复工程

由于古镇旅游业发达，河道沿岸饭店较多，古镇下游出水河道水质较差，需通过一些局部的生态浮床、沉水植物等生态措施进行处理，进一步改善河道水质，提升河道景观效果。

（1）生态浮床

同里古镇景区河道生态浮岛工程面积约 459 m^2，详细铺设位置及面积说明见表 7.31。考虑到游船行驶的需要，在航道附近生态浮岛单元不宜设置过宽，如图 7.57 所示，生态浮岛选用的水生植物基本以美人蕉、梭鱼草、鸢尾、千屈菜等挺水植物为主，各种类型的植物宜互相搭配。

表 7.31　生态浮床铺设位置及面积说明

序号	位置	铺设面积/m^2
1	小川桥—木桥河段	89
2	中川桥—泰来桥河段	180
3	泰来桥—升平桥—泰安桥河段	109
4	会川桥—乌金桥河段	48
5	蒋家桥—长庆桥—德春桥河段	33
总计		459

图 7.57　生态浮床现场

（2）沉水植物

在景区河道适合种植沉水植物的区域种植沉水植物，种植面积约 200 m^2。在水深 2 m 以内浅水区布置沉水植物群落，包括矮生耐寒苦草、刺苦草、眼子菜、黑藻，以提高水体自净能力。沉水植物现场如图 7.58 所示。

图 7.58　沉水植物现场

7.5.2 工程实施效果

7.5.2.1 古镇水系水动力改善情况

（1）水体置换周期变化

原进口泵站水泵功率为 95 kW，扬程为 3.04 m，转速为 5.85 r/min，效率为 65%。计算公式如下：

$$P=\frac{\rho gHQ}{n_1 n_2} \tag{7.16}$$

式中，P 为功率，kW；ρ为水的密度，1×10^3 kg/m^3；g 为水的容重，kN/m^3；H 为水泵扬程，m；Q 为流量，m^3/s；n_1、n_2 为电机和水泵效率。

流量 Q 为

$$Q=\frac{Pn_1 n_2}{\rho gH}=\frac{95\times10^3\times65\%}{1\times10^3\times9.8\times3.04}\approx2.07\ \mathrm{m^3/s}$$

由于水泵每天工作约 4 h，平均一天 24 h，因此换水流量为

$$q=\frac{Qt_1}{t_2}=\frac{2.07\times4}{24}=0.345\ \mathrm{m^3/s}$$

则每天换水量为 Q=29 808 t/d。

按照同里古镇河网水体总量为 70 000 t/d 计算，则原运河调水与同里湖调水水体置换周期见表 7.32。

表 7.32 原运河调水与同里湖调水水体置换周期

水体	换水能力/（t/d）	水体置换周期/d
原运河调水	29 808	2.35
同里湖调水	86 400	0.81

（2）水动力条件变化

通过 EFDC 水动力-水质耦合模型分析，对水动力学调控工程运行前后古镇河网水动力条件变化进行了模拟。需要说明的是，调水前后两次监测点数量不同，但两次监测选取监测点都均匀分布于整个水系。根据模型模拟结果发现：

原运河调水时，古镇区内河流流速较小，监测断面中，断面平均流速小于 0.02 m/s 的占 34.4%，大于 0.05 m/s 的占 12.5%，大部分在 0.06 m/s 以下。

同里湖调水后，河道整体流速提升，监测断面中，断面平均流速小于 0.05 m/s 的仅占 33.3%，流速基本在 0.04～0.08 m/s。

7.5.2.2　古镇水体水质改善情况

（1）水动力学调控工程运行后水质改善情况

水动力学调控工程稳定运行后，2013 年 7 月对古镇河道水质进行了 7 次连续监测，将监测结果与原运河调水时相对比，如图 7.59 所示。

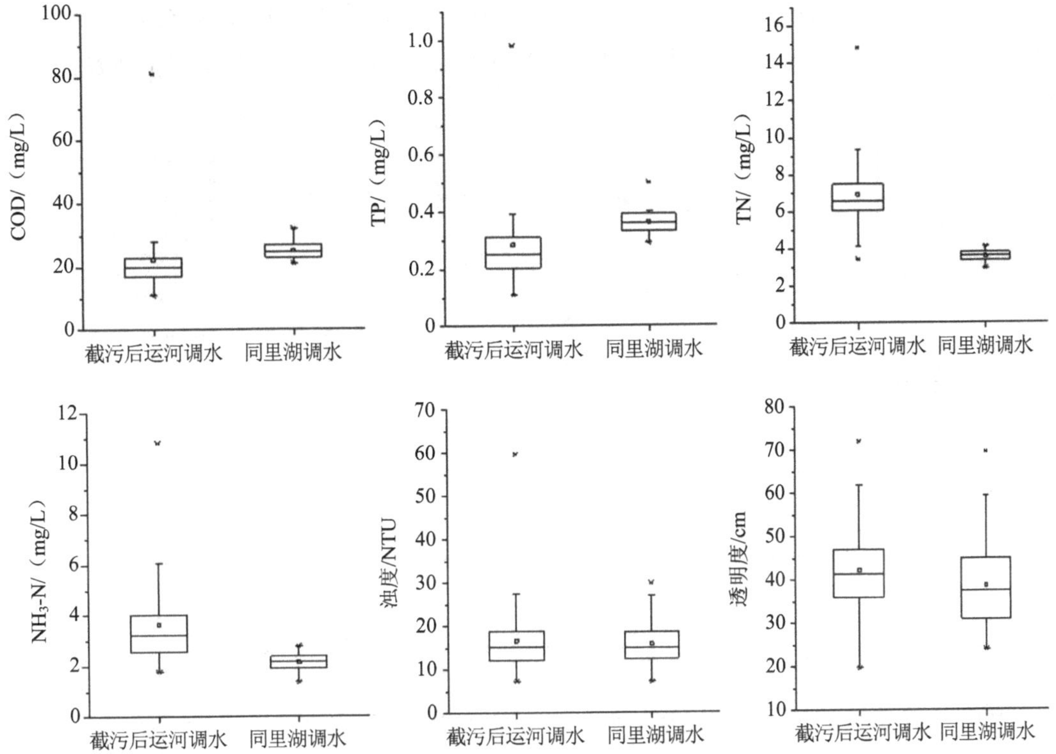

图 7.59　同里湖调水前后古镇河道整体水质变化

从图 7.59 中可以看出，同里湖调水工程运行后，古镇河道水质总体有一定程度的改善。河道水体中 TN、NH_3-N 指标改善明显。NH_3-N 指标整体均值为 2.13 mg/L，接近地表水Ⅴ类水质标准。COD 整体均值为 25 mg/L，TP 整体均值约为 0.36 mg/L，各监测断面均达到Ⅴ类水质标准左右。

河道水体透明度和浊度指标也有不同程度的改善，但改善并不明显，可能是由于调水后流速提高，悬浮物不易沉降，而且监测时水体中藻密度、叶绿素均较高。藻密度高达 2 600 万 cells/mL。叶绿素最高可达 22.5 μg/L，极易造成水体富营养化，影响水体浊度和透明度的监测。

同里古镇河网水动力学调控工程运行之后，古镇河网水动力条件明显改善，河道整体流速提升。但是由于古镇内部仍有大量的污染物排入河道，水质改善并不明显，尤其要改善夏季同里古镇水体水质，必须配合水质净化设施，控制同里湖高藻密度和叶绿素的水体进入古镇河网。

（2）超磁分离水体净化工程实施后水质改善情况

超磁工程运行后，于 2016 年 10 月—2017 年 4 月对古镇区域内 10 个监测点连续每月进行 1 次监测，监测指标为 COD、NH_3-N、溶解氧和透明度。

从图 7.60 可以看出，11 月水质较好，监测 COD 低于 10 mg/L，而 3 月由于驳岸维修没有开超磁分离水体净化设备，整体 COD 明显偏高，除此之外，COD 浓度均在 10～30 mg/L 变化，无明显变化趋势。根据监测结果，COD 监测结果时空 85.71%以上优于地表水 V 类水质标准。

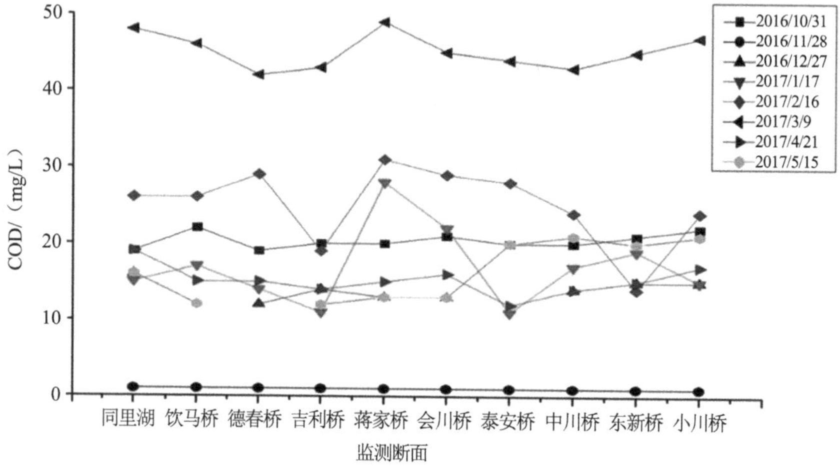

图 7.60 同里古镇各监测点 COD 随时间变化

从图 7.61 可以看出，河道整体溶解氧浓度稳定在 8～10 mg/L，河道自净能力比较好。饮马桥—泰安桥河段整体改善明显，DO 浓度基本维持在 9 mg/L 以上，下游中川桥—东新桥—小川桥等范围内 DO 浓度会略低。

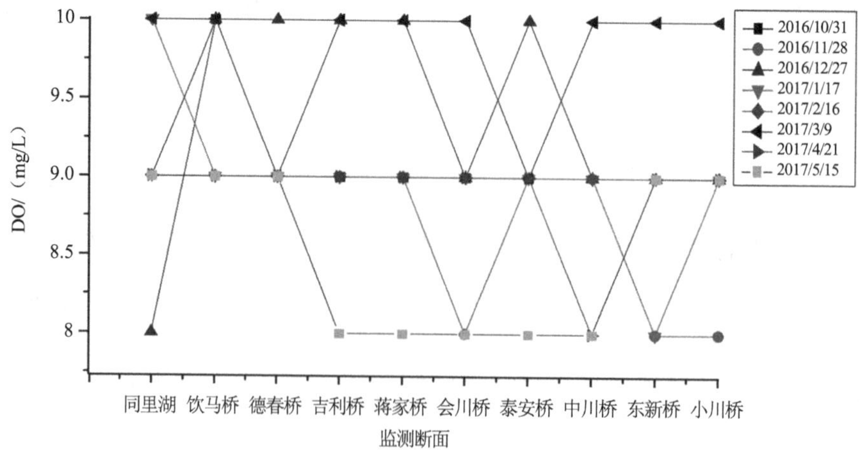

图 7.61 同里古镇各监测点 DO 随时间变化

从图 7.62 可以看出，河道中上游整体 NH_3-N 维持在 1.5 mg/L 以下，而中川桥—东新桥—小川桥部分河道 NH_3-N 浓度有时会偏高。而对应时间的 DO 浓度偏低，可见 DO 浓度与 NH_3-N 浓度有一定的相关性。

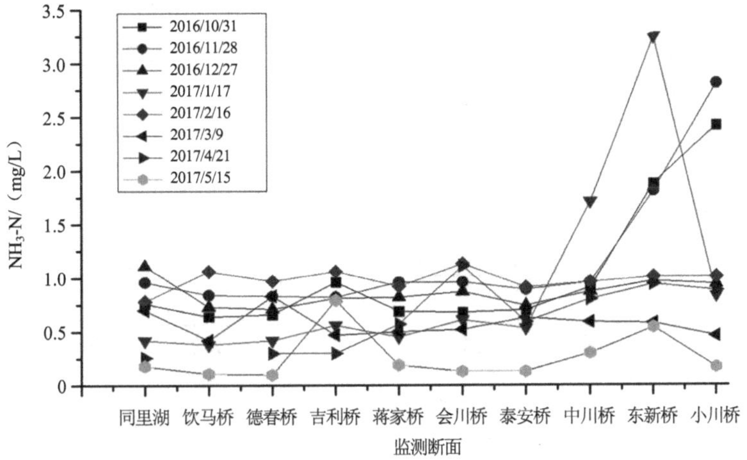

图 7.62　同里古镇各监测点氨氮随时间变化

从图 7.63 可以看出，超磁分离水体净化工程实施后，古镇中上游透明度提高较明显，与同里湖水透明度形成明显对比，而下游中川桥—东新桥—小川桥透明度明显比上游低。1 月监测透明度明显偏低，这一现象可能是冬季枯水期，水位降低导致透明度监测值减低。

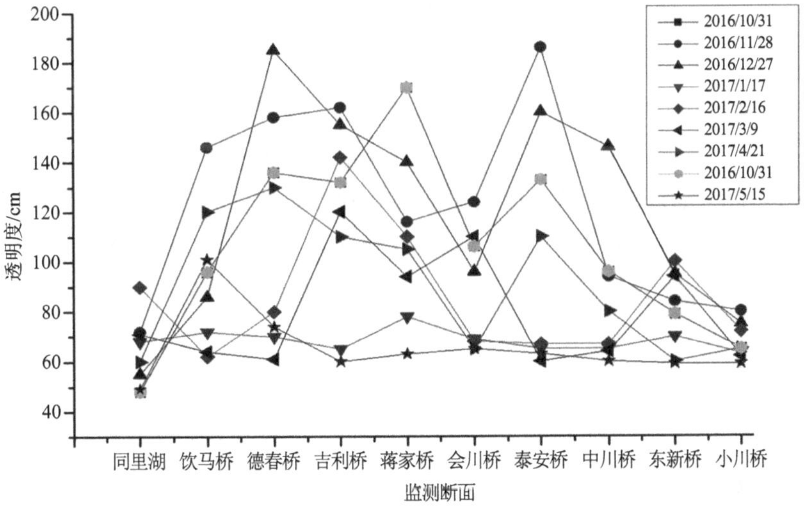

图 7.63　同里古镇各监测点透明度随时间变化

从图 7.64 中同里古镇河道水质整体变化情况中可以看出，超磁分离水体净化工程实施后，同里古镇河道整体水质有了明显改善。水体中 COD、NH_3-N 浓度均有所降低，DO 浓度明显提高，整体 DO 浓度稳定在 10 mg/L 左右。COD、NH_3-N、DO 等水质指标基本上可达到地表水Ⅴ类水质标准，其中甚至 91.9%达到地表水Ⅳ类水质标准；透明度平均为 100 cm，相比运河调水时的 31 cm 提高了 2.3 倍。

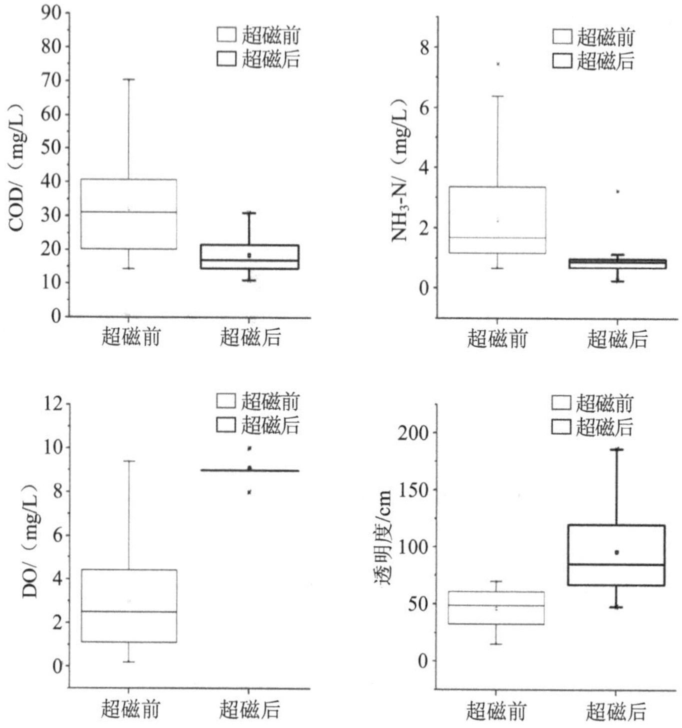

图 7.64 超磁分离水体净化工程实施前后古镇水质对比

同时，河道局部生态修复工程的实施，对同里古镇河道水系和水系植被的生态恢复有良好的作用。河网水系自组织、自修复能力得到提高，使河流生态系统达到稳定发展。对河道生态多样性的恢复有一定作用，为不同植物和动物的生存创造了条件。综合考虑景观、文化、旅游功能，美化河网水系景观，提高了古镇居民的人居环境质量，打造了自然的亲水网络空间，彰显了古镇文化，突出了古镇江南水乡特色。

参考文献

[1] 白义琴. 上海浦东新区快速城市化进程中河网变迁特征及水系保护研究[D]. 上海：华东师范大学，2010.

[2] 程开宇. 基于 GIS 城市生态河道水动力模拟软件系统研究[D]. 长春：吉林大学，2006.

[3] 程乾生. 属性识别理论模型及其应用[J]. 北京大学学报（自然科学版），1997，33（1）：12-20.

[4] 丁一. 同里古镇区河网模型构建及应用[D]. 北京：清华大学，2011.

[5] 丁一，贾海峰，丁永伟，等. 基于 EFDC 模型的水乡城镇水网水动力优化调控研究[J]. 环境科学学报，2016，36（4）：1440-1446.

[6] 郭东星，何大卫. 最大隶属原则的有效度在模糊综合评价中的作用[J]. 山西医科大学学报，1998，29（2）：128-130.

[7] 顾珏蓉，徐祖信，林卫青. 苏州河水系水动力模型建立及应用[J]. 上海环境科学，2002，21（10）：606-609.

[8] 廖招权，刘雷，蔡哲. 水质数学模型的发展概况[J]. 江西化工，2005（1）：42-44.

[9] 郝文彬，唐春燕，滑磊，等. 引江济太调水工程对太湖水动力的调控结果[J]. 河海大学学报（自然科学版），2012，40（2）：129-133.

[10] 贾海峰. 城市河流环境修复技术原理及实践[M]. 北京：化学工业出版社，2016.

[11] 金妍. 江南水乡河网水系结构变迁及空间分区保护研究[D]. 上海：华东师范大学，2013.

[12] 贾海峰，杨聪，张玉虎，等. 城镇河网水环境模拟及水质改善情景方案[J]. 清华大学学报（自然科学版），2013，53（5）：665-672.

[13] 李海燕. 长江中下游水乡古镇空间形态比较研究[D]. 合肥：合肥工业大学，2013.

[14] 李广贺，贾海峰，张旭，等. 河网地区城镇水环境综合整治技术与工程应用[M]. 北京：中国建筑工业出版社，2020.

[15] 卢士强，徐祖信. 平原河网水动力模型及求解方法探讨[J]. 水资源保护，2003（3）：5-9.

[16] 莫祖澜. 基于水体自净能力的河网闸泵调控优化模型研究[D]. 杭州：浙江大学，2014.

[17] 阮久丽，于凤，陈洪斌，等.生活污水分类收集处理的探讨[J].中国给水排水，2010，26（8）：25-29.

[18] 王静，董肖丽. 模糊评价中最大隶属度原则的改进[J]. 河北水利，2011（2）：27-28.

[19] 王建平，苏保林，贾海峰，等. 密云水库及其流域营养物集成模拟的模型体系研究[J]. 环境科学，2006，27（7）：1286-1291.

[20] 谢锐，吴德安，严以新，等. EFDC 模型在长江口及相邻海域三维水流模拟中的开发应用[J]. 水动力学研究与进展，2010，25（2）：165-174.

[21] 徐洪斌，吕锡武，李先宁，等.太湖流域农村生活污水污染现状调查研究[J].农业环境科学学报，2007，（S2）：375-378.

[22] 徐健，吴玮，黄天寅，等. 改进的模糊综合评价法在同里古镇水质评价中的应用[J]. 河海大学学报，2014（2）：143-146.

[23] 尹微琴，王小治，王爱礼. 太湖流域农村生活污水污染物排放系数研究——以昆山为例[J]. 农业环境科学学报，2010，29（7）：1369-1373.

[24] 徐洪斌，吕锡武，李先宁，等. 农村生活污水太湖流域水质水量调查研究[J]. 河南科学，2008，26（7）：854-856.

[25] 徐洪斌，吕锡武，李先宁，等. 太湖流域农村生活污水污染现状调查研究[J]. 农业环境科学学报，2007（S2）：375-378.

[26] 姚琪，丁训静，郑孝宇. 运河河网水量数学模型的研究和应用[J]. 河海大学学报，1991（7）：9-17.

[27] 杨林章，王德建，夏立忠. 太湖地区农业面源污染特征及控制途径[J]. 中国水利，2004（20）：29-30.

[28] 张岩松. 深圳河水系水动力-水质模型研究及应用[D]. 北京：清华大学，2005.

[29] Kuczera G，Diment G. General water supply system simulation model：WASP [J]. Journal of Water Resources Planning and Management，1988，114（4）：365.

[30] Zou Z H，Yun Y，Sun J N. Entropy method for determination of weight of evaluating indicators in fuzzy synthetic evaluation for water quality assessment[J]. Journal of Environmental Sciences，2006，18（5）：1020-1023.